普通高等教育"十三五"规划教材

(风景园林/园林)

中外园林史

陈教斌　　主编

中国农业大学出版社

·北京·

内容简介

本书分为三篇:上篇是全书的概述;中篇介绍外国园林史;下篇是中国园林史。全书力求将园林史叙述得更通俗易懂、内容精练有趣。书中每个章节前有课前引导、教学要求,课后有参考链接、课后延伸等环节,内容与专业设计联系密切。本书可作为高校园林、风景园林、环境艺术、建筑、城市规划等专业的教科书,也可供园林设计师、建筑师、城市规划师等作参考。

图书在版编目(CIP)数据

中外园林史 / 陈教斌主编. —北京:中国农业大学出版社,2018.5(2021.3 重印)
ISBN 978-7-5655-1937-6

Ⅰ.①中… Ⅱ.①陈… Ⅲ.①园林建筑-建筑史-世界-高等学校-教材 Ⅳ.①TU-098.41

中国版本图书馆 CIP 数据核字(2017)第 265431 号

书　　名 中外园林史
作　　者 陈教斌　主编

策划编辑 梁爱荣　　**责任编辑** 田树君
封面设计 郑　川
出版发行 中国农业大学出版社
社　　址 北京市海淀区圆明园西路 2 号　　**邮政编码** 100193
电　　话 发行部 010-62818525,8625　　**读者服务部** 010-62732336
编辑部 010-62732617,2618　　**出　版　部** 010-62733440
网　　址 http://www.caupress.cn　　**E-mail** cbsszs@cau.edu.cn
经　　销 新华书店
印　　刷 北京时代华都印刷有限公司
版　　次 2018 年 5 月第 1 版　2021 年 3 月第 3 次印刷
规　　格 889×1 194　16 开本　22.25 印张　610 千字
定　　价 59.00 元

图书如有质量问题本社发行部负责调换

普通高等教育风景园林/园林系列“十三五”规划教材编写指导委员会

（按姓氏拼音排序）

编写人员

主　编　陈教斌（西南大学/重庆人文科技学院）

参　编　（按照姓氏拼音为序）

陈　娟（西南民族大学）

杜　娟（云南农业大学）

高宇琼（铜仁学院）

雷　雯（昆明理工大学）

李　魁（云南农业大学）

刘柯三（西南林业大学）

盛　丽（重庆人文科技学院）

张淑娟（内蒙古民族大学）

出版说明

进入21世纪以来，随着我国城市化快速推进，城乡人居环境建设从内容到形式都在发生着巨大的变化，风景园林/园林产业在这巨大的变化中得到了迅猛发展，社会对风景园林/园林专业人才的要求越来越高、需求越来越大，这对风景园林/园林高等教育事业的发展起到巨大的促进和推动作用。2011年，风景园林学新增为国家一级学科，标志着我国风景园林学科教育和风景园林事业进入了一个新的发展阶段，也对我国风景园林学科高等教育提出了新的挑战、新的要求，也提供了新的发展机遇。

由于我国风景园林/园林高等教育事业发展的速度很快，办学规模迅速扩大，办学院校学科背景、资源优势、办学特色、培养目标不尽相同，使得各校在专业人才培养质量上存在差异。为此，2013年由高等学校风景园林学科专业教学指导委员会制定了《高等学校风景园林本科指导性专业规范（2013年版）》，该规范明确了风景园林本科专业人才所应掌握的专业知识点和技能，同时指出各地区高等院校可依据自身办学特点和地域特征，进行有特色的专业教育。

为实现高等学校风景园林学科专业教学指导委员会制定的规范目标，2015年7月中国农业大学出版社邀请西南地区开设风景园林/园林等相关专业的本科专业院校的专家教授齐聚四川农业大学，共同探讨了西南地区风景园林本科人才培养质量和特色等问题。为了促进西南地区院校本科教学质量的提高，满足社会对风景园林本科人才的需求，彰显西南地区风景园林教育特色，在达成广泛共识的基础上决定组织开展园林、风景园林西南地区特色教材建设工作。在专门成立的风景园林/园林西南地区特色教材编审指导委员会统一指导、规划和出版社的精心组织下，经过两年多的时间系列教材已经陆续出版。

该系列教材具有以下特点：

(1)以“专业规范”为依据。以风景园林/园林本科教学“专业规范”为依据对应专业知识点的基本要求组织确定教材内容和编写要求，努力体现各门课程教学与专业培养目标的内在联系性和教学要求，教材突出西南地区各学校的风景园林/园林专业培养目标和培养特点。

(2)突出西部地区专业特色。根据西部地区院校学科背景、资源优势、办学特色、培养目标以及文化历史渊源等，在内容要求上对接“专业规范”的基础上，努力体现西部地区风景园林/园林人才需求和培养特色。教材名称与课程名称相一致，教材内容、主要知识点与上课学时、教学大纲相适应。

(3)教学内容模块化。以风景园林人才培养的基本规律为主线，在保证教材内容的系统性、科学性、先进性的基础上，将专业知识编写板块化，满足不同学校、不同授课学时的需要。

(4)融入现代信息技术。风景园林/园林系列教材采用现代信息技术特别是二维码等数字技术，使得教材内容更加丰富，表现形式更加生动、灵活，教与学的关系更加密切，更加符合“90后”学生学习习惯特点，便于学生学习和接受。

(5)着力处理好4个关系。比较好地处理了理论知识体系与专业技能培养的关系、教学体系传承与创新的关系、教材常规体系与教材特色的关系、知识内容的包容性与突出知识重点的关系。

我们确信这套教材的出版必将为推动西南地区风景园林/园林本科教学起到应有的积极作用。

编写指导委员会

2017.3

前 言

在园林史的教学过程中，师生们有一个总的印象就是不容易找到一本合适的教材。原因主要有两个方面：一是每个学校的课程设置的课时和教学内容有所不同，课时从 32 到 80 不等，教学内容有的比较注重西方部分，有的只教中国部分，有的是中西分成两门课来教学；二是市场上的教材丰富多样，作者的写作出发点不同，针对的专业也有所差异。应教学改革的要求，现在许多院校有把课时尽量缩短，学习的主动性和时间尽量交给同学们的趋势，园林史的教学就需要内容结构比较齐全，而叙述深度要有所控制的教材，即内容有中有西、包括有日本、印度、非洲、美洲、东南亚等一些国家园林历史介绍，而字数不要过多的教材。本教材即想达到这样的目的。

为适合现代学生的学习习惯，本书的结构有所创新，每个章节有课前引导，教学要求，教学的知识点、重点、难点，方便老师和同学们在有限的课堂内把重要的知识掌握。每个章节后面有参考链接和课后延伸，便于同学们课后继续深入学习。

本书的编写分工是：第一章、第九章由西南大学/重庆人文科技学院陈教斌老师完成，第二章由西南林业大学刘柯三老师完成，第三章、第四章由云南农业大学李甦老师完成，第六、七、八章由铜仁学院高宇琼老师完成，第十章由昆明理工大学雷雯老师、重庆人文科技学院盛丽老师完成，第五章、第十一章、十二章由云南农业大学杜娟老师完成，第十三章由内蒙古民族大学张淑娟老师完成，第十四章、第十五章由西南民族大学陈娟老师完成。全书由陈教斌老师统稿，重庆人文科技学院盛丽老师在审稿方面做了很多工作。

任何一本教材都很难跟上时代的步伐，本书也是一样，愿望是美好的，但在编写的过程中难免出现一些错漏的地方。书中参考了许多当今市场上出版的教材的优秀成果，不能一一列出，在此对作者深表谢意！此外，园林史是一个浩瀚的知识殿堂，我们编写老师的知识结构和学校背景也有所差异，因此不足与错误在所难免，希望专家学者批评指正！

陈教斌

2017 年于西南大学 33 教学楼同庆楼 701 室

目　录

上篇　中外园林史总说

中篇　外国园林史

下篇 中国园林史

上篇

中外园林史总说

第一章 中外园林史概述

课前引导

本章主要讲解园林史的学习意义、园林史的研究现状和中外园林的体系、发展阶段和园林类型。针对不同层次和类型的学生学习意义会有所不同，甚至不同院校不同系科的学生也会有所差异，但总的来说是要让学生了解这门课的主要学习目的、目前园林史的主要研究动态趋势、中外园林体系架构、中外园林发展的主要历程以及中外园林的主要类型及其分类方式，使同学们对该门课程有个整体的初步印象，并设法激发大家的学习热情和兴趣。

教学要求

知识点：园林史的学习意义、研究现状；欧洲园林体系；伊斯兰园林体系；东方园林体系；现代主义园林；生态主义园林；极简主义园林；大地景观；后现代主义园林；解构主义园林；批判地域主义园林；中外园林的发展阶段；园林的类型。

重点：中外园林的发展阶段。

难点：中外园林的类型。

建议课时：2 学时。

第一节　学习园林史的意义

园林史是研究世界主要国家和地区园林发展的历史，考察园林内容、形式的演变，总结造园实践经验，探讨园林理论遗产以及与其相关的园林事件和文化等的学科，是为专业学习打基础的一门课程。世界园林产生的历史背景，园林与当时自然地理、社会经济、科学技术、文化艺术等发展演变的进程不同。要熟悉不同国家和地区的各个历史时期园林创作的实例与人物，掌握园林代表作品及其特征、要素及艺术手法，要求我们必须具备历史、文学、艺术、建筑、植物、工程、生态、法规等各种综合知识。

提到学习园林史的意义，很多人会认为继承和发扬中外园林的优秀传统，利用传统为现代园林规划和设计服务是最主要的目的。传承和发扬传统，就是要去粗取精、去伪存真，取其精华、去其糟粕，要用现代人的眼光重新审视传统，在保留传统的合理性与必要性的基础上，赋予传统以时代精神和现实意义。研究园林史，可以把握中外园林发展的脉络，把握中外园林发展的规律与趋势，并从中受到启发，对未来的设计与发展趋势起到积极预测及引导作用，培养自己未来设计生涯高度的独立发展意识。就像我们写文章一开始都会阅读名著一样，这是一个知识积累的过程。哲人说过：学史而明智，知史而明今。了解历史，方能预测未来，才能进步。

周维权在《中国古典园林史》的自序中讲到，写历史的目的不仅是为了缅怀过去而弘扬以往的辉煌业绩，更重要的在于揭示发展规律而烛照未来。如果对园林体系的发展规律有一个比较全面、完整的了解，那么在创造新园林的过程中就可以较为自觉地把握传统与创新的源流关系，明确哪些应该扬弃否定，哪些能够继承发展，从而避免盲目性和片面性。南京林业大学风景园林学院风景园林系杨云峰老师认为，园林史是园林规划设计专业的核心课程

之一，他告诉同学们如果要学好园林专业，必须“读破园林史”。他认为园林史总结的是造园思想和实践发生、发展、兴衰的演变史。学习园林史，应该透过历史上纷杂的园林作品、潮流的表象去探究背后的政治、经济、文化的发展史。任何园林形式实际上都是这三股力量相互制约、相互影响后在物质层面形成的一个结果。“以古为镜，可以知兴替”，前人在几千年积累下来的传统、经验以及走过的弯路，都是我们的宝贵财富。学习历史，可以在历史长河中找准我们的坐标和方向。不学园林史，怎能知晓园林行业在历史中的沉沉浮浮？不学园林史，怎能理解西方也曾如我们今天一样，大肆崇“东”媚“中”？不学园林史，怎能明晰园林艺术与根植于人性深处的思维方式之间的关系？

风景园林新青年的志愿者崔庆伟在采访美国德克萨斯大学 Mirka Beneš 教授时问：“我发现在中国似乎存在这样一种现象：一些风景园林专业的学生与设计师并不十分重视历史知识，尤其是中国古典园林知识。其原因或许是我们不知道如何从历史中学习设计知识。您如何看待这一现象，能否就如何学习历史给我们一些建议？”Mirka Beneš 教授说：“我认为历史作品具有很大的价值，同时也对我的学生强调这一点。他们有些人对过去的作品感兴趣，也有很多人不是这样，而是更喜欢今天所应用的现代语言。我认为历史重要是因为传统的设计语言为学生提供了研究的先例与样本，探讨各种设计要素是如何组合在一起的——这就是我所谓的排演(Rehearsal)概念，学习研究设计的各要素和语境是如何组合在一起的。这意味着，当审视一个处在特定艺术与文化传统的景观作品的时候，我们需要观察这个作品是如何生成的，其设计语言是如何进化的。而这也使我们更加明确它们是如何在语境中合成为一个整体的模型的。今天的风景园林是非常综合的，涉及艺术、技术、物质材料、概念、社会等等。因此，考虑到历史的距离问题，早期传统的历史与我们分隔较久，而以它们的方式进行观察会更容易一些。对于你所谈到的这个现象，我认为对于中国学生来说一个很好的方法是手绘一些古典园林。如果他们能够画出来，通过绘制使他们理解基本的历史设计语言是什么，以及那个时期的语境是怎样的。同时，我认为了解这些历史作品的社会背景也非常关键的。我刚才使用了排演的概念——排演一下这些历史作品是如何组织在一起的。当你了解了它们的社会背景，使用它们的人是怎样的，以及当时更大范围基础设施的情况是怎样的——在历史上这是关于过程的，而今天同样如此。”

总结以上的观点，我们认为，学习园林史一方面可以有助于人们了解世界上主要国家园林的产生、发展和变化的规律，探寻其背后的历史背景，为自己的专业学习打下一定的基础；另一方面可以帮助我们在园内国林创新的活动中自觉地把握传统和创新的关系，避免盲目性。还可以通过学习园林历史，来预测园林的未来，找到自己发展的方向。

第二节　园林史研究现状

目前，园林史的研究通常是从全世界或从东西方或者从某个地区或国家的角度出发进行研究的。从全世界的角度研究的主要有英国的汤姆·特纳(Tom Turner)的《世界园林史》，介绍公元前 2000 年到公元 2000 年的园林历史，主要从哲学和艺术的角度研究。Georrrey Jellicoe 和 Susan Jellicoe 合著的《图解人类景观——环境塑造史论》，介绍从史前到 17 世纪末不同文化背景下景观的发展和演替。Elizabeth Barlow Rogers 所著的《世界景观设计——文化与建筑的历程》从文化和历史的角度探究了世界各地大地景观艺术的思想根源。张祖刚的《世界园林发展概论——走向自然的世界园林史图说》通过中外 100 个造园实例阐述公元前 3000 年至公元 2000 年世界园林发展的历史。吴家骅的《环境设计史纲》则是将“环境设计”纳入历史、政治、经济、社会、人文、艺术等背景中研究。周向频的《中外园林史》是从横向的角度论述公元前 5000 年到现代公元 1900 年的园林历史，跳出了以地区或国家为中心的单线论述，是以园林的性质为线索分类来写作的。(美)伊丽莎白·伯顿、奇普·沙利文著，肖蓉、李哲译的《图解景观设计史》，以图画的方式描绘了世界范围内的造园活动及其背景。张健的《中外造园史》

则分中国和外国两部分，而外国部分包含了欧、亚、非等区域的园林历史。其他还有朱淳的《景观设计史》等，均是从世界的角度来叙述园林的起源、变迁和发展的。

除了以上的研究视角，还有单独从中国或者西方的角度研究的专家和著作。从中国的角度研究的，自新中国成立以来就有很多的著作，本书因篇幅的限制，只列出主要的作者和著作名：陈从周的《苏州园林》《园林谈丛》《扬州园林》《说园》等，陈从周、蒋启霆的《园综》，童寯的《江南园林志》，刘敦桢的《苏州古典园林》，刘叙杰的《园林巧异：建筑历史与理论》，陈植、张公弛、陈从周等合著的《中国历代名园记选注》，朱江的《扬州园林品赏录》，程兆熊的《中华园艺史》，张家骥的《中国造园史》《中国造园论》，汪菊渊的《中国古代园林史》，汉宝德的《物象与心境：中国的园林》，周维权的《中国古典园林史》，吴功正的《六朝园林》，杨鸿勋的《江南园林论》，曾宇、王乃香的《巴蜀园林艺术》，刘庭峰的《岭南园林：海南广西香港澳门园林》，潘谷西的《江南理景艺术》，陆琦的《岭南园林艺术》，王其筠的《画境诗情：中国古代园林史》《图说中国古典园林史》，罗哲文等的《中国名园》，刘先觉、潘谷西的《江南园林图录》，彭一刚的《中国古典园林分析》，安怀起的《中国园林史》，王毅的《中国园林文化史》等等。以上著作主要从全国、某个区域或某个城市来介绍和论述园林历史和艺术。

从西方的角度研究的专家和著作主要有：（日）针之谷钟吉著，邹洪灿译的《西方造园变迁史：从伊甸园到天然公园》，郦芷若、朱建宁的《西方园林》，朱建宁的《西方园林》，张志华的《外国造园艺术》，陈新等的《美国风景园林》等。以上著作主要研究欧洲和西亚、非洲、美国等主要国家和地区的园林历史。

第三节　中外园林体系

一、古代园林体系

古代园林体系的形成主要受自然地理、政治经济、宗教文化、民族风俗等多方面因素的影响。从历史的角度看，世界园林的体系主要是按地域文化格局来分类的，它们是欧洲园林体系、伊斯兰园林体系和东方园林体系。

（一）欧洲园林体系

欧洲园林体系以意大利、法国和英国为代表，18世纪以前主要是以规则式园林为主，强调园林空间布局的层次感（图 1-1）。欧洲园林体系的中心在地中海沿岸，是一种开放、传承与创新并举的风格。从早期的古代埃及、古巴比伦造园中汲取元素，以古希腊、古罗马园林为起源，发展至中世纪的城堡园林和寺院园林，到后来的文艺复兴意大利的台地园、法国的古典主义园林和英国的自然风景园，对美国殖民时期的园林和现代园林的发展也起着重要的影响，是一种理性、有序、规则、宏伟的园林艺术风格。

图 1-1　法国规则式园林

（二）伊斯兰园林体系

伊斯兰园林体系主要是指西亚的古代波斯及其影响下的中东地区，古代西班牙以及古代印度等国家和地区的园林风格。伊斯兰园林最早发源于美索不达米亚（Mesopotamia）平原地区始于对阿拉伯早期农业的模仿，古巴比伦的猎苑，古埃及的圣苑、墓园以及古代波斯的天堂园，均是受古代宗教特别是伊斯兰宗教文化影响的园林形式。其主要采取规则的水渠、对称的构图、整齐的栽植等造园手法，是人们心目中天国花园的象征，是一种内敛、沉静的园林（图 1-2）。它们有严整的十字形格局，用十字形水渠或园路把庭院划分为 4 部分；交叉处是全园的中

心，设置喷泉或凉亭；种植高大的庭荫树，花坛边上整齐地种植镶边绿篱植物。

图 1-2　伊斯兰园林

(三)东方园林体系

东方园林体系主要是以中国为代表，影响到日本、朝鲜、东南亚等地区的园林风格，是一种以自然式园林为主、精致典雅、意境深远的园林形式。中国园林主要包括皇家园林、私家园林和寺观园林 3 种类型，追求模仿自然、达到“虽有人作，宛自天开”的艺术境界。中国古代园林是一种集建筑、山水、植物、书画、小品、诗文等多种要素为一体的综合艺术。也是一种内向型的园林，折射出中国人的自然观、人生观(图 1-3)。日本古典园林主要有枯山水(图 1-4)、池泉园、筑山庭、平庭、茶庭等形式，通过飞石、石灯笼、水手钵等多种要素营造一种简朴、宁静、浓缩的至美境界。

图 1-3　中国私家园林

图 1-4　日本枯山水园林

二、现代园林思潮

18 世纪中叶，英国中产阶级兴起，工业革命带来了技术、社会、文化等方面的巨大变化。园林方面，英国部分皇家园林向大众开放，随即其他欧洲国家竞相效仿，开始建设适合城市居民的开放型园林。19 世纪 20 年代在艺术领域出现了“现代主义运动”，“现代园林”也随之产生，出现了与传统园林在理念、审美和语言等不同的新的现代园林思潮与运动。它们主要是美国城市公园运动、工艺美术运动和新艺术运动、巴黎国际现代工艺美术展、哈佛革命、现代主义、生态主义、极简主义、大地景观、后现代主义、解构主义以及批判地域主义等。

(一)现代主义

现代主义受现代艺术的影响深远，现代艺术的开端是马蒂斯(Henri Matisse)开创的野兽派，追求更加主观和强烈的艺术表现，对西方现代艺术产生了深远的影响，提倡采用简洁的线条，几何形体的变化和明亮的色彩。在园林方面表现为自由的平面与空间布局、简洁明快的风格、丰富的设计手法(图 1-5)。第二次世界大战以后，现代主义在全世界传播开来，出现了劳伦斯·哈普林(Lawrence Halprin)、盖瑞特·埃克博(Garrett Eckbo)、托马斯·丘奇(Thomas Church)、罗伯特·布雷·马克思(Roberto Burle Marx)等一批现代主义园林设计大师。

图 1-5　现代主义园林——唐纳花园

(二)生态主义

1969 年,美国宾夕法尼亚大学为麦克哈格(Lan McHarg)出版了《设计结合自然》(Design with Nature)一书,提出了综合性生态规划思想。20 世纪 70 年代以后,受其影响,生态主义成为园林设计中一个普遍的原则。

(三)极简主义

极简主义(Minimalism)产生于 20 世纪 60 年代,是一种追求抽象、简化、几何秩序的设计风格。在园林形式上追求极度简化,用单纯的材料和几何形式控制大尺度的空间。主要的代表人物和作品有彼得·沃克的美国福特·沃斯市的伯纳特公园(Burnett Park)(图 1-6)和玛萨·舒瓦茨(Martha Schwartz)美国亚特兰大市的瑞欧购物中心庭院(Rio Shopping Center)等。

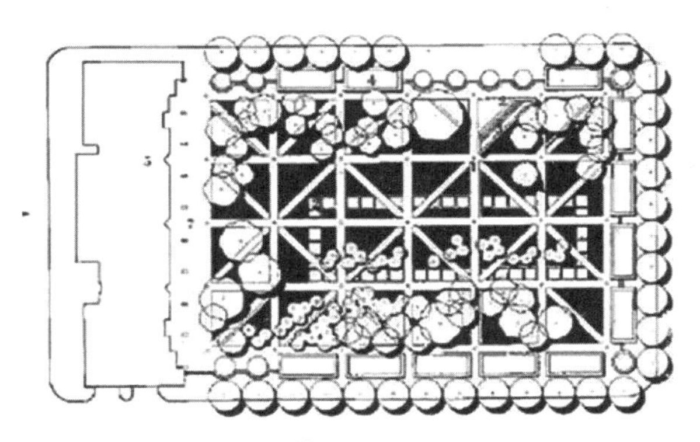

图 1-6　美国德州伯纳特公园平面图

(四)大地景观

1960 年至 1970 年,一些艺术家特别是雕塑家走出画廊,以牧场或荒漠等为媒介,创造出超人尺度的雕塑景观,因此产生了"大地景观",亦称"大地艺术"(Land Arts)(图 1-7)。代表人物和作品有史密森(R. Smithson)的《螺旋形防坡堤》(Spiral Jetty)、瓦尔特·德·玛利亚(Walter de Maria)的《闪电的原野》(The Lightning Field)以及克里斯多(Christo)的《流动的围篱》(Running Fence)等。

图 1-7　大地景观——螺旋形防坡堤

(五)后现代主义

20 世纪 80 年代以来,后现代主义(Postmodernism)思潮出现,它是现代主义的继续和超越,与现代主义的简朴、秩序、统一与整齐不同,后现代主义强调复杂性、多样性和差异化。因此,历史主义、复古主义、折中主义、文脉主义、隐喻与象征、诙谐与讽刺等成了园林设计师常用的手法。代表性的作品有阿兰·普罗沃(Alain Provost)设计的法国巴黎的雪铁龙公园(Andre Citroen Park)(图 1-8)。

图 1-8　法国安德烈雪铁龙公园

(六)解构主义

解构主义(Deconstructivism)是20世纪80年代由法国哲学家雅克·德里达提出的。采用歪曲、错位、变形的手法,反对统一和谐,反对形式和功能、结构、经济之间的有机联系,制造一种不安感。弗兰克·盖里(Frank Gehry)、伯纳德·屈米(Bernard Tschumi)和彼德·埃森曼(Peter Eisenman)等都是解构主义的代表人物。其中屈米设计的法国巴黎的拉维莱特公园(Parc de la Villette)是充满解构主义色彩的景观佳作,采用点线面的分解与组合、穿插和重叠,形成新的景观秩序和体系(图1-9)。

图1-9　法国拉维莱特公园

(七)批判地域主义

传统意义上的地域主义是指吸收本地区民族、民俗的风格,体现出一定地方特色的设计思潮。而批判性地域主义则是基于特定的地域自然特征、建构地域的文化精神和采用适宜技术经济条件建造的景观建筑。使用地方和场所的特殊性要素来对现代主义所强调的同一性和统一性加以弥补,改善和修复全球文化的影响和冲击。在园林领域,野口勇(Isamu Noguchi)与雕塑结合的园林、瑞卡多·雷可瑞塔(Ricardo kgorreta)设计的珀欣广场(Pershing Square)以及马里奥·谢赫楠(Mario Schjetnan)的园林作品都带有批判的地域主义色彩。

第四节　中外园林发展阶段

一、园林孕育阶段

园林的孕育阶段主要是指原始文明和奴隶社会前期的园林发展阶段。这时期的园林还未真正出现,人们主要靠狩猎和采集生活,被动地依赖大自然,因此,在中国主要有苑、囿、圃等形式出现,在世界范围内也只是出现萌芽时期的雏形,如"果、木、蔬、圃"等形式,此时的园林主要是以生产为目的的。

二、古典园林阶段

古典园林阶段主要是指奴隶社会后期和封建社会的园林发展阶段,也称农业文明阶段。中国从商、周、秦、汉到明清时期均为古典园林阶段,这个时期出现了各种类型的园林形式。世界范围内也出现了多样的造园流派,造园的要素大多为山石、水体、建筑、植物、小品等。园林主要是为统治阶级、士大夫或贵族服务的。

三、近现代园林阶段

近代园林阶段也称工业文明阶段。主要是资本主义的工业革命带来生产力和人们的思想观念的发展变化,园林由私人向公共转化、由封闭向开放转化、由视觉效益向社会效益转化。其目的主要是改善人居环境。

四、生态园林阶段

生态园林阶段是20世纪60～80年代,由于现代工业革命的发展,导致一系列的生态问题,引起人们对自然和自身的更加关注。相当数量的设计师以环境保护者的身份参与到景观设计的理论和实践中,期望通过生态学的研究和应用,使自然系统恢复生态的良性循环,重塑良好稳定的自然环境并得到可持续的发展。

五、多元并存阶段

多元并存阶段是自新千年以来，随着网络时代的到来、信息社会的进一步发展，世界变成了“地球村”，世界文化互相借鉴、互相包容的阶段。在造园方面，人们在接受以往先进的造园经验基础上又要凸显各民族的地域文化和个性特征，因此出现造园风格兼容并蓄并朝着多元化的美学评价的局面发展。

第五节　中外园林类型

一、外国园林的类型

(一)按地域或国家分类

在此前的园林史的研究现状中提到过，园林史的研究有几种线索，其中以地域和国家的线索即是一种方式。那么园林的分类也有几种方式，其中最常见的就是按地域或国家分类的方式。从国外来看，地域方面可以分东方园林、西方园林等。从国家来分有意大利(台地园)、英国(自然风景园)、中国(自然山水园)、日本(枯山水)等。

(二)以历史和园林事件分类

在历史上，出现过许多代表性的造园运动和思想，因此园林的分类也通常按照这种园林的事件来分。例如近现代园林中的哈佛革命、加州花园、现代主义、后现代主义、大地景观、生态主义、极简主义、解构主义、批判地域主义等。

二、中国园林的类型

中国园林按照不同的方式可分为不同的类型，主要有4种分类方式(表1-1)。

表1-1　中国园林的类型

分类方式	类型
按园林基址的选择和开发方式分类	人工山水园、自然山水园
按照园林的隶属关系分类	皇家园林、私家园林、寺观园林
按非主流园林分类	衙署园林、公馆园林、书院园林、茶楼酒肆、祠堂园林
按地域划分类	江南园林、北方园林、岭南园林、西域园林、巴蜀园林

参考链接

[1]王向荣，等．西方现代景观设计的理论与实践[M]．北京：中国建筑出版社，2002.7.

[2]周向频．中外园林史[M]．北京：中国建材工业出版社，2014.12.

[3]谷康，等．园林设计初步[M]．南京：东南大学出版社，2003.9.

[4]沈守云．现代景观设计思潮[M]．武汉：华中科技大学出版社，2009.

课后延伸

1.阅读周维权的《中国古典园林史》，了解我国古代园林的主要阶段和每个阶段的主要园林类型和典型的案例。

2.阅读(日)针之谷钟吉(邹洪灿译)的《西方造园变迁史——从伊甸园到天然公园》，了解外国古代园林的主要阶段和每个阶段的主要园林类型和典型的案例。

3.阅读沈守云的《现代景观设计思潮》，了解现代园林的主要设计思潮和典型的案例。

4.思考园林史学习对于专业学习的重要意义。

中篇

外国园林史

第二章 外国古代园林

课前引导

本章主要介绍公元前 3000 年左右到公元 500 年之间的古代埃及、古西亚美索布达米亚(Mesopotamia)地区、古希腊、古罗马等古代园林历史,包括它们的自然环境、历史与园林文化背景、园林类型和实例、园林特征总结以及历史的借鉴等。该阶段正是园林的孕育阶段。

古埃及人是最早具有园林文化的民族之一,主要的园林形式有宅园、宫殿苑、圣苑(神庙)、墓园(陵墓)园林 4 种类型。代表的园林实例有埃及的阿美诺菲斯三世(Amenophis Ⅲ)时代大臣的贵族宅园,公元前 15 世纪埃及女王哈特舍普苏(Hatshepsut)的巴哈利(Bahari)神庙园林;戴尔—埃尔—巴哈利的陵墓园林。

古西亚美索布达米亚(Mesopotamia)地区的古巴比伦、古波斯也是古代园林发展最早的国家和地区,希腊人把位于底格里斯河和幼发拉底河之间的广阔平原地区命名为美索不达米亚,意为"两条河之间的大地"。公元前 625 年新巴比伦独立,新巴比伦王尼布甲尼撒二世建造了"空中花园(Hanging Garden)",该园成为古代世界七大奇迹之一,它对今日的造园有很大的启示作用。公元前 538 年波斯灭新巴比伦,公元前 525 年征服埃及,那时期波斯帝国十分强大,发展了波斯园林。

公元前 5 世纪,古希腊在希波战争中获胜,快速发展了自己的园林。以古希腊的圣地园林、德尔斐(Delphi)城的体育场、柏拉图(Plato)在雅典(Athens)城内的阿卡德莫斯(Academos)园地开设的学术园林构成了古希腊园林类型。

公元 1 世纪古罗马一度非常强盛,统治着欧洲北部、西部英国和西班牙,南部包括整个北非,东部达到小亚细亚和阿拉伯众多地区,此时的古罗马园林艺术相当发达,庞贝古城(Pompeii)、哈德良宫苑(Hadrians Villa)等在历史上有着重要的地位,被誉为欧洲文明的发源地,这促进了以后欧洲古典园林的发展。

古代各国园林发源各有不同的历史背景和自然条件,也有着各自不同的特点,但与其自身的自然条件、政治、经济、军事、科技、文化和宗教等息息相关。这一阶段的主要特点是:园林布局是规则式的,在围合的空间里布置园林的要素,如花草、树木、水景等,有很强的人工痕迹,一切都表现为一种人工的创造。古代园林的发展对后来中世纪园林、伊斯兰园林、意大利文艺复兴园林以及法国古典主义园林等的发展有着深远的影响。

教学要求

知识点:外国古代园林概述、古埃及园林、古巴比伦园林、古代波斯园林、古希腊园林、古罗马园林。

重点:

- 古埃及历史与园林文化背景,古埃及贵族宅园,陵墓园林与神庙园林。
- 古西亚历史与园林文化背景,新巴比伦"空中花园"与波斯的天堂园。
- 希腊历史与园林文化背景,圣林园林,公共园林，学术园林。

• 古罗马历史与园林文化背景，皇帝的宫苑园林，乡村别墅园林。

难点：古埃及、古西亚、古希腊、古罗马园林的主要特点。

建议课时：4 学时。

第一节 外国古代园林概述

距今大约 1 万年前，在亚洲和非洲的一些大河冲积平原和三角洲地区，原始农业得到长足发展，人类随之进入了以农耕为主的农业文明阶段。随着农业生产力的进一步发展，产生了城镇、国都和手工业、商业，从而使建筑技术不断提高，为大规模兴造园林提供了必要条件。在农业文明初期，古埃及出现了宫苑、圣林和金字塔，古希腊出现庭园、圣林和竞技场，古巴比伦出现了猎苑、圣苑和“空中花园”。我们将原始文明对园林的孕育到农业文明形成的这段时期的园林称为古代园林，它们包括古埃及园林、古西亚园林、古希腊园林、古罗马园林。

北非的古代埃及是人类文明最早的发祥地之一，很可能是人类历史上拥有最古老园林的国家之一。尼罗河的定期泛滥、南北温差大等自然地理条件对其园林的形成和特点有很大影响，公元前 11 世纪后，古埃及陷于长期动乱，进而是古西亚帝国亚述和波斯的入侵和统治。来自古王国时期开始不久的记载表明，园林艺术几乎伴随着整个古埃及国家的环境创造过程，古埃及在宗教、建筑、美术、天文、历法、数学、几何学、医学等方面的成就影响其园林的发展和走向。在国王和贵族的宫殿、住宅园林之外，陵墓园林和神庙园林可能在社会文化意义上具有更重要的地位。古埃及园林的类型主要有贵族宅园、宫苑园林、圣苑园林、墓园（灵园）4 种类型。其造园的选址大多位于尼罗河的沿岸及三角洲地带，园林布局一般在平地，有严谨的中轴线和规整的外形。因气候的原因，古埃及人运用水和树木营造宜人的环境。

古代西亚，一般指公元前 330 年左右开始的希腊化时代以前的两河流域、小亚细亚和波斯（今伊朗）高原上兴起的文化，其园林艺术可以由历史上两个比较著名的巴比伦王国与古波斯王国为代表。古巴比伦王国位于底格里斯河（Tigris）和幼发拉底河（Euphrates）之间的美索不达米亚（Mesopotamia）平原。这里雨量充沛、气候温和，分布着茂密的天然森林，美丽而富饶。从较早（约公元前 4000 年）的苏美尔人（Sumer）和阿卡德人（Akkad）建立了奴隶制国家，到阿利人（Amorite）建立巴比伦王国，后经历了赫梯（Hittite）、亚述（Assyria）、迦勒底（Chaldaea）等各个王国，到公元前 539 年，被波斯人（Persian）占领，发展了波斯乐园。波斯的园林是后来中亚、西亚伊斯兰园林艺术发展的重要源头。公元前 331 年，亚力山大大帝最终使巴比伦王国解体。古巴比伦园林的类型包括猎苑、圣苑、宫苑等，最为著名的就是尼布甲尼撒二世（Nebuchadnezzar Ⅱ）为其王妃建造的，被称为世界奇迹之一的“空中花园”（图 2-1）。两河流域茂密的天然森林，也塑造了以森林为主体、以自然风格为主的粗犷而实用的猎苑，最为著名的是亚述王蒂格拉思皮利泽一世（Tiglath pileser Ⅰ），约公元前 2000 年至公元前 1100 年所建的猎苑。波斯人对西方园林文化有一个很有意思的贡献：基督教《旧约圣经》中的“伊甸园”一词在《新约圣经》中几乎不再出现，而大量使用了源于波斯语的“乐园”一词。乐园是波斯人对自己园林的称谓，它后来在基督教中既可代称伊甸园，又可同天堂一词一样，形容一个美好的终极来世。而建立在土山之上的圣苑和宫苑以规则式设计，强调人工美。空中花园的建造，反映了当时先进的防水、灌溉、园艺和建筑结构的应用技术。

图 2-1 古巴比伦空中花园

古代希腊包括希腊半岛，地中海东部爱琴海(Aegean Sea)一带的岛屿、北面的马其顿(Macedonia)等，以及小亚细亚(Asia Minor)西部的沿海地区。典型的地中海气候，夏季炎热少雨，冬季温暖湿润。古希腊人信奉多神教，他们为众神编制了丰富多彩的神话。古希腊是欧洲文明的摇篮，从公元前2000年到公元前1200年左右出现了以克里特岛(Crete)和迈锡尼(Mycenae)为中心的米诺斯文化(Minoan Civilization)和迈锡尼文化(Mycenae Civilization)，统称为爱琴海文明。公元前800年至公元前400年左右的希腊，被马其顿(Macedon)的亚历山大大帝征服。公元前168年，罗马帝国(Roman Empire，公元前27年至公元476年)以武力征服了希腊。公元前5世纪希波战争，希腊取胜后园林得到了迅速的发展。古希腊的文化、艺术、宗教等对其园林的发展起着重要的影响。主要园林的类型包括宫苑、宅院、圣苑和公共园林(图2-2)。尤以圣林、体育场园林和学园而盛名。在《荷马史诗》(Homer's Epic)中便有关于圣林、庭院、花园和猎苑的描述。园林在布局形式方面也采用规则式以求与建筑相协调，认为美是有秩序、有规律、合乎比例、协调的整体，强调均衡稳定的规则式园林才能产生美感。虽然在形式上比较简单，却是后世一些欧洲园林类型的雏形，后世的体育公园、校园、寺庙园林等都留有古希腊园林的印迹。古希腊园林和文化艺术影响到古罗马、法国和印度等广阔的地理范围。

图2-2 古希腊园林

古罗马位于现今意大利中部的台伯河(Tiber River)下游地区，北起亚平宁山脉(Appennino)，南至半岛南端，版图曾扩大至欧、亚、非三大陆。意大利半岛是个多山的丘陵地区，只在山峦之间有少量平缓的谷地。典型的地中海气候，冬暖夏热，坡地凉爽。公元前509年，罗马人建立了奴隶制共和国，并开始建造罗马城。公元前190年征服希腊之后，继承和学习希腊园林文化的许多成就，古罗马人在大型建筑中运用了超越古希腊梁柱结构的拱券，带来更大、更丰富的建筑内部空间和外部造型，但作为一种装饰艺术风格接受了源自古希腊的柱式，并把它们发展得更为华美(图2-3)。罗马城最初只是帕拉丁山丘上的一座小城，在后来的发展中形成了以帕拉丁、卡比多丘、维利亚丘等山丘之间不规则的共和广场群为核心的大城市，除了皇家的宫殿、豪华别墅园林，也有了许多面向公民开放的绿地。许多草坡、树林可以供人散步、游赏。各种大规模宗教、纪念，以及社交、娱乐和文化设施的建造，也使城市中心地段的公共绿化增多了。古罗马城市住宅通常密集排列在街道两旁，富家住宅具有比较大的面积，其中一部分庭院空间形成了园林。一些大型住宅的庭院被扩大并加上了柱廊，成为廊院。随着廊院的出现，古罗马的城市住宅有了传统中庭、廊院、后花园三者兼有的各种组合形式。除柱廊园和公共园林外，着重发展了别墅庄园。历史上古罗马和文艺复兴时代常见的别墅一词，本指古罗马乡间农庄住宅，自然地同田园环境联系在一起，这种住宅到共和晚期发生了一些变化，并形成一种新的居住建筑概念，即别墅庄园。哈德良山庄是其中的代表作品，它是罗马帝国的繁荣与品位在建筑和园林上的集中表现(图2-4)。古罗马园林在选址上多选择台地。园林造景重视植物造型，花卉种植有专类植物园、花台、花池，有专门园丁管理，乔木种类繁多。后期盛行神话故事中的人物雕塑的运用对后世影响很大。罗马园林除了直接受希腊的影响外，还受古埃及和西亚的影响。古代罗马的园林对后世欧洲园林艺术的发展影响深远。

图 2-3 古罗马斗兽场

图 2-4 哈德良山庄

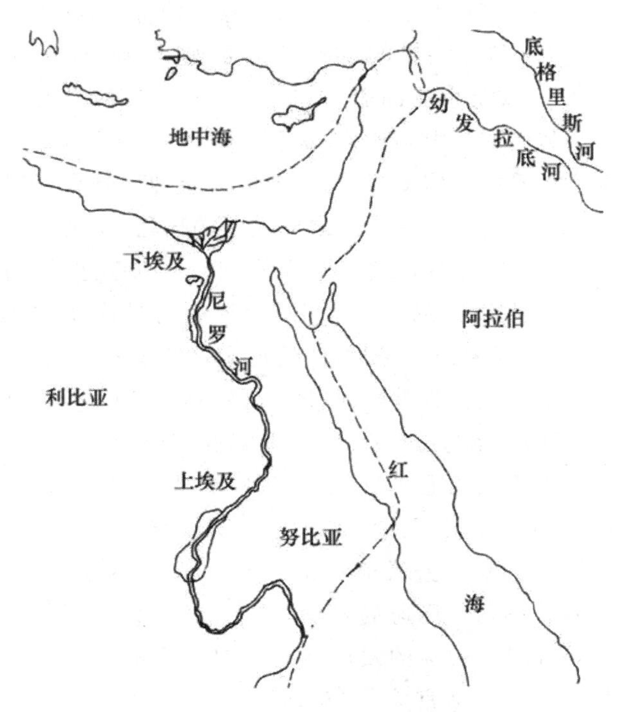

图 2-5 古埃及地图

第二节 古埃及园林（公元前 2000 年至公元前 1000 年）

一、背景介绍

（一）自然条件

1. 地理位置

埃及位于非洲大陆的东北部，古埃及地跨亚、非两大洲，位于非洲北部与苏伊士运河（Suez Canal）以东的西奈半岛（Sinai Peninsula），北临地中海（Mediterranear Sea），东邻红海（Red Sea），是欧、亚、非三大洲的交通要塞，尼罗河上游的大部分地区称上埃及地区，下游则称为下埃及地区（图 2-5）。尼罗河（Nile）由南向北流经埃及境内，构成狭长的河谷地带，两岸是陡峭的岩壁，下游呈扇形散开，形成河流冲积而成三角洲。古埃及的主要城市和园林建筑活动，就在尼罗河两岸开展开来。

2. 地形特征

古代埃及国土面积 96％以上均为沙漠，全境地势平坦，景色单调。西部的利比亚沙漠区是撒哈拉沙漠的东北部分呈自南向北倾斜的高原状。尼罗河谷地及三角洲地区地表平坦。西奈半岛大部分为沙漠，南部为山地，北部地势平缓，地中海沿岸多沙丘。

3. 气候状况

尼罗河从南到北纵穿其境，埃及南部属热带沙漠气候，全年干燥少雨，日照强度很大，森林稀少，温差较大，冬季温暖，夏季酷热。尼罗河的定期泛滥，使两岸河谷及下游三角洲成为肥沃的良田。尼罗河三角洲和北部沿海地区属亚热带地中海气候，相对温暖。温差较大的气候特点对古埃及园林的形成及特色影响显著。

（二）历史背景

古埃及是文明古国之一。约公元前 3100 年，南方的美尼斯统一了上、下埃及，开创了法老专制政体，经历前王国时代、古王国时代、中王国时代、新王国时代，经历了 18 个王朝，一度国力强盛，后因战乱而衰退。

前王朝时代（约公元前 3100 年至公元前 686 年），发明了象形文字。从古王国时代（约公元前 2686 年至公元前 2034 年）开始，埃及出现种植果木、蔬菜和葡萄的实用园，与此同时，供奉太阳神的神庙园、崇拜祖先的金字塔陵园、奴隶主居住的宅园出现了，成为古埃及园林形成的标志；中王国时代（约公元前 2033 年至公元前 1568 年）的中上期，重新统一埃及的底比斯贵族重视灌溉农业，大兴宫殿、神庙及陵寝建筑，使埃及再现繁荣昌盛气象；新王国时代（约公元前 1567 年至公元前 1085 年）的埃及国力曾经十分强盛，埃及园林也进入繁荣阶段；为了保护农业的灌溉和园林植物的用水，水渠设计为直线型以减少水的蒸发和渗漏。园林中最初植物的种类多为具有食用价值的无花果、枣、葡萄等果树，同时还种植一些埃及榕、棕榈，后来又引进了黄槐、石榴等乡土树种。

古埃及后又由马其顿的亚历山大三世大帝（Alexander Ⅲ the Great，于公元前 356 年至公元前 323 年）统一并建立了王国，托勒密·索特尔一世（Ptolemy Ⅰ Soter），约公元前 367 年至公元前 283 年建立了托勒密王朝，后来由古罗马和古阿拉伯占领和征服。苏美尔人和埃及人的文明，是人类历史上的第一个高度文明。埃及文明持续的时间比任何其他时代的文明都长。埃及编年简史见表 2-1。

表 2-1　埃及编年简史

时间（年）		王朝名称	事件
公元前 4000 年前			出现了最早的国家
前王国时代	公元前 3100 年	第一王朝	美尼斯（Menes）统一了上、下埃及，开创了法老专制政体，出现并使用象形文字
古王国时代	约公元前 2686 年至公元前 2181 年	第三至六王朝	金字塔建筑风行，被称为“金字塔时代”，第五王朝开始修建太阳神庙
	约公元前 2181 年至前 2034 年	第七至十王朝	古代埃及战乱频繁，导致国家的分裂
中王国时代	公元前 2033 年至公元前 1786 年	第十一王朝至第十二王朝	公元前 2040 年，底比斯（Thebes）的统治者重新统一了上、下埃及
	约公元前 1786 年至公元前 1568 年	第十三至十七王朝	战乱再度频繁
新王国时代	约公元前 1567 年至公元前 1085 年	第十八王朝	国力一度十分强盛，此后因战乱走向衰退。
	公元前 332 年		马其顿的亚历山大三世大帝（Alexamder Ⅲ the Great，公元前 356 年至公元前 323 年），结束了 3000 年的“法老时代”
	公元前 305 年至公元前 30 年		托勒密·索特尔一世（Ptolemy Ⅰ Soter，公元前 367 年至公元前 283 年）建立了托勒密王朝，古埃及文化与古希腊文化相互影响和渗透而得到很大发展
	公元前 30 年		被古罗马征服，成为隶属古罗马帝国的 3 个省
	公元 640 年		被古代阿拉伯人占领，以后逐渐成为古阿拉伯世界东部的政治、经济和文化中心

1. 古埃及的宗教、信仰

古埃及通过宗教来解释这个世界，神的领域和日常智领域之间几乎没有差别。一些神象征着抽象概念，一些神象征着自然特征，还有一些神象征着自然力量。大部分神彼此之间具有共同的能力和特征。古埃及的宗教与尼罗河有着密切的关系，人们认为尼罗河的定期泛滥是因为有某种神的力量在控制，因此，法老的任务是维护玛特（"Ma'at"）正义女神，"Ma'at"被解释成秩序、真理和公平，他的责任因此扩展到包括我们现在所认知的社会、自然和宗教。例如，他们开始信奉努恩神（Nun）、哈比神（Habi）和奥西里斯神（Osiris）等多种神教。古埃及人最信奉的神为太阳神，境内多处修建太阳神庙。这些神的信奉大多源于原始社会的图腾。

古埃及宗教一个基本的思想中心是相信人死后不朽和有来世观念，他们认为生命在他们的坟墓中可以再生。早在新王国时期一座墓室里的铭刻这样记载着："原来喜欢走动的人现在被禁锢着；原来喜欢穿戴盛装的人现在则穿着旧衣服沉睡；原来喜欢喝水现在置身于没有水的地方；原来富有的人现在来到了永恒与黑暗的境界。"这种对死的恐惧，对生的依恋，在埃及特殊的地理环境中更为突出。古埃及人希望死后复生，继续享受人间的快乐，惧怕一死就永远睡下去，再不能醒来回到快乐的人世。这种矛盾的心理在他们的宗教生活中有充分的反映。他们生前就着手建造墓室，购置棺材，雕刻墓壁，为亡故者举行各种仪式，这些都是为了让人死后能有一个安居地，以便复活后能同前世一样吃喝玩乐。雄伟的金字塔、庄严的神庙、庞大的雕像、深入山坡的墓室、精心制作的木乃伊以及护身符等，都是古埃及人渴望灵魂不灭，追求死后复活的产物。他们深信这些都能保证死人平安地在亡者的世界里过上新生活，那是一种和这个世界很相似的生活。

在古埃及人的信仰中，一个人死后要得到永生，他在世时的行为必须合乎"玛特"（公理、秩序之意）的规范。死者的亡灵会被狼头人身的木乃伊之神阿纽比斯带到玛特女神之前，将死者的心脏（古埃及人认为思想、意识在心脏进行）放在天平的一边，另一边是象征"玛特"的羽毛。如果死者作恶太多，心脏会太重而下沉，便不能复活。换句话说，就是经不起复活之神的考验，是很悲惨的。这种人必然永久躺在坟墓里，在那儿不但永远不见天日，受着饥渴的煎熬，而且还会被等在旁边的怪兽阿穆特（头是鳄鱼，上半身是狮子，下半身是河马）吃掉，从此不得超生。罪过小的则必须一一忏悔，以求获得宽恕。审判的结果由鹭鸶或狒狒化身的智能之神托特（Thoth）记录。通过这个审判后，死者的亡灵在鹰头人身的贺鲁斯引导下，前往朝拜复活之神欧西里斯，由欧西里斯赐予永生，成为"阿卡"。不过，据说祭司有办法可以帮助死者解脱上述的困境。他们的办法，其一是尽量将饮料、食物及奴仆置于墓中，使死者无饥渴劳累之苦；其二是在墓中放一些神所爱、鬼所怕的东西，如鱼、鹰、蛇、圣甲虫等——埃及人认为它们乃是灵魂的代表；其三是购买"死者之书"——由祭司以水草纸做成的，据说有取悦甚至蒙混欧西里斯大神之功效。

2. 建筑

即使不研究历史的人也会知道，在很久以前埃及就修建了金字塔，那些让人修建金字塔的统治者被称为法老。直至今日，我们仍然在这些4500年前的建筑面前惊异不已。金字塔是埋葬法老的身份象征。金字塔越来越高，越来越雄伟，这就是法老相互攀比的证明。最大金字塔的建造者是公元前2500年统治埃及的胡夫法老。他登基伊始，还是个年轻人，就开始让人设计修建他的陵墓。由于修建陵墓的地方吉萨，周围只有沙漠，所以必须从遥远的采石场运来石料，总数大约有200万块，每块最大达3 t重。它们被从采石场拖到尼罗河边，然后用船运往吉萨。从尼罗河河畔到修金字塔的工地之间必须先修一条道路，光是修路就用了10年时间。金字塔的修建持续了23年之久。古埃及人最伟大的成就就是用不朽的石头建造成金字塔、太阳神庙与圣殿（图2-6）。其中，金字塔同古埃及人的宗教信仰密切相关，神庙建筑则与天文学有着直接的关系，而圣殿则与古埃及奴隶主们为了坐享奴隶们创造的劳动果实，一味追求荒诞的享乐方式有关系。

图 2-6 埃及金字塔

3. 测量学

埃及全境干旱少雨、气温较高的特点使埃及人集中居住在尼罗河两岸的流灌区。因此，在与干旱的沙漠形成鲜明对照的这片尼罗河养育的丰饶河谷地带上，也诞生了历史上最为灿烂的古代文明之一。每年在 7 月前后，非洲内陆开始降雨，从而引发尼罗河的洪水泛滥。洪水退后，沿岸的耕地上留下一层湿润肥沃的黑色淤泥，十分有利于农业生产，由于农业灌溉需要进行土地规划，对园以及金字塔、神庙的精确形体、方位和水平等要求，促进了数学、几何学和测量学的发展，为此后古埃及园林的发展奠定了一定的基础。

4. 美术

美术一直被认为是古埃及文明的一个重要组成部分。由于王权神化，法老代表玛特女神主持着国家的公平和正义，并利用艺术向人民炫耀自己的权威。君主和诸神的形象个个显得威武雄壮。大部分雕像并非真实的写照，其个人特征仅表现在所刻的姓氏上。古埃及人相信有永恒的来世生活存在，所以尽力设法使他们的冥世生活得以过好。艺术和宗教的发展都围绕着冥府世界，而现世的今天则成了对来世向往的印证。埃及人把稀世的珍宝、雕像和绘画精品封固在墓穴之中看来似乎奇怪，然而事实上这是有道理的。他们制丧葬品不为取悦公众，而是从实用观念出发。对埃及人来讲，艺术作品所表现的形象具有神力作用。墓壁上装饰的绘画和浮雕常刻画有食物和娱乐场面。据说，在冥界这些形象在得到神的赐福后能获得生命。它们的神力则是通过艺术语言来表现的。

二、园林类型与实例

古埃及是尼罗河的赠礼。定期泛滥的尼罗河为狭长的流域带来肥沃的土壤。大约在 9000 年前，最早来这里定居的古埃及人开创了农业文明。自然的孕育和人类的劳作，共同造就了尼罗河谷生机盎然的风景：在河边的湿地、池塘中生长着纸莎草、芦苇和荷花，高一些的地方有埃及榕、棕榈、椰枣树丛。随着农业文明的发展，人们在它们之间开垦出农田，并修建了许多水渠用来灌溉。从古埃及坟墓绘画，可以看出轴线式的园林景观，园林规划都呈对称形式排列，这反映出古埃及的秩序感。古埃及人崇尚永恒、稳定、规则、荫蔽、湿润的环境，仿佛任何建筑都要像金字塔一样，要用最少的线条构成最稳固、最崇高的形象。来自古王国时期的壁画的记载表明，古埃及园林艺术几乎伴随着整个古埃及国家的环境创造过程，如景观形式中的林荫路、葡萄架和水池在园林的每一侧都是重复的，规矩而对称的。埃及园林中有围墙可以防止干热风，树木提供荫凉和水果，水渠可以灌溉整个园林植物。中王国以后，随着宗教的发展，祭司阶层壮大起来，世俗权力和宗教权力有了比较多的冲突，国王的统治需要更多借助宗教势力。法老的陵墓越建越高大，神庙越来越多，越来越重要，国王和贵族的宫殿、不断增多。除了住宅园林之外，陵墓园林和神庙园林形成了古埃园林的主要类型。

埃及早期的园林最初是用来躲避沙漠酷热和风沙而修建的，它为人们提供用于恢复精力的树荫、凉爽的溪流，还有丰富多样的果树。随着奴隶社会的发展，为身体放松而建的生活的宅园和为心灵的需求而建的神庙园开始产生，宅园（贵族宅园）与神庙园（圣苑）之间有着明显的差别，神庙产生的精神与情感是对宗教的敬畏，它们使人关注神庙的光辉、人类在创造中的地位以及法老的重要作用。而宅园是以奴隶主生活的环境舒适为追求的目标，从而形成

了奴隶主阶层的贵族宅园。宫苑比贵族宅园大，狩猎是贵族王室的一项户外运动，由于邻近沙漠和沼泽，没有形成必要猎园，但能为古埃及贵族提供更大的享乐场所。因而古埃及园林可以划分为贵族宅园、宫苑园林、神庙园林（圣苑）、墓园（陵墓园）园林4种类型。

（一）贵族宅园

在古埃及人看来，住所仅仅为活着的这段时间需要而已，并不是为了永恒，因此就连王室住宅也是由泥砖砌成的，而不是石头。到前王朝结束时（公元前2920年），古埃及已经有了矩形的住宅，古埃及的原始住宅有两种，上埃及和下埃及用的土墙基材料、抹面材料和屋顶材料等有所不同，但这是穷人的住宅，几千年都基本差不多（图2-7）。古埃及贵族宅园主要是指一些王公贵族为满足其奢华的生活所建的住宅花园以及府邸。这种花园一般都有游乐性的水池，四周栽培着各种树木花草，花木中掩映着游憩凉亭。

图2-7　古埃及的房子

在第18王朝时期，古埃及贵族宅园的建造出现了高潮。在特鲁埃尔·阿玛尔那（Tellel Amarna）遗址中发掘出的一批大小不一的贵族园林，都采用几何式构图，以灌溉水渠划分空间。园的中心乃矩形水池，大者如湖泊，可供泛舟、垂钓和狩猎水鸟。周围树木排成行，有棕榈、柏树或果树，以葡萄棚架将园林围成几个方块。直线形的花坛中混植着虞美人、牵牛花、黄雏菊、玫瑰和茉莉等花卉，边缘以夹竹桃、桃金娘等灌木为篱。功能完善，采用几何式构图。贵族宅园分成3个部分，其中北面为大院子，园中成列种植着埃及榕、椰枣、棕榈、柏树或果树，另有种植瓜果和设有水池（图2-8）。

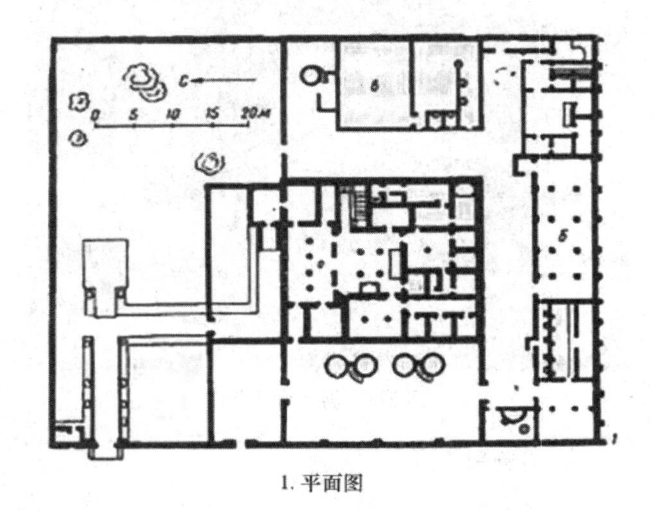

1. 平面图

2. 立面图

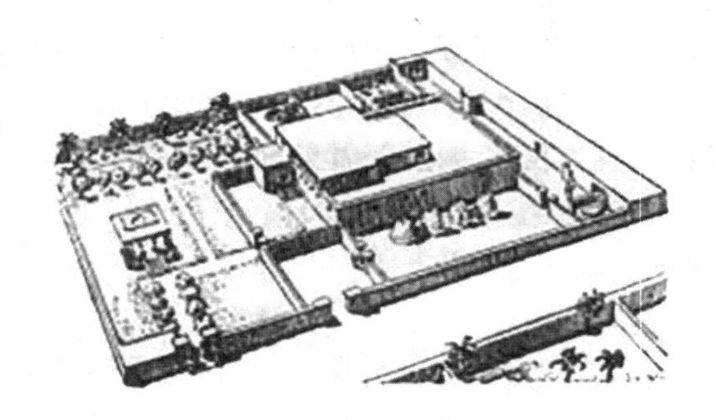

3. 鸟瞰图

图2-8　阿玛尔纳的贵族府邸

又如阿蒙霍特普Ⅲ世（Amenhotep Ⅲ，约公元前1387年至公元前1350年）在位时期，担任卡纳克神庙书记的奈巴蒙（Nebamun）墓穴中的壁画碎片描写了当时宅园的典型特征。水在园中有着重要的地位，矩形的水池位于全园中心，池边种植芦苇和睡莲，还有水鸟、埃及鹅和鱼在游弋。园中种植成片的树木。庭院一角的女佣正在小桌上摆放果篮和酒壶，表明此时埃及的宅园是一个生活和娱乐的环境（图2-9）。

图 2-9　阿美诺菲斯三世塞努菲尔大臣陵墓中的壁画描绘的奈巴蒙花园

有些大型的贵族宅园呈现宅中有园、园中套园的布局。如古埃及底比斯阿美诺菲斯三世（AmenophisⅢ，公元前 1412 年至公元前 1376 年在位），一位大臣赛努菲尔（Sennufer）陵墓中的石刻壁画、描绘了花园中的情景（图 2-10）。此贵族宅园为对称布局，有防御的围墙，入口很考究，有园亭置于两侧。中轴线穿过漂亮的大门、葡萄棚架以及后部的主体建筑。园中有矩形的水池 4 个，池水可以用桔槔（Shadoof）来灌溉。池中有水生植物和类似鸭子的动物，池边有芦苇和灌木，行列式种植的椰枣与石榴，并有规律地间植无花果及其他果树。在当时其他大臣如阿美诺菲斯四世的朋友梅里拉的陵墓中也有这类场景描述的装饰画（图 2-11）。

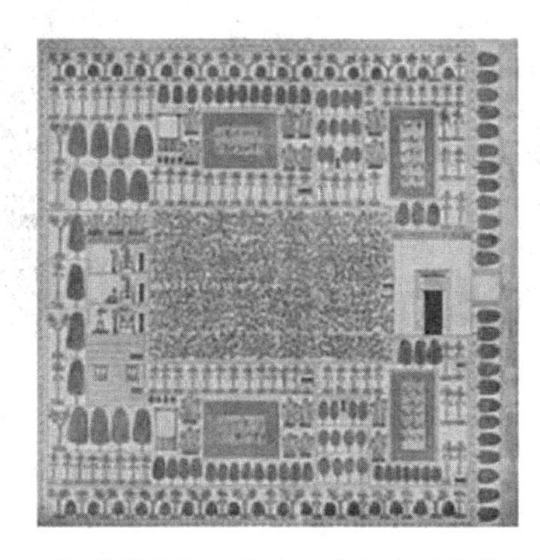
图 2-10　阿美诺菲斯三世塞努菲尔大臣陵墓中的石刻

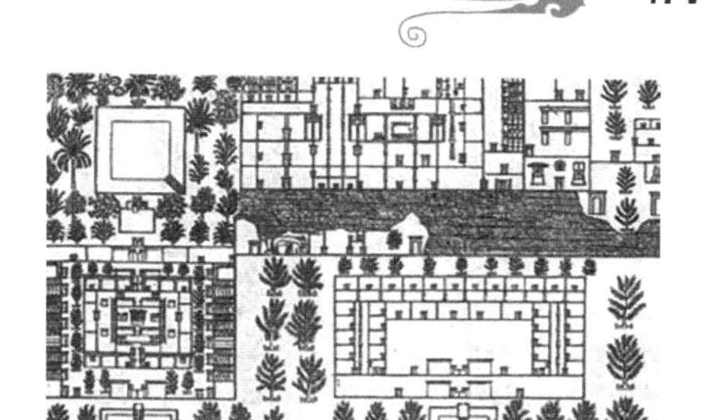
图 2-11　梅里拉陵墓中的装饰画（Marie Luise Gothein）

通过以上的案例可以看出此时的宅园具有以下一些特点。平面布局基本呈对称构图，有明显的轴线，园内分成规则的几个部分，显得严谨有序。宅园的地形平展，有略低于地面的水池，池中养鸭种荷，池水可用于灌溉养鱼。需要有攀爬植物和树木来遮阴。整个园子有围墙，园中各部分也多以矮墙分隔成若干个独立并各具特色的小空间，互有渗透和联系。

（二）宫苑

宫苑园林比私人花园要大些，但在设计和使用上有很多相似性。“法老”这个词是“大房屋”的意思（来自埃及语 per aa），但是在考古中很少发现宫苑的遗存，并且有的话也大多数来自新王国时期。这些少数的遗存包括了拉美西斯二世（Rameses Ⅱ）和拉美西斯三世（Rameses Ⅲ）的神庙建筑群，分别是拉美西姆（the Ramesseum）和哈布城（Medinet Habu）中的一些宫苑，可能仅在加冕或王室参观时期使用。宫苑园林指为法老休憩娱乐而建的园林化的王宫。在尼罗河三角洲的卡洪城（Kahune）里，宫苑与府邸的形式差别不大，更加家庭化。四周为高墙围合的一个个矩形的闭合空间，宫内再以墙体分隔空间，形成若干小院落，呈中轴对称格局。各院落中有格栅、棚架和水池等，装饰有花木、草地，有时也种植可食用的植物。畜养水禽，还有可以遮阴的凉亭。

新王国时期，宫苑已经和太阳神庙结合，但还没有严整的格局。后来在阿玛尔纳的几所宫苑中，有两所有了明确的轴线布局。皇帝的正殿位于轴线的中心位置，最大的部分是仓库、卫队宿舍和政权机构用房，而神庙显得较小且位于一进院子的北侧（图 2-12）。公元前 13 世纪至公元前 12 世纪时，在美迪

奈特·哈布(Medinet Habu)的宫苑,居于正中的是庙宇(图 2-13)。

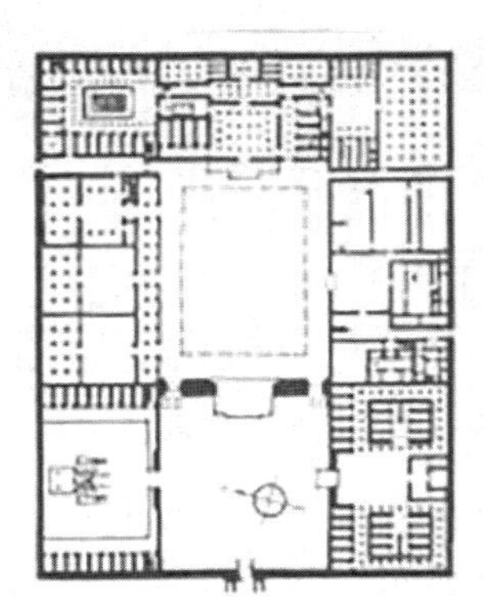

图 2-12 阿玛尔纳宫殿之一的平面图

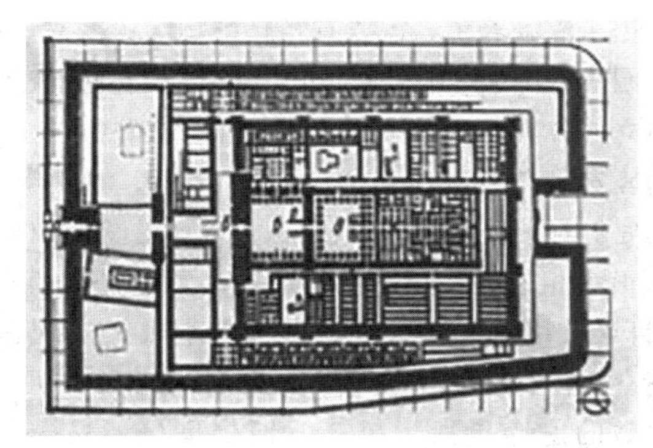

图 2-13 美迪奈特·哈布的宫殿平面图

底比斯(Thebes)的法老宫苑呈中轴对称的方形,内用栏杆和树木分隔空间。走进宫苑的大门,两旁是排列着狮身人面像的林荫道,林荫道往前是宫殿,位于宫苑的中心,前方小广场矗立着两座方尖碑(Obelisk),宫殿有门楼式的塔门,特别显眼,塔门与住宅建筑之间是宽阔笔直的甬道,构成明显的中轴对称线。甬道两侧及围墙边行列式种植着椰枣、棕榈、无花果及洋槐等,并点缀着一些圣物雕像。宫殿两侧对称布置着长方形泳池,宫殿后为石砌驳岸的大水池,可供法老闲暇时在其中游船,并有水鸟、鱼类放养其中。池的中轴线上设置了码头和瀑布。园内因有大面积的水面、庭荫树和行道树而凉爽宜人,既营造了舒适的小气候,又显示了皇家的最贵地位。加上凉亭(Kiosks)点缀,花台装饰,葡萄悬垂,庄严中透出生机盎然的气氛(图 2-14)。

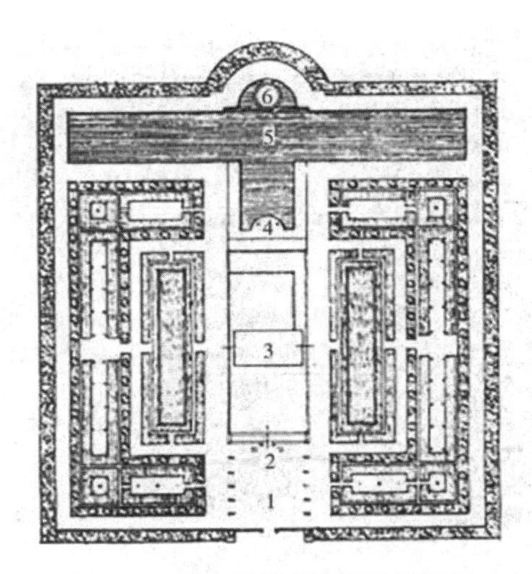

图 2-14 底比斯的法老宫苑平面图

1. 林荫道 2. 入口塔门 3. 建筑 4. 码头 5. 水池 6. 瀑布

(三)圣苑(神庙)

圣苑是为法老、祭祀参拜天地神灵而建筑的园林化的神庙,周围种植着茂密的树林,以烘托神圣与神秘的色彩。宗教是古埃及政治生活的重心,法老即神的化身。为了加强这种宗教的神秘统治,历代法老都大兴圣苑,拉穆塞斯三世(Ramses Ⅲ,公元前 1198 年至公元前 1166 年在位)设置的圣苑多达 514 座,当时庙宇领地约占全国耕地的 1/6。著名的埃及女王哈特舍普苏(Hatshepsut,约公元前 1503 年至公元前 1482 年在位)为祭祀阿蒙神(Amon)在山坡上修建了宏伟壮丽的德力埃尔·巴哈里神庙(图 2-15)。

图 2-15 巴哈里神庙复原图

圣苑(神庙)在节日里,部分公众可能被允许进入。圣苑的设计解释了世界的本质和社会的秩序,圣林和圣湖都布置在圣苑内。圣苑的布局与宫苑相似,使用轴线,但是整体的构图是非对称的。宗教是古埃及政治生活的重心，为了加强统治，古代埃及法老们十分尊崇各种神，为此大兴圣苑。

公元前1450年，埃及女王哈特舍普苏为了祭奉阿蒙神，在山坡上建造了宏伟的德尔埃尔·巴哈里神庙，神庙的设计者是阿蒙神领地的管理者塞内姆特(Senenmut)。为躲避尼罗河的定期泛滥，巴哈利神庙选址在狭长的坡地。人们将坡地建成3个大型的矩形台层，上两层均环以柱廊，嵌入背后的崖壁。甬道从河边径直伸向神庙的末端，串联着广阔的露坛。一条为河谷节使用的通向尼罗河的游行线路旁，每隔10 m有一座狮身人面像，每个长3 m，高1 m。整体布局体现神圣、庄严与崇高的气氛。古埃及人将树木视为奉献给神灵的祭祀品，以大片树木表示对神灵的尊崇。据说遵循阿蒙神的旨意，女王专门引种了一种燃烧时有芳香的香木种植在台层上。大片林地围合着雄伟而有神秘感的庙宇建筑，形成附属于神庙的圣苑。古埃及的圣苑在棕榈和埃及榕围合的封闭空间中，往往还有大型水池，以花岗岩或斑岩砌造驳岸，池中种有荷花和纸莎草，并放养作为圣物的鳄鱼(图2-16至图2-18)。

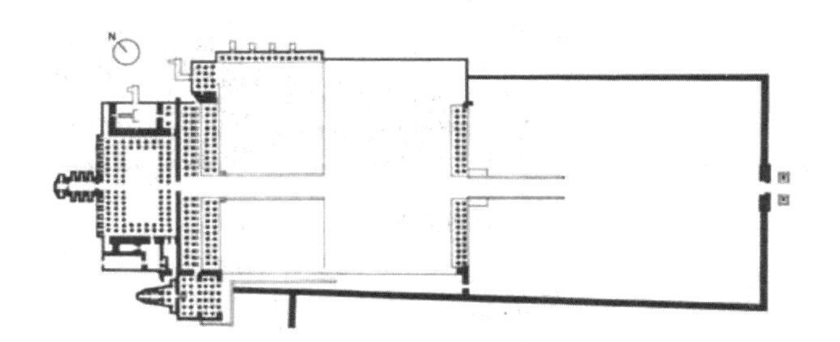

图2-16　德尔埃尔·巴哈里神庙的平面图

图2-17　德尔埃尔·巴哈里神庙的远景

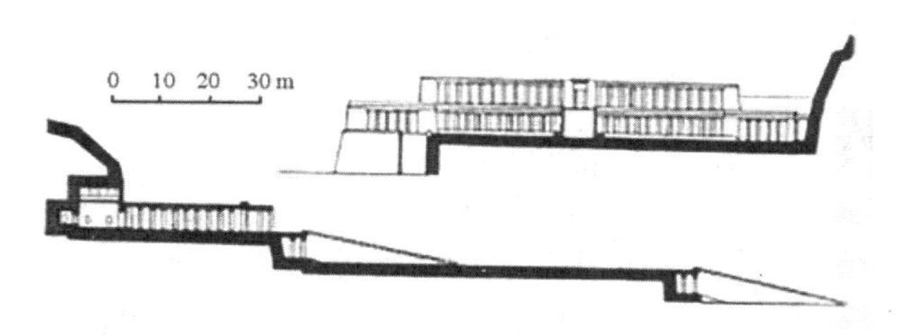

图2-18　德尔埃尔·巴哈利神庙的立面图和剖面图

公元前1350年，在尼罗河东岸的卢克索城(Luxor)，建了卡纳克(Karnak)阿蒙神庙。它规模宏大，布局对称。入口的门楼前有两列人面兽身的雕像排列，从入口进入前院，有柱廊和雕像，后面种植葵和椰树。列柱大厅(HypostyleHall)是神庙的主建筑，由16列共134根柱子组成，中间的圆柱高达12.4 m，直径3.57 m，上有9.21 m的梁，重达65 t。大厅后有几进院落，院落中伫立着方尖碑(Obelisk)，种植有埃及土生的乔木(图2-19至图2-24)。

图2-19　卡纳克阿蒙神庙遗址鸟瞰

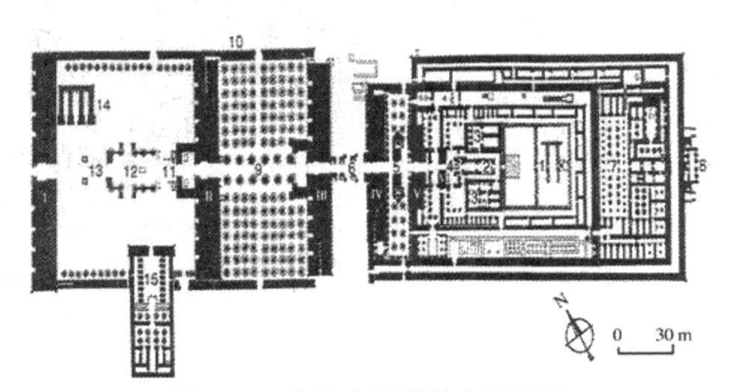

图2-20　卡纳克阿蒙神庙平面图

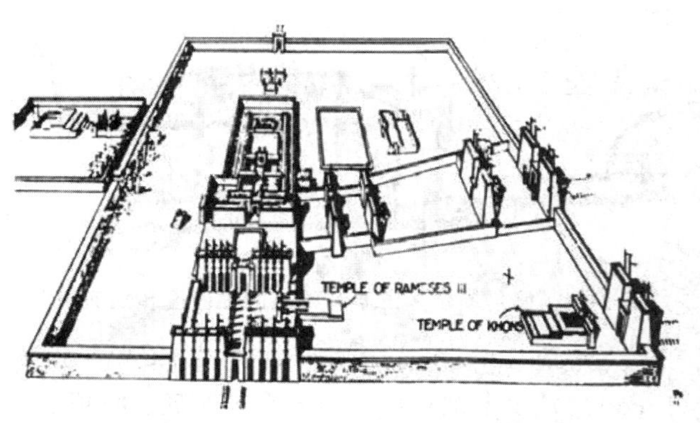

图 2-21　卡纳克阿蒙神庙复原鸟瞰图

图 2-22　卡纳克阿蒙神庙入口

图 2-23　卡纳克阿蒙神庙前院

图 2-24　卡纳克阿蒙神庙大厅

除了以上著名的神庙，古埃及还建有许多著名的神庙。如公元前 2065 年建造的曼都赫特普(Mausoleum of Metuhotep Ⅲ)神庙，公元前 1200 年拉美西斯二世(Ramses the Great)神庙，以及为了纪念其登位 34 周年建的阿布辛波大石窟神庙(AbuSimbel Temple)。公元前 1150 年建造的拉美西斯三世(Ramses Ⅲ，公元前 1198 年至公元前 1166 年在位)神庙等(图 2-25 至图 2-30)。据记载，在拉美西斯三世统治时期，法老们共建造了 514 处圣苑，当时的庙宇领地约占全埃及耕地的 1/6。这些庙宇也多在其领地内植树造林，称为圣林。

图 2-25 曼都赫特普三世神庙

图 2-28 阿布辛波神庙入口

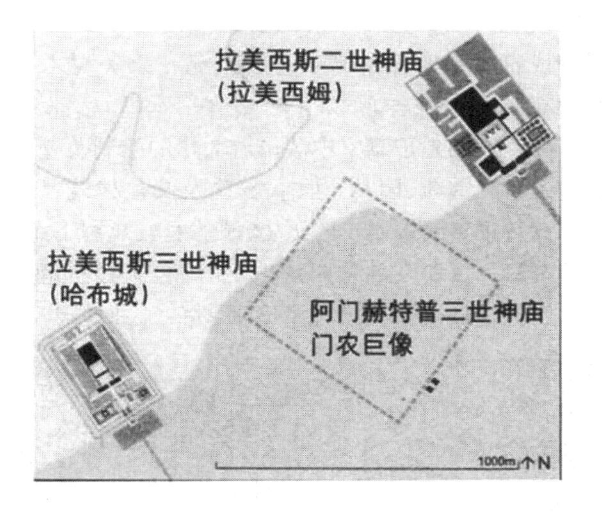

图 2-26 拉美西斯二世、三世和阿门赫特普三世神庙平面

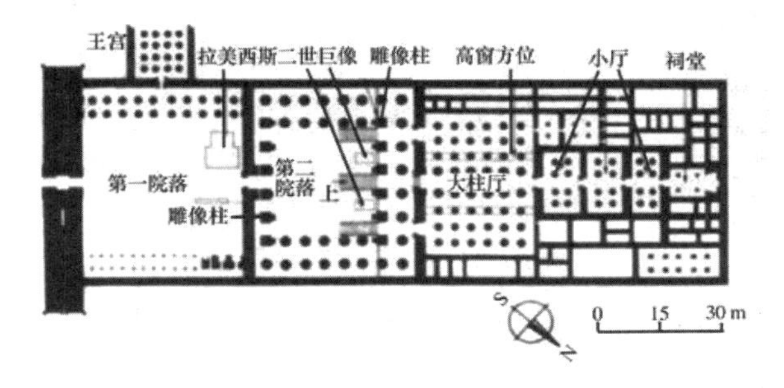

图 2-27 拉美西斯二世神庙平面图

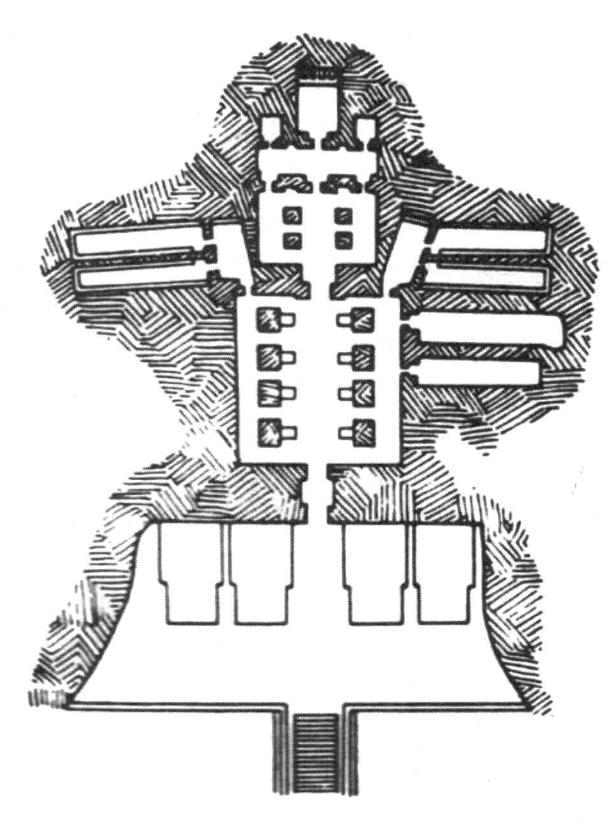

图 2-29 阿布辛波神庙平面图

图 2-30 阿布辛波神庙全景

(四)墓园(灵园)

古埃及人相信人死之后灵魂不灭,是在另一世界中生活的开始。因此,法老及贵族们都为自己建造巨大而显赫的陵墓,而且陵墓周围还要有可供死者享受的、宛如其生前所需的户外活动场地,这种思想导致了墓园的产生。古王国时期,中央集权制国家逐渐巩固,皇权的重要性更加突出,营造皇帝崇拜成为主流社会趋势。皇帝陵墓的形制发生改变,陵墓(pyramid)登上历史舞台。早期以阶梯式金字塔为主,公元前 3000 年古王国第三王朝皇帝昭赛尔的金字塔是其中的代表。著名的陵墓园林是尼罗河下游西岸吉萨高原上建筑的八十余座金字塔陵墓园。

金字塔是一种锥形建筑物,外形酷似汉字"金",故得名。它规模宏大、壮观,显示出古埃及科学技术的高度发达。昭赛尔金字塔位于开罗以南的萨卡拉(Saqqara),是由祭司伊姆霍特普(Imhotep)设计的,是古埃及第一座大型石质金字塔建筑群。长 540 m,宽 278 m,外部有 10 m 高的围墙环绕,内部有门廊、前庭、祭坛、阶梯金字塔、庙宇等组成。金字塔主体 6 层,62 m 高,基座东西长 125 m,南北长 109 m,占地 1.36 hm^2。建造者为了突出皇帝的崇拜,采用夸张的尺度、巨大的体量和丰富的空间序列,让人心灵震撼,仿佛进入神秘的世界。其动态内倾的竖向纪念构图为后世的大型皇帝陵墓建设提供了范本。其中,位于埃及首都开罗西南约 10 km 吉萨高地的胡夫金字塔 Khufu 是当今世界上规模最大的巨石建筑,建于 4500 多年前,为"世界古代七大奇迹"之一(图 2-31)。其高 146 m,边长 232 m,占地 5.4 hm^2,用 230 万块巨大的石灰岩石砌成,平均单块重约 2 000 kg,最大石块重达 15 000 kg。金字塔陵园中轴线有笔直的圣道,控制着两侧的均衡,塔前设有广场,与正厅(祭祀法老亡灵的享殿)相望。周围成行对称地种植椰枣、棕榈、无花果等树木,林间设有小型水池。

在墓园的地下墓室中装饰着大量的雕刻及壁画,描述了当时宫苑、园林、住宅、庭院及其他建筑风貌,为解读数千年的古埃及的历史、园林及文化留下了宝贵的资料。古埃及的墓园对以后欧洲墓地的布置具有一定的影响,墓园也成为欧洲园林的一种形式。

图 2-31 吉萨大金字塔

三、古埃及园林特征总结

尼罗河是埃及文明的源泉。古埃及园林的发展得益于这条贯通南北的大动脉。自然环境固然是园林产生的决定条件,但如果不考虑法老权力的因素也难以真正理解创造这些园林的目的,法老利用园林艺术向世人炫耀自己的权威。平民百姓则把自己的宗教信仰寄托在小小的园林雕像之中。古埃及人相信有永恒的来世生活存在,所以尽力设法使他们的冥世生活得以过好。宗教的发展与园林的发展都围绕着冥府世界,而现世的今天则成了对来世向往的印证。

古埃及人强调种植果树、蔬菜,增加经济效益的实用目的。因为埃及全境被沙漠和石质山地包围,只有尼罗河两岸和三角洲地带为绿洲农业,所以土地显得十分珍贵。园林占有一定的土地面积,在给人们带来赏心悦目的景致的同时,亦不忘经济实惠的果树、蔬菜种植。

重视园林小气候的改善。在干燥少雨炎热的条件下,阴凉湿润的环境能给人以天堂般的感受。因此,营造庇荫成为园林的主要功能,树木和水体成为造园的最基本要素。水体既可增加空气湿度,又能提供灌溉水源,水中养殖水禽鱼类、荷花睡莲等,为园林平添无限生机与情趣。

花木行列种植,种类丰富多变,如庭荫树、行道树、藤本植物、水生植物及桶栽植物,甬道覆盖着葡萄棚架形成绿廊,桶栽植物通常点缀在园路两旁。古埃及早期园林花木品种较少,色彩单一,因气候炎热,绿色淡雅的花木能给人以清爽的感受。当埃及与希腊文化接触之后,花卉装饰才形成一种园林时尚,逐步流行。

农业生产发展带动了引水及灌溉技术的提高,土地规划也促进了数学和测量学的进步,水体在园林中的重要地位,使古埃及园林选址大多建造在临近水源的平地上。对古埃及人来讲,园林所表现的形象具有神力作用。无论墓壁上装饰的绘画和浮雕采用正面和正侧面画法。制作必须按照“正确的程式”构图,园林多呈方形或矩形,总体布局上有统一的构图,采用中轴对称的规则布局形式,给人以均衡稳定的感受。使用程式化的艺术语言规范,具有强烈的人工力量的痕迹。这种规范的语言已沿用两千年之久。

宗教信仰促进了圣苑与墓园的发展,浓厚的宗教思想以及对永恒生命的追求,使神庙园林(圣苑)及陵寝园林应运而生。与此同时,园林中的动、植物也披上了神圣的宗教色彩。宫苑园林是贵族法老的花园,四周围以厚重的高墙,园内以墙体分隔空间,或以棚架绿廊分隔成若干小空间,互有渗透与联系。园林花木行列式栽植,几何造型的水池在庭园中间,这种设计反映出在恶劣的自然环境中人们改造自然的力量。

生产力的提高,社会的进步,直接影响到园林的空间布局,善用水体,善用几何形规划场地、讲究对称,空间均衡分割。注重改善场地小气候,植物种类与种植方式多样,造园要素从实用着手,强调种植果树、蔬菜,增加经济效益为目的(表 2-2、表 2-3)。

表 2-2　古埃及园林的造园要素

<table>
<tr><th colspan="2">造园要素</th><th>具体形式</th><th>备注</th></tr>
<tr><td colspan="2">具有园林建筑</td><td>水池、各种植物凉亭、棚架等</td><td>改善小气候,力求创造一种凉爽、湿润、舒适的环境</td></tr>
<tr><td colspan="2">种植方式多样</td><td>庭荫树、行道树、藤本植物、水生植物及桶栽植物等</td><td></td></tr>
<tr><td rowspan="4">植物应用</td><td>庭荫树</td><td>椰枣、棕榈、洋槐等</td><td>以实用及庇荫效果为主</td></tr>
<tr><td>行道树</td><td>石榴、无花果、葡萄等果木</td><td></td></tr>
<tr><td>装饰</td><td>迎春、月季、蔷薇、矢车菊、罂粟、银莲花、睡莲等</td><td></td></tr>
<tr><td>花卉装饰</td><td>栎树、悬铃木、油橄榄等,以及樱桃、杏、桃等果树</td><td>地中海沿岸引进</td></tr>
<tr><td colspan="2">放养水禽等动物</td><td>已初具现代园林的主要元素</td><td>活跃气氛</td></tr>
</table>

表 2-3　古埃及园林常用的花卉、食物、香草、香水和蔬菜

花卉	食物	香草	香水	蔬菜
虞美人 矢车菊 白花百合 裂叶蜀葵 曼陀罗 纸莎草 埃及蓝睡莲	苹果 长角豆 蓖麻 无花果 埃及姜果棕 埃及槲果 杜松 橄榄 开心果 石榴 西克莫无花果 葡萄 西瓜	细叶香芹 胡荽 薄荷 百里香	指甲花 香桃木	蚕豆 鹰嘴豆 黄瓜 大蒜 小扁豆 莴苣 洋葱

四、历史借鉴

古埃及大部分地区属于热带沙漠气候，气候干燥炎热，修渠引水灌溉农田，形成了早期的农业文明。所以园林选址一般都在临近河流地带，特别是尼罗河三角洲地区，这给我们的启示就是园林的选址应结合地形环境的现状来考虑。为了创造凉爽宜人的环境，古埃及人重视对花草树木的培育，说明气候特点会影响不同地区的造园特色。引水、灌溉、测量等技术的提高，也影响到古埃及园林的布局和发展，反映了科技和生产力是园林的物质基础。而宗教信仰的推崇，促进了神庙园林的兴建，世俗权力和宗教信仰神权合一的奴隶主法老，掌握了最高统治权，促成了规模巨大的金字塔墓园园林建造。宅园、宫宛园林、神庙、墓园等的修建，启发我们园林具有一种或多种目的，除了为生活实用修建以外，精神和心灵上的需求也是园林建造不可忽视的目标所在。

第三节　古西亚地区园林（公元前 612 年至公元前 330 年）

古代西亚地区幅员广阔，东起印度，向西延至埃及与土耳其。历史上指伊朗高原、两河流域、小亚细亚和阿拉伯半岛等地，包含了今天的土耳其、伊拉克、叙利亚、黎巴嫩、约旦、以色列、沙特阿拉伯、伊朗等国家。在原始社会时期，当中欧人还在四处游猎和采集时，生活在幼发拉底河和底格里斯河之间的美索布达米亚地区的苏美尔人，已经创造了人类历史上第一个高度文明。该地区在今伊拉克境内，地理学家用美索布达米亚来描述被这两条河流穿越的整个区域。其园林艺术主要以历史上比较著名的国家为代表。一个是伊拉克境内的以亚述帝国为代表的巴比伦空中花园；一个是伊朗高原境内的以波斯帝国为代表的宫殿天堂园。波斯的园林是后来中亚、西亚伊斯兰园林艺术发展的重要源头。同时也对后来的希腊化时代的园林、古罗马的园林，以及中世纪以后欧洲几何式园林的发展产生了影响。

一、古巴比伦园林

（一）自然条件

1. 地理位置

古巴比伦王国地处底格里斯和幼发拉底两河之间的美索布达米亚平原。部分美索布达米亚地区是沼泽地，这里雨量充沛、气候温和，茂密的天然森林广泛分布。其他缺水区域则地势开敞平缓、气候干旱。灌溉后的干旱土地与清理后的沼泽湿地为农业发展及人类定居创造了良好的条件。两河流域孕育了古巴比伦文化，史书中说到的两河文明指的就是巴比伦文明。该地区在今伊拉克境内，位于亚洲西南部，阿拉伯半岛东北部，北接土耳其，东临伊朗，西毗叙利亚、约旦，南接沙特、科威特，东南濒波斯湾。幼发拉底河和底格里斯河自西北向东南流贯全境。海岸线长 60 km。领海宽度为 12 海里。这个王国城市存在于公元前 3500 年至公元前 3000 年之间。从第一个巴比伦帝国创建以来，巴比伦城一直是西亚的最大城市，也是两河流域的经济、文化中心。

2. 地形特征

古巴比伦的地形以平原为主，美索不达米亚平原占国土大半部分，绝大部分海拔不到百米，西部为沙漠地带，西南部为阿拉伯高原一部分，向东部平原倾斜，东北部为库尔德山地。沿海多沼泽、湖泊。两河流域的冲积平原主要分布在中、南部地区，呈长条形，由西北向东南方向倾斜和延伸。地势低平坦荡。平原南部更为低平，春季河水经常泛滥，在排水不畅的沿河地带分布着许多沼泽和湖泊。美索不达米亚平原被高原和山地所包围，只是在东南面有长约 60 km 的海岸线，濒临波斯湾，成为伊拉克的出海口。平原的北面和东面是安纳托利亚高原、亚美尼亚高原和伊朗高原的边缘。呈西北—东南走向的扎格罗斯山脉逶迤延展在边境之上，成为平原的天然屏障。西面和西南面是向幼发拉底河倾斜的阿拉伯高原的北缘，海拔为 450～900 m，属利亚阿拉伯沙漠的一部分。两河中下游的沿河地带，靠河水的灌溉之利，开垦出大片的农田，成为全国最主要的农业区。荒漠高原位于伊拉克西部，占全国面积 1/3 左右。高原海拔多在 200～1 000 m，由于高原的地势向东部的冲积平原倾斜，使高原上的河流皆自西而东流。东北部山地通称库尔铂惑地，仅占全国面积 1/10，属伊朗高原和尼亚高原边缘地带。从南向北地势逐渐升高。南部是一些地势起伏、面积较大的平地，在接近土耳其、伊朗边界的山地北则是一些终年白雪皑皑的高山，山下是茂密的森林和水草肥美的牧场，适于发展牧业和农业。

3. 气候状况

这里气候温暖而湿润，雨量充沛，在河流冲积而成的平原上林木茂盛，物产丰富，使这块土地富饶而美丽。然而两河的流量受上游雨量影响很大，时而会泛滥成灾，加之这里地形一马平川，无险可守，以至战乱频繁，这块土地不断地更换着它的主人。伊拉克除东北部山区外，属热带沙漠气候。以炎热干旱为主，降水是阵发性的，漫长的干旱期与短暂的泛滥期并存。山区崎岖多岩而干燥，冬季冷寒，最低在 0℃左右。夏季炙热，最高气温 50℃以上。年均降雨量 100～500 mm，北部山区达 700 mm。

（二）历史背景

公元前 4000 年，最早生活在幼发拉底河和底格里斯河之间的美索不达米亚地区的苏美尔人，他们已经发明了车轮和由毛驴或牛牵引的犁具。他们修建了可容纳 5 万人的城市，修建了保护城市阻挡洪水的堤坝及可以灌溉农田的河渠、城镇、神庙及庙塔。苏美尔人找到了一种把重要事情在记忆中固定下来的新方法。他们首先利用小的图像符号，代表例如男人、女人、牛、水果篮或者粮食口袋等等。随着时间的推移，图形变成了符号体系，用它也可以记录一个过程或者作为相互通报的形式。苏美尔人有了最新的文字。这些文字多刻在沉重的泥版上，烧制成砖，保留至今，名为楔形文字。这些文字为我们研究数千年前的历史提供了可靠的依据。他们发明了青铜冶金术，用青铜制造了斧头、镰刀、刀、钩、凿、针等物，当时的刀剑、匕首、矛尖和盾牌也都是用青铜制造。还有很多首饰甚至吹奏乐器也是如此。苏美尔人对城市的建筑和组织已经如同一个小国家。城市的首领是一名城主，有权代表神灵统治这个城市。

古代两河流域的文化遗产非常丰富，他们创造了许多世界第一：以巴比伦为中心的第一张世界地图、第一部世界法律文献产生于此，最早的文学在这里产生，最早的城市在这里建立，最早的数学和几何学的记录，最早的天文学记录、最早的图书馆、最早的青铜冶炼技术和象牙雕刻都出现于此。许多耳熟能详的故事、习以为常的习俗、司空见惯的思想行为都是从久远的古代两河流域文明中继承下来的遗产。苏美尔人的繁荣时期持续了约 1500 年。大约公元前 2000 年，他们的文明扩展到了中东的大部分地区。两河流域的最初文明就是他们建立的。因此，两河文明又被称为巴比伦文明。

到公元前 3000 年下半叶，阿卡德人征服了苏美尔人，而且还将他们的统治扩大到东越波斯湾，西达地中海的广大地区，建立了统一而强大的苏美尔—阿卡德帝国。大约公元前1900年，来自西部的阿摩利人征服了整个美索不达米亚地区，建立了强盛的巴比伦王国，都城巴比伦是当时两河流域的文化与商业中心，经过100年的战争，最终汉穆拉比国王（约公元前1792年至公元前1750年在位）统一了分散的城邦，疏浚沟渠，开凿运河，国力日盛。同时他大兴土木，建造了华丽的宫殿、庙宇及高大的城墙。第一个巴比伦帝国创建起来，史称古巴比伦。

从古巴比伦王国以来，巴比伦城一直是西亚的最大城市，也是两河流域的经济、文化中心。公元前626年，迦勒底人在巴比伦建立新王朝，巴比伦城又再度兴起，城市人口达到10万，随即联合埃及、米底大败亚述，新巴比伦王国则据有整个两河流域和叙利亚、巴勒斯坦等地。新巴比伦王国时期（公元前626年至公元前539年）是古代西亚文明的一个很重要的阶段。它是集大成的最后总结时期，把苏美尔、古巴比伦和亚述的成果熔于一炉，并传之于西方的希腊，因此日后西方所知的巴比伦文化很多都奠定于新巴比伦王国之时。

虽然新巴比伦文化兴盛，但是立国不及百年就被波斯所灭。公元前539年，波斯人占领两河流域，建立了东起伊朗高原、西到爱琴海的波斯大帝国，并且征服了埃及。直到公元前330年，波斯又被马其顿人征服。

介绍古代两河流域园林时，是以巴比伦为主，事实上也包含了亚述帝国统治的时代，以及迦勒底王国时期在美索不达米亚地区建造的园林，亚述帝国虽在武力上征服了巴比伦，却基本上保留并继承了巴比伦的文化。

（三）园林类型与实例

在公元前3000年的底格里斯与幼发拉底河的三角洲，乌鲁克（Uruk）是在此诞生的第二座城邦，在苏美尔格里格木施史诗中（Sumerian Epic of Gilgamesh），对它有这样的描写（公元前2000年）：“城邦中，1/3是城市，1/3是花园，另外1/3是田野，同时还有女神阿诗塔（Ashtar）的圣所。”也能看出。巴比伦可以被称作繁育园林艺术的发源地，古巴比伦园林，大致有猎苑、圣苑和宫苑3种园林类型。

1. 猎苑

大约在公元前1500年的一张楔形文字地图描绘了巴比伦中部幼发拉底河上的尼普尔（Nippur）市的情况，那个城市有护城河与河流为边缘的城墙，其上有7个城门。图上没画街道，但对主要的神庙都有描绘，而且在城南端由城墙组成的尖角地带还有一座大型的林园。林园，作为苏美尔和巴比伦国王们的骄傲，也就是后来波斯人占有的有围墙的猎苑。

古代的两河流域气候温和，雨量充沛，森林茂密。进入农业社会后，人们仍眷恋过去的渔猎生活，因而出现了以狩猎为娱乐目的的猎苑。猎苑又不等同于天然森林，而是在天然森林的基础上，经人为围栏，种植植物，引种栽培野生花卉，饲养动物修建而形成的林园场地。

公元前2000年前，在最古老的文献巴比伦叙事诗中，就有对猎苑的描述。以后的亚述帝国时代，也建造了大量猎苑，其中有建于公元1100年的提格拉特帕拉萨一世（Tiglath-Pileser Ⅰ）的猎苑。这位国王宣称：我从被征服的国家带回了雪松、黄杨，树木等植物，是我的祖辈从未拥有的树木。我把这些树木种植在我自己的国家里，种在亚述的林园里。这些树木包括一些橡胶树、雪松及一些珍稀果树，花园中的花卉既有野生驯化也有引种栽培，分别来自西部，幼发拉底河的两岸，可能有茉莉、蔷薇、百合、郁金香、蜀葵、锦葵、银莲花、毛茛、雏菊、黄春菊和罂粟。另据记载，猎苑中饲养了野牛、鹿、山羊，甚至还有象及骆驼，表明这种类型的园林是现代植物园与动物园的祖先（图2-32）。

在公元前800年之后，亚述的国王们还在宫殿中的壁画和浮雕中也描绘了狩猎、战争、宴会等活动场景。狩猎活动是王宫浮雕必有的题材，尼尼微王宫浮雕堪称精品，著名的《垂死的母狮》（图2-33）、《受伤的雄狮》和《野驴狂奔》反映了被猎动物的形象。

从这些史料中可以看出，猎苑中除了原有森林

以外，人工种植的树木主要有香木、意大利柏木、石榴、葡萄等，苑中栖息许多种野生动物，被放养在林地中供帝王、贵族们狩猎用，苑内还有人工堆叠的土丘，并引水在苑中形成贮水池，可供动物饮用。此外，苑内堆叠土丘，上建神殿、祭坛等。

图 2-32　古巴比伦的宫殿建筑浮雕上发现当时绘制的猎苑图

图 2-33　垂死的母狮

2. 圣苑

美索不达米亚人的宗教是以泛灵论为基础的，也就是认为如风和水等元素都具有生命，并且精神也注入在树木、鸟、鱼、虫、哺乳类动物中。于是他们认为植物与兽类在它们的形体之外还有独立存在的精神。出于对树木的尊崇，古巴比伦及亚述人建造了许多神殿及其附属的神庙，并在神殿及神庙周围整齐成行地种植树木，称之为圣苑。这与古埃及圣苑的环境十分相似(图 2-34)。

图 2-34　圣苑

据记载，亚述国王萨尔贡二世(公元前 722 年至公元前 705 年在位)的儿子圣那克里布(公元前 705 年至公元前 680 年在位)曾在裸露的岩石上建造神殿，祭祀亚述历代守护神。从发掘的遗址看，其占地面积约 1.6 hm^2，建筑前的空地上有沟渠及很多成行排列的种植穴，这些在岩石上挖出的圆形树穴深度竟达 1.5 m。可以想象，林木幽邃，绿荫环抱中的神殿，是何等的庄严肃穆。

3. 宫苑

考古证实，古巴比伦及亚述人建造的建筑是围绕着内部的院子布置的。公元前 705 年至公元前 681 年，辛那赫里布亚述国王修建的亚述神庙内均发现有树穴。小型住宅内设有小庭院，大型宫殿则设有规模较大的庭院。城市中皇家宫殿位置优越。到公元前 2000 年，宫殿有了起防护作用的围墙以及房间和各种各样的庭院。一些庭院供王室家属活动使用，而另一些装饰有水池及花卉的庭院则供妇女儿童使用，并且建造了外向型的花园。最著名的这种类型的宫殿花园被称作“巴比伦空中花园”(Hanging Gardens of Babylon)。

据希腊文献记载，以幼发拉底(Euphrates)河为中心，围绕城市建有带塔楼的城墙。城墙长约 65 km；这里的塔楼及城墙就是所谓的巴比伦“空中花园”，是由一个叙利亚国王为他的一位妃子在卫城附近建造的。传说这位国王的妃子是波斯人，由于她思念家乡碧草青青、绵延起伏的山坡，便请求国王

模仿她的故乡波斯地区特色风景修建了一座设计精美的花园，花园内有石头喷泉和梯形高地，树木种在高地上，就形成了所谓的“空中花园”。“空中花园”又被译为“悬园”或“架空园”，被誉为古代世界八大奇迹之一。公元前2000年左右，位于幼发拉底河下游古代苏美尔名城乌儿城曾建有亚述古庙塔，或称“大庙塔”，20世纪20年代初，英国考古学家伦德·伍利曾发现该塔3层台面上有种植大树的痕迹。亚述古庙塔主要是大型宗教建筑，然后才是用于美化的“花园”。它是包括层层叠进并种有植物的花台、台阶和顶部的一座庙宇。亚述古庙塔只是“空中花园”的雏形，并不是真正的屋顶花园，其塔身上仅有一些植物而且又不在“顶”上。许多人怀疑花园是否真的存在。但是真正的屋顶花园是此后1500余年才出现的古巴比伦“空中花园”。

后来一些希腊文献中更加详细地记述了空中花园：花园面积是120 m^2，为正方形，每边长400英尺(1英尺＝30.48 cm)，25 m高，即城墙的高度。花园里建有一层一层的台阶，每层台阶就成了一个个小花园。花园与花园之间还建有可以纳凉的小屋。花园的底部由许多道高墙组成，每道高墙大约有7 m宽。墙3 m厚。花园由厚墙支承，每一台层的外部边缘都有石砌的、带有拱券的外廊，其内有房间、洞府、浴室等，台层上覆土，种植各种乔灌藤本树木及花草，台层之间有阶梯联系，花园可通过楼梯到达屋顶的最高处。台层的角落处置有螺旋水泵，用途是将幼发拉底河的水源源不断地提升到花园中，逐层往下浇灌植物，同时形成活泼动人的水帘或跌水。据称空中花园最下层的方形底座边长约140 m，最高层距地面约22.5 m。这些覆被着植物，愈往中心愈升高的台园建筑，如绿色的金字塔耸立在巴比伦的平原上，蔓生和悬垂植物及各种树木花草遮住了部分柱廊和墙体，万紫千红，远远望去，仿佛挂在中天，空中花园由此得名。

(四)特征总结

古巴比伦园林的类型及其风格特征是其自然条件、社会发展状况、宗教思想和人们的生活习俗的综合反映。

古巴比伦园林自然条件十分优越，利用这些条件改造为以狩猎娱乐为目的的猎苑。猎苑中增加了许多人工种植的树木，花卉，同时饲养各种用于狩猎的动物。

泛灵论使古巴比伦人认为植物等园林要素有独立精神存在，因此产生圣苑，其周边环境良好，气氛肃穆。至于宫苑和私家宅园所采用的空中花园的形式，则既有高温而湿润的地理条件的影响因素，也因为工程技术发展水平的保证，如螺旋水泵提水装置、建筑构造等。拱券结构是当时两河流域流行的建筑样式。两河流域多为平原地带，人们十分热衷于堆叠土山，如猎苑内通常堆叠着数座山丘，以登高远望，观察动物行踪。一些土山还建有神殿、祭坛等建筑物。

古巴比伦园林最显著的风格特点就是在带塔楼的城墙上修建了“空中花园”的形式。在炎热的气候条件下，人们为避免居室受到阳光直射，通常在屋前建造宽敞的绿阴走廊，起通风和遮阳的作用，同时在屋顶平台上铺以泥土，种植花草树木，成为空中花园，并设计有科学的引水灌溉设施。

(五)历史借鉴

将地面或坡地种植发展为建筑屋顶上种植植物，形成“空中花园”。选择美索不达米亚北部的当地树种作为种植植物资源。在神殿及神庙建筑周围整齐成行地种植树木，构成圣苑园林的景观布局。

二、古代波斯园林
(公元前559年至公元前330年)

(一)自然条件

1. 地理位置

古波斯是伊朗的旧称，公元前6世纪到公元前4世纪间，波斯的第一个帝国达到了鼎盛时期。它的领土范围包括从印度河到尼罗河的广阔区域，而“波斯之城”——波斯波利斯就位于帝国心脏地带的中部伊朗。伊朗南部的波西斯地区(亦称帕尔斯或帕尔萨，现代称作法尔斯)帕尔萨是一个印欧语系的游牧民族，约于公元前1000年移居这一地区开始耕作。伊朗，意为“雅利安人的土地”，反映了它的古老历史。伊朗人民一直称呼他们的国家为伊朗——雅利安人之乡。1935 年，伊朗政府要求人们使用“伊朗”来代替“波斯”。波斯地区多山而河流稀少，建筑多由石头砌筑而不是由泥砖建造的(图 2-35)。水非常珍贵，被认为是生命之源，在波斯艺术中象征着生命的力量。灌溉水渠与地下暗渠使得在沙漠地区耕作成为可能。

图 2-35　古代波斯城

2. 地形特征

伊朗位于亚洲西南部，北邻亚美尼亚、阿拜疆、土库曼斯坦，西与伊拉克、土耳其接壤，东与巴基斯坦和阿富汗交界，南濒临波斯湾和阿曼湾。海岸线长 1 833 km。伊朗国土大部分位于伊朗高原，平均海拔 1 220 m。中央部分高原地表较为平缓，四周为山脉所环绕；北部为厄尔布尔士山脉；西北部为亚美尼亚高原的一部分，多山间盆地；西南为扎格罗斯山脉；东部是干燥的盆地，形成许多沙漠，沿海分布有狭窄的平原。

3. 气候状况

伊朗属大陆性气候，冬冷夏热，大部分地区干燥少雨。东部和内地属大陆性的亚热带草原和沙漠气候，西部山区多属亚热带地中海式气候。中央高原及其边缘山地和南部沿海一带，年降水量均在 200 mm 以下。卡维尔沙漠和卢特沙漠地区则不到 100 mm。里海沿岸和厄尔布尔士山脉北坡一带降水量超过 1 000 mm，为全国降水量最高地区，是热带湿润气候。西北部山地和扎格罗斯山西部，年降水量在 500 mm 以上，可以称为亚热带半湿润山地气候。

(二)历史背景

公元前 6 世纪到公元前 4 世纪间，是波斯帝国的鼎盛时期。公元前 550 年部落首领居鲁士灭米堤亚建国，定都苏撒。公元前 6 世纪中叶，征讨土耳其和两河流域南部，灭了新巴比伦，接着征服埃及，东进中亚直至印度(公元前 522 年至公元前 486 年)。它的领土范围包括从印度河到尼罗河的广阔区域，形成古代最大的横跨欧、亚、非三洲的奴隶制军事大帝国。公元前 5 世纪和希腊争夺东地中海霸权，爆发持续 43 年的希波战争(公元前 492 至公元前 449 年)，建立了君主专制中央集权制统治。公元前 340 年被马其顿亚历山大灭亡。至公元 3 世纪再次创立，于公元 7 世纪又被阿拉伯帝国灭亡。

公元前 6 世纪至公元前 4 世纪时期，波斯帝国位于伊朗西南部法尔斯省设拉子东北约 51 km 处的“波斯之城”——波斯波利斯，古波斯语中称为帕尔萨，现在称其遗址为塔赫特贾姆希德，是古代伊朗阿契美尼德王朝的都城。城市为大流士一世所建，定为波斯国都，公元前 330 年遭亚历山大大帝的劫掠，宫殿被焚。这时期正是《旧约》逐渐形成的过程，所以波斯的造园，除受埃及、美索不达亚地区造园的影响外，还受《旧约》律法书中《创世纪》内容包括的“伊甸园”(天堂乐园)的影响。

(三)园林类型与实例

公元前 6 世纪公元前 4 世纪间，波斯帝国十分强大，波斯城就位于帝国心脏地带的中部伊朗。城里宫殿群是有史以来最宏伟的宫殿建筑之一，代表了波斯建筑的精华。波斯帝国的建筑继承了亚述、巴比伦、希腊建筑的传统，皆以石构为主，大量使用石材，特别是广泛运用石柱，为历来以两河流域传统为核心的西亚建筑增添异彩(两河传统极少使用石柱)，与宫殿建筑不同，此时期的波斯园林遗址无存，但有公元 6 世纪就已出现的波斯地毯上描制的庭园为例。记录了波斯帝国时期庭园园林的样子。The chahar bagh(四分花园，chahar 意为 4，bagh 意为花园)是一个被水渠分为 4 个部分的围合空间，它的起源尚不清楚。以此宫殿庭院为波斯园林的主要类型。这个实例很重要，它是后来发展的波斯伊斯兰园、印度伊斯兰园的基础(图 2-36)。

图 2-36　古代波斯园林

宫苑

波斯波利斯宫殿群是有史以来最宏伟的宫殿建筑之一，它们集中体现了帝国的自负与虚荣（图 2-37）。从塞琉古王朝起，该城逐渐衰落，现仅存一片废墟，但仍依稀可见当时壮丽王宫的雄伟气势。遗址为一巨大台地，其东侧靠在山上，另外三侧为城墙。遗址上有许多巨大的建筑，全都取自附近山上的黑灰色岩石。巨石切割非常精确，不用灰浆砌筑。堆砌的巨石有许多至今仍保持原状。遗址中的石柱特别令人惊叹，有"百柱大殿"之称。其中 13 根石柱矗立在大流士大帝的接见大厅处。波斯波利斯宫殿群最引人注目的是平台上的那些浅浮雕。平台上总共雕刻了 3 000 多个人物，大多为官员、士兵和进贡者。令人吃惊和赞叹的是，这些雕刻人物，居然全部都一模一样，而不是个个迥然各异。虽然雕刻过程很长，但是在最早雕刻的人像和最晚雕刻的人像之间，几乎找不到任何差异。这种别具匠心的统一风格和当时希腊的其他雕刻时尚恰恰背道而驰。他们的目的主要在于强调波斯帝国的完美和不朽，类似的雕刻手法，也被应用在皇陵前边的雕刻中。来自波斯帝国和远方的所有艺术家，为此做出了巨大的贡献。其宫殿建筑规模达到了当时世界顶级的建筑水准。据有限的文件记载：这些艺术家包括埃及人、爱奥尼亚的希腊人、现在称为西土耳其的加勒比人、巴比伦人和赫梯人（或叙利亚人）。

图 2-37　波斯波利斯宫殿

宫殿的建筑工作一直断断续续，直到公元前 330 年波斯波利斯被亚历山大大帝攻克。几周后的一个晚上，在一个参加者都喝得东倒西歪的晚会上，一个雅典人提议，要烧掉宫殿，以此作为对 150 年前波斯人烧毁雅典宫殿的报复。这个提议得到了皇帝的首肯，皇帝亲自带人在宫殿里点起了火。之后当他开始后悔的时候，大火已经无法扑灭。具有讽刺意味的是，这次大火留下的废墟，封闭了建筑的下层部分。这恰恰就是这部分建筑得以保存的原因。

但是古波斯园林没有明确的遗存，只有一种地毯上的图案记录了古波斯帝国时期园林的样子。根据记载其中最著名的一块毯子有 100 平方英尺（1 平方英尺约为 9.29 dm^2），称为"考斯罗斯春之毯"，这些图案以波斯伊甸园为蓝本，用丝绸、金线及珠宝描绘了一个有水道、花卉和树木的庭园（图 2-38）。后期一些以花园为主题的地毯皆是以考斯罗斯春之毯为基础发展而来。宽波浪形线代表水道也象征着生命的 4 条河，水道将庭园切成 4 小块，两条水道交接处的涡形装饰物表示亭子或蓄水池，种在主水道两侧的柏树象征死亡和永恒，果树则象征生命及繁衍。

波斯造园是与伊甸园传说模式有联系。传说想象中的伊甸园有山、水、动物、果树和亚当、夏娃采禁果，考古学家考证它在波斯湾头。Eden 源于希伯来语的"平地"，波斯湾头地区一直被称为"平地"。《旧约》描述，从伊甸园分出 4 条河，第一是比逊河，第二是基训河，第三是希底结河（即底格里斯河），第四是伯拉河（即幼发拉底河）。此地毯上的波斯庭园，体

图 2-38　波斯地毯上描绘的庭院

现了这一描述。其特征是十字形水系布局。如《旧约》所述伊甸园分出的 4 条河，水从中央水池分四岔四面流出，大体分为 4 块，它既象征宇宙，也象征耕作农地。此水系除有灌溉功能、利于植物生长外，还可提供荫蔽环境，使人凉爽。有规则地种植遮阴树林与果树，以象征伊甸园，既好看又有果实吃，还可产生善与恶的联想。这与波斯人从事农业、经营水果园、反映农业风景是密切相关的。波斯人视花园为人间天堂，继承酷爱营造花园的传统文化，爱好栽培大量香花，如紫罗兰、月季、水仙、樱桃、蔷薇等。波斯人把住宅、宫殿设计成与周围隔绝的“小天地”，按几何形布局庭院园林景观，宫殿筑高围墙，四角设有瞭望守卫塔。用地毯代替花园，严寒冬季时，可观看有水有花木的地毯图案。这是创造庭园地毯的一个缘由。

(四)特征总结

波斯帝国的建筑继承了亚述、巴比伦、希腊建筑的传统，皆以石材构筑为主。宫殿筑高围墙，四角设有瞭望守卫塔。

波斯宫殿庭院园林用十字形水系布局。水系除有灌溉功能，利于植物生长外，还可提供荫蔽环境，使人凉爽。

波斯人视花园为人间天堂，继承酷爱营造花园的传统习惯，有规则地种植遮阴树林与果树，以象征伊甸园，既好看又有果实吃。

波斯人把住宅、宫殿庭院设计成与周围隔绝的“小天地”，按几何形布局庭院园林景观，用地毯制作园林图案代替实景花园，表达波斯人对人间天堂美景的愿望。

(五)历史借鉴

波斯地区多山而河流稀少，水资源非常珍贵，波斯人视水为生命之源。砌筑水渠灌溉农田与修建地下暗渠，使得在沙漠地区耕作成为可能。

The chahar bagh（四分花园，chahar 意为 4，bagh 意为花园）被水渠分为 4 个空间，记录了古波斯庭园最早的花园样式，展现了公元 1000 年至公元 2000 年间一个古典“四分花园”平面布置。它对后来发展的波斯伊斯兰园、印度伊斯兰园乃至欧洲园林产生了深远的影响。

波斯人视花园为人间天堂，继承酷爱营造花园的传统文化，有规则地种植遮阴树林与果树，以象征伊甸园，既好看又有果实吃，既实用又美观。

波斯人把住宅、宫殿庭院设计成与周围隔绝的“小天地”，按几何形布局庭院园林景观，形成了波斯宫殿庭院园林文化。

第四节　古希腊园林(公元前 650 年至公元前 562 年)

一、背景介绍

(一)自然条件

1. 地理位置

古希腊的范围不仅限于欧洲东南部的希腊半岛，还包括地中海东部爱琴海一带的岛屿及小亚细亚西部的沿海地区。希腊位于今天的巴尔干半岛最南端东地中海北岸。范围包括了希腊大陆、伯罗奔尼撒(Peloponnesus)、爱琴(Aegean)群岛和安纳托利亚(Anatolia)西岸；北部同保加利亚、马其顿、阿尔巴尼亚相邻，东北与土耳其的欧洲部分接壤，西南濒临伊奥尼亚海，东临爱琴海，南隔地中海与非洲大陆相望。陆地边界长 1 170 km。海岸线长约 15 021 km。

2. 地形特征

希腊国土的典型特点是海洋环绕着群山，中间或夹杂着谷地和平原，各处都有深入内陆的海湾。内陆地形的特点是西北高、东南低，盆地和平原多被山地切割得支离破碎，内陆上的山脉和山峰各自都走向大海，并将一块块小平原及其海岸分隔开来。沿海地势多平缓。山地面积约占全国土地面积的80%。海拔2 000 m以上的山峰有20余座。它有高耸的山峦，陡峭的山谷，多岩的岛屿。平原面积较少，较大的平原有塞萨利平原、马其顿平原和色雷斯平原。境内岛屿众多，著名的岛屿有克里特岛、罗得岛等。

3. 气候状况

希腊属典型的亚热带地中海气候，气候晴朗，柔和而凉爽，宜人的海风和呈深锯齿形的海岸线有利于航海，夏季干燥，冬季温和多雨。平均降水量为400～1 000 mm。

(二)历史背景

古希腊是欧洲文明的摇篮。欧洲的文化、历史和设计等许多领域都是源于古希腊和古罗马文明。我们自身的思想、观点和设计理念大部分都是沿着古代这条连续性的轨迹继承下来的。希腊人在哲学、戏剧、城市规划、绘画、雕塑和建筑等领域都是开拓者(先驱)。民主(Demokratie)、哲学(Philosophie)、中学(Gymnasium)、图书馆(Bibliothek)、剧院(Theater)、音乐(Musik)、建筑(Architekt)、数学(Mathematik)、生物(Biologie)、医生(Arzt)等词，都是我们日常所用的词汇，实际上，它们都是来自古希腊。“古老的希腊人”为我们留下了政治、科学、艺术和文学的基础，并沿用致今。

公元前700年，古希腊是一个拥有众多小国的支离破碎的地区，分布于山川河谷流域的平原和沿海地区及岛屿之上。它是一个呈松散的联合体，在这些小国的中心都是一座城市，我们称其为城邦国家。古希腊由众多的城邦国家组成，每一个城邦都重视自己的自由和独立。为了保卫自由和独立，它们都建立了军队，彼此之间经常发生战争，只有在奥林匹克运动会时才可能有和平；虽然历经了暴君、寡头政治和民主的轮流统治，但它们都信奉代尔斐斯(Delphis)的神谕，并都依靠着海上贸易求得生存。公元前600年，希腊人从腓尼基人(Phoenicians)那里学到了拼音字母；熟悉了埃及人利用石头雕刻和建造神庙的技巧。全体希腊人的传统敌人是波斯人，公元前490年，在马拉松打败了波斯人后，希腊国民非常自信，再加上公元前444年至公元前429年间伯里克利(Pericles)的领导，致使希腊文明达到顶峰。

古希腊有两个最发达的城邦国，一个是斯巴达，一个是雅典，但是它们的社会发展走了不同的道路。斯巴达在伯罗奔尼撒半岛的南部，以其训练有素的军队战胜和占领了一个又一个城邦，并使所有非斯巴达人沦为奴隶。但那些奴隶并不想永远忍受奴隶的待遇，因而经常出现骚动和起义。为了制服数量上占优势的奴隶，斯巴达的所有男子都必须成为士兵。这样的军队使斯巴达成为希腊第一军事城邦国家，斯巴达在其山区中的自给自足经济，产生了一种防范的、思想偏狭窄，最终导致缺乏创造性的极端思维方式，使得斯巴达在文化上的贡献微不足道。对于雅典人来说，谁要是想说服别人，就必须掌握有力的论据，就必须有能力、有技巧地表达出来。这种公开的思考和言论，对事物从各个方面的分析，使得雅典人发明了哲学。它把思想从宗教的束缚中解放了出来，成为一门独立的学科。公元前470年至公元前320年之间，雅典产生了3位哲学家：苏格拉底、柏拉图和亚里士多德，他们直至今日仍在影响着西方的思想。

在艺术和建筑领域，雅典也创造了新的标准。阿克洛波里斯山丘上的神庙及庙中和雅典各广场上的雕像，成了欧洲建筑和雕塑艺术的偶像和榜样。尤其是雕塑，代表了古代欧洲雕塑的最高水平。与此同时，希腊的诗人还写出了世界文学史上的第一批杰作：荷马的英雄史诗《伊里亚特》和《奥德赛》。公元前6世纪，在古希腊的萨摩斯岛(Samos)，有个数学家毕达哥拉斯(Pythagoras)通过几何学来寻求至善至美，他最早发现了空间比例与音乐韵律之间的关系。公元前5世纪以后古希腊神庙建筑形体呈矩形，历经几个世纪，形成了一种有数字比例的石材建筑，它确立了欧洲文明建筑的准则。帕特侬(Parthenon)神庙就像一块完整的巨几何体,古希腊人通过抽象的几何比例使一个普通的方盒子几乎神秘莫测地升华为壮丽与崇高,并通过柏拉图理念似的数学趋于至真至善至美。在克里特不存在城堡防御式建筑,家庭生活是敞开的场所,并有令人赏心悦目的花园。在迈西尼和后来的整个希腊,花园成为住宅庭院的一部分,用来种植果树和花卉,被用于神庙圣地、喷泉雕塑周围或者用于演讲学院建筑环境等公开或半公开的场所。

二、园林类型与实例

古希腊园林由于受到特殊的自然植被条件和人文因素的影响,出现许多艺术风格的园林,荷马史诗描写过古希腊 3 种类型的庭院园林、花园和圣林。他的史诗写于公元前 800 年前,在希腊的那个黄金时代,古典文学、哲学和建筑达到了全盛时期。希腊学校的孩子从《伊利亚特》(Iliad)和《奥德赛》(Odyssey)里学习历史。这些史诗传到罗马时期,又从文艺复兴开始传到 20 世纪,依旧是研究古希腊的对象。由于希腊文化承袭了埃及、美索不达米亚和克里特的文化,所以荷马史诗关于庭院、花园、树林和森林的引文摘都源于东方的文化。荷马史诗中的圣林,涉及神、圣坛、祭品、山林水泽仙女、陵墓、山洞、清泉和引水。宫苑庭院是日常生活起居的户外空间。位于城墙之外的园林用来种植水果和花卉。造园活动受当时的数学、几何学、哲学家的美学观点以及人们的生活习惯影响较大,认为美是有秩序、有规律、合乎比例、协调的整体,所以规则式的园林才是最美的。后来出现了体育公园、学术园林、圣林寺庙园林等,对欧洲国家园林的发展影响很大。因而古希腊园林可划分为宫苑庭园园林、宅园(柱廊园)、圣苑、公共园林和学术园林 5 种类型。

(一)宫苑

古希腊时代,贵族们主要关注着海外的黄金和奇珍异物,而对国内的政治权力不甚关心。与此同时,平民甚至奴隶都可以议论朝政,管理国家大事,他们通过个人奋斗可以跻身贵族行列。因此,古希腊没有东方那种等级森严的大型宫苑,王宫与贵族庭园也无显著差别,故统称庭园园林。

早期的古希腊园林在荷马史诗中有过描述,在它所述及的"英雄时代",强大的迈锡尼文明似乎已经消逝,古希腊艺术借取东方的经验,形成了自己的建筑与装饰风格(图 2-39)。荷马史诗中描述了阿尔卡诺俄斯王宫富丽堂皇的景象:宫殿所有的围墙用整块的青铜铸成,上边有天蓝色的挑檐,柱子饰以白银,门为青铜,门环是黄金制作的;宫殿之后为花园,周围绿篱环绕,下方是整齐的菜圃;园内有两座喷泉,一座喷出的水流入水渠,用以灌溉,另一座流出宫殿入水池,供市民饮用。虽然《荷马史诗》出自神话,我们不能完全相信,但至少可以认为古希腊早期庭园具有一定程度的装饰性、观赏性、娱乐性和实用性。据记载,园内植物有油橄榄、苹果、梨、无花果和石榴等果树,还有月桂、桃金娘、牡荆等观赏花木。

图 2-39 古希腊早期建筑

(二)宅园(柱廊园)

公元前 12 世纪以后,东方文化对希腊文明的影响日益增大。公元前 6 世纪,在希腊有着同波斯花园同样迷人的园林。但是,希腊王宫庭园在数量上和影响上均不及波斯花园,而且希腊的城市也不如波斯繁华,没有大型的王宫。所以,这个时代的希腊庭园首先是私人的住宅庭院。受益于植物栽培技术的进步,种植的不仅有葡萄,还有柳树、榆树和柏树。花卉种植也渐渐流行起来,而且布置成了花圃形式,月季到处可见,还有成片种植的夹竹桃。

公元前 5 世纪波希战争之后,古希腊国高度繁荣,大兴园囿之风,昔日实用、观赏兼具的庭园也开

始向纯粹观赏游乐型庭园转化。园林观赏花木逐渐流行，常见有蔷薇、三色堇、荷兰芹、罂粟、百合、番红花、风信子等，还有一些芳香植物也为人们所喜爱。

这一时期的庭园采用四合院式布局，一面为厅，两边为住房，厅前及另一侧常设柱廊，而当中的庭院为中庭。以后逐渐演变成四面环绕列柱廊的庭院，称为柱廊园（图 2-40）。古希腊人的住房很小，因而位于住宅中心位置的中庭就成为家庭生活起居的中心。早期的中庭内有铺装、雕塑、华美的瓶饰和大理石喷泉等，后来，随着城市生活的发展，中庭内开始种植各种花草，形成了有自然植物种植的柱廊园。这种柱廊园不仅在古希腊城市内非常盛行，在以后的罗马时代也得到了继承和发展，并且对欧洲中世纪寺庙园林的形式也有着明显的影响。

图 2-40　古希腊柱廊园林

（三）圣苑

古希腊人为了祭祀活动的需要而建造了许多小型祭坛与庙宇。古希腊人对树木怀有神圣的崇敬心理，相信有主管林木的森林之神，因而把庙宇及其周围的森林统称圣林（图 2-41）。在古典时期的希腊人，利用城市郊外的防御性土地，设置了小型祭坛，并用雕像、陶瓶和赤陶瓮等装饰，称为“雕像圣林”。在奥林匹亚的宙斯神庙旁的圣林，周围种植着大片树林，它不仅使神庙增添了神圣与神秘之感，也被当作宗教礼拜的主要对象。最初，圣林内不种果树，只栽植具有蔽荫的树，如棕榈、獬树、悬铃木等，后来种植果树装饰神庙。在荷马史诗中有许多对圣林的描写，而当时的圣林是把树木作为绿篱围在祭坛的四周，以后在场地旁种植了遮阳的树木，后来逐渐发展成了大片的林地。如奥林匹亚祭祀场的阿波罗神殿周围有长达 60～100 m 宽的空地，据考证就是圣林遗址。其中除有林荫道外，还有祭坛、亭、柱廊、座椅等设施，成为后世欧洲体育公园的前身。

图 2-41　古希腊圣苑

圣林的概念来自埃及和美索不达米亚的宗教圣地，圣林中涉及神、圣坛、祭品、山林、水泽仙女、陵墓、山洞、清泉和水源地被特别珍视。祭祀供奉仪式通常在圣林里进行，圣林入口处会设置界石以作标记，并树立神像，修建藏宝库用来存放礼品，为保护神像所建造的建筑称为神庙。圣林还能成为青年人锻炼和休息的场地，学者和学生们来到这些地方与自然亲近。因而，圣林既是祭祀神灵的场所，又是人们休闲娱乐的园林。当时，在雅典、斯巴达、科林多等城市及其郊区都建造了体育场。城郊的体育场规模更大，甚至成为吸引游人的游览胜地。圣林的演变产生于从荷马时代到希腊古典时期的发展过程中。2500 年之后，圣林演变成英国式风景园，为现代自然公园和国家公园奠定了基础。

古希腊的圣林与现代体育公园和大学校园具有一些相同的特点。奥林匹亚（Olympia）拥有最著名的运动会场所，德尔斐（Delphi）有最著名的神谕宣示场（oracle），斯巴达（Sparta）有强身健体的运动场，而雅典则有讲演与辩论的场地，赤裸的年轻人在树林里跑步。这些由树林营造的场地被称作“体育场”。这种类似体育公园的运动场，一般都与神庙结合在一起，主要是由于体育竞赛与祭祀活动相联系，是祭奠活动的主要内容之一。这些体育场常常建造在山坡上，并且巧妙地利用地形布置观众看台。

(四)公共园林

在古典时期,奥林匹亚(Olympia)体育场由私人机构经营,对公民开放并进行强身健体的活动和理智上的教育。其中有花园和小音乐厅(Odeums)——为音乐演出和朗诵诗歌之用的建筑,往往成为这些体育场的组成部分,比如柏拉图就曾经在雅典研究院(Academy in Athens)中建学校。柱廊,漂亮的有列柱的多功能建筑物,经常作为公众演讲的地方,也是体育场的设施之一。因为体育场具有校园似的外形,在空间上有特殊的需求,所以被建在城市的城墙以外。一位名叫西蒙的人在体育场内种上了洋梧桐树来遮阴,供运动员休息,从此,便有更多的人来这里观赏比赛、散步、集会,直到发展成公共园林。

希腊的历史学家森诺芬(Xenophon,公元前431年至公元前352年)描写过:赤裸的年轻人在树林里锻炼,抹着油的身体闪闪发光。这些树林被称作“体育场”(gymnasium,从希腊词gumons,即“裸体”和gumnazo,即“练习”而来)。角斗学校(称作palaestra,源于希腊词palaio,即“去摔跤”)创办起来,并为运动员比赛建造了运动场所,后来又加建了棚子、浴室和其他专门的院子。开敞的柱廊既能夏季用于蔽荫又能冬季用于锻炼。这些长满了树的保护区,为远离日常生活的地区。体育被古希腊人视为是教育不可分割的一部分。运动场保证了古希腊人的体育生活,古希腊所有的男性民众都能够便捷地使用这里的所有空间和设施。

(五)学园

古希腊的文人喜欢在优美的公园里聚众讲学,如公元前390年柏拉图在雅典城内的阿卡德莫斯公园开设学堂发表演说。阿波罗神庙周围的园地也成为演说家李库尔格(Lycargue,公元前396年至公元前323年)的讲坛。公元前336年,亚里士多德也常去阿波罗神庙聚众讲学。此后,为了营造讲学环境,文人们又开辟了自己的学术园。园内有供散步的林荫道,种有悬铃木、齐墩果、榆树等,还有爬满藤本植物的凉亭。学术园里布设有神殿、祭坛、雕像和座椅以及杰出公民的纪念碑和雕像等。如哲学家伊壁鸠鲁(Epicurus,公元前341年至公元前270年)的学术园占地面积较大,被认为是第一个把田园风光带进城市的人。再如哲学家提奥弗拉斯特(Theophrastos,公元前371年至公元前287年),也曾拥有一座建筑与庭园合成一体的学术园林。

三、特征总结

古希腊园林与人们生活习惯紧密结合,属于建筑整体的一部分。因此建筑是几何形空间,园林布局也采用规则式以求得与建筑的协调。同时,由于数学、美学的发展,也强调均衡稳定的规则式园林。古希腊园林类型多样,成为后世欧洲园林的雏形,近代欧洲的体育公园、校园、寺庙园林等都残留有古希腊园林的痕迹。

园林植物应用丰富多彩,据提奥弗拉斯的《植物研究》记载约500种,而以蔷薇最受青睐。当时已发明蔷薇芽接繁殖技术,培育出重瓣品种。人们以蔷薇欢迎大捷归来的战士,男士也可将蔷薇花赠送未婚姑娘,以示爱心,也可装饰神庙、殿堂及雕像等。

四、历史借鉴

古希腊园林的类型较多,但在形式上还比较简单。古代希腊的园林是后世欧洲园林类型的雏形,而且奠定了西方规则式园林的基础,对其发展与成熟产生了很大影响。后世的体育公园、校园、寺庙园林等,都留有古代希腊园林的痕迹。

第五节　古罗马园林
(公元前753年至公元前509年)

一、背景介绍

(一)自然条件

1. 地理位置

意大利位于欧洲南部,包括亚平宁半岛及西西里、撒丁等岛屿。北以阿尔卑斯山为屏障,与法国、瑞士、奥地利、斯洛文尼亚接壤,东、南、西三面分别临地中海的属海亚得里亚海、伊奥尼亚海和第勒尼安海。半岛南北长1 300 km,东西宽600 km。国境线长9 054 km,海岸线长约7 200 km。罗马是意大

利的首都,是古罗马帝国的发祥地,也是文艺复兴时期的艺术宝库之一。

2.地形特征

意大利陆地主要由山脉、丘陵和平原组成。高大的阿尔卑斯山脉像一个弧形式的屏障一样,横亘在整个意大利的北部,而亚平宁山脉则沿意大利东部,从北南几乎纵贯整个意大利,是意大利地形的脊梁。故此,山地和丘陵占了意大利总面积的80%。在上述两山交接处以东便是意大利著名的波河平原。古罗马位于台伯河下游丘陵地带,台伯河流经市区,因其建立在7个小丘之上,故有"七丘城"之称,但由于地势高差距很大,影响了向外扩展,不得不依循势呈放射状向外发展。

3.气候状况

虽然在纬度上意大利地处温带,但由于地形狭长,境内多山,另外由于意大利南部位于地中海之中,所以南北气候差异很大。北部为温带大陆性气候,冬季寒冷,1月份波河平原的平均气温为0℃,而阿尔卑斯山区气温可降到-20℃,有些山峰甚至终年积雪。古罗马北起亚平宁山脉,南至意大利半岛南端,境内多丘陵山地。冬季温暖湿润,夏季闷热,而坡地凉爽。这些地理气候条件对园林布局风格有一定影响。

(二)历史背景

罗马文明是西方文明史的开端。在公元1世纪至公元2世纪罗马帝国统治了欧、亚、非三大洲大部分地区,成为欧洲的大帝国。公元前2世纪后古希腊逐渐被罗马帝国所征服。那时古罗马帝国控制了古希腊,并掠夺了大量的古希腊艺术珍品,当时,希腊的学者、艺术家、哲学家,甚至一些能工巧匠都纷纷来到罗马寻生存,为罗马人修建筑、做雕塑,这对罗马文明的发展起了重要的作用。

古罗马的城市建设随着国势强盛、领土扩展和财富的敛集,得到了大规模发展。除了道路、桥梁、城墙和输水道等城市设施以外,罗马人还大量地建造公共浴池、斗兽场和宫殿等供奴隶主享乐的设施。古罗马经历了共和时代和帝政时代,其文化艺术繁荣于帝国时代(公元前27年至公元476年)。到了罗马帝国时代城市建设更进入了鼎盛时期。除了继续建造公共浴池、斗兽场和宫殿外,城市还成为帝王宣扬功绩的工具,广场、铜像、凯旋门和记功柱成为城市空间的核心和焦点。形式上追求宏伟壮丽,表现威严和超凡个性。建筑的成就主要表现在大型公共建筑的神庙、娱乐厅、运动场、浴池及水道、桥梁等方面,并兴起"凯旋门"(如君士坦丁凯旋门)与"纪念柱"建筑。建于1世纪的罗马大剧场(或称科洛西姆竞技场、斗兽场)可容纳5万人,是罗马拱式与希腊柱式结合的典范。建于2世纪的罗马万神殿(或称哈德良万神殿),则成为欧洲古代拱顶建筑的杰出代表。古罗马城的城市中心是共和时期和帝国时期形成的广场群,广场上耸立着帝王铜像、凯旋门和纪念柱,城市各处散布着公共浴池和斗兽场。古罗马在学习希腊的建筑、雕塑和园林艺术基础上,进一步发展了古希腊园林文化,就这样罗马人继承并发展了古希腊的文明。因此,欧洲的文化、历史和设计等许多领域都是源于古希腊和古罗马文明。希腊文学之父荷马认为:"没有希腊(园林艺术)的影响,罗马就不会有那些知名的园林艺术发展起来。"

二、园林类型与实例

古罗马标志是一只母狼,身下有两个男孩在吸吮它的乳汁。这幅图像源于一个传说:据说罗马是公元前753年由孪生兄弟罗慕洛斯和勒莫斯建立的,简称罗马。他们俩在婴儿时期被遗弃,在一只母狼哺育下长大。实际上,罗马的形成并没有多少传奇。人们现在估计,早在公元前800年,就有农民、牧民和渔民生活在台伯河沿岸山丘上的小村落中。从这个小小的村落开始,在后来的300年中,发展成为一个富裕的大城市,它和整个北部意大利一样处于埃特鲁斯坎人(意大利的第一个文明民族)的统治下。

罗马帝国于公元前200年左右在地中海沿岸占据主导地位后,在公元前300年间,罗马帝国几乎征服了全部地中海地区,在被征服的地方建造了大量的营寨城。营寨城有一定的规划模式:平面呈方形或长方形,中间十字形街道,交点附近为露天剧场或斗兽场与官邸建筑群形成的中心广场。营寨城的规划思想深受军事控制目的影响。随着国势强盛、领土扩大和财富的敛集，城市得到了大规模发展。除了道路、桥梁、城墙和输水道等城市设施以外，罗马人还大量地建造公共浴池、斗兽场和宫殿等供奴隶主享乐的设施。古罗马城的城市中心是共和时期和帝国时期形成的广场群，广场上耸立着帝王铜像、凯旋门和记功柱，城市各处散布着公共浴池和斗兽场。罗马人在大型建筑中运用了超越古希腊梁柱结构的拱券，带来更大、更丰富的建筑内部空间和外部造型，但作为一种装饰艺术风格接受了源自古希腊的柱式，并把它们发展得更为华美。在园林方面引进了许多植物品种，发展了园林工艺，将实用的果树、蔬菜、药草等分开，另外设置，提高了园林本身的艺术性。借鉴了古希腊的空间形式，或以希腊的术语来命名自己的园林，如廊院、健身场、学园等，同时吸取了埃及、亚述、波斯运用水池、棚架、植树遮阴以及希腊的周围柱廊中庭式和台地造园的做法等。现保存下来古罗马园林遗迹实在太少了，但通过发掘出的那些园林遗址似乎还能够看出，整个古罗马园林都是经过人工规划的，并以规则几何形式呈现，强调整齐对称的人工美，并可以区分出宫殿园林、别墅园林、宅园(柱廊园)、公共园林四大类型。

(一)宫殿园林

在古罗马共和国后期，罗马皇帝和执政官选择距罗马城不远的帕拉蒂尼山，为皇家宫殿的所在地。在那里皇帝奥古斯都(Augustus)、提比里乌斯(Tiberius)、卡里古拉(Caligigula)；和多米提安(Domition)建造了许多避暑宫殿和园林，执政长官马略(公元前 157 年至公元前 86 年)、凯撒大帝(公元前 100 年至公元前 44 年)，大将庞培(公元前 106 年至公元前 48 年)之子马格努斯·庞培(公元前 67 年至公元前 35 年)及尼禄王等人都建有自己的庄园。那里景色优美，成为当时宫殿园林集中的避暑胜地。宫殿最典型的是双向对称布局，在殿堂、居室、通道间形成 4 个被大理石柱廊或连拱廊环绕的庭院，相互之间穿叉渗透。巨大的开敞庭院装饰着喷泉和花床，显然是室外的起居空间使用，通过门廊和柱廊将此空间与他们自己的房间联系起来。这些宫殿园林的建造，为文艺复兴时期意大利台地园的形成奠定了基础。

在众多著名的庄园中，有奥古斯都的住宅，墙上绘有壁画，苏维托尼乌斯写道："夏季，(奥古斯都)要么敞开卧室的门睡觉，要么躺在院子里的喷泉旁，有人为他扇扇子。"奥古斯都可以透过宫殿的窗户观看官方的竞技比赛，在空地上散步，或者与他的朋友们一起玩手球。还有尼禄皇帝时代的黄金宫殿园林，有点像现代独裁者的金宫殿或是亿万富翁的休养所。它是一座拥有湖泊、开敞的林隔间空地、松树桃林、雕像和众多建筑的"奇异梦幻的风景园"，就像一座城市山林。尼禄死后，在他的人工湖上修建了斗兽场，在金宫殿的基址上修建了皇家浴场。今天金宫殿的部分残骸已被发掘出来。可惜的是，只有皇帝哈德良(公元 117 年至公元 138 年在位)的宫殿园林还残留着较多的遗迹，使人们有依据对其进行推测复原。

哈德良宫殿(Villa Hadrian)建于公元 130 年，坐落在蒂沃利(Tivoli)山坡上，是哈德良皇帝周游列国后，将希腊、埃及名胜建筑与园林的做法、名称搬来组合的一个宫殿园林，它是罗马帝国的衰落后幸存下来最完整的产业。哈德良尽管是一位暴君，但是他仍然是一位伟大的皇帝，一位有才华的人，一位诗人和一位设计师。他精通相星术，倡导艺术，喜爱狩猎和游览山川。他在位期间曾多次出巡，足迹遍及全罗马帝国。大约公元 124 年，他在梯沃里建造了壮丽恢宏的宫殿。据说皇帝本人也参与了宫殿的规划，期望宫殿中汇集在出巡中给他留下最难忘印象的景物。

从遗址上看，哈德良宫殿占地 760 英亩，位于两条狭窄的山谷间，地形起伏较大。用地极不规则，宫殿的中心区为规则式布局。哈德良宫殿几乎拥有罗马帝国能见到的各种功能的建筑形式，如宫殿、浴场、竞技场、图书馆、艺术宫、剧场、餐厅等(图 2-42、图 2-43)。哈德良要他的建筑师和工匠们再现了一些在 8 年游历帝国中对他触动最深的宏伟建筑。这些建筑布局随意，因山就势，变化丰富，分散在山庄各处，没有明确的轴线。各种形式的拱券以及它们的组合，带来丰富的内部空间和外部形体。建筑内部空间关系相对规整和紧凑，同建筑外部空间的不规则和相对松散形成对比。大量柱廊、连拱廊、半圆

殿、窗洞口，又使得空间得以相互渗透，包括室内各部分与室内外之间。富于变化的规则式庭园、中庭式庭园（柱廊园），也有布置在建筑周围的花园。花园中央有水池，周围点缀着大量的凉亭、花架、柱廊、雕塑等，整个山庄以水体统一全园，有溪、河、湖、池及喷泉等。在谷地南端，洞窟神庙、水池和两侧的山坡绿荫，有着明显联系。园内还有一座建在小岛上的水中剧场，岛中心有亭、喷泉，周围是花坛，岛的周边以柱廊环绕，有小桥与陆地相连。

图 2-42　哈德良拱门

图 2-43　哈德良图书馆

在宫殿建筑群的背后，面对着山谷和平原，延伸出一系列大平台，设有柱廊及大理石水池，形成极好的观景台。在山庄南面的山谷中，有称为“卡诺普”（Canope）景点，是哈德良举办放荡不羁的宴会的场所。卡诺普原是尼罗河三角洲的一个城市，那里有一座朝圣者云集的塞拉比（Serapis）神庙，朝圣者们常围着庙宇载歌载舞。哈德良山庄中还保存着运河，尽管水已干涸，但仍隐约可辨。运河边有洞窟，过去有塞拉比的雕像，并装饰着许多直接从卡诺普掠夺来的雕像。

哈德良宫殿的平面布局特点如下（图 2-44）。

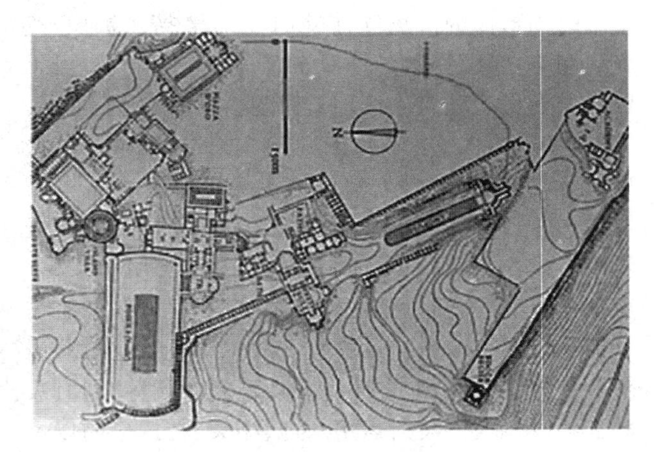

图 2-44　哈德良宫殿平面图

其特点是面积大，建筑内容多，除皇宫、住所、花园外，还有剧场、运动场、图书馆、学术院、艺术品博物馆、浴室、游泳池以及兵营和神庙等，像一个小城镇。多年来，它用作政府中心，因而可称为宫苑。海剧场，它是一个小花园房套在圆建筑内，由圆形的水环绕着，其形如岛，故称海剧场，内部有剧场、浴室、餐厅、图书室，还有皇帝专用的游泳池。运河是在山谷中开辟出 119 m 长、18 m 宽的开敞空间，其中一半的面积是水，是以“Canpusanal”闻名。在宫殿尽头处为宴请客人的地方，水面周围是希腊形式的列柱和石雕像，其后面坡地以茂密柏树等林木相衬托，其布局仍属希腊列柱中中庭式，只是放大了尺度；长方形的半公共性花园，长 232 m，宽 7 m，四周以柱廊相围，内有花坛、水池，可在这里游泳和游戏比赛。

（二）别墅园林

希腊贵族热爱乡居生活，并以此为时尚。早期的罗马城中几乎没有园林，罗马人在接受希腊文化的同时，也热衷于效仿希腊人的生活方式。由于罗马人具有更为雄厚的财力、物力，而且生活更加奢侈豪华，这就促进了在郊外建造别墅庄园风气的流行。别墅庄园成了罗马贵族生活的一部分。罗马别墅是包括住宅、花园和众多附属建筑的宫殿式庄园。城市别墅和乡村别墅都有建造。别墅的主人把它们作为放松、锻炼、招待朋友的场所。别墅园林在形式上有保护性的围合体，建筑和园林组合在一起。各种构筑物像散置在桌子上的盒子。这种别墅的形式是经久不衰的。当时著名的将军卢库卢斯（公元前106年至公元前57年）被称为贵族别墅园林的创始人，他在那不勒斯湾风景优美的山坡上耗费巨资，开山凿石，大兴土木，建造花园，其华丽程度可与东方王侯的宫苑媲美。著名的政治家及演说家西赛罗（公元前106年至公元前43年）是推动别墅园林建设的重要人物。他鼓吹一个人应有两个住所，一个是日常生活的家，另一个就是别墅园林。他本人就在家乡阿尔皮诺和罗马都建有别墅园林。他在传播希腊哲学思想的同时，也介绍希腊园林的成就，这些对罗马别墅园林的发展都产生了一定的影响。1974年有一座带有广阔花园的精美奢华别墅被发掘出来，被证实修建于公元79年间，别墅内有一些内部庭院，一个游泳池和一个外部花园。别墅的主人被认为是尼禄的妻子Poppea。据说她曾用500头驴来运送供她沐浴的牛奶。现在这块场地被火山灰崖壁包围着，崖壁的顶部盖满了丑陋的公寓住宅。另一位罗马富翁与作家小普林尼（Plinythe Younger）也留下了大量有关罗马人乡村生活的文字资料。他细致地描述了自己的两座别墅园林，即建在奥斯提（Ostie）东南约10 km拉锡奥姆（Latium）山坡上的洛朗丹别墅庄园（Villa Laurentin）和建造在托斯卡那（Toscane）地区的别墅园林。

1. 洛朗丹别墅（Villa Laurentinum）

洛朗丹别墅是小普林尼（约公元62年至约公元115年）在离罗马17英里的劳伦替诺姆海边建造的别墅园。用途为度假别墅，可乘马车来到这里度假、进膳或招待宾客。此地非常安静，面向大海，除非有大风才能听到波涛响声。洛朗丹别墅选址极好，背山面海，自然景观优美，而且交通便利，离罗马仅27 km。人园后可见美丽的方形前庭、半圆形的小型列柱廊式中庭，然后是一处更大的庭园（图2-45、图2-46）。院子尽头是向海边凸出的大餐厅，从三面可以欣赏到不同的海景。透过二进院落和前庭回望，可以瞥见远处的群山。

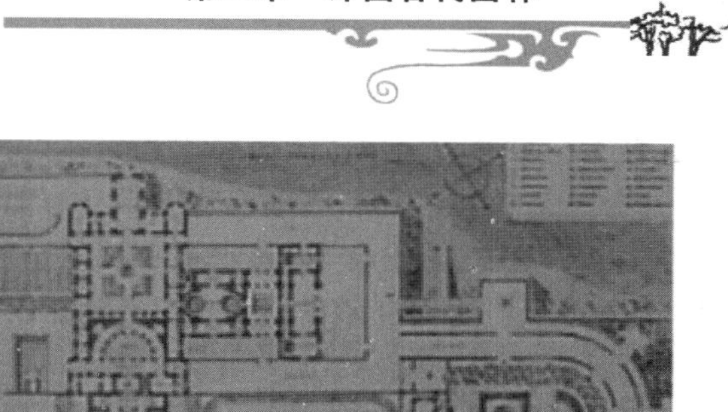

图2-45　洛朗丹别墅庄园平面复原图

图2-46　洛朗丹别墅庄园透视复原图

别墅附近有运动场，两侧是二层小楼和观景台。从其中的一座小楼上，可以俯视整个花园。园路环绕着小树林，路边围以迷迭香和黄杨。花园边有葡萄棚架，地面采用柔软的草铺地，以便赤足行走。然后是种有大量无花果和桑树的果园。花园中还建有一座厅堂，由此处同样可欣赏周围的美景。庄园中还布置有遮阳的柱廊，廊前是种植堇菜花的露台。柱廊的尽头是小普林尼十分喜爱的园亭。在这一大型别墅庄园中，既有欢快娱乐的场所，也有供人安静休息的空间。建筑朝向、开口、植物配置、疏密均与自然结合，利用自然风向，冬暖夏凉，而且层次分明。这一别墅园的设计特点是：主要面朝向海，建筑环抱海面，留有大片露台，台上布置规则的花坛，可在此活动，观赏海景；建筑的朝向、开口，植物的配置、疏密，都与自然相结合，使自然风向有利于冬暖夏凉，从海面望此景，前有黄杨矮篱，背景为浓密的成群树木，富有景观层次；建筑内有3个中庭，布置有水池、花坛等，很适宜休息闲谈；入口处是柱廊，有塑像。

各处种上鲜花，取其香气，主要树木为无花果树和桑树，还有葡萄藤架遮阴和菜圃。建筑小品有凉亭、大理石花架寺，内容十分丰富，该设计重视同自然的结合，重视实用功能是值得我们今日参考的。

2. 托斯卡那别墅(Villa Pliny at Toscane)

托斯卡那别墅园林周围环境优美，群山环绕，林木葱茏，依自然地势形成了一个巨大的像阶梯剧场似的结构。远处的山丘上是葡萄园和牧场，从高处俯瞰，景观令人陶醉。根据对遗址的勘测绘制的托斯卡那庄园平面图，别墅前面布置了一座花坛，环以园路，两边有黄杨篱，外侧是斜坡，坡上有各种动物黄杨造型，其间种有许多花卉植物，花坛边缘的绿篱修剪成各种不同的栅栏状。园路尽头是林荫散步道，呈运动场状，中央是上百种不同造型的黄杨和其他灌木，周围有墙和黄杨篱，花园中的草坪也精心处理过。此外还有果园，园外是田野和牧场。

别墅建筑入口是柱廊，柱廊一端是宴会厅，厅门对着花坛，透过窗户可以看到牧场和田野风光。柱廊后面的住宅围合出托斯卡那式的前庭，还有一较大的庭园，园内种有 4 棵悬铃木，中央是大理石水池和喷泉，庭园内阴凉湿润。庭园一边是安静的居室和客厅，有一处厅堂就在悬铃木树下，室内以大理石作墙裙，墙上有绘着树林和各色小鸟的壁画。厅的另一侧还有小庭院，中央是盘式涌泉，传来欢快的水声。廊的另一端，与宴会厅相对的是一个很大的厅，从这里也可以欣赏到花坛和牧场，还可看到大水池。水池中巨大的喷水，像一条白色的缎带，与大理石池壁相互呼应。园内有一个充满田园风光的地方，与规则式的花园产生了强烈的对比。在花园的尽头，有一座收获时休息的凉亭，4 根大理石柱支撑着棚架，下面的庭园里有白色的大理石桌凳(图 2-47)。

图 2-47　托斯卡那别墅建筑

古罗马的别墅园林内既有供生活起居用的别墅建筑，也有宽敞的园地。园地一般包括花园、果园和菜园，花园又划分为供散步、骑马及狩猎用的 3 部分。建筑旁的台地主要供散步用，这里有整齐的林荫道，有黄杨、月桂形成的装饰性绿篱，有蔷薇、夹竹桃、素馨、石榴、黄杨等花坛及树坛，还有番红花、晚香玉、三色堇、翠菊、紫罗兰、郁金香、风信子等组成的花池。一般建筑前不种高大的乔木，以免遮挡视线。供骑马用的部分，主要是以绿篱围绕着的宽阔林荫道。至于狩猎园则是由高墙围着的大片树木，林中有纵横交错的林荫道，并放养各种动物供狩猎、娱乐用，类似古巴比伦的猎苑。在一些豪华的庄园中甚至还建有温水游泳池，或者有供开展球类游戏的草地。这时庄园的观赏性和娱乐性已明显地增强了。

别墅园林或宅院都采用规则布局，尤其在建筑物附近常常是严整对称的。但是，罗马人也很善于利用自然地形条件，园林选址常在山坡上或海岸边，以便借景。而在远离建筑物的地方则保持自然面貌，植物也不再修剪成型了。

(三)宅园(柱廊园)

古罗马城市住宅通常密集排列在街道两旁，富有的贵族住宅面积比较大，其中一部分庭院空间形成了天井院。有的庭院用于安置神龛，栽培植物，展示雕塑和喷泉。高墙围合的庭院，满足了安全性和私密性。这种紧密围合的庭院空间是古罗马传统住宅的基本特征。

古罗马的城市住宅有 3 种形式的庭院：

(1)天井(atrium)院落式，天井位于住宅的中间，四周是深深的屋檐，天井起着采光井和通风井的作用。地面的铺装微微凹下以便收集雨水，之后储存在一个蓄水池中。

(2)柱廊式宅院，受古希腊豪华住宅的影响，一些大型住宅的庭院被扩大并加上了柱廊，形成柱廊宅院。柱廊式庭院作为带有屋顶的一个走廊，围绕庭院一周，作为了户外起居室和户外餐厅来使用，又是通向卧室和起居室的通道。闭合的院子里设置有

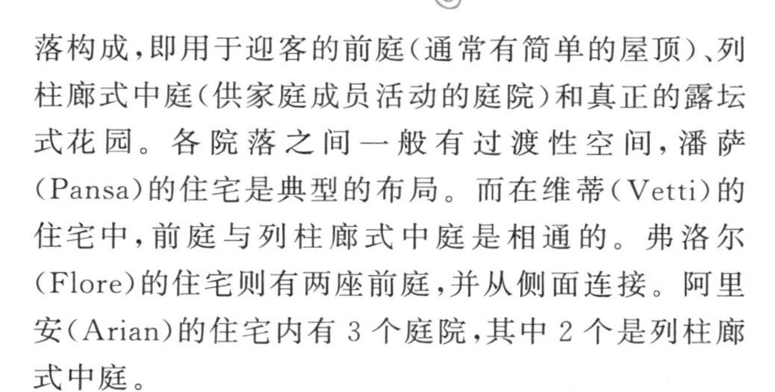

水池、喷泉、灌木、花卉、雕像和一个小神龛。种植常绿树月桂、桃金娘、夹竹桃、迷迭香、黄杨和常春藤；花卉中有罗马人喜欢的玫瑰、鸢尾、百合、紫罗兰、雏菊、罂粟和菊花。

(3)园艺庭院，用于种植花卉和蔬菜，有的还用雕像、凉亭和水景来装饰庭院空间。

最典型的古罗马的城市住宅通常由庭院、廊院、后花园三者兼有的组合形式构成，第一进院为迎客的庭院，第二进院为列柱廊式中庭院，各院落之间一般有过渡性空间，第三进院为露坛式花园，是对古希腊中庭式庭园(柱廊园)的继承和发展。实际上柱廊院和后花园就是古罗马城市住宅园林主要类型。柱廊院与传统中庭空间形态相似，紧密的房屋围合使它有很强的内部环境感，中央可以是传统的水池，也有布置下沉式铺装，设置喷泉、雕像，有的种上花卉或布置盆栽花卉，既接雨水，又装饰庭院，有的配合墙面彩绘壁画，形成美妙的建筑与园林相结合的住宅园林环境(图 2-48)。罗马城市住宅的房间通常非常狭小，庭院、柱廊院、后花园成为最重要的起居场所，接待客人、餐饮、聚会都在庭院或柱廊院里进行，与之相联的厅堂里，屋檐下或柱廊内布置各种家具。近代考古专家从庞贝城遗址发掘中证实了这一点。

图 2-48 古罗马柱廊庭院

公元前 79 年，罗马的庞贝城(Pompeii)因维苏威火山爆发而被埋没在火山灰下。近代考古学者对庞贝城遗址进行了发掘，并修复了一些宅园。从庞贝城遗址中可以看出，古罗马的宅园通常由三进院落构成，即用于迎客的前庭(通常有简单的屋顶)、列柱廊式中庭(供家庭成员活动的庭院)和真正的露坛式花园。各院落之间一般有过渡性空间，潘萨(Pansa)的住宅是典型的布局。而在维蒂(Vetti)的住宅中，前庭与列柱廊式中庭是相通的。弗洛尔(Flore)的住宅则有两座前庭，并从侧面连接。阿里安(Arian)的住宅内有 3 个庭院，其中 2 个是列柱廊式中庭。

维蒂住宅具有代表性的是在前庭之后有一个面积较大的、由列柱廊环绕的天井庭院。前宅后园，整体为规则式。院落三面开敞，一面辟门，光线充足。住宅由 3 个庭院组成，入户的第一个天井院中心设有方形水池、喷泉，周围种以花草，这可称之为水池中庭；在中庭院的前方和右侧是两个列柱围廊式的天井院。庭园内布置有花坛，常春藤棚架，地上种眷山菊花。中央为大理石水盆，盆内有 12 个喷泉眼和雕像。柱子间和墙角处，还有其他小雕像喷泉，喷水落入大理石盆中。中庭的面积不大，但是做工精巧，柱廊、喷泉和雕像组成了空间的装饰，不仅增强了庭院空间的意境，还给人以空间扩大了的感觉。简洁、雅致，加上花木、草地的点缀，创造出清凉宜人的生活空间环境。

古罗马的宅园与希腊的柱廊园十分相似，不同的是在古罗马宅园的庭院里往往有水池、水渠，渠上架平桥。有的后花园的中心部分设置长渠，形成该园的轴线，直对花园出口，长渠与横渠垂直相连通，中间布置具有纪念意义的大喷泉，成为花园的中心景观。长渠两侧，布置葡萄架，葡萄架旁种有高树干的乔木以遮阴，院墙两侧摆满花盆。木本植物种在很大型的陶盆或石盆中，草本植物种在方形的花池或花坛中。在柱廊的墙面上往往绘有风景画，使人产生错觉，似乎廊外是景色优美的花园。

(四)公共园林

古罗马人继承了古希腊体育竞技场的设施，却并没有用来发展竞技，而把它变为公共休憩娱乐的场所。在椭圆形或半圆形的场地中心种植草坪，草坪边缘改造为宽阔的散步道路，路旁种植悬铃木、月桂，形成浓郁的绿荫道。具备公共场所的绿化用地还设有步行园路，有蔷薇花园和几何形花坛，供市民

休息散步观光。

古罗马沐浴是奴隶主和富人的一项生活嗜好。不仅帝王、贵族家庭必有浴室,城市里还有很多大小型公共沐浴场,公共浴场成为罗马城镇不可缺少的设施已经至少有3个世纪了。浴场的主要设施,包括更衣室、高温浴室、公共热水池,类似今天桑拿房的发汗室,以及深水池和冷水浴室。浴场规模小、装修简陋的,只为城镇居民提供实用功能的卫生设施。浴场规模大的,如卡拉卡拉王浴场规模相当于一个小城镇。巨大浴场内甚至还附设有歌舞厅、图书馆、讲演厅、艺术画廊和运动跑道。浴场建筑外部空间设置有花坛、喷泉、雕塑。整个浴场金碧辉煌。

古罗马的歌舞剧场也十分华丽,剧场周围有供观众休憩的绿化用地,有些露天剧场建在山坡上,利用天然地形和得天独厚的山水风景巧妙布局,令人赏心悦目。古罗马的城市大广场是个城市宗教、商业、庆典和公共生活的中心所在,也是历史上最著名的城市广场。广场是城市居民公共集会的场所,人们在这里休憩、娱乐、社交等,古罗马广场成为后世城市广场的前身,类似现代城市中的步行广场。从共和时代开始,古罗马各地的城市广场就十分盛行。我们把古罗马城市公共空间中具有园林绿化的场所称为公共园林。

三、特征总结

古罗马奴隶主或富人家花园规模庞大,他们过着豪华奢侈的生活,享受着人世间的累累硕果。所有的建筑,无论是神圣祭坛、神庙、宫殿,还是公共性的建筑,如剧场、大型沐浴场、竞技场、城市广场等巨型建筑,原则上都仿效了古希腊神庙式的普遍形式。

古罗马时期园林以实用为主要目的,营造了果园、菜园和种植香料、调料的园地,后期学习和发展古希腊园林艺术,逐渐加强园林的观赏性、装饰性和娱乐性。

由于罗马城建筑在山坡上,夏季的坡地气候凉爽,风景宜人,视野开阔,促使古罗马园林多选择山坡地形,筑台造园,这便是文艺复兴后意大利台地园的形成。

受古希腊规则式布局影响,古罗马园林在建筑的设计方式、地形处理上,都设计为规整的台层,园内的水池、花坛、行道树、绿篱等都有几何形设计,无不展现出井然有序的人工艺术魅力。

古罗马园林非常重视园林植物造型,把植物修剪成各种几何形体、文字和动物图案,称为绿色雕塑或植物雕塑。黄杨、紫杉和柏树是常用的造型树木。花卉种植容器有花台、花池。花卉专类园有蔷薇园、杜鹃园、鸢尾园、牡丹园等,另外还有“迷园”花园。迷园图案设计复杂,迂回曲折,扑朔迷离,娱乐性强,后在欧洲园林中很流行。园林中常见乔灌木有悬铃木、白杨、山毛榉、梧桐、槭、丝杉、柏、桃金娘、夹竹桃、瑞香、月桂等,果树按五点式栽植,呈梅花花瓣形状或“V”形图形,以点缀装饰建筑外部空间。

古罗马园林后期盛行雕塑作品,从雕刻栏杆、桌椅、柱廊到墙上浮雕、圆雕,为园林艺术增添艺术魅力与园林意境。

古罗马横跨欧、亚、非三大洲,它的园林除了受到古希腊影响外,还受到了古埃及和中亚、西亚园林文化的影响。例如,古巴比伦空中花园、猎苑,美索不达米亚的金字塔式台层等都曾在古罗马园林中出现过它们的痕迹。

四、历史借鉴

古罗马文化继承了古希腊文化,在此基础上发展出更加丰富的技术与艺术形式,并通过罗马人对欧洲中世纪及文艺复兴时期的意大利文化产生作用。古罗马人将古希腊园林传统和西亚园林的影响融合到古罗马园林之中,并且由于罗马时代出现在希腊时代之后,涉及的范围更大,因此对后世欧洲园林艺术的影响也更直接,这可从一些早期欧洲园林的遗迹中明显地看出来。

参考链接

[1]陈志华. 外国建筑史[M]. 4版. 北京:中国建筑工业出版社,2010.1

[2]李震,等. 中外建筑简史[M]. 重庆:重庆大学出版社,2015.1

[3]张祖刚. 世界园林史图说[M]. 2版. 北京:中国建筑工业出版社,2013.4

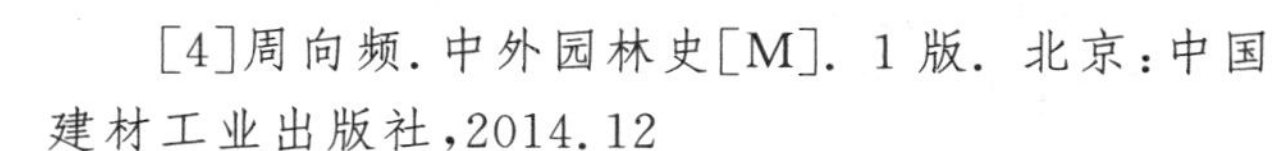

[4]周向频. 中外园林史[M]. 1版. 北京:中国建材工业出版社,2014.12

[5](英)汤姆·特纳. 世界园林史[M]. 林菁译. 北京:中国林业出版社,2011

[6]朱建宁. 西方园林史. 19世纪之前[M]. 2版. 北京:中国林业出版社,2013.8

[7]祝建华. 中外园林史[M]. 2版. 重庆:重庆大学出版社,2014.12

[8]罗小未,蔡琬英. 外国建筑历史图说[M]. 上海:同济大学出版社,1986

[9]罗小未. 外国近代建筑历史[M]. 2版. 北京:中国建材工业出版社,2004.8

[10]张健. 中外造园史[M]. 武汉:华中科技大学出版社,2009.2

[11](日)针之谷钟吉. 西方造园变迁史[M]. 邹洪灿译. 北京:中国建筑出版社,2011.10

[12]维基百科网站. http://en.wikipedia.org

[13] Tom Turner. *Garden History: Philosophy and Design 2000BC—2000AD* [M]. Routledge, 2005.

[14] Marie Luise Schroeter Gothein. *A History of Garden Art* [M]. Hacker Art Books, 1966.

课后延伸

1. 查看BBC纪录片:《消失的法老王国——派拉姆西》《古代埃及人》《尼罗河》《庞贝古城最后一天》《遗失的神灵之古罗马》《遗失的神灵之希腊人》《希腊神话的真相》《角斗士》《庞贝古城最后一天》《遗失的神灵之古罗马》。

2. 阅读*Gardens of ancient Egypt*一文(From Wikipedia, the free encyclopedia)。

3. 为何古埃及被誉为西方文化之源?它对西方文明究竟产生了什么影响?

4. 描绘你所想象的古巴比伦“空中花园”,画出平面图和效果图。

5. 动手制作古希腊柱廊园的模型,并说说你对柱廊园的理解。

6. 抄绘哈德良宫苑的平面图,思考其对后来意大利文艺复兴园林的影响。

第三章 中世纪欧洲园林

课前引导

本章主要介绍公元500年至公元1500年时期，于罗马帝国之后，文艺复兴运动兴起之前，在欧洲受基督教影响的主流造园形式。由于战争和宗教的影响，15世纪欧洲大多数庭园以防御性军事为主，并兼有修道、传道的要求，因此在古罗马文化进入衰退时期时，由于战事的频繁，人们逐渐开始寻求宗教带来的慰藉，并进一步促进了基督教、天主教在欧洲大陆的传播。对于古代文化的泯灭，所谓的黑暗时期，传统造园在基督教基础上结合了古罗马的美学思想，仍然将艺术表达视为上帝的创造。宗教集权统治下的国家却由于教义的不同，仍保留着较为分散的政权，取代了古罗马辉煌的帝王宫苑，反之出现了大批以实用主义为主的寺院、城堡式园林，转向朴素主义风格。本章则着重介绍中世纪时期的修道院、寺院园林及城堡庭园。

教学要求

知识点：了解中世纪欧洲园林的起源与建造目的；了解法国、瑞士、意大利、葡萄牙、西班牙等国家的自然地理背景、历史条件、宗教、文化内涵、园林的类型（修道院、城堡）等；了解园林的布局及造园要素。

重点：掌握中世纪欧洲园林的发展及内涵。

难点：了解中世纪欧洲了园林对其他园林的影响。

建议课时：2学时。

第一节 背景介绍

一、概述

园林的概念在6世纪至13世纪发生了重大变化。在罗马园林中，人们视自身为自然的一部分，就如同身处乡村一样，而在中世纪这个观念消失了，园林只有作为修道院和寺院的附属物而存在。宗教信仰，神秘主义，直觉和信念而不是理性科学左右着中世纪园林的理念。公元476年罗马帝国覆没以后，几个世纪的战争使罗马人的园艺技能随之遗失。与接受新兴科学和机械学思想相背，人们的观念变得保守。罗马时代文明成为基本文明。恐惧荒野，恐惧无知，恐惧同胞，成为欧洲人的行为准则。中世纪文化实际上是在城堡、壁垒的社区、城市和乡村中创造了一种守势文明。

欧洲历史上的“中世纪”以公元476年西罗马帝国灭亡为起点，到17世纪中叶英国资产阶级革命前夕结束，前后共经历了大约12个世纪。这段历史又可以分为初期（公元5世纪至公元11世纪）为封建社会的形成时期；中期（公元12世纪至公元15世纪）为封建社会的繁荣时期；末期（公元15世纪至公元17世纪中叶）为封建社会衰亡和资本主义时期。在整个中世纪，由于基督教思想的统治和罗马文化的影响，加上日耳曼民族的入侵，在欧洲封建制度内部形成了严重的阶级对立和宗教纷争。按传统的史学观点认为，中世纪时期是历史的倒退，随处可见宗教裁判所延绵的烽火，科学家和思想家们戴着枷锁寻找真理，而愚昧的传教士成了一切的主宰。虽然这一时期出现了文化倒退，但不可否认中世纪是一个独具开创性的时代，是古典文化发展的一个必然结局。这一时期，思想上受到遏制，但是文学、艺术和建筑上都涌现出一批杰作；地理大发现和新航道的开辟也为后来的世界园林发展提供了新的思路。在经济上，城市兴起，市民阶层出现；文化上，大学建立；思想上，平等、博爱均是源自基督教的教义。

这一时期，城堡和修道院成为人们的活动中心。教会作为知识的拥有者，决定了园林的形式。在小农经济自给自足的影响下，园林以实用性为主。在城堡内部，规则式的药圃是不可缺少的，菜园也设在其中，其他作物园设在城外。与从前各个历史时期相比较，严格意义上的园林并不很多，也缺乏影响力。这段时期是西方园林史上最漫长的一次低潮，当文艺复兴唤醒了人们的热情后，园林事业又开始了更快的发展。

二、地理位置和范围

由于历史时期较长，整个中世纪时期受宗教集权统治影响的疆域也比较广泛，从西罗马帝国，越过地中海至西亚奥斯曼帝国（现土耳其），北至斯堪的纳维亚半岛，东至匈牙利、波兰，南下到西班牙。

三、经济、文化发展概况

意大利一直不能统一，罗马教皇为了保持自己的独立地位，建立了教皇国，并且伪造了《君士坦丁赠礼》文件。教会统治非常严厉，并且控制了西欧的文化教育。一方面，教士不能结婚，主张禁欲，要求人们将一切献给上帝才能死后上天堂；另一方面圣职买卖现象又很严重。宣扬三位一体、原罪说等经院哲学，严格控制科学思想的传播，并设立宗教裁判所惩罚异端，学校教育也都是为了服务于神学。在教皇格里高利一世（公元 590 年至公元 604 年）时期，古罗马图书馆也被付之一炬。

自从公元 312 年君士坦丁宣布合法化基督教后，基督徒就从被迫害者变为迫害者。他们敌视一切不合乎圣经的东西，包括部分新思想及科学等。历史上就有很多伟大的思想家及科学家被基督徒迫害。到中世纪，更出现罗马教廷的“宗教裁判所”及加尔文的“宗教法庭”等合法机构迫害所谓的“异端”。但在另一方面，教会也相当重视古代知识的传承以及教育。

中世纪时的经济主要是封建制的庄园式自然经济，出现了一批商业城市：巴黎、里昂、都尔奈、马赛、科隆、特里尔、斯特拉斯堡、汉堡、威尼斯、热那亚等等，形成了一个以地中海为中心的贸易区。

第二节　园林类型与实例

西方园林艺术的发展，建立于中古世纪两大类型的园林：一种是实用主义功能型，例如修道院里象征形式的菜园；另一种是美观、娱乐型，像封建制下的诸侯，和诗人们感性的花园。而这种追求于人间乐土（Pays de Bonheur）的观念，来自圣经的伊甸园，在禁欲的中世纪也不例外。朴素修道院的高墙之内，也有着丰富的菜园、药草园和果园。而清净修为的僧侣进入欧洲后，没有多余的财富来修建寺院，就借用了罗马帝国时期遗留下来的建筑、宫殿，并进一步改造成中世纪初期的修道院。建筑内由于设置了医疗室，修道士们对内庭进行了改造，把纯粹观赏娱乐性质的罗马水池、喷泉和种植池改建为具实用功能的菜地和药草园圃，并通过种草药和蔬果来维生。而对于建筑本身，则在内墙上绘满了有关圣经故事的壁画，并把部分罗马柱改成了拱券式廊道。在一些传教场所如广场、会堂等，僧侣们进一步将其改造成除传教之外还能开展其他活动的长方形大会堂——即巴西利卡教堂。

公元 4 世纪至公元 8 世纪，康斯坦丁时期巴西利卡式教堂（图 3-1），建筑以石制为主，部分尺度和体量都超过了以往的教堂形式，呈现超大规模和多种房间格局，然而在公元 6 世纪至公元 7 世纪，也涌现出一批小型石头建筑。直至公元 8 世纪初，卡洛

琳王朝时期(Carolingian Empire),帝国恢复了巴西利卡教堂的建筑风格,而最典型的特征即是十字交叉耳堂的出现(图 3-2),以及十字形塔楼和纪念堂的专用入口放置在大教堂的西侧。

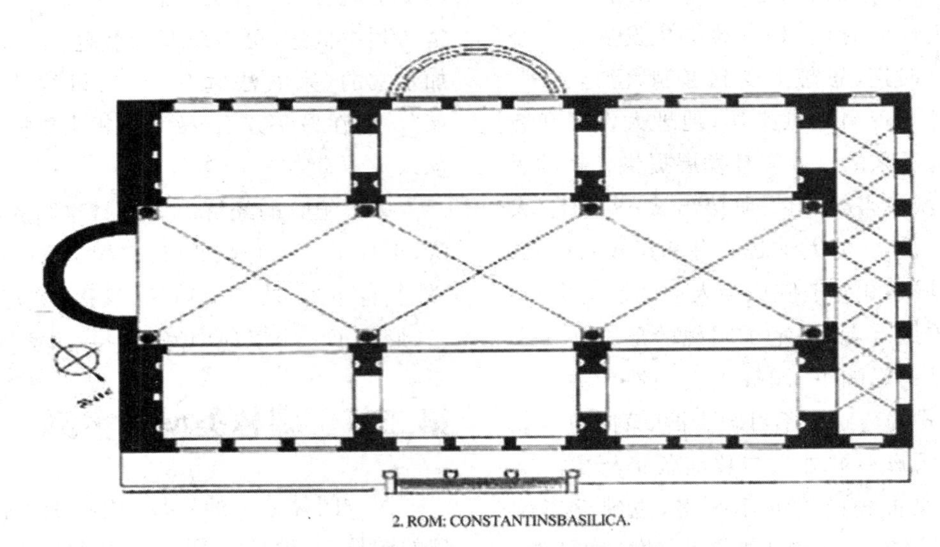

图 3-1 康斯坦丁巴西利卡教堂平面

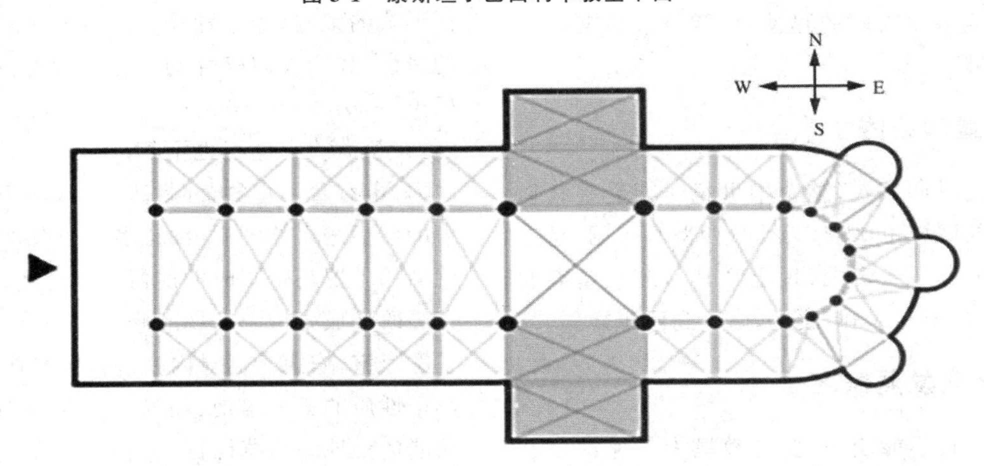

图 3-2 十字交叉耳堂

卡洛琳艺术是为纪念一小群王室中的权贵而产生的,且被大量用于他们修建的修道院和教堂,而且卡洛琳装饰艺术充满了隐晦的意义——努力恢复古罗马和拜占庭帝国的尊严,具有强烈的古典主义风格,但也受到了不列颠群岛(现英国)的影响。原本孤立的艺术综合了爱尔兰凯尔特人的传统,以及盎格鲁一撒克逊的日耳曼风格的装饰,与地中海风格融合形成了许多中世纪艺术的特点。中世纪早期,幸存的宗教作品大多是手稿和经雕刻的象牙;大量金属器皿也被融化做其他装饰性功能使用,而贵金属制品却是中世纪时期艺术的巅峰之作,但几乎所有都遗失了,除了少数十字架和几个圣髑盒被发现埋葬在法国梅罗文加王朝(Merovingian)时期的村庄地带。另外一些得以保留的艺术品如胸针等装饰,都是彰显身份的象征,其他则是英雄人物的雕像,取代了古希腊的神话人物,成为造园中的必要元素。

修道院最初是由古希腊和中东地区隐士的居所发展而来，从简单的小屋街道格局，在罗马帝国覆灭之后，规模开始扩大，为了抵御侵略和保护传教士而建造了高大的外墙；每个住所对墙而建，中间留出足够的空地用于修建大教堂、小礼拜堂、喷泉和餐厅；其中一个重要的建筑内部安置见习室和医务室。早期修道院内的病院有自己的小教堂、澡堂、餐厅、厨房和花园，医生的住所就在其中，附带着用于治疗的药草园和病房。根据药草的使用量，修道院自行开辟土地，用来种植谷物、蔬菜、果树和药用植物。很多珍稀植物只能在修道院内种植，并且这种种植方式对后期文艺复习时期的园艺产生了重要的影响。

一、寺院(修道院)庭园

修道院的建设取决于它的功能，而根据研究可以发现，其核心就是“排列”，因此无论是建筑布局，还是僧侣的礼拜、修行，都是以队列的形式出现，而修道院的中庭作为开敞空间，四周都用带屋顶的长廊围合，则很好地解释了当教士们进入中庭或中庭连接的建筑时，都是成队列从周围走过，并一层一层在中庭位置围合成圆进行礼拜或宣读，队列中严格按照职能和地位进行排位。同时，矩形的中庭设计，也从另一角度解释了修道院存在的实质，就是作为修道士们进行“心灵表达和精神传递”的有形场所，既作为生活空间，又作为传达神圣理念的场所。

(一)圣高尔修道院(Abbey of Saint Gall)

圣高尔修道院是座古罗马哥特式宗教综合体，位于瑞士圣高尔州。它主体是教堂和图书馆，外围是中世纪城市圣高尔城。大约自公元719年起，这座法国卡洛琳王朝的修道院就存在于当地。它由圣奥瑟玛(Saint Othmar)修建，地点是爱尔兰著名教士圣高尔(Saint Gall)隐居过的地方。在13世纪，这座修道院变成了一个独立的小公国，并且作为本笃会的教堂存在着。圣高尔修道院的图书馆是世界上储存中世纪书籍最多的地方之一。

修道院建于一个小山头上，有围墙围绕。中央是双尖塔状的教堂，教堂和右侧的宗教用地围出一个小广场(图3-3、图3-4)。教堂正后方是医疗区。教堂正右方是厨房和手工艺制作区，正左方是学校。教堂门斜前是贵族及教士的居住区。另外修道院围墙内还有农业用地，使修道院在战乱时期能够自给自足。

图3-3 圣高尔修道院双塔

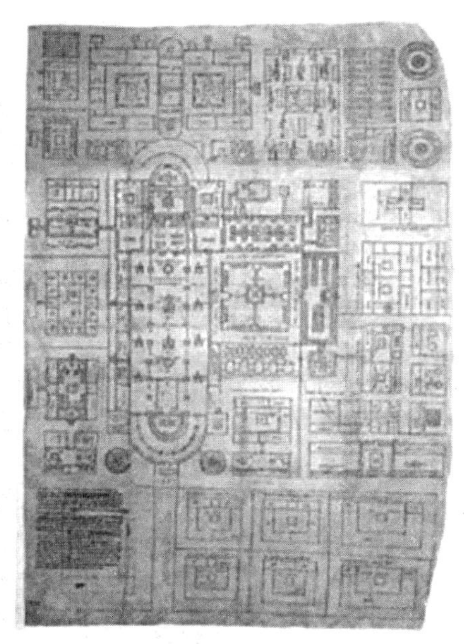

图3-4 圣高尔修道院得以保存的平面图

在9世纪初就有对圣高尔修道院的重建计划(图3-5),但是一直未实施。从图纸上可以看出对修道院周围的设施进行了详细的规划,并增加了两座卡洛琳时期的教会法院。经历过多时期的战乱和所有者更替后,圣高尔修道院仍然是瑞士最大的宗教建筑。最后一次扩建在中世纪寺院覆灭大潮中终止。新的主体结构于17世纪末重新修缮,并被设计成后巴洛克时期风格维持至今(图3-6),原来简朴的隐士结构已经不复存在了。

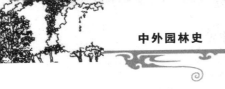

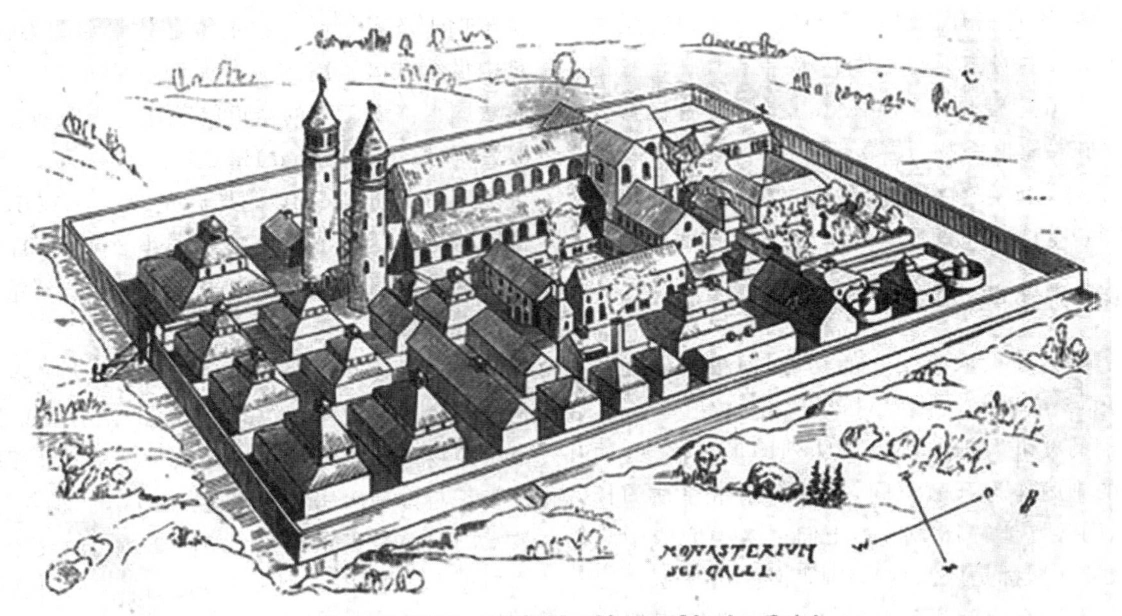

* Kloster Sanct Gallen nach dem Grundrisse vom Jahre 830. (Lasius).

图3-5 理想中的圣高尔修道院

图3-6 后巴洛克时期的圣高尔大教堂主厅

(二)圣奥古斯丁·坎特伯雷修道院 (St. Augustine's Abbey)

圣奥古斯丁修道院是英国本笃会(Benedictine)最大的修道院,曾经在英国基督教传教史上起过很大作用。建于公元538年,是奥古斯丁来到英国传教时创建,规模宏大,包括3所教堂,经过不断扩建及火灾后整修,到16世纪面积达到最大,连图书馆的藏书量在当时都非常可观,但在亨利八世的宗教改革中没能幸免于难,并在19世纪遭拆除。现在看上去几乎已是一片废墟了,部分被保留作为教育示范景区,并且带有非常强烈的撒克逊时期特征(图3-7)。

图3-7　圣奥古斯丁的修道院遗址

图3-8　撒克逊墓葬遗址

修道院一开始是用作肯特国王(king kent)和第一任坎特伯雷大主教的墓地,至今在废墟中仍能够发现墓葬的使用痕迹(图3-8)。建筑群同时包括了内部修道士用建筑、一列礼拜堂和大教堂等设施,而第一座砖砌的教堂就是圣·潘克拉斯教堂(St. Pancras)。除此之外奥古斯丁还自己建了附属学校,用于教授神学和传教,并逐渐扩大招收英国多地的僧侣前来学习(图3-9)。

图3-9　修道院内学校和礼拜堂

到目前为止,这座中世纪修道院所保留下来的代表性建筑就是14世纪所加建的门房(Fyndon's Gate)(图3-10)。进入门房内部可以看到至今屹立的修道院中庭北墙,和墙相连接的是院内的埃塞尔伯特塔楼,教堂、围墙和塔楼构成环形的建筑群。

图3-10　门房

二、城堡庭园

基督教盛行时期，教会对僧侣的要求异常严格，庭院和居所内不可有享乐成分的装饰，于是普通修道院永远是严肃、简朴的建筑风格；而对于王室和贵族，才能在自己的庭院内增加用以观赏和装饰的陈设和种植。基督教义下宣扬信仰的统一，但是对于政权割据和诸侯征伐则没有太多的干涉，于是在这样复杂的环境中，存留的贵族和王室成员只能通过建造防御性城堡来抵御外敌并保证生活的安定。但是为了满足享乐和观赏的需求，他们突破了以往修道院园林的做法，开始尝试在城堡花园内增加观赏性植物和建筑装饰。

（一）比尤里城堡(Château de Bury)

比尤里城堡位于法国卢瓦席尔瓦省的布鲁瓦(Bloi)，在17世纪也遭遇了毁灭的命运。这座中世纪后期具有文艺复兴特色的建筑仍然是比尤里最大的建筑群之一。城堡主体修建于1511年，在1515年初完工，至今仍被视为是原布鲁瓦城堡(Château of Bloi)的再现(图3-11)。而城堡中的花园由当时路易十二和佛朗西斯一世的国务大臣费尔蒙特·罗伯特(Florimont Robertet)所建。费尔蒙特曾经拜访过意大利佛罗伦萨的美第齐家族(Medici Family)，对文艺复兴影响下的造园印象深刻，因此他决定在法国也建造同样的台地式花园。比尤里城堡从传统的城堡式塔楼和高墙中脱离出来，紧邻的部分增加了花园和台地(图3-12)。参观者从大门进入后先经过一个方形的花园进入主建筑，连接建筑后侧的又是两个规则式花园。园中装饰了喷泉，四周有木质画廊做围合。全园由一根主轴线从城堡正门贯穿而入，经过礼拜堂，最后在后院的花园尽头终止。整座城堡建筑和意大利文艺复兴庄园一样，坐落在山腰处，山脚下景色一览无余。而城堡内的中庭，费尔蒙特将一尊米开朗基罗的大卫铜像放在中央，作为对文艺复兴时期杰出人物的纪念。

图3-11　布鲁瓦城堡外观

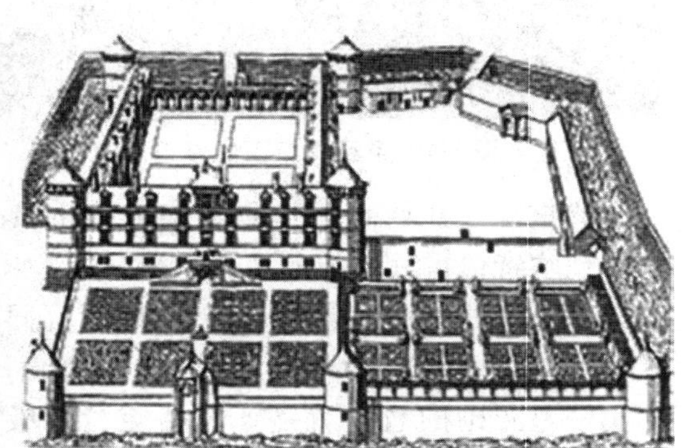

图3-12　比尤里城堡和花园

（二）蒙塔吉斯城堡(Château de Montargis)

蒙塔吉斯城堡位于法国中北部的卢瓦雷省，毗邻卢万河。最早由法兰克王克洛维一世(The Frankish King Clovis Ⅰ)在公元5世纪至公元6世纪时期作为防御军事而修建。同比尤里城堡一样，只有部分建筑得以保存，其余都成了废墟。城堡建筑中，中央方形的塔楼得以保留，北部的3座高塔则是菲利普二世时期修建，同建筑群一起被毁的还有圣母玛利亚教堂以及部分花园。直至18世纪末，皇室重新在此建造了棉花作坊和起居室等。旧王朝统治时期，蒙塔吉斯城堡一直保留着完整的建筑群，至19世纪初期，钟楼的倒塌宣告了这座城堡的覆灭。然后从建筑师保留下来的手稿平面图上依然能够看到蒙塔吉斯曾经辉煌的时日(图3-13)。

城堡位于蒙塔吉斯西面，坐落于卢万河旁山腰上。建筑群形成一个不规则多边形，周围有高塔和护城河包围。整个城堡有三大部分：被称为“后门”的走廊通向城市；西边建筑专门侍奉奥尔琳王室；北面的塔楼则直接通向法国皇帝查尔斯五世的房间，房间外部是一把木质阶梯，从房间内自由延伸到塔楼的外墙。房间之后紧挨着查尔斯自用的小礼拜堂，再往后就是圆形塔楼内的陈列室和皇后的寝宫。多边形的城堡中央是一块空地，中间众多建筑：玛德琳教堂、圣基恩福特小教堂。城堡外围是法国园艺师为路易十二的公主所建的花园。花园分为两层，一层靠近城堡塔楼向内包围，而另一层已经延伸出去，成了城堡之外的花园(图 3-14)。

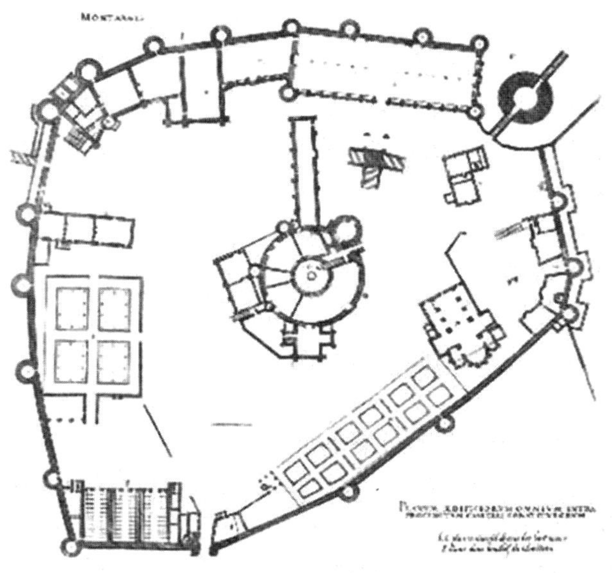

图 3-13 蒙塔吉斯城堡平面

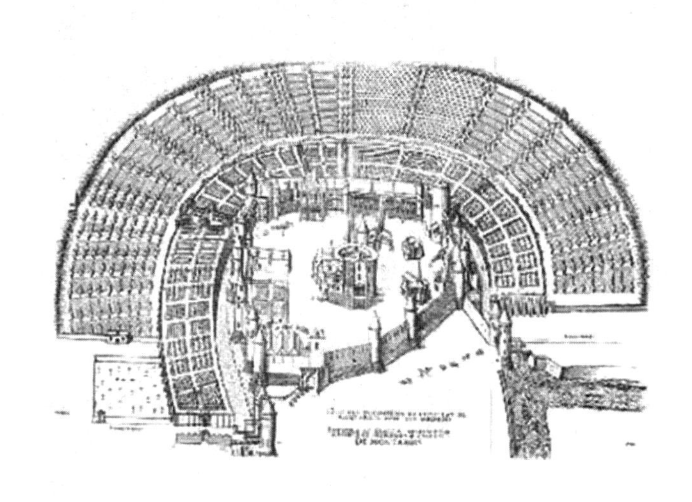

图 3-14 城堡和外围花园平面

第三节 中世纪欧洲园林特征

罗马帝国灭亡和拜占庭帝国出现，将中世纪的欧洲推入了争斗、战乱、精神枷锁、封建制度下的没落和文化低迷的境地，但古罗马人留下的园艺事业在这时期仍然得到了充分发展。除了城堡和修道院出现之外，传统的造园也发生了变革。这一时期的造园特征，更多体现在植物的运用上，而灵感依旧来源于圣经中的天堂(图 3-15)：

出现了木质的网格状栅栏做围合，庭园呈四面封闭格局，中间出现供休息的壁龛；为藤本植物搭建了藤架；装饰性灌木增多，花卉和蔬菜一起种植；果园产生；大面积的草地上保留了野生花卉作为装饰。

药草园和草本植物鉴别得到了空前的发展，得益于修道士行医传教的需求。

对于建筑和装饰而言，功能主义起到了主导地位，不同的建筑都有其专一性，为宗教的某一功能服务而存在。例如：

(1)修道院属于大型教堂建筑的一部分，主礼拜堂和中庭用于沉思、祈祷和游行，建筑布局多以长方形和多边形为主，少有圆形中庭；

(2)中庭内地面全为石板铺路，中心设水井或水池用于洗礼；

(3)部分修道院还保留着教室和写字间；

(4)墓葬区域建筑增多，宗教法庭占有一定比例。

大部分空间是用于日常生活。从 1096—1291 年十字军东征[4]时期，收复阿拉伯人侵占的土地，同时接触到了伊斯兰文化，因此同时期封建领主的城堡建筑装饰才开始重新变得丰富且多样化。

图 3-15 Frankfurter Paradiesgärtleins 绘制的中世纪城堡花园

第四节 历史借鉴

中世纪欧洲园林在文化退步的历史潮流中，仍然对后世造园有着重要的价值。其一是修道院形式的出现，使园林从古罗马公共式享乐主义园林转化成为纯粹实用主义，修道院的布局对后期教堂及庭园建造有一定启示；其二是建筑装饰的朴素化，为后来文艺复兴时期宗教艺术的提升提供了基础，并且奠定了宗教发展的基石；其三是城堡建筑的出现，对于防御性军事向宫苑园林转化有着重要的意义，并且在有限的空间内尽可能创造更多的实用及美学功能。

注释：

1. 巴西利卡(basilicas)：长方形基督教堂，早期的基督教堂几乎全部是参照巴西利卡的建筑方式建造的，即一座长的大厅被立柱分为3个部分。中间的中厅最宽，也最高，其终端是供奉圣坛的半圆形龛。两侧的侧廊则较低和较窄。

2. 十字交叉耳堂(transept)：即十字巴西利卡。通过垂直于原巴西利卡的长轴添置一个横廊。

3. 西方的文化可以分成两种：一种是以新教为宗教基础，英美、北欧为代表的盎格鲁—撒克逊与日耳曼文化；一种是以罗马天主教为宗教基础，法国、意大利为代表的拉丁文化。

4. 十字军东征(拉丁文：Cruciata，1096—1291年)是一系列在罗马天主教教宗的准许下进行的有名的宗教性军事行动，由西欧的封建领主和骑士对地中海东岸的国家以收复阿拉伯入侵占领的土地名义发动的战争。

参考链接：

［1］http://www.britainexpress.com/attractions.htm? attraction=27

［2］http://www.thefullwiki.org/Gardens_of_the_French_Renaissance

［3］Ana Duarte Rodrigues Antonio Perla de las Parras João Puga Alves etc. *Cloister Gardens, Courtyards and Monastic Enclosures*, 2015, Centro de História da Arte e Investigação Artística da Universidade de Évora and Centro Interuniversitário de História das Ciências e da Tecnologia, ISBN: 978-989-99083-7-6

课后延伸

1. 查阅公元5世纪至公元15世纪时期法国著名城堡。

2. 看纪录片《十字军东征》，阅读《世界史》《欧洲文化史》。

第四章 伊斯兰园林

课前引导

本章主要介绍伊斯兰园林，这是一种受宗教影响很大，超越民族、人种、地域、国界，具有广泛影响的园林艺术形式。它以阿拉伯半岛为中心，遍布亚非，波及欧洲，在全世界已经超过13亿伊斯兰教徒居住的地方，都可以看到这种特殊的艺术形式。凡是信奉“真主”，诵读《古兰经》地域的艺术，都可以归到这个范围内。以幼发拉底、底格利斯两河流域及美索不达米亚平原为中心，以阿拉伯世界为范围，以叙利亚、波斯、伊拉克为主要代表，影响到欧洲的西班牙和南亚次大陆的印度，是一种模拟伊斯兰教天国的高度人工化、几何化的园林艺术形式。伊斯兰文化是随着伊斯兰教的扩张形成和发展起来的。

6世纪末，穆罕默德打起了伊斯兰教的旗帜，在短短的几个世纪内建立起一个超过全盛期罗马帝国疆域的大帝国——阿拉伯帝国。所以说，阿拉伯人的崛起和伊斯兰教不可分开，阿拉伯园林通俗点说也可以算是伊斯兰园林。

阿拉伯人原属于阿拉伯半岛，7世纪随着阿拉伯人的伊斯兰教的兴起，建立了横跨欧、亚、非的阿拉伯帝国，形成了以巴格达、开罗、科尔多瓦为中心的伊斯兰文化，伊斯兰园林形式随之遍及整个伊斯兰世界。

教学要求

知识点：了解伊斯兰园林的起源与建造目的；了解波斯、西班牙、印度的自然地理背景、历史条件、宗教、文化内涵、园林的类型（如宫苑、宅园、圣苑、墓园）等；了解园林的布局及造园要素。

重点：掌握伊斯兰园林的发展及内涵。

难点：了解伊斯兰园林对其他园林的影响。

建议课时：2学时。

第一节　伊斯兰园林概述

众所周知，《一千零一夜》中的奇迹之园——哈伦·拉希德花园（Harun al-Rashid's Garden）充满了对伊斯兰天堂所有美好的幻想，然而这座园子在历史上并不存在，小说中的描述虚构且浮夸，但并不是毫无根据。文学作品中对奇迹之园的描述，又重新让世人注意到从萨马拉（Samarra）到格拉纳达（Granada），拉合尔（Lahore）至伊斯法罕（Isfahan）仍然静默于世事的众多花园。

自古以来，伊斯兰园林一直被人们视为“天国的花园”。《古兰经》如是描绘：天堂有着大门和门房，里面气候宜人，绿树成荫，成串的水果挂满枝头。中世纪时期的伊斯兰园林，既是理想化的乐园，又包含着向往天国的文学主题，以满足人们的感官享受为设计目标。伊斯兰园林以阿拉伯半岛为中心，遍布亚非，波及欧洲，与欧洲式园林、东方式园林合称为世界园林三大体系，在世界园林史上有着极其重要的地位，尤其是早期的波斯伊斯兰园林对世界园林艺术的发展有着重要的影响。

建筑师对造园的关注度从17世纪开始逐步从欧洲园林转向伊斯兰花园。美国后现代建筑设计师

Paolo Portoghesi 曾说过："东方文化的品位和伊斯兰世界观中的意向已经在当时的洛可可风格中有所渗透。古典主义时期的禁欲和压抑已经将造园灵感消磨殆尽，而伊斯兰花园如同一阵清风将人们的热情唤醒，掀起了对异国风情追求的狂热之潮。"

这种来自东方异国的艺术表达方式可以从欧洲众多国家发现：意大利佛罗伦萨，托洛尼亚别墅当中有很多摩尔式装饰，模纹花坛也有来自伊斯兰背景的图案；而大英帝国，闻名遐迩的 Sezincote 庄园和皇家展览馆都有天堂园的装饰画。18 世纪末期，伊斯兰装饰艺术开始成为一种时尚，备受追捧，无论是资产阶级还是大众，都以能够展示具有伊斯兰文化的装饰艺术为荣，而伊斯兰风格风靡欧洲大陆整整一个世纪，直至 20 世纪初，经历了一系列的变革，对伊斯兰文化的热情才有所减退。

描述伊斯兰庭园的首本著作在 20 世纪前叶才出版，当时并没有引起太多关注。原作者对几乎所有的莫卧儿园林进行了分析，但主要内容依然还是以异国情调和多样化的植物配置为主，对于建筑结构和庭园布局并没有着重介绍。1923 年，Baroness M. L. Gothein 的《消逝的印度花园》(Die Indische Garden)才首次从结构上对印度-伊斯兰园林做了全面的介绍。这两本著作为之后伊斯兰园林的论著奠定了基础，且对于修复和重建莫卧儿花园有着重要指导意义。

这种对空间的分隔，不仅仅是用来区分游牧民和常驻民、绿洲和沙地、灌溉的农田和干旱的土地，更多的是在荒蛮之地当中建造一座堡垒；不仅用来抵御外敌，更多的是抵御来自沙漠的威胁。而在高墙内，阿拉伯人可以尽情地享受着自家甘甜的泉水，芬芳的果树和花香。

在阿拉伯地理学家和旅行者的报告当中阐述了伊斯兰庭园高度讲究对秩序的追求和对自然的驯服，但秩序之下对荒野的热忱则无迹可寻，而对庭园的喜爱和愉悦则来自园内和园外强烈的反差。如果绿色庭园代表了天堂，那么地狱则是一望无垠的沙漠。而围合的布局形式也起源于沙漠，阿拉伯人对于生存之地的围合和保护逐渐成了天堂园塑造的原型，进而形成了伊斯兰庭园的特性。

伊斯兰园林对于秩序的追求在波斯时期达到顶峰，庭园中坚固的十字分割轴线已成固定格局，而庭园里隐喻的第 3 根主轴则将地球和宇宙连为一体。园中一切布局和装饰都严格按照轴线进行对称设计，建筑布局的递进，装饰细节例如雕塑和小品，都有排列顺序，甚至植物配置也都做了严格的分区，整个庭园精致，细节完美，但是少了些原始的吸引力。16 世纪的旅行家和商人 Jean Chardin 曾在他的游记中写道："波斯人不会像我们(英国人)一样，他们的花园不是用来散步和近距离接触的，他们只站在某个角度欣赏园中的事物。"波斯庭园，更多表达的是沉思之地的意向，有些类似于日本的枯山水庭园，但是两种截然不同的世界观。

然而土耳其时期的庭园又有所不同，土耳其人(突厥)最早游牧于高地平原，受辽阔草原地的影响，他们更追求广阔无际的空间，庭园不再是生活起居的一部分，而是成了游牧民族无尽旅途中的一个休息站。土耳其庭园在形式上跟阿拉伯庭园大相径庭，建造的技术和形式均受到邻国伊朗的影响。但是土耳其庭园和阿拉伯庭园最根本的区别在于建筑的布局：阿拉伯庭园中作为居所的建筑位于一侧，花园位于正中，而土耳其庭院则是建筑作为全园的核心，两侧有长廊连接，通向两端的花园。

波斯文明，土耳其文明，阿拉伯文明，三种文明相互交织。阿拔斯时期(750—1258 年)波斯帝国吞并了整个地中海区域并一路扩张至直布罗陀海峡。公元 1453 年之后，土耳其占领了同一片海域。阿尔及尔(阿尔及利亚首都)和伊斯坦布尔至今仍旧能看到当年领土扩张的痕迹。而在铁木儿汗国时期(1370—1507 年)，波斯和阿富汗被占领，继而两河流域也纳入帝国疆域之下。而这时期伊朗文化也渗透到了园林之中，16 世纪的伊斯兰庭园，静态美和向心性的表达成为造园之重。

伊斯兰园林历史悠久，主要由 3 个时期的园林作为典型，即波斯-伊斯兰园林、西班牙-伊斯兰园林和印度-伊斯兰园林。造园风格随着疆域和时代而改变，同时又融合了多种文化，相互渗透。

第二节 波斯伊斯兰园林

一、背景介绍

(一)地理位置

波斯(Persia)兴起于伊朗高原的西南部,是伊朗在欧洲的古希腊语和拉丁语的旧称译音,是伊朗历史的一部分。全盛时期领土东起印度河平原、帕米尔高原,南抵埃及、利比亚,西至小亚细亚、巴尔干半岛,北达高加索山脉、咸海。波斯帝国是以古波斯人为中心形成的君主制帝国,始于公元前550年居鲁士大帝开创阿契美尼德王朝,终于1935年巴列维王朝礼萨·汗改国名为伊朗。历史上波斯人曾建立过多个帝国,如阿契美尼德王朝、萨珊王朝、萨曼王朝、萨非王朝等。自从公元前600年开始,希腊人把这一地区叫作"波斯"。直到1935年,欧洲人一直使用波斯来称呼这个地区和位于这一地区的古代君主制国家,而波斯人则从依兰沙赫尔时期起开始称呼自己的古代君主制国家为埃兰沙赫尔,意为"中古雅利安人的帝国"。

(二)气候特点

波斯时期疆域辽阔,气候特征复杂,以3类气候为代表:第一类,沙漠性气候和半沙漠性气候。大部分地区和南部沿海地区属这种气候,其特点是干热季节长;第二类,山区气候。山区气候分为寒冷山区气候和一般山区气候两种,寒冷山区气候地区有40 000 km^2,都在有高山的地区,包括阿尔卑斯山脉和扎格罗斯山脉、萨哈德高峰和萨巴朗高峰;第三类,里海气候。里海地区是一狭长地带,地处里海与阿尔卑斯山脉之间。四季气候分明,北部春夏秋季较为凉爽,冬季较为寒冷,南部夏季炎热、冬季温暖。

(三)宗教信仰

早期波斯人与其他印欧民族一样,都接受自然崇拜,相信各种灵魂鬼神,如琐罗亚斯德(Zoroaster 公元前628年至公元前551年),中国翻译为拜火教。642年阿拉伯帝国灭波斯萨珊王朝后,波斯人逐渐改信伊斯兰教。11世纪,伊斯兰教在波斯人中占据了统治地位,16世纪初前逊尼派居优势地位,1502年波斯人建立萨法维帝国,立什叶派的十二伊玛目教派为国教,并采取一切行政措施推行什叶派,排斥逊尼派。现代波斯人中98%信仰什叶派。

(四)艺术成就

波斯人是众多古代文明中发展程度较高的民族,它的历史源远流长,波斯建筑继承了两河流域的传统,汲取了希腊、埃及等地区的建筑成就,又有所发展。

大约六千年前,游牧民族首次在伊朗高原定居,同时期农业成了维持生活的最主要生产力。然而伊朗高原属于贫瘠地区,常年干旱风沙肆虐,于是水、树木成了生活的重心。随着政治经济的发展,早期的果园、菜园开始转变为不止提供水果和食物,更多是权利和财富的象征。据史料记载,该地区最早出现的规模化园林位于美索不达米亚平原,但已无迹可寻,而休憩园和猎苑自古以来就是造园传统,这两种园林从波斯时代开始都得到了延续。

第一任波斯皇帝阿契美尼德(公元前550年至公元前330年)将其发扬推广至帕提亚地区,并延续至萨珊王朝(224—636年)。直至17世纪,阿拉伯人大举进攻吞并了萨珊领土,造园开始出现穆斯林和波斯兼有的艺术风格,以往的波斯猎苑形式不再受到重视,取而代之穆斯林信仰中的古兰经天堂园开始出现,并同时受到两种民族的崇拜,而这一时期的伊斯兰园林也称之为波斯-伊斯兰园林。

波斯园林有多种形式和布局(图4-1),但都以矩形和三角构图作为平面基准,且园区被设计成一个相对独立的休憩场所,园内有良好的环境,沙地、喷泉、水渠清晰可见,果树不仅提供了食用性,还提供了观赏价值。外围是一道高墙,将外界环境与小园林分隔开。园内的景观和植物选择,一部分是环境需要,另一部分是园主展现自身财富做的装饰性设计。虽说单元部分功能性被大大弱化,但整体性功能还是以提供空间为主,且这种空间功能被逐渐应用于城市建设,越来越多的街道开始建造庭园,这些庭园不光用作游憩和休闲,还满足了政治会议、举

办庆典、露营和朝拜等功能，逐渐成为政治和经济需求的重要场所。

波斯花园功能分区比典型。娱乐为主的区域和休息为主的区域从结构上是完全独立的两个分区，这一类型的代表是查哈巴园（即四分园）（图 4-2），查哈巴园由帕萨尔加德城（Pasargadae，波斯阿黑门尼德王朝的第一个都城）中的塞勒斯花园（*Cyrus the Great Royal Garden*）演化而来，且这种造园形式极受欢迎，并逐渐流行到其他国家，在印度和南非也发现了四分园的遗迹。

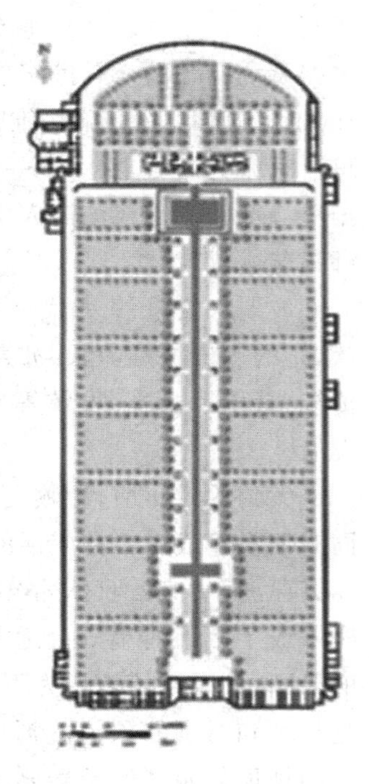

图 4-1　波斯花园基本格局

图 4-2　查哈巴园内水池

四分园造园立意来自索罗亚斯德教中的世界观（Zoroastrian），宇宙由 4 个部分组成，代表了四季轮回和生命四元素：水、风、火、土。同样，对于伊朗，前人的世界观将地球分为四等分，每一等分代表了不同的自然和文化。而几何分割的概念也是受美索不达米亚平原上图案影响及信德山谷（Sindh Valley 现巴基斯坦信德省）文明所激发，造园也依据四元素进行划分，同时园中充满了鲜花和泉水，又寓意着即使是微观宇宙，花园也连接着两个不同的世界。而四元素不仅是造园美学，也反映在了波斯地毯、陶器装饰和视觉艺术上。其他典型特征则是广泛应用的厚砖墙将园区围合，园内明确的轴线分割提供了直观的视线引导，且常绿和落叶树种都按照既定的规则进行种植。庭园中最主要的建筑，就是自成景观而用于休息观赏的亭廊式建筑（pavilion）。

波斯庭园的建造还有更深层次的意义，例如在有限的环境条件下尽可能创造亲近自然的机会，通过与小范围自然的互动，对世界产生更多的思考，并且从图案、细节来渗透波斯文化。事实上，波斯园林不仅是美丽的几何构图和形状，它们还表现不同的设计元素，每个元素代表一个特定的象征。通过学习几个典型实例，来探讨基本符号及其哲学用于创建波斯花园和它们的架构与设计的关系。

二、园林实例

（一）费因园（Fin Garden）

费因园是一座历史性花园，建于距离卡珊市（Kashan）几千米外的郊区沙漠地带。费因自古以来就存在于沙漠中，直至中世纪都受到旅行者的称赞，认为是沙漠中“凉爽的绿色驿站”（Faghigh et al.）。现存的费因园是沙阿巴斯（Shah Abbas）于 17 世纪为了纪念萨菲王朝（Safavid Kin，1501—1736 年）的第一位统治者沙伊斯梅尔（Shah Ismail）所建造，之后在卡札王朝时期（Qajar Dynasty，1794—1925 年），对部分建筑进行了修复，园内同时增加了新的装饰细节。费因园在萨菲时期和卡札时期都曾作为重要的仪式场所而得以保留。

费因园占地 2.3 hm^2，主要院子被城墙包围，园内 4 座圆塔成为主要建筑。园区汇集了 3 个时期［萨菲（Safavid），桑德（Zandiyeh），卡札（Qajar）］的风格特色，以柏树作为基调树种。花园的主题是各类水池和喷泉，水源来自附近半山腰的苏莱曼尼亚山泉，独特的水利系统使得花园不用任何压力工具即可让山泉流入水池，并灌溉园内植物。园内建筑包括正门、围墙、浴室和阿巴斯皇帝的私人宅邸、博物馆等（图 4-3 至图 4-5）。

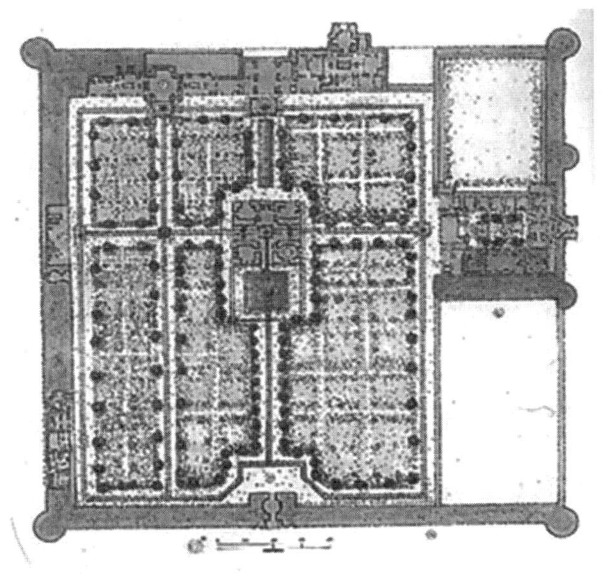

图 4-3 费因园平面

图 4-4 费因园中央水池

图 4-5 费因园鸟瞰

(二)阿什拉弗园(Shah'garden, Ashraf)

阿什拉弗园由阿巴斯在17世纪末进行了翻修，最初的建筑布局得以保留：长方形的围墙内，休憩用的亭廊居中，侧前方是前厅，上方的屋顶由3根结实的木头柱子搭建而成，一条狭窄的水渠围着建筑流动。建筑的正前方，一条非常宽阔的运河从台阶延伸而出，穿过整个花园，分隔出不同规模的花坛，且花坛和流水之间是笔直的林荫道。

旅行作家Chardin在书中也同样描述着，“这么多水流入这些宏伟的宫殿让人感觉这是仙境，花园被安排在长渠道两侧，花坛里都是鲜花，清澈的水伸手可及，给人以无限遐想。”(图4-6、图4-7)

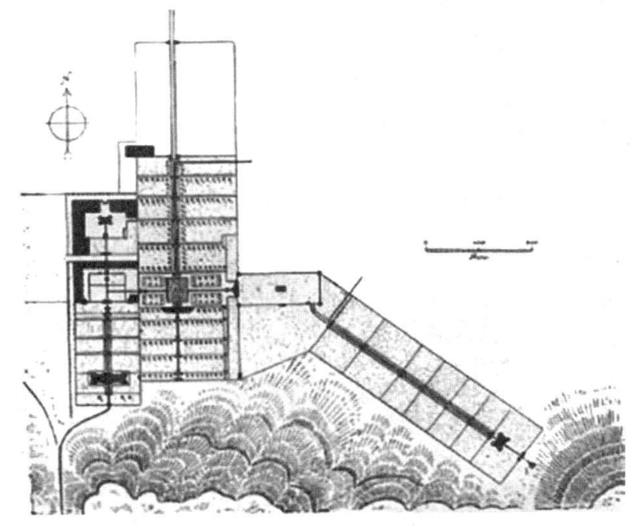

图 4-6 阿什拉弗园平面

图 4-7 阿什拉弗园水渠

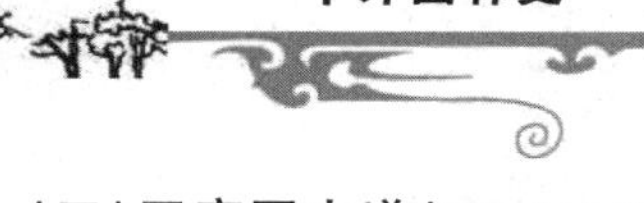

(三)四庭园大道(Chehel Sotun Garden)

四庭园大道联系着 4 个庭园,总长超过 3 km,为一笔直的林荫大道,中间布置一运河和不同形状的水池,河旁池旁铺石,形成一个宽台。庭园有伊斯兰教托钵僧园、葡萄园、桑树园和夜莺园等。庭园布局各有不同,但都为规则的花坛组成,中轴线突出,对称布局,没有人和动物形体的雕像与装饰。四十柱宫贯流清爽。此宫位于中心位置,水从建筑流出贯流全园,周围是对称的规则式花坛,其间还穿插一条林荫路。20 根纤细的雪松柱子伫立在石头平台,大约 115 英尺(1 英尺=0.3048 m)宽,65 英尺长,处于一块比庭园高 2 英尺的宽阔的石头地面上。亭阁三面开敞,可以观赏庭园的景色,不过更重要的是为了有效的空气对流。在炎热干燥的沙漠气候中,这种设计可以捕捉穿过亭阁高阔的屋顶下方的夏季风。门廊俯瞰着向庭园西南方向延伸的矩形水池。水池边缘栽植着高树,以保持水池清爽阴凉。主导风将水池冷却下来的空气直接吹送到亭阁中(图 4-8 至图 4-10)。

图 4-8　四庭园大道水池

图 4-9　四十柱宫正立面

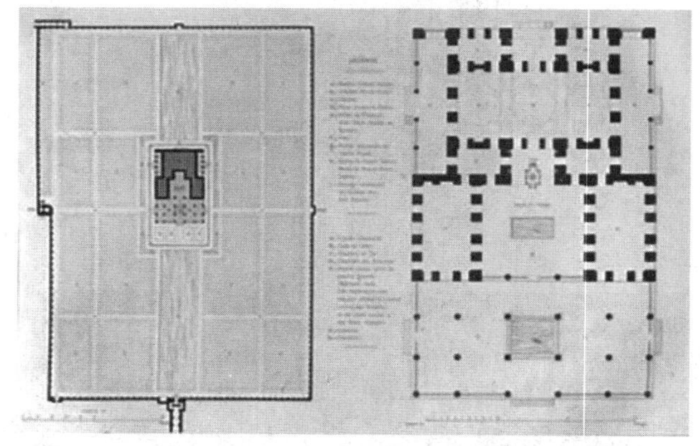

图 4-10　四十柱宫平面

(四)埃拉姆庭园(Eram Botanical Garden)

埃拉姆庭园(图 4-11、图 4-12)位于什拉子(Shiraz)市北部,周边云集了各色历史性建筑以及植物园。庭园的主体建筑和花园在 13 世纪翻修过,建设的确切日期不清楚,但有证据表明,它是构建于 11 世纪,塞尔柱王朝(Seljuk Empire 1037—1194 年)时期,且延续了最初四分园的格局。而塞尔柱时期埃拉姆庭园被视为“Bāqe Shāh”,即国王的花园,相比较以往的四分园,细节装饰较为朴素。

图 4-11　埃拉姆庭园

图 4-12　埃拉姆庭园水渠

花园里有丰富的植物种类，引种了来自世界各地的花草树木，与其说是一个花园，更像是一座植物博览园。现今，花园和建筑分别属于什拉子大学中不同的学院，并受到政府的重点保护。2011 年 6 月 27 日，埃拉姆花园和其他 8 座波斯庭园被正式列入世界遗产保护名录。

花园正前方是漂亮的三层楼建筑，建筑融合了萨菲王朝和卡札王朝风格（图 4-13）。较低的前厅位置有一个方形蓄水池，水池镶边是漂亮的彩砖装饰着。一条小溪穿过它，连接到主建筑前面大一些的水池。居中位置有一个很大的阳台，后面是宏伟的会客厅。在大厅的两边是 2 个通道，每个有 4 个房间，2 个小露台。前面的柱子装饰着瓷砖图像的骑兵和鲜花。而在二层中央走廊上，用彩色瓷砖铺设了一系列的历史、文学故事和传奇人物，包括 Naseredin 国王骑在一匹白马上行进，先知所罗门，约瑟夫和左雷卡阿巴斯国王（Zoleikha abbasi），菲尔多斯的故事和阿契美尼德大流士的图，精美至极，无与伦比。

图 4-13　埃拉姆庭园建筑

第三节　西班牙伊斯兰园林

一、背景介绍

公元 711 年，古罗马帝国的省会科尔多瓦被穆斯林柏柏尔人（Muslim Berbers）征服。公元 756 年，大马士革倭马亚王朝（Umayyad Empire）因为阿拉伯人的政变，逃到安达卢西亚地区并在那里建立了自己的政权。在阿拉伯帝国的倭马亚王朝崩溃之后长期以科尔多瓦为中心统治伊比利亚半岛广大地区并成为欧洲最重要的伊斯兰教政权。到 10 世纪时，科尔多瓦成为阿拉伯人统治的重要文化中心，聚集了穆斯林贵族、僧侣、商贾和学者，大量基督徒也旅行到这里，汲取阿拉伯人的文化以及古代西亚、希腊和罗马文明。公元 1002—1031 年，科尔多瓦哈里发王国的衰落导致了许多独立穆斯林小国的建立，包括齐里德王朝建立的格拉纳达王国，这个王朝的统治从 1010 年直到 1090 年。在这一政权统治下，格拉纳达发展起来并保持了哈里发王国的艺术成就。王国先后经历了两个柏柏尔王朝的治理，穆拉比兑人和一神论者，直到 1236 年奈斯尔王朝建立。奈斯尔王朝的缔造者——穆罕默德一世，于 1238 年起着手进行阿尔罕布拉宫的建造。

二、园林实例

（一）阿尔罕布拉宫（Alhambra Palace）

阿尔罕布拉宫（图 4-14）位于西班牙南部的格拉纳达（Granada），处在格拉纳达城东南山地外围一个丘陵起伏的台地上。最初阿尔罕布拉宫只是座小型军事防御，建于 889 年，直接建在了当时古罗马人留下的堡垒遗址上。直到 13 世纪中叶才被穆斯林摩尔王朝[8]（moors）统治者穆罕默德·艾略迈尔（Mohammed ben Al-Ahmar）重建。他在原来的防御设施上加大规模，增加了围墙和宫殿，后来在 1333 年由第七任摩尔统治者 Yusuf I. Sultan 完善后正式成为了皇室都城。1492 年之后，格拉纳达地区被基督徒收复，阿尔罕布拉宫成为基督教皇家宫廷（哥伦布曾因环球历险在这里接受了主教颁布的荣誉），并且部分装饰改成了文艺复兴艺术风格（图 4-15）。

图 4-14　阿尔罕布拉宫全景

图 4-15　阿尔罕布拉宫圆形中庭

1526 年之后，受人文主义和文艺复兴思潮的影响，罗马皇帝查理五世又要求对阿尔罕布拉宫做出修整，1828 年在斐迪南七世（奥匈帝国皇储）资助下，经建筑师何塞·孔特雷拉斯与其子、孙三代进行长期的修缮与复建，才恢复原有风貌。

在树木葱茏的山顶，150 m 高的阿尔罕布拉宫高高地耸立在城市上空，与对面中世纪建造的阿尔贝辛区和谐地融为一体（图 4-16）。其建筑形式反映出这个城市的西班牙—摩尔人统治历史。在此之后，城市中建立的纪念性建筑都尊重和维护这一原有的和谐状态。在阿尔罕布拉宫中，有 4 个主要的中庭（或称为内院）（图 4-17）：桃金娘中庭、狮庭、达拉哈中庭和雷哈中庭。环绕这些中庭的周边建筑的布局都非常精确而对称，但每一中庭综合体的自身空间组织却较为自由。就这 4 个中庭而言，最负盛名的当属“桃金娘中庭”和“狮庭”。

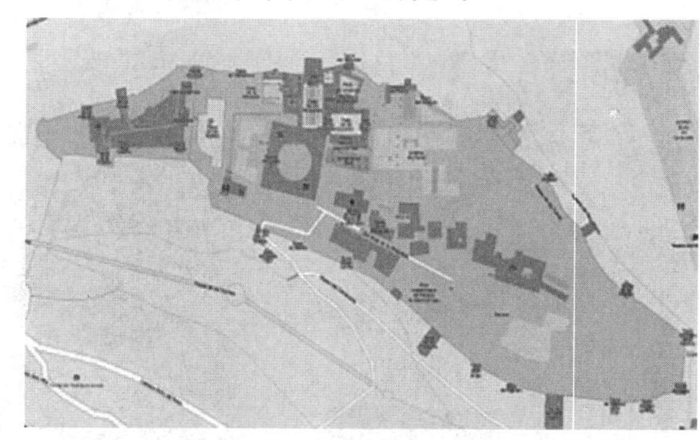

图 4-16　阿尔罕布拉宫平面

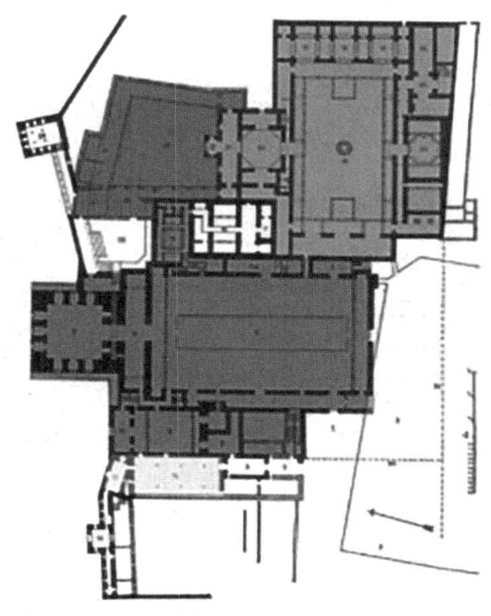

图 4-17　阿尔罕布拉宫四内庭平面图

宫殿中的“桃金娘中庭(Patio de los Arrayanes)”是一处引人注目的大庭院，也是阿尔罕布拉宫最为重要的群体空间，是外交和政治活动的中心。它由大理石列柱围合而成，其间是一个浅而平的矩形反射水池，以及漂亮的中央喷泉。在水池旁侧排列着两行桃金娘树篱，这也是该中庭名称的渊源。

桃金娘树篱的种植则要溯源于 1492 年西班牙占领该地之后。在桃金娘中庭内，可以欣赏两个极佳的建筑外观，其一的主景为一座超出 40 m 的高塔，在塔上能够观看引人入胜的美景。周边建筑投影于水池中，纤巧的立柱以及回廊外墙上精致的传统格状图案，与静谧而清澈的池水交相辉映，使人恍如处于漂浮空灵的圣地之中。

通过桃金娘中庭东侧，可以来到狮庭，即苏丹家庭的中心。在这个穆罕默德五世宫殿中，4 个大厅环绕一个非常著名的中庭——狮庭(Patio delos Leones)。列柱支撑起雕刻精美考究的拱形回廊，从柱间向中庭看去，其中心处有 12 只强劲有力的白色大理石狮托起一个大水钵(喷泉)，它们结合中心处的大水钵布局成环状。由于《古兰经》禁止采用动物或人的形象来作为装饰物，所以，在阿拉伯艺术中，这种用狮子雕像来支承喷泉的做法是很令人称奇的，可将其理解为君权和胜利的象征，而这里的狮子雕像的形态还会让人回想起古代波斯雕刻家的作品。

狮庭是一个经典的阿拉伯式庭院(图 4-18)，由两条水渠将其四分。水从石狮的口中泻出，经由这两条水渠流向围合中庭的 4 个走廊。走廊由 124 根棕榈树般的柱子架设，拱门及走廊顶棚上的拼花图案尺度适宜，且相当精美：其拱门由石头雕刻而成，做工精细、考究、错综复杂，同样，走廊顶棚也表现出当时极其精湛的木工手艺。由于柱身较为纤细，常常将 4 根立柱组合在一起，这样，既满足了支撑结构的需求，又增添了庭院建筑的层次感，使空间更为丰富、细腻。人们在这样的环境中，很容易放松精神和转换个人心态。在狮庭，同样可以看到与中世纪修道院相似的回廊。它按照黄金分割比加以划分和组织，其全部的比例及尺度都相当经典。所以，这种水景体系既有制冷作用，又具有装饰性。

图 4-18　狮庭

(二)格内拉里弗花园(Generalife Garden)

格内拉里弗花园被称为是西班牙最美的花园，也是欧洲乃至世界上最美的花园之一。它的规模并不大，采用典型的伊斯兰园林的布局手法，而且在一定程度上具有文艺复兴时期意大利园林的特征。庄园的建造充分利用了原有地形，将山坡劈成 7 个台层，依山势而下，在台层上又划分了若干个主题不同的空间。这处庭园比阿尔罕布拉宫高出 50 m，可纵览阿宫和周围景色，它与阿宫形成互为对景的关系，彼此呼应，整体和谐，这是此园的一大特点(图 4-19)。在水体处理上，将斯拉·德尔·摩洛河水引入园中，形成大量的水景，从而使花园充满欢快的水声。

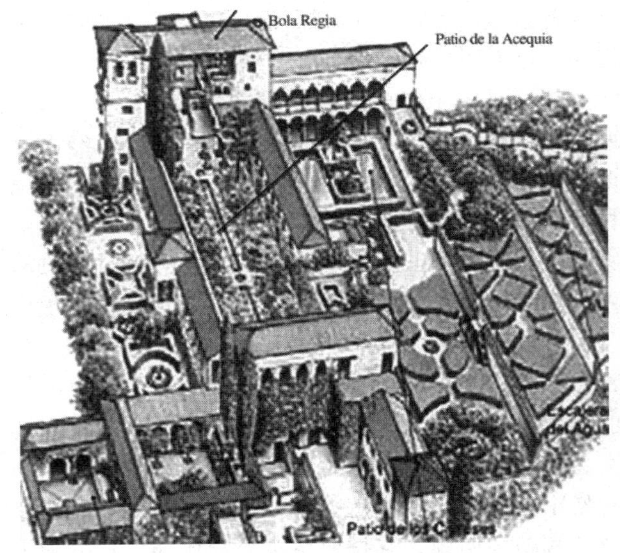

图 4-19　格内拉里弗花园

园中的主庭即是水渠中庭(图 4-20),此庭由三面建筑和一面拱廊围合而成,中央有一条长 4 m、宽不足 2 m 的狭长水渠纵贯全庭,水渠两边各有一排细长的不同形状的水池喷泉,水喷成拱门形状,在空中形成拱架,然后落入水渠中,水渠两端又各有一座莲花状喷泉。水池两侧布满花卉和玫瑰,在花卉两旁有绿篱树相衬,层次丰富,色彩鲜艳。在条形花园的纵向轴线上设有条形水池,此园具有明显的导向性,使游人轻松地漫步到北面尽头的庭院内。从水渠中庭西面的拱廊中,可以看到西南方 150 m 开外的阿尔罕布拉宫的高塔。府邸前庭东侧的秘园是一个围以高墙的庭院,这里布局非常奇特,一条 2 m 多宽的水渠呈 U 形布置,中央围合出矩形“半岛”,“半岛”中间还有一方形水池。与水渠中庭一样,U 形

图 4-20　水渠中庭和喷泉

水渠的两岸也有排列整齐的喷泉,细水柱呈拱状射入水渠中(图 4-21)。

图 4-21　方形水池

两个庭院的水渠是互相连接的。方形水池两边是灌木及黄杨植坛,靠墙种有高大的柏木,使庭园既有高贵的气质,又有一种略带忧伤的肃穆感。南面的花园是层层叠叠的窄长条花坛台地,许多欢快的泉池,形成阴凉湿润的小环境。小空间的布局方式及色彩绚丽的马赛克碎砾铺地,都是典型的伊斯兰风格。

第四节　印度伊斯兰园林

一、背景介绍

随着伊斯兰教徒东征,17 世纪,印度成为莫卧儿(Mughal)帝国(1526—1858 年)所在地。莫卧儿自称是印度规则式园林设计的导入者。莫卧儿帝王从祖先那儿继承下来了对旷野和天然景观的本能热爱。他们在理智上注重寻求宁静,而这种宁静则是以建立的各种秩序为基础的。他们全神贯注的是现世及来世的永存,并坚持不懈地探索如何才能完美地达到这一目的。莫卧儿帝国的领导人巴布尔(Babur, 1482—1530 年)又带来了波斯风格的园林,建于 1528 年阿格拉、朱木拿河东岸的拉姆巴格园即是一例。莫卧儿园林和其他伊斯兰园林的一个重要区别在于不同植物的选择上。由于气候条件不同,伊斯兰园林通常如沙漠中的绿洲,因而具有多花

的低矮植株；莫卧儿园林中则有多种较高大的植物，且较少开花植物。

莫卧儿人在印度建造了两种类型的园林：其一是陵园，它们位于印度的平原上，通常建造于国王生前。当国王死后，其中心位置作为陵墓场址并向公众开放。陵园的最佳实例即是建于印度古城阿格拉(Agra)城内，闻名世界的泰姬·玛哈尔陵(Taj Mahal)；其二是游乐园，这种庭园中的水体比陵园更多，且通常不似反射水池般呈静止状态。游乐园中的水景多采用跌水或喷泉的形式。游乐园也有阶地形式，如克什米尔的夏利马庭园即是莫卧儿游乐园的典型一例。

二、园林实例

(一) 泰姬陵(The Taj Mahal)

泰姬陵是位于印度北方邦阿格拉的一座用白色大理石建造的陵墓，是印度知名度最高的古迹之一。它是莫卧儿王朝第5代皇帝沙贾汗(Shah Jahan，1592—1666年)为了纪念他的第三任妻子已故皇后而兴建的陵墓，竣工于1654年。人们誉它为印度的骄傲，称它为世界七大奇迹之一。泰戈尔说，泰姬陵是“永恒面颊上的一滴眼泪”。

除了建筑美学上的伟大成就，真正使泰姬陵成为人类历史上闪耀一笔的，是这座建筑所蕴含的人性中永恒而美好的情感。泰姬并不是一个人名，而是莫卧儿王朝皇帝沙·贾汉赐予爱妃波斯公主玛穆塔兹·玛哈尔的封号——“泰姬·玛哈尔”，意为“宫廷的皇冠”。1622年，玛穆塔兹因为生产他们的第14个孩子时去世，沙·贾汉悲痛欲绝，他亲自设计，动用2万工人，耗费巨资，花了22年时间建成泰姬陵。传说，沙·贾汉本想在河对岸为自己建造一座一模一样的黑色陵墓，并在两者之间建一座黑白相间的桥，以便去世后永久地陪伴爱人，但他儿子发动政变夺取王位，并把他囚禁在阿格拉堡。沙·贾汉的余生就在阿格拉堡中度过，日夜遥望着泰姬陵，郁郁而终。虽然后人对沙·贾汉的作为持不同观点，但是，凭借着心中那一丝对于美好爱情的向往，世人仍然愿意相信世界上有着超越生死的思念和感情。这段不朽的感情赋予了泰姬陵超然的神性，游人甚至能从日月光影照耀下的泰姬陵感受到这种具有穿透力的震撼。

泰姬陵(图4-22)总体设计采用对称的布局，全园占地17 hm^2，陵园呈长方形，宽约304 m，长约580 m，周围环绕着红砂石砌成的院墙，整个陵园布置极为工整对称，前后分成两重院落。陵园的中心部分是大十字形水渠(图4-23)，将园分为4块，每块又有由小十字划分的小四分园，每个小分园仍有十字划出4小块绿地，前后左右均衡对称，布局简洁严整。

图4-22 泰姬陵正立面

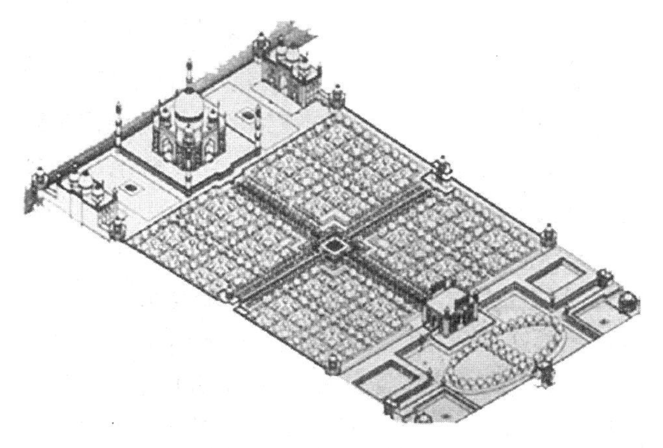

图4-23 泰姬陵轴测图

“4”字在伊斯兰教中，有着神圣与圆满的意思。中心筑造一高出地面的大水池喷泉，十分醒目。陵墓建筑全部采用白色大理石建造，建筑形象为高约70 m的圆形弯顶，四角配以高约42 m的尖塔。建筑屹立在花园后面的10 m高的台地上，强调了纵向

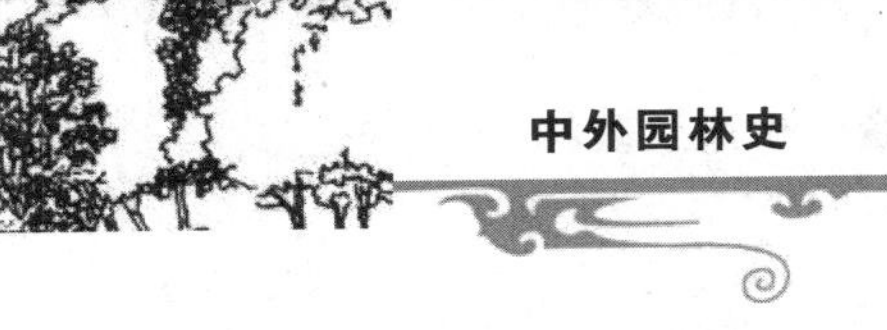

轴线，这种建筑退后的新手法，更加突出了陵墓建筑，保持了陵园部分的完整性。建筑与园林结合，弯顶倒映水池中，画面格外动人。陵墓寝宫高大的拱门镶嵌着可兰经文（图 4-24），宫内门扉窗杈雕刻精美，墙上有珠宝镶成的花卉，光彩闪烁。寝宫四壁均有尖拱状的凹壁和透雕的花窗装饰。屋顶为双重弯隆，外层鼓状石座承托着一个硕大的球形圆顶，举高 58 m。大圆顶底部四角环峙 4 座小圆顶凉亭，造型简洁精确，节奏明快和谐。陵寝的水池与环境的设计颇具匠心，天光水影，交相辉映，又不乏端庄肃穆之感，给这座陵墓增添了梦幻般的色彩，因此有“大理石之梦”的说法。泰姬陵继承了波斯、中亚伊斯兰建筑传统，但又融合了印度古建筑的独特风采。

图 4-24　陵墓内部装饰

（二）胡马雍陵（Mausoleum of Humayun）

胡马雍（1508—1556 年）陵建于 1570 年，位于印度首都新德里的东南郊亚穆纳河畔。此陵是莫卧儿帝国创始人巴布尔之子，帝国第二代君主胡马雍及其皇妃的陵墓，是 1565 年由皇后哈克·贝克姆（Bega Begum）主持修建，米拉克·朱尔扎·吉亚斯设计（Mirak Mirza Ghiyas）。胡马雍陵是伊斯兰教与印度教建筑风格的典型结合，并为印度第一座花园陵寝，著名的泰姬陵也是以此为范本所建。1993 年被联合国教科文组织第十七次会议列入世界文化遗产。

这组建筑群规模宏大，布局完整。整个陵园坐北朝南，平面呈长方形，四周环绕着长约 2 km 的红砂石围墙（图 4-25）。陵园内景色优美，棕榈、丝柏纵横成行，芳草如茵，喷泉四溅，实际上是一个布局讲究的大花园。

图 4-25　胡马雍陵

陵园门楼用灰石建造，是一个八角形的楼阁式建筑，表面用大理石和红砂石的碎块镶嵌成一幅幅绚丽的图案。陵园正中是其主体建筑——高约 24 m 的正方形陵墓，它耸立在 47.5 m 见方的高大石台上（图 4-26）。陵体四周有 4 座大门，门楣上方呈圆弧形，线条柔和；四壁是分上下两层排列整齐的小拱门，陵墓顶部中央有优雅的半球形白色大理石圆顶。胡马雍和皇后的墓冢在寝宫正中，两侧宫室有莫卧儿王朝 5 个帝王的墓冢。从红砂石精细的镂花、花园式的内景到四周墙壁上的拱形大门，这一切构成典型的莫卧儿风格。据说阿格拉的泰姬陵就是仿照胡马雍墓建造的。不管这种说法是否属实，人们确实很容易看出二者风格上的师承关系。

图 4-26　胡马雍陵正面

通常人们认为胡马雍墓受波斯艺术的影响，不过其底层平面图是印度的风格。它的外表大量使用白色大理石也是印度的风格，而没有波斯建筑所惯用的彩色砖装饰。整个陵墓给人一种威严、宏伟而又端庄明丽的感觉，一扫过去伊斯兰陵墓灰暗、阴森的风格。显然，它和整个莫卧儿时期的建筑一样，是伊斯兰教建筑的简朴和印度教建筑的繁华的巧妙融合。

(三)夏利马尔花园(Shalimar/ Shalamar Garden)

“夏利马尔 Shalimar”意为“娱乐宫”或“喜乐宫”。位于巴基斯坦文化古都拉合尔市郊，是巴基斯坦游览胜地。花园是由距今 300 多年前的莫卧儿王沙贾汗皇帝于 1642 年下令修建的，整个花园占地 17 hm^2 多。设计师阿里·马顿(Ali Mardan Khan)按照沙贾汗皇帝的要求，用乳白色的大理石建造了亭台楼阁，连引水的沟渠也用洁白如雪的大理石砌成。花园东西宽 258 m，南北长 658 m。1981 年，其与拉赫尔古堡(Lahore Fort)被联合国教科文组织列为《世界文化遗产名录》，巴基斯坦的很多文人都在作品中被称为“爱神之家”。

夏利马尔园位于一个巨大的矩形中央，四周围合着雕刻着精美花纹的砖墙。花园的建造遵循了波斯天堂园的格局(Char Bhagh 风格，参考前文)，园区从南到北分为了 3 个层次，逐级增高，每层提升的高度在 4～5 m，且每一层都有独特的命名：最顶层(第三层)叫作 Farah Baksh(欢乐的给予者)(图 4-27)；中间层叫作 Faiz Baksh(善良的给予者)(图 4-28)；最底层叫作 Hayat Baksh(生命的给予者)。池中建造了 410 座喷泉，水排向下方的大理石水池(图 4-29)。

图 4-27　夏利马尔园第三层

图 4-28　夏利马尔园第二层西塔

图 4-29　夏利马尔园第一层

而整个水系统的设计和环保理念非常精良富有创造性，当今科学家也无法彻底搞清楚运作原理。喷泉和水池能够有效降低花园周边的温度，同时不多浪费一分能量。

(四)阿奇巴尔园(Achabal Garden)

阿奇巴尔园(图 4-30)建于公元 1620 年，位于克什米尔阿纳恩特纳格地区，离主要城市斯利那加约 56 km(Srinagar)是印度—伊斯兰花园杰作之一。花园建于山谷之中，河流下游，周边覆盖了茂密的森林。居高而下的地势将山泉引入，直接为阿奇巴尔带来了纯天然的瀑布景观。花园的设计者是莫卧儿帝国第四代皇帝 Nur Jahan，Jahangir's 的夫人，设计的巧妙之处就在于雪山上融化的雪水形成的溪流，巨大的高差给泉水赋予了无限的动力，除了创造

出花园自然宏伟的瀑布景观之外,也形成环绕花园的天然水渠,灌溉了园中的每一寸土地(图 4-31)。

图 4-30　阿奇巴尔园水渠

图 4-31　阿奇巴尔园中央水池

第五节　伊斯兰园林特征总结

伊斯兰园林通常面积较小,建筑封闭,十字形的林荫路构成中轴线,全园分割成四区。园林中心,十字形道路交汇点布设水池,象征天堂。园中沟渠明暗交替,盘式涌泉滴水,又分出几何形小庭园,每个庭园的树木相同。彩色陶瓷马赛克图案在庭园装饰中广泛应用。

伊斯兰教对于伊斯兰世界的社会生活起着重大的作用,伊斯兰文化是一种既有强烈的共同点而又闪耀着杂色异彩的文化,伊斯兰世界的建筑、庭园也是这样,它们都有很容易识别的伊斯兰文化特征的一般性格。在伊斯兰世界里,建筑、庭园的功能和艺术表现形式的方方面面都反映出伊斯兰教教义的要求,折射出伊斯兰特有的美学思想。

伊斯兰各国园林,随时间推移而演化,但其“天园”模式被严格传承。“天园”就是伊斯兰教的天堂,唯一的神安拉给他虔诚的信徒们造的。《古兰经》里常常描写“天国”的旖旎风光和信徒们在那里的安逸的享乐。“所许给众敬慎者的天园情形是:诸河流于其中,果实时常不断;它的阴影也是这样。”阴影,鲜果和流水或“汹涌的泉”,这样是所有关于“天园”的描写都要提到的。在不详细描写的地方,说的总是“诸河流于其下的天园”。

这样的“天园”以及“敬慎之人”在天园里的生活,不是别的,正是游牧的阿拉伯人在严酷的赤日炎炎的无边沙漠的艰辛环境中,连梦寐中都不曾想到过。它们的精致美丽,正是阿拉伯人心中至善至美的境地。

伊斯兰园林多为日常起居、乘凉之用,故布局较简洁,绿化为主,花木繁茂多荫。伊斯兰教律严格,穆斯林妇女大都深居简出,不抛头露面。园林建设就以实用为本,崇尚天然、朴素,因此,源于宗教,归于世俗,便成为伊斯兰园林的又一特征。由这些条件造成伊斯兰园林的风格是亲切、精致、静谧。

第六节　历史借鉴

受地域、气候条件及本土文化影响,伊斯兰园林大多呈现为独特的建筑中庭形式,也因如此,在世界园林史上,伊斯兰传统园林可谓最为沉静而内敛的庭园。在这里,你可以想象它就是尘世中的天堂,而当人们设计、建造和养护这样一座园林的同时,便在地球上打造出了一处小小的天国。

注释

[1] A night banquet in a garden. From Moraqqa' Golshan, sixteenth century Golestan Palace Musuem, Tehran(no. 1663, fol. 46)。

[2] Baroness M. L. Gothein。

[3] 阿拔斯时期,阿拔斯王朝(العبّاسيّون)为阿拉伯帝国的一个王朝,是该帝国的第二个世袭王朝。

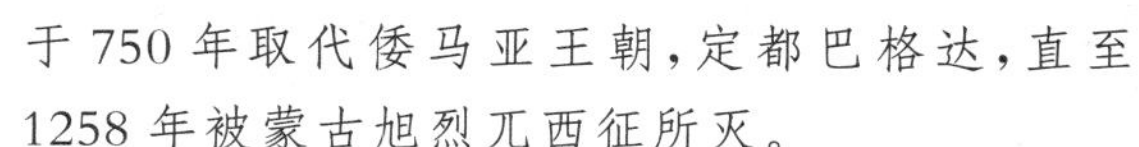
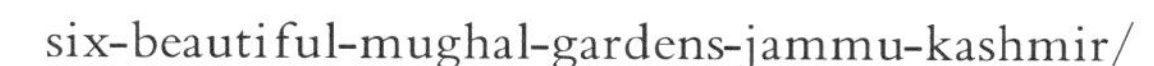

于750年取代倭马亚王朝，定都巴格达，直至1258年被蒙古旭烈兀西征所灭。

[4] 帖木儿汗国时期，帖木儿帝国(1370—1507年)是中亚河中地区的突厥贵族帖木儿于1370年开创的大国，首都为撒马尔罕，后迁都赫拉特(Herat，又译哈烈、黑拉特)。鼎盛时期，其疆域以中亚乌兹别克斯坦为核心，从今格鲁吉亚一直到印度，囊括个中、西亚各一部分和南亚一小部分，1507年亡于突厥的乌兹别克人。

[5] 在中东两河流域，又名两河平原。是一片位于底格里斯河及幼发拉底河之间的冲积平原，现今的伊拉克境内，那里是古代四大文明的发源地之一，古巴比伦所在，有高度发达的文明。

[6] 安息帝国(波斯语：توریاشکانی‌امپر、Emperâturi Ashkâniân)(公元前247至前224年)，又名阿萨息斯王朝或帕提亚帝国，是亚洲西部伊朗地区古典时期的奴隶制帝国。

[7] 索罗亚斯德教的教徒。

[8] 穆斯林摩尔王朝：公元7世纪初，伊斯兰教势力迅速崛起于阿拉伯半岛，建立了庞大的伊斯兰帝国。

[9] 莫卧儿(Mughal)帝国(1526—1858年) 莫卧儿王朝(英文：Mughal Empire，1526—1858年)是成吉思汗和帖木儿的后裔巴卑尔，自乌兹别克南下入侵印度建立的印度封建王朝。

[10] 印度教形成于8世纪，它是综合各种宗教，主要是婆罗门教和佛教信仰产生出来的一个新教，得到了当时印度上层人物王孙贵族的支持。

参考链接

[1] https://en.wikipedia.org/wiki/Islamic_garden

[2] http://mughalgardens.org/html/shalamar.html

[3]http://www.walkthroughindia.com/attraction/six-beautiful-mughal-gardens-jammu-kashmir/

[4] http://muslimheritage.com/article/gardens-nature-and-conservation-islam

[5] Book Review of '*Islamic Gardens and Landscapes*' by D. Fairchild Rugg

[6]*Cultural History of the Islamic Garden* (7th to the 14th Centuries) | Archnet

[7]*The Symbolism of the Islamic Garden*

[8] http://www.digplanet.com/wiki/Achabal_Gardens

[9] Poetry and the Arts. 2013

[10] Islamic gardens. New Amsterdam Books, New York

[11] Clark, E. 2004. *The art of the Islamic garden*. Crowood Press, Michigan

[12] Leila Mahmoudi Farahani *, Bahareh Motamed, *Elmira Jamei Persian Gardens*: Meanings, Symbolism, and Design. Landscape Online 46:1-19 (2016)

[13] Zainab Abdul Latiff and Sumarni Ismail, *The Islamic Garden: Its Origin And Significance*, Research Journal of Fisheries and Hydrobiology, 2016. 11(3): 82-88

[14](日)针之谷钟吉著，邹洪灿译。西方造园变迁史[M].北京：中国建筑工业出版社，1990年3月

[15]赵燕、李永进. 中外园林史[M].北京：中国水利水电出版社，2012年8月

课后延伸

1.看国家地理纪录片《伟大工程巡礼-阿尔罕布拉宫》。

2.阅读《Persian Gardens》。

第五章 文艺复兴园林

课前引导

本章主要介绍14世纪末到17世纪初文艺复兴时期意大利园林以及法国和英国园林的发展历史，包括它们的背景介绍、景点案例、特征总结及历史借鉴。意大利文艺复兴时期，台地园样式影响了意大利乃至整个欧洲世界200多年。

文艺复兴初期，在人文主义者的倡导下，佛罗伦萨的美第奇家族建设了很多的庄园，被称为人文主义者的庄园。庄园多结构简单，朴实无华，全园没有统一的中轴线，呈规则式布局。文艺复兴中期，文艺复兴运动中心转移到罗马。在罗马的郊区，罗马教皇开始大规模地兴建庄园。这个时期形成了意大利台地园，庄园有一个贯穿全园的主轴线，庄园的风格华丽而壮观，水景、石作、植物等园林要素，相互结合，形式丰富。这个时期的庄园以兰特庄园、埃斯特庄园、法尔奈斯庄园最具代表性。文艺复兴后期，园林艺术受到巴洛克艺术的影响，造园风格开始向过渡的装饰方向发展，追求自由的形式，新奇特的表现手法。这个时期的代表作品有阿尔多布兰迪尼庄园和伊索拉·贝拉庄园。17世纪下半叶，意大利造园艺术开始走向衰落期。

意大利园林随着文艺复兴运动，被带到了西欧国家。法国和英国受到的影响最为深刻。法国16世纪初开始接触意大利造园，国王查理八世从意大利带回国很多的造园家和匠人，并在本国内开始建设庄园，这个时期的代表庄园有谢农索城堡花园、维兰德里庄园和卢森堡花园。直到17世纪下半叶，在意大利台地园的影响下，结合法国本土的特征，才形成了本国特色的法国古典主义园林。

英国也受到意大利台地园的影响比较深刻，并建成了很多的庄园，如汉普顿宫苑和农萨共宫苑。但是，英国园林并没有在此基础上发展下去，到18世纪时，形成了风格完全不同的自然风景式园林。

教学要求

知识点：文艺复兴运动概况；文艺复兴园林概况；意大利自然概况；意大利园林历史背景；文艺复兴初期园林概况；卡雷吉奥庄园；卡法吉奥罗庄园；菲埃索罗的美第奇庄园；文艺复兴初期园林特征；文艺复兴中期园林概况；望景楼花园；玛达玛庄园；罗马美第奇庄园；法尔奈斯庄园；埃斯特庄园；兰特庄园；卡斯特罗庄园；波波里花园；文艺复兴中期园林特征；文艺复兴后期的园林概况；阿尔多布兰迪尼庄园；伊索拉·贝拉庄园；加尔佐尼庄园；冈贝里亚庄园；意大利台地园的特征；文艺复兴时期意大利园林对西欧的影响；文艺复兴时期法国园林（历史背景和园林类型）；文艺复兴时期法国园林风格特征；文艺复兴时期英国园林（历史背景和园林类型）；文艺复兴时期英国园林风格特征和历史借鉴。

重点：卡雷吉奥庄园；埃斯特庄园；兰特庄园；阿尔多布兰迪尼庄园；伊索拉·贝拉庄园；意大利台地园的特征。

难点：文艺复兴时期园林的总体特征。

建议课时：4学时。

第一节　文艺复兴运动概述

文艺复兴是14世纪至16世纪欧洲新兴资产阶级掀起的反封建、反宗教神权的思想文化运动，运动的策源地和最大中心是意大利的佛罗伦萨。文艺复兴运动在西欧各国得到广泛的传播和高度发展，历史上将整个运动分为3个时期：14世纪至15世纪初期；16世纪兴盛期；16世纪末至17世纪初衰落期，前后历时300多年。文艺复兴运动促进了欧洲从中世纪封建社会向近代资本主义社会进行转变，是一场伟大的思想解放运动。

一、意大利自然条件

意大利位于欧洲南部，包括亚平宁半岛（Penisola appenninica）及西西里（Sicily）、撒丁（Sardinia）等岛屿。意大利北以阿尔卑斯山为屏障，其他三面环海，东、南、西三面分别临地中海的属海、亚得里亚海（Adriatic Sea）、爱奥尼亚海（Ionian Sea）和第勒尼安海（Tyrrhenian Sea），海域边境线远长于陆地边境线。它不仅是欧洲的南大门，而且是连接欧、亚、非三大洲的通道，地理位置十分重要（图5-1）。

图5-1　意大利地理位置图

意大利境内山地、丘陵丰富，占国土面积的80%。河流众多，河网密布，且四周有肥沃的冲积平原，发源于阿尔卑斯山脉的冰雪融化成的众多小溪，汇集成波河（Po River）后再自西北向东南流入地中海。意大利大部分地区属亚热带地中海气候。由于北有阿尔卑斯山阻挡住寒流对半岛的侵袭，因此气候温和宜人。冬季温暖多雨，夏季凉爽少云，四季温度适中，气温变化较小。意大利的地理区位、地形地貌和气候特征，对意大利园林风格的形成与发展有着重要的影响作用。

二、文艺复兴运动历史背景

资本主义生产关系是文艺复兴运动的前提和基础。11世纪末开始，以地中海为纽带的东西方贸易日渐繁荣。意大利借助于地中海贸易中心的这一区位优势，海外贸易发展迅速。贸易量的增长刺激了手工业、商业和银行业的全面发展。到13世纪、14世纪意大利沿海城市佛罗伦萨、威尼斯、热那亚已是航运和港口贸易比较发达的商业城市，尤其是佛罗伦萨，凭借先进的毛纺织业、繁荣的海上贸易和发达的银行业，成为当时欧洲最著名的手工业、商业和文化中心。先进的资本主义生产为意大利带来了繁荣的经济，为文艺复兴奠定了深厚的物质基础。

意大利的文化基础是早期文艺复兴产生的重要条件。意大利文艺复兴运动是在“复兴古罗马文化”的名义下发起的。中世纪时期，古罗马、古希腊的文化传统更多地保存在了意大利。新兴资产阶级中的先进知识分子对古代希腊、罗马的著述、文物进行广泛的整理和研究。如1524年佛罗伦萨的美第奇家族花费了巨大的财力、物力收集古书10 000多册，其中很多书都是价值连城的臻品。

意大利的城市公社为文艺复兴运动的产生提供了政治保障。资本主义生产要扩大贸易量，增加商品数量，就必须进一步发展城市，增加城市人口数量。而封建主则依靠垄断农民和粮食来控制城市。两者矛盾日益激化。新兴资产阶级利用其雄厚的经济实力，对封建主进行了斗争。12世纪初，意大利北部诸城先后成立了城市公社，这些公社发展成独立的城市共和国。战胜封建统治阶级后，城市开始

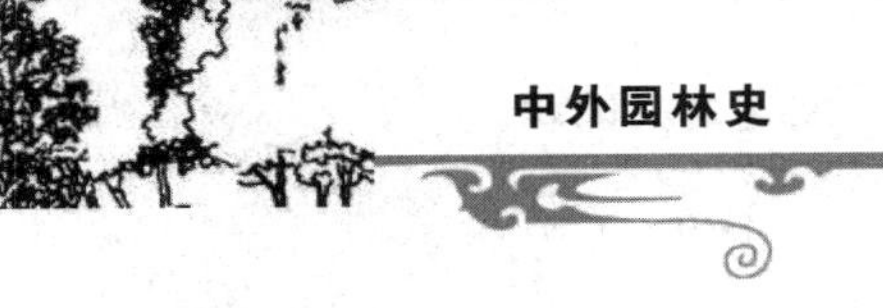

释放农奴，建立农村公社。14世纪初，大银行家、大商人、工场主组成的资产阶级已经掌握了各个城市的政府。而这些城市的统治者正是新兴的资产阶级的代表，为了满足自身的利益和发展要求，他们以复兴古希腊、古罗马文明为名，提出以人文主义思想为核心，反对宗教神学和禁欲主义，发起了弘扬资产阶级思想和文化的文艺复兴运动。

新兴的资产阶级积极倡导符合本阶级利益的新文化、新思想。在政策、经济和荣誉上优待人文主义者，出资帮助年轻的人文主义者和艺术家进行学习和创作。人文主义提倡以人为中心，反对以神为中心，具体来说主要表现为3个方面：提倡追求现世的幸福和享乐，反对天主教的禁欲主义和来世主义；提倡个性解放和自由，反对天主教神权的束缚；提倡科学和理性，反对天主教的盲从盲信的愚昧思想。

佛罗伦萨统治者美第奇家族将大量的资金和精力投入到公益和文艺复兴事业中，为人文主义者的成长、活动及文艺复兴运动的发展创造了开明的政治环境和浓厚的艺术氛围，培植出了人文主义思想的先驱被誉为“前三杰”——但丁（Dnaet，1265—1321年）、彼特拉克（Ranecsoc Petrarch，1304—1374年）和薄伽丘（Giovanni Boccaccio，1313—1375年）三大文人，他们的杰作有《神曲》《阿非利加》和《十日谈》。

15世纪后期，文艺复兴运动遍及西欧大陆，而此时的佛罗伦萨却风光不再。随着美洲新大陆的发现和通往印度的海上航线的开辟，海外贸易转向大西洋方向，世界贸易格局发生改变，意大利的区位优势逐渐丧失，加上英国新兴毛纺织业的迅猛发展，佛罗伦萨的主导产业日渐衰退。15世纪末，法国国王查理八世（Charles Ⅷ，1491—1498年在位）入侵佛罗伦萨，16世纪时，意大利大部分地区被西班牙人控制。经济的衰退、政治的分裂和频繁的战乱致使人文主义者纷纷逃离佛罗伦萨。

16世纪，罗马城在教皇政治的影响下，大兴土木，逐渐繁荣起来，罗马城继佛罗伦萨后成为文艺复兴运动中心。接受新思想的教皇尤里乌斯二世（Pape，Julius Ⅱ，1443—1513年）支持并保护人文主义者，采取措施促进文艺复兴运动的发展，米开朗基罗、拉斐尔等人在这时离开佛罗伦萨来到罗马，因而16世纪成为文艺复兴运动的兴盛期。园林形成独具特色的台地园林。这一时期主要代表人物是“后三杰”——达·芬奇、米开朗基罗（Michelangelo，1475—1564年）和拉斐尔·桑齐奥（Raffaello Sanzio，1483—1520年），他们留下的《蒙娜丽莎》《最后的晚餐》《大卫》《圣母悲戚》和《西斯多圣母》以及梵蒂冈博物馆内拉斐尔画室的大量壁画堪称世界艺术画廊珍品。

16世纪下半叶，教皇镇压宗教改革运动，宫廷恢复旧制度，禁锢人们的思想，压制科学进步，使一些文化、艺术、建筑人才离开罗马前往北部，意大利文艺复兴运动转入到晚期，建筑和园林形成巴洛克风格。

文艺复兴运动被认为是封建主义时代和资本主义时代的分水岭。人文主义思潮贯穿于文艺复兴运动的始终，从意大利扩展到整个西欧，是新兴资产阶级在意识形态领域里向封建主义和基督教神学发动的一场伟大革命。在这场革命中，人文主义者打破中世纪神学的桎梏，把文学、艺术、建筑、哲学、政治学和自然科学等从神学中解放了出来，激发了研究自然现象热情，改变了人们对世界的认识，实现了思想文化领域的伟大变革，初步建立了资产阶级新文化体系，既顺应了资本主义经济的发展，又为资产阶级登上政治舞台做了思想文化准备。

在文艺复兴运动期间，欧洲在地理、天文、数学、力学、机械等方面都取得了辉煌的成就。恩格斯称文艺复兴时期是“一次人类从来没有经历过的最伟大的、进步的变革，是一个需要巨人而且产生了巨人——在思维能力、热情和性格方面，在多才多艺和学识渊博方面的巨人的时代。”

第二节　文艺复兴园林概况

一、意大利文艺复兴初期园林概况

经过一个世纪的“黑暗时代”，在封建宗教禁欲主义的禁锢下，园林的发展极其缓慢。文艺复兴运动时期,受人文主义思潮的影响,人们希望能在古罗马的废墟上重现希腊、罗马的古典主义文明。在意大利,人们开始以罗马的后人自居,崇尚罗马的一切,开始重新审视自然,发现了大自然本身真正的美,唤起了人们对古罗马的乡村别墅生活以及田园生活情趣的热爱。在佛罗伦萨聚集的大量富豪们开始大兴土木,仿建古罗马的别墅和花园,很快园林建设就成了一种时尚。

在文艺复兴初期,佛罗伦萨是当时欧洲最繁荣的商业城市,新兴的富裕阶层集中在郊区托斯卡那地区。统治佛罗伦萨的科西莫·德·美第奇(Codimo de Mrfivi,1389—1464 年)和罗伦佐·德·美第奇(Lorengo de Medici,约 1449—1492 年)对文艺复兴运动大力支持。科西莫是佛罗伦萨卫冕之城的创始人,他和罗伦佐既是城市的统治者又是新文化的倡导者和保护者。罗伦佐在自己的花园和别墅中建立"雕塑学校"和"柏拉图学园"。罗伦佐为人文主义者投入了大量的精力和金钱,在他的影响下,佛罗伦萨集中大量的文学家、艺术家。人们的创作热情空前高涨,留下了很多艺术珍品,园林艺术也得到了快速发展。

在 14 世纪,三大文豪向人们介绍了优美、健康、愉快的别墅生活。人文主义的思想启蒙者但丁、彼特拉克和薄伽丘三大文人,他们对庭园都有浓厚的兴趣。但丁于 1300 年时,在菲埃索罗(Fiesole)建造了别墅,现称"邦迪别墅(Villa Bondi)"。15 世纪改建后,庭园的大部分都没能保存原貌,因此,很难领略诗人的庭园趣味。继但丁后彼特拉克被人们称为园林的实践者,他在法国建造有别墅,在别墅中建有太阳神阿波罗和酒神巴克斯的庭院,阿波罗庭院寄托了他对自然山川诗人冥想,巴克斯庭院则是他安度晚年的地方。彼特拉克还在伏加勒河谷边阿尔库卡村修建小别墅,在这里他度过了休闲的晚年时光。继彼特拉克后薄伽丘对园林也有着很深的渊源。薄伽丘在《十日谈》中详细地描述了佛罗伦萨郊野别墅的园林状况,书中描写了一些别墅花园,园中有藤蔓、蔷薇、茉莉等芳香植物,以及无数花卉草木。在庭院中央的草地上百花盛开,草坪四周橘树、柠檬树散发着花果的芬芳,草坪中还有白色大理石水盘,水盘的雕塑喷射出直射天空的水柱,水盘中溢出的水由草坪周围的水渠流经各处,最后汇集到一起落入山谷之中。《十日谈》中描绘的别墅都是现实存在的,如第一日序中出现的波吉奥别墅(Villa Poggio Gherardo),第三日序中描述的帕尔梅里别墅(Villa Palmieri)。

15 世纪,著名建筑师、人文主义者阿尔贝蒂(Leon Battista Alberti,1404—1472 年)对庭园建造进行了系统的论述。在 1485 年出版《论建筑》(De Architectura)一书中,以小普林尼的书信为主要蓝本,论述了他设想的理想庭园:

(1)一个方形庭园中,用直线分成几个小区。每个小区做成草坪,用修剪成长方形的密生的欧洲黄杨、夹竹桃、月桂等围边。

(2)树木种成直线状的 1 列或 3 列。

(3)在园路的末端,建造古老式样的凉亭,它是用月桂、雪松、杜松等组合而成的。

(4)平直的、用圆石柱支撑的绿廊,在其顶部缠绕着藤蔓,给园路带来绿荫。

(5)沿园路散点有石制的或赤陶土烧制的花瓶。

(6)花坛的中央用欧洲黄杨做成庭园主人的名字。

(7)绿篱每间隔一定距离修剪成壁嵌状,里面设置雕塑,前置大理石凳。

(8)中央园路的交叉处,建有祈祷堂,周围有修剪过的月桂。

(9)祈祷堂附近有迷园,其式样是由大马士革蔷薇的藤蔓缠绕成拱门形格子,使之形成绿荫。

(10)在有落水的山腹,有凝灰岩洞窟,洞窟对面设有鱼池、牧场、果园和菜园。

阿尔贝蒂提出的用以绿篱为围绕草地(称为植坛)的做法,成为文艺复兴时期意大利园林以及规则式园林中常用的手法。他还主张庄园应建立在可以眺望远处的山坡上,建筑与园林应形成协调一致的整体,如建筑中有圆或是半圆,其中也应该有所体现。阿尔贝蒂认为园林应尽可能轻松、明快、开朗,尽可能不要有阴暗的地方。阿尔伯蒂的在著作中提出的观点，他本人没有机会付诸实践，但对造园活动的发展产生了巨大的促进作用。因此，阿尔贝蒂被看作是园林理论的先驱者。

人文主义者的著作和实践唤起了人们对乡野别墅生活的向往。这一时期的庄园别墅被称作是人文主义者庄园。佛罗伦萨郊外美丽的风景、肥沃的土壤、郁葱的林木、丰富的水源和宜人的气候，为建造别墅花园提供了理想的场所。美第奇家族的带动作用，促使奢华的别墅花园更加流行，文艺复兴初期最著名的庄园都出自美第奇家族，如卡雷吉奥庄园(Villa Careggio)、卡法吉奥罗庄园(Villa Cafaggiolo)、菲埃索罗美第奇庄园(Villa Medici，Fiesole)等。所以，我们称这一时期流行的庄园别墅为美第奇式园林。

二、意大利文艺复兴中期园林概况

16 世纪，文艺复兴运动的文化中心由佛罗伦萨转移到了罗马。教皇尤利乌斯二世当上了罗马教皇，他以及后几任教皇都是人文主义的倡导者和保护者，致使罗马城聚集了大批优秀的人文主义者，并创作了众多优秀的艺术作品，从而使罗马进入了文艺复兴时期文化艺术的全盛期。在罗马教皇的影响下，文化艺术更多体现在宏伟壮丽的教堂建筑和主教们豪华奢侈的花园上，故而这个时期的罗马园林艺术是人文主义与基督教义的双重统一和融合。

台地园开始在罗马园林中出现。著名的望景楼花园(Belvedere Garden)就是罗马第一座台地园林，设计师拉托·布拉曼特(Michelangelo Bounaroti，1475—1564 年)被称为台地园的奠基人。尤利乌斯二世收藏了大量的艺术珍品，被他放在梵蒂冈宫后面山坡上的望景楼里，为了增强建筑间的联系，布拉曼特在山坡上设置两个长廊，长廊间设计成望景楼花园。

当时的罗马人对宫殿建筑与周围用地的相互协调、统一规划方面，尚未予以足够的重视，望景楼花园起到很好的示范带头作用。此后，罗马的主教、贵族、富商们纷纷效仿，在丘陵地上建造台地式花园的做法成为一种时尚。具有代表性的作品有：教皇尤里乌斯二世的望景楼花园，拉斐尔建造的玛达玛庄园(Villa Madama)，建筑师里皮(Annibale Lippi)建造的罗马美第奇庄园(Villa Medici，Roma)、法尔奈斯庄园(Villa Palazzina Famese)、埃斯特庄园(Villa d'Este，Tivoli)、兰特庄园(Villa Lante，Bagnaia)、卡斯特罗庄园(Villa Castello)，以及佛罗伦萨的波波里花园(Boboli Garden. Florance)等。其中最著名的是法尔奈斯、埃斯特和兰特这三大庄园。这一时期被称为文艺复兴中期意大利园林，并形成了意大利台地园的造园风格。

台地园是将规则式园林应用于丘陵山地的典型样式，利用石作、植物、水体等造园要素塑造了舒适宜人的“户外厅堂”。文艺复兴运动时期，意大利将园林视为宅邸在自然中的延伸，是人工建筑到自然山林、田野之间的过渡，是人工美向自然美的过渡。将植物、水体等自然要素人工化，体现人的意识，如将植物进行修建，改变自然形状；采用几何形状的水池、喷泉等。台地园的造园样式随着文艺复兴运动一起遍及整个欧洲，并产生了深刻的影响，成为 16 世纪上半叶到 17 世纪上半叶整个欧洲国家竞相模仿的造园样式。

三、意大利文艺复兴后期园林概况

16 世纪中叶，建筑和雕刻进入到巴洛克的兴盛期，半个世纪后，16 世纪末到 17 世纪初，这一艺术形式也波及了园林建设，使得意大利园林向新方向发展，出现了巴洛克式园林。

文艺复兴后期，教皇企图重塑教会的宗教地位，重建主教控制欲望，巴洛克艺术成了专为教会服务的一种艺术形式。巴洛克(Baroque)一词原为奇异古怪之意，古典主义者以此称呼那些离经叛道的建筑风格。巴洛克建筑艺术反对均衡之美，采用大量的曲线、繁琐的细部装饰、彩色大理石、镀金的小五金器具等要素营造出令人吃惊的奢华之美。

巴洛克式园林更加强调造园技艺的应用，整体造园艺术水平并没提高，反而呈现衰退态势。如将绿篱修剪成各种家族徽章、主人名字、动物等造型；岩洞中设雕塑、浮雕、喷泉等；应用机械技艺建造壁泉、喷泉、水阶梯等。这些技术的应用，对整体造园艺术水平影响不大。

文艺复兴后期，在郊外建造巴洛克式园林的意愿更加强烈。这一时期，比较著名的庄园有阿尔多布兰迪尼庄园（Villa Aldobrandini）、贝尔奈尔蒂尼庄园（Villa Bernardini）、兰斯罗蒂庄园（Villa Lancelotti）和伊索拉·贝拉庄园（Villa IsolaBella）等。其中又以阿尔多布兰迪尼庄园和伊索拉·贝拉庄园最具有代表性。这一时期的园林也被称为巴洛克式园林。

文艺复兴运动时期，意大利园林经历了3个发展阶段：初期、中期和后期。由于地理位置和气候条件的影响，产生了美第奇式、台地园式和巴洛克式3种园林风格。

第三节　文艺复兴初期园林实例及特征

一、文艺复兴初期园林实例

文艺复兴初期，美第奇家族是新思想、新文化的倡导者和保护者，同时也是实践者。在复兴古罗马文化的同时，对古罗马的庄园别墅也进行了深入的学习和研究，并在佛罗伦萨的郊区进行了大规模的建设。这也使得文艺复兴初期最著名的庄园都出自美第奇家族，如卡雷吉奥庄园（Villa Careggio）、卡法吉奥罗庄园（Villa Cafaggiolo）、菲埃索罗美第奇庄园（Villa Medici，Fiesole）等。

（一）卡雷吉奥庄园（Villa Careggio）

卡雷吉奥庄园是美第奇家族建造的第一座庄园，位于佛罗伦萨西北约2 km处，深受庄园主科西莫和罗伦佐的喜爱。1417年，科西莫委托当时著名的建筑师和雕塑家米开罗佐（Michelozzi Michelozzo，1396—1472年）设计了这座庄园。整个庄园的地势较高，四周建造了高大的锯齿形墙，别墅建筑眺望角度极佳，可以将托斯卡纳一带的美丽景色尽收眼底（图5-2）。建筑保持着中世纪城堡建筑的外观，如极小的窗，雉堞式的屋顶，除了别墅的敞廊，几乎看不见文艺复兴建筑的影子。

图 5-2　卡雷吉奥庄园

庄园的庭院在主建筑的正面展开，采用几何对称式布局，种植了种类丰富的植物。庄园内装饰有花坛和水池，四周点缀着瓶饰。园中设有休憩凉亭，内置座椅，建有绿廊，以及整形黄杨绿篱植坛。庄园中还设有果园。观赏植物的品种数量也很多，但现在人们看到的植物大多是以后逐渐增植的。

（二）卡法吉奥罗庄园（Villa Cafaggiolo）

卡法吉奥罗庄园位于佛罗伦萨北18 km处，建造在山谷间，它也是由米开罗佐受科西莫的委托进行设计。别墅建筑保持了中世纪城堡建筑风格，建筑周围有壕沟和吊桥，19世纪拆除了壕沟和吊桥。庄园的庭院位于主建筑的后面，庭院四周建有围墙，庭院采用中轴对称式布局，在园路的尽头设置了园林建筑（图5-3）。透过别墅的窗户可以眺望科西莫的整个领地。

图 5-3　卡法吉奥罗庄园

(三)菲埃索罗的美第奇庄园(Villa Medici, Fiesole)

菲埃索罗的美第奇庄园距离佛罗伦萨老城中心大约 5 km,建造在菲埃索罗丘陵中一个朝阳的陡峭山坡上,建于 1458—1462 年间。这座庄园是由米开罗佐为教皇列奥十世乔万尼·德·美第奇(Giovanni de Medici, Pope Leo X, 1475—1521 年)设计的乡间别墅。

庄园因山就势将山坡分成了高度不同的 3 个台层,各台层均呈狭长带状,上、下两个台层略宽,中间台层较为狭窄,主体建筑位于上台层的西侧,眺望视野开阔,出入口位于上台层的东侧(图 5-4)。

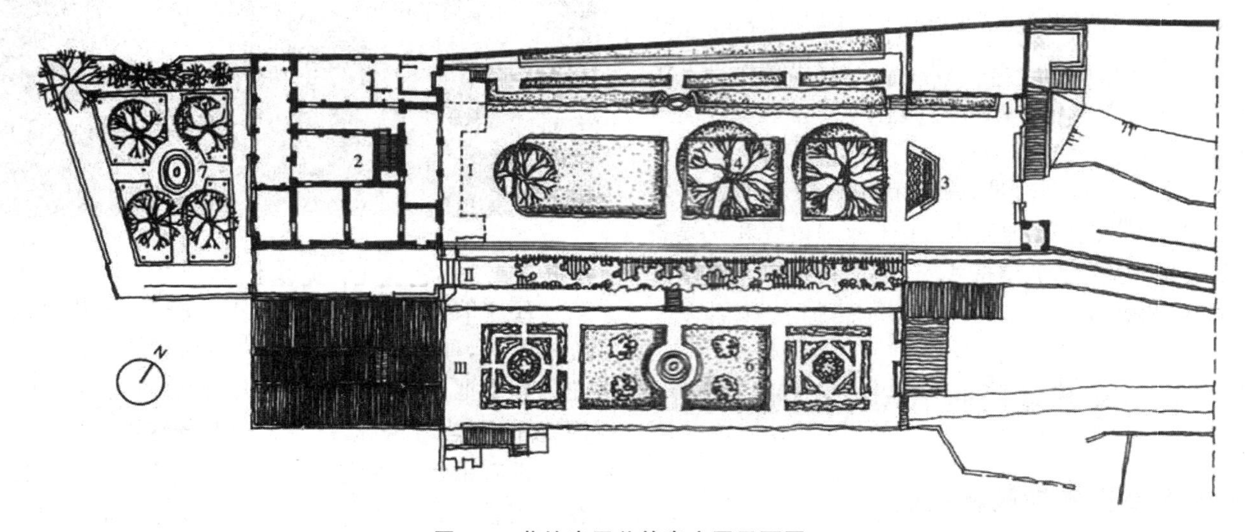

图 5-4　菲埃索罗美第奇庄园平面图

Ⅰ. 上层台地　Ⅱ. 中层台地　Ⅲ. 下层台地

1. 入口　2. 府邸建筑　3. 水池　4. 树畦　5. 廊架　6. 绿丛植坛　7. 府邸建筑后的秘园

上台层从入口到主体建筑的距离长约 80 m,宽约 20 m,空间狭窄。为了削弱空间的狭长感,设计者在这段距离内依次设计了水池广场、树畦和草地 3 个虚实变化空间,从开阔的水池广场到郁闭的树畦,再到空旷的草地,最后到达主体建筑,建筑后面是一个由 4 块绿色植坛和椭圆形水池组成的小花园,花园的角落点缀着盆栽植物。中层台地只有 4 m 宽,主要是联系上、下两个台层的通道,通道上设置了棚架,棚架上爬满藤本植物。下层台地中心为圆形喷泉水池,内有精美的雕塑及水盘,周围有 4 块长方形草地,东西两侧为不同图案的绿丛植坛(图 5-5)。

图 5-5　菲埃索罗的美第奇庄园的绿丛植坛

总之,设计者在这块并不理想的陡峭山坡上,巧妙地利用空间的变化,营造出了丰富的景观,将不利地形变成了整个庄园的亮点。庄园在当时得到了很高的评价,并被人们所喜爱。

二、文艺复兴初期园林特征

从上述的庄园案例中,我们可以了解到,文艺复兴运动初期园林建设多模仿古罗马田园式别墅的样式，在细部处理上有中世纪别墅的特征，在位置选择、空间处理上有文艺复兴的特点。这时期的庄园别墅是中世纪向文艺复兴时期的过渡阶段。这个时期的庄园的特征主要有：

(1)庄园多建造在佛罗伦萨郊外风景秀丽的丘陵的坡地上；

(2)庄园周围有高墙环绕，要求建筑前有可远眺的前景；

(3)庄园分为多个台层，但各台层相互独立，没有贯穿各个台层中轴线；

(4)建筑位于最高层，建筑保留中世纪建筑的特征；

(5)庄园整体比较简朴、大方；

(6)水池和雕塑结合成为局部景观中心，水池比较简洁；

(7)绿丛植坛图案花纹简单，多设在下层台地上，用修剪的树木围成草坪地带；

(8)植物种类丰富，从艺术的角度欣赏植物。

文艺复兴初期，意大利园林主要受到人文主义思潮的影响，重新审视自然，发现了自然本身纯真的美，庄园的整体风格比较简洁、纯朴，以郊野别墅为主。但庄园的设计依旧比较封闭，认为花园是建筑在自然中的延伸。文艺复兴初期佛罗伦萨园林新理念为意大利园林的发展奠定了理论基础，但是这些理念付诸实践的案例并不多，直到 16 世纪，文艺复兴鼎盛期的到来，意大利文艺复兴园林经典样式才被广泛应用。

第四节 文艺复兴中期园林实例及特征

一、文艺复兴中期园林实例

文艺复兴中期，意大利台地园形成了特有的风格。这一时期的代表作品有望景楼花园(Belvedere Garden)、玛达玛庄园(Villa Madama)、罗马美第奇庄园(Villa Medici，Roma)、法尔奈斯庄园(Villa Palazzina Famese)、埃斯特庄园(Villa d'Este，Tivoli)、兰特庄园(Villa Lante，Bagnaia)、卡斯特罗庄园(Villa Castello)，以及佛罗伦萨的波波里花园(Boboli Garden. Florance)等，其中最著名的是法尔奈斯、埃斯特和兰特这三大庄园。

(一)望景楼花园(Belvedere Garden)

望景楼花园位于罗马贝尔威德尼山冈上，主人是教皇尤里乌斯二世，望景楼花园修建于 1504 年，面积不足 2 hm^2，由著名建筑师布拉曼特设计。布拉曼特多年从事古代建筑艺术和遗迹的研究，见识过台地园。此外，他与达·芬奇等人文主义者交往甚密，并深受其造园思想的影响。

1503 年，教皇尤里乌斯二世任命布莱曼特将梵蒂冈宫殿与望景楼相连成一体，将这里建成宫殿花园，教皇把收藏的古罗马雕塑移到了花园里。

布拉曼特设计了两条横跨梵蒂冈宫和望景楼间山谷的柱廊，两条柱廊由三层拱廊组成，柱廊外侧为墙，向内敞开，柱廊间构成了望景楼花园。望景楼花园长 306 m，宽 65 m，园内是陡峭的山坡，在山坡上开辟出三层台地。上层是装饰性花园，下层作为竞技场，中层宽度较窄，作为上下层之间的过渡性空间(图 5-6)。

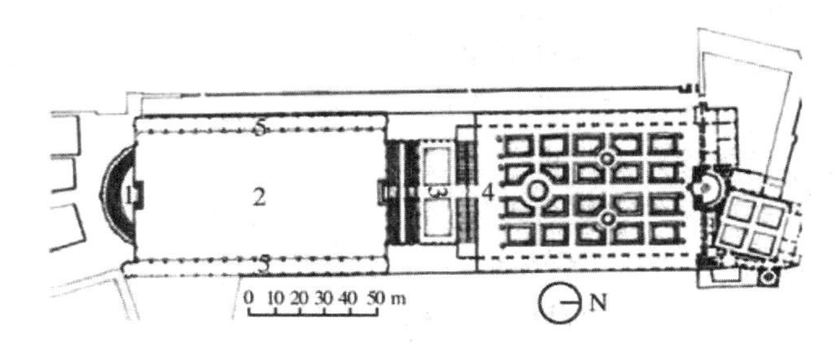

图 5-6 望景楼园平面图

1. 半圆形观众席 2. 底层露台的竞技场 3. 中层露台 4. 顶层露台的装饰性花园 5. 柱廊

上层台地的建筑是望景楼，楼前以十字形园路分成 4 块，园路中央为喷泉，两侧柱廊尽头有高大的半圆形壁龛状柱廊，从这里眺望，视野极其开阔。

下层台地设计成了竞技场，台地的末端是半圆形的观众席，与顶层的半圆形壁龛相呼应。底层与中层间是宽阔的台阶，也可作为观众席，加上两侧柱廊内设的观众席，竞技场总共可容纳 6 万人。

中层台地的挡土墙中央是向内凹陷的带有雕塑喷泉的柱廊洞龛，洞龛两侧的折形跑梯连接起来中层台地与上层台地(图 5-7)。

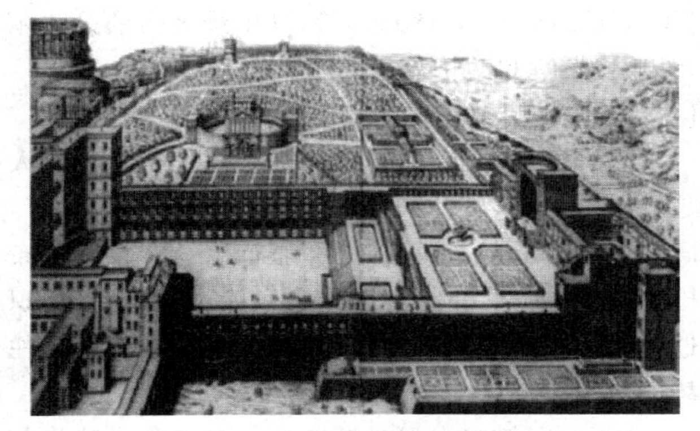

图 5-7 望景楼园透视图

然而，由于开工后不久，布拉曼特就因病去世了。因此，只完成了花园东侧柱廊。西侧的柱廊是在半个世纪之后，由建筑师利戈里奥（Pirro Ligorio，1500—1583 年）完成。

到 16 世纪末，在中层台地上建起了梵蒂冈图书馆。17 世纪，教皇保禄五世（Paulus V，1605—1621 年在位）在顶层露台的壁龛前建造了一座青铜松果状喷泉，有 3 m 多高，据说是仿照哈德良皇宫前的装饰物。此后，望景楼花园又经过不断改变，最终使布拉曼特的作品面目全非。

望景楼花园设计中最重要的创新是对这一巨大空旷场地的规划设计，长廊环绕的场地被设计成了相互联系的三层台地，3 个台层呈中轴对称式布局，整个场地的空间布局具有了动态感。望景楼花园的另一个重要的创新则是在室外设置专门展示古罗马雕塑的庭院。雕塑小庭院四周墙上对称规则排列着不少洞龛，进行雕塑的永久性展览。两座雕塑被放在喷泉中，还有一对雕塑则摆放在了庭院的中央。除了雕塑，庭院还整齐摆放着种在盆里的橘子树。

1504 年建造的梵蒂冈望景楼花园影响了整个罗马甚至意大利的园林发展，可以说 16 世纪罗马大兴建造别墅花园的风潮始于这座经典花园的建设。这一时期的梵蒂冈望景楼花园将多种要素融为一体，是研究罗马文艺复兴早期别墅园林的模板。这种形式影响了亚平宁半岛以后一百年甚至更远的花园主题。

(二)玛达玛庄园(Villa Madama)

玛达玛庄园主是朱利奥·德·美第奇（Giulio de Medici，1478—1534 年），即教皇克雷芒七世（Clement Ⅶ，1523—1534 年在位）。庄园位于马里奥山附近的山腹地带，这里水源充沛、地形起伏变化适宜，近可俯瞰山坡下开阔的山谷、河流，远可眺望四周的山岚，实为理想的造园之地。庄园建于 1516 年，设计师是艺术大师拉斐尔，庄园尚未建成时，拉斐尔就与世长辞了，后续工作由他的助手们完成。

1527 年法国与西班牙争夺意大利除教皇辖地以外的统治权战争中，西班牙士兵突然在罗马城外发生兵变，闯入罗马城内烧杀抢夺。这场灾难不仅使该庄园受到致命的损伤，而且使 16 世纪初期主教们在罗马建造的庄园几乎毁之殆尽。1538 年，皇帝卡尔五世之女玛达玛·玛格丽塔（Madama Margherita d'Austria，1522—1586 年）将庄园购为己有，玛达玛庄园由此得名（图 5-8）。

图 5-8 玛达玛庄园局部透视图

庄园原设计中保存至今的部分，只剩下面对着马里奥山的两层露台。庄园入口设在上台层的北端，建有高墙和大门，分立着两尊巨型雕像。门外是种有七叶树和无花果的林荫大道。两层台地沿山坡一侧都砌有高大的挡土墙，其上各镶嵌着三座壁龛。上层台地挡土墙上的壁龛装饰更加精美，中间那座壁龛中有石雕大象，口中吐出的水柱射入下方的矩形水池中。

庄园东北部根据地势开辟出 3 个台层。上层为方形，中央有亭，周围以绿廊分成小区。中层是与上层面积相等的方形，内套圆形构图，中央有喷泉，设计成柑橘园。下层面积稍大，为椭圆形，上有图案各异的树丛植坛，中间是圆形喷泉，两边又对称布置着喷泉。各台层正中都有折线型宽台阶联系上下。

玛达玛庄园与望景楼花园对于园林建设具有同样的影响力，在整个意大利这个半岛国家到处可以发现相似形式特征的花园。

(三)罗马美第奇庄园(Villa Medici, Roma)

罗马的美第奇庄园位于罗马城边潘西奥(Pincio)的山坡上。1540 年建造，园子的主人是红衣主教蒙特普西阿诺(Montepulciano，1497—1574 年)，庄园面积不到 5 hm^2，由建筑设计师里皮(Annibal Lippi)设计的(图 5-9、图 5-10)。

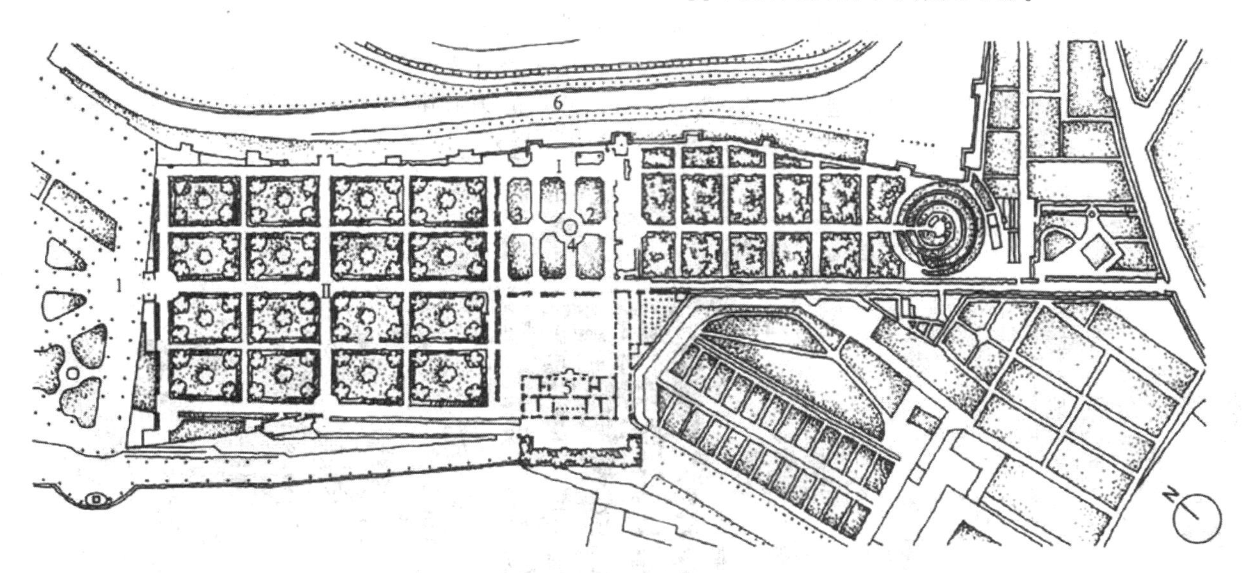

图 5-9 罗马美第奇庄园平面图

Ⅰ.顶层台地 Ⅱ.底层台地

1.潘西奥花园 2.矩形树丛植坛 3.草地植坛 4.方尖碑泉池 5.府邸建筑 6.沿古城墙的下沉园路

图 5-10 罗马美第奇庄园局部鸟瞰图

庄园地处罗马著名的别墅胜地。园子西北部与潘西奥花园相接，东北部有围墙，墙脚下是下沉式的环形小径，在小径上可以欣赏到波尔盖斯庄园(Villa Borghese)最高部分的美景。西南方向面对着美丽的圣彼得大教堂以及城市的北部街区。

美第奇庄园的造园要素简单，庄园分成两个台层，上层台地呈带状，别墅建筑位于一侧，建筑前是草地植坛和方尖碑水池。建筑体量较大，立面宽约 45 m。在别墅对面平台的尽头是围墙，墙外是意大利松(*Pinus pinea*)树丛，树丛虚挡了园外优美的花园和城市景色，使得建筑前的花园更加安静(图 5-10)。下层台地上是由 16 块矩形植坛组成的花园，植坛呈方格状排，东南部的上方有观景平台，由此登上小山顶的观景台，四周景色尽收眼底。

(四)法尔奈斯庄园(Villa Palazzina Farnese)

罗马庄园建造的鼎盛期是从 16 世纪 40 年代后开始的，其中最著名的三大庄园为法尔奈斯庄园、埃斯特庄园(Villa d'Este)和兰特庄园(Villa Lante)。

法尔奈斯庄园建在罗马以北 70 km 的卡普拉罗拉(Caprarola)小镇附近帕拉蒂诺(Palatine

Hill)，因此又称卡普拉罗拉庄园。园主是红衣主教亚历山德罗·法尔奈斯（Alessandro Farnese，1545—1592年），1547年开始兴建，1559年建成。庄园设计师是建筑师贾科莫·维尼奥拉（Giacomo da Vignola，1507—1573年）兄弟俩，亚历山德罗去世后，庄园归奥托阿尔多·法尔奈斯所有，他又在庄园内增加了一座建筑和上部的庭园，这部分也由维尼奥拉设计完成。

庄园内的宫殿建筑由建筑师桑迦洛设计，桑迦洛去世后由米开朗基罗完成，是文艺复兴盛期最杰出的别墅建筑之一。宫殿建筑平面呈五边形，建筑前有一个环形的大台阶，四周以水渠环绕，渠上建两座小桥与后花园相连，建筑后有两个中世纪风格的花坛，呈"V"字形排列，在道路交叉口上设有八角形喷泉。

庄园的花园位于宫殿建筑后面，花园是一个相对独立的空间。整个花园地形狭长，长宽比达到3∶1，主要分成4个台层和坡道，园子的中轴线以入口广场的圆形喷泉开始，到顶层的半圆形柱廊结束（图5-11）。

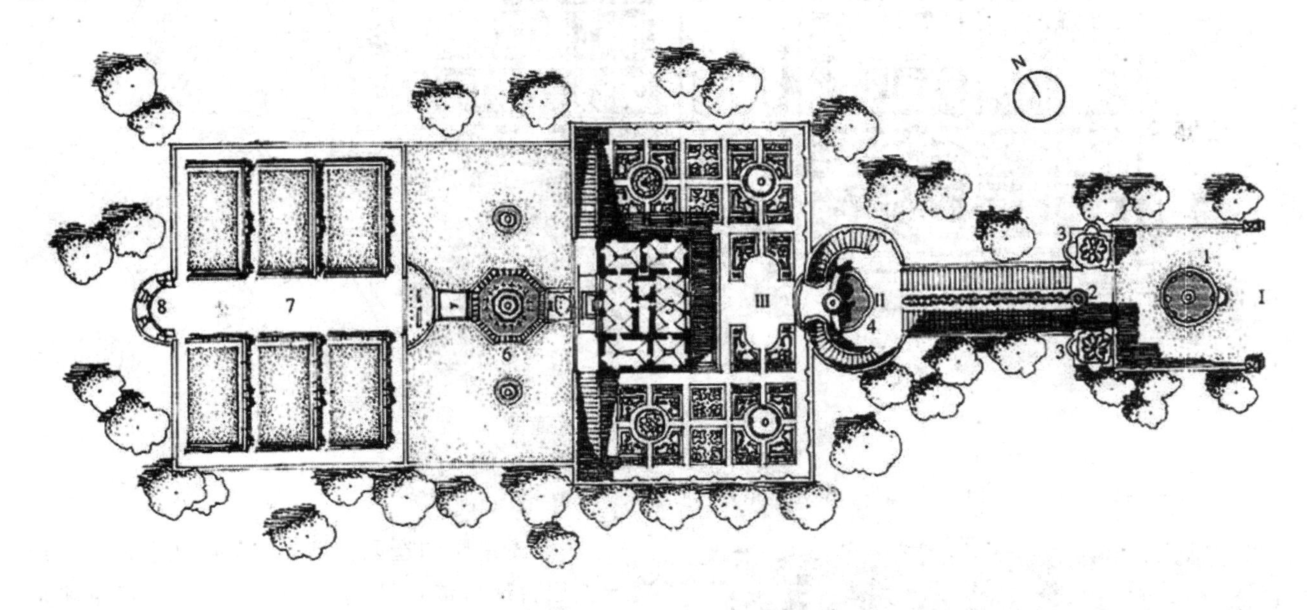

图5-11　法尔奈斯庄园平面图

Ⅰ.第一层台地　Ⅱ.第二层台地　Ⅲ.第三层台地

1.入口广场及圆形泉池　2.坡道及蜈蚣形跌水　3.洞府　4.第二层台地椭圆形广场及贝壳形水盘

5.主建筑　6.八角形大理石喷泉　7.马赛克甬道　8.半圆形柱廊

第一台层是入口空间，是长方形的草坪广场，中心有圆形喷泉，广场四周种植高大的栗子树。广场中轴线两侧各有一座洞府，外墙以毛石砌筑，洞内有河神和跌泉，洞旁有可供小憩的亭。中轴线上是宽大的缓坡，两侧有高大挡土墙夹道，中间是呈蜈蚣形的阶式瀑布，石砌水台阶，两侧是甬道，将人引向第二层台地。

第二台层是两座弧形台阶环抱着椭圆形小广场，中央是贝壳形水盘，上方是巨大的石杯，倚靠石杯有两个河神雕像，珠帘式瀑布从水杯流出，溅落在水盘中。

第三层台地布置成游乐性花园，以小楼为中心，周围是规则整齐树丛植坛，植坛中有两处骏马雕塑喷泉，台地三面设有能当坐凳的挡土墙，墙上还有28根头顶瓶饰的女神像柱，花园营造了轻松愉悦的氛围。小楼两侧有横向台阶通向顶层台地，栏杆上有小海豚像与水盆相间的跌水，台阶下方有小门通向园外的栗树林和葡萄园。

第四层台地是小楼的后花园，紧挨着小楼是一个平地，中央是镶嵌着精美卵石图案的八角形大理石喷泉，两侧还有两个小喷泉。接下来是由花坛改成的台地草坪，周围以矮墙围绕，中间是镶嵌马赛克的甬道，一直通向中轴末端半圆形柱廊。柱廊中设置了4座石碑，下为龛座、坐凳，上有半身神像、雕刻及女神像柱。园外高大的自然树丛，衬托得柱廊更加精美（图5-12）。

A

B

C

D

图5-12　法尔奈斯庄园局部透视

A. 坡道及蜈蚣形跌水　B. 第二层台地贝壳水盘　C. 主建筑前装饰庄园　D. 主建筑后台地草坪

法尔奈斯花园的中轴线将各台层联系起来，各台层之间过渡巧妙。花园建筑设在较高的台层上，统领花园的全局。庄园中有大量精雕细凿的雕刻、石作，既丰富了景致，又活跃了气氛，同时也使花园成为最早出现巴洛克风格的园子。

（五）埃斯特庄园（Villa d'Este）

埃斯特庄园位于罗马以东40 km的替沃里（Tivoli）城边，坐落在一处面向西北的陡坡上。庄园建于1550年，用地呈方形，面积约4.5 hm^2。园主人是红衣主教伊波利托·埃斯特（Ippolito Este）。庄园被埃斯特家族几代相传，第一次世界大战时被意大利政府没收。

1549年，伊波利托·埃斯特竞选教皇失利，随后被保罗三世任命为替沃里的守城官。1550年，埃斯特委托戈里奥设计了埃斯特庄园。戈里奥吸收了布拉曼特和拉斐尔的造园理念，将花园看成室内空间的外延，将建筑和花园融成统一的整体，使庄园成了文艺复兴时期罗马别墅区最著名的庄园之一。

埃斯特庄园被处理成3部分，即平坦的底层、有系列台层组成的中层台地和顶层台地。全园高差近50 m，被分成了6台层，全园呈方格网格状布局，花园在别墅建筑的前面展开，入口位于最底层，别墅建筑建于庄园的最高处，控制着庄园的中轴线，也是主教们大权在握、高高在上的象征（图5-13、图5-14）。

底层台地是庄园的入口处，地势平坦，宽180 m、长90 m。矩形园地以三纵一横的园路划分出8个方块。两侧4块为阔叶树丛林，中间4块是绿丛植坛，中央为圆形喷泉。喷泉构成底层花园的

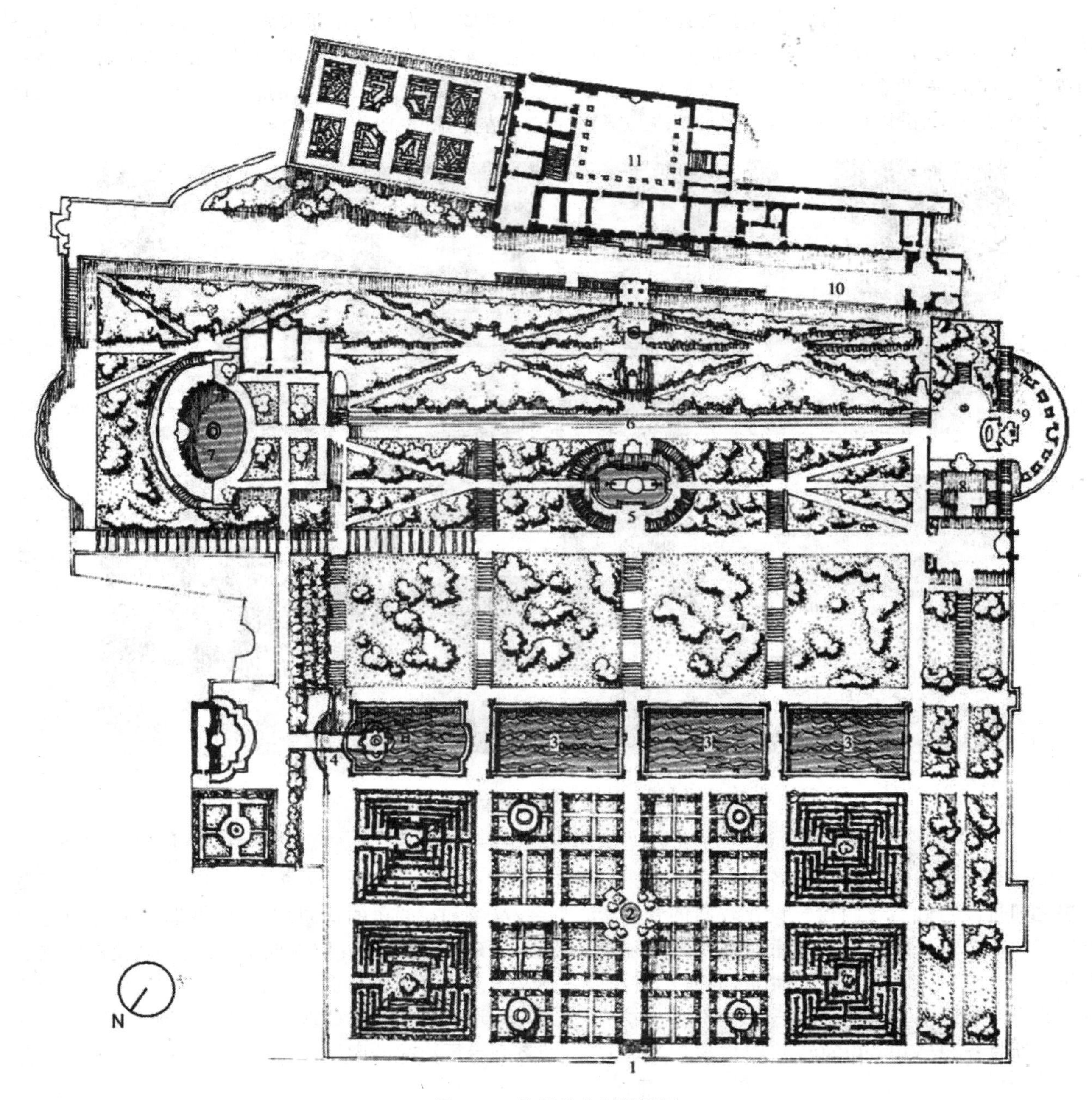

图 5-13　埃斯特庄园平面图

1.主入口　2.底层台地上的圆形喷泉　3.矩形水池(鱼池)　4.水风琴　5.龙喷泉
6.白泉路　7.水剧场　8.洞窟　9.馆舍　10.顶层台地　11.府邸建筑

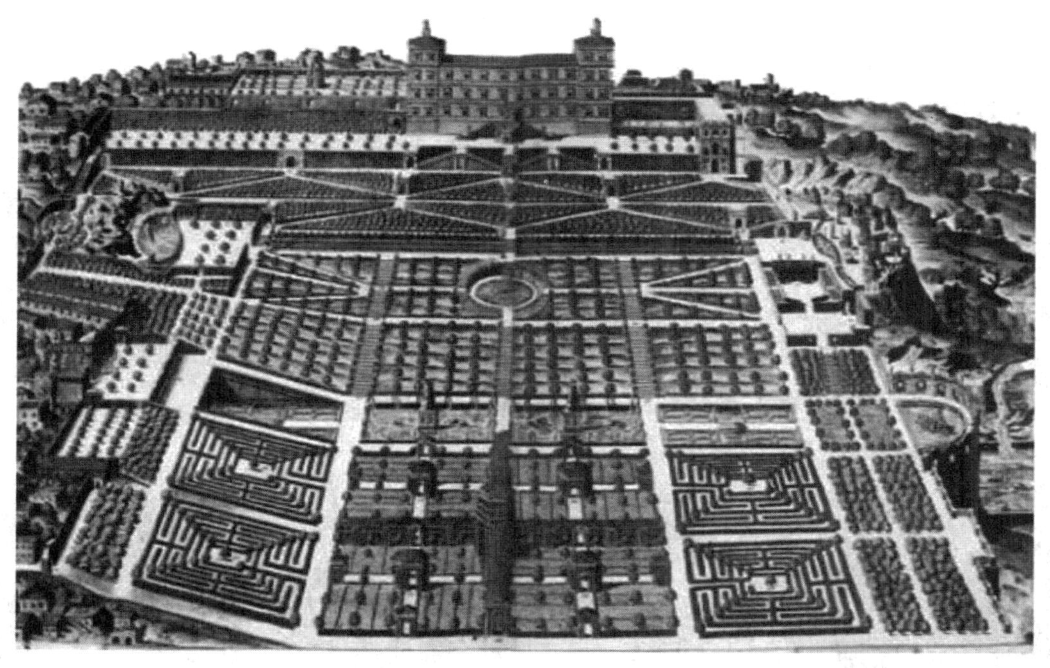

图 5-14　埃斯特庄园鸟瞰图

视觉中心，并成为贯穿全园中轴线上的第一个高潮。

16 世纪的版画显示底层花园的中央有两座十字形绿廊和凉亭，供人们在此驻足休息，欣赏四周美丽的花坛。两侧各有两个迷宫，实际只建成了西南边的两个方格。迷园外侧的数排树木阻挡住人们伸向园外的视线。

在底层花园的东南面，原设计 4 个鱼池，只建成 3 个矩形水池。西侧的山谷边设计了半圆形观景台，但最终未能建成。东北端头呈半圆形，上方有著名的"水风琴"，其造型似管风琴，利用流水挤压管道中的空气而发出声音。"水风琴"的轰鸣声，在 3 个静水鱼池的衬托下，使庄园氛围更加热烈，形成了庄园的第一条横轴(图 5-15)。

鱼池之后是一段缓坡，坡上有 3 条平行的台阶，第二台层将斜坡分成两段。中间台阶在第二段斜坡上变成两段弧形台阶，环抱着椭圆形的"龙喷泉"，高高喷起的水柱构成整个庄园的视觉中心。

第三层台地紧接"龙喷泉"，著名的"百泉路"就位于此。高约 5 m，长约 150 m 的 3 层百泉台镶嵌在挡土墙上，对面是高大茂密的树林，形成了半封闭的室外空间。百泉台上有无数个小瀑布和小鹰、怪兽、百合花等造型的小喷泉，形成了绿色百泉墙。各层水都由小水渠收集，再通过狮头或银鲛头等造型的溢水口，落入下层的小水渠中，形成下层小喷泉。

百泉路的东端地势较高，筑造了以阿瑞托萨雕像为中心的"水剧场"，雕像前设有半圆形水池，后设有高大的壁龛和柱廊，瀑布从柱廊上倾泻而下落入水池。在另一端为半圆形水池，其后有柱廊环绕，柱廊前布置寺院、剧场等各种建筑模型，组成古代罗马市镇的缩影，可惜现已荒废。百泉路系列景观构成了庄园的第二条横轴，与鱼池构成的第一条横轴产生强烈的动与静、闭合与开敞的对比。

第四、第五台层通过斜坡上菱形的台阶相连。在中轴线上，两个台层各建有一个眺望平台。在这里可以回望整个庄园以及远处美丽的景观。

顶层台地位于别墅建筑前，跨度约 12 m，上面设有栏杆，这里是庄园的第三条横轴。此处可以俯瞰全园，还可以眺望园外连绵起伏的群山。

埃斯特庄园选址优美，规模宏大，布局壮丽。一条贯穿全园的纵轴和三条横轴，将庄园整体控制在规则的网格中，全园的中心——"龙喷泉"位于纵轴和中间横轴交叉口。埃斯特庄园还因丰富多彩的水

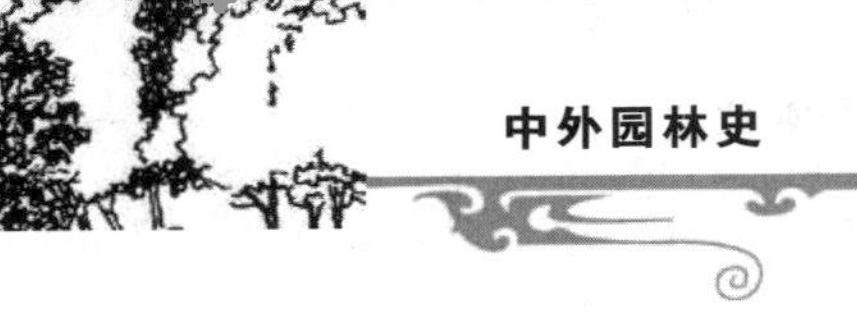

景和音响效果而著称于世。庄园中的鱼池、“水风琴”、“水剧场”、瀑布、各种造型的喷泉等各种水景和精美的雕像，给人留下极为深刻的印象。

图 5-15　埃斯特庄园局部透视图

A. 百泉路　B. 罗马水剧场　C. 水风琴　D. 矩形水池

(六)兰特庄园(Villa Lante)

兰特庄园是文艺复兴时期罗马最有名的三大庄园之一，也是现今保存最完整的庄园。庄园位于罗马以北 96 km 的维特尔博城(Viterbo)附近的巴涅亚(Bagnaia)小镇上。园子的主人是红衣主教甘巴拉(Giovanni Gambera，1533—1587 年)，建于 1566 年，面积为 1.85 hm^2 的长方形，是著名建筑设计师维尼奥拉的成名之作。后来，庄园租给了兰特家族，因此得名。

兰特庄园建在一处朝北的缓坡上，是一块约 244 m 长、76 m 宽的矩形用地。全园高差近 5 m，设有 4 个台层，入口位于最底层，别墅建筑在第二层台地上。庄园的中轴线由系列水景构成(图 5-16)。

底层台地近似方形，中央是石砌的方形水池，周围有 12 块图案精美的模纹花坛环绕。水池上设十字形小桥，桥的交汇处是圆形小岛，岛上有圆形铜像喷泉。铜像是四青年单手托着主教徽章，顶端是水花四射的巨星。整个台层的布局规则有序，空间开敞而明亮。

第二层台地上，两座相同的别墅建筑依坡而建，分列在中轴两侧，当中由菱形坡道相连。紧接坡道是平整的台层，中轴线上是圆形喷泉，与底层水池中的圆形小岛相呼应。两侧的方形庭园中有栗树丛。挡土墙上有与建筑相呼应的柱廊。

第三层台中轴上是长条形水槽，被称为餐园(Dining Garden)。水槽的流水可冷却菜肴，并漂送杯盘给客人。这与哈德良山庄内餐园的做法很相似，与中国的曲水流觞有异曲同工之妙。台层尽端是三级溢流式半圆形水池，池后壁上有两个巨大的河神雕像。

在顶层与第三层台间是一段斜坡，中间设有龙虾形水阶梯，水流入第三层台上的半圆形水池中。台阶

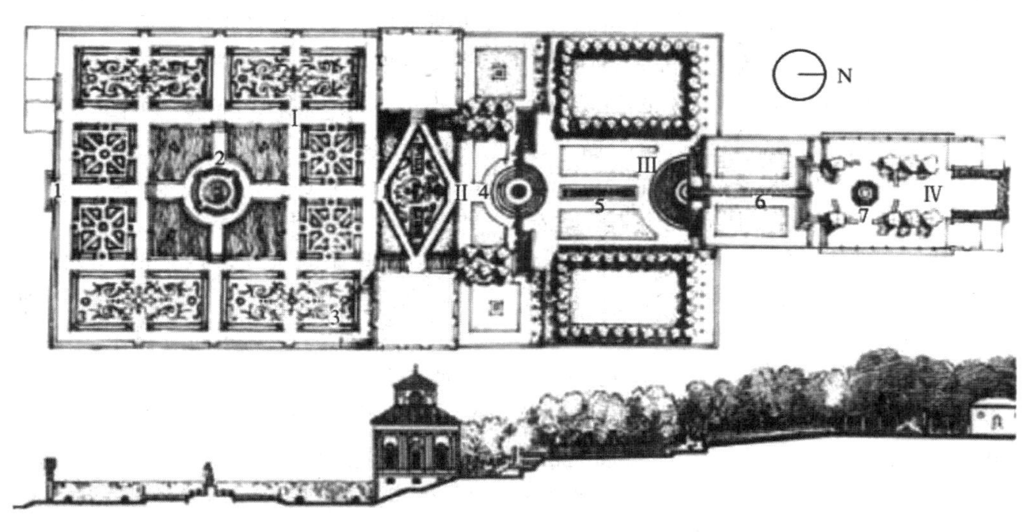

图 5-16 兰特庄园平面图、立体图

Ⅰ.底层台地 Ⅱ.第二层台地 Ⅲ.第三层台地 Ⅳ.第四层台地

1.入口 2.底层台地上的中心水池 3.黄杨镇纹花坛 4.圆形喷泉 5.水渠 6.龙虾形水阶梯 7.八角形水池

分列在阶式瀑布两侧，路两侧是绿篱(图 5-17)。

图 5-17 兰特庄园局部透视图

A.水阶梯 B.水剧场 C.入口植坛

顶层台地的中央设八角形泉池，造型优美。四周环绕着庭荫树和座椅。台地的尽端是洞府，即全园的终点，也是存贮山泉，水景的源头。洞府内有丁香女神雕像，两侧为廊。

兰特庄园以水景序列构成中轴线上的焦点，将山泉汇聚成河、流入大海的过程加以提炼，艺术性地再现于园中。从全园制高点上的洞府开始，将汇集的山泉从八角形泉池中喷出，并顺水阶向下，流进半圆形水池，餐园的水渠落入第二层台地的圆形水池中，最后，在底层台地上以大海的形式出现，并以圆岛上的喷泉作为高潮而结束。各种水景动静有致、变化多端，又相互呼应，结合阶梯及坡道的变化，使得中轴线上的景色既丰富多彩又和谐统一，水源和水景被利用得淋漓尽致(图 5-18)。

图 5-18 兰特庄园鸟瞰图

(七)卡斯特罗庄园(Villa Castello)

卡斯特罗庄园位于佛罗伦萨西北 5 km 处的卡斯特罗镇附近的山脚下。园主人为美第奇家族科西莫一世,1537 年,雕塑家特里波洛(Tribolo)建设了此园。在庄园的基本格局建成时,特里波洛去世了。

庄园用地呈长方形,整体被分成 3 个台层。庄园四周建有高墙,别墅建筑位于底层台地上,花园位于建筑北面的缓坡上。在底层台地上,花园道路采用方格网状布局,用园路将底层和中间台层分成若干绿丛植坛。台地中心为大力神赫拉克勒斯(Heraeles)的雕像及喷泉,中轴线园路一直延伸到顶层台地下的挡土墙上的洞窟处结束。中间层台地被布置成了柑橘园,两端建有温室,盆栽的柑橘类植物冬季可以在这里过冬。在文艺复兴时期,这类柑橘园非常流行。柑橘园两侧有台阶可以通向顶层台地,这里有圆形水池,池中有岛,岛上有象征着亚平宁山的巨人像,水池周围以丛林环绕。

(八)波波里花园(Boboli Gardens)

波波里花园位于佛罗伦萨城的西南角,原属于彼蒂家族所有。1549 年,彼蒂的后裔府邸及土地出让给了科西莫一世,科西莫在此为妻子建造了这座花园,成了美第奇家族保存最完整的庄园。建筑设计师特里波罗改造了花园,后由雕塑家及建筑师巴尔托洛梅奥·阿曼纳蒂(Bartolomeo Ammanati,1511—1592 年)和贝纳尔多·布翁塔伦蒂(Bernardo Buontalenti,1536—1608 年)接替完成。波波里的名称则来自原地主的姓氏。

波波里花园面积约 60 hm²,由完全独立的东、西两园组成,用地呈楔形,南北短而东西长。东园以彼蒂宫为起点,沿南北向中轴展开。西园的中轴呈东西向,轴线几乎与东园中轴垂直(图 5-19)。

东园位于彼蒂宫的南侧,中轴以彼蒂宫台地上的三叠八角形盘式涌泉为起点,台层下是洞府,洞内饰以雕塑及跌水。花园在府邸的南面展开,花园被分成了 3 个台层。底层是马蹄形的阶梯剧场,中央是大型水盘和方尖碑,围以 6 排石凳的半圆形阶梯状观众席,观众席周边有栏杆,上下层栏杆设饰有雕塑的壁龛。整形月桂篱和斜坡上的冬青形成阶梯剧场的绿色背景。

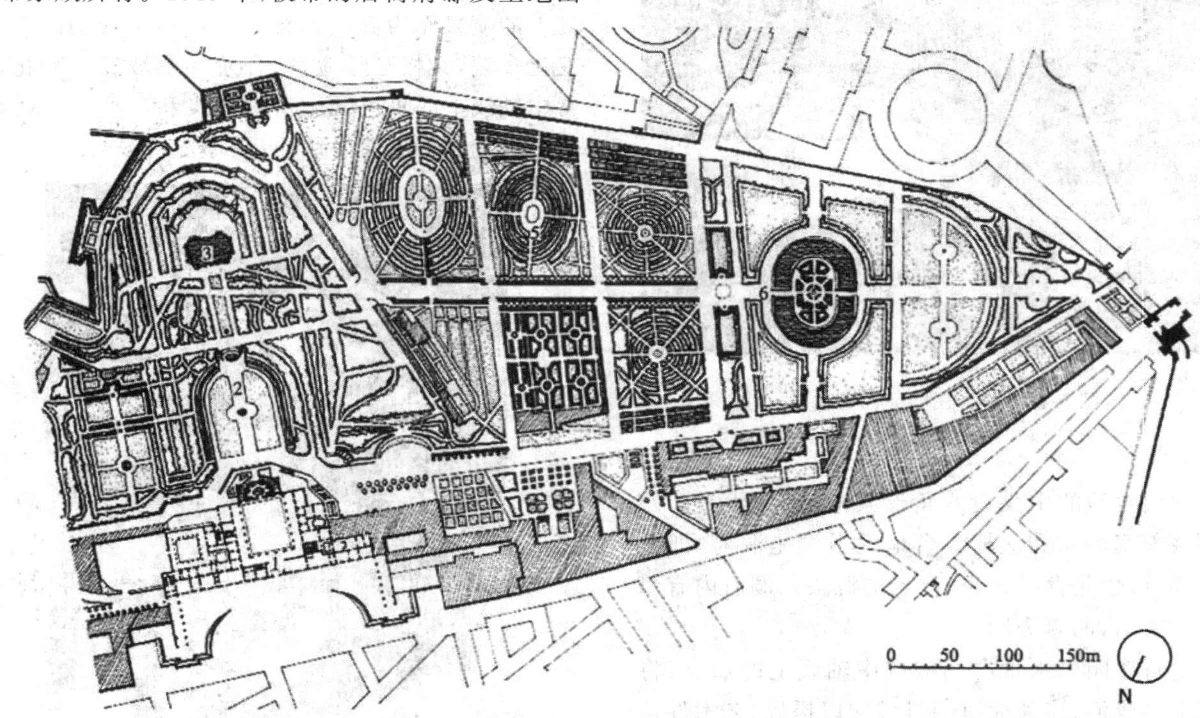

图 5-19 波波里花园平面图

1. 府邸建筑 2. 阶梯剧场 3. 海神尼普顿泉池 4. 马蹄形草地斜坡 5. 丛林区 6. 椭圆形水池

沿中轴线向南，穿过冬青林的斜坡，便是中层台地。台地中央是海神尼普顿(Neptune)泉池，南侧是3层马蹄形的斜坡，斜坡草地上的顶层台地设大理石女神像。顶层台地的右侧进入“骑士庭园”，这是一处以黄杨植坛结合高篱构成的秘园。园子中央是猿形铜像喷泉。东侧望景楼可以眺望佛罗伦萨城的风光。

西园地势平缓，面积较大，并没有采用台地式布局。中轴上有一条800 m长的东西向大缓坡大道，道路两侧是冬青密林，林中道路纵横交错，类似迷宫。在道路的尽头是“伊索罗托”(Isolotto)的柠檬园，使人感觉豁然开朗。园子的中央是冬青绿篱围绕的椭圆形水池，池中央有椭圆形小岛，岛上有大洋之神俄克拉诺斯雕塑喷泉，池中有骑马者的群雕。中轴继续向前延伸到花园的边界。

文艺复兴后期，在巴洛克风格的影响下，岩洞成了意大利园林中不可缺的一部分。在波波里花园中，表现牧羊人甜蜜爱情的岩洞最具代表性。

二、文艺复兴中期园林特征

16世纪后半叶，在美术的手法主义艺术[①]的影响下，园林的造园艺术以很低调的方式要求形式和构造更加精益求精，强调精细技法。此时，文艺复兴中期罗马花园延续了早期的空间要素，并在此基础上继续发展，形成了文艺复兴中期独特的台地园特征：

(1)园子选址多在坡地上，全园整体风格统一；

(2)中轴线贯穿全园各台层，横纵交叉呈网格状布局；

(3)丛林与规则式庄园相连，为建筑元素如绿廊、岩洞、喷泉、雕塑充当绿色背景；

(4)水景丰富多样，将水引致高处的蓄水池，从上至下形成喷泉、瀑布、水阶梯等水景；

(5)中轴线上出现了喷泉雕塑、洞龛雕塑、绿廊雕塑、栅栏等多样组合的形式；

(6)雕塑精美，并对雕塑进行再创作，出现了主题雕塑花园；

(7)建筑的位置多样，位于庄园的顶层、底层、中间层等位置，不总在轴线上；

(8)靠近别墅建筑种橘子、柠檬树；

(9)在大场地的规划中更多地使用了自然缓坡；

(10)花园中开始应用岩洞。

16世纪中、后期，手法主义甚为流行。手法主义由于追求新奇而走向程序化。在园林中，出现了运用机械装置来引起奇异和惊恐的心理。如以音响效果为主的“水风琴”“水剧场”等和趣味性强的秘密喷泉、惊愕喷泉等。这一时期花园最受称道的是用水驱动的机械装置，如歌唱的鸟类和活动的动物，常常带来出人意料的效果。

这一时期，庄园的设计者规划的都是中轴对称的规则式园林，园子的周围或一侧大片的丛林作为庄园的背景。从园子的轴线向两侧延伸，植物从规则整齐的形式逐渐变成自然生长的丛林式。此时的意大利台地园，成为整个欧洲国家园林建设效仿的经典样式。

第五节 文艺复兴后期园林实例及特征

一、文艺复兴后期意大利园林实例

文艺复兴后期，封建主义制度已经崩溃，资本主义城市迅速发展，规模越来越大，人口密度增大。这一时期人们更加热衷于城郊的庄园别墅的田园风光了。此时，意大利园林受到巴洛克艺术的影响，也出现了巴洛克风格的庄园。以阿尔多布兰迪尼庄园和伊索拉·贝拉庄园最具有代表性。

(一)阿尔多布兰迪尼庄园(Villa Aldobrandini)

阿尔多布兰迪尼庄园坐落在亚平宁山半山腰的弗拉斯卡迪(Frascati)小镇上，西北距离罗马约20 km。庄园是主教阿尔多布兰迪尼(Pietro Aldobrandini，1571—1621年)的夏季别墅，庄园因此而得名。1598年，建筑师波尔塔(Giacomo della Porta，1533—1602年)开始建造，直到1603年，由建筑师

① 手法主义：16世纪中叶，在意大利流行的一种艺术潮流，要求主观臆造起主导作用，追求无拘无束的表达形式。

多米尼基诺完成。水景工程由封塔纳(Giovanni Fontana.1540—1614 年)和奥利维埃里两人负责。

庄园位于山坡上,分成 3 个台层,园子有一条中轴线,建筑位于中间位置。庄园入口在西北方的皮亚扎广场,从入口处放射出 3 条林荫大道,两侧栎树绿篱夹道(图 5-20)。沿着大缓坡的林荫道,尽端是挡土墙前马赛克饰面的大型喷泉。经两侧平缓的弧形坡道到达第一台层,坡道沿路点缀着盆栽柑橘和柠檬,外墙上有小型喷泉洞府。再经一对弧形坡道到达第二台层。这两层坡道在府邸前围合出椭圆形广场,广场地面铺装,无草坪花卉只设置了石栏杆。

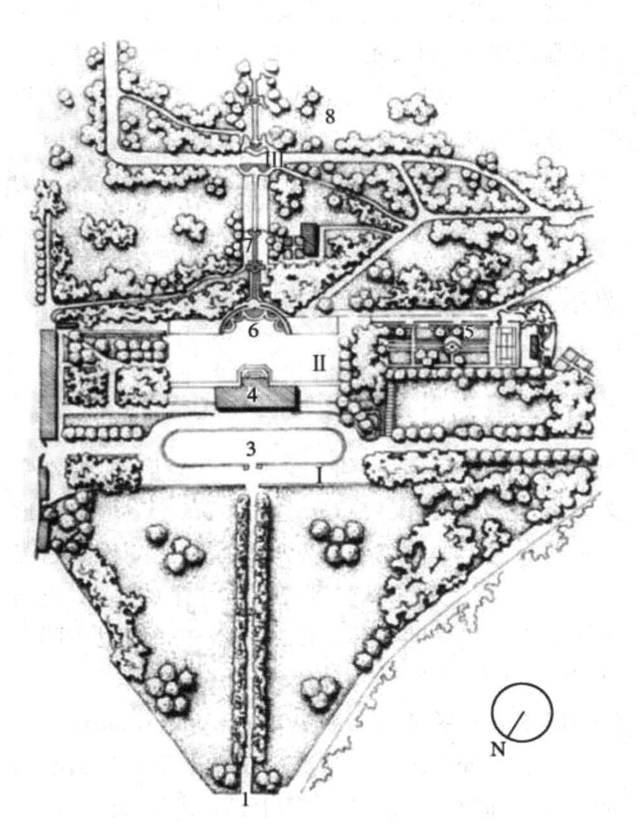

图 5-20 阿尔多布兰迪尼庄园平面图

Ⅰ.第一层台地 Ⅱ.第二层台地 Ⅲ.顶层台地
1.入口 2.中央林荫大道 3.椭圆形广场 4.府邸建筑
5.花坛群 6.水剧场 7.水台阶 8.自然山林部分

别墅建筑位于第二层台地中央。穿过建筑,西侧是呈梅花形种植的洋梧桐树,东侧是规则式的花园,花园中有绿廊和船形喷泉,正对面是著名的“水剧场”(图 5-21),水剧场有 5 个壁龛,以丰富的水景和塑像为主,描绘出神话般的场景。中心的壁龛内,大力神“阿特拉斯”(Atlas)像,他背依苍穹,双臂顶着蓝天,上面的瀑布落在他的肩上。在另一侧的壁龛内,潘神悠闲地吹着笛子。水剧场左侧是小教堂,右侧原来有“水风琴”,现在因水源缺乏已无声无息了。

图 5-21 阿尔多布兰迪尼庄园水剧场

“水剧场”之后是依山而建的水台阶。水从庄园外引入,存在后山的储水池中,经过两个天然瀑布和水池,通过水渠将水引到水台阶上。水台阶顶端有两根圆柱,柱身以马赛克拼出家族纹饰,并且盘旋着螺旋形水槽,水流带着水花旋转而下,宛如缠绕立柱的水花环。再在水台阶上跌落出一系列小瀑布,然后从半圆形水剧场中倾泻而下。

顶层台地中央有“乡村野趣”泉池,水中有凝灰岩饰面的洞府。庄园的中轴线在泉池处结束。顶层台地四周山林环抱,形成了喷泉和瀑布的背景。

“水剧场”之后跌水、瀑布、储水池等处理手法则由人工渐趋自然化,使全园的中轴线逐渐融入大片自然山林之中。

(二)伊索拉·贝拉庄园(Villa Isola Bella)

伊索拉·贝拉庄园是现存的意大利唯一的湖上庄园,建造在意大利北部马吉奥湖(Lake Maggiore)中波罗米安群岛的第二大岛屿上,离岸约 600 m。庄园建于 1632—1671 年间,庄园是卡尔洛伯爵三世博罗梅奥(Carlo Borromeo,1586—1652 年)的夏季别墅,园名源自其母伊索拉·伊莎贝拉(Isola Isabella)的姓名缩写。建筑师是卡尔洛·封塔纳(Carlo Fontana,1634/1638—1714 年)。

小岛呈不规则形状，东西最宽处约 175 m，南北长约 400 m，庄园长约 350 m。岛屿的西边 50 m 宽、150 m 长的用地上有座小村庄，建有教堂和码头。花园规模约为 3 hm^2，人工堆砌出 9 层台地。整体庄园有明显的轴线，呈对称式布局(图 5-22)。

从小岛西北角的圆形码头拾级而上，即达别墅建筑的前庭，穿过主体建筑，南端是下沉式椭圆形小院，称作"狄安娜前庭"。紧邻建筑东侧是两层台地的花园，上层台地是长约 150 m 的长条形草坪，点缀着瓶饰和雕塑，南端是赫拉克勒斯(Heracles)剧场。中间半圆形壁龛中是赫拉克勒斯雕像，两侧壁龛是希腊神话雕像。下层台地是自然种植的茂密从林。丛林南侧和"狄安娜前庭"都有台阶通向台地花园。

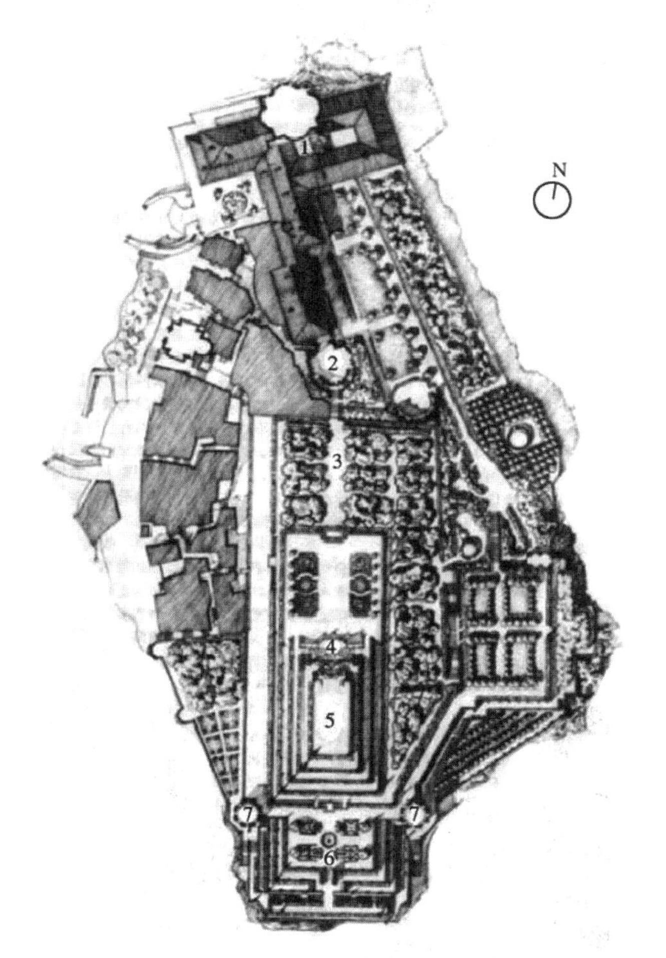

图 5-22　伊索拉·贝拉庄园平面图

1.府邸建筑　2."狄安娜"前庭　3.树丛植坛　4.巴洛克水剧场　5.顶层观景台　6.水池花坛　7.八角形塔

"狄安娜前庭"是台地花园轴线的起点，沿轴线向南有两个台层，下层是绿丛植坛，上层中轴对称的花坛。再向南是连续的 3 层台地，台地的北端是巴洛克水剧场，装饰着大量的洞窟、贝壳、石栏杆和雕塑，上方矗立着骑士像，两侧横卧河神像。水剧场两侧有台阶直达台地顶层，站在花岗岩铺地的观景平台上，可以眺望周围山水美景。

花园的南端以连续的 9 层台地一直下到湖水边，中间的台地面积稍大，有 4 块精美的水池花坛。其余是狭窄的台层，摆放着攀缘植物和盆栽柑橘。底层台地有 2 个长条形蓄水池，在中轴两侧还有 2 个八角形塔楼。台地下方紧贴湖面设有小码头。台地花园的东侧有一个三角形的柑橘园和方形的眺望平台。从这里凭栏远眺，可以眺望伊索拉-马托勒岛的景色(图 5-23)。

图 5-23　伊索拉·贝拉庄园透视图

由于地形所限，台地花园的轴线在狄安娜前庭处略有转折，因此在狄安娜前庭的南侧，以两座半圆形台阶将人们引向上层台地，巧妙地改变了方向感，从而形成全园更加连贯的中轴线。伊索拉·贝拉庄园是一座以建筑和雕塑为主的绿色宫殿。大量的装饰物充分体现出巴洛克艺术的时代特征。在大量植物的掩映之下，远远望去仿佛一座漂浮在湖中的空中花园。

(三)加尔佐尼庄园(Villa Garzoni，Collodi)

加尔佐尼庄园位于柯罗第小城附近，园子由罗马诺·加尔佐尼(Romano Garzoni)所有，1663 年由建筑师奥塔维奥·狄奥达蒂(Ottavio Diodati，

1569—?)设计,一个世纪后,庄园才得以完成,并延续至今。

庄园用地形状不规则,由一个明显的纵轴和横轴组成,庄园的别墅建筑和花园是分开的两个部分。花园的入口位于西南侧底层台地,台地中轴两侧布置水池花坛,花坛是由花卉和整齐的黄杨组成的大型模纹花坛,两座圆形水池中央有一束 10 m 的喷泉。园中处处装饰着以各色卵石镶嵌的图案和以黄杨造型的各种动物,营造出轻松活跃的花园气氛(图 5-24)。

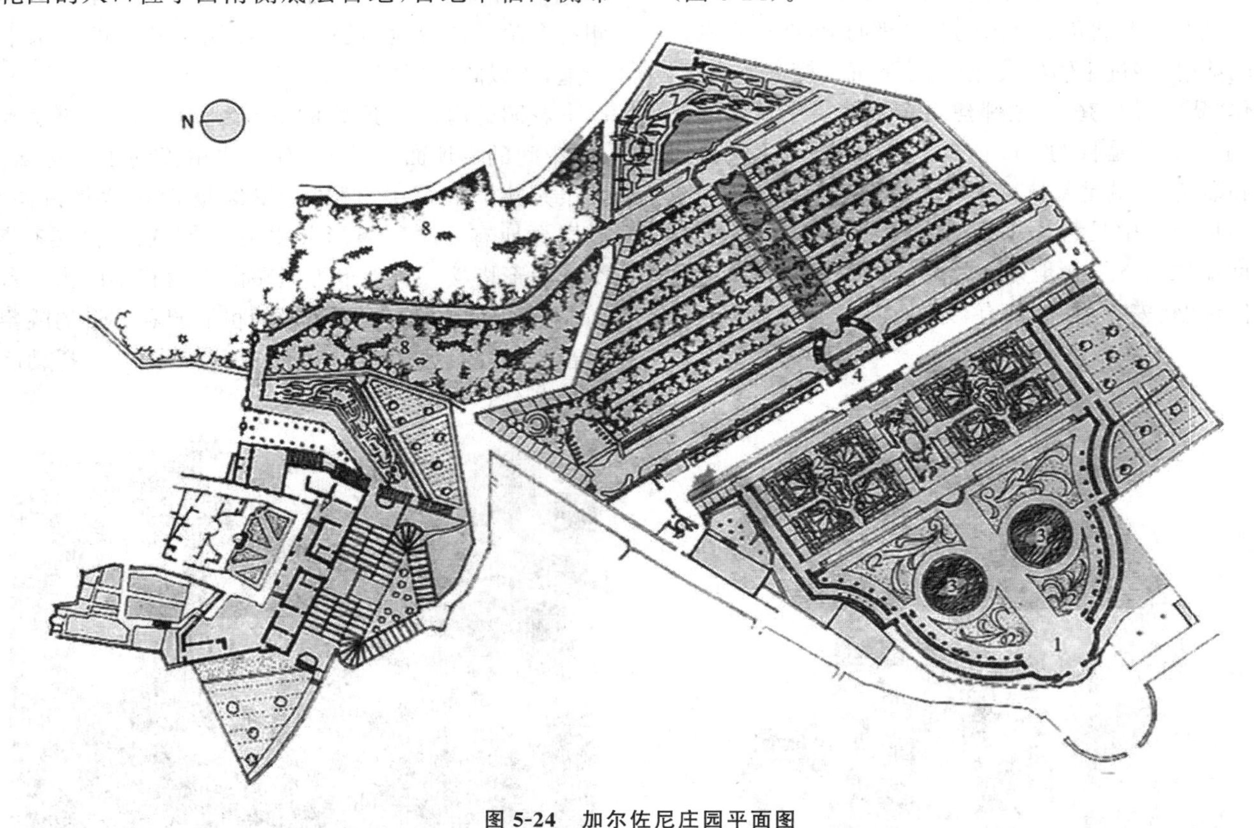

图 5-24　加尔佐尼庄园平面图

1.入口　2.大型模纹花坛　3.圆形水池　4.大台阶

5.带状跌水瀑布　6.甬道　7.“法玛”神像及半圆形水池　8.树林

第一段花园以大型的 3 层台阶为结束,台阶两侧有坡道,挡土墙上半圆形的 3 层白色的巨大台阶与水平向的色彩斑斓的模纹花坛形成强烈对比(图 5-25)。第一级台阶是棕榈树笼罩的小径;第二级台阶两侧的小径旁点缀大量的雕像,一端有花园保护神“波莫娜”(Pomona)雕像,另一端是树荫笼罩下的小剧场;第三层台阶处在花园纵、横轴线的交汇点,在整体构图中起主导作用。继续往上是中轴对称的带状跌水瀑布,中轴的顶端是象征罗马城的“法玛”神像(Fama),一束水柱从号角中喷薄而出,跌落在下方的半圆形水池中。水流逐渐向下跌落,在中轴上形

图 5-25　加尔佐尼庄园透视图

成一系列涌动的瀑布和小水帘。在法玛像的背后建有惊奇喷泉，以细小的水柱突然射向宾客，这一部分花园现已荒弃，但是在迷园中还保留着这种喷水。

“法玛”神像的背后是一片丛林，阶梯瀑布两侧是等距离排列的水平甬道，林中有两条园路通向别墅建筑。加尔佐尼庄园结构简洁，空间质朴，四季花开不断，细部处理受到巴洛克风格的影响，比较矫揉造作。

(四)冈贝里亚庄园(Villa Gamberaia Settignano)

冈贝里亚庄园位于佛罗伦萨以东的塞梯涅阿诺小村附近。1618 年，富商查诺比·拉彼(Zanobi Lapi)修建了庄园，规则式布局均衡稳定。一个世纪后，卡波尼家族(the Capponi Family)买下庄园后，扩大了花园部分，形成现在的规模。1954 年，建筑师马赛洛·马尔西(Macello Marchi)依据庄园过去的平面图及设计草稿加以重建，前后用了 6 年的时间。

庄园中央有一条 10m 宽、300 m 长的带状草坪贯穿全园，草坪的东侧是高高的挡土墙，挡住了人们的视线(图 5-26)。草地一端是眺望平台，可鸟瞰四周油橄榄林和葡萄园，另一端为挡土墙前的半圆形壁龛。入口处偏离中轴，位于北端非常隐蔽的地方。在带状草地的南端西侧，有一个漂亮的水池花坛。由黄杨绿篱和鲜艳的月季组成的植坛围绕着 4 块水池，水池正对小型绿荫剧场。舞台处是半圆形睡莲池，侧幕由高大的整形柏树构成，树篱上开出数个拱门，形成框景，从中望去，壮观的托斯卡纳丘陵景色尽收眼底。

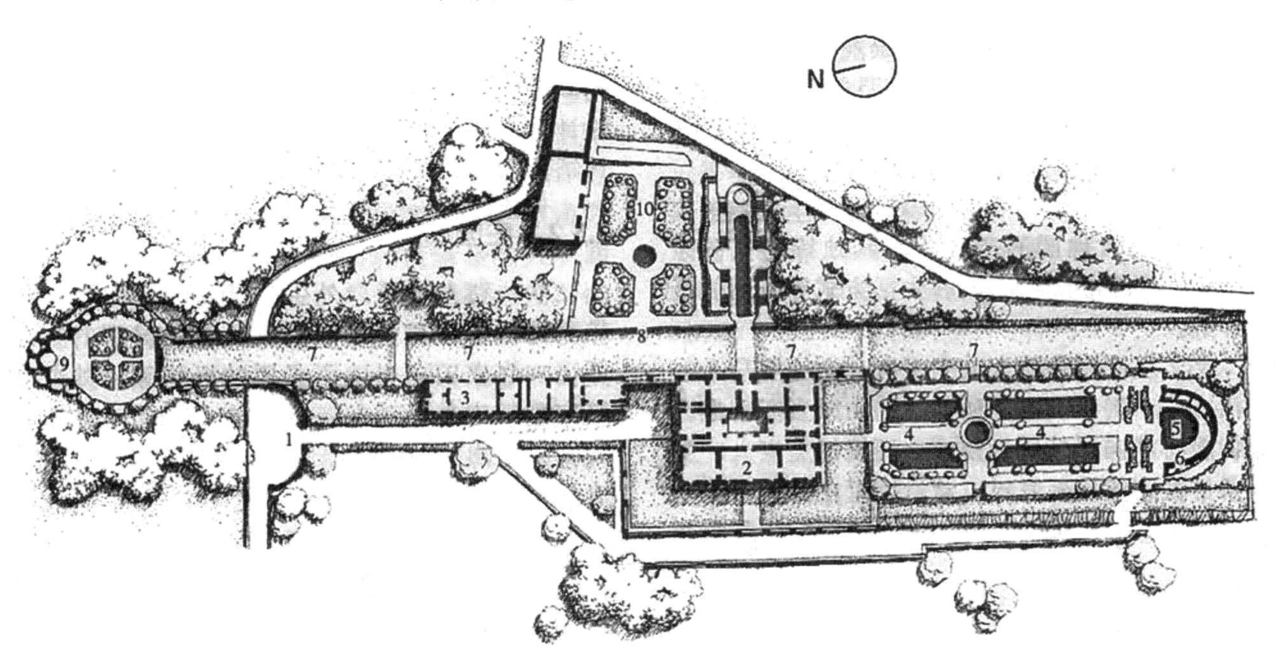

图 5-26 冈贝里亚庄园平面图

1. 入口 2. 别墅建筑 3. 挡墙 4 矩形水池 5. 半圆形睡莲池 6. 绿荫剧场 7. 带状草坪 8. “帕拉托庭园”

庄园的别墅建筑位于中轴的西侧中间位置。建筑的对面是被称为“帕拉托庭园”(Prato's garden)的花园，花园完全是山坡上挖出来的，类似洞府空间，除入口外，花园三面都是高高的挡土墙，墙上有各种浮雕图案，极富韵律感和装饰性。地面是精美的卵石铺装，点缀着大量的塑像，还有小喷泉将小花园营造成精致、精美的庭院空间。小庭园两侧有台阶，拾阶而上，一侧是栎树林，另一侧是柑橘园，园中点缀着许多盆栽柠檬和柑橘，配以夏季盛开的花卉和芳香植物。

冈贝里亚庄园规模不大，以布局巧妙、尺度宜人、气氛亲切、光影变换的效果为特色。采用含蓄而

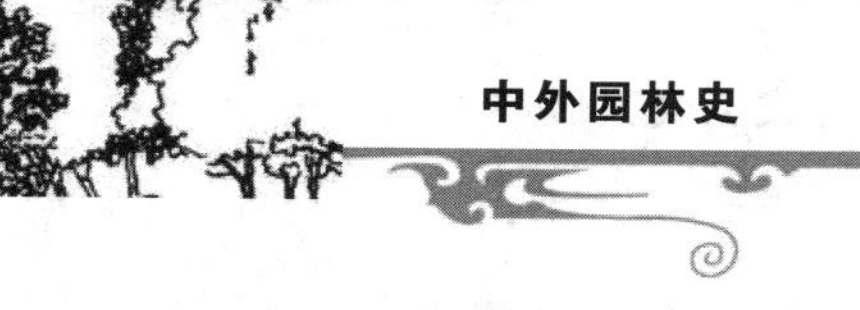

富有象征性的手法，全园构图简洁而均衡，并形成一系列视线深远的景观画面，因而成为托斯卡纳地区具有代表性的花园之一。

二、文艺复兴后期园林特征

16 世纪末 17 世纪初，意大利园林继承了前期园林风格特征，在巴洛克艺术风格的影响下，在形式和内容上发生了许多新的变化。主要特征是反对墨守成规的僵化形式，追求自由奔放的格调，直至出现一种追新求异、表现手法夸张的倾向。

宫殿建筑位于整个花园的一角，不再处于花园的中轴线上。整个花园面向公众开放，宫殿及其附属的秘密花园远离公众活动的范围。中轴线更多地被引向远处的自然丛林景观，主体建筑不再成为视线的焦点。入口处采用三叉式林荫道的布置方法，并与城市相联系。

园中充斥着大量的装饰小品，如雕塑、瀑布、喷泉、栏杆、岩洞等。花园的水景也变得丰富，出现了湖水和水渠。花园中剧场是一处与洞龛、雕塑、浮雕以及喷泉相结合的建筑综合体。

植坛植物修剪纹样更加复杂精细，动物等造型的植物雕塑应用广泛。秘密花园成了园主人的活动空间，陈列着收藏的古雕塑和海外的奇花异草。这一时期的罗马花园还圈养了许多动物，并将一部分自然丛林作为狩猎场。

这一时期的园林更像是一处公园，整个花园被分为 3 大区域，一处是以别墅建筑为核心的私人花园领域，并不对外开放，通过围墙或是抬高地势的方式，远离公众活动的范围；另一处是由林荫道规则划分的公共密林区；还有一处就是极少人为干预的狩猎园，这里的小房子大多是为居住在这类的珍奇异兽规划设计的。

园林风格从文艺复兴时期的庄重典雅，向巴洛克时期的华丽装饰方向转化。在园林中，形状各异的植物造型随处可见，植物雕刻技术被应用到了极致。水景与雕塑、浮雕、岩洞紧密结合，形式更加多样。17 世纪下半叶，意大利的园林创作从高潮滑向衰落时期。

文艺复兴时期，在意大利独特的气候条件、地形地貌、文化艺术和生活的方式的巨大影响下，形成意大利台地园这一独特的园林形式。这种形式的园林主要集中在佛罗伦萨、罗马附近及意大利南部、意大利北部三大区域。通过这些庄园，我们可以看到意大利台地园由文艺复兴初期的简洁到中期的丰富，又到后期的过分装饰，同时也形成了美第奇式、台地园式、巴洛克式的意大利园林艺术风格。通过对不同时期具体案例的分析，对意大利文艺复兴园林的特征，从以下几个方面进行总结。

（一）相地选址

意大利庄园多建在郊外的丘陵坡地上，在府邸前有开阔、可供眺望的景观，园林空间依山就势分成多个台层，连续的几层台地形成一个有机整体，构成了意大利式园林的结构特点，并被形象地称为意大利台地园。随着时代的发展，意大利台地园在内容和形式上也在不断演变，但在布局上始终保持着一贯的特色。意大利庄园附近都有丰富的水源，并善于应用地形的变化，创作出丰富多样的水景。府邸建筑的位置受到地形高差变化的影响，或是位于庄园最高处，控制全园景观，教皇庄园多用此法，以显示高尚的权利；或是设在中间台层，出入方便，给人以亲切之感；或是设在底层台地上，营造出大面积的落差较小的园林景观。因此，意大利园林将平面布局与竖向设计结合起来，做到统筹兼顾。

（二）庄园布局

意大利人喜欢户外生活，花园是作为别墅建筑的室外延续部分来建造的，是户外的厅堂。而且，庄园的设计者多为建筑师，他们善于以建筑的眼光来看待自然，经常把别墅看作一个整体来设计，常将建筑与植物、水体、雕塑小品等组成一个协调的建筑体系，用建筑的手法来处理花园，用几何形体来塑造庭园空间。

在平面布局上，意大利台地园建筑前后是花园，花园外是茂密的树林，从而形成“建筑—花园—林园”的平面布局结构。园林采用严谨的中轴对称的手法，轴线以建筑为中心，贯穿整个庭园，形成纵横交织的平面骨架。如兰特庄园沿轴线布置水源洞府—八角形泉池—蟹形链式水景—溢流式半圆形水池—长条形水渠—圆形水池—方形喷泉水池，形成了跌宕起伏、和谐统一的水景景观中轴。早期的庄园中还没有贯穿各台层的轴线。后来，庄园开始出现一条明显的主轴线，贯穿全园。如埃斯特庄园有两条平行的横轴与中轴线相垂直，底层花坛台地的横轴以平静的水池构成，“百泉路”构成以喷泉为主的另一条水景轴，两者既变化又统一，丰富了庄园的层次。波波利花园因用地不规则，以两条近乎垂直的主轴线将东西两园串联起来。

从空间的立面布局来看，由于坡度较大，台阶、挡土墙、坡道等常常成为园中竖向空间的限定要素。通过对露台、台阶、植物、喷泉、雕塑等元素的合理布局，形成高差层次丰富的立体景观，并且平面的中轴线也随着层层堆叠的台地形成多点透视的效果，形成无限延伸、跌宕起伏的竖向轴线空间。

在总体布局上，意大利庄园大多采取中轴对称式，均衡稳定、主次分明、变化统一、尺度和谐，完美地体现出古典美学原则。庄园自下而上沿轴线各个景点逐个展开，从上层台地回望可俯视下层台地景观，至顶层台地，放眼望去，近处花园景色历历在目，远处山峦田野、城市风光尽收眼底，令人心旷神怡。

中轴线上的景观也渐趋丰富，变化多端。园内的主要景物，如喷泉、水渠、跌水、水池等水景，以及雕塑、台阶、挡墙、壁龛等石作要素，主要集中在中轴线上。后期的意大利园林在巴洛克风格的影响下，往往在细部装饰、雕塑小品、水工技艺等方面刻意求新，使其绚丽夺目，但也导致整体艺术水平的明显下降。

（三）造园要素

在意大利庄园中，植物、水体和石作堪称造园的三大要素。利用这些要素，在建筑和自然景观之间建立一个过渡空间，将人工美和自然美融合成一个有机的整体。

1. 植物

在意大利园林中，植物主要是作为建筑材料来使用的，将植物塑造的空间作为建筑空间的附属或延伸。因此，这一时期的台地园出现了将树木修剪成圆锥形、方形、圆柱形、葫芦形等形状的“绿色雕刻”；将树木修剪成廊道、拱门的“绿色建筑”；将树木修剪成有天幕、侧幕和观众席的“绿色剧场”；将灌木修剪成花纹、图案的绿丛植坛或迷园；将大果柏木（*Cupressus macrocarpa*）和冬青栎（*Quercus ilex*）等植物修剪成整齐高大的树篱；以及将高大乔木规则地列植在道路两侧形成笔直的林荫大道等。

意大利夏季气候炎热，园林中以常绿植物为主，颜色艳丽的盛华花坛并不常见。在巴洛克时期，庄园中盛行林荫大道，两侧列植高大的乔木，形成笔直的林荫道，在道路的交叉点设有雕像或喷泉。

绿色剧场是将植物修剪成人工形状的应用方式，它起源于古罗马，古罗马人在庭园内设置露天剧场，一般以草坪为舞台，用整形树篱作背景、侧幕、入口拱门、绿色围墙等，被称为绿荫剧场。在高大的围墙内还建有壁龛，内设雕像。

绿色雕刻将植物修剪成锥体、柱状或螺旋状等几何形体，作为庭园的装饰。并逐渐发展到组成园主或设计师的名字、各种人物及动物造型等，甚至构成狩猎或船队等复杂形体。意大利现存的实例大多是采用生长缓慢的紫杉，成形后长久不变，也有采用水蜡、欧洲黄杨和迷迭香等植物材料。

绿丛植坛是台地园的产物，一般将黄杨等耐修剪的常绿植物剪成矮篱，在方形、长方形的园地上组成各种图案、花纹、家族徽章、主人姓名等。绿丛植坛一般设在低层台地上，以方便从高台层俯瞰其图案。

树畦是台地园中常见的种植形式，是在规则的地块上种植不加修剪的乔木，形成水池或喷泉的背景。树畦既有规则的边缘，又有自然的树形，形成由中轴的规则的植坛向周围自然丛林之间的过渡空间。

庄园边缘常设树丛，通常是由一种常绿树木构成的林地，林间浓荫蔽日。常以地中海柏木（*Cupressus sempervirens*）与意大利松（*Pinuspinea*）为主，既作为别墅和花园的背景，又成为人工花园与园外自然的过渡空间，并构成优美的花园的轮廓线。丛林典型的例子是佛罗伦萨附近的冈贝利亚庄园靠近别墅建筑的丛林。

绿廊（arbour）是指植物修剪整形而成的凉亭、游廊（gallery）等。中世纪庭园中，整形植物构成的栅栏、围墙等逐渐发展衍生，形成意大利园林中长长的游廊或绿色隧道。在15世纪末至16世纪初的庭园中，常常以游廊将庭园的三面围合起来，或是将庭园纵横分割成4块园地。绿廊的处理手法多种多样，形式变化丰富。既有直线形，又有曲线形的；或绿墙上开窗或完全封闭的；配以一棵或几棵树，根据庭园的规模和在园中的位置而定。

迷园(labirenthe)以植物营造迷宫的手法始于古罗马，最初是一条最终通向中心点的简易的曲径。植物迷园是最常见的形式。在文艺复兴式样的园林中，迷园几乎是不可或缺的附属物。菲拉雷特(Antonio Arerlino dittoil Filarete，1400—1469年)在《建筑论》(Trattato di Architectura，1451—1464年)一书中提及，他在佐加里亚(Zogalia)国王的花园中设计了一座迷宫，成为第一个在设计中采用迷宫的建筑师。16世纪，术语"迷园"和"迷宫"差不多才可以互换，并真正确立其在花园中的地位。迷园反映的是经过反复摸索才能走入正道的观念，是设计者有意识地将花园的组成部分转变成追求时代精神的呼吁，这正是文艺复兴时期享乐主义者园林所追求的休闲乐趣的真正意义。

柑橘园是用装饰性的大型陶盆种植柑橘、柠檬等果树，并摆放在花园的角隅或道路两旁，点缀园中景观。柑橘园的位置多设在府邸建筑附近。柑橘类植物在园中多不能露地越冬，因此，柑橘园中常设温室建筑。

2. 水体

水是意大利园林中极其重要的元素，庄园一般都选在水源丰富的地段，如果没有水，园主人会花费巨资引水入园。由于地形落差较大，台地园中的水体应用多以动态水体景观为主，形成了许多平地上无法形成的奇特景观。

意大利台地园中的水景没有电力装置，都是机械装置进行人工水景设计。在庄园中溪流、喷泉、瀑布、水剧场、水风琴、水链条、水阶梯等富于变化的园林水景彼此联系，形成变化有致的有机整体。奔腾的流水给花园带来了动感及活力，闪烁的光影和变幻的声响，如同园林的血脉，在园林中营造出勃勃生机。

喷泉是指西方园林中最常见的水景。在中世纪庭园中，喷泉的形式与色彩已经相当丰富，成为庭园的中心装饰物。在文艺复兴时期，喷泉成为庄园中最重要的景观元素，甚至可以说，喷泉就是意大利式园林的象征。喷泉设计也完全从装饰效果出发，并在喷泉上饰以雕像，或进行雕刻，形成雕塑喷泉。罗马城就以众多的巴洛克风格的喷泉而著称。喷泉都采用石材，喷头装上青铜的雕像。题材多为神话中的神、英雄或动物，并根据雕像来命名喷泉。

水盘常见的类型为支柱承托一个至数个圆形或多边形水盘，整体呈塔形的盘式喷泉，最上层水盘中喷出水柱，笼罩着雕像。

壁泉是指安装在挡土墙上的喷泉，也是意大利园林中常用的喷泉形式。既有凸出于挡土墙上的各种面具喷水口，也有从挡土墙凹进去的壁龛内的喷水。壁龛中也设置雕像，水从雕像中喷出。

瀑布是指一系列的小跌水，水流漫过岩石或砾石而下。既有天然形成的，也有人工营造的。通常利用天然的水流和斜坡，往往选择在溪流处；也有利用水泵提水、模仿天然形态的瀑布。具有天然小瀑布的地方，往往是造园时的首选之地。园林中的小瀑布常常采用阶梯的形式，称为水阶梯或水台阶，如卡普拉罗拉的法尔奈斯庄园中的水阶梯。

水魔术(Water Magic)是由巴洛克时期的设计师营造，令人有耳目一新之感的水景。常见的有水剧场、水风琴、惊愕喷泉(surprise fountain)等形式。水剧场是利用水力表现各种戏剧性效果的水景设施，从挡土墙开挖进去形成壁龛，里面有水工装置，能利用落水发出风雨声、雷鸣声或鸟兽的鸣叫声。如伊索拉·贝拉庄园(Villa Isola Bella)的水剧场。

水风琴是利用水流通过管道，发出类似管风琴般音响效果的水工装置，如埃斯特庄园的水风琴(water organ)。

惊愕喷泉平常不喷水，只有当人靠近时，水柱会突然喷出，喷人一身水，使人感觉惊奇而有趣。

秘密喷泉(secret fountain)是将喷水口隐藏起来，但能使人感到周围透出的凉意，而不是向人身上喷水的游戏性设施。

3. 石作

岩洞、雕塑、喷泉、台阶、平台、挡土墙、花盆、栏杆、廊或亭子等，统称为石作。这些要素都是建筑向花园的延伸。在花园中，通过石作把一些建筑要素渗透到花园里，将府邸建筑与花园“锁合”在一起。

园林中的石作在功能上大体可以分为3类。第一类是园中的构筑物，如台地、台阶、铺地、园门、围墙、栏杆等，构成花园的基本地形或围护设施，像台地就是设置建筑物、喷泉、水池和树林的场所。台地往往是欣赏下面花坛和园外自然景色的观景台，是由苍翠茂盛的树木覆盖着的清凉蔽日的场所。为了增强各层台地的联系，挡土墙、台阶、栏杆等成了必不可少的要素。在文艺复兴后期，尤其注重对台阶、栏杆等视觉焦点的精细处理，如加尔佐尼庄园将台阶处理成双跑大体量式，台阶边的栏杆图形复杂，色彩对比强烈。

第二类是点景的园林小品，如岩洞、雕塑、壁龛、石柱、柱廊、喷泉、水池等，构成花园局部的中心景物。园中除石柱和雕像以外，放雕像的壁龛是最常见的石作。在意大利文艺复兴时期，以及后来的古典主义时期，园中多采用半圆形的壁龛，顶部饰有贝壳状的凹槽。

15世纪时，洞府成为意大利园林中主要的景观元素之一。洞府通常布置在花园边缘最富野趣的地方，意味着以人工为核心的花园向自然风景过渡的转折点。典型的布局手法，是经过整形绿篱构成的迷宫，然后到达洞府。洞府象征着神灵活动的场所，也是花园中最神秘、最核心的部分。

洞府内常常采用各种古怪的手法，将府内渲染成神秘而使人畏惧的环境。如用贝壳、矿物、水晶和奇形怪状的石头、张开大嘴的怪兽塑像等元素装饰洞府墙壁，渲染环境氛围。此外，在墙壁上装有镜子，将阳光或火把的亮光反射到洞府幽暗的纵深处。在布满青苔的墙壁上，有水滴缓慢滴入地面上的水池里，发出清脆的水声。这些使人感到神秘、甚至恐惧的洞府，却是自然景观的象征，在花园体现的精神上有着重要意义。

第三类是游乐性建筑，如娱乐宫、宴会厅、塔楼、园亭等。娱乐宫(Casino)是庄园中的主体建筑之一，供家庭成员和宾客休息、娱乐之用。也有一些娱乐宫则从主人的兴趣出发，以艺术品的收藏、展示为目的，特别用于收集从古代遗址中发掘出的艺术品。因此，娱乐宫本身一般规模宏大，十分华丽，成为园中主景。保存下来的娱乐宫有不少作为美术馆对外开放。

宴会厅、塔楼和园亭等常有同样的作用，用石头砌筑，华丽而坚固，建于台地的一角或围有河渠的庭园一角。塔楼是具有凉亭的形式，又可眺望四周景色的建筑物。

文艺复兴时期，雕塑已成为意大利园林的重要组成部分，在园林中广泛布置。常与喷泉、岩洞、台地、栏杆等相结合，或独立布置于花坛中、草地里，或者置于广场中央，或者放在园路的交叉路口，或者放在喷泉水池之中，或者放在挡土墙的壁龛里等。文艺复兴早期的望景楼花园就是为展示教皇收藏的古代雕塑而设计的，并且雕塑的陈列方式对花园的结构产生一定的影响。

雕塑的形象主要是人体，或者是拟人化的神像。一方面，西方自古希腊以来就有着崇尚人体美的艺术传统；另一方面，借助神像和神话传说，可以表达人类渴望的超自然神力。

文艺复兴时期的意大利园林表现出这一时代特有的意大利人的精神和意识。园林是一种以自然材料，如植物、水体、山石等创作的艺术品，同时又是户外的沙龙，供人们在此交际、娱乐、避暑、休养、沉思。造园的目的就是为人们创造优美的生活环境。

通过对意大利台地园林选址、布局、要素的分析，其造园模式可概括为：在丘陵地带，自上而下，借势建园，形成多层台地；中轴对称，设置多级瀑布、叠水、壁泉、水池；两侧对称布置整形的树木、植篱、花坛及大理石神像、花钵、动物等雕塑。人们在林中，居高临下，海风拂面，一种独特的地中海风光尽收眼底。这就是被世界广泛认可的意大利台地园林。文艺复兴时期意大利园林特征(表5-1)。

表 5-1　文艺复兴时期意大利园林特征

时间	文艺复兴初期	文艺复兴中期	文艺复兴后期	备注
选址	多建在丘陵的坡地上。多靠近水源	多在坡地上，全园整体风格统一。多靠近水源	建筑郊外坡地或是小岛上。多靠近水源	
布局	中轴对称式，分成多个独立台层，中轴线不贯穿全园。 庄园周围是高墙。 庄园整体比较简朴，大方	中轴对称式，中轴贯穿全园各台层，横纵交叉呈网格状布局轴线交叉口多是全园焦点。 在大场地规划中更多地使用了自然缓坡	中轴对称式，中轴贯穿全园各台层，横纵交叉呈网格状，中轴线多被引向自然丛林。 入口处采用三叉式林荫道的布置方法，并与城市相联系。 花园面向公众开放	花园作为建筑室内空间的户外延伸
风格特征	人文主义	手法主义	巴洛克风格	
建筑	主体建筑位于最高层，建筑细部处理上保留中世纪建筑的特征	主体建筑位置多样，位于顶层、底层或中间层台地上，并不总在轴线上	主体建筑位于整个花园的一角，其附属的秘密花园远离公众视线	
水体	水池和雕塑结合为轴线景观节点，水池比较简洁。 形式：水池喷泉	水景丰富多样，将水引致高处的蓄水池，从上至下形成水景。 具体形式有：水风琴、水剧场、阶式瀑布、惊愕喷泉、秘密喷泉、壁泉、池泉等	除丰富的水景外，出现了湖水和水渠。 具体形式：水风琴、水剧场、阶式瀑布、惊愕喷泉、秘密喷泉、壁泉、池泉、湖水面、水渠等	
植物	绿丛植坛图案花纹简单，多设在下层台地上。几何形体的植物造型。 植物中种类丰富，从艺术的角度欣赏植物。 绿廊在园林中应用	靠近中轴植物修建程度大，越远离轴线修建程度越低。 丛林与规则式庄园相连，充当绿色背景。 靠近别墅建筑设橘园、柠檬园。陶盆种植盆栽作为装饰	植坛纹样更加复杂精细，动物、花瓶等造型的植物雕塑应用广泛。 秘密花园陈列着收藏的古雕塑和海外的奇花异草	
石作	挡土墙的壁龛里、草坪、台阶上、水池边摆放收集的精美雕塑	开始对雕塑进行再创作，出现了主题雕塑花园。 开始应用岩洞。雕塑与喷泉、台阶、栏杆、绿廊、岩洞等结合应用。 具体形式：雕塑、挡土墙、台阶、岩洞、花盆、水池、亭子、栅栏、瓶饰、门柱、壁龛等多样形式	岩洞被广泛使用。 剧场成了与洞龛、雕塑、浮雕以及喷泉相结合的建筑综合体。 园中装饰着大量的装饰雕塑、瀑布、喷泉、栏杆、岩洞等小品	
动物		有鸟笼饲养小动物	自然丛林设有圈养动物的狩猎场所	

意大利文艺复兴园林揭开了西方近代园林艺术发展的序幕，是规则式园林运用于丘陵山地的典型样式，将依山而建的地形特点和对称严谨的美学思想相结合，使人工营造的园林景色与周围的自然美景相互渗透，层层过渡，达到对立统一的艺术高度。在意大利庄园中，植物、水体、石作等造园要素巧妙结合，构造出舒适宜人的“户外厅堂”。随着文艺复兴运动遍及整个欧洲，意大利园林艺术在欧洲各国产生了广泛而深刻的影响，成为 16 世纪上半叶至 17 世纪上半叶统帅整个欧洲的造园样式。

第六节 文艺复兴时期意大利园林对西欧的影响

一、文艺复兴时期法国园林

(一)法国园林发展概述

法国位于欧洲西部,濒临地中海、英吉利海峡、北海、大西洋四大海域。主要受海洋性气候的影响,法国境内除山区和高原外,气候温和,冬季温暖,湿度大,雨量适中。地势东南高西北低,国土以平原为主,间有少量盆地和丘陵、高原。境内河流众多,河水多数向西流。国土约60%的土地适合耕种,25%的土地有森林覆盖。开阔的平原、众多的河流和大面积的森林对法国园林的发展有着重要的影响。

古代法国曾经是罗马统治下的高卢省。罗马帝国崩溃后,经过长期的内忧外患,于843年成为独立的民族国家。路易斯九世(Louis Ⅸ,1226—1270年在位)是卡佩王朝著名的统治者。从13世纪开始,法国人口不断增长,城市工商业繁荣,文化进步。然而,此后又发生了英法“百年大战”(1337—1453年)。15世纪末又发生了历时半个世纪的法、意战争。

1494—1495年,国王查理八世发动的那波里远征,让法国军队失败而归,法国元气大伤,但是,查理八世及其贵族们却接触到了文艺复兴初期意大利的文化艺术,并被深深地吸引,难以忘怀。回国时,查理八世带回了意大利的书籍、绘画、雕刻、挂毯等文化战利品及22位艺术家和那波里造园艺术家。法国民众开始倾慕意大利文化,年轻的建筑设计师都纷纷前往意大利学习。从此,意大利造园风格传入法国。

15世纪后期,弗朗西斯一世远征意大利并取得胜利,受到教皇的礼遇,并献给他拉斐尔绘画的圣母像,一时之间,法国宫廷群贤毕至,使法国进入文艺复兴盛期。此时法国园林仍然保持着中世纪城堡的高墙和壕沟,花园和建筑之间毫无关系,台地高差不大,只是在造园要素和手法上表现出了意大利园林的特征,如亭、栏杆、雕塑、岩洞、壁龛、植坛等要素在园中出现。

16世纪时,基督教新教传遍整个法国,引起若干次宗教战争(1562—1594年)和内战,最终,亨利四世(Henri de Navarre,1589—1610年在位)取得王位,结束了宗教冲突,稳定了经济,使法国再度复兴。

16世纪中叶后,一批杰出的意大利建筑师来到法国,同时留学意大利的建筑师也相继回国,意大利式园林艺术风靡一时,园林风格焕然一新。园林建设强调主体建筑和花园作为整体进行统一设计,采用中轴对称布局,主次分明,花园位于主体建筑后面,建筑和花园中轴线重合。园林已不再是简单的造园要素和形式的模仿。此时,法国园林人才辈出,纷纷阐述造园理论。如埃蒂安·杜贝拉克(Etienne Du Perac,1535—1604年)于1582年出版了《梯沃里花园的景观》,他提倡发展适合法国平原地形的规划布局方法。克洛德·莫莱(Claude Mollet,1535—1604年)开创了法国园林中的刺绣花坛。雅克·布瓦索(Jacques Boyceau)在1638年出版了《依据自然和艺术的原则造园》,被誉为法国园林艺术的真正开拓者。

17世纪的欧洲,是一个动荡和变革的时代,整个欧洲战火纷飞。直到路易十四通过对内加强王权,对外发动战争,确定了法国在欧洲的中心地位,从此法国左右了欧洲的政治走向。此时,意大利式的造园结合法国本土的特点,创造出了独特的风格。

(二)文艺复兴时期法国园林实例

文艺复兴时期,法国园林全面学习意大利台地园造园艺术,并借鉴中世纪的要素,结合本国的地形、植被等条件,发展了本土特色的法国园林艺术。这一时期,法国园林主要有城堡花园、城堡庄园和府邸花园3种类型,分别以谢农索城堡花园、维兰德里庄园、卢森堡花园为代表。法国文艺复兴时期的花园,大多都被改造,完整保留下来的极少,从一些改建的作品中还能看到当时的痕迹。

1. 谢农索城堡花园(Le Jardin du Chateau de Cbenonceaux)

谢农索庄园位于西北部安德尔—卢瓦尔省(lndre-et-Loire),坐落在卢瓦尔河的支流谢尔(le Cher)河畔。府邸建筑跨越谢尔河,形成独特的廊桥形式,被认为是法国最美丽的城堡建筑之一。

11世纪末,谢农索庄园只有一座小村庄。1230年,纪尧姆·德·马尔克(Guillaume de Marques)在河床上建了一座中世纪小城堡,1432年,让·德·马尔克重建了城堡和带有防御工事的磨坊。1512年,金融家托马斯·伯耶(Thomas Bohier,1479—1522年)收购了谢农索庄园,拆毁了城堡和磨坊,只留下城堡的小塔楼,改造成文艺复兴样式,在磨坊的石基上兴建了一座方形主楼,并将府邸建筑向谢尔河延伸。伯耶去世后,他的遗孀凯瑟琳·布里索娜(Katherine Brigonnet,? —1524年)和儿子完成建设。这座庄园后来归亨利二世(Henri Ⅱ,1547—1559年在位)所有。亨利二世将庄园送给狄安娜·德·普瓦捷(Diana de Poitiers,1499—1566年),从1551年开始,普瓦捷在谢尔河北岸一块长110 m、宽70 m的台地上兴建花园,周围环以水渠。由于防洪的需要,花园高出水面很多,以石块砌筑高大的挡土墙。园中种有大量的果树、蔬菜和珍稀花卉;中心是喷泉,以卵石筑池底,并在15 cm大小的卵石上钻出4 cm的孔洞,再插入木塞,从孔隙中喷出的水束高达6 m,十分壮观。19世纪,花园改建成草坪花坛,装饰着花卉纹样,点缀整形紫杉球,称为"狄安娜花坛"(图5-27)。

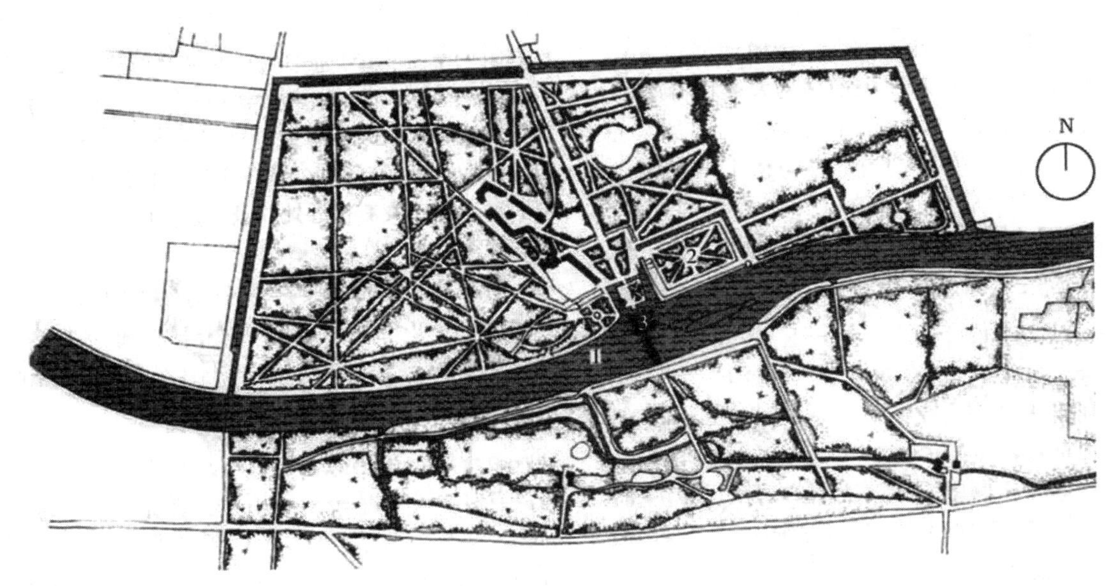

图5-27 谢农索城堡花园平面图

1.谢尔河 2.狄安娜花坛 3.廊桥式城堡

1559年,弗朗西斯二世(Francis Ⅱ,1544—1560,1559—1560年在位)加冕,王太后凯瑟琳·德·美第奇(Catherine de Medici,1519—1589年)从普瓦捷手中强取了谢农索城堡。随后,王太后建筑了一座带有画廊的桥梁,并命名为"贵妇之屋"。王太后后来在城堡前庭的西侧,以及谢尔河南岸各建了一处花园。现只留下前庭西侧的花坛,构图十分简洁,十字形园路中心有圆水池,典型的意大利文艺复兴时期样式。

谢农索城堡花园有着很浓的法国味,采用水渠包围府邸前庭、花坛的布局,以及跨越河流的廊桥建筑,不仅突出了园址的自然特征,而且创造了亲切宁静的效果。

2. 维兰德里庄园(Le Jardin du Chateau de Villandry)

维兰德里庄园坐落在谢尔河汇合处附近的一座坡上。现在的维兰德里庄园建于20世纪初,是一座法国文艺复兴时期园林的仿古庄园。庄园最早建于1532年,园主曾任法国驻意大利大使。他特别喜欢意大利园林,回国后,在一旧城堡中修建了16世纪中期法国园林风格的花园。18 世纪花园改建成英国风景式园林，1906 年庄园得以重建，庄园完整的反映出 16 世纪上半叶法国园林的特征。

花园在城堡的西、南两侧展开，从南至北分为 3 层台地，并以石台阶相连。城堡建筑位于中层台地上，建筑围合成方形庭院，构成全园的制高点，鸟瞰全园。城堡西侧是贯穿全园的南北向水渠。水渠的北端连着入口处 150 m 长的水壕沟，南端是顶层台地的大型水池。园中的景观用水都来自大型水池，水池的两侧是简洁的草坪花坛(图 5-28)。

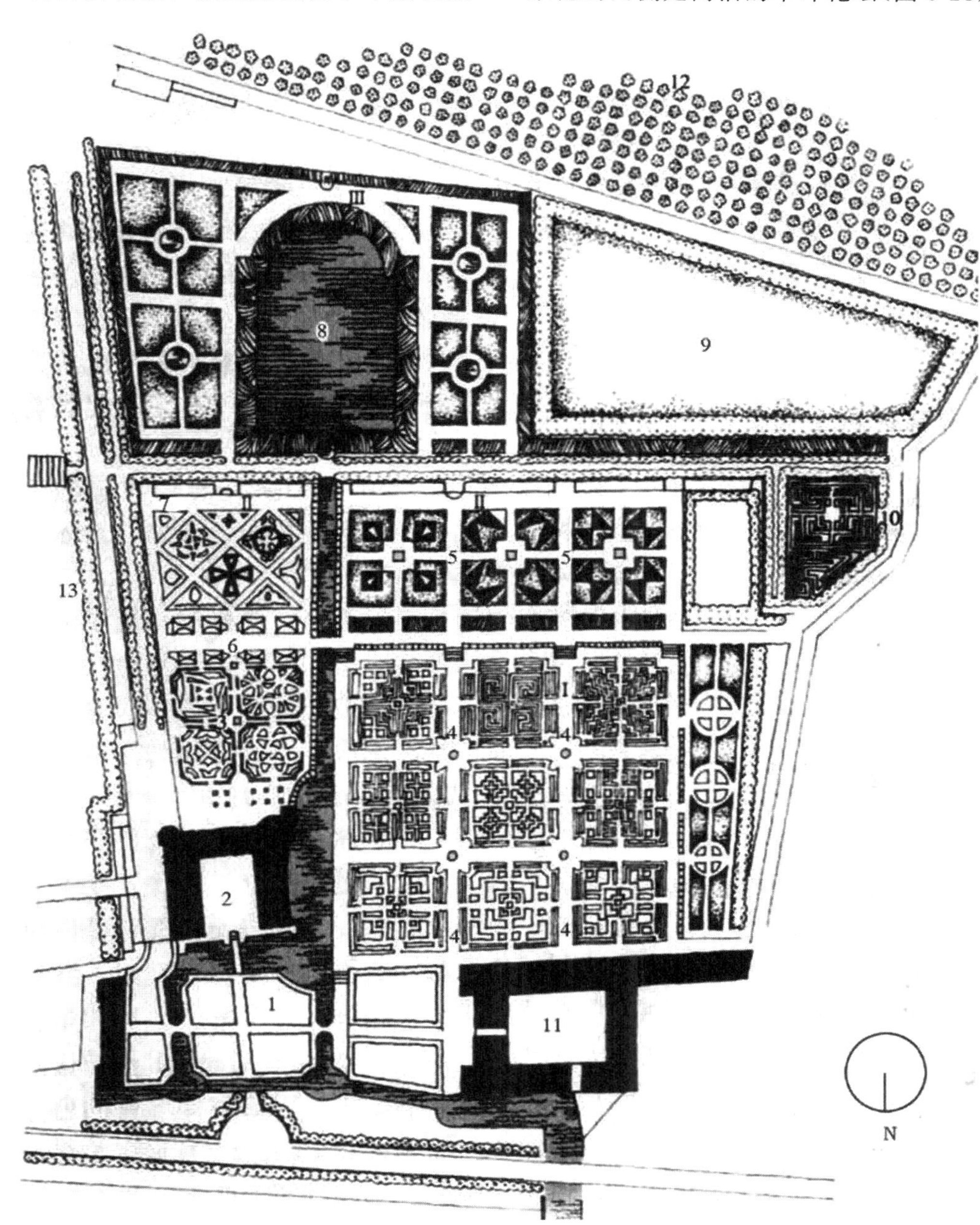

图 5-28　维兰德里庄园平面图

Ⅰ.底层台地　Ⅱ.中层台地　Ⅲ.顶层台地

1.前厅　2.城堡庭院　3.爱情花园　4.菜园　5.游乐园　6.装饰花园　7.药草园　8.大型水池　9.牧场　10.迷园　11.附属设施　12.果园　13.山坡

中层台地呈拐角形，与城堡基座等高。台地上设有游乐性花园和装饰性花园。游乐性花园离府邸较远，主要由3块方形花坛组成，花坛以黄杨绿篱镶嵌各色花卉构成，色彩艳丽。装饰性花园与府邸同侧，主要由两组花坛构成。靠近府邸的是“爱情花坛”，紧接着是菱形和三角形构图的花坛。“爱情花坛”由4组黄杨绿篱和各色花卉组成，分别代表着“温柔的爱”“疯狂的爱”“不忠的爱”“悲惨的爱”。

底层台地是观赏性菜园。菜圃以矮黄杨镶边，组成9个不同图案的方格，方格菜地里种植各种植物，在园路交会处有贴近地面的小水池，具有观赏性和灌溉功能，园路的四角设有拱形木凉架。

维兰德里庄园至今仍是私人产业，管理十分精细，并对外开放。

3. 卢森堡花园(Le Jardin de Luxembourg, Paris)

卢森堡花园现在是巴黎市的一座大型公园。园子最早的主人是亨利四世的王后、路易十三的母亲玛丽·德·美第奇(Marie de Medici, 1573—1642年)。建筑师是萨罗门·德·布鲁斯(Salomon de Brosse, 1571—1626年)。

1610年，亨利四世被刺杀，年幼的路易十三继位，玛丽·德·美第奇遂摄政。她从彼内-卢森堡公爵(le Duc Pinei-Luxembourg)手中买下园地，为自己建造府邸。宫殿名称为卢森堡宫殿。

玛丽王后在佛罗伦萨的彼蒂宫中度过了童年，留下美好的记忆。在法国生活的岁月里，她十分怀念故乡美丽的风景与庄园。因此，要求设计师仿建彼蒂宫，花园也按照意大利风格进行建设。从平面图上看，卢森堡花园的格局与波波利花园有几分相似。

花园整体地势平缓，园子以宫殿为轴心形成一条主轴线，中心是八角形水池，水池北面是方形的刺绣花坛，东、西、南侧是十多层台阶斜坡草地和台地，规模巨大，十分壮观。紧接中心花园的是林荫大道，林荫道的尽端是一座泉池。泉池中间是4根石柱和大型壁龛构成的一段墙壁。壁龛中央的石座上是出浴仙女像，壁龛上还有做工精致的浮雕和钟乳石装饰，在石柱顶端的柱盘上，还有河神和水神雕像，水流从盘中落下，形成水幕。这组建筑小品上还有一层屋顶，正中是法国军队与美第奇家族会合的群雕。19世纪花园改建时，这组群雕被移走，出浴仙女像改成现在人们看到的悲剧式雕塑，即“被独眼巨人波利菲墨(Polypheme)惊吓的牧羊人阿西斯(Acis)和海洋女神加拉忒(Galatee)”中的一部分。在中心花园西侧是整齐的丛林和行道树，行道树下点缀许多雕像(图5-29)。

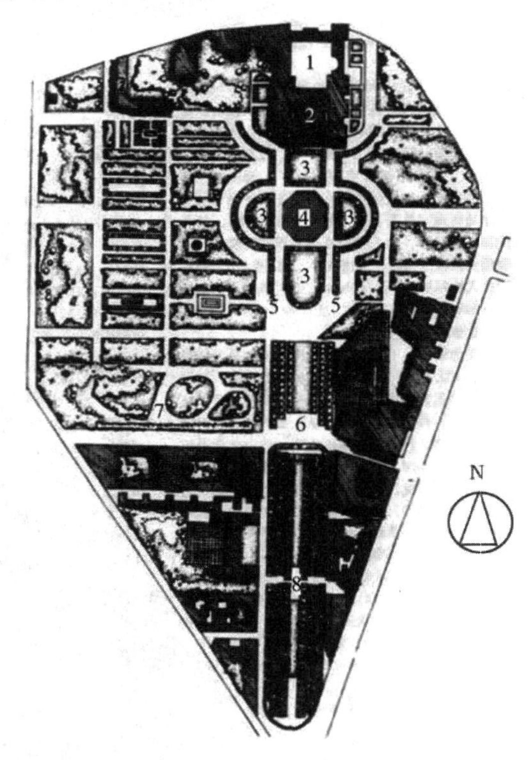

图5-29 卢森堡花园平面图

1. 卢森堡参议院 2. 博物馆 3. 镶有花带的大草坪 4. 中央八角形水池 5. 斜坡式草地 6. 林荫道 7. 自然式小花园 8. 泉池中央大型壁龛

18世纪英国风景园兴盛时，卢森堡花园很大一部分被改造，自然式草地、树丛和孤植树，映衬着大理石雕像。但留下来的水渠园路、美丽的泉池、构图简洁的大花坛，以及两个半圆形台地，使卢森堡花园至今尚存一些法国文艺复兴时期园林的风貌。

18世纪末，建筑师夏尔格兰(Jean Frangois Chalgrin, 1739—1811年)对花园中心的花坛、斜坡式草地及水池做了较大的改造，同时将卢森堡花园与观象台连接起来。西面的街道也抬高至与花园的地面标高相同。1811年种植了四排行道树，形成壮观的林荫大道。

19世纪中期，又将卢森堡宫殿扩建用作参议院，从而缩小了花坛的面积，并对刺绣花坛做了改动。19世纪后期，在花园周围又扩建了几条城市干道，卢森堡花园成为对大众开放的公园，此后，一直是巴黎市民最喜爱的公园之一。

（三）文艺复兴时期法国园林特征

16世纪上半叶，法国接触的意大利文化还很肤浅，所带回的造园家和匠师们的技艺水平有限，法国园林依然没有完全摆脱中世纪的影响，园林艺术没有显著的进展。花园与建筑间缺少构图上的联系，各个台层间也缺乏联系。花园位置随意，空间分割非常拘谨。但是，法国园林在造园要素和手法方面取得一定的进展。园中出现了石质的亭子、廊子、栏杆、棚架、雕塑、岩洞等石作。水体除了瀑布、喷泉、泉池之外，还应用水渠和运河的形式，创造壮观的镜面似的水体景观。

16世纪中叶后，一批杰出的意大利建筑师来到法国，而且在意大利学习的法国建筑师也相继学成归来，意大利园林更加广泛、深刻地影响着法国园林。法国庄园的整体布局主次分明，中轴对称，花园和府邸的中轴线相互重合，府邸和花园形成了统一的有机整体。

16世纪后半叶开始，法国造园艺术的理论家和艺术家纷纷著书立说，他们在借鉴中世纪和意大利文艺复兴时期园林的同时，努力探索真正的法国式园林。克洛德·莫来（Claude Mollet，1563—1650年）开创了法国园林的刺绣花坛。他率先采用黄杨做花纹，除了保留花卉外，还大胆使用彩色页岩细粒和砂子做底衬，装饰效果更好。花坛成为法国园林中最重要的构成要素之一。法国园林艺术也取得了重大进步。克洛德的儿子安德烈也成功创作出了花境，并在《游乐性花园》中设想宫殿前应有两三行行道树的林荫道，并提出花园是建筑与自然的过渡部分的思想。

16世纪后半叶起，法国园林经过将近一个世纪的发展，取得了一定的进步，直到17世纪下半叶，勒·诺特尔式园林的出现，法国古典主义园林艺术才成熟起来。

二、文艺复兴时期的英国园林

（一）英国园林发展概述

英国位于欧洲西部，由英格兰、苏格兰、威尔士以及北爱尔兰岛北部及附近小岛组成，其中英格兰面积最大，人口最多，文化最发达。隔北海、英吉利海峡、多佛尔海峡与欧洲大陆相望。

英国东南部为平原，土地肥沃，适合耕种，北部和西部多山地和丘陵，北爱尔兰大部分为高地，全境河流密布，泰晤士河是英国最重要的河流。英国属于海洋性气候，全年气候温和，冬季温暖，夏季凉爽，多雨多雾，降雨量充沛，为植物生长提供了良好的自然条件。英国草原面积占国土面积70%，森林占国土面积10%左右，这种自然景观为英国园林风格的形成奠定了基础。

公元1—5世纪，大不列颠岛东南部由罗马帝国统治，6世纪基督教传入不列颠，7世纪形成。8—9世纪经常遭到北欧海盗的骚扰，1066—1081年，法国诺曼底公爵征服了英格兰、苏格兰、威尔士并加冕为威廉一世（William Ⅰ The Conquerer，1066—1087年在位）。1154—1485年，由金雀花王朝统治英格兰。1338—1453年，英法两国进行“百年大战”，英国先胜后败。

15世纪末，意大利文艺复兴运动波及英国，并让法国文化焕发出青春活力。英国社会开始从封建社会向资本主义社会过渡，至伊丽莎白一世（Elizabeth，1558—1603年在位）国力昌盛，英国文化发展迅速。这一时期英国相继出现了莎士比亚（William Shakespeare，1564—1616年）、培根（Francis Bacon，1561—1626年）、斯宾塞（Edmund Spenser，1552—1599年）等艺术家，建筑和园林艺术风格发生很大变化。

英国园林从都铎王朝（House of Tudor，1485—1603年）开始住宅建筑发生了很多变化。住宅建筑由过去的中世纪城堡，逐渐改造成适宜居住的住宅。都铎王朝初期，花园位于高墙环绕之中，面积不大，多

为花圃、药园、菜园等实用园子。园子多设在建筑周围,采用方格网布局。大型果园、葡萄园多位于壕沟之外。这一时期,园林的发展主要受意大利园林的影响。直到亨利八世(Henry Ⅷ,1509—1547 年在位)于 1533 年与罗马教皇决裂,并与法国亲近。法国文艺复兴园林开始影响英国造园。都铎王朝时期出版了一些造园书,反映了当时英国园林的发展状况。1540 年,安德烈·波尔德(Andrew Boorde,1490—1549 年)出版的《住宅建筑指导书》(*The Book for to Learn A Man to be Wise in Building of His House*)主要是借鉴意大利造园要素和手法。托马斯·希尔(*Thomas Hill*)于 1557 年出版了《园林的迷宫》(*The Garden's Labyrinth*)和另一本《造园艺术》(*The Art of Garden*),介绍了园林建设的造园要素。

伊丽莎白时代英国作为欧洲的商业强国,聚集了大量的财富。伊丽莎白一世不热衷于造园,因此,英国园林的发展不大,基本延续着中世纪以来的造园手法。贵族开始憧憬意大利、法国王宫贵族的奢华生活方式,并纷纷效仿兴建了富丽堂皇的宫殿和花园。伊丽莎白之后,英国新兴的资产阶级和封建旧势力矛盾日益激化,并爆发了资产阶级革命。新旧势力经过了半个多世纪的殊死搏斗,于 1689 年议会通过《权利法案》,确立了君主立宪制的资产阶级专政国家。

16 世纪,英国造园家逐渐摆脱了城墙和壕沟的束缚,追求更为宽阔的园林空间。这一时期,英国本土设计师尝试将意大利或法国的造园样式与英国传统造园相结合,并进行了创新。英国人喜欢在花园中使用鲜艳的花卉,以弥补阴雨连绵的气候。

英国文艺复兴运动开始后的 200 多年间,先后经历了长期的"圈地运动"、海外扩张和资产阶级革命,这个时期,园林建设不断吸收意大利园林的精华,结合本土的自然状况,形成了一系列的园林特色。

(二)文艺复兴时期英国园林实例

英国文艺复兴时期,在模仿意大利和法国台地园的基础上,形成了两种园林类型,即国王宫苑园林、贵族府邸园林。

1. 汉普顿宫苑(Hampton Court)

汉普顿宫苑是最著名的文艺复兴时期作品,坐落在泰晤士河的北岸,占地约 810 hm^2,1515—1521 年间,红衣主教、政治家托马斯·沃尔西(Cardinal Thomas Wolsey,1475—1530 年)将这里的一座中世纪小城堡改建成当时被看作是最好的庄园(图 5-30)。

沃尔西希望在一个自然景色优美、环境利于健康的地方,建造一座用于修身养性的庄园。府邸建筑于 1516 年初步建成,花园布置在府邸西南的一块三角地上,紧邻泰晤士。汉普顿宫苑由游乐园和实用园两部分组成。庄园的北边是林园,东边有菜园和果木园等实用园。

庄园建成后,沃尔西经常在园中举行宴会,尤其是亨利八世(Henry Ⅷ,1509—1547 年在位)喜爱的化装舞会。这也激起了国王的觊觎之心,他曾多次要求沃尔西将庄园赠予自己。直到 1530 年沃尔西去世后,该园才归亨利八世所有。此后的 200 多年,汉普顿宫苑成为英国君主喜爱的住地。直到 1851 年维多利亚女王(Queen Alexandrina Victoria,1819—1901 年,1837—1901 年在位)宣布将它对大众开放。

亨利八世扩大了宫殿前面花园的规模,花园中增建了英国最早的网球游戏场。1533 年又新建了"秘园"。在整形划分的地块上有小型结园,绿篱图案中填满各色花卉,铺有彩色沙砾园路。还有一个小园是以圆形泉池为中心,两边也是图案精美的结园。秘园的一端接"池园"(Pool Garden),它是园中现存的最古老庭园。整个池园呈下沉式布置,周边形成 3 个低矮的台层,外围有绿篱及砖墙。矩形园地中以"申"字形园路划分,中心为泉池,纵轴的尽端是一座维纳斯大理石像,雕像放置在紫杉做成的半圆形壁龛内。池园的一角还有亨利八世兴建的宴会厅。

17 世纪汉普顿宫苑多处被修改,但是整体结构被保存下来,成为一所壮观而精美的皇家宫苑。

2. 农萨其宫苑(Nonesuch Palace Garden)

亨利八世晚年修建了农萨其宫苑,"Nonesuch"意为"举世无双",可见其雄心壮志。宫殿始建于 1538 年,最终成为 16 世纪英国规模最大、最富丽堂皇的宫殿。

1547年亨利八世去世之后，农萨其宫苑几经转手，后来为伊丽莎白女王所有。1603年女王去世后，詹姆斯一世继承了农萨其宫苑，此后一直是皇家财产。到18世纪初，这里只剩下一座塔楼了。

1591年，德国律师亨兹耐尔（Paul Hentzner，1558—1623年）到访过农萨其宫苑。据他的《英国旅行》(*Travels England*)记载，该园有一个放养鹿的大林苑，园中设置了大理石柱、金字塔喷泉等人工景物，喷泉顶上有小鸟造型，并从鸟嘴中流出水束，园内还设有“魔法喷泉”，将喷水的机关布置在隐蔽处，当人们走近时，出乎意料的喷水将人们淋湿，以此博得一笑。所有这些都随着宫殿的拆毁而渐渐消失了。

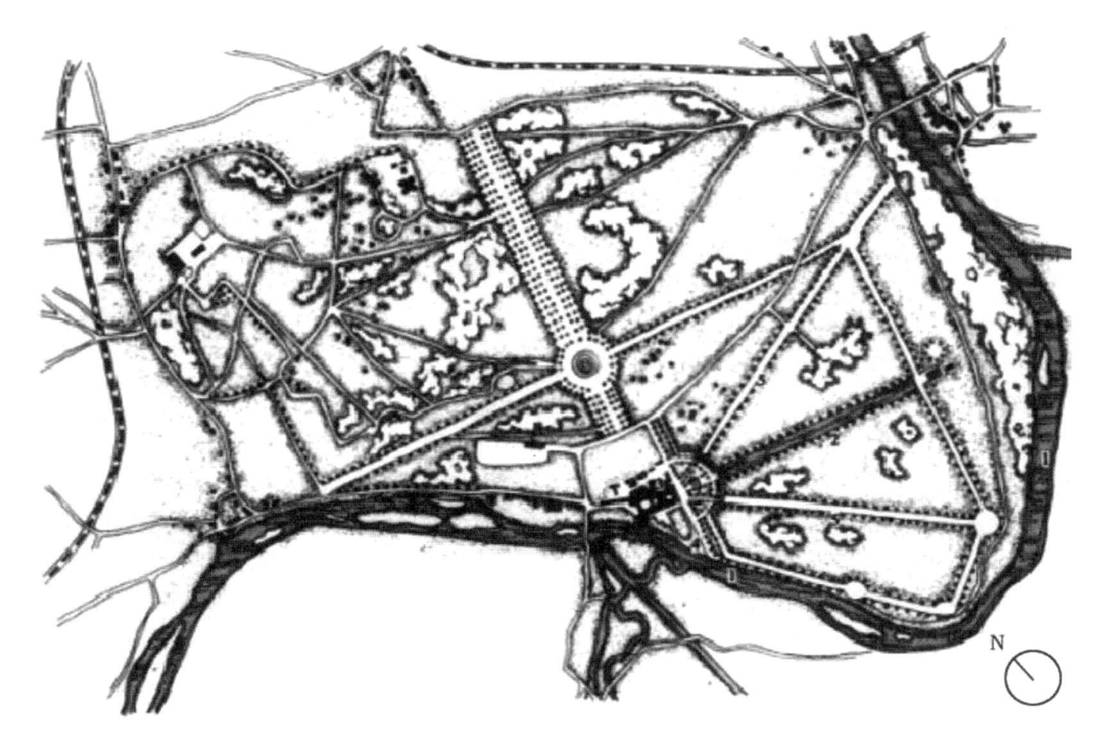

图5-30 汉普顿宫苑平面图

（三）文艺复兴时期英国园林特征

都铎王朝和伊丽莎白王朝时期的古代花园，绝大多数已经无法考证，壮观的皇家宫苑已经荡然无存。因此，英国文艺复兴时期园林的研究只能通过对历史片断的整理进行。

意大利园林对英国园林的影响有限，英国并没有形成自己的造园风格，主要影响体现在园林水景和绿色雕刻等造园手法上。英国人很喜欢趣味性很强的水技巧、水魔术，甚至作为庭院设计的焦点，如汉普顿宫苑就有一些惊愕喷泉，从隐蔽处突然喷出水来，捉弄毫无防备的游人。绿色雕刻也受到了英国人的追捧，从都铎王朝开始，绿色雕刻在英国整整风靡了两个世纪，成为园中最主要的装饰元素之一。风景式造园运动开始后，大部分绿色雕刻被销毁。雕刻植物材料主要有紫衫、黄杨等，造型多种多样，如动物、几何体、篱笆、墙垣、拱门等小品。植物迷宫也是英国园林不可或缺的景物，迷园常以高大的绿篱形成错综复杂的园路，外轮廓呈矩形或圆形，中心一般有圆亭或奇异的植物造型。

文艺复兴兴盛期，造园家脱离中世纪庄园风格的束缚，追求更宽阔、优美的园林空间，将本国优秀的传统与法、意、荷等园林风格融合起来，并根据本国气候特点，采用绚丽的花卉增加园林鲜艳、明快的色调。

第七节　历史借鉴

一、意大利对传统文化继承与创新

从古罗马灭亡到意大利文艺复兴，中间隔着将近1 000年的中世纪。在这1 000年里，在意大利，甚至整个欧洲，都没有留下大型观赏性花园的记载。古罗马的造园艺术几乎没有留下实物，只有在庞贝(Pompeii)和奥斯提亚(Ostia)等遗址和壁画中看到古罗马园林的样子。

关于古罗马园林文字记载很多，其中，古罗马作家小普里尼(Pliny the Younger，61—113年)的两封信中记载的最详细。在小普里尼的信里生动而具体的描述了他的两个庄园，即劳伦提安(Laurentian)和塔斯干(Tuscane)庄园。文艺复兴时期的庄园和理论书籍都受到这两个庄园的影响，有一些建筑师还给两个庄园做了复原图，阿尔伯第在《论建筑》中关于园林的描写很多都是来源于此。

文艺复兴时期的意大利园林并不是对古罗马造园的照抄照搬，而是进行了借鉴并有所发展。文艺复兴初期，阿尔伯第在《论建筑》中对庄园别墅的选址论述很详细，而对于庄园的整体构图布局论述并不多，对于造园要素也是进行了简单的阐述。到文艺复兴中期，经过不断的实践，庄园建设已经形成了自己独特的风格——台地园。台地园是规则式园林在山地中的应用。

意大利对于传统造园继承和创新的模式，值得我们学习。在台地园形成的漫长过程中，意大利造园家一直以传统园林为蓝本，进行不断的改革和创新，最终形成了影响整个欧洲的园林样式。中国古典园林具有深厚的文化底蕴，一直是我们造园人的骄傲。在新时代，如何将古典园林的魅力继续，是我们园林人的责任，也深感任重而道远，这也要求在实践中勇于进取，不断创新。

二、法国园林对意大利园林的再次创新

15世纪末，法国国王查理八世的那波里远征，让法国人民开始接触意大利台地园。国王从意大利带回了造园家和工匠，16世纪中叶，又有很多从意大利的学成归来造园家，他们希望能在法国建造意大利的台地园。但法国地势平坦，多以平原为主。在法国建设意大利台地园，就必须要将台地园样式本土化，直到17世纪中叶，经过一个多世纪的实践，终于形成了法国古典主义园林。

法国学习国外先进的造园理念，并将其本土化和再次创新，形成自己的园林。这也告诫我们园林人，在学习西方先进的造园形式时，不可照抄照搬，要踩在巨人的肩膀上继续前行，这是我们园林人的职责所在。

三、对自然表现不同的形式

意大利园林是规则式园林，而且将园林视为“第三自然”。即园林空间是建筑空间到自然空间的过渡空间。在这个过渡空间里，植物、水体、山石等自然要素被作为建筑材料使用，将植物修剪成各种形状、水体呈规则的几何形、山石雕刻成各种石作。

中国古典园林将自然和建筑空间相互融合，建筑空间和自然空间相互渗透，相互关联。意大利台地园的造园理念，为我们提供了一种新的园林空间处理方式。这种空间处理手法，可以丰富园林空间类型，也可以发展我们的传统园林的造园艺术。

参考链接

[1]陈志华.外国建筑史[M]. 4版. 北京：中国建筑工业出版社，2010.

[2]李震，等.中外建筑简史[M]. 重庆：重庆大学出版社，2015.

[3]张祖刚.世界园林史图说[M]. 2版. 北京：中国建筑工业出版社，2013.

[4]周向频.中外园林史[M]. 北京：中国建材工业出版社，2014.

[5](英)汤姆·特纳. 世界园林史[M]. 林菁译. 北京：中国林业出版社，2011.

[6]朱建宁.西方园林史—19世纪之前[M]. 2版. 北京：中国林业出版社，2013.

[7]祝建华.中外园林史[M]. 2版. 重庆：重庆大学出版社，2014.

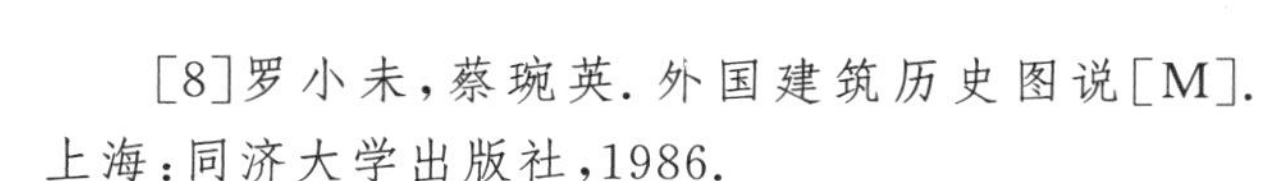

[8]罗小未，蔡琬英．外国建筑历史图说[M]．上海：同济大学出版社，1986.

[9]张健．中外造园史[M]．武汉：华中科技大学出版社，2009.

[10]（日）针之谷钟吉．西方造园变迁史[M]．邹洪灿译．北京：中国建筑出版社，2011.

课后延伸

1．查看 BBC 花园纪录片：意大利花园。

2．思考意大利台地园的形成过程，它对西方园林产生了哪些影响？

3．动手制作兰特庄园的模型。

4．抄绘埃斯特庄园的平面图，并思考其平立面格局的特点。

5．文艺复兴时期，意大利园林各个时期的代表作品，以及各自的特征有哪些？

6．意大利文艺复兴时期园林的造园要素有哪些？各个时期有哪些变化？

7．临摹兰特别墅平面图，分析说明其空间结构特征。

8．意大利台地园的形成受到哪些因素的影响？

9．临摹埃斯特庄园的平面图，谈谈你对自然美与人工美的认识。

10．文艺复兴时期，意大利台地园对法国园林的影响有哪些？

第六章 法国古典主义园林

课前引导

本章主要介绍法国古典主义园林，包括17世纪法国自然地理条件、历史背景、人文背景等；勒·诺特尔式园林的发展；勒·诺特尔式园林对欧洲各国园林发展的影响；勒·诺特尔式园林特征总结以及历史的借鉴等。

法国位于欧洲大陆的西部，三边临海，三边靠陆地，大部分为平原地区。气候温和，雨量适中，呈明显的海洋性气候。这样独特的地理位置和气候，为与周边地区的交流提供了便利，也为多种植物的生存繁衍创造了有利的条件，从而为造园提供了丰富的素材。

法国没有完全接受意大利的园林风格，受法国文化、经济、思想意识等多种因素的影响，利用建筑、道路、花圃、水池以及形状修剪得十分整齐的花草树木，如同刺绣一般编织出美丽的图案，形成极为有组织有秩序的古典主义风格园林。在这里大自然仿佛被完全驯服了，风景似乎变成了人工塑造的艺术品。这也使法国古典主义造园艺术在世界园林体系中独树一帜，影响深远。它的代表人物是安德烈·勒·诺特尔，代表作品有孚-勒-维宫和凡尔赛宫园林。

教学要求

知识点：法国古典主义园林的产生背景；勒·诺特尔式园林特征；勒·诺特尔式园林的典型代表；勒·诺特尔式园林对欧洲园林发展的影响。

重点：勒·诺特尔式园林特征。

难点：勒·诺特尔式园林对景观设计的影响。

学时：4 学时。

第一节 17世纪法国历史背景

一、自然地理条件

法国位于欧洲大陆的西部，国土总面积约为55万 km^2，其平面呈六边形，三边临海，三边靠陆地，为西欧面积最大的国家。与比利时、卢森堡、瑞士、德国、意大利、西班牙、安道尔、摩纳哥接壤，西北隔拉芒什海峡与英国相望，濒临北海、英吉利海峡、大西洋和地中海四大海域，地中海上的科西嘉岛是法国最大的岛屿（图6-1）。

法国地势东南高西北低，平原占总面积的2/3，有大片天然植被和大量的河流和湖泊。主要山脉有阿尔卑斯山脉、比利牛斯山脉、汝拉山脉等。法、意边境的勃朗峰海拔4 810 m，为欧洲第二高峰。河流主要有卢瓦尔河（1 010 km）、罗讷河（812 km）、塞纳河（776 km）。

法国本土西部属海洋性温带阔叶林气候，南部属亚热带地中海气候，中部和东部属大陆性气候。全国气候温和，雨量适中，为多种植物的生存繁衍创造了有利的条件，从而为造园提供了丰富的素材。

二、历史背景

17世纪的法国处于波旁王朝统治中，它是一个在欧洲历史上曾断断续续统治纳瓦拉、法国、西班牙、那不勒斯与西西里、卢森堡等国以及意大利若干公国的跨国王朝。

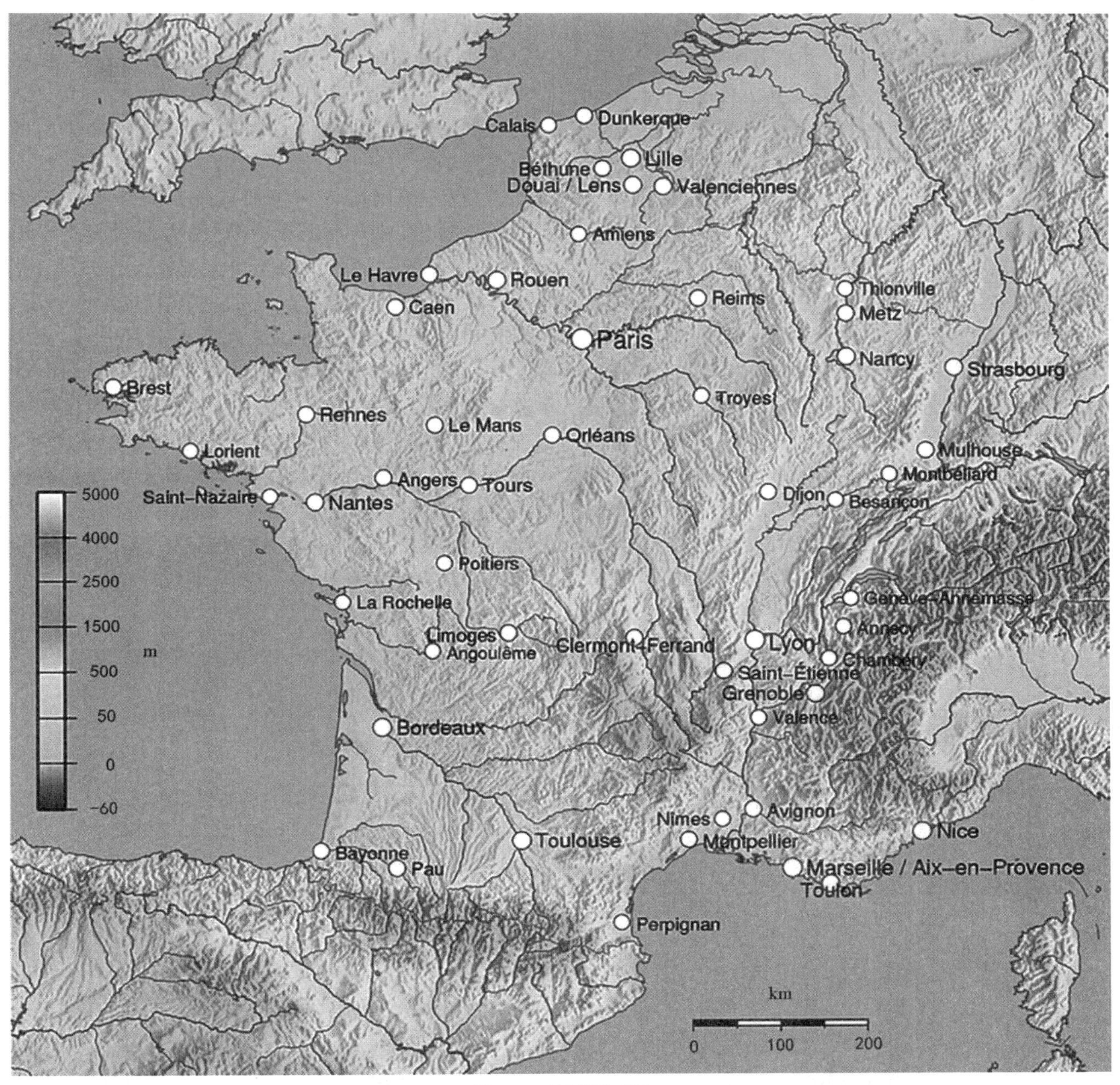
Calais
Dunkerque
Lille
Béthune
Douai / Lens
Valenciennes
Amiens
Le Havre
Rouen
Caen
Reims
Thionville
Metz
Paris
Nancy
Strasbourg
Brest
Troyes
Rennes
Le Mans
Orléans
Lorient
Mulhouse
Montbéliard
Angers
Tours
Saint-Nazaire
Nantes
Dijon
Besançon
Poitiers
La Rochelle
Genève-Annemasse
Annecy
Limoges
Angoulême
Clermont-Ferrand
Lyon
Chambéry
Saint-Étienne
Grenoble
Valence
Bordeaux
Nimes
Avignon
Montpellier
Nice
Toulouse
Bayonne
Pau
Marseille / Aix-en-Provence
Toulon
Perpignan
5000
4000
2500
1500
500
50
0
-60
m
km
0
100
200

图 6-1 法国疆域图

波旁王朝于1589年开始统治法国。17世纪中期，再度分出长幼两支：长支相继临朝的君主为路易十四、路易十五、路易十六、路易十八和查理十世；幼支奥尔良家族的统治史称奥尔良王朝或七月王朝。法国大革命爆发后查理十世在1830年七月革命中被推翻；七月王朝亦在1848年革命中倾覆，波旁王朝在法国的统治最终结束。

1589年，亨利四世(图6-2)即位后，主动结束了困扰法国多年的三十年战争，令法国的经济得以复苏。1598年，亨利四世颁布了南特敕令，施行宗教宽容政策，令很多信奉基督新教的手工业者留在法国，促进了法国经济的繁荣。但亨利四世的宗教宽容政策，随着他的驾崩而被终止施行。1610年，路易十三登基，幼年由其母玛丽·德·美第奇摄政。亲政后主要依赖红衣主教黎塞留的帮助，开始了法国的专制统治(1627年拉罗歇尔之围的胜利是转折点)。在其统治期间，欧洲爆发了一场决定性的争霸战争——三十年战争(1618—1648年)。最终法国取得胜利，结束了长达3个世纪的哈布斯堡王朝霸权，成为新的欧洲霸主。他鼓励工商业和海外贸易，扩充财富。1643年，路易十四(图6-3)继位，由其母亲奥地利的安娜摄政，而红衣主教马扎然是法国的真正统治者。经历过太后摄政、福隆德运动、投石党运动后，法国陷入严重的内忧外患当中。国力被严重削弱，并导致霸业中断，国力短时间仍难以恢复，国际地位暂时下降至二流国家。1661年，路易十四亲政，他对敢于反叛的外省贵族无情镇压；同时建造凡尔赛宫，把各地大贵族宣召进宫，侍奉王室。路易十四还向各省派驻“司法、警察和财政监督官”，整顿军备扩充兵源，引进新式武器和先进技术，并把各省军队的调度权控制在中央手里。在思想上，要求全体臣民一律信奉天主教。在经济上，由柯尔伯推行重商主义，鼓励出口，限制进口，大力发展工商业，这些措施促进了法国经济的发展。1680年，路易十四被巴黎高等法院正式宣布为“大帝”，成为名副其实的“太阳王”。

图6-2　亨利四世画像

图6-3　路易十四画像

三、文化背景

17世纪，古典主义形成和繁荣于法国，随后扩散到西欧及欧洲其他国家，其在欧洲流行了2个世纪，直到19世纪初浪漫主义文艺兴起才结束。它是指在艺术上以古希腊、古罗马的古典时代文化为典范和样板的一种文学思潮。古典主义文学思潮是新兴资产阶级和封建贵族在政治上的妥协产物。古典主义在17世纪的法国最为盛行,发展也最为完备,影响到绘画、音乐、建筑、戏剧等门类。法国古典主义的政治基础是中央集权的君主专制,哲学基础是笛卡尔(图6-4)的唯理主义理论。古典主义的文化特征:①为王权服务的鲜明倾向;②理性至上(主要表现为以理性克制情欲);③奉古希腊、罗马文学为典范,借古喻今。

图6-4 勒内·笛卡尔画像

古典主义美学的哲学基础是唯理论,认为艺术需要有严格的像数学一样明确清晰的规则和规范。在建筑中也形成了古典主义建筑理论。法国古典主义理论家J.F.布隆代尔说"美产生于度量和比例"。他认为意大利文艺复兴时代的建筑师通过测绘研究古希腊罗马建筑遗迹得出的建筑法式是永恒的金科玉律。古典主义者在建筑设计中以古典柱式为构图基础,突出轴线,强调对称,注重比例,讲究主从关系。巴黎卢佛尔宫东立面的设计突出地体现古典主义建筑的原则,凡尔赛宫也是古典主义的代表作。古典主义建筑以法国为中心,向欧洲其他国家传播,后来又影响到世界广大地区,在宫廷建筑、纪念性建筑和大型公共建筑中采用更多,而且18世纪60年代到19世纪又出现古典复兴建筑的潮流。

第二节 勒·诺特尔与勒·诺特尔式园林

法国古典主义园林在最初的巴洛克时代,布瓦索等人奠定了基础;路易十四的伟大时代,由勒·诺特尔进行尝试并形成伟大的风格;最后在18世纪初,由勒·诺特尔的弟子勒布隆(Le Blond,1679—1719年)协助德扎利埃(Dezallier d'Argenville,1680—1765年)写作了《造园的理论与实践》一书,被看作是造园艺术的圣经,标志着法国古典主义园林艺术理论的完全建立。

一、勒·诺特尔生平介绍

安德烈·勒·诺特尔(André Le Nôtre,1613—1700年),法国造园家和路易十四的首席园林师(图6-5)。他一生从事于花园的规划和设计,是众多勒·诺特尔式花园设计图纸的创作者,其作品深受民众特别是皇室的喜爱,为此他成了路易十四王朝中最受瞩目的朝臣之一,深得国王路易十四之心。令其垂名青史的是路易十四的凡尔赛宫苑,此园代表了法国古典园林的最高水平。勒·诺特尔一生设计并改造了大量的府邸花园,并形成了风靡欧洲长达一个世纪之久的勒·诺特尔式园林。主要作品还有沃·勒·维贡特庄园(Vaux-le-Vicomte,1661年)和枫丹白露(Fontainebleau,1660年)、圣日耳曼(Saint-Germain,1663年)、圣克洛(Saint-Cloud1665年)、尚蒂伊(Chantilly,1665年)、丢勒里(Tuileries,1669年)、索园(Sceaux,1673年)等。

图6-5 安德烈·勒·诺特尔画像

勒·诺特尔出生于巴黎的造园世家，其祖父皮埃尔(Pierre Le Notre)是宫廷园艺师，在16世纪下半叶为丢勒里宫苑设计过花坛。其父让·勒·诺特尔(Jean Le Nôtre)是路易十三的园林师，曾与克洛德·莫莱合作，在圣日耳曼昂莱工作；1658年后成为丢勒里宫苑的首席园林师，去世前是路易十四的园林师。

勒·诺特尔的父亲希望他能成为画家，于13岁时他进入国王路易十三世御用画家西蒙·伍埃的画室学习，这段经历使他受益匪浅，不仅结交同门学艺的勒久尔、米里亚尔、勒布伦等，还能接触到来画室拜访的美术、雕塑等艺术大师，其中画家勒布朗和建筑师芒萨尔对他的影响最大。勒·诺特尔学过建筑、透视法和视觉原理，受古典主义者影响，研究了笛卡尔的机械主义哲学。在离开伍埃的画室之后，勒·诺特尔跟随他的父亲，在丢勒里花园里担任低级园艺师，他遇到了许多资深的艺术家，这些艺术家的指导和教诲都深深地影响到了他之后的设计创作。

二、勒·诺特尔式园林

勒·诺特尔真正意义上自己所设计的第一个法国大花园是瓦提尼城堡(里昂南部)的后花园，据记载，当时的勒·诺特尔仅有22—24岁。这个出色的设计不仅为他在业内奠定了坚实的基础，同时也得到了国王的赏识和信任。1635年，勒·诺特尔成为路易十四之弟、奥尔良公爵的首席园林师，1637年1月，承国王之命，继承其父继续效力于杜伊勒里皇家公园从事规划工作并成为此皇家公园第一设计师。1643年获得皇家花园的设计资质，两年后成为国王的首席园林师。建筑师芒萨尔转给他大量的设计委托，使其1653年获得皇家建造师的称号。1656年，勒·诺特尔开始建造财政大臣尼古拉斯·福凯的沃·勒·维贡特庄园，其采用了前所未有的样式，成为法国园林艺术史上划时代的作品，也是古典主义园林的杰出代表。1661年夏落成之时，富凯举行了盛大的宴会和联欢。同年8月17日，路易十四亲临沃园，暗自被富凯的炫富行为所激怒，维贡府邸因此成为挑战君王的象征，却也是国王的凡尔赛宫的范本。路易十四被美妙的维贡府邸迷住，于是决定将父辈在郊外的游猎庄园进行扩建，委派勒·诺特尔负责园林设计。1662年开始，勒·诺特尔投身于凡尔赛宫苑的建造，同时他还在为大孔代亲王(Grand Condé)修建尚蒂伊的花园。在路易十三时期原有花园的基础上，勒·诺特尔在城堡旁边布置了南北两个大花园。他改造了东西大路，打算把主路延伸至一片没有尽头的景色中。他保留了北部地区的自然斜坡，但其他地方都利用大量人力进行了改造。这种对称的道路和大量的变化之间的灵巧平衡，也体现在园艺家的其他大型工程中：为奥尔良公爵打造的圣克卢城堡(1665年)；科尔贝尔的索镇城堡(1670—1677年)；孟德斯潘夫人的克拉尼城堡(1674年)……除了凡尔赛，勒·诺特尔还为国王修建了圣日耳曼的大平台(1669—1672年)和特里亚侬宫的花园(1672—1688年)。后来他也曾在圣克洛、枫丹白露离宫等处做过园林设计，去英国和意大利访问。而他毕生的大部分时间还是为法国国王路易十四工作的，1681年他被封为贵族，直到最后，他一直享有国王的恩宠和友谊，这是极其罕见的情况。1693年告退时，艺术家把他的一部分藏品留给了国王。他的园林设计风格通过他的学生传遍欧美各国。直到1700年去世，作为路易十四的皇家造园师长达40年，被誉为“皇家造园师与造园师之王”。

第三节 勒·诺特尔式园林实例

一、沃·勒·维贡特府邸花园(Le Jardin du Chateau de Vaux-le-Vicomte)

1656年，路易十四的财政大臣福凯请著名建筑师勒沃(Louis Le Vau，1612—1670年)为他在巴黎南面约50 km靠近默兰(Melun)有一个叫“沃”(Vaux)的村庄建造了一座府邸，画家勒布仑担任室内外装饰及雕塑设计工作。勒布仑早年在伍埃的画室学画时与勒·诺特尔交往甚密，因此，向福凯推荐勒·诺特尔作花园设计。

福凯为了建成这一巨大的府邸花园，拆毁了3座村庄，使园地呈600 m×1 200 m的矩形。为了园内的用水，甚至将安格耶河改道。全部工程历时5年完成，动用了1.8万多名劳工。

府邸本身富丽堂皇，而花园所涵盖的内容及风格也是前所未有的(图6-6)。府邸采用古典主义样式，严谨对称。府邸平台呈龛座形，四周环绕着水壕沟。建筑北面为主入口，包括椭圆形广场和林荫大道。椭圆形广场与府邸平台之间，有一矩形前院，两侧是马厩建筑，后面是家禽饲养场和菜园。建筑南面为主花园。府邸正中对着花园的椭圆形客厅穹顶是整个花园中轴焦点。花园中轴长1 km，两侧矩形花坛，宽约200 m。外侧茂密的林园，以高大的暗绿色树林，衬托着平坦而开阔的中心部分。花园的布置由北向南延伸，由中轴向两侧过渡。地势由北向南缓缓下降。过了东西向的运河之后，地势又上升，形成斜坡(图6-7)。

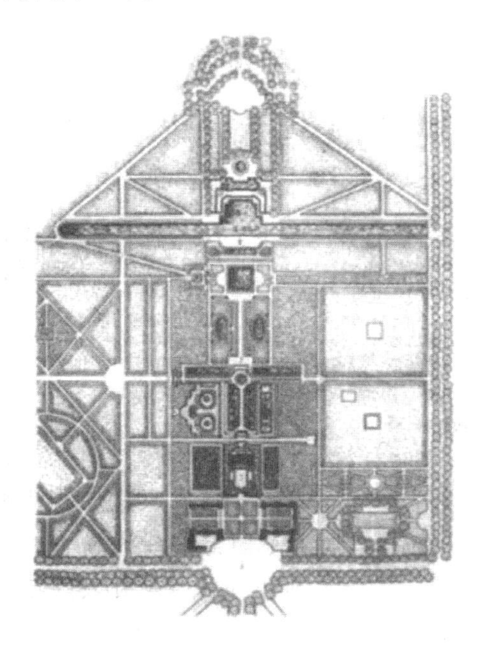

图6-6　沃·勒·维贡特府邸花园平面图

花园在中轴上采用三段式处理，各具鲜明的特色，且富于变化。第一段花园紧邻府邸，以绣花花坛为主，强调人工装饰性；第二段花园是中轴路两侧的

图6-7　沃·勒·维贡特府邸花园鸟瞰图

水晶栏杆(现已改成草坪种植带)，以水景为主，重点在喷泉和水镜面；第三段花园坐落在运河南岸的山坡上，坡脚处理成大台阶，以树木草地为主，增加了自然情趣。

第一段花园中心是一对刺绣花坛，紫红色砖屑衬托着黄杨花纹，图案精致清晰，色彩对比强烈(图6-8)。花坛角隅部分点缀着整齐的紫杉及各种瓶饰。刺绣花坛的两侧，各有一组花坛台地，东侧地形原来略低于西侧，勒·诺特尔有意抬高了东台地的园路，使得中轴左右保持平衡。以圆形水池作为第一段花园的结束，两侧是长条形水池，长约120 m，形成较强的、垂直于中轴的横轴。与之平行的有一条横向园路，其东端尽头地势稍高，顺势修筑了3个台层，正中有台阶联系。最上层两侧对称排列着喷泉，饰以雕塑，挡土上装饰着高浮雕、壁泉、跌水和层层下溢的水渠等(图6-9)。

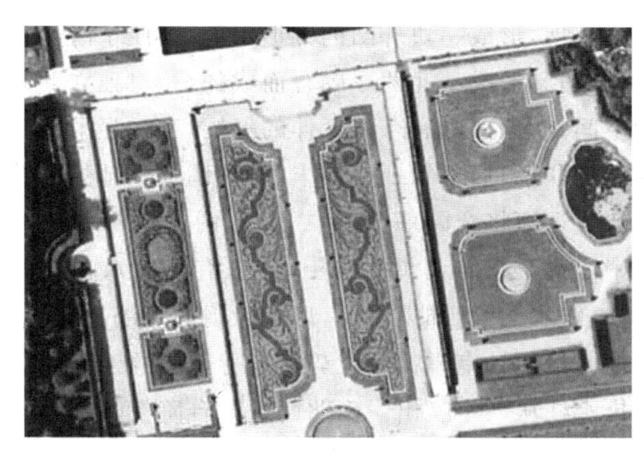

图6-8　沃·勒·维贡特府邸花园的刺绣花坛

图 6-9　沃·勒·维贡特府邸四周的水壕沟

图 6-10　草坪花坛围绕的椭圆形水池

第二段花园的中轴路两侧，过去有注水渠，密布着无数的低矮喷泉，称为"水晶栏杆"，现已改成草坪种植带。其后是草坪花坛围绕的椭圆形水池（图 6-10）。沿着中轴路向南，是方形的水池，因池中喷泉，水面平静如镜，故称"水镜面"。由此向南望去，似乎运河对岸的岩洞台地就在池边，其实两者间隔 250 m。而由南向北望，则府邸的立面完全倒映在水中。花园东西两侧，各有洞窟状的忏悔室，从其上面的平台上可以更好地观赏园景。走到花园的边缘，低谷中的横向大运河忽现眼前。从安格耶河引来的河水，在这里形成长约 1 000 m、宽 40 m 的运河，宽阔的草地，后面是高大的乔木，使运河显得比实际更宽。勒·诺特尔首创以运河作为全园的主要横轴，也成为勒·诺特尔式园林中具有代表性的水体处理方式。中轴处的运河上不仅没有架桥，而且水面向南扩展，形成一块外凸的方形水面，既便于游船在此调头，又形成南北两岸围合而成的、相对独立的水面空间，使运河既有东西延伸的舒展，又加强了南北两岸的联系，局部景观更加丰富，强调了全园的中轴线。大运河将全园一分为二，北边的花园到此形成一个段落。在北花园的挡土墙上，有几层水盘式的喷泉、跌水，其间饰以雕像，形成壮观的飞瀑，向运河过渡。运河的南岸倚山就势建有七开间的油府前有一排水柱从河中喷出。南北两边的台阶都隐蔽在挡土墙后的两侧，更加强了水面空间的完整性。

第三段花园坐落在运河南岸的山坡上，坡脚处理成大台阶。中轴线上有一座紧贴地面的圆形水池（图 6-11），无任何雕琢，但是从中喷出的水柱花纹十分美丽，在碧绿草地的背景上，水花晶莹。登上台阶，沿着林荫路，到达山坡上的绿荫剧场。半圆形绿荫剧场与府邸的穹顶遥相呼应。坡顶耸立着的海格力士的镀金雕像，构成花园中轴的端点。在海格力士像前，回头北望，整个府邸花园尽收眼底。

图 6-11　中轴线上有一座紧贴地面的圆形水池

在平面上，园路呈笔直形，构成几何图形与花园相协调。在空间上，封闭的林园与开放的花园形成强烈的对比。高大的树木，形成花园的背景，构成向南延伸的空间。最后在花园的南端，围合成半圆形的绿荫剧场，透视深远。规则式花园，往往从侧面去观赏时，景观更富有变化。因此在林园边布置绿荫园路，形成宜人的散步道，由此可欣赏花园景色。

沃·勒·维贡特花园的独到之处，便是处处显得宽敞辽阔，又并非巨大无垠。刺绣花坛占地很大，配以喷泉，在花园的中轴上具有突出的主景作用。地形经过精心处理，形成不易察觉的变化。水景起着联系与贯穿全园的作用，在中轴上依次展开。同样，环绕花园整体的绿墙，也布置得美观大方。各造园要素适度的原则，对称的布局，经过勒·诺特尔的处理形成了有机的结合，最终达到了不可逾越的高度。

沃·勒·维贡特府邸花园的辉煌历史只是昙花一现。福凯本打算在此度过幸福的晚年，而结果却走向了厄运的深渊。在建园过程中，觊觎福凯财政大臣之位已久的大臣高勒拜尔(Jean-Baptiste Colbert，1619—1683年)详细了解了此园规模之大、耗资之巨，并向国王路易十四汇报。1661年夏，福凯在园中首次举行晚会，当时宾客盈门、盛况空前。路易十四虽未亲临晚会，但已听到种种传闻。对于亲临朝政不久、血气方刚的年轻路易十四来说，无疑是难以容忍的。8月17日，在路易十四的要求下，福凯举行了第二次盛会。这一天，路易十四及王室成员，在众多贵族的陪同下，由王家卫队护送来到了沃·勒·维贡特府邸花园。路易十四游遍了全园，深为花园之美所陶醉。当来到运河北岸，凭栏俯瞰下面运河时，更加为之倾倒。当他得知设计者为勒·诺特尔时，随即向他祝贺。为组织好这次盛典，福凯竭尽全力。在豪华府邸中，展示着许多著名艺术家的油画；在优美的花园中，装点了精美的雕塑。福凯为了讨好路易十四，一心想使这次盛会取得最佳效果。然而晚会愈豪华奢侈、丰富多彩，愈激起路易十四的愤恨与嫉妒。更为遗憾的是，燃放焰火使马匹受到惊吓，太后的马车竟跌落到壕沟中。在这次晚会后不久，福凯就因账目不清、投机倒把等罪名被捕入狱，判为终身监禁，在狱中度过19个年头后死去。

福凯被捕后不久，路易十四就开始筹划凡尔赛的建造工程了。为此，他将设计沃·勒·维贡特花园的勒沃和勒布托请到了凡尔赛。当时，沃·勒·维贡特花园中大量的雕塑，曾开辟了法国园林装饰的新风气，此时，这些雕塑作品也被路易十四占为己有，并放在凡尔赛宫苑中，甚至凡尔赛柑橘园中的数千盆柑橘也来自沃·勒·维贡特花园。

沃·勒·维贡特府邸花园是法国勒·诺特尔式园林最重要的作品之一，它标志着法国古典主义园林艺术走向成熟。它使设计人勒·诺特尔一举成名，而园主尼古拉斯·福凯(Nicolas Fouquet，1615—1680年)却因此成为阶下囚。

二、尚蒂伊府邸花园(Le Jardin du Chateau de Chantilly)

尚蒂伊最早是弗朗索瓦一世于1524年在巴黎以北42 km处建造的一处宫苑。1643年，孔德家庭买下尚蒂伊时，这里是一片溪流交织的沼泽地。1663年，著名将军老孔德(Je Grand Conde，1621—1686年)委托勒·诺特尔进行花园改造。参与设计建造的还有建筑师丹尼埃尔·吉塔尔(Daniel Gittard，1625—1686年)、造园家拉甘蒂尼(Jean de La Quintinie，1626—1688年)、水工师勒芒斯(Le Manse)等。1675年，老孔德莱茵战役后在此隐居(图6-12)。

图6-12 尚蒂伊府邸花园俯视图

府邸建筑风格具有明显的中世纪特点，平面不规则，无法从建筑中引出花园的中轴线(图6-13)。勒·诺特尔选择府邸边缘的台地为基点，布置花园。后来，建筑师吉塔尔将台地改造成大型台阶，平台上有献给水神的塑像，强调了花园中轴线的焦点。这样，在整体构图上，府邸虽未统率着花园，却成为花园的要素之一。

图 6-13 尚蒂伊府邸建筑

图 6-14 尚蒂伊府邸的水花坛

由于尚蒂伊水量充沛，勒·诺特尔将农奈特河汇聚成横向的运河，长约 1500 m，宽 60 m，在花园中轴上又伸出 300 m 长的一段。这条运河比沃·勒·维贡特府邸花园中的运河更加宏伟壮观，成为巨型的水镜面。花园中有以水池为主体的花坛，称为水花坛，对称布置在中轴线上的运河两侧(图 6-14)。花园的中轴线一直延伸到运河的另一侧，这里布置了巨大的半圆形斜坡草坪，与大台阶相对应。花园的西面，在府邸与后来所建的马厩之间，还有一系列美丽的勒·诺特尔式花园和装饰丰富的林园。1682 年，小芒萨尔(J. H. Mansart，1646—1708 年)还修建了一处柑橘园。这些后来都逐渐消失了。尚蒂伊府邸花园后经过多次改建。老孔德亲王的儿子、路易十五的大臣小孔德(LouisJoseph，Prince de Cond6，1736—1818 年)将大台阶东侧的林园改建成绿荫厅堂，由园林师索塞(Saussay)和布莱特耶(Breteuil)设计。之后他的儿子路易·亨利(Louis Antoine-Henride Conde，1772—1804 年)在水花坛之外建造了英国式花园，花园里面有建筑师勒华(Leroy)建造的小村庄。

尚蒂伊府邸花园经过勒·诺特尔的改建完全体现出勒·诺特尔式园林的特点。花园几乎处在同一个平面上，平坦舒展。花园中着重强调的人工味，尤其是大运河的开创，给人以强烈的震撼。水花坛和水镜面的处理如此适宜，使尚蒂伊府邸花园独具特色。

三、凡尔赛宫苑

路易十四选择的凡尔赛，原是位于巴黎西南 22 km 处的一个小村落，周围是一片适宜狩猎的沼泽地。这里最早在亨利四世时有一座打猎时休息的小屋。1624 年，路易十三兴建了一所简陋的狩猎行宫，为砖砌的城堡式建筑，四角有亭。围以壕沟，外观比较朴素。花园由雅克·布瓦索设计，纯属 16 世纪末期的风格。17 世纪下半叶，法国成为欧洲最强大的国家。国王路易十四是继古罗马皇帝之后，欧洲最强有力的君主。路易十四像其父王一样喜爱狩猎，他 12 岁时初次来到凡尔赛，对父王留下的城堡情有独钟，给他留下了美好的童年回忆。

真正使勒·诺特尔名垂青史的作品是凡尔赛宫苑。它规模宏大，风格突出，内容丰富多变，最完美地体现着古典主义的造园原则。除勒·诺特尔外，法国 17 世纪下半叶最杰出的建筑师、雕塑家、造园家、画家和水利工程师等都先后在凡尔赛的建造过程中工作过。所以，凡尔赛宫苑的建造，代表着当时法国在文化艺术和工程技术上的最高成就。路易十四本人也以极大的热情，关注着凡尔赛的建设。在 1668 年的法荷战争之后，更是全身心地投入到凡尔赛工程的建设中。圣西门公爵说，这位征服者要在凡尔赛领略征服自然的乐趣。

从造园至关重要的相地上说，凡尔赛被圣西门公爵(Louis de Rouvroy，duc de Saint-Simon，1675—1755 年)形容为无景、无水、无树、最荒凉的不毛之地，建造宫苑是很不明智的。然而，路易十四的决定不容更改，他在回忆录中还十分得意地说，正是在这种十分困难的条件下才能证明国家的能力。

出于对童年时代的眷恋，路易十四最初不愿放弃其父的行宫。勒沃对宫殿的扩建，只能局限在壕沟内，将当时长度只有 50 m 的行宫包裹起来。勒·诺特尔从一开始将园林的规划赋予恢宏气势。而宫殿直到 1668 年，实在难以满足国王举行盛大宴会的需要，又显得与园林不协调时，才由建筑师小芒萨尔对宫殿进行再次扩建，填平了壕沟，使建筑长达 400 m，形成与整个园林比例协调、珠联璧合的统一体。因此，凡尔赛是由园林的规模决定了宫殿的壮丽。而勒·诺特尔在凡尔赛宫苑风格的形成中确实起到重要作用。

凡尔赛宫苑规划面积达 1 600 hm^2，其中仅花园部分面积就达 100 hm^2。如果包括外围的大林园，占地面积达约 6 000 hm^2，围墙长 4 km，设有 22 个入口。宫苑主要的东西向主轴长约 3 km，如包括伸向外围及城市的部分，则有 14 km 之长。园林从 1662 年开始建造，到 1688 年大致建成，历时 26 年之久，其间边建边改（图 6-15、图 6-16）。

图 6-15　凡尔赛宫苑鸟瞰图

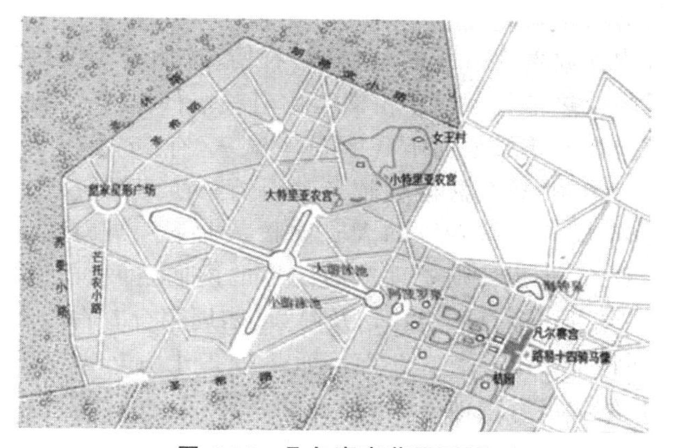

图 6-16　凡尔赛宫苑平面图

宫殿位于台地上，坐东朝西，南北长 400 m，中部向西凸出 90 m，长 100 m。宫殿的中轴向东、西两边延伸，形成贯穿并统领全局的轴线。东面是三侧建筑默默围绕的前庭，正中有路易十四面向东方的骑马雕像。庭院东面的入口处有军队广场，从中放射出 3 条林荫大道向城市延伸。园林布置在宫殿的西面，近有花园，远有林园。宫殿二楼正中，朝东布置了国王的起居室，可眺望穿越城市的林荫大道，象征路易十四控制巴黎、法兰西，甚至控制全欧洲的雄心壮志。朝西的二层中央，原设计为平台，后改为著名的镜廊，好似伸入园中的半岛，又是花园中轴线的焦点。由此处眺望园林，视线深远，循轴线可达 8 km 之外的地平线。气势之恢宏，令人叹为观止。

花园中最先建造的是宫殿凸出部分前的刺绣花坛（图 6-17），后又改成水花坛，由 5 座泉池组成，勒·诺特尔打算以五彩缤纷的水流，描绘出花坛般的景象，但最终未能实现。现在的水花坛是一对矩形抹角的大型水镜面。大理石池壁上装饰着爱神、山林水泽女神以及代表法国主要河流的青铜像。塑像都采用卧姿，与平展的水池相协调。从宫殿中看出去，水花坛中倒映着蓝天白云，与远处明亮的大运河交相辉映。

图 6-17　凡尔赛宫苑的刺绣花坛

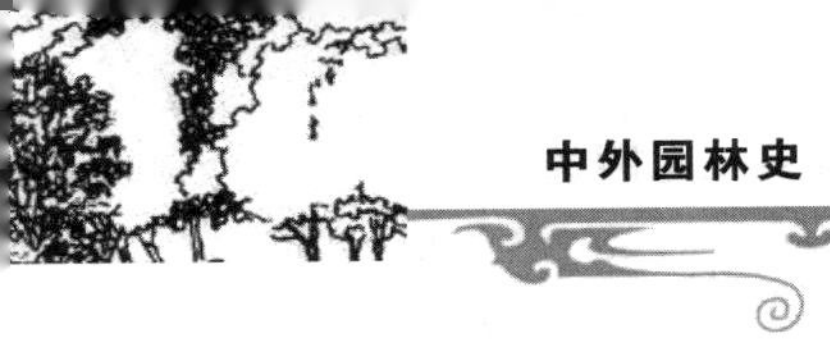

在水花坛的南北两侧有南花坛和北花坛。南花坛台地略低于宫殿的台基，实际上是建在柑橘园温室上的屋顶花园，由两块花坛组成，中心各有喷泉。由此南望，低处是柑橘园，远处是瑞士人湖和林木繁茂的山冈。瑞士人湖面积有 13 hm^2，因由瑞士籍雇佣军承担挖掘工程而得名。这里原是一片沼泽，地势低洼，排水困难，故就势挖湖，在南面形成以湖光山色为主调的开放性的外向空间。路易十四偏爱柑橘树，勒沃最初在宫殿的南侧建了一处柑橘园，园内 1 250 多盆柑橘完全来自福凯的花园。小芒萨在扩建宫殿的南翼时将勒沃的柑橘园拆毁建造了现在看到的新柑橘园（图 6-18），面积比原来扩大了一倍。园内摆放着大量的盆栽柑橘、石榴、棕榈等，富有强烈的亚热带气氛。新柑橘园比南花坛低 13 m，借助高差在南花坛地面下建了一座温室，有 12 个拱门，可容纳 30 002 盆植物越冬。园的东西两侧各有约 20 m 宽、100 级台阶的大阶梯联系上下。与南花坛相对照，北花坛则处理成封闭性的内向空间。这里地势较低，也有两组花坛及喷泉，四周围合着宫殿和林园，十分幽静。它北面因水景处理十分巧妙而著称，从金字塔泉池开始，经山林水泽仙女池，穿过水光林荫道，到达龙池，尽端为半圆形的尼普顿泉池，一系列喷泉引人入胜。金字塔泉池是金字塔形的四层水盘，由雕像支承着。山林水泽仙女泉池表现了狄安娜与山林水泽仙女嬉戏的情景。水光林荫道是穿越林园的坡道，两边排着 22 组盘式涌泉，各由 3 个儿童像擎着。龙池是一座圆形水池，池中是展翅欲飞的巨龙，周围四条怪鱼纷纷逃窜，4 个儿童骑在天鹅身上，以弓箭袭击巨龙。尼普顿泉池虽不似瑞士人湖那么辽阔，但在幽暗和狭窄的空间对比之下，也显得十分壮观，南岸池壁上及水中装饰着雕像和喷泉，喷水或呈抛物线形射向池中，或向上直冲云霄，或从各种动物塑像口中喷出；水柱或粗或细、纵横交错，伴以喧闹的声响，使人目不暇接。尼普顿泉池与瑞士人湖，在横轴两端遥相呼应，又富有强烈的动与静的对比。

图 6-18　瑞士人湖及新柑橘园

从水花坛西望，中轴线两侧有茂密的林园，高大的树木修剪整齐，增强了中轴线立体感和空间变化。花园中轴的艺术主题完全是歌颂太阳王路易十四的。起点是饰有雕像的环形坡道围着的拉托娜泉池，池中是 4 层大理石圆台，拉托娜（Latona）雕像耸立顶端，手牵着幼年的阿波罗（Apollo）和阿耳忒弥斯（Artemis），遥望西方（图 6-19）。下面有口中喷水的乌龟、癞蛤蟆和跪着的村民水柱将雕像笼罩在水雾之中。在罗马神话中，孪生兄妹太阳神阿波罗和月亮神阿耳忒弥斯是拉托娜与天神朱庇特（Jupiter）的私生子，乌龟、癞蛤蟆之类是那些曾经对她有所不恭、对她唾骂的村民被天神惩罚而变的。拉托娜泉池两侧各有一块镶有花边的草地，称为拉托娜花坛。中央是圆形水池和高大的喷泉水柱，草地的外轮廓与拉托娜泉池协调地嵌合在一起，使这一广场显得十分完美。

图 6-19　凡尔赛宫苑的拉托娜泉池

从拉托娜泉池向西行，是长 330 m、宽 45 m 的国王林荫道（图 6-20），大革命时改称绿地毯，中央为 25 m 宽的草坪带，两侧各有 10 m 宽的园路。其外侧，每隔 30 m 立一尊白色大理石雕像或瓶饰，共

24 个。在高大的七叶树和绿篱的衬托下，显得典雅素净。林荫道的尽头，便是阿波罗泉池（图 6-21）。椭圆形的水池中，阿波罗驾着巡天车，迎着朝阳破水而出。紧握缰绳的太阳神、欢跃奔腾的马匹塑像栩栩如生。当喷水时，池中水花四溅，整个泉池蒙上一层朦胧的水雾。夕阳西下时，镀金的太阳神雕像在水面上放射出万道光芒，而天空的太阳神向西方渐渐隐没。阿波罗泉池的两侧，弧形园路上各有 12 尊在树木和绿篱衬托下的雕塑，既作为国王林荫道雕塑布置的延续，同时也装饰了阿波罗泉池所在的广场。

图 6-20　国王林荫道

图 6-21　阿波罗泉池

阿波罗泉池之后，便是凡尔赛中最壮观的呈十字形的大运河，它既延长了花园中轴的透视线，也是为沼泽地的排水而设计的。在中轴上，大运河长 1 650 m，宽 62 m，横臂长 1 013 m。在东西两端及纵横轴交会处，大运河都拓宽成轮廓优美的水池。路易十四经常乘坐御舟，在宽阔的水面上宴请群臣。大运河的西端还有一个放射出 10 条道路的中心广场。

勒·诺特尔构思最巧妙的小林园之一是迷园，取材于伊索寓言。入口对称布置的是伊索和厄洛斯的雕像，暗示受厄洛斯引诱而误入迷宫的人会在伊索的引导下走出迷宫。园路错综复杂，每一转角处都有铅铸的着色动物雕像，各隐含着一个寓言故事，并以四行诗作注解，共有 40 多个。迷园本是中世纪欧洲流行的园林局部，勒·诺特尔以伊索寓言为主题赋予其新的内容，使之更富有情趣。1775 年，迷园被毁后改成王后林园。

勒·诺特尔为蒙黛斯潘侯爵夫人（Marquise dc Montespan，1640—1707 年）兴建的沼泽园也是一处十分精美的场所。园内方形水池的中央，有一座独特的喷泉，在一株逼真的铜铸的树上，长满了锡制的叶片，在所有枝叶的尖端，布满了小喷头，向四周喷水；池的 4 个角隅上的天鹅也向池内喷水。不同方向的水柱纵横交错，使人眼花缭乱、目不暇接。此外，在两侧大理石镶边的台层上，设有长条形水渠，里面是各种水罐、酒杯、酒瓶等造型的涌泉；还有一盘水果，也从盘中向外喷水，简直是一处水景荟萃之地。沼泽园后来被小芒萨尔改成阿波罗浴场，其中有大岩洞，主洞是海神洞，有巡天回来的阿波罗与众仙女的雕像，两个副洞有太阳神的马匹雕像。岩洞完全仿自然山岩，到处是层层跌落的瀑布。这组雕像本来安放在忒提斯岩洞（Grotte de Thetis）中，因 1682 年小芒萨尔扩建宫殿北翼时岩洞被毁而移至此处。忒提斯岩洞也是献给太阳神的，其构造奇妙，富于想象，由水工专家、意大利人弗兰西尼兄弟（Franqois Francini，1617—1688 年；Pierre Francini，1621—1686 年）设计建造，顶上造了蓄水池，由洞府内泻出许多水流；3 个拱形洞门上有一长形浮雕，描绘太阳神来洞府时受到沼泽女神的迎接。这里曾是备受路易十四钟爱的欣赏音乐演奏的地方。1776—1778 年，阿波罗浴场改成浪漫式风景园林。

水剧场是备受人们赞赏的小林园。在椭圆形的园地上，流淌着 3 个小瀑布，还有 200 多眼喷水，可以组成 10 种不同的跌落组合，在绿色植物的衬托下恰似优美的舞台景象。观众席环绕舞台呈半圆形布置，并逐层向后升起，上面铺着柔软的草皮。可惜毁于 18 世纪中叶，现存的是后建的绿环丛林。

水镜园建于1672年，水池的处理很简洁，倒映着树梢上的蓝天白云。水面与驳岸平齐，自然过渡到斜坡式草坪，与西侧的帝王岛(亦称爱情岛)合为一体。路易十八(Louis XⅧ，1814—1824年在位)时期，帝王岛被改成英国式花园，称为国王花园。

柱廊园是凡尔赛中最美的园林建筑，是由小芒萨尔在1684年建造的。树林环绕的大理石圆形柱廊共32开间。粉红色大理石柱纤细轻巧，柱间有白色大理石盘式涌泉，水柱高达数米。当中为直径32 m的露天演奏厅，中心是雕塑家吉拉尔东(Francois Girardon，1628—1715年)的杰作普鲁东抢劫普洛赛宾娜，雕塑放置在高高的基座上，形成这一完美空间的构图中心。柱廊园做法与勒·诺特尔以植物材料为主的创作手法大相径庭。勒·诺特尔当时在意大利，回来之后，路易十四带他去参观并再三征求他的意见。勒·诺特尔不无讽刺地说：陛下把一个泥瓦匠培养成了园艺师，他给陛下做了一道拿手菜。

凡尔赛的建成，对当时整个欧洲的园林艺术产生了深刻的影响，成为各国君主梦寐以求的人间天堂。德国、奥地利、荷兰、俄罗斯和英国都相继建造自己的凡尔赛，然而，无论在规模上还是在艺术水平上都未能超过凡尔赛。

1715年路易十四死后，凡尔赛宫苑几经沧桑，渐渐失去17世纪时的整体风貌。规划区域的面积从当时的约1 600 hm^2，缩小到现在的约800 hm^2。虽然园林的主要部分还保留着原来的样子，却难以反映出鼎盛时期的全貌了。

四、特里阿农宫苑

1670年，在凡尔赛宫苑大运河横臂北端附近名叫特里阿农(Trianon)的村庄，勒沃为蒙黛斯潘侯爵夫人建造了一座小型收藏室，两侧配以亭廊。花园由园艺师勒布托(Michel Lc Bouteux)设计，园内奇花异草，数量之多，令人叹为观止(图6-22)。

这座小型收藏室的立面和室内，都装饰了大量白底蓝花的瓷砖和瓶饰，希望形成一种中国式的风格，称为特里阿农瓷宫。由于法国传教士带回的中国工艺品，尤其是青花瓷器，在法国大受欢迎，因此形成一股中国热。特里阿农瓷宫便是以仿照中国的青花瓷瓷砖为装饰材料建造的。

图6-22　特里阿农宫

1687年，路易十四决定改建特里阿农瓷宫，以便蒙特农夫人(Mme. de Montenon)在此居住。小芒萨尔建造的宫殿，以大理石饰面，称为特里阿农大理石宫。花园加以扩大，气氛也比较庄重肃穆。路易十四死后，特里阿农又有了很大的变化。路易十五(Louis XV，1715—1774年在位)从小就对特里阿农宫兴趣浓厚，认为这里不像凡尔赛宫那样豪华，更适宜居住。他将特里阿农大理石宫送给了王后，但王后并不十分喜爱。

路易十五爱好植物学，因而将一部分花园改成植物园，鼓励进行外来植物的引种试验。1750年，加伯里埃尔(Jacques-Ange Gabriel，1698—1782年)在特里阿农的西面，建造了新动物园，在低洼的庭院和简易牲畜棚中，养着许多小宠物。周围是广阔的引种试验花圃，其中有加伯里埃尔设计的称为法国亭的小建筑。这个起初只是为了满足路易十五喜好的游乐和消遣场所，后来成为非常重要的科研中心。1759年在此建立了植物园，内有大型温室，并有许多观赏植物。1764年以后，主要种植观赏树木。1830年以后，又增加了新品种和许多美观的外来树种。

1762—1768年，路易十五在法国亭前建造了一处宁静的住所，称为小特里阿农(称路易十四的大理石宫为大特里阿农)，周围有小型的勒·诺特尔式花园，一直延伸到特里阿农大理石宫。路易十六(Louis XⅥ，1774—1792年在位)登基后，为王后在此建造了小城堡。不久之后王后就对花园进行了全面改造，形成英中式花园风格。

五、枫丹白露宫苑

枫丹白露森林是理想的狩猎场所。从12世纪起，法国历代君王几乎都曾在此居住或狩猎，这里的湖泊、岩石和森林构成美妙的自然景观。城堡建造在森林深处的一片沼泽地上。

1169年，肯特伯雷大主教将枫丹白露庄园中的小教堂献给了国王路易七世（Louis Ⅶ Le Jeune，1137—1180年在位）。此后，它成了君王的行宫。15世纪英国入侵时，王宫迁往卢瓦尔河畔，枫丹白露一度遭荒弃。弗朗索瓦一世时期，宫廷迁回巴黎附近，枫丹白露又成为酷爱狩猎的君王们的常来常往之地（图6-23）。

图6-23　枫丹白露宫入口

1528年，弗朗索瓦一世将旧宫殿拆毁，只保留厂塔楼，重新建造了一座行宫。新宫殿是文艺复兴初期的样式，它的三翼在南面围合着喷泉庭院；前庭在西面，称为白马庭院；宫殿周围当时有水壕沟环绕。此后，这座宫殿随着君王的更替，经历了不断的改建和修缮。花园也是自12世纪以来，不断地修建和改造而成的。弗朗索瓦一世时期著名的意大利艺术家普里马蒂西奥（Francesco Primaticcio，1504—1570年）、塞利奥（Serlio，1475—1554年）、维尼奥拉都参与过花园的设计。

喷泉庭院是近似方形的内庭，16世纪时，庭院中有一座米开朗基罗塑造的海格力士雕像喷泉（图6-24）。王朝复辟时期改成由佩迪托（Petitot）塑造的郁利斯（Ulysse）雕像。喷泉庭院的南面正对着的开阔的鲤鱼池平面呈梯形。从喷泉庭院南望，是宽阔的水池和远处的树木，景色秀丽，视野开阔而深远。

图6-24　海格力士雕像喷泉

新宫殿的北面是封闭的狄安娜花园，园内有狄安娜大理石像。弗朗索瓦一世时期，花园被改造成方格形的黄杨花坛，称为黄杨园。维尼奥拉在里面设置了一些青铜像。1602年，亨利四世将狄安娜大理石像移到室内保存，由雕塑家普里欧铸造了一尊青铜仿制品，放在原处。弗兰西尼设计了4条猎犬，蹲在雕像四周，下面还有口中吐水的4只鹿头，由彼阿尔塑造。现在看到的狄安娜铜像，是1684年由克莱（Keller）兄弟重新塑造的。

1645年，勒·诺特尔改建了狄安娜花园。喷泉四周设刺绣花坛，装饰了雕像和盆栽柑橘。拿破仑时代又将狄安娜花园改成英国式花园，过去的小喷泉改成大理石池壁、青铜像装饰的泉池，成为这座小花园的主景，一直保留到现在（图6-25）。

图6-25　狄安娜花园

在鲤鱼池的西面，有弗朗索瓦一世建造的松树园，因种有大量来自普罗旺斯的欧洲赤松而著名。园内静谧幽深，富有野趣。1543—1545 年，意大利建筑师赛里奥在里面建造了一处三开间的岩洞，立面是粗毛石砌的拱门，镶嵌着砂岩雕刻的 4 个巨人像，显得古朴有力。洞内装饰具有意大利文艺复兴时期风格，布满了钟乳石，这是在法国建造最早的岩洞。亨利四世时期，花园有所扩大，包括一个图案精致的黄杨花坛，园内种有雪松和一棵在当时十分罕见的悬铃木。1713 年，这一部分改建成勒·诺特尔式花园。1809—1812 年，拿破仑又命园林师于尔托尔（Maximilien Joseph Hurtault）将它改建成英国式花园，面积增加到 10 hm^2。园内以种植大量的外来珍稀树木而著称，如槐树、鹅掌楸、柏树等（这些树种当时在法国很少见），形成富有自然情趣的疏林草地。现在园中种有大量的悬铃木和落叶松。

鲤鱼池的东面还有一个大花园，中心是巨大的方形花坛。它与围绕卵形庭院布置的宫殿部分相平行。1600 年，工程师弗兰西尼用水渠将花坛分隔成三角形的四大块，花坛中间是大型泉池，池中有狄伯尔（Tibre）的青铜像，因此称之为狄伯尔花坛（图 6-26）。1664 年，勒·诺特尔对此进行了改建，花坛中增加了黄杨篱图案，并将狄伯尔铜像移到一圆形水池中。现在的花坛中已没有了黄杨图案，狄伯尔铜像也在大革命时期被熔化了。花坛本身很简单，只是尺度巨大。周围树木夹峙的园路高出花坛 1～2 m，围合出一个边长 250 m 的方块，里面是 4 块镶有花边的草坪。草坪中央是方形泉池，池中饰以简洁的盘式涌泉。花园中视线深远，越过运河可一直望到远处的岩石山。花园台地的挡土墙，处理成数层跌水，接以水池。勒·诺特尔重新利用了弗兰西尼的水工设施，处理成一个喷泉景观系列，可惜大部分已被毁坏。

勒·诺特尔主要改造了枫丹白露宫苑中的大花园，创造出广袤辽阔的空间效果。不同时期所形成水景是枫丹白露宫苑最突出的景观。尤其是大运河、鲤鱼池，一系列的水池和喷泉。

图 6-26　狄伯尔花坛

六、丢勒里宫苑

丢勒里花园是巴黎建造最早的大型花园。路易十三时期，这个花园就对巴黎市民开放，因此可以说，它是法国历史上的第一个公共花园。

丢勒里宫是为卡特琳娜·美第奇兴建的。1546 年，建筑师德劳姆开始建造长条形的宫殿，与塞纳河垂直，中央是高大的穹顶。1570 年德劳姆死后，由建筑师布兰（Jean Bullant）接替，前后用了近 10 年的时间。亨利四世便于登基之后，设想将丢勒里宫与卢浮宫连接起来，形成巨大的宫殿群，并开始着手实施。一方面将丢勒里官向南北延伸，另一方面在卢浮宫南北各建一侧翼，向西延伸，与丢勒里宫汇合。亨利四世的设想直到 19 世纪后半叶的拿破仑三世（Napoleon Ⅲ，1803—1873 年）时期才得以实现。然而，丢勒里宫在 1871 年毁于一场大火，1882 年后被完全拆除，于是丢勒里花园便与卢浮宫连接在一起了。丢勒里花园建造之初，西面还是一片开阔的乡村，由加鲁斯基（Caruessequi）主持种植工程，园艺师塔尔甘（Tarquin）协助。从 1578 年绘制的平面图来看，花园由网格形园路划分小方块形花坛和林园。林园分两种：一种是修剪成方块的树木丛，形成密林效果；另一种采用梅花形种植形成树木走廊，里面种有花灌木和草坪。宫殿前布置了 8 块方形花坛，整体上表现出意大利文艺复兴时期花园的特色。

亨利四世时期，养蚕业传入法国。人们在丢勒里花园中引种桑树。路易十三时期，在园中还设置了一处养蚕场，以及动物饲养场，并曾在其中狩猎。不断的修建和改造，使得丢勒里花园在整体上失去了统一性和秩序感。后来勒·诺特尔对丢勒里花园进行了全面的改造，将花园与宫殿统一起来，在宫殿前面建造了图案丰富的大型刺绣花坛，形成建筑前的一个开敞空间。作为对比，刺绣花坛后面是茂密的林园空间，由 16 个方格组成，布置在宽阔的中轴路两侧。林园中仍然以草坪和花灌木为主，其中一处做成绿荫剧场。为了在花园中形成欢快的气氛，还建造厂一些泉池，重点是中轴上的圆形和八角形的两个大水池。中轴西端建造了两座半圆形的大坡道，进一步强调中轴的重要性增加视点高度上的变化。花园两侧设置平行于塞纳河的高台地，形成夹峙着花园的散步道台地与坡道的建造，加强了地形的变化，使花园的魅力倍增。经过勒·诺特尔改造的丢勒里花园在统一性、丰富性和序列性上都得到很大改善，成为古典主义园林的优秀作品之一（图 6-27、图 6-28）。此后，丢勒里花园又经过几次改造，但大体上仍保留着勒·诺特尔的布局。1871 年宫殿发生火灾拆毁之后，花坛就与卡鲁塞尔凯旋门(i'Arc du Carrousel)广场连成一体，使得花园面积大大增加。19 世纪进行的城市扩建工程，为花园增添了伸向园外的中轴线，东面延伸到卢浮宫庭院，西面伸向协和广场中央的方尖碑和星辰广场上的凯旋门，以后又进一步延伸到拉德芳斯的大拱门。

图 6-27　刺绣花坛及水池版画

图 6-28　经勒·诺特尔改造后的丢勒里花园平面图

丢勒里花园从宫苑到城市公园，这一功能上富有现代感的变化，从 18 世纪起，成为欧洲公园的一种象征和模仿的对象。无论是其使用功能，还是数条平行的、有明有暗、适合不同季节的园路布局，都被看作是一种样板，在欧洲留下一些模仿它的实例。

七、索园

它是由勒·诺特尔给路易十四的财政大臣高勒拜尔设计的府邸花园，位于巴黎南面 8 km 处。府邸建筑最早建于 1573 年，后遭拆毁，重建了一座路易十三时期样式的府邸，花园大约在 1673 年开始动工兴建（图 6-29）。

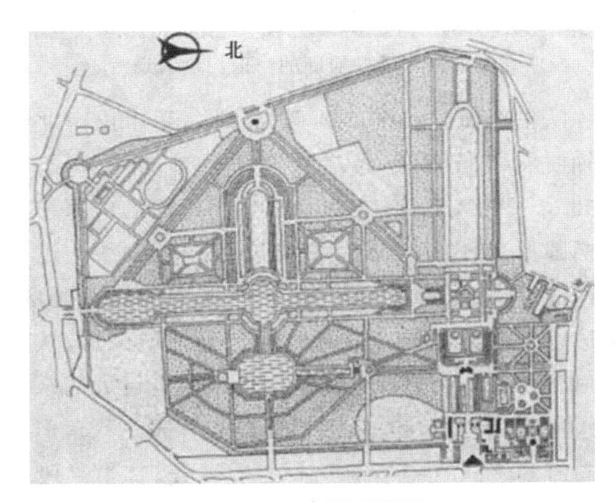

图 6-29　索园平面图

索园的地形起伏很大，低洼处原是一片沼泽地，给勒·诺特尔带来很大的困难，引水和土方工程量巨大，仅仅为在府邸前开出纵横相交的两条轴线，就挖土方约 10 000 m^3。为了园林的水景用水，甚至将奥尔奈河的河水用渡槽和管道引来，这些设施一直保留至今。

索园的面积很大，约有 400 hm^2，平面接近正方形。府邸建筑体量不大，坐东朝西，从中引申出花园东西向的主轴线，地势东高西低。府邸的东侧，是整形树木夹峙的中轴路(图 6-30)。经过两侧为附属建筑的前庭，中轴线继续向东延伸，形成贯穿城市的林荫道。在府邸的西侧，首先是 3 层草坪台地围合着的一对花坛，各有一圆形泉池，地形向西逐渐下降，有花坛环绕着的圆形大水池。此后为类似凡尔赛国王林荫道的草坪散步道，尺度之巨大，甚至超出凡尔赛，视线开阔而深远。

图 6-30　通向府邸的整形树木大道

从东西向主轴线上圆形大水池，引申出南北向的轴线将花园一分为二。这条轴线上是一条约 1500 m 长的大运河，宏伟壮观。大运河的中部扩大成椭圆形，从中引申出另一条东西向的轴线。运河的西面处理成类似沃·勒·维贡特花园的绿荫剧场，两边以林园为背景。轴线西端是半圆形广场，从中放射出 3 条林荫道。运河的南面中心有巨大的八角形水池，与大运河相连，四周环绕着林园。八角形水池与府邸之间有一条南北向的次轴线，其中一段倚山就势修建了大型的连续跌水，即索园中著名的大瀑布。这条轴线一直伸向府邸的北面，两侧是处理精致的小林园，以整形树木构成框架，里面是草坪花坛，形成封闭而静谧的休息场所(图 6-31)。

图 6-31　大水池以西宽阔的道路中央为绿毯式的大面积草坪

索园中最突出的是水景的处理手法，尤其是人工运河，可以和凡尔赛的运河媲美(图 6-32)。以后，高勒拜尔的侄子赛涅莱侯爵(Le Marguis Sai Laigné，1651—1690 年)又在运河两岸列植意大利杨(图 6-33)，高大挺拔的树姿与水平面形成强烈对比，加以汹涌壮观的大瀑布，水景动静有致，给人留下极深的印象。

图 6-32　修剪整齐的树墙及水台阶

图 6-33　运河两岸列植高耸的意大利杨

第四节 勒·诺特尔式园林特征

路易十四是欧洲君主专制政体中最有权势的国王，他提出了君权神授之说，自称为太阳王。在他统治期间，对内以法兰西学院来控制思想文化，对外以侵略战争肆意掠夺别国财富。他不惜劳民伤财，大建宫苑。而法国古典主义园林，反映的正是以君主为中心的封建等级制度，是绝对君权专制政体的象征，它在路易十四统治时期，发展到不可逾越的顶峰。勒·诺特尔是法国古典主义园林的集大成者。法国古典主义园林的构图原则和造园要素，在勒·诺特尔之前就已成型。但是，勒·诺特尔不仅把原则运用得更彻底，将要素组织得更协调，使构图更为完美，而且，在他的作品中，体现出一种庄重典雅的风格，这种风格便是路易十四时代的伟大风格，同时也是法国古典主义的灵魂，它鲜明地反映出这个辉煌时代的特征。这是意大利文艺复兴时期贵族、主教们的别墅庄园所望尘莫及的。园林成为路易十四时代最具代表性的艺术。

勒·诺特尔式园林的主要特征体现在以下方面：

（1）主题思想：园林的形式表现皇权至上的主题思想。宫殿位于放射状道路的焦点上，宫苑中延伸数千米的中轴线，强烈地表现出唯我独尊、皇权浩荡的思想。如凡尔赛宫苑中，路易十四则自喻为天神朱庇特之子—太阳神阿波罗。在贯穿凡尔赛宫苑的主轴线上，除了阿波罗，只有其母拉托娜的雕像；宫苑的中轴线采取东西布置，宫殿的主要起居室和神驾马车、从海上冉冉升起的阿波罗雕像均面对着太阳升起的东方；当夕阳西下时，一切都渐渐沉没在夜幕之中。正是以太阳运行的轨迹，象征一种周而复始、永恒统治的主题。

（2）平面布局：构图中，府邸总是中心，起着统率的作用，通常建在地形的最高处。花园在规模、尺度和形式上都服从于建筑，花园本身的构图，也体现出专制政体中的等级制度。在贯穿全园的中轴线上，加以重点装饰，形成全园的视觉中心。最美的花坛、雕像、泉池等都集中布置在中轴上。

（3）空间布局：园林环境完全体现了人工化的特点。追求空间的无限性，表现广袤旷远，具有外向性等，是园林规模与空间尺度上的最大特点。

（4）地形地貌：勒·诺特尔式园林又是作为府邸的露天客厅来建造的，因此，需要很大的场地，而且要求地形平坦或略有起伏。平坦的地形有利于在中轴两侧形成对称的效果。在平原地，由不同标高的水平面及缓倾斜的平面组成；在山地及丘陵地，由阶梯式的大小不同的水平台地、倾斜平面及石级组成，整体上有着平缓而舒展的效果。

（5）水体设计：采用法国平原上常见的湖泊、河流形式，外形轮廓均为几何形；多采用整齐式驳岸，园林水景的类型以及整形水池、壁泉、整形瀑布及运河等为主，形成镜面似的水景效果，主要展现静态水景。除了大量形形色色的喷泉外，动水较少，只在缓坡地上做出一些跌水的布置。园林中主要展示静态水景，从护城河或水壕沟，到水渠或运河，它们的重要性逐渐增强。虽然没有意大利台地园中利用高差形成的水阶梯、跌水、瀑布等景观效果，却以辽阔、平静、深远的气势取胜。尤其是运河的运用，成为勒·诺特尔式园林中不可缺少的组成部分。

（6）建筑布局：在勒·诺特尔式园林的构图中，府邸总是中心，起着统率的作用，通常建在地形的最高处。建筑前的庭院与城市中的林荫大道相衔接，其后面的花园，在规模、尺度和形式上都服从于建筑。并且在其前后的花园中都不种高大的树木，为的是在花园里处处可以看到整个府邸。而由建筑内向外看，则整个花园尽收眼底。从府邸到花园、林园，人工味及装饰性逐渐减弱。林园既是花园的背景，又是花园的延续。

园林不仅个体建筑采用中轴对称均衡的设计，以至建筑群和大规模建筑组群的布局，也采取中轴对称均衡的手法，以主要建筑群和次要建筑群形式的主轴和副轴控制全园。

（7）道路广场：园林中的空旷地和广场外形轮廓均为几何形。封闭性的草坪、广场空间，以对称建筑群或规则式林带、树墙包围。道路均为直线、折线或几何曲线组成，构成方格形或环状放射形，中轴对称或不对称的几何布局。

（8）种植设计：园内花卉布置用以图案为主题的

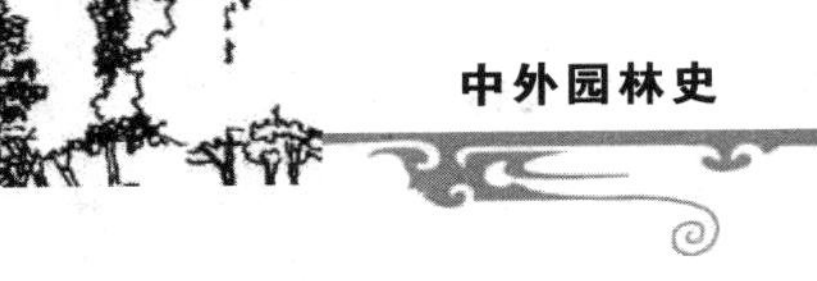

模纹花坛和花境为主,有时布置成大规模的花坛群,府邸近旁的刺绣花坛是法国园林的独创之一,创造出以花卉为主的大型刺绣花坛,以追求鲜艳、明快、富丽的效果。勒·诺特尔式园林中广泛采用丰富的阔叶乔木,能明显体现出季节变化。常见的乡土树种有椴树、欧洲七叶树、山毛榉、鹅耳枥等,往往集中种植在林园中,形成茂密的丛林,这是法国平原上森林的缩影,只是边缘经过修剪,又被直线形道路所包围,而形成整齐的外观。这种丛林的尺度与巨大的宫殿、花坛相协调,形成统一的效果。丛林内部又辟出许多丰富多彩的小型活动空间,这是勒·诺特尔在统一中求变化,又使变化融于统一之中的一种创造。此外,运用大量的绿篱、绿墙以区划和组织空间。树木整形修剪以模拟建筑体形和动物形态为主,如绿柱、绿塔、绿门、绿亭和用常绿树修剪而成的鸟兽等。

(9)园林其他景物:在园内道路上,将水池、喷泉、雕塑小品装饰设在路边或交叉口。

第五节　勒·诺特尔式园林对欧洲的影响

一、荷兰勒·诺特尔式园林

(一)荷兰概况

荷兰位于欧洲西偏北部,是著名的亚欧大陆桥的欧洲始发点。东面与德国为邻,南接比利时,西、北濒临北海。“荷兰”在日耳曼语中叫尼德兰,意为“低地之国”,因其国土有一半以上低于或几乎水平于海平面而得名,部分地区甚至是由围海造地形成的。

荷兰的地形最突出的特点是低平。1/4 的土地海拔不到 1 m,1/4 的土地低于海面,除南部和东部有一些丘陵外,绝大部分地势都很低。南部由莱茵河、马斯河、斯海尔德河的三角洲连接而成。最高点是位于南部林堡省东南角的瓦尔斯堡山(Vaalserberg),海拔 321 m。荷兰地势最低点在鹿特丹附近,为海平面以下 6.7 m。

荷兰位于北纬 51°～54°之间,受大西洋暖流影响,属温带海洋性气候,冬暖夏凉。荷兰沿海地区夏季平均气温为 16℃,冬季平均气温为 3℃。年降雨量约为 760 mm,降雨基本均匀分布于四季。

(二)勒·诺特尔式园林概述

勒·诺特尔式园林在荷兰传播是较晚的,在凡尔赛宫苑风靡时期后 25 年后荷兰所出版的庭园书上,还未记载勒·诺特尔式园林。导致勒·诺特尔式园林难以在荷兰流行的原因有二:一是荷兰人口稠密,土地狭小,且都掌握在中产阶级手中,但他们崇尚民主精神不拘泥于勒·诺特尔式庭院的造园样板;二是勒·诺特尔式庭园主要是以美的效果为主的,需要对丛林和森林进行处理,而荷兰大部分地区有强风,地势低洼且地下水位很高,妨碍了树木和森林的生长,难以营造勒·诺特尔式园林。最早开始小规模地模仿勒·诺特尔式庭园,始于威廉三世(William Ⅲ,1650—1720 年)修建赫特·洛(Het Loo)宫苑,其后勒·诺特尔式园林在荷兰盛行。荷兰陆路旅行既不安全,又不方便,而阿姆斯特丹和怀希多河的游艇运输却很方便,因此在乌得勒支和阿姆斯特丹之间,便形成了一大庭园地带。大部分的别墅是在阿姆斯特丹、海牙、哈雷姆、莱顿和乌得勒支等附近。

荷兰造园家中继承勒·诺特尔式造园风格的有罗曼(Jacques Roman,1640—1716 年)、辛怀(Simon Schynvoet,1652—1727 年)、马罗(Daniel Marot,1661—1752 年)、让·范·科尔(Jan van Call,1656—1703 年)等。罗曼最重要的作品是为威廉三世设计的赫特·洛宫苑。辛怀设计了索克伦庭园,还建造了海牙周围的主要庭园以及阿姆斯特和怀希多两河沿岸多数的别墅。马罗是勒·诺特尔的弟子,年轻时自凡尔赛到海牙后,被任命为宫廷造园家,主要作品有为威廉三世建造的费斯特狄伦(Huiste Dieren),为阿尔贝马尔伯爵(Albemarle)在兹特封附近建造了伏尔斯特(Voorst)。让·范·科尔(Jan van Call,1656—1703 年)的作品有为海牙附近建造的克伦肯达尔及其他许多庭园。

荷兰造园著作中关于勒·诺特尔式园林有《荷兰的造园家》《宫廷造园家》。1669 年范·迪·格伦(Jan Van der Groen,1635—1672 年)出版的《荷兰的造园家》中描绘的是近海牙的利斯维克(Ryswick)、鸿斯雷尔达克(Honslaerdyk)、林中之家(Huis ten Bosch)等庭园,涉及一般性的地方生活,喷泉的制作技术，花卉，树木，葡萄和柑橘的栽培技术，简单花坛的设计，格子墙的构造。此外还用实例介绍植物造型设计如欧洲黄杨修剪成数字造型、树木修剪成指北针造型等，这也使该书至18世纪中叶仍保持着最通俗的造园理论书籍的地位。1676年卡赛(Hendrik Canse，1648—1699年)出版的《宫廷造园家》记载了很多花坛的种类。全书分两部分，前篇为果树和花卉，后篇为庭园设计。该书在英国受到好评，英国很多出色的庭园是根据它的设计建造的。

荷兰版画记载着荷兰住宅周边美景，将其传至后世。1732年，雷多美卡(Abraham Rademaker)出版荷兰住宅的美丽版画集。其中住宅都围以河渠，架设各种小桥，以大门柱为分界。前庭院通向质朴而严肃的建筑物；如果无前庭院，则有栽植心叶椴的林荫路。这里置有很多配以各种屋顶的古雅塔楼。为了能清楚地眺望周围的风景，绿篱都修剪得很低。从快艇的甲板上可遥望排列在运河岸边的别墅地带全景。

(三)荷兰勒·诺特尔式园林实例

1. 安吉恩公爵庄园(Villa Ducd of Enghlen)

安吉恩公爵(Ducd of Enghlen)的城堡庭园是法兰达斯地区最有趣味的庭园之一。它位于距布鲁塞尔18英里处，毁于法国大革命。因伏尔泰(Francois Marie Arouet，1694—1778年)和夏多雷侯爵夫人(Marquise de Chatelet，1706—1749年)于1739年在此处旅居时而出名，罗曼·德·胡奇(Romain de Hooghe，1645—1708年)的版画描绘了庄园最盛期的情景，一条很宽的林荫路从城堡通向城墙。有名为帕纳萨斯(Parnassus，希腊中部山峰名，传说为阿波罗神和缪斯神的灵地)的3层假山，各层由种植绿篱的坡道相连接。城堡附近有鱼池，池中有名为纳摩特(La Motte)的方形岛，岛中央有大喷泉，岛四周栽植树篱。在绿墙内侧有长约270 m的林荫路，路的尽头有园亭和喷泉。

2. 赫特·洛宫苑(Gardens of Het Loo Palace)

精美的赫特·洛宫花园始建于17世纪下半叶。当时的亲王、后来的英国国王威廉三世在维吕渥(Veluwe)拥有一座猎园，为了能够经常来此狩猎，他购置了附近的赫特·洛地产，并于1684年兴建了一座狩猎行宫。宫殿由荷兰建筑师罗曼负责建造，开始采用巴黎建筑学院的设计方案，以后按建筑师丹尼埃尔·马洛特的设计方案建造，也包括宫殿旁的花园(图6-34)。

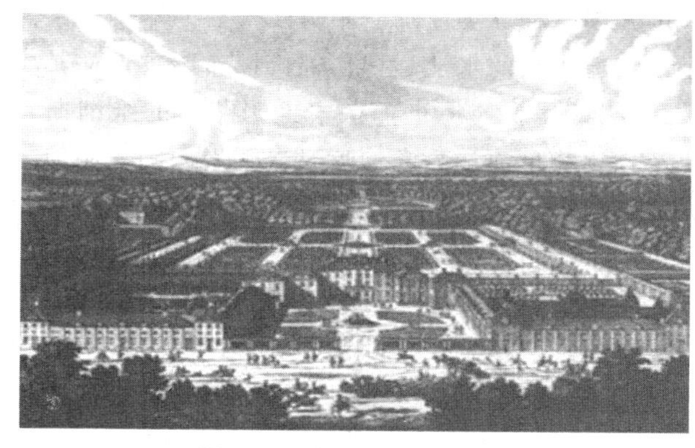

图6-34　赫特·洛宫苑版画

最初的宫殿与花园设计完全反映了对称与均衡的美学思想。中轴线从前庭起，穿过宫殿和花园，一直延伸到上层花园顶端的柱廊之外，再经过几千米长的榆树林荫道，最终延伸到树林中的方尖碑。壮观的中轴线将全园分为东西两部分，中轴两侧对称布置。

宫殿的镀金铸铁大门以外即为花园。园中是对称布置的8块方形花坛，当中4块纹样精致，格外引人注目。与大门平行的横轴东侧是王后花园(图6-35)，其内布置了网格形的绿荫拱架，使花园具有私密性特征，中央有喷泉和镀金的铅制“绿色小屋”，园内种植女性化的花卉(如百合花和耧斗菜等)以象征圣母玛丽亚。

图6-35　王后花园

与大门平行的横轴西侧是国王花园，其内对称布置了一对刺绣花坛和沿墙的行列式果树，花坛采用了王家居室的色彩，以红、蓝色花卉构成，象征威廉三世的宫苑气氛，园中的斜坡式草地和大面积草坪可开展各种球类活动。中央及次要园路的交叉点上布置着大量的水池、喷泉，并饰以希腊神像。其中最重要、最美观的是布置在中央园路上的维纳斯泉池及丘比特泉池。高大的喷泉在平坦开阔的园地上突出其竖向尺度，对比强烈。中央园路的两侧布置有小水渠，将水引到花园中的各个水景处。

在上层花园(约1690年增建)中，主园路伴随着两侧方块形树丛植坛伸向豪华壮丽的国王泉池。中央巨大的水柱，高达13 m，四周环以小喷泉，从内径32 m的八角形水池中喷射出来，形成花园的主景。上层花园中的喷泉用水是从几千米外的高地上以陶土输水管引采的，下层花园中的用水则来自林园中的池塘。上、下层花园均围以挡土墙及柱廊。围墙之外的林园中设置了一些娱乐场所，除了一座丛林中有五角形园路系统、一处鸟笼和迷园之外，人们还可以看到一种十分独特的理水技巧：以几条小水渠组成国王与王后姓氏的字母图案，里面隐含着细水管，将水出其不意地喷洒在游人身上。

建成不久之后，由于维护费用匮缺而致花园管理不善，后又经几位园主的改造，使得全园整体上失去了规则式构图所应有的统一感，并且处于一种荒芜状态。1970年，赫特·洛宫成为国立博物馆之后，废除了19世纪后所做的改动，并根据过去留下来的版画及游记等，将宫殿和花园加以重建，以期恢复其原始面目。1984年夏季，重建工程竣工，庄园整体对公众开放。

3. 海牙王宫庭园(Gardens of Royal Palace, Hague)

海牙最重要的庭园——王宫庭园，设计于17世纪，后来将规则式的鱼池改成英国自然风景式的湖，导致庭园的勒·诺特尔式风格因修改而完全被损坏。1730年，雷米爱(Jacob de Remier)在制成版画的设计图中，标出了未损伤的庭园花坛，这是为王宫服务的人员建造城市庭园的优秀实例。

4. 鸿斯雷尔达克花园(Gardens of Honslaerdyk)

鸿斯雷尔达克园是荷兰最美的宅邸之一，也是威廉三世最满意的一座宫殿。它坐落在海牙与孚克之间，是在古庄园宅邸的基础上修建的。宫殿背后规则地种植有广阔的丛林，对面有动物园，饲养着很多外国鸟兽。在范·迪·格伦撰写的《荷兰造园家》和维斯切尔(Nicholas Vischer)创作的版画中，均表现了当时的庭园景象。

5. 索尔克孚利爱特城堡花园(Gardens of Sorgvliet)

索尔克孚利爱特城堡是海牙附近的另一座重要别墅，为波多兰特公爵(Duke of Pordand)所有，是威廉三世和玛丽王后多次访问过的地方。18世纪初多次重大庆典活动在此举办。

园内最佳处为巨大的柑橘园，其呈半圆形，中央和两端都有园亭。那里有称为“帕纳萨斯山”的假山，假山筑有洞窟、飞瀑、半圆形穹顶、鱼池、迷园、养鹤场以及一组喷泉等，这组喷泉在荷兰是较罕见的。

这座庄园如今尚残留着一部分低矮建筑物。1780年时，庄园按当时英国传人的造园观点加以改造。

6. 利斯维克花园(Gardens of Ryswick)

利斯维克花园属于纳索家族(Nassau)，因是1697年签订和平条约的场所而闻名。花园的建造是规则式，呈长方形，四周围有河渠。后宫殿已被法国人破坏，如今尚残留庭园部分。

(四)荷兰勒·诺特尔式园林特征

17世纪末和18世纪，荷兰的住宅和当时英国的住宅非常相似。大部分是古典型的，用砖建造，缺乏德、法两国城堡特征的那种外形变化。19世纪之前，在宅邸四周都围有深渠，兼作鱼池。庭园一般仿马罗初期而有法国情趣，成对称的规则形。勒·诺特尔式是在他死后才推广到阿姆斯特丹富商们建造的多数庭园的，装饰有丛林、行道树路和河渠等，但缺少作为勒·诺特尔式庭园重要特征的雕塑。一般地说，除荷兰式庭园使用延伸的河渠围绕庭园外，其他同勒·诺特尔式几乎无甚差别。

荷兰的勒·诺特尔式园林少有以深远的中轴线取胜的作品，原因是大多数园林的规模较小，地形平缓，难以获得纵深的效果。勒·诺特尔式的刺绣花坛，很容易就被荷兰人所接受。但是，荷兰人对花卉的酷爱，使得他们通常放弃了华丽的刺绣花坛，而采用种满鲜花、图案简单的方格形花坛。再加上园路也常常铺设彩色砂石，因此荷兰的勒·诺特尔式园林色彩艳丽，效果独特。由于园林的规模不大，因此园林的空间布局往往十分紧凑，显得小巧而精致，十分迷人。园中点缀的雕像或雕刻作品数量较少，而且体量也比法国的有所缩小。

水渠的运用也是荷兰勒·诺特尔式园林的特色之一。由于荷兰水网稠密，水量充沛，造园师往往喜欢用细长的水渠来分隔或组织庭园空间。荷兰园林中的水渠虽然不像勒·诺特尔的水渠那么壮观，但同样有着镜面般的效果，将蓝天白云映入其中。

在17世纪至18世纪，橘树在荷兰已广泛栽培，在主要庭园都有柑橘园，也精通栽培法。据说荷兰橘并不亚于西班牙。风信子和郁金香的栽培，开始时以切花作为家庭装饰用。现在的汉普敦园，仍可见到为夸耀这些花卉而特别设计的德比(Derby)特产瓷花瓶的美丽样品，且当时的织物和家具的装饰，经常可见到以花卉为主题的构思。

造型植物的运用在荷兰也十分盛行，并且形状更加复杂，造型更加丰富，修剪得也很精致。园内的植物材料多以荷兰的乡土植物为主。伯纳·巴利西在1564年、赛尔在1604年都对修剪树木做过报道。美利安(Merian)在1631年曾用了很多图表，说明盛行修剪树木的国家有法国和英国(特别在“汉普敦园”)。18世纪时，树木修剪虽已不如过去那样盛行，但仍然流行。把欧洲黄杨和迷迭香的低绿篱，修剪成各种奇异形状作为花坛围边。为了醒目，把花坛角落的树木修成方尖碑形。

在近哈勒姆的马尔格多有很多古林荫路的残迹。岛上建城堡，围有宽的河渠。在美恩斯蒂恩的宅邸，约有3条河渠围绕。荷兰人很喜爱行道树路，一般宅邸由以心叶椴林荫路通入，有时像沃达孚雷依多一样密植成深长的绿色隧道形。

在其他造园要素的处理手法上，荷兰人也有着自己的独创或改进。如以方格形铸铁架构成的漏墙，布置在林荫道的尽端，与中国园林中的漏窗相似。凉亭以及观赏性的鸟笼，也是园林中重要的小品设施。

二、德国勒·诺特尔式园林

(一)德国概况

德国是位于欧洲中部，东邻波兰、捷克，南接奥地利、瑞士，西接荷兰、比利时、卢森堡、法国，北接丹麦，濒临北海和波罗的海，与欧洲邻国最多的国家。

德国的地形变化多端，有连绵起伏的山峦、高原台地、丘陵，有秀丽动人的湖畔，以及辽阔宽广的平原。整个德国的地形可以分为5个具有不同特征的区域：北部低地、中等山脉隆起地带、西南部中等山脉梯形地带、南部阿尔卑斯前沿地带和巴伐利亚阿尔卑斯山区。北部低地的特征是丘陵起伏的沿海岸高燥地和黏土台地与草原，泥沼以及中等山脉隆起地带前方向南伸展的黄土地之间有星罗棋布的湖泊。中等山脉隆起地带则将德国分成南北两片。西南部中等山脉梯形地带包括上莱茵低地及其边缘山脉。南部阿尔卑斯山前沿地带包括施瓦本巴伐利亚高原以及在南部的丘陵和湖泊，碎石平原，下巴伐利亚丘陵地区和多瑙洼地。巴伐利亚阿尔卑斯山区则包括阿尔高伊的阿尔卑斯山、巴伐利亚的阿尔卑斯山和贝希特斯加登的阿尔卑斯山，在这些山区散落着风景如画的湖泊。德国境内有6个山脉。

德国的北部是海洋性气候，相对于南部较暖和。西北部海洋性气候较明显，往东、南部逐渐向大陆性气候过渡。属于例外的是气候温润的上莱茵河谷，以及经常可以感到从阿尔卑斯山吹来的燥热南风的上巴伐利亚和山风刺骨、夏季凉爽、冬季多雪，从而构成自己独特气候区的哈尔茨山区。降雨分布在一年四季。年降水量500～1 000 mm，山地则更多。

主要河流有莱茵河(流经境内865 km)、易北河、威悉河、奥得河、多瑙河。较大湖泊有博登湖、基

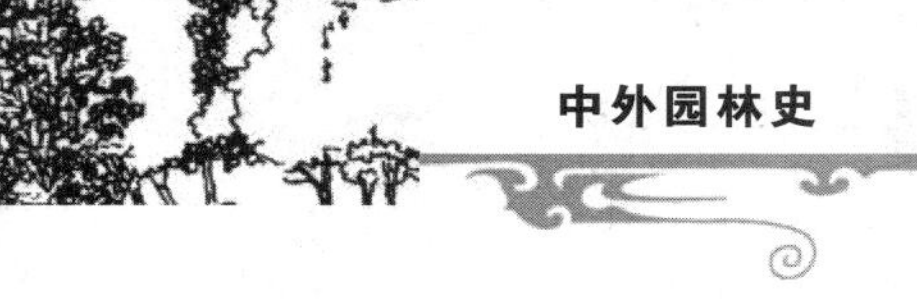

姆湖、阿莫尔湖、里次湖。

（二）德国勒·诺特尔式园林概述

从17世纪后半叶开始，受法国宫廷的影响，德国的君主们开始竞相建造大型园林，法国勒·诺特尔式造园样式也随即传入德国。这些园林作品大部分是由法国造园师设计建造的，少部分是荷兰造园家的作品。因此，从德国的勒·诺特尔式园林中，主要反映的是法国勒·诺特尔式造园的基本原则，同时也受荷兰勒·诺特尔式园林风格的影响。

（三）德国勒·诺特尔式园林实例

1. 海伦豪森宫苑（Gardens of Herrenhausen Palace）

海伦豪森宫苑距汉诺威 1.5 km，与勒·诺特尔设计的榆林大道——海伦豪森林荫道相连。海伦豪森原是 1666 年为约翰·腓特烈公爵建造的带有花园的游乐宫。宫殿由意大利建筑师奎里尼（Quirini）设计，花园由勒·诺特尔设计，而后由法国造园师马尔丹·夏尔博尼埃和他的儿子亨利完成花园的建造。从 1680 年起，公爵夫人索菲（Duchesse Sophie）逐渐将花园加以扩建，作为汉诺威宫廷的夏宫（图 6-36）。

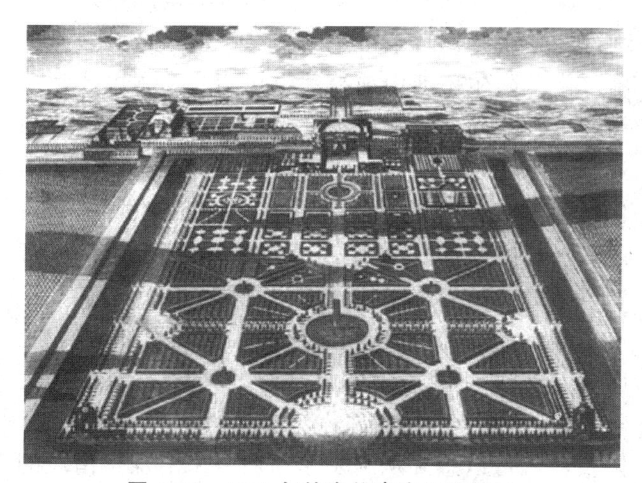

图 6-36　1700 年的海伦豪森宫苑版画

宫苑整体上的改造和扩建目的在于成为大公国的一个宫廷交流中心，同时也是一个安静休息的场所。1682 年，公爵夫人将夏尔博尼埃请到汉诺威，并任命他为大公国宫廷的总造园师，希望他以勒·诺特尔式花园为样板，建造这座庄园。夏尔博尼埃赋予花园以巴洛克风格特征，并一直保留至今。

1686 年，在花园中建造了一座温室。1689 年，建了一座露天剧场，舞台纵深达 50 m，装饰着千金榆树篱和镀金铅铸塑像，成为花园中最吸引人的部分。阶梯式的观众席后面有绿荫凉架。

1692 年，庭园再度扩展，采用了大矩形花坛（图 6-37）。花坛的三面是宽阔的河渠，一面连接城堡。渠边排列着 3 层心叶椴树行道树，在各个角落点缀着小的罗马寺院风格的园亭。表现古代英雄的巨大砂岩雕塑及美丽的石花瓶，设置在花坛的各个重要地段。另一边现仍残留有古庭园剧场。海伦哈赛恩的大规模水工程，是当时最有名的，现留下一部分飞瀑，占据了宫殿东侧翼屋的墙面，由一排小池组成，它们各自连续不断地向下方溢水。

图 6-37　大花坛

1696 年建造的由马蹄形的水壕沟围合的花坛部分，明显反映出荷兰花园的特色。说明海伦豪森宫苑的建造不仅仅借鉴了法国园林，也受到荷兰花园的影响。

1699 年，花园的南部完全重建，由 4 个方块组成，其中以园路再分隔成三角形植坛，中间种有果树，外围是整形的山毛榉，称为新花园，中心还有一大型水池，喷水高达 80 m，成为欧洲之最。东、西两边各有半圆形广场濒临水壕沟。夏尔博尼埃又在南面做了一个更大的圆形广场，称之为满月，与两个半圆形广场相呼应。1714 年索菲去世后，改建及新建

工程的进展稍缓。1720 年兴建了一处柑橘园。1727 年,又建了一座可容纳 600 盆柑橘的廊架。

19 世纪时,园中还逐步增置一些设施。第二次世界大战中,海伦豪森宫苑遭到极大破坏,宫殿被炸成废墟,从而使花园失去了中轴线的参照点。后经重新修复,人们今天才得以看到这座欧洲保存最完善的巴洛克式花园。

2. 林芬堡宫苑(Gardens of Nymphenburg Palace)

林芬堡宫苑位于距慕尼黑 5 km 处。1663 年为选帝侯马克斯·埃马纽埃尔(Max Emanuel)而建造,几年后建成小规模庭园。1701 年由荷兰造园家改建成现在的庭院。荷兰勒·诺特尔式园林风格突出体现在宫殿两侧及庭园周围的长达数千米的河渠(图 6-38)。

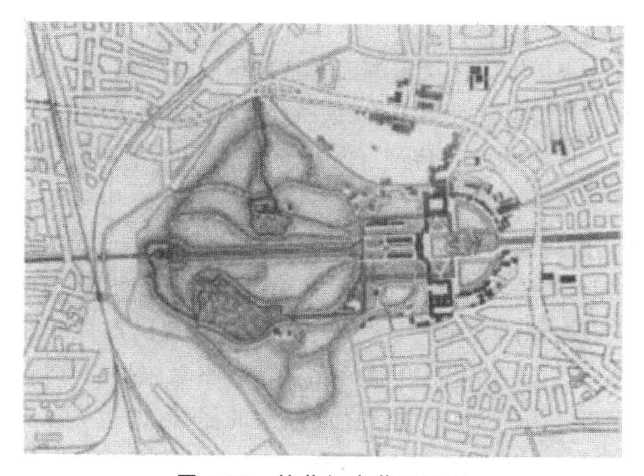

图 6-38　林芬堡宫苑平面图

图 6-39　中轴线两侧的草坪

1715 年,法国人吉拉尔(Domenique Girard 或称西罗 Francnis Girard)任宫廷造园技师长。他设计了新颖的水景,喷泉能喷出 25 m 高的水柱,使林芬堡宫因水而出名。1722 年完成全部工程,为此宫廷举办了盛大宴会。

在宫殿左侧的丛林中,建有著名的阿玛利安堡(Amalienbourg)圆亭,造型十分优美;在宫殿的右侧过去有座茅屋与圆亭相对,可惜已毁坏了。林芬堡宫苑最壮观的是从宫殿半圆形的、直径约 550 m 的前庭中轴线引申出来的水渠林荫道,水渠在两边高大行道树的夹峙下伸向慕尼黑方向。前庭院的周围有宫廷职员的各种白色建筑群(图 6-39)。

林芬堡宫苑与慕尼黑附近其他 18 世纪华丽的宫苑一样,最突出的特征体现在联系花园空间的纵横交织的水渠上。

3. 夏尔洛滕堡宫苑(Gardens of the Charlottenbourg Palace)

夏尔洛滕堡因建在里埃卓(Lietzow)村庄,最初被称为里埃兹堡(Lietzburg)。国王腓特烈一世(Friedrich Ⅰ,1701—1713 年在位)原打算以此作为他的第二位王后索菲·夏尔洛特(Sophie-Charlotte,1668—1705 年)的府邸。建造工程持续了一个世纪,最初欲建成简朴的乡村住宅,后来,渐渐变成宏伟壮观的宫殿。1695 年,建筑师奈林(Arnold Nering)设计建造了一座外观质朴的夏宫。后来以此为中心,建造了现在所看到的宫殿群(图 6-40)。

图 6-40　1708 年夏尔洛滕堡宫苑的版画

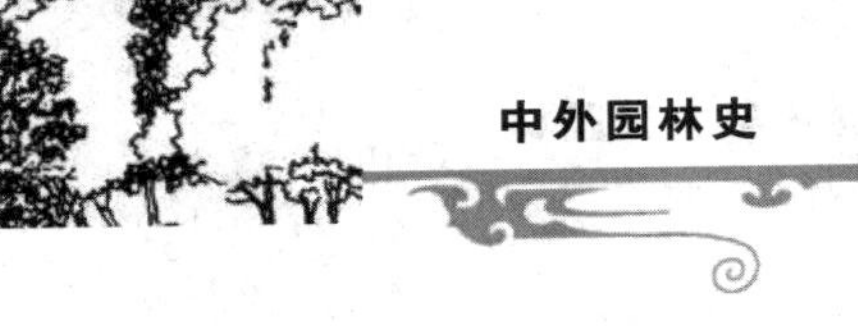

当时,王后索菲·夏尔洛特亲自主持花园的建造工程。在众多的设计中,勒·诺特尔的弟子高都的方案受到青睐,因其设计在整体上表现出一种高雅的气质,至今宫苑仍保留着这种气质。

宫殿的中央大厅正对着图案丰富的刺绣花坛,并将人们的视线引向远方,越过大水池,直到斯普莱河;在河对岸,有一条林中小径伸向远方。在宫殿与河流之间,4 条园路形成花园的构架,在西面为几何形布置的绿荫凉架。

在花园逐渐形成时,府邸建筑也渐成规模。主体建筑与两翼构成长条形的宫殿群,并围合出宫殿的前庭。宫殿的两翼长度比宫殿本身长 3 倍,形成长长的、面对着花园的立面,使建筑与花园融为一体。

1705 年索菲·夏尔洛特去世后,宫苑的后续工程还在进行。腓特烈一世为了不断提高宫苑的观赏性,不断增加新的景物。1712 年,建成了穹顶大厅和柑橘园。1713 年继位的腓特烈·威廉一世(Friedrich Williams Ⅰ,1713—1740 年在位)为节省支出而使宫苑的扩建和改造工程暂停下来。1740 年,腓特烈二世(Friedrich Ⅱ,the great,1740—1786 年在位)登基之后,才最终使得夏尔洛滕堡进入到王家宫苑的行列。

1786—1833 年,花园的巴洛克式布局向英国风景园的方向转变,模仿自然而建造河流、池塘和弯曲的园路等,自然式的树丛也出现在花园中。这些都是造园师伊贝克(Johann August Eyserbeck)、斯泰奈(George Steiner)和勒内(Peter Josef Lenne,1789—1866 年)3 人的作品。与此同时,由建筑师辛凯尔(Carl Fried rich Schinkel,1781—1841 年)在花园中建造了 3 座大型建造物,即望景楼、纪念堂和圆亭。在夏尔洛滕堡中居住的最后一位国王腓特烈·威廉四世(Friedrich Williams Ⅳ,1840—1861 年在位)1861 年去世后,花园渐渐荒芜,以后又按其最初的创作思想进行恢复。

4. 维肖克汉姆宫苑(Gardens of the Veitshockhaim Palace)

维肖克汉姆宫苑始建于 1680—1682 年间,是渥尔兹堡主教范·登巴克(Peter Philipp von Dernbach)为自己建造的一座夏宫,成为后来扩建宫苑的核心。在宫殿以北兴建了规模很大的树木园。后来继位的主教范·古滕伯格(Johann Gottfried von Guttenberg)出让了部分庄园,形成现在规模。

1702—1703 年,宫苑大致成型,直到 1763—1776 年间,宫苑的格局才最终确定。宫苑整体由宫殿和花园两部分组成。花园分为 4 个区,由 2 条平行的主轴线构成花园空间的骨架。在几乎呈方形的台地上,12 块花坛围着宫殿,对称布置在主轴两侧。南面台阶下的花园中,有 2 条与中轴相垂直的园路横穿其中,又将花园分成 3 块。3 块中最大的部分以大湖为主景,同时也构成花园中轴线的焦点。水池中央耸立着巨大的巴那斯山(Pamasse)雕塑,表现阿波罗和 9 个文艺女神缪斯驾驭长着翅膀的飞马,飞向天空去征服天国。在希腊神话中,巴那斯山是阿波罗及缪斯诸神的居住处。除大湖外,在南面还有一小水池。围绕着湖面的植坛均围以绿篱,里面种有果树或实用性树木,有纵横交织的几何形园路。

椴树林荫路将湖区与千金榆丛林区分隔开。这一窄条形区域的中央部分,在一圈千金榆和绿篱之中,隐藏着一座竞技场,这个圆形空间同样布置在中轴上,将中部花园一分为二。花园的南北两面,与两条横向园路相平行的原有两座廊架,现已改成千金榆林荫道,通向小型绿荫厅堂和两座木凉亭。然后,园路分为两支,延伸到横向园路的尽端,两边夹以小广场。中部花园的两端,有两座绿荫厅堂相对峙,在树林中有凉架区。

花园的第 3 部分又处理成绿荫剧场、椴树大厅和泉池及草坪构成的中心部分。绿荫剧场和绿荫厅堂位于南边,其中也点缀着铁兹的雕像作品,大多是长着翅膀的小天使形象。中轴线的两侧,是下沉的小池,其中有根据伊索寓言故事《狐狸与鹳》改编成的乡野景观。池边有中国亭,采用 4 根柱头雕刻成菠萝的棕榈状石柱支承着帐篷式的屋顶,四周饰以树叶,亭中安放石桌、石凳。

花园的第 4 部分是绿篱镶边的狭长三角地带,是中轴的延续并构成透视的尽点。过去这里有一段瀑布,可惜已遭到毁坏。

5. 苏维兹因根城堡花园(Gardens of the Schwetzingen Castle)

苏维兹因根城堡花园最初为14世纪的一座防御性城堡。16世纪时被改成狩猎城堡;17世纪时改建成为带有游乐性功能和设施的城堡。在改建、扩建过程中,花园部分也相应扩大。但17世纪末前花园大部分均遭到战火毁坏。

18世纪,在亲王泰奥多尔(Karl Theodor,1724—1799年)统治时期,庄园加以新的布局方式进行了改建。泰奥多尔请当时欧洲最高水平的艺术家,如凡尔夏菲尔特(Pieter Antoon Verschaffelt)、彼加热(Nicolas de Pigage)等人,在园中建造了一些娱乐性建筑,使之成为欧洲最美的花园之一。虽然城堡的工程最终未能完工,但其花园却成为欧洲园林的样板之一。

1721—1734年间建造的花园部分,根据卡尔·菲力浦(Karl Philipp)的设计意图完全遵循巴洛克园林的风格,构图绝对地均衡有序。1741年,泰奥多尔完全按照勒·诺特尔式园林的风格,建造了花园的核心部分。

城堡以粗糙的块石砌成,采用哥特式拱券结构,形成防御性城堡的外观。在中轴线上直接布置自然式的造园要素,形成和谐的构图。

一些喷泉和小型喷水在草地上延伸,直至下沉的台地。中央园路两边夹以荷兰椴树。在两条三甬道式林荫路的交点上布置着法国人居巴尔(Barthelemy Guibal)设计的阿里翁喷泉(Arion Fontaine),周围是花坛。花坛边缘靠近城堡处建有平面为弧形的建筑物,起到限定空间的作用。

1749—1750年,在花坛北面建柑橘园,南部供举行聚会用,西面圆形园地上建造了两座拱形棚架。建筑之间的空地构成两条园路的起点。

1762年花园重建时,西面和西北面都建了丛林和柑橘园,它们将花园的主轴线延长,构成面向大湖的开放性透视线。湖后的林园中,装饰着园林建筑和雕塑,其中有坐落在高地上的阿波罗神庙。附近还有一座1752年由洛可可建筑师彼加热建造的露天剧场。稍北,还有一座彼加热建造的浴室,平面呈椭圆形,穹顶,两个入口厅堂与装饰华丽的中央大厅相连接,是园中最珍贵的园林建筑。与其相邻的是笼罩在绿荫下的喷水小鸟泉池。

1777年,风景造园师斯克尔(Friedrich Ludwig von Sckell,1750—1823年)在花园北面和西面地形起伏处建造了英国式风景园。然而,原来的几何形花园部分也保留下来了。在风景园中,有弯曲的园路和树丛环绕的水体。在大湖的岸边,布置着代表莱茵河(Rhin)和达吕伯河(Danube)的河神雕像,它们是凡尔夏菲尔特的作品。还有一条运河直达湖中,河上有座中国式小桥,形成花园中富有异国情调的局部。

1780年,在园中最后建造了土耳其花园,园内有一座清真寺,形成全园最独特、最新颖的园林建筑。

(四)德国勒·诺特尔式园林特征

德国和其他一些欧洲国家(西班牙)一样,并未有自身独特的园林风格。尽管法国勒·诺特尔式园林风格在德国盛行一时,也建造了许多规模宏大的勒·诺特尔式园林,但这些园林中并未有明显的德国园林特点。究其原因是德国园林的设计和建造者大多为法国人或荷兰人,因而受到法国或荷兰勒·诺特尔式园林的影响。

这一时期德国园林并未形成自身特色,但其在造园要素处理上有其独到之处,最突出的是水景的运用。勒·诺特尔式的喷泉、意大利式的水台阶以及荷兰式的水渠处理得非常恢宏、壮观。海伦豪森宫苑中新花园中的喷泉水柱高达80 m,成为当时欧洲之最。绿荫剧场也是德国园林中常见的要素,比意大利园林更大,又比法国园林布局紧凑,结合雕像的布置,兼备装饰和实用功能。部分绿荫剧场中的雕像布置是巴洛克风格强调透视原理的典型实例,由近到远逐渐缩小,在小空间中创造出深远的透视效果。

由于建造周期很长或前后经过多次改造,德国勒·诺特尔式园林有着多种时期、多种风格并存于同一园林中的特点。中世纪园林中建筑物或花园周围设有宽大的水壕沟被保留下来。巴洛克透视手法、巴洛克及洛可可式的雕像和建筑小品,结合法国古典主义园林的总体布局,使德国园林的风格富于变化。

三、俄罗斯勒·诺特尔式园林

(一)俄罗斯概况

俄罗斯位于欧洲东部和亚洲大陆的北部，其欧洲领土的大部分是东欧平原。北邻北冰洋，东濒太平洋，西接大西洋，西北临波罗的海、芬兰湾。

地形是以平原和高原为主的地形。地势南高北低，西低东高。西部几乎全属东欧平原，向东为乌拉尔山脉、西西伯利亚平原、中西伯利亚高原、北西伯利亚低地和东西伯利亚山地、太平洋沿岸山地等。

俄罗斯处于北温带，气候多样，以温带大陆性气候为主，但北极圈以北属于寒带气候，太平洋沿岸属温带季风气候。温差普遍较大。西伯利亚地区纬度较高，冬季严寒而漫长，但夏季日照时间长，温度和湿度适宜，利于针叶林生长。从北到南依次为极地荒漠、苔原、森林苔原、森林、森林草原、草原带和半荒漠带。

俄罗斯境内河流湖泊众多，河流有伏尔加河、第聂伯河、顿河、鄂毕河、叶尼塞河、勒拿河；湖泊有贝加尔湖、奥涅加湖。

(二)俄罗斯勒·诺特尔式园林概述

16 世纪至 17 世纪时，在莫斯科建造了一些宫廷花园，比较著名的是在克里姆林宫中为彼得大帝的母亲建造的上花园。彼得大帝以前的俄罗斯园林，与欧洲中世纪园林有许多类似之处。花园分属于国王、贵族及寺院，规模小，布局为规则式的实用型园林。园中种植果树、浆果、芳香植物、药用植物和蜜源植物(椴树、花楸树等)；园中常设水池，既有装饰作用，又可供养鱼、灌溉，同时也是夏季游泳、冬季溜冰的场所；常以浓荫蔽日的林荫道通向园中建筑。郊区的花园多位于风景优美的地方。这一时期俄罗斯园林的特色是实用与美观结合、规则式规划与自然环境结合。

彼得大帝较倾心于西欧的园林，他曾到过法国、德国、荷兰，对勒·诺特尔式园林印象极为深刻，在他的倡导、支持下，法国勒·诺特尔式园林风格得以在俄罗斯广为传播。1714 年，彼得大帝在阿默勒尔蒂岛、涅瓦河畔开始建造的避暑宫苑，设计构思就是以凡尔赛为样板的。1715 年建造彼得宫时，特地从巴黎请来了法国造园师，其中有勒·诺特尔的高徒勒布隆，彼得大帝对他委以重任，付以高薪。法国造园师们不负众望，巧妙利用天然地形，创造出绮丽的景观，使彼得宫成为堪与凡尔赛媲美的园林佳作。

彼得宫的杰出成就，对俄罗斯园林艺术的发展有着重要的作用，成为俄罗斯规则式园林的典范。此后，在彼得堡城郊又建造了沙皇村(现普希金城)，在莫斯科建造了著名的库斯可沃（KyckoBo)、奥斯坦金诺(Octahkuno)及阿尔罕格尔斯克(Apxahr-eubckoe)。

(三)俄罗斯勒·诺特尔式园林实例

1. 彼得堡夏花园(Gardens of the Summer Palace at Petersbourg)

1704 年，彼得大帝在彼得堡市内涅瓦河畔开始建造夏花园，他请法国造园家负责花园的整体规划设计，意大利雕塑家负责雕塑的装作，使夏花园中留下了法国和意大利园林的印迹。许多俄罗斯的建筑师、园艺师也参加了该园的建造。在经历了 1877 年的暴风雨袭击之后，花园受到严重毁坏，现在保留下来的，多为灾后重新修复的。

花园初期布局比较简单，以林荫道、小路将园地划分成小方格，中央林荫道形成明显的轴线。后逐渐充实，在中心广场上设置了大理石水池和喷泉，块状园地的边缘以绿篱围绕，当中有花坛、亭或泉池。受凡尔赛迷园丛林的启发，在最大的一块园地里建有以伊索寓言为主题的迷园，路边的绿墙上有 32 座壁龛，壁龛内设小喷泉。园中还有一个 3 层相通的洞窟，周围广场的栏杆上饰有大理石的希腊神像；洞中有海神喷泉，水中设有专门的装置，使喷水时发出悦耳的音乐声，源于意大利园林水剧场手法。

虽然与后来建造的彼得宫相比，夏花园似乎还缺少皇家园林的宏伟气势，但作为别墅花园，倒也显得亲切宜人。更重要的是，强调装饰性、娱乐性和艺术性已成为夏花园的主要宗旨，以往那种追求实用功能的倾向已渐渐消失，这也正是俄罗斯园林发展中的一个巨大转变。

2. 彼得宫(Gardens Of the Peterhof Palace)

1709 年，彼得宫开始建造，位于彼得堡西面 30 km 处，濒临芬兰湾的一块高地上，占地

800 hm^2，由宫苑和阿列克桑德利亚花园两部分组成，其中宫苑由上花园（面积 15 hm^2）和下花园（面积 102.5 hm^2）组成。面朝海的宫殿高高耸立在位于上花园、下花园之间的山坡上。由宫殿往北，地形急剧下降，直至海边，高差达 40 m，独特的地理条件，使彼得宫具有了非凡的气势（图 6-41）。

彼得宫的上花园布局严谨，构图完美，其中轴线与宫殿中心一致，中轴线穿过宫殿，又与下花园的中轴线相连，一直延伸到海边。

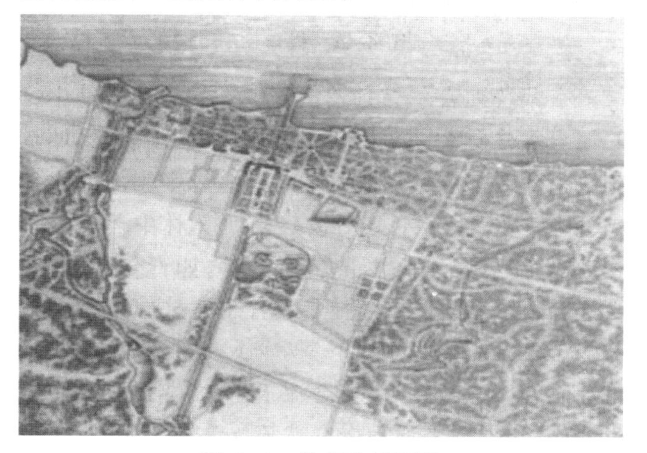

图 6-41　彼得宫平面图

宫殿以北的台地下面是一组雕塑、喷泉、台阶、跌水、瀑布构成的综合体。中心为希腊神话中的大力士参孙（Samson）搏狮像，巨大的参孙以双手撕开狮口，狮口中喷出一股高达 20 m 的水柱（图 6-42）。周围戽斗形的池中也有许多以希腊神话为主题的众神雕塑，还有象征涅瓦河、伏尔加河的河神塑像，以

图 6-42　参孙喷泉

及各种动物形象的雕塑；各种形式的喷泉喷出的水柱高低错落、方向各异、此起彼伏、纵横交错，然后，跌落在阶梯上、台地上，顺势流淌，汇集在下面半圆形的大水池中，再沿运河归入大海。当喷水时，所有雕塑都沐浴在一片水光之中，形成绚丽的水景画面，而各种水的音响则组成一曲动听的乐章。

宫殿的底部，顺着地势下降，形成众多的洞府，洞外喷泉水柱将洞府笼罩在一片水雾之中（图 6-43）。水池周围还有许多大理石的瓶饰，从瓶中也喷出巨大的水柱。这一组雕塑喷泉综合体，是按照彼得大帝的构思形成的，以此象征俄罗斯在对瑞典的北方战争（1700—1721 年）中获胜。

图 6-43　宫殿底部的洞府

大水池两侧对称布置着草坪及模纹花坛，中有喷泉。草坪北侧有围合的两座柱廊，柱廊与宫殿、水池、喷泉、雕塑共同组成了一个完美的空间（图 6-44）。

图 6-44　大水池两侧的草坪、模纹花坛、喷泉、柱廊

水池北的中轴线上为宽阔的运河，两侧为绿毯般的草地，草地上有一排圆形小水池，池中喷出一缕清泉，它们与宫前喷泉群的宏伟场面形成对比，显得十分宁静；草地旁为道路，路的外侧是大片丛林。运河、草地、道路及两旁丛林组成的中轴线，与凡尔赛中的大运河、国王林荫道及小园林三者之间有着惊人的相似之处(图 6-45)。

图 6-45　中轴线上的运河及圆形小水池

在彼得宫的丛林中有许多丰富的小空间，道路以宫殿、玛尔尼馆、蒙普列吉尔馆三者为基点，各向外放射出 3 条道路，在道路交叉点上布置引人入胜的景点，显得更为错综复杂，令人目不暇接。站在宫前台地上，沿中轴线向大海看去，其深远感虽不如凡尔赛，但在辽阔的程度上则有过之而无不及。站在宫殿上向下俯瞰大海，则视线更加开阔。从运河桥上回望宫殿，宫殿显得雄伟壮观。彼得宫地形特色具有明显的意大利台地园特点，这也弥补了其规模不及凡尔赛宫苑的不足。

在中轴线运河两侧的小丛林中，对称布置了亚当、夏娃的雕像及喷泉，雕像周围有 12 支水柱由中心向外喷射。丛林中有一处坡地做成 3 层斜坡，内为黑白色棋盘状，称棋盘山(图 6-46)。上端有岩洞，由洞中流出的水沿棋盘斜面层层下跌，流至下面的水池中；棋盘两侧有台阶，旁边立着希腊神像雕塑。

图 6-46　棋盘山

在蒙普列吉尔馆前有个荷兰式小花园，其中心的喷泉水柱花纹，宛如一顶王冠，称王冠喷泉，四周花坛中各有一座镀金的雕像，从其基座流出的水形成一串串水铃铛，十分活泼轻巧。丛林中还有许多著名雕塑复制品，也出自名家之手，如青年阿波罗、酒神、牧神、森林之神等。此外，在丛林中也设置了一些逗人开心的喷泉，如一柄伞或一株小树，当人们走近时，伞的边缘和树上会流下雨水；当游人想在园椅上小憩时，周围地面会突然喷出许多小水柱。

彼得宫是俄罗斯空前辉煌壮丽的皇家园林，由宫殿通向海边的中轴线及其两侧丛林的布局，是彼得大帝受凡尔赛的启示亲自确定的，形成了全园构图的主要骨架，也决定了彼得宫的风格。彼得宫的建造时代正处于欧洲盛行勒·诺特尔式园林之际，追求自己的凡尔赛正是彼得大帝的愿望，在彼得宫得到了充分的体现。在彼得宫选址方面，俄国人显得更巧妙；在宫殿位置布置方面，宫殿位于上花园、下花园之间，处于园林的包围之中，从景观效果来看，似乎更胜一筹。在喷泉供水方面，可能也吸取了凡尔赛的教训，彼得宫的喷泉至今仍能不停地运行，这也是俄国人引以为豪的一点。

(四)俄罗斯勒·诺特尔式园林特征

彼得大帝时代是俄罗斯园林发展史上一个明显的转折期。在园林功能方面，由过去以实用为主，转向以娱乐、休息为主；规模上日益宏大，并且由简单朴素的形式，转向构图上丰富多彩。像其他国家的勒·诺特尔式园林一样，这一时期的俄罗斯园林在总

体构图上追求比例的协调和完美的统一性。在总体规划中往往以辉煌壮丽的宫殿建筑为主体，形成控制全园的中心，由宫殿向外展开的中轴线，贯穿花园，使宫、苑在构图上紧密结合，融为一体。

俄罗斯勒·诺特尔式园林的特征主要体现在其造园要素的精心处理上。如建造在山坡上的彼得宫，虽然是仿凡尔赛宫苑建造的，但是，从选址和地形处理上，都显得更胜一筹。利用山坡建造的水台阶和水渠，在金碧辉煌的雕塑和制作精湛的喷泉的衬托下，更加引人注目。而且，俄罗斯园林在选址时，借鉴意大利台地园的经验和凡尔赛的教训，注重园址上有充沛的水源，保证了园林水景的用水。

俄罗斯园林中既有法国园林那样宏伟壮观的效果，又有意大利园林中常见的那种处理水景和高差较大的地形的巧妙手法，使得这些园林常具有深远的透视线，而且形成辽阔、开朗的空间效果。

由于俄罗斯寒冷的气候条件，园中难以种植黄杨，而黄杨却是法国、意大利园林中组成植坛图案的主要材料，后来，俄罗斯人试用樾橘(*Vaccmium*)及桧柏代替黄杨，取得了成功；还以乡土树种栎、复叶槭、榆、白桦形成林荫道，以云杉、落叶松形成丛林。金碧辉煌的宫殿建筑和以乡土树种为主的植物种植，都使俄罗斯园林带有强烈的地方色彩和典型的俄罗斯传统风格。

四、奥地利勒·诺特尔式园林

(一)奥地利概况

奥地利是位于中欧南部的内陆国。东邻斯洛伐克和匈牙利，南接斯洛文尼亚和意大利，西连瑞士和列支敦士登，北与德国和捷克接壤。

奥地利西部和南部是山区(阿尔卑斯山脉)，北部和东北是平原和丘陵地带，47%的面积为森林所覆盖。

奥地利属海洋性向大陆性过渡的温带阔叶林气候，东部和西部的气候不尽相同，西部受大西洋的影响，呈现海洋性气候的特征，温差小且多雨；东部为大陆性气候，温差相对较大，雨量也少很多。

(二)奥地利勒·诺特尔式园林概述

传统的奥地利园林规模不大，功能以实用为主，风格与西欧中世纪的庭园相似。在法国勒·诺特尔式园林在欧洲流行之时，奥地利帝国的统治者们又纷纷以勒·诺特尔式园林为样板，改造自己的王宫别苑。但奥地利的自然条件并不适宜营造大规模的法式园林，因此奥地利的勒·诺特尔式园林大多建造在像维也纳这样的大城市中心或周围。这些园林的建造者多为奥地利本国的建筑师模仿法式园林建造的，少数为在意大利和法国造园师的指导下建造的。如法国著名造园师吉拉尔曾在1720年指导建造了施瓦森堡园(Schwarzenberg)，他巧妙地利用斜坡地形布置喷泉设施的手法为人所称道。

(三)奥地利勒·诺特尔式园林实例

1. 宣布隆宫花园(Gardens of the Schonbrunn Palace)

宣布隆宫花园位于奥地利首都维也纳西南部，是奥地利最重要的勒·诺特尔式园林代表作。

14世纪初以来，此处为维也纳的克洛斯特新堡的寺院领地，1529年土耳其军队入侵后，哈布斯堡家族的马克西米利安二世(Maximilian Ⅱ，1564—1576年在位)于1569年接管此宫，翌年对府邸进行改建。1605年，鲁道夫二世(Rudolf Ⅱ，1576—1612年在位)时期，宣布隆宫遭到匈牙利一伙暴徒破坏。1608年，马提阿斯二世(Matthias Ⅱ，1612—1619年在位)在此建造了狩猎城。据说马提阿斯二世在这里发现了美丽的泉水，故将宫殿命名为宣布隆，意为美泉宫。1683年，宣布隆宫又因受土耳其军队的攻击而夷为废墟。以后，利奥波德一世(Leopold Ⅰ，1658—1705年在位)欲将宫殿修复作为皇太子的避暑行宫，由宫廷造园家埃尔拉克(Berrhard Fischer Von Erlach)设计了一个规模与凡尔赛宫相仿的方案，但因耗资过大而未能实施。1750年，玛丽·泰里莎皇后(Maria Theresia，1740—1780年在位)根据埃尔拉克所做的第2个规模较小的方案兴建宫殿，由意大利建筑师帕卡西(Nicola Pacassi)最终建成了宣布隆宫花园(图6-47)。

宣布隆宫花园占地面积为130 hm^2，花园的主

轴线从宫殿的中央一直延伸到尼普顿水池，此后沿着一条曲折的园路直到名为格罗里埃特的建筑（图6-48）。这座建筑是由宫廷建筑师霍恩伯格（Hohenburg）于1775年建造在坡顶上的，在此处可俯瞰整个宫苑并能遥望维也纳城。

图6-47　宣布隆宫花园平面图

图6-48　格罗里埃特的建筑

从尼普顿水池往东，有罗马式遗迹和一座方尖碑。宫殿西南的丛林中有斯特克霍芬（Adrian Steckhoven）于1752年设计的动物园，翌年又在这里建了植物园（图6-49、图6-50），表明当时宫廷中动、植物收集十分盛行。位于植物园东西两侧的丛林以高大的树篱与主花园分开，树篱中还建有一些壁龛，里面有贝耶（Wilhelm Beyer）、哈杰劳尔（Nicolas Hagenauer）及布歇（Bocher）等人制作的32尊雕像，题材选自希腊神话、罗马神话和古罗马历史，洁白的大理石像在椴树和欧洲七叶树浓郁的树荫映衬下，分外悦目。

图6-49　植物园温室

图6-50　模纹花坛

花园中有众多的泉池，以自然女神泉池中的雕塑最为引人注目。园内首次运用由英国人发明的蒸汽机来带动水泵转动，为园内泉池供水。

2.望景楼花园（Belvedere Gardens）

1693年，以征服土耳其闻名的萨乌瓦家族的尤金公爵（Prinz Von Savogen Eugen，1663—1736年）购下维也纳门北面的葡萄园，重新整治之后建造了自己的夏宫。尤金公爵当时年仅30岁，却是当时公认的最伟大的战略家，也是一位开明的艺术爱好者和狂热的文学艺术保护者，在文学艺术方面有较高的修养并具一定的影响力，对当时的文学艺术曾起到积极的作用。

在青少年时代，尤金公爵曾与母亲一道在凡尔赛生活了几年，有机会看到凡尔赛宫苑的发展，因此他的造园理念深受法国建筑园林艺术的影响。但是由于他对路易十四的敌视，并欲与之相竞争，使得夏宫的规划无论在布局，还是在形象方面，都不完全模仿凡尔赛。

由建筑师希尔德布朗德（Lukas von Hildebrandt，1668—1745 年）和反对巴洛克风格的设计师埃尔拉克担任夏宫的建造工程师。工程初期进度缓慢，直到 1706 年，一部分花园才完成；工程后期进度加快，仅仅两年半就将一座巴洛克风格的宫殿建成了。1717 年，建在山顶上的第二座宫殿的方案刚刚成熟，尤金公爵就认为建成的花园要加以改造，因此请勒·诺特尔的弟子、法国造园家吉拉尔，希望他能为花园在艺术上增辉。现在的花园基本上保留原状，只是增加了一些装饰喷泉和塑像、雕刻作品（图 6-51）。

图 6-51　望景楼花园鸟瞰版画

庄园用地比较狭窄，主花园的上、下两端各有一座与花园等宽的望景楼。花园周边是绿篱和抬高了的环路。从上层的望景楼看去，花园的构图规整均衡；从下层的望景楼向上看，景观依高度逐渐变化，而非一览无余；从宫中亲王的起居室中望出去，视线正好落在花园的中部，因而中层的景观画面成为视觉中心。园内中轴线将全园最重要的造园要素联系起采，上、下望景楼的中部大厅构成花园中轴线的焦点，这是巴洛克风格的惯用手法。造园要素由下层望景楼逐渐向豪华的上层望景楼过渡，这种处理方式有利于从下层的望景楼中欣赏花园。

主庭院大致分成上下两部分：近建筑物的上层花园前，有一对刺绣花坛布置在斜坡上，饰以雕塑和喷泉，构成全园最精美的部分。上层宫殿是作为举行庆典或祭祀的场所，因此其周边布置了众多神像。底层花园有 4 块千金榆树丛围着草坪植坛，形成亲密的空间气氛。最远处的两块植坛中，过去有描绘神话情景的喷泉。丛林在花坛的背后。上下两部分用巨大水池和喷泉群分隔，沿挡土墙有欧洲栗的行道树路通上部庭园。装饰有塑像的飞瀑，自庭园上部猛烈地奔泻，两部分用直线台阶连接，并颇为协调。

从底层平台的这一基本的形象开始，向上逐渐演变，最终在上层望景楼前形成神灵的世界。底层花园中的瀑布，强调了这一主题，建筑物的外观处理成岩洞的样子，并有大量的海神塑像。岩洞设置在第一层台地的挡土墙内，从下向上看，岩洞形成建筑的基座，上层望景楼则似乎成了空中楼阁。

在主花园的下层还有一座小花园，这里以前是柑橘园，周边有装饰性围墙。冬季以玻璃幕墙和活动屋顶将柑橘园罩上，成为温室，里面以锅炉取暖。亲王收集的外来植物布置在温室中。温室与装饰性的小花园相接，地形略高，环绕着长青藤蔓架、葡萄架和玫瑰花架，角隅处有鸟笼和周边饰以刺篱的斜坡式草坪。在下层望景楼南侧，有一梯形庭院，里面精心布置着菜园和排列整齐的扇形笼舍，豢养着外来珍稀动物。

（四）奥地利勒·诺特尔式园林特征

奥地利园林有着欧洲南部国家园林的共同特征，即园址的自然地形变化较大，不需要像凡尔赛宫苑那样，以人工堆叠出高台。而且，在奥地利这样多山地的国度，要想得到凡尔赛那样平坦而广阔的园址，是十分困难的。

因此，在一个相对狭小而又富于地形变化的园址上建造法国勒·诺特尔式园林，首先要解决的问题，就是开辟尽可能平缓而开阔的平台；其次是在高处建观景台，以便借景园外，扩大园林的空间感，奥地利勒·诺特尔式园林正是这样做的。如望景楼花园分成上、下两个部分，下层花园以花坛为主，将人们的注意力留在园内，空间具有内向性特征；而上层花园主要用于俯瞰花园与城市景观，极目所至，近处的花园和远处的城市一览无余，充分起到扩大园景、开阔视线的作用。宣布隆宫花园在中轴线尽头的高地的处理手法，也有着借景园外的作用。奥地利园林中的树篱也很有特色，起着组织空间的作用。树篱不仅整齐美观，而且修剪出壁龛的形式，结合雕像布置，以深绿色的树叶作为白色大理石雕像的背景，非常醒目。制作精美的雕像和喷泉也是奥地利园林所不可缺少的，望景楼花园中主题性雕像的设置，还起到引导空间的效果。与这一时期的德国园林一样，供举行露天演出活动的绿荫剧场在奥地利园林中也十分常见。

五、英国勒·诺特尔式园林

（一）英国概况

英国是位于西欧的一个岛国，是由英国大不列颠岛上英格兰、苏格兰、威尔士以及爱尔兰岛东北部的北爱尔兰共同组成的一个联邦制岛国。

英国属温带海洋性气候。英国受盛行西风控制，全年气候温和湿润，四季寒暑变化不大，适合植物生长。温带落叶阔叶林带。通常最高气温不超过32℃。年平均降水量约1 000 mm。每年2～3月最为干燥，10月至来年1月最为湿润。英国西北部多低山高原，东南部为平原泰晤士河是国内最大的河流。英国虽然气候温和，但天气多变。一日之内，时晴时雨。

英国境内有丰富的水资源，塞文河（Severn River）是英国最长的河流，河长338 km，发源于威尔士中部河道呈半圆形，流经英格兰中西部，注入布里斯托海峡。泰晤士河是英国最大的一条河流，流域面积1.14万km^2，多年平均流量60.0 m^3/s，多年平均径流量18.9亿m^3。

（二）英国勒·诺特尔式园林概述

17世纪上半叶，英国人热衷于植物学的研究及植物引种工作。1632年由著名建筑师伊尼果（Jones lnigo，1573—1652年）设计建造了英国最早的植物园——牛津植物园，面积2 hm^2，其中的温室及庭园保留至今。该园采用严整对称的规则式构图，以十字形园路将长方形的园地分成4个区，各区再以十字园路分为4个小区，各区环以绿篱，园边设有绿墙。

一些意大利和法国的园林著作也在英国翻译出版，对英国园林的发展起到促进作用。1607年，建筑师伊尼戈·琼斯（Inigo Johns，1573—1652年）将帕拉第奥的著作《建筑四书》翻译到英国出版，以古罗马为典范的帕拉第奥建筑风格，成为英国近代建筑的开创者。1617年，英国人马卡姆（Gervase Markham）出版了《乡村主妇的庭园》（*The Country Housewife's Garden*）一书。他主张庭园的布置，应便于园主从窗口欣赏，并运用绿篱，甚至围墙来限定庭园的范围，反映出意大利文艺复兴园林和法国园林的影响。1618年，罗宋（William Lawson）出版了《新型果园和花园》（*A New Orchard and Garden*）。

查理一世（Charles Ⅰ，1625—1649年在位）时代，英国在造园方面无大发展。进入共和制时期，在园艺事业方面虽有一定进展，但由于政局不稳，骚乱频繁，清教徒们又排斥生活上的享受，视栽培花卉为奢侈浪费，只注重园林的实用性，因此，这一时期几乎没有建造一个游乐性的花园。特别是在1642—1648年的共和战争时期，连都铎王朝和伊丽莎白时代建造的一些美丽庭园几乎毁灭殆尽，只有汉普顿宫苑得以保留下来。

17世纪下半叶，英国也受到欧洲大陆兴起的勒·诺特尔式造园热潮的冲击。不过，较之大陆国家而言，英国所受的影响是比较小的。查理二世（CharlesⅡ，1660—1685年在位）即位后，法国造园世家莫莱家族的安德烈和加伯里埃尔来到英国，成为查理二世的宫廷造园师。以后勒·诺特尔也被邀请来英国指导造园。查理二世还派人去法国学习，其中以约翰·罗斯（John Rose）最为著名。他回国后曾任查理二世的园林总监，并经营过一个园林设计公司，从而为各地的大型宅邸建造过不少花园，如肯特郡的克鲁姆园(Croome)以及达必郡的梅尔本宅园(Melbourne Hall)，但都是一些小规模的勒•诺特尔式花园。直到18世纪初期，主要在造园家乔治•伦敦(George London，1650—1714年)和亨利•怀斯(Henry Wise，1653—1738年)的指导下，英国才建造了一些勒•诺特尔式风格的园林。伦敦曾参与了肯辛顿园及汉普顿宫苑 的改造工作，怀斯先是跟随伦敦学习造园，后两人合作成立园林设计公司，成为英国规则式造园大师。他们翻译出版了《全面的园林师》《退休的园林师》、《孤独的园林师》。

(三)英国勒•诺特尔式园林实例

汉普顿宫苑是都铎王朝时期最重要的宫殿，位于伦敦西南20 km处，坐落在泰晤士河北岸。1515—1521年间，红衣主教、政治家马斯•沃尔西将一座中世纪的小城堡改建成为当时最好的庄园。1649年的清教徒革命使英国政权落入克伦威尔(Oliver Cromwell，1599—1658年)及其儿子之手长达11年，这使英国大量的宫苑遭到毁坏。由于克伦威尔将汉普顿作为其宫殿，才使得这座大型皇家园林免遭破坏。查理二世复辟之后，汉普顿宫苑又归其所有。由于查理二世登位前曾在荷兰居住，他带回了荷兰人对花卉的热爱。同时，他对宏伟壮丽的勒•诺特尔式园林也极为欣赏，并依此来改建汉普顿宫苑。查理二世在园中开挖了一条长达1 200 m的运河，建造了3条放射状的林荫道。可能后来兴建的半圆形大花坛当时也有初步设想，但是，直到威廉三世时代，汉普顿宫苑才得以进一步发展。1690年，著名建筑师瓦伦(Sir Christophe Wren，1632—1702年)将宫殿建筑加以扩大，并采用了帕拉第奥建筑样式。花园部分的扩建由乔治•伦敦和亨利•怀斯完成，完全遵循了勒•诺特尔的设计思想。宫苑的主轴线正对着林荫道和大运河，宫前是半圆形围合空间中的刺绣花坛，占地近4 hm^2，装饰有13座喷泉和雕塑，边缘是椴树林荫道。从博莱斯(Bowles)的版画中，可以看到17世纪末汉普顿宫苑的盛况，从中也可以看出它是以凡尔赛宫苑为蓝本设计的。但是，由于气候的原因，人们很少在园林中寻求树荫，因此，汉普顿宫苑中也缺少凡尔赛宫苑中的林园。威廉三世后来将宫殿北面的果园改成意大利式的丛林了(图6-52、图6-53)。

图6-52　汉普顿宫苑版画

图6-53　汉普顿宫苑

汉普顿宫苑大体上完整地保存下来了，作为一座大型的皇家宫苑，它显得精美壮观。然而，无论在宏伟的气势上，还是在装饰的丰富性上，都难以与凡尔赛宫苑匹敌。

(四)英国勒•诺特尔式园林特征

英国的规则式园林虽然受到意、法、荷等国的影响，但也有自己的特色，与欧洲大陆相比，其奢华程度大为逊色。虽用喷泉，却不十分追求理水的技巧。英国国土以大面积的缓坡草地为主，树木也呈丛生状，园林中缺少像法国园林那样大片的树林，空间因而显得比较平淡。受荷兰园林的影响，英国园林中的植物雕刻十分精致，造型多样，形象逼真；花坛也更加小巧，以观赏花卉为主；园林空间分隔较多，形

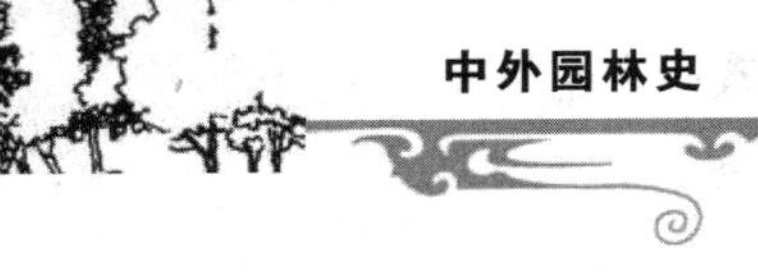

成一个个亲切宜人的小园。

英国规则式花园中除了结园、水池、喷泉等以外,常用回廊联系各建筑物,也喜用凉亭,可能是多雨气候条件下的产物。亭常设在直线道路的终点,或设在台层上便于远眺。有些亭装饰华丽,如蒙塔丘特园(Montacute)中的亭子就十分著名。也有用茅草铺顶的亭,有的亭中还可生火取暖,供冬季使用。柑橘园、迷园都是园中常有的局部。迷园中央或建亭,或设置造型奇特的树木做标志。此外,在大型宅邸花园中,还常常设置球戏场和射箭场。

日晷是英国园林中常见的小品,尤其在气候寒冷的地区,有时以日晷代替喷泉。初期的日晷比较强调实用性,后来渐渐注重其设计思想、造型及技巧了。有的日晷与雕塑结合,如林肯郡的贝尔顿宅邸园中有爱神丘比特托着的日晷。有的日晷具有一定的纪念意义,如荷利路德宫苑中设在3层底座上的多面体日晷,有20个不同的雕刻面,有的面上有彩色的纹章。随着历史的变迁,园林往往变得面目全非,而日晷却常能保存下来,成为某一时代园林的标志。在英国风景园兴起时,大量旧园被改造,日晷却被组织到新的园景中而保存下来。

植物造型一直是英国园林中的主要元素。由于紫杉生长慢、寿命长,一经整形后,可维持很长时间,如今保留下来的多以紫杉为主。此外,也有用水腊、黄杨、迷迭香等做造型植物的。植物雕刻的造型多种多样,有圆、方、锥、塔形和多层式、波浪形等,且高低不一;功能上则可作为绿篱、绿墙、拱门、壁龛、门柱等,或作为雕塑的背景、露天剧场的舞台侧幕等,也有的修剪成各种形象的绿色雕塑物,起着装饰庭园的作用。

英国规则式园的园路上常覆盖着爬满藤本植物的拱廊,称为覆被的步道(Covered Walk),或以一排排编织成篱垣状的树木种在路旁。汉普顿宫苑中至今仍保留了一条覆盖着金练花的拱廊,花开时一片金黄,既可遮阳,又很美观,人在拱廊下行走,别有一番情趣。

六、西班牙勒·诺特尔式园林

(一)西班牙概况

西班牙位于伊比利亚半岛,东北隔比利牛斯山脉与法国和安道尔相连,西邻葡萄牙,南隔直布罗陀海峡与非洲的摩洛哥相望,北面比斯开湾,东临地中海与意大利隔海相望,西北、西南临大西洋。

西班牙地势以高原为主,间以山脉。海拔3 718 m的穆拉森山为全国最高点。中部的梅塞塔高原是一个山脉环绕的闭塞性高原,约占全国面积的3/5,平均海拔600～800 m。北有东西绵亘的坎塔布里亚山脉和比利牛斯山脉。比利牛斯山脉是西班牙与法国的界山,长约430 km,有海拔3 000 m以上的高峰。

西班牙主要河流有埃布罗河、杜罗河、塔霍河、瓜迪亚纳河和瓜达尔基维尔河。最长的是塔霍河,长1 007 km,下游在葡萄牙境内。埃布罗河长910 km,全程在境内,有时被看作西班牙第一大河。这些河流由于跌宕曲折,只有瓜达尔基维尔河下游可以通航,其他河流均无法航运。

西班牙中部高原属大陆性气候,北部和西北部沿海属海洋性温带气候,南部和东南部属地中海型亚热带气候。

(二)西班牙勒·诺特尔式园林概述

虽然西班牙有着独特的自然地理与气候条件,人们也十分喜爱园林,但是本身并未能开创出独具特色的园林形式,始终是照搬其他国家的造园模式。在漫长的中世纪,占领西班牙的摩尔人在此留下了许多精美的伊斯兰式园林作品。文艺复兴时期,西班牙人建造的王宫别苑又大量地借鉴了意大利及法国的造园手法。而18世纪上半叶西班牙人建造的皇家园林,明显是模仿法国勒·诺特尔式园林的产物。

1701—1716年,西班牙王位继承战争以波旁家族(Bourbons)夺取政权而告结束。由于波旁家族与法国宫廷的血缘关系,在政治文化等方面受法国的影响较大。这一时期的西班牙建筑与园林都明显地表现出法国特征,其典型实例就是在马德里西北部圣伊尔德丰索(San lldefonso)建造的拉·格兰贾

庄园。宫殿和园林都是在路易十四之孙、菲力五世(Felipe Ⅴ,1700—1746 年在位)统治时期建造的。国王的第二任王后是意大利法尔奈斯家族的伊丽莎白(Elisabeth Farnese,1692—1766 年),国王虽然在政治上受她的左右,但是他并没有选用意大利人来建造宫苑,而是特地聘用了法国造园师卡尔蒂埃(Cartier)和布特莱 (Boutelet)。由于菲力五世出生在凡尔赛,所以国王凭印象中的凡尔赛宫苑来建造他的拉·格兰贾庄园。

(三)西班牙勒·诺特尔式园林实例

1. 阿兰若埃兹宫苑(Aranjuez Gardens)

在 16 世纪的最后 40 年间,国王菲力二世(Felipe Ⅱ,1556—1598 年在位)在马德里以南 50 km 处建造了阿兰若埃兹宫苑。17 世纪时,宫殿两度遭火灾。现存的宫殿是菲力五世于 1715 年开始建造的。

围绕宫殿的大型花园包括几个不同的景区,以岛花园和王子花园最为出色,两者之间以泰格河为界,并以石桥相连,岛花园最初是由菲力二世建造的,由整形黄杨模纹花坛和水池形成花园的主景。花坛的图案精美,富有动感,而花卉的装饰效果并不显著。花园中央是由维拉斯克兹建造的喷泉,边缘还有巨大的拱形廊架和围绕花园的小瀑布。由于西班牙夏季气候炎热,花园周围种有高大的树木,其中有从英格兰引种并最早种植在西班牙半岛上的榆树,因而花坛处于树木的阴影笼罩之中。树木与水体在园内形成阴凉湿润的环境,而花坛的这种反常规的处理方式完全是在特殊气候条件下形成的。王子花园中有一长排喷泉,喷泉的尽端有一个称为萨普拉德尔之家的凉亭,景色十分秀丽。

2. 拉·格兰贾宫苑(La Granja Gardens)

拉·格兰贾宫苑是西班牙最典型的勒·诺特尔式园林,它建造在离塞哥维亚 10 km 左右的马德里西北部一座村镇上。1720 年,菲力五世聘用了法国造园家卡尔蒂埃在造园师布特莱的协助下主持总体规划设计,以凡尔赛为蓝本进行设计,工程历时 20 多年完成。装饰要素的制作也完全交给了法国艺术家,其中有蒂埃里(Jean Thierry)、弗莱民(Rene Fremin)、杜曼德莱(Dumandre)兄弟以及彼迪埃(Pitue)等人。

拉·格兰贾宫苑中的园林占地面积仅80 hm^2 左右,且建造在海拔约 1 200 m 处的山地上,很难开辟出勒·诺特尔式园林所特有的平坦开阔的台地,因此宫苑也缺少其广袤深远的效果。

园址地形东南及西南高并向东北急剧下降。园林主要部分构图简洁,在大理石阶梯式瀑布上面有一座美丽的双贝壳喷泉;瀑布下方有半圆形水池将两处花坛拦腰截断。此外,园中还有尼普顿喷泉和以希腊神话中的埃塞俄比亚公主安德洛姆达(Andromeda)命名的喷泉,装饰喷泉的各种群雕都十分精美。水从狄安娜泉池中流出来,在山坡上形成喷泉和小瀑布,再流入半圆形水池中。园中水景的处理手法反映了西班牙园林的传统特征。但各水景之间缺乏相互联系,整体景观也缺乏应有的节奏感,勒·诺特尔式园林中统一均衡的原则并未得到充分体现。

在拉·格兰贾宫苑的建造中,忽视因地制宜的造园原则,在一个原本不适宜的地方建造了一座勒·诺特尔式园林。在这个高海拔地区,冬季漫长而寒冷,有时积雪厚达 1 m,因此,这个由大量雕塑、花卉和水景装饰起来的园林造价很高,管理也十分困难。尽管有充足的水源,但是大量的喷泉和水池景观需数百米长的输水管线。冬季来临前必须将水池中的水排尽并在池中堆满树枝,以免积雪在池中形成巨大的冰块而对水池造成破坏。

拉·格兰贾宫苑在设计上似乎将园址看作一块平地而忽视了地形的巨大起伏。如边长 200 m 的星形丛林中心圆形广场半径达到 40 m 左右,饰有 8 座喷泉,由于处在斜坡上而显得缺乏稳定感。由于地形的限制,园中的丛林距离宫殿窗户最近的不过 20 m,而且宫殿建在低处,因而宫中的视线十分闭塞。然而,由于有充沛的水源,园中的水景非常丰富。尤其是喷泉的处理,喷水时的景致比凡尔赛的喷泉更加美妙,更富有变化和动感。

(四)西班牙勒·诺特尔式园林特征

西班牙独特的地形起伏很大,很难开辟勒·诺特尔式园林所特有的平缓舒展的空间,也缺少广袤而深远的视觉效果。因为从平面构图上来看,西班牙园林与法国勒·诺特尔式园林十分相似,但是从立面效果上看,空间效果就大相径庭了。然而,园址中起伏的地形变化和充沛的水源，加上西班牙传统的处理水景的高超技巧和细腻手法，使得园中的水景多种多样，空间也极富变化。大量的喷泉、瀑布、跌水和水台阶给园中带来了凉爽和活力，可以看作是西班牙园林的特色和魅力之一。

在植物配置上，在西班牙炎热的气候条件下，花园中有时也种植乔木，这也是意大利和法国园林中所罕见的。园中的花坛时常处在大树的阴影之中，加上周围的水体带来的湿润，形成了非常宜人的环境空间。

在铺装材料上，西班牙勒·诺特尔式园林中仍然采用大量的彩色马赛克贴面，为园林增色许多，同时也形成浓郁的地方特色和西班牙园林的识别性特征。西班牙人继承了摩尔人的传统，在造园中更多地融入了人的情感，使得园林在局部空间和细部处理上，显得更加细腻、耐看。

第六节　历史借鉴

法国古典主义园林在欧洲造园史上占有重要地位，轴线无论以哪种形式设计，都表现出强烈的集中性，不仅将最精彩的景观要素组织在一起，而且也通过集中的特性形成清晰易辨、主次分明的空间骨架。这启发我们规则式园林的布局特点。规则式园林给人的感觉是雄伟、整齐、庄严，一般用于气氛较严肃的纪念性园林或有对称轴的建筑庭院中。法国古典主义园林简洁而富有变化的空间结构，严格的几何空间形式，对现代风景园林也有着非常积极的借鉴意义。同时，法国古典主义园林还对城市规划、城市设计等领域产生了重要影响。

参考链接

[1]朱建宁.西方园林史[M].北京：中国林业出版社，2008.

[2]郦芷若，朱建宁.西方园林[M].郑州：河南科学技术出版社，2002.

[3]（英）Tom Turner.世界园林史[M].林菁译.北京：中国林业出版社，2011.

[4]唐建，林墨飞.风景园林作品赏析[M].重庆：重庆大学出版社，2011.

[5]张祖刚.世界园林史图说[M].2版.北京：中国建筑工业出版社，2013.

[6]朱建宁.西方园林史—19世纪之前[M].2版.北京：中国林业出版社，2013.

[7]（英）Rory Stuart.世界园林文化与传统[M].周娟译.北京：电子工业出版社，2013.

[8]周向频.中外园林史[M].北京：中国建材工业出版社，2014.

[9]祝建华.中外园林史[M].2版.重庆：重庆大学出版社，2014.

课后延伸

1.查看纪录片：《法国花园》《世界八十处园林》《世界花园和奥黛丽·赫本》《巴黎：伟大的传奇》《凡尔赛宫》《巴黎圣母院》《欧陆苍穹下》《世界宫殿与传说》《伟大的法兰西》。

2.抄绘凡尔赛宫平面图，理解勒·诺特式园林的特征。

3.勒·诺特尔式园林在欧洲兴起的原因是什么？

4.分析一下意大利园林和法国古典主义园林的异同点。

5.思考法国古典主义园林对后世园林发展的影响。

第七章 英国自然风景式园林

课前引导

本章主要介绍18世纪以来英国自然风景园林的发展变化。本章内容包含英国自然风景式园林产生的历史背景、园林发展历程中的代表人物、代表性的园林及园林对法国、俄罗斯的影响。

18世纪之前，英国园林深受法国园林和意大利造园思想的影响，以规则式园林为主。但到了18世纪以后，受欧洲资本主义思潮、自然条件、中国造园思想等影响，涌现出了以威廉•坦普尔、斯蒂芬•斯威特则、布里奇曼、威廉•肯特、布朗、雷普顿等为代表的园林设计者，他们模拟自然并按照自然的法则来造园。

在英国自然风景式园林的发展初期，规则式园林的元素依旧在园林中有所体现，但随着时间的推移，自然式园林的比重越来越大。在英国自然式园林发展过程中，涌现出了具有代表性的园林作品，它们在设计内容和形式方面均体现着自然风景式园林的特点。如1750年布朗设计的查兹沃斯庄园，起伏的地形上大面积的种植草坪，弯曲的河流，两岸林园的自然扩展以及园中堆叠的大土丘，都使得人们能够更好地欣赏到自然河流景色。

英国自然风景式园林对法国和俄罗斯的造园也产生了影响。代表的园林有法国的埃麦农维勒林园、小特里阿农王后花园、麦莱维勒林园、莱兹荒漠林园；俄罗斯的巴甫洛夫风景园。这些作品均表现出了浓郁的自然景色和田园风光。

教学要求

知识点：英国自然风景式园林产生的背景；英国自然风景式园林产生的代表人物及他们所倡导的思想；查兹沃斯风景园中自然式园林的元素；霍华德庄园的园林特点；布伦海姆风景园河道改造的设计内容；肯特对斯陀园的改造内容，园东部的景观特点；亨利•霍尔如何对斯托海德园进行设计，阿波罗神殿周边园林特点；邱园的园林特点；尼曼斯花园的布局特点；英国自然风景式的特点；法国“英中式园林”产生的背景；埃麦农维勒林园、小特里阿农王后花园、麦莱维勒林园、莱兹荒漠林园的园林特点；法国“英中式园林”的特点；俄罗斯“英中式园林”产生的背景及巴甫洛夫风景园的园林特点。

重点：英国自然风景式园林的特征；英国自然风景式园林的代表人物。

难点：英国自然风景式园林对现代景观设计的影响。

建议课时：4学时。

第一节 英国自然风景式园林产生的历史背景

英国园林素以自然主义和浪漫主义闻名于世。英国自然风景式园林始于18世纪，受欧洲资本主义思潮的影响和中国园林艺术的启发，人们开始追求开朗明快、富有浪漫主义色彩的自然式园林景观。英国自然风景式园林的产生的背景一方面受本国的地理条件及气候因素的影响；另一方面受当时英国

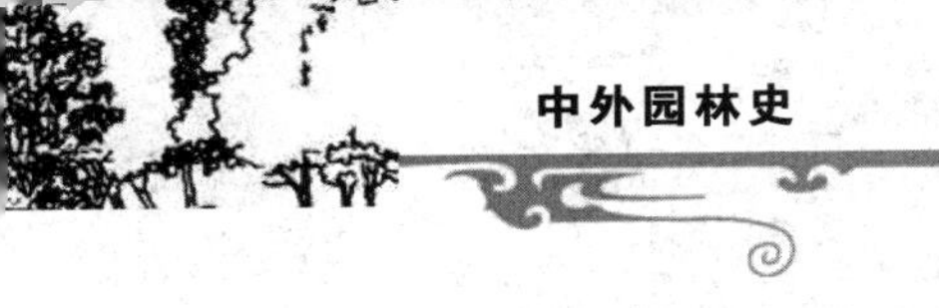

的文学、艺术等领域中出现的各种思潮、美学观点以及中国造园思想的影响，最终形成自身的园林特色。

一、地理区位

英国北部为山地和高原，南部为平原和丘陵，属海洋性气候。英国是一个农牧国家，牧场占国土面积的40%以上，而森林占10%。经济文化发达地区主要在南部以牧场为主的平原地区，自然缓坡牧地和孤立树构成英国独特的自然风景。这种著名的“自然风景园”在英国出现并长盛不衰的原因主要有地理人文因素。另外，一方面，由于英国是一个岛国，而且远离欧洲文明的发祥地希腊、罗马，英国文化受古典主义文化影响较小；另一方面，在北部的山地和高原、南部的丘陵要想得到勒·诺特尔式园林那样宏伟壮丽的效果，必须大动土方改造地形，从而耗费巨资，同时，英国多雨潮湿的气候条件，十分有利于植物自然生长，草坪、地被植物无须精心管理就能取得很好的效果，影响了法国园林在英国的应用和推广。

二、经济因素

在17世纪工业革命之前，英国是一个封建的农业国，农业经济主要以畜牧业为主、毛纺业为辅。畜牧业的长期稳定发展，使英国境内有着连绵的牧场。这种连绵的牧场郊野，形成英国人对风景、景观的最初印象，同时也成为日后自然式造园的主基调。18世纪初的斯威特则后来在其著作的序言中说道，“喜欢造园的人……他们所欣赏的风景就是协调一致的或是充满野趣的树丛、平缓蜿蜒的河水、激流、瀑布以及四周的山峦、海角等等。”这种描述正是对当时遍布大部分英国大陆的牧场风光的写照。

三、哲学文学思想影响

培根是欧洲近代唯物主义经验论的开创者。他认为，知识和观念起源于感性。培根继承了文艺复兴以来关于人的价值观，并把它们在哲学上加以论证和发展，指出“人就是人的上帝”，打破了自中世纪以来，人的知识和力量是由万能的上帝赋予的神话。他把中世纪末人们对尘世幸福追求的欲望上升到了理论高度，并为近代思想指明了应遵循的方向。培根的新哲学迎合了当时英国社会迫切需要解决信仰和理性的根本问题，因而得到社会的广泛接受，在英国吹响了理性主义和科学主义的号角，对社会价值观、哲学思潮和文艺思潮产生了革命性的影响。正是他的新哲学，使人们走出经院哲学的围墙，奔向自然，以自身体验来认识世界、认识自然，形成热爱自然、赞赏自然的社会气象。

培根新哲学不仅为英国自然式园林产生奠定了思想基础，同时他对园艺的兴趣和相关论述直接地影响了近代英国自然式庭院的审美和造园趣味。培根在《论花园》中写道：“种植花园是人类乐趣中最为纯洁的事，也是人精神的最好的滋补品。没有花园，建筑物和宫殿将成为粗俗的人工制品。正如人们看到的，在时代走向文明雅致的过程中，人们总是先创造建筑的辉煌，而后创造园林的幽雅，好像园艺学是更为文明的完美。”由此培根对园林艺术的推崇之心表露无遗，并把它置于建筑活动这一物质层面之上，上升到人的精神层面。在《论花园》中他详细地描述了理想中的庭院。尽管园林布局的形式还是规则的，但园林的审美和艺术趣味则表现出自然的倾向：反对过分雕琢，主张保留粗犷的自然氛围，园中堆砌的小土堆要力图模仿自由的大自然。当然在强调保持自然本身的自由状态的同时，也强调艺术的加工和改造。如对于保持粗犷风格的那部分园林他主张：“这些直立的灌木丛要经常修剪，以免长得零乱”。因此，培根的新哲学从思想上预言了英国自然式园林的出现，而他所描述的理想园为英国自然式园林的诞生提供了范本。

始于伊丽莎白时代的田园文学不仅满足了人们对自然的普遍热情和对自然美的向往，同时也为英国自然风景式园林提供了范本。在田园文学领域与培根齐名的英国自然式造园先驱是约翰·密尔顿。在作品《失乐园》第四卷中，密尔顿用文字为读者描绘出上帝的庭院——伊甸园的自然景致，从而激发了17世纪的英国大众对自然式庭院的想象力。此后诗人约瑟芬·艾迪逊和亚力山大·蒲珀又把这种人们对自然庭院的想象力发展到了极致。1712年，约瑟芬·艾迪逊在《庭院的愉乐》中将庭院的审美标准比之于自然化，认为越美的庭院，越应该与自然界相似。1713年，亚力山大·蒲珀在《关于植物雕刻》中以更为强烈的语气和充沛的精力赞美了自然式庭院。艾迪逊和蒲珀通过亲身实践为后世留下了自然式庭院的范本，对英国造园师背离自然的设计思维给予了批评。他们的造园思想对英国造园师的实践活动产生了深刻的影响。英国造园史上被称为“风景式造园鼻祖”的斯蒂芬·斯维哲就深受亚力山大·蒲珀造园思想的影响。

四、绘画艺术的影响

从观赏绘画和风景画两方面的体验中，英国人学会了用构图方式来欣赏风景，并将风景画作为表现他们对自然想象力的最佳摹本。例如1741年由瑞士造园师亨利·霍尔设计的英国斯托海德(Stourhead)花园就是以洛朗的风景画为摹本。诚如吉娜·柯兰道尔在《画境般的自然》一书中指出的：英国自然式庭院产生于非常特殊的文化传统——自然主义绘画，其创作本身是以自然主义绘画原则为基础的。

五、中国造园思想的影响

这一时期，以圆明园为代表的中国园林艺术，通过旅居中国的传教士，被介绍到欧洲。英国皇家建筑师钱伯斯(William Chambers)两度游历中国之后著文盛赞中国造园手法，在园林中出现了中国式的亭、塔、桥等元素，虽然不过是表面肤浅的模仿，但也促成了法国人称之为“英中式园林”流派的形成。18世纪，英中式园林曾在欧洲风行一时。

总之，18世纪的英国自然风景园是在其固有的自然地理、气候条件下，在当时的经济背景、哲学艺术思想、各种文学思想影响下产生的一种园林形式和风格，尽管也曾遭到一些反对和非议，但仍是欧洲园林艺术史无前例的一场革命，并且对以后园林的发展产生了巨大而深远的影响。

第二节　影响18世纪风景式园林的人物

一、威廉·坦普尔

威廉·坦普尔(William Temple，1628—1699年)是英格兰的政治家和外交家，他的思想和写作风格对18世纪的许多作家都产生过很大的影响。他于1685年出版了《论伊壁鸠鲁的花园》(Upon the Garden of Epicurus)一书，其中已有关于中国园林的介绍。他在书中不无遗憾地回顾了英国园林的历史，认为过去只知道园林应该是整齐、规则的，却不知道另有一种完全不规则的园林，却是更美、更引人入胜的。他谈到一般人对于园林美的理解是对于建筑和植物的配植应符合某种比例关系，强调对称与协调，树木之间要有精确的距离。他认为中国园林的最大成就在于形成了一种悦目的风景，创造出一种难以掌握的无秩序的美。可惜他的论点对于当时正处于勒·诺特尔热潮中的英国园林并未产生明显的影响。

二、沙夫茨伯里伯爵三世

沙夫茨伯里伯爵三世(Anthony Ashley Cooper Shaftesbury Ⅲ，1671—1713年)既是政治家，也是一位哲学家，受柏拉图主义的影响较深。他认为人们对于未经过人手玷污的自然有一种崇高的爱，与规则式园林相比，自然景观要美得多。即使是皇家宫苑中创造的美景，也难以同大自然中粗糙的岩石、布满青苔的洞穴、瀑布等所具有的魅力相比拟。他的自然观不仅对英国，而且对法、意等国的思想界都有巨大的影响。此外，他对自然美的歌颂是与对园林的欣赏、评价相结合的，他的思想是英国园林新思潮的一个重要支柱。

三、约瑟夫·艾迪生

约瑟夫·艾迪生(Joseph Addison，1672—1719年)既是一位散文家、诗人、剧作家，也是一位政治家。他于1712年发表《论庭园的快乐》(An Essay on the Pleasure of the Garden)，认为大自然的雄伟壮观是造园所难以达到的，并由此引申为园林愈接近自然则愈美，只有与自然融为一体，园林才能获得最完美的效果。他批评英国的园林作品不是力求与自然融合，而是采取脱离自然的态度。他欣赏意大利埃斯特庄园中丝杉繁茂生长而不加修剪的景观。他认为造园应以自然为目标，这正是风景园在英国

兴起的理论基础。

四、亚历山大·蒲柏

亚历山大·蒲柏(Alexander Pope,1688—1744年)是18世纪前期著名的讽刺诗人,曾翻译过著名的《荷马史诗》。自1719年起,他在泰晤士河畔的威肯汉姆别墅(Twickenham)居住,经常招待名流。此间,他发表了有关建筑和园林审美观的文章,《论绿色雕塑》(Essay on Verdant Sculpture)一文对植物造型进行了深刻的批评,认为应该唾弃这种违反自然的做法。由于他的社会地位和在知识界的知名度,其造园应立足于自然的观点对英国风景园的形成有很大的影响。

五、乔治·伦敦和亨利·怀斯

乔治·伦敦(George London,1650—1714年)和亨利·怀斯(Henry Wise,1653—1738年)也是自然式园林的倡导者,并曾参与了肯辛顿园(Kensington)及汉普顿宫苑的初期改造工作。他们二人既对原有的英国园林十分熟悉,也热衷于改造旧园和建造新的风景园。他们还翻译了一些有关园林的著作,如1669年出版了《完全的造园家》(Complete Gardener),该书作者是法国路易十四时代凡尔赛宫苑的管理者卡诺勒利(La Kanoleli);1706年出版了《退休的造园家》(The Retired Gardener)及《孤独的造园家》(The Solitary Gardener),书中以问答的方式表达了作者对造园的见解。

六、斯蒂芬·斯威特

斯蒂芬·斯威特(Stephen Switzer,1682—1745年)是伦敦和怀斯的学生,也是蒲柏的崇拜者。他于1715年出版的《贵族、绅士及造园家的娱乐》(The Nobleman's Gentlemen's and Gardener's Recreation)一书是为规则式园林敲响的丧钟。文章批评了园林中过分的人工化,抨击了整形修剪的植物及几何形的小花坛等;他认为园林的要素是大片的森林、丘陵起伏的草地、潺潺流水及树荫下的小路。他对于将周边围起来的规则式小块园地尤为反感,而这正是多年来英国园林中盛行的规划方式。

七、贝蒂·兰利

贝蒂·兰利(Batty Langley,1696—1751年)于1728年出版了《造园新原则及花坛的设计与种植》(The New Principles of Gardening or the Layingout and Planting Parterres)一书,其中提出了有关造园的方针,共28条。例如:在建筑前要有美丽的草地空间,并有雕塑装饰,周围有成行种植的树木;园路的尽头有森林、岩石、峭壁、废墟,或以大型建筑作为终点;花坛上绝不用整形修剪的常绿树,草地上的花坛不用边框范围,也不用模纹花坛;所有园子都应雄伟、开阔,具有一种自然之美;在景色欠佳之处,可用土丘、山谷作为障景以掩饰其不足;园路的交叉点上可设置雕塑等等。贝蒂·兰利的思想与真正的风景园林时代尚有一段距离,但是,毕竟已从过去的规则式园林的束缚中迈出了一大步。

八、查尔斯·布里奇曼

查尔斯·布里奇曼(Charles Bridgeman,1690—1738年)曾从事过宫廷园林的管理工作,是伦敦和怀斯的继任者,也是一位革新者,曾参与了著名的斯陀园(Stowe)的设计和建造工作。在斯陀园的建造中,他虽未完全摆脱规则式园林的布局,但是已从对称原则的束缚中解脱出来。他首次在园中应用了非行列式的、不对称的树木种植方式,并且放弃了长期流行的植物雕刻。他是规则式园林与自然式园林之间的过渡状态的代表,其作品被称为不规则化园林(Irregular Gardening)。

布里奇曼在造园中还首创了称为哈哈(ha ha)的隐垣,即在园边不筑墙而挖一条宽沟,既可以起到区别园内外、限定园林范围的作用,又可防止园外的牲畜进入园内。而在视线上,园内与外界却无隔离之感,极目所至,远处的田野、丘陵、草地、羊群,均可成为园内的借景,从而扩大了园的空间感。这种暗沟被称之为哈哈。还有一段有趣的传说。据称,在庆祝花园建成的盛会上,当设计者把客人一直带到隐垣旁时,人们才发现已到了园的边界,不觉哈哈大笑,隐垣因此得名“哈哈”。

布里奇曼在建园中善于利用原有的植物和设

施，而不是一概摒弃。他所设计的自然式园路也甚为当时的人们所称赞。1724 年，珀西瓦尔大臣在其访问记中认为，由于斯陀园园路设计得巧妙，使得园子给人的感觉要比实际面积大 3 倍，28 hm^2 的斯陀园（当时还不包括东半部）需要 2 h 才能游玩一遍。由此可见，设计者在扩大空间感方面颇有独到之处。

九、威廉·肯特

威廉·肯特（William Kent，1686—1748 年）是真正摆脱了规则式园林的第一位造园家，也是卓越的建筑师、室内设计师和画家。他曾在意大利的罗马学习绘画，并于当时结识了英国的伯林顿伯爵（Richard Boyle Burlington，1694—1753 年），回国后，就负责伯爵宅邸的装饰工作。他还为肯辛顿宫做过室内装饰，以后成为皇室的肖像画家，同时也从事造园工作。

肯特也参加了斯陀园的设计工作，他十分赞赏布里奇曼在园中创造的隐垣，并且进一步将直线形的隐垣改成曲线形，将沟旁的行列式种植改造成群落状，这样一来，就更加使得园与周围的自然地形融为一体了。同时，他又将园中的八角形水池改成自然式的轮廓。这些革新在当时受到极高的评价。

肯特初期的作品还未完全脱离布里奇曼的手法，不久就完全抛弃一切规则式的规划，创造出了一条新路，成为真正的自然风景园的创始人。他在园中摒弃了绿篱、笔直的园路、行道树、喷泉等，而欣赏自然生长的孤植树和树丛。他还善于以十分细腻的手法处理地形，经他设计的山坡和谷地，高低错落有致，令人难以觉出人工刀斧的痕迹。他认为风景园的协调、优美是规则式园林所无法体现的。对肯特来说，新的造园准则即完全模仿自然、再现自然，而“自然是厌恶直线的（Nature are abhors a straight line）”，这就是肯特造园思想的核心。据说，为了追求自然，他甚至在肯辛顿园中栽了一株枯树。

由于肯特是画家，在他的园林设计中十分明显地体现出受到法、意、荷等国风景画家的影响，甚至有时完全以名人绘画作为造园的蓝本。肯特认为画家是以颜料在画布上作画，而造园师是以山石、植物、水体在大地上作画。他的这一观点对当时风景园的设计有极大的影响。

肯特的思想对当时风景园的兴起，以及对后来风景园林师的创作方法都有极为深刻的影响，他也为后人留下了不少园林及建筑作品，如海德公园的纪念塔、邱园的邱宫等。

十、朗斯洛特·布朗

朗斯洛特·布朗（Lancelot Brown，1715—1783 年）是肯特的学生，也是继他之后英国园林界的权威。布朗曾随肯特在斯陀园从事设计工作，1741 年被任命为总园林师，他是斯陀园的最后完成者。布朗还曾担任格拉夫顿第三代公爵（Augustus Henry Fitzroy Grafton，1735—1811 年）的总园林师，由于他建造的水池具有与众不同的效果，受到公爵的欣赏，加上斯陀园的主人科布汉姆子爵（Richard Grenville Cobham Cobham）的推荐，遂担任汉普顿宫的宫廷造园师。他当年栽种的一株葡萄保留至今。

布朗原是蔬菜园艺家，后在伦敦学习建筑，再转为风景园林师。由于他所处的时代正是英国风景园兴盛之际，布朗正好成为这一时代的宠儿，由他设计、建造或参与、改造的风景式园林约有 200 处。

布朗擅长处理风景园中的水景，他的成名作就是为格拉夫顿公爵设计的自然式水池。以后，他又在马尔勒波鲁公爵的布仑海姆宫苑（Blenheim Palace）改建中大显身手。此园原是亨利·怀斯18 世纪初建造的勒·诺特尔式花园，以后，由布朗改建成自然风景园，成为他最有影响的作品之一，也是他改造规则式花园的标准手法。他去掉围墙，拆去规则式台层，恢复天然的缓坡草地。将规则式水池、水渠恢复成自然式湖岸，水渠上的堤坝则建成自然式的瀑布，岸边为曲线流畅、平缓的蛇形园路。植物方面则按自然式种植树林、草地、孤植树和树丛。他也采用隐垣的手法，而且比布里奇曼和肯特更加得心应手。此外，他还对第九世布朗洛伯爵的伯利园（Burley）进行改造（图 7-1），并在该园工作了很长一段时间，他所建的温室、水池、树林等保留至今。

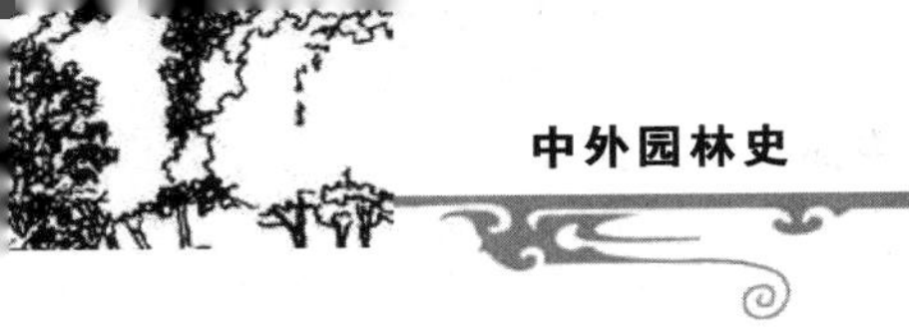

图 7-1 布朗为布朗洛伯爵改建的伯利园

布朗所设计的园林作品中，伍斯特郡的克鲁姆(Croome)府邸花园也是比较著名的。此园建于1751年，被认为是布朗在并不理想的平坦立地条件下出色地创造的一个美丽的自然风景园林代表作。

卢顿·胡(Luton Hoo)园原是宰相皮尤特买下的旧园，1763年由布朗改建。他将一条小河堵住，形成面积达2.6 km^2 的湖泊。湖中有岛，岛上种树，陆地上有茂密的树林，还采用了隐垣的手法以扩大空间感。

布朗的作品如雨后春笋般出现在英国大地上。甚至有人称之为“大地的改造者”。他这种大刀阔斧、破旧立新的做法，也引来了一些人的反对。反对者中主要有威廉·吉尔平(William Gilpin，1724—1804年)和普赖斯(Sir Uvedale Price，1747—1821年)，他们认为布朗毫不尊重历史遗产，也不顾及人们的感情，几乎改造了一切历史上留下的规则式园林。普赖斯特别反对他破坏古木参天、浓阴蔽日的林荫道。吉尔平认为林荫道和花坛是与建筑协调的传统布置方式，而布朗对伯利园的改造，与古建筑的风格不相适应，并且抨击他以一种狭隘、偏激的情绪改造旧园林。甚至有人说愿意自己比布朗早死，这样，还可以看到未被布朗改造过的天堂乐园。同时，另一些著名的诗人、作家则对布朗大加赞扬。不过，真正赞赏布朗的是另一位杰出的风景造园家胡弗莱·雷普顿(Humphry Repton，1752—1818年)。许多名不见经传的造园家也追随布朗的足迹，创作了一些杰出的自然式风景园。

布朗设计的园林尽量避免人工雕琢的痕迹，以自由流畅的湖岸线、平静的水面、缓坡草地、起伏地形上散置的树木取胜。他排除直线条、几何形、中轴对称及等距离的植物种植形式。他的追随者们将其设计誉为另一种类型的诗、画或乐曲。

总的来说布朗的设计风格存在以下特点：

①布朗完全取消花园与林园的区别，在它的设计中最极端的表现就是完全利用大片的草地的铺设，在园内造成一种自然化的氛围，就像风景绘画中用绿色作为底色一样，以至于一直铺设到建筑物前，而不留一个过渡的空间。

②排除直线条、几何形、中轴对称及等距离的植物种植形式。

③布朗擅长对园中植物的合理布置，为了和园中大片草地相搭配，布朗在园中制高点布置了一些外形简练，高度适中的疏林，以便遮挡不佳景观，引导视线。同时，投射在地上的阴影又有力地丰富了草地单调的浅绿色，一举两得。

④布朗对水体的理解和处理，是他胜过其前辈肯特的地方(图 7-2)。布郎认为大片水面的存在会给人一种亲切宁静的感觉，自由流畅的湖岸线使整个园林看起来更加自然，犹如置身画中。所以，通常人们认为这是布朗式风格的亮点所在。

图 7-2 彼特沃斯(Petworth)花园中的水景是布朗早期的作品

十一、胡弗莱·雷普顿

胡弗莱·雷普顿(Humplhry Repton，1752—1818年)是继布朗之后18世纪后期英国最著名的风景园林师。他从小广泛接触文学、音乐、绘画等，有良好的文学艺术修养。他也是一位业余水彩画家。在他的风景画中很注意树木、水体和建筑之间的关系。1788年后，雷普顿开始从事造园工作。

雷普顿对布朗留下的设计图及文字说明进行深入的分析、研究，取其所长，避其所短。他认为自然式园林中应尽量避免直线，但也反对无目的的、任意弯曲的线条。他也不像布朗那样，排斥一切直线，主张在建筑附近保留平台、栏杆、台阶、规则式花坛及草坪，以及通向建筑的直线式林荫路，使建筑与周围的自然式园林之间有一个和谐的过渡，愈远离建筑，愈与自然相融合。在种植方面，采用散点式、更接近于自然生长的状态，并强调树丛应由不同树龄的树木组成；不同树种组成的树丛，应符合不同生态习性的要求；他还强调园林应与绘画一样注重光影效果。

由于雷普顿本人是画家，他十分理解并善于找出绘画与造园中的共性。然而，雷普顿最重要的贡献却在于提出了绘画与园林的差异所在。他认为，首先，画家的视点是固定的，而造园则要使人在动中纵观全园，因此，应该设计不同的视点和视角，也就是我们今天所谓的动态构图；其次，园林中的视野远比绘画中的更为开阔；第三，绘画中反映的光影、色彩都是固定的，是瞬间留下的印象，而园林则随着季节和气候、天气的不同，景象千变万化。此外，画家对风景的选择，可以根据构图的需要而任意取舍，而造园家所面临的却是自然的现实，并且园林还要满足人们的实用需求，而不仅仅是一种艺术欣赏。从我们今天造园的观点看来，在绘画与造园之间还有不少可以补充的差异之处，然而，雷普顿的论点对于当时处于激烈争论中的风景园设计是十分重要的，甚至对今日的园林设计工作者也有借鉴之处。

此外，雷普顿创造的一种设计方法，也深受人们的赞赏。当他做设计之前，先画一幅园址现状透视图，然后，在此基础上再画设计的透视图，将二者都画在透明纸上，加以重叠比较，使得设计前后的效果一目了然。文特沃尔斯园(Wentworth)就是用这种方法设计的风景园之一(图7-3、图7-4)。

图7-3　未经雷普顿设计的文特沃尔斯园

图7-4　雷普顿设计后的文特沃尔斯园

雷普顿不仅是杰出的造园家，理论造诣也很深，出版了不少著作，如1795年出版的《园林的速写和要点》、1803年出版的《造园的理论和实践的考察》、1806年出版的《对造园变革的调查》、1808年出版的《论印度建筑及造园》、1810年出版的《论藤本及乔木的想象效果》、1816年出版的《造园的理论与实践简集》。其中前两本是雷普顿的代表作，并由此确立了他在园林界的地位。他在《园林的速写和要点》一书的序言中，阐述了园林的概念，提出了应从改善一个国家的景观、研究和发扬国土的美出发，而不应局限于某些花园。他认为“造园(gardening)”一词易与“园艺(horticulture)”相混。而“风景园林(landscape gardening)”是要由画家和造园家共同完成的。《造园的理论和实践的考察》一书则是雷普顿毕生从事设计的心血，并且是他将其提高到理论上的结晶。他将所做的设计、说明书，以及别人征求他关于设计的意见，统统收集在一个红封皮的本子里，并称之为《红书》(Red Book)，其中共有400多

份资料，是一部集理论和实践之大成的风景园林艺术专著。

雷普顿留下的代表作有白金汉郡建于1739年的西怀科姆比园，此园开始由布朗设计，以后经雷普顿修改。园中有湖，湖上有岛，岛上建有音乐堂，建筑以郁郁葱葱的树林为背景，此外，还有风神庙(Temple of Winds)、阿波罗神殿(Temple of Apollo)及斗鸡站。此园于1943年归"全国名胜古迹托管协会"(National Trust)所有。

十二、威廉·钱伯斯

威廉·钱伯斯勋爵(Sir William Chambers，1723—1796年)，苏格兰建筑师、造园家，1723年生于瑞典首都斯德哥尔摩。1740—1749年间，威钱伯斯在瑞典东印度公司工作期间，曾多次前往中国旅行，研究中国建筑和中国园林艺术。1749年到法国巴黎学习建筑学，随后又到意大利进修建筑学5年。1755年返回英国创立一家建筑师事务所。后被任命为威尔斯亲王的建筑顾问，为威尔斯王妃奥古思塔在伦敦西南的丘园建造中国式塔、桥等建筑物。1757年钱伯斯出版的《中国房屋设计》是欧洲第一部介绍中国园林的专著，对中国园林在英国以至欧洲的流行起重要作用。

1761年钱伯斯建造的中国塔和孔庙正是当年英国风靡一时的追求中国庭园趣味的历史写照。此外，他还在园中建了岩洞、清真寺、希腊神庙和罗马废墟，至今，中国塔和罗马废墟仍然是邱园中最引人注目的景点，可惜的是孔庙、清真寺等均已不复存在了。

钱伯斯还于1763年领导出版了《邱园的庭园和建筑平面、立面、局部及透视图》(Plan，Elevation，Section and Perspective Views of the Gardens and Buildings at Kew)，此书的问世，使邱园更受当时人们的关注。他又于1772年出版了《东方庭园论》(Dissertation on Oriental Gardening)，认为布朗所创造的风景园只不过是原来的田园风光，而中国园林，却源于自然，并高于自然。他认为真正动人的园景还应有强烈的对比和变化，并且，造园不仅是改造自然，还应使其成为高雅的、供人娱乐休息的地方，应体现出渊博的文化素养和艺术情操，这才是中国园林的特点所在。

钱伯斯一直对布朗式的自然风景园持批评态度，他认为布朗设计的自然式风景园过于自然，充其量只是在自然的基础上稍加改造而已，完全没有体现出造园者的创造力和想象力来，毫无艺术价值可言。按照他的想法，真正动人的园林应该源于自然，但要高于自然，要通过人的创造力来改造自然，使其成为适于人们休闲娱乐之处。钱伯斯还非常重视色彩在园林中的独特作用，并首先将这种理论运用到实践中去。

和布朗追求的不同，他追求的是一种充满野趣、荒凉、忧郁、怀旧的情调。威廉·钱伯斯是当时欧洲很少见的比较了解中国园林艺术的造园家，正是由于他的努力，18世纪的欧洲刮起了一阵追求东方式园林情调的旋风，他为东西方造园艺术的交流做出了巨大贡献。

第三节　英国风景式园林实例

一、查兹沃斯风景园

查兹沃斯花园是英国著名的府邸和庄园，坐落于德比郡层峦起伏的山丘上，德文特河从中间缓缓流过。查兹沃斯花园始建于1555年，由伯爵夫人Elizabeth Hardwick以及她的第二任丈夫William Cavendish兴建。此后，查兹沃斯花园作为世袭领地至今已有450多年，是英国历史最为悠久的庄园之一。

查兹沃斯花园的发展历经4个主要阶段，1549年购入地产到1707年，皇家园艺师乔治·伦敦和亨利怀斯负责庭院的修建工作。庭园的设计代表了当时英国古典主义园林的开阔和热衷栽培花卉的传统。伯爵夫人Elizabeth Hardwick就曾亲自下令广泛播种花卉与各种草本植物，如玫瑰、忍冬、鸢尾、石竹、紫罗兰、酸橙、冬青、刺柏、黄杨、橘子、桃金娘等乔灌木也被大量使用。修剪成形的果树园、石质的露台以及各种凉亭，都体现了都铎王朝后半期的伊

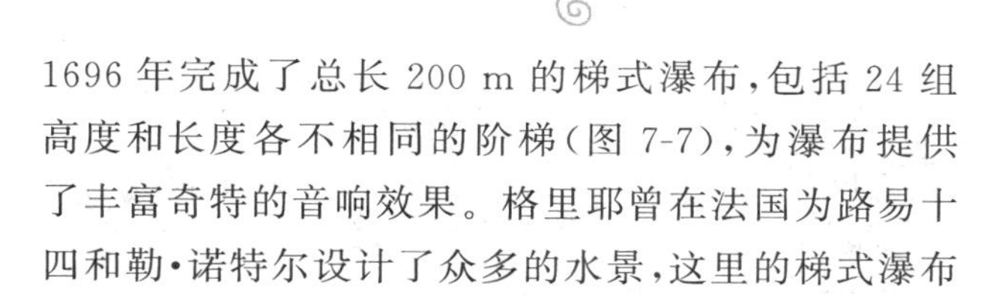

丽莎白时代庭园的典型特征。

丹麦雕塑家加布里埃尔西贝尔于1688－1691年间在查兹沃斯花园完成了许多雕塑作品，著名的海马喷泉就是其中的代表作。喷泉四周有整过形的鹅耳枥树篱围合，体现了早期领导造园潮流的意大利风格。

在建造乡村式住宅的同时，又在河谷的山坡上修建花园。当时英国最著名的造园师伦敦与怀斯参与了查兹沃斯庄园的建造，建有花坛、斜坡式草坪、温室、泉池、长达几千米的整形树篱和以黄杨为材料的植物雕刻(图7-5)。花园中还装饰着非常丰富的雕塑作品(图7-6)。

图7-5　以紫衫树篱做成的迷宫

图7-6　点缀在林荫大道旁的大理石塑像

随着法国风格开始领导世界园林潮流，查兹沃斯花园聘请了法国工程师格里耶，历时两年，在1696年完成了总长200 m的梯式瀑布，包括24组高度和长度各不相同的阶梯(图7-7)，为瀑布提供了丰富奇特的音响效果。格里耶曾在法国为路易十四和勒•诺特尔设计了众多的水景，这里的梯式瀑布也因沿袭了此传统，带有勒•诺特尔式园林的风格。

图7-7　园中保留着17世纪的大瀑布

1707—1811年是二世公爵至五世公爵接管庄园的时期。在此期间，查兹沃斯花园受庄园园林化运动的影响，逐渐转变为自然风景式造园。二世公爵在位的最初20年间，查兹沃斯花园基本没有进行大的建设和改变，直到三世公爵时期，建筑师坎特绘制了梯式瀑布以及山坡等的改建方案。在四世公爵在位期间，园林大师郎斯洛特•布朗大力提倡模仿自然景色的园林风格，用浪漫主义风格的手法彻底改变了庄园的结构，并于1760年完成。

布朗拆毁了大量的直线型的元素，取而代之的是开阔的草坪和自然曲折的线条。布朗将梯式瀑布西线有喷泉点缀的几何式花园改建为索尔兹伯里草坪。草坪的单调和空洞用树丛来弥补，间或出现的浓荫使景色富有变化，并充分利用自然地形的起伏，形成连绵的小丘、曲折的山路、溪流和池塘，最终形成史诗般的大气风格(图7-8、图7-9)。查兹沃斯花园周边的整座村庄也由于布朗对于目力所及范围内极度纯净的追求，而被迫迁移到庄园视野之外，这也是如今查兹沃斯花园领地的美丽山林范围内没有人烟的原因。

图 7-8　布朗用树丛弥补草坪的单调

图 7-9　布朗改造后的河道

1826 年,年仅 24 岁的帕克斯顿(Joseph Paxton,1803—1865 年)成为查兹沃斯的总园林师,担任该职长达 32 年。帕克斯顿主要负责修复工程,同时,也兴建了一些新的水景,大多采用"绘画式"构图,其中有威灵通岩石山(Wellington Rock)、强盗石瀑布(Robber-Stone-Cascade)、废墟式的引水渠以及柳树喷泉(Willow-Tree-Fountain),还有大温室(Great Stove),现在改成了迷园。帕克斯顿建造的岩石山因处理巧妙而极负盛名。

二、霍华德庄园

霍华德庄园位于北约克郡,是由约翰·凡布高(Sir John Vanbrugh,1664—1726 年)为查尔斯·霍华德设计的,始建于 1699 年。1699 年,第三世卡尔利斯尔子爵查理·霍华德(Charles Howard)请建筑师约翰·凡布高为其建造一座带花园的府邸。凡布高后来成为瓦伦流派的非常著名的巴洛克建筑师。27 年之后,当凡布高去世时,巨大城堡的西翼始终未能建成(图 7-10)。

图 7-10　霍华德庄园城堡

不仅这座贵族府邸建筑为晚期的巴洛克风格,而且花园也显示出巴洛克风格与古典主义分裂的迹象。以艺术史中纯粹主义者的观点,这正是这座花园的重要意义所在。霍华德庄园和斯陀园一样,表明了从 17 世纪末的规则式传统到随后的风景式演变之间的过渡形式。霍华德庄园地形起伏变化较大,面积超过 2 000 hm^2,很多地方显示出造园形式的演变,其中南花坛的变化最具代表性。1710 年,在一片草地中央,建造了一座由巨大的建筑物和几米高的、修剪成方尖碑和拱架的黄杨雕塑组成的复合体,这里现在放置了一座来自 19 世纪末世界博览会上壮观的阿特拉斯(Atlas)雕像喷泉(图 7-11)。

图 7-11　阿特拉斯(Atlas)雕像喷泉

根据斯威特则的设计，霍华德在府邸的东面布置了带状的小树林，称之为“放射线树林（Ray Wood）”，由曲线形的园路和浓阴覆盖的小径构成的路网，通向一些林间空地，其中设置环形凉棚、喷泉和瀑布。直到18世纪初，这个自然的树林部分与凡布高的几何式花坛并存，形成极其强烈的对比。人们今天将这个小树林看作是英国风景式造园史上一个决定性的转变。大部分的雕塑现在都失踪了，“放射线树林”也在1970年被完全改造成杜鹃丛林。在府邸边缘，引申出朝南的弧形散步平台。台地下方有人工湖（图7-12），1732—1734年从湖中又引出一条河流，沿着几座雕塑作品，一直流到凡布高设计的一座帕拉第奥式的庙宇，称为“四风神”（图7-13、图7-14）的前方。布置在最边远的景点是郝克斯莫尔（Hawksmoor）1728—1729年建造的宏伟的纪念堂（图7-15）。在向南的山谷中，有一座加莱特（Daniel Garrett）建造的“古罗马桥”。郝克斯莫尔建造的壮丽的金字塔周围是一片开阔的牧场。霍华德庄园虽然曾遭到一些粗暴的毁坏，但在整体上仍然具有强烈的艺术感染力。

图7-12　台地下方的人工湖

图7-13　“四风神”庙宇

图7-14　“四风神”庙宇旁雕像

图7-15　郝克斯莫尔建造的纪念堂

三、布伦海姆宫苑

布伦海姆宫苑是凡布高于1705年为第一代马尔勒波鲁公爵（John Churchill Marlborough，1650—1722年）建造的，建筑造型奇特，开始显示出远离古典主义的样式（图7-16）。但是，最初由亨利·怀斯建造的花园仍然采用勒·诺特尔式样，在宫殿前面的山坡上，建了一个巨大的几何形花坛

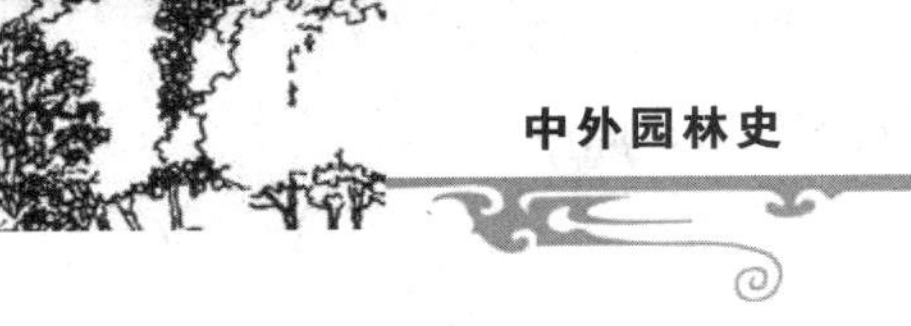

(图 7-17),花坛中设计有雕像(图 7-18、图 7-19),面积超过 31 hm^2,花坛中黄杨模纹与碎砖及大理石屑的底衬形成强烈对比;还有一处由高砖墙围绕的方形菜园。凡布高在布伦海姆的第二个杰作是壮观的帕拉第奥式的桥梁。府邸入口前方有宽阔的山谷,山谷中是格利姆河(Glyme)及其支流形成的沼泽地,为了跨越这座山谷,修建了两条垫高的道路和小桥。凡布高打算在山谷中建造一座欧洲最美观的大桥,以使沼泽地成为园中一景。而建筑师瓦伦提出了一个更简朴的、观赏性较弱的方案。然而最终仍采纳了凡布高的方案,因此建造了这座与河流相比尺度明显超大的桥梁。

图 7-16　布伦海姆宫苑

图 7-17　布伦海姆宫苑中的几何形花坛

图 7-18　花坛中的雕像(一)

图 7-19　花坛中的雕像(二)

马尔勒波鲁公爵去世不久,他的遗孀就要求府邸的总工程师阿姆斯特朗(John Armstrong)重新布置河道。阿姆斯特朗将格利姆河整治成运河,并在西边筑堤截流(图 7-20)。新的运河水系发挥了应有的作用,将水引到花园的东边,但是在景观效果上却有所削弱。1764 年,布朗承接了为马尔勒波鲁家人建造风景园的任务,重新塑造了花坛的地形并铺植草坪,草地一直延伸到巴洛克式宫殿立面前(图 7-21)。布朗又对凡布高建造的桥梁所在的格利姆河段加以改造,获得了令人惊奇的效果(图 7-22、图 7-23)。布朗只保留了现在称为"伊丽莎白岛(Elizabeth's Island)"的一小块地,取消两条通道,在桥的西面建了一条堤坝,从而形成壮阔的水面。原来的地形被水淹没了,出现两处弯曲的湖泊,在桥下汇合。由于水面一直达到桥墩以上,因而使桥梁失去了原有的高大感,

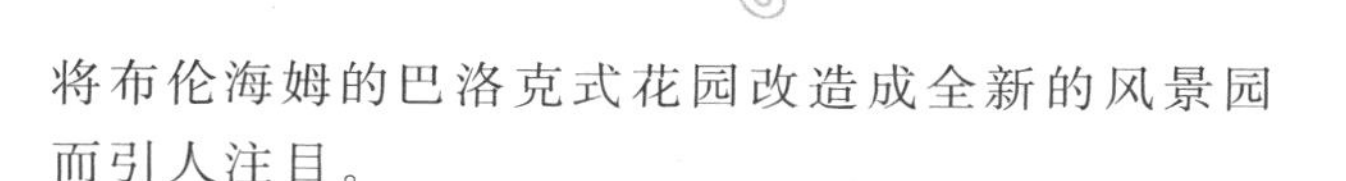

与水面的比例更加协调。这一成功的改造，使得人们更加欣赏、赞美风景园。布朗也因此成功地将布伦海姆的巴洛克式花园改造成全新的风景园而引人注目。

图 7-20　阿姆斯特朗的运河截留效果

图 7-21　布朗铺设到宫殿前的草坪

图 7-22　布朗所建的堤坝及水景

图 7-23　改造后的景观

布朗是第一位经过专业训练的职业风景造园家。他对田园文学和绘画中的古典式风景兴趣不大，他所感兴趣的是自然要素直接产生的情感效果。他也较少追求风景园的象征性，而是追求广阔的风景构图。他认为风景园及其周围的自然景观应该毫无过渡地融合在一起。他对园中建筑要素的运用十分谨慎，他创作的风景园总是以几处弯曲的蛇形湖面和几乎完全自然的驳岸而独具特色。通道也不再是与入口大门相接的笔直的通道，而是采用大的弧形园路与住宅相切。布伦海姆宫苑既是布朗艺术顶峰时的作品，也是他根据现有园地进行创作的佳例。

四、斯陀园

斯陀园过去曾经是汉诺威宫廷乔治一世和二世国王的反对党人的重要活动中心，现在成为一所带有高尔夫球场的寄宿学校的一部分。考伯海姆勋爵是一位辉格党员，他曾在对路易十四的战争获胜中起到重要作用，后来失去朝廷的宠爱。在他周围汇聚着一些雄心勃勃的青年政治家，由最激进的建筑师在斯陀园建造了一座反映其政治和哲学思想的庄园。

斯陀园为了花园的构图及形式与城堡建筑一致，许多建筑师和造园师参与设计，在一个世纪当中，经过数次演变和改造，布朗是最后的完成者。花园最初

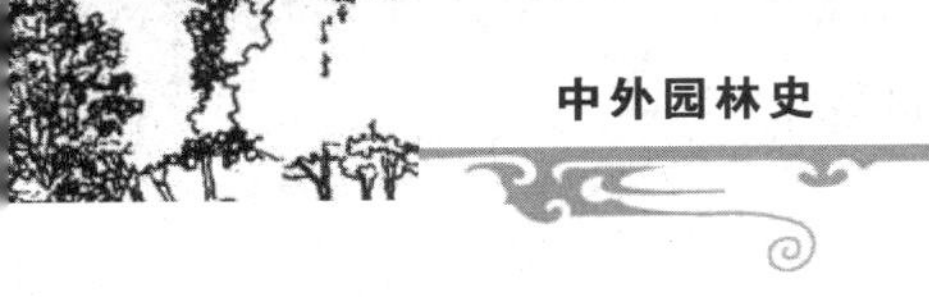

采用了17世纪80年代的规则式，1715年后，规模急剧扩大，园中逐步增建了一些建筑物和豪华的庙宇，直到1740年，斯陀园似乎仍然要与凡尔赛相竞争。

布里奇曼是英国使规则式花园艺术转向风景式造园的开创者。1714年，布里奇曼为白金汉侯爵建造斯陀园时，采用了17世纪80年代样式，即未完全摆脱法式园林的影响但又抛弃对称原则的束缚。他在斯陀园巨大的园地周围布置一道"隐垣"(图7-24)，使人的视线得以延伸到园外的风景中。

大约在1703年，肯特代替了布里奇曼，他逐渐改造了规则式的园路和甬道，并在主轴线的东面，以洛兰和普桑的绘画为蓝本建了一处充满田园情趣的香榭丽舍花园。山谷中流淌的小河，称为斯狄克斯，它是传说中地狱里的河流之一。肯特在河边建造的几座庙宇倒映水中，其中有仿古罗马西比勒庙宇的古代道德之庙(图7-25)。肯特还在园中布置古希腊名人的雕像，如荷马、苏格拉底、利库尔戈斯和伊巴密浓达等；为了批评当代人在精神上的堕落，肯特建造了一座废墟式的新道德之庙(图7-26)。在河对岸，有英国贵族光荣之庙(图7-27)，此庙仿照古罗马墓穴的半圆形纪念碑，壁龛中有14个英国道德典范的半身像，其中有伊丽莎白一世、威廉三世，哲学家培根和洛克，诗人莎士比亚和弥尔顿，以及科学家牛顿等。在香榭丽舍花园边的山坡上有一座友谊殿，考伯海姆勋爵与青年政治家们常在这里讨论如何推翻国王的统治以及建设国家的未来。

图7-24　布里奇曼斯陀园布置的隐垣

图7-25　古代道德之庙倒映在水中

图7-26　肯特改建的新道德之庙

图7-27　光荣之庙

园的东部处理成更加荒野和自然的风景，微微起伏的地形，避免一览无余，使得风景中的建筑具有各自的独立性。向南可见建筑师吉伯斯(James Gibbes)建造的友谊殿，这座纪念性建筑完全借鉴风景画中的造型，非常入画，以后成为风景园的象征。斯陀园的桥梁跨越一处水池东边的支流。水池原为八角形，后被肯特改成曲线形。在一座小山丘上，有吉伯斯建造的哥特式庙宇，因为在人们的印象中，古代的撒克逊人是与法国人及其统治者相对立的自由民。为了与规则式的法国建筑相对立，庙宇也采用自由而不规则的布局，有着不同高度的角楼。此外，哥特式也用来代表撒克逊人过去的光辉。

1741年，当肯特在斯陀园工作时，布朗作为这里的第一位园艺师，在希腊山谷的建造中起到重要作用。希腊山谷建在香榭丽舍花园的北面，是一种类似盆地的开阔牧场风光。

五、斯托海德园

大约18世纪中叶，在富于革新精神和有文化修养的贵族中间，崇尚造园艺术成为一种时尚。这一时期的一些有重大影响的花园，实际上是由富裕的园主自己设计建造的。斯托海德园是这类英国式传统园林的杰出代表(图7-28)。

斯托海德园位于威尔特郡，在索尔斯伯里平原的西南角。1717年，亨利·霍尔一世(Henri Hoare Ⅰ，1677—1725年)买下了这里的地产，于1724年建造了帕拉第奥式的府邸建筑。1793年扩建了两翼，中央部分在1902年被烧毁后又重新恢复。在亨利一世期间并未建园，他的儿子亨利·霍尔二世(Henri HoareⅡ，1705—1785年)自1741年开始建造风景园，并倾注其一生的精力。亨利·霍尔二世之孙理查德·考尔特·霍尔(Richard Colt Hoare，1758—1838年)也是该园建设的重要参与者。

亨利·霍尔二世首先将流经园址的斯托尔河截流，在园内形成一连串近似三角形的湖泊。湖中有岛、堤，周围是缓坡、土岗，岸边或伸入水中的草地，或茂密的丛林(图7-29)。沿湖道路与水面若即若离，有的甚至进入人工堆叠的山洞中。水面忽宽忽窄，或如湖面，或如溪流。既有水平如镜，又有湍流悬瀑，动静结合，变化万千。沿岸设置了各种园林建筑，有亭、桥、洞窟及雕塑等，它们位于视线焦点上，互为对景，在园中起着画龙点睛的作用。

采用环湖布置的园路，使人们在散步的过程中，欣赏到一系列不同的景观画面。园路边建有各种庙宇，每座庙宇代表古罗马诗人维吉尔的史诗《埃耐伊德》中的一句(图7-30)。建筑师弗利特卡夫特(Henry Flitcroft)建造的府邸采用了帕拉第奥样式，从府邸前的道路向西北方，即可看到以密林为背景、有白色柱子的花神庙(图7-31)。庙两侧有各色杜鹃，白色建筑掩映于花丛之中，和投入水中的倒影构成一幅动人的画面。花神庙所在的土坡上方，有一处天堂泉，与花神庙的绚丽色调处理手法不同，显得十分幽静。经过船屋往西北，池水渐渐变窄，可看到远处的修道院及阿尔弗烈德塔。沿湖西岸往南，可以见到湖中两个林木葱茏的小岛，随着游人的行进，形成步移景异的效果。

图7-28　斯托海德园

图7-29　河岸植物设计

图 7-30 路边的庙宇

图 7-31 花神庙

西岸最北边，有 1748 年皮帕尔设计的假山，假山中有洞可通行。洞中面对湖水的一面辟有自然式的窗口，这样，既形成由洞中观赏湖上及对岸风光的景况，也便于洞内采光。洞中的水池上有卧着"水妖"的石床，流水形成的水帘由床上落入池中。洞中还有一河神像，其风格及姿态都反映了古希腊的遗风。洞壁上刻着"甜甜的水，岩石中洋溢着生命力"的地方，是水妖的住处。

山洞以南是哥特式村庄。当人们从村庄向湖望去，是一幅以洛兰的田园风光画为蓝本的天然图画。湖对岸，几株古树形成景况，湖中有数座小岛，其中一座岛上有建于 1754 年的缩小了的古罗马先贤祠（图 7-32）。在古典园林中，先贤祠是常见的景物，后人以这种建筑作为古罗马精神的象征。

图 7-32 斯托海德园里的先贤祠

由村庄往南，有座 1860 年架设的铁桥，东侧是开阔的水面，西侧则是细细的小河，两边景色迥然不同。过桥上堤，堤南水面稍小，比较幽静，对岸有瀑布及古老的水车；远处是缓坡草地、苍劲的孤植树、茂密的树丛及成群的牛羊，一派牧场风光。堤的东头有四孔石拱桥，向北是水面最狭长处，视线十分深远。透过石桥，远望湖中岛屿，对岸的东侧有花神庙，西侧有哥特式村舍及假山洞，成为园中最佳的观景点。画面中以石桥为前景，湖中水禽、岛上树木为中景，远景是对岸的树木及勾画出天际线的阿尔弗烈德塔、先贤祠等建筑。

阿波罗神殿是另一处重要的景点（图 7-33）。这里地势较高，三面树木环绕，前面留出一片斜坡草地，一直伸向湖岸，岸边草地平缓，上有成丛的树木。从神殿前可以眺望辽阔的水面；而从对岸看，阿波罗

图 7-33 阿波罗神殿

神殿又如耸立于树海之上。由此往下，即可进入有地下通道的山洞，出来后经帕拉第奥式的石桥，可从另一角度欣赏西岸的先贤祠、哥特式村舍及假山洞，别有一番情趣。

亨利·霍尔二世在经过改造的地形上遍植乡土树种山毛榉和冷杉，由树林和水景形成的规模宏大的园林代替了过去完全是农作物的乡村景色。以后又种了大量黎巴嫩雪松、意大利丝杉、瑞典及英国的杜松、水松、落叶松等，形成以针叶树为主的壮丽景观。此后，随着引种驯化技术的发展，又引进了南洋杉、红松、铁杉等新的树种。霍尔家族的最后一位园主是亨利·胡奇男爵（Henri Huge Hoare，1894—1947年），他曾修复了被火烧毁的建筑物，并增种了大量石楠和杜鹃。色彩丰富的杜鹃使得五月的斯托海德园更加绚丽多彩。

由于亨利·胡奇的独生子在第一次世界大战中死于战场，他遂于1946年将斯托海德园献给了全国名胜古迹托管协会。此园现已成为对游人开放的著名风景园之一。

六、邱园

邱园为英国皇家植物园，两个世纪以来，一直是世界瞩目的植物园之一，其园林景观也体现了英国园林发展史上几个不同阶段的特色。作为植物园，无论在科学性或艺术性上邱园都是十分杰出的，是各国植物学家、园艺学家和园林学家的向往之地，也是一处美丽的游览胜地。

威尔士亲王腓特烈（Freaderick）自1731年开始在此居住，住所称为邱宫（Kew House），其妻在此收集植物品种。1759年，奥古斯塔公主（Augusta）在此居住并在其府邸周围建园。1763年，乔治三世用宫内经费出版了《邱园的庭园和建筑平面、立面、局部及透视图》一书，使更多的人对邱园有所了解，负责此书出版的即威廉·钱伯斯，他在邱园工作期间建造了一些当时十分流行的中国式样的建筑，如1761年建了中国塔（图7-34），还有孔庙、清真寺、岩洞、废墟等。以后毁掉了一些，而中国塔保留至今。这些建筑标志着东方园林趣味对英国园林的影响，不过，按照中国的传统，宝塔层数一般为奇数，而邱园的塔却是10层，这也说明当时在英国园林中只不过是模仿了中国园林一些零星的建筑物，如亭、桥、塔以及假山山洞等，满足了一些人的猎奇心理而已。经过多年的建设，邱园规模不断扩大（图7-35）。

图7-34 邱园中的中国塔

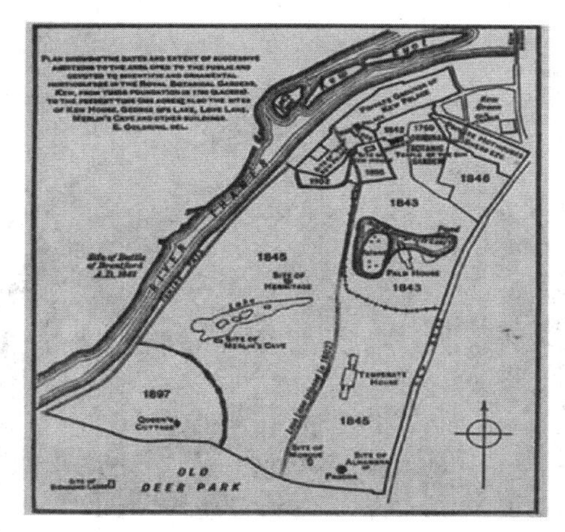

图7-35 邱园的平面图

邱园的建造时期正是英国风景园盛行之际，而且，又处于欧洲园林追求东方趣味的热潮之中，加上十分崇拜中国园林的造园家威廉·钱伯斯的多年经营，使邱园成为这一时期很有代表性的作品之一。

邱园的建设首先以建筑邱宫为中心，以后在其周围建园，又逐渐扩大面积，增加不同的局部，客观上形成了多个中心，其主要性能又是植物园，因此，其规划又不同于一般完全以景观效果为主的花园。邱园中以邱宫、棕榈温室（图7-36）等为中心形成的

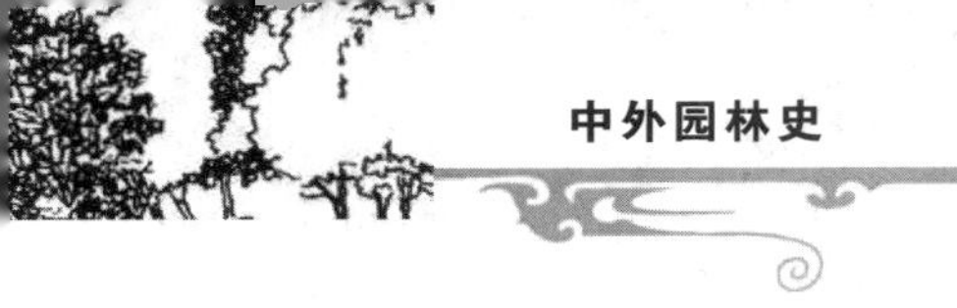

局部环境，以及自然的水面、草地，姿态优美的孤植树、树丛，内容丰富又绚丽多彩的月季园、岩石园(图7-37)等种种景色，使邱园不仅在植物学方面在国际上具有权威地位，而且在园林艺术方面也有很高的水平，具有中国风格的宝塔、废墟等也为园林增色不少。至今邱园仍是国际上享有盛誉的园林之一。

图 7-36　邱园中的棕榈温室

图 7-37　邱园中的岩石园

棕榈温室中不仅室内植物是吸引人们参观的重点，室外园林也很有特色。温室东面为水池，靠近温室一侧的池岸为规则式驳岸，岸边的花坛、雕塑、道路，为了与温室建筑一致，均为规则式规划；而另外三边的池岸则处理成自然式，环池道路也随池岸曲折，路与水面之间的草地形成缓坡，逐渐伸入水中，或有成丛的湿生、沼生植物，由路边延伸至水中，在这些地方已很难觉察出池与岸的明显界线了；池中有雕塑、喷泉。池南岸有一对中国石狮子，为中国万园之园圆明园的原物，1860 年英法联军焚毁圆明园之后，这对石狮子成为邱园的装饰品(图 7-38)。从水池的岸边处理上可以看出设计者力求使温室建筑与自然式园林相协调和由规则式向自然式过渡的匠心。温室的另一侧为整形的月季园，园的南端延伸至远处的透视线终点就是中国宝塔。

图 7-38　邱园中的中国石狮

邱宫建筑的一侧，近年来新建了一处规则式的局部。整齐的长方形水池、修剪的绿篱和成排的雕塑，形成一个独立的空间。空间外部有大片修剪整齐的黄杨铺地，地形稍高处有一座金属凉亭，体现了伊丽莎白时代的风格(图 7-39)。

图 7-39　修剪整齐的黄杨铺地及金属凉亭

邱园内有许多古树，如欧洲七叶树、椴树、山毛榉、雪松、冷杉等，难得的是它们都占有非常开阔的空间，因此随着岁月流逝，并无局促之感，不仅树高增长，树冠也日益展开而丰满，给人一种既古老又健壮的印象。当然，由国外引种植物品种之丰富，也是形成邱园特色的重要因素，中国的银杏、白皮松、珙桐、鹅掌楸等名贵树木都在邱园安家落户了。管理良好的草坪地被也是邱园引以为豪的内容之一，园中的开花灌木及针叶树的基部都与草地直接相连，乔木的树荫下是草地、灌木及花卉(图7-40)。不仅在邱园，英国许多园林都具有这一优势，甚至有的地方以绿毯般的草坪铺成路面，人们可以悠闲地在上面漫步。

图7-40　乔木下方的植物搭配

邱园的西南部有一连串长长的湖泊水面，虽不如斯托海德园的水那样辽阔深远，但水中的小岛、嬉戏的水禽，使这里显得十分幽静(图7-41)。

图7-41　邱园西南部的水系

七、尼曼斯花园

尼曼斯花园建于19世纪末期，园主是梅塞尔(Ludwig Messel)，他是一位园林爱好者，1890年他买下这个园址后，与园林师康贝尔(J. Comber)一起设计建造了这座花园。

园主首先改良了土壤，种植大树，在园内形成浓密的阴影(图7-42)。由于土壤十分适宜喜酸性植物的生长，园内种有大量的玉兰、山茶、杜鹃和龙古菲利雅(Eucryphia)等花木(图7-43)。此外，园内还有大量的珍稀树木，如云杉、珙桐等。

图7-42　园中的大树

图7-43　园中的花灌木

花园在布局上将古典园林构图与园林植物栽培结合起来，全园分为一个开放性的大花园和几个封闭性的主题小花园，如沉床园、石楠花园、松树园、月季园和杜鹃花园等。其中最引人入胜的是墙园，中心布置意大利式的大理石水盘，环以四座巨型紫杉植物造型，强调了墙园的中心；由园中心引申出 4 条园路将全园四等分，路边饰以花境，在常绿植物的背景前十分夺目，打破了几何形构图的单调与乏味。园内还有一些芳香植物如野茉莉等，令人陶醉。园内有一座都德时代建造的住宅（图 7-44），在第二次世界大战期间毁于战火，但墙壁被保留下来。灰色的墙面上爬满紫藤、玫瑰和忍冬等攀缘植物，附近的树木和造型树篱又强调了遗址的景观效果，富有浪漫情调。

图 7-44　都德时代建造的住宅

尼曼斯花园反映了英国 19 世纪造园的典型特征：构图上将规则式花园与自然风景式园林相结合，带有折中主义色彩；园内植物品种十分丰富，植物配置得当，景观层次分明，花木色彩艳丽，养护管理精细（图 7-45、图 7-46）。

图 7-45　园内山丘上植物搭配

图 7-46　水边槭树及杜鹃为主的花木景观

第四节　英国自然风景式园林特征

经过法国及意大利规则式园林的影响，18 世纪受自然地理条件的制约、哲学艺术思想及中国传统古典园林的影响，英国涌现出了一批反对规则式园林的造园家，他们认为自然的园林景观才是最美的，园林愈接近自然则愈美，只有与自然融为一体，园林才能获得最完美的效果。在这些造园家的推动下，规则式园林已经越来越少地出现在英国园林中，取而代之的是一些具有浓郁的自然风格的园林。如布里奇曼和肯特设计的斯陀园所展现的是一种自然风景园，规则式的元素越来越少。其中，布里奇曼设计的哈哈（ha ha）隐垣，将园内与外界联系起来，极目所至，远处的田野、丘陵、草地、羊群，均可成为园内的借景，体现了自然风景所带来的乐趣。英国著名的园林邱园、尼曼斯花园、斯托海德园等都以自然景观为设计蓝本。

一、园林布局

在理性主义、科学主义及新哲学思潮的影响下，人们对自然的普遍热情和对自然美的向往成为当下园林的一种设计思潮。在园林布局方面，主张严格对称的主流设计思想逐步地被抛弃。弯曲的园路、自然的树丛、蜿蜒的河流、随地形起伏的大草坪在当时园林中有所体现。规则式园林布局与自由式园林共存。如尼曼斯花园中修剪整齐的规则式绿篱花坛与周围自由式的园林景观。建筑不再起主导作用，而是与自然风景相融合。全园体现出来的是亲切的自然气息。园林注重不同主题的表达，体现出了不同的功能区。如在斯托海德园中，有突出自然景观区域，如园中的缓坡、土岗，伸入水中的草地及蜿蜒曲折的溪流；有突出人文历史风貌的区域，如沿河设计的各种庙宇；有以突出田园风光的村庄风貌。在斯陀园中，有布里奇曼设计的自然风光，有肯特充满田园情趣的香榭丽舍和沿河设计的充满历史文化的仿古罗马西比勒(Sibylle)庙宇和古代道德之庙，有批评当代人在精神上的堕落新道德之庙，有东部区域充满荒野的自然风景景观。可见，从 18 世纪后，造园家在园林布局方面在表现自然的基础上也特别注重不同思想主题的表达。

二、园林要素

英国自然风景式仍然采用植物、地形地貌、建筑、水体组合造景，模拟自然、再现自然是设计的主要蓝本，但在局部也有规则式园林的表达。

(一)园林植物

在英国，由于适宜的气候条件，适应生长的植物较多。以植物造景为主题的设计在园中多有体现，如邱园的月季园、岩石园，尼曼斯花园的封闭的沉床园、石楠花园、松树园、月季园和杜鹃花园。英国风景式园林受英国国土景观的影响，园内以大面积的草地和树丛为主，与园外的牧场和树林完全融合。草地便于人们开展各类活动或游戏，树丛与草地形成对比，构成优美的田园风景画面。植于山顶的植物精心地设计成群植形式，提高了自然地域的层次。低矮的观花性较强的植物常用来作为花境，如尼曼斯花园路边的花境。香味树种增添了花园的情景，如尼曼斯花园芳香植物野茉莉的应用。低矮植物在花园中常被修剪成椭圆形、圆柱形、长方形、雕塑，并组合成几何花坛。种植方案中，大型针叶树和阔叶树林下栽植观赏灌木来平衡大的草坪和牧草地，层次分明，错落有致。这个时期，英国人更欣赏植物的自然形态。孤植树作为主景植物应用于自然景观中。为了体现与自然相融合的原则，树木采用不规则的丛植、片植等形式，并根据树木的习性结合自然的植物群落特征，进行树木配置。此外，除了作为建筑的前景或背景外，植物还常起到隔景、障景作用，以增加景色的层次和变化，营造更加生动活泼的景观效果。

(二)建筑

英国自然风景式园林逐步取消了建筑统领全园的作用。建筑分布在每一个功能区域作为局部区域的主景或点景。建筑的功能和形式体现不同的主题。如肯特在斯陀园山坡上建造了用于交流的友谊殿，建造了批评当代人精神上堕落的新道德之庙；在斯托海德园建造了象征古罗马精神的先贤祠以及在霍华德庄园中建造了具有巴洛克风格的府邸。建筑在花园中常与植物结合在一起，如斯托海德园中在杜鹃和其他花灌木衬托下的花神庙。

(三)水体

在英国自然园林早期的设计中有规则式水体，但后期自然式的水体较为常见。布朗创作的风景园总是以几处弯曲的蛇形湖面和几乎完全自然的驳岸而独具特色。在自然式花园中水体设计多依据自然地形地貌，因地制宜，如在斯托海德园的水系，水面忽宽忽窄，既有水平如镜，又有湍流悬瀑，岸边缓坡、土岗自由地深入水中。水体常结合雕塑形成喷泉，如查兹沃斯风景园中的海马喷泉，霍华德庄园中的阿特拉斯(Atlas)雕像喷泉等。水系常被设计成瀑布形式，增加水景的气势，如查兹沃斯风景园中 200 m 长的台阶式瀑布。

(四)地形

英国自然风景式园林中，地形按照自然的地形地貌进行设计，很少进行大幅度的改动。如霍华德庄园中起伏多变的地形，斯托海德园中自然的缓坡、土岗等均是按照自然地形处理。在地形处理方面，布里奇曼在造园中首创了隐垣，又称为哈哈，将其与周围的自然环境连成一片，其做法就是在园的边界不设墙，而是挖一条宽宽的深沟，这样既可以起到区别园内外的作用，使园有了一定的范围，又可以防止园外的牲畜等进入园内。而在视线上，园内与外界却无隔离之感，极目所至，远处的田野、丘陵、草地、羊群，均可成为园内极妙的借景，从而扩大了园的空间感。

第五节 英国自然风景式园林对欧洲的影响

一、法国风景式园林

(一)法国"英中式园林"的产生背景

18世纪初期，法国绝对君权的鼎盛时代一去不复返了。古典主义艺术逐渐衰落，洛可可艺术开始流行。随着英国出现了自然风景园并逐渐过渡到绘画式风景园以后，在法国也掀起了建造绘画式风景园林的热潮。由于法国的风景式园林借鉴了英国风景式园林的造园手法，又受到中国园林的影响，所以称之为"英中式园林"。

然而，这场深入的园林艺术改革运动在英国和法国却表现出不同的特点。在英国，这场艺术革命总带有几分"天真"的成分，而在法国，人们竭力利用它来对抗过去的思潮。英国贵族毁坏一个规则式花园，目的不是指责建造规则式花园的那个时代，甚至也没有可以责难的人。英国人关心的只是怎样创造美丽的花园，追求一个更适合散步和休息的理想场所。而法国的规则式花园，被人们与宫廷联系在一起，贵族们厌倦了持续半个多世纪的豪华与庄重、适度与比例、秩序和规则的风格。他们为了表明自己在艺术品位上的独立性，与过去的时尚背道而驰。

为英国风景式造园理论在法国的传播做好充分准备的人是卢梭(Jean Jacques Rousseau，1712—1778年)。卢梭因仇恨封建贵族统治的腐朽社会，而仇恨所有规则式花园。他主张放弃文明，回到纯朴的自然状态中。1761年，卢梭发表了小说《新爱洛绮丝》，被称为轰击法国古典主义园林艺术的霹雳。卢梭在书中构想了一个名为克拉伦的爱丽舍花园。在这个自然式的花园中，只有乡土植物，绿草如茵，野花飘香。园路弯曲而不规则，或者沿着清澈的小河，或者穿河而过。水流一会儿是难以觉察的细流，一会儿又汇成小溪，在卵石河床上流淌。在花园里，那两边是高高的篱笆，篱笆前边种槭树、山楂树、构骨、叶冬青、女贞树和其他杂树，使人看不见篱笆，而只看见一片树林。你看它们都没有排成一定的行列，高矮也不整齐，弯弯曲曲的，实际上是动了脑筋安排的，目的是为了延长散步的地方。

启蒙主义思想家狄德罗(Denis Diderot，1713—1784年)在他的《论绘画》一书中，开头第一句话便是"凡是自然所造出来的东西没有不正确的"，与古典主义"凡是自然所造出来的都是有缺陷的"观点针锋相对。他提倡模仿自然，同时，他要求文艺必须表现强烈的情感，渴望感情的解放，号召回归大自然，主张在造园艺术上进行彻底的改革。

从18世纪中叶开始，勒·诺特尔的权威地位已经开始动摇。建筑理论权威布隆代尔(Jean-Franqois Blondel，1705—1774年)在1752年就指责凡尔赛，说它只适合于炫耀一位伟大君主的威严，而不适合在里面悠闲地散步、隐居、思考哲学问题。他认为在凡尔赛和特里阿农只有艺术在闪光，它们的好东西只代表人们精神的努力，而不是大自然的美丽和纯朴。埃麦农维勒子爵(Vicomte d'Ermenonville)批评勒·诺特尔屠杀了自然，他发明了一种艺术，就是花费巨资把自己包裹在令人腻烦的环境里。

法国风景式造园思想的先驱者建议向英国和中国学习，这导致了大量介绍中国园林的书籍和文章的出版，一些英国人重要的造园著作，很快被译成法文。18世纪70年代之后，法国又涌现出一批新的造园艺术的倡导者，他们纷纷著书立说，致力于将新的造园理论深入细致化。

吉拉丹侯爵(le marquis de Girardin)是一个大旅行家，是卢梭思想的追随者。1776年，他在埃麦农维勒子爵领地上，按照卢梭的设想，建成了一座风景式园林，标志着法国浪漫主义风景园林艺术时代的真正到来。

吉拉丹完全抛弃了规则式园林，因为它是懒惰和虚荣的产物。同时他也指责尽力模仿中国式园林的做法，不赞成在园林中有大量的建筑要素。他认为既不应以园艺师的方式，也不应以建筑师的方式，而应以肯特的方式，即画家和诗人的方式来构筑景观。他强调在关注细部之前，不应失去对整体效果的注意力。他要求处理好作为园林背景的周围环境，就像画家对背景的处理那样，应避免过于开阔的地平线，最好是显示有限的背景。他认为应该注重树群的形状和大小植物的组合，而不是去关注树叶的不同色调，因为自然会作出安排。外来树木难以与整体相协调，所以应使用乡土树种。水体应安排在林木的背景之前，因为在自然中也是如此。

法国风景式造园先驱们的思想和著作与启蒙主义者相比，社会影响力微不足道，但是，他们对风景式园林的具体形式，却起着决定性的作用。

(二)法国"英中式园林"实例

1. 峨麦农维勒林园

该园位于亨利四世(1586—1610 年)的城堡周围，1763 年归吉拉丁侯爵(Marquis de Girardin)购置下峨麦农维勒子爵领地，并按照风景式园林的原则来改造这片面积为 860 hm^2 的大型领地。从 1766 年开始，历时十余年，终于在一个由沙丘的和沼泽组成的荒凉之地上建造出一个真正的风景园林的作品。

峨麦农维勒林园由大林苑、小林苑和荒漠 3 部分组成。院内地形变化丰富、景物对比性强，河流、牧场、丛林、丘陵和林木覆盖的山冈等各种自然地形地貌。园内大面积的种植形成变化丰富的植物景观，引来农奈特河的河水，形成园内溪流和湖泊。园内因有大量的植物和水景，显得生机勃勃，充满活力。富有哲理含义的主题性园林建筑为园林带来了强烈的浪漫情调。园路布置巧妙，从每一个转折处都可以观赏到河流景观。这个充满幻想的花园，有着移步异景的效果。

在绘画式园林造景中，园林建筑起着重要作用。从功能放入角度看，这些非理性的小型纪念建筑毫无用途。因此，为了表明其存在的必要性，建筑师通常将亭子、庙宇等与附属建筑结合起来。外观上力求使人产生幻觉或怀旧情感。在峨麦农维勒林园，还赋予园林建筑以哲理性的主题，如一座名为"哲学"的金字塔是献给"自然的歌颂者"的。峨麦农维勒的园林建筑还希望帮助人们追忆"道德高尚的祖先美德"，设计者为此设置了护卫亭、农场、啤酒作坊和磨坊。

峨麦农维勒林园中还能看到"老人的坐凳""梦幻的祭坛""母亲的桌子""哲学家的庙宇"(图 7-47)，而狭小的、空空如也的先贤祠则保留着未完成的状态，暗喻人类思想进步永无止境。还有美丽的加伯里艾尔塔，在唤起人们对古代的回忆。但一些园林建筑后来遭到破坏，如"隐居处""缪斯庙""菲莱蒙"和"波西小屋"。

图 7-47　哲学家的庙宇

1778 年，吉拉丹在园内的一个僻静之处，按照卢梭的《新爱洛绮丝》里描写的克拉伦的爱丽舍花园建造了一座小花园，以表示对卢梭的尊敬。花园建成不久，卢梭这位吉拉丹的启示者和偶像，在这里度过了他生命中的最后 5 周，与世长辞后被安葬在一座杨树岛上(图 7-48)。开始时建了石碑，1780 年，建造了一座古代衣冠冢形状的墓穴，墓碑上刻着这儿安息着属于自然和真实之人。

图 7-48　建有卢梭墓的杨树岛

园中建造名人墓穴成为纪念性花园的一种模式，以后曾大量出现。它满足了另一种新趣味，即在造园上表现出的过分的浪漫情感。吉拉丹还提出了一个有趣的构思，即在园林中设置石碑、陵墓、衣冠冢、垂柳或者截断的石柱，使人能够时时缅怀逝去的贤人，忆古思今。

埃麦农维勒林园在法国是独一无二的，它的景致非常优美动人。大量的景点分布在面积可观的园内，完全没有拥挤和闭塞之感。在这里，吉拉丹以荒漠代替了英国造园家的野趣。

2. 小特里阿农王后花园

小特里阿农王后花园包括规则式与不规则式两部分。前者是一个小型的法国式花园，一直延伸到大特里阿农宫。在不规则式的花园中，英国园艺师克罗德·理查德（Claude Richard）为国王收集了许多美丽的外来树木，建造了温室和花圃。这座宛如植物园的花园，由著名植物学家朱西厄（Bernard de Juissieu，1699—1777 年）管理，由此可见路易十五对植物学的兴趣。

路易十六继承王位后，将小特里阿农送给了 19 岁的王后玛丽·安托瓦奈特，并为她修建了一座小城堡。不久之后，王后就对花园进行了全面的改造，成为一处绘画式风景园林。王后先是要求理查德的儿子小理查德（Antoine Richard）进行设计。小理查德是一位相当有造诣的植物学家，对英国园林也非常了解，但对园林设计并不在行。在面积不足 4 hm^2 的地方，他布置了大量的景点，园路和溪流交织在等宽的弧形带中。王后对其设计不甚满意，因此决定先去参观英国园林。1774 年 7 月，王后参观了卡拉曼子爵（Comte de Caraman）的花园，感到非常满意，于是要求卡拉曼子爵为她提交一个方案。

小理查德顺从了卡拉曼子爵的意见，可是代替加伯里埃尔的建筑师密克（Richard Mique）所作的设计却远离卡拉曼子爵的设想。此后，曾与密克合作过的画家于贝尔·罗伯特参与了设计，尤其是茅屋的造型及选址，以及岩石山和其他小型工程的设计，弥补了建筑师在这方面的不足。

这项工程耗资巨大，设计者将台地改造成小山丘和缓坡草坪，甚至布置了一小段悬崖峭壁，处理得非常巧妙。溪流的走向与小理查德的设计大致吻合。园中还有圆亭、假山和岩洞。

圆亭布置在溪流中央的一座小岛上，与特里阿农宫殿的东立面相对。此亭为著名的爱神庙，12 根科林斯柱支撑着穹顶，中央是布夏尔东（Bouchardon Edme，1698—1762 年）雕塑的爱神像。另一座建筑为观景台（图 7-49），与特里阿农宫殿的北立面相对。

图 7-49　观景台

爱神庙（图 7-50）建于 1779 年，3 年后建成观景台。1780 年 6 月，当王后参观了埃麦农维勒林园之后，又决定建造一座小村庄（图 7-51）。小村庄始建于 1782 年。在花园东部新购置的地方，围绕着精心设计的湖泊，布置了 10 座小建筑。在从湖中引出的一条小溪边建有磨坊、小客厅、王后小屋和厨房。在湖的另一侧，建有鸟笼、管理员小屋和乳品场等。

图 7-50　爱神庙

图 7-51　王后花园中的小村庄

这些小建筑物出于密克和罗伯特的奇思妙想，目的在于产生更敏感和更细腻的情感，采用轻巧的砖石结构，外墙面抹灰，绘上立体效果逼真、使人产生错觉甚至幻觉的画面。其中磨坊是最有魅力、外观最简洁的（图 7-52），它模仿诺曼底地区的乡间茅屋，很有特色。小客厅有与磨坊一样的茅草屋顶，外观令人愉悦，室内厅堂也很舒适，王后白天喜欢来此休息。王后小屋是一座两层小楼，设有餐厅、起居室、台球室等。建筑外形非常简洁，茅草屋顶，几根木柱，附以攀缘植物，突出乡间情趣。

图 7-52　磨坊

家禽饲养场与王后小屋隔桥相对，周围是栅栏围成的几组封闭小院落，里面有放养着珍稀动物的笼舍。乳品场中有著名的马尔勒波鲁（la Tour de Marlborough）小塔楼。在法国的教科书中，曾提到特里阿农的乳品场。人们看到王后装扮成挤奶的农妇，而未来的国王路易十八则装扮成牧羊人。乳品场有一个凉爽的客厅，在一张大理石桌上，摆放着水果和乳制品。王后高兴时在此举办冷餐会，主食为水果和乳制品。

小特里阿农王后花园建成于 1784 年，是法国风景式园林的杰作之一。王后不惜代价，广泛收罗各种美丽、珍稀之物来装点它。1789 年 10 月 6 日，当一个气喘吁吁的年青侍卫跑来报告，巴黎的人群已经进入凡尔赛时，玛丽王后正在岩石山下面名叫蜗牛的岩洞里休息。这座充满幻想的花园的鼎盛时代从此一去不复返。

3. 麦莱维勒林园

小特里阿农王后花园由于靠近凡尔赛而广为人知，埃麦农维勒林园由于纪念卢梭而著名。其实，由拉波尔德（Jean-Joseph de Laborde）建造的麦莱维勒林园才是法国最好的风景园林。1784 年，宫廷金融家拉波尔德在法兰西岛最南端购下麦莱维勒的地产，并着手建造英中式园林。他研究、分析风景式造园艺术，以吸取前人的经验和教训。他认为，许多景物在自然中是很美的，因为它们处在广阔的空间里，而在小空间中，这些景物的效果则会很荒唐，因为它们无法形成一个动态的整体。他又说，水是自然的灵魂，但又不能不加区分地运用，对于越是能产生效果的装饰，越要谨慎地运用并形成高雅的品位。对于园林建筑，他认为，如果它们与所处的环境不相协调，那就成为一种粗俗而不是点缀了。

拉波尔德慕名找到建筑师贝朗热（Beranger），请他设计园中的建筑物。不久，画家罗伯特取代了贝朗热。罗伯特和其他一些画家，在此创作了许多绘画作品。这些作品成了园林师和雕塑家造园的蓝本。因此，这座园林其实可以看作是画家的作品。从园林的现状中，还能看出这些绘画的痕迹。

1786 年，罗伯特开始监督花园的施工。他从附近的瑞安河引水入园，形成河、湖、瀑布等水景。拉波尔德说，它体现出了瑞士和比利牛斯地区那些最美观的景物特征。瀑布景观和传播甚远的水声极具诱惑力，唤起人们对这些异乎寻常的景致的回忆。而在山区却要经过艰苦跋涉，费力寻找，才能得到片刻的欣赏。

麦莱维勒的建筑物很多，其中最重要的有四座，即海战纪念柱、库克墓穴、乳品场和孝心殿。此外还有贝朗热建造的磨坊、凉室、为纪念建筑学院建的塔将柱等。

海战纪念柱是最引人注目的景物之一，采用仿古罗马战舰的喙形舰首柱的形式，在白色大理石柱上饰以青铜的喙形舰首(图 7-53)。它是拉波尔德为纪念伟大的航海家拉贝鲁兹(Laperouse)而建的，也借以表达金融家对在随拉贝鲁兹征战中失踪的两个儿子的思念。

图 7-53　海战纪念柱

拉波尔德追随花园中设置名人墓穴的时尚，在园中修建了库克(James Cook，1728—1779 年)的墓穴。它实际上只是一座纪念碑，因为这位航海家葬身于大西洋岛屿土族人的胃中。雕塑塑造了一个探险家的半身像和一些野人的形象，四周是沉重的陶立克式柱子。

乳品场建造在水池的尽端，简洁的体量，鞍形的屋顶，立面是 6 根柱子支承着覆以鳞瓦的半个球形穹顶(图 7-54)。

图 7-54　乳品场

孝心殿建造在岩石山顶上，是一座环形建筑物，有 18 根科林斯柱子，覆以大理石穹顶。观景台已被毁坏，而磨坊则只剩下底座的陶立克式石柱、拱桥和岩石桥。石柱高度与塔柱(Trajan)相当，非常壮观，现在孤零零地立在园外。在大革命和帝国时期，建筑师设计建造的许多柱子，如旺多姆柱和布劳涅柱，都以它为样板。

麦莱维勒林园中最著名的建筑物庙宇、库克墓穴、海战纪念柱等于 1895 年被圣莱翁伯爵(Lecomte de Saint-Leon)购买并运到 25 km 外他的若尔园中重新组装起来。

麦莱维勒林园深深地影响了后来建造的王家园林。路易十六在汉布耶(Rambouilles)建造的乳品场，借鉴了麦莱维勒乳品场的室内布置，小特里阿农王后花园中的观景台，也与麦莱维勒的一样，建在假山基座上。

4. 莱兹荒漠林园

曾经是水源和森林总管，后来成为国王寝宫主管的蒙维勒(Francois Racine de Monville)是一个富有的财产继承者，他爱好艺术和音乐，又是一个喜爱奉承且生活荒诞的人。他在马尔利森林中，购买了莱兹(Retz)村庄。从 1774 年起，在这个面积 38 hm^2 的地方，开始建造一座英中式园林，工程持续了 15 年。园内种有许多珍稀树木，建有 17 座建筑物。像吉拉丹一样，蒙维勒既是园主人又是造园

家。建筑师巴尔比埃协助他，将他的设计意图绘制成明确的施工图。其中可能也有画家罗伯特提出的建议。

入口处设置一座岩洞，穿过幽暗的隧道，便进入到一个虚幻的园林之中。在许多高大树木的掩蔽下，设置了怪诞又极富象征性的建筑物。园内有一座金字塔形的凉室（图 7-55），有献给牧神潘的庙宇，有埃及式的方尖碑、还愿的祭坛，还有中国式的木结构厅堂，外立面排列着仿竹柱。尤其是府邸毁坏的柱廊（图 7-56），成为莱兹荒漠林园最具特色的建筑。

图 7-55　金字塔形的凉室

图 7-56　府邸毁坏的柱廊

莱兹荒漠林园是一座巨大的折中主义作品，体现了埃及、罗马、希腊和中国等文明的共融。这里有不规则、起伏的园林景观，弯曲的园路，沿路景观令人应接不暇，与古典主义园林的中心论和方向感完全对立。从它建成之日起，就以其独特的园林景观吸引了众多的游览者。然而，随着岁月流逝，它却处在不断的荒芜之中，后来几乎完全销声匿迹了。

莱兹荒漠林园是 18 世纪风景式园林中最为著名的，但却在人们的眼皮底下渐渐荒废。直到 20 世纪 70 年代，才得以逐渐修复，珍稀树木品种得到保护，地表进行排水处理，金字塔和三十多座异国情调的建筑物被修复，渐渐恢复了生机。

二、俄罗斯风景式园林

（一）俄罗斯风景园的产生背景

彼得大帝去世以后，俄国在 1725—1762 年间，更换了 5 位国王，政局不稳也影响了园林事业的发展。直至 1762 年，叶卡捷琳娜二世即位，对内实行中央集权，对外扩张，重新巩固了王位；1801 年亚历山大一世（1801—1825 年在位）即位，由于在与拿破仑交战中取得胜利，开创了俄罗斯帝国的新时期，俄国成为欧洲大陆最强大的国家，这一局面一直持续到 19 世纪中叶。

在此期间，英国自然风景园风靡全欧洲，俄罗斯也深受其影响，开始进入自然式园林的历史阶段。

除了受到英国的影响以外，规则式园林需要进行复杂而经常性的养护管理，耗费大量园艺工人的劳动，也是使人感到棘手的问题。同时，文学家、艺术家们对美的评价开始有了新的变化，崇尚自然，追求返璞归真成为时代的趋势。加之，叶卡捷琳娜二世本人是英国自然风景园的忠实崇拜者，她厌恶园中的一切直线条，对喷泉反感，认为这些都是违反自然本性的，并积极支持自然式风景园的建设。这一切都促使俄罗斯园林由规则式向自然式过渡。这一时期不仅新建了许多自然式园林，也改造了不少旧的规则式园林。

俄罗斯风景园的形成和发展与当时俄罗斯造园理论的发展是分不开的。18 世纪末开始出版了一系列造园理论方面的著作，为自然式园林的创作大造舆论，其中最著名的人物是安得烈·季莫菲也维奇

·波拉托夫(A. J. Polatov,1738—1833 年),他对俄罗斯园林的发展和其特色的形成均有很大影响。波拉托夫是著名的园艺学家,出版了许多关于园林建设和观赏园艺方面的著作,也曾为叶卡捷琳娜二世的土拉营区建造过园林,同时,他还擅长绘画,能以画笔描绘出他所提倡的自然式园林的景色。波拉托夫的主要论点在于提倡结合本国的自然气候特点,创造具有俄罗斯独特风格的自然风景园。他承认英国风景园促进了俄罗斯园林由规则式向自然式的过渡,但主张不要简单地模仿英国、中国或其他国家的园林。他强调师法自然,研究、探索在园林中表现俄罗斯自然风景之美。

19 世纪中叶,随着农奴制的废除,俄罗斯不可能再出现 18～19 世纪那种建立在大量农奴劳动基础上的大规模园林了,而私人的小型园林成为当时的发展趋势。同时,随着资本主义因素的增长,商业经济及运输业的发展,新颖的国外植物日益引起人们的关注,观赏园艺受到重视。在这一背景下,开始兴建一系列以引种驯化为主的各种植物园,许多大学建立了以教学及科研为主要目的的植物园;著名的疗养城市索契于 1812 年建立了以亚热带植物为主的尼基茨基植物园。此后,在俄罗斯各地也建立了适应不同气候带、各具特色的植物园,它们对丰富观赏植物种类起到了很大作用。

(二)俄罗斯风景园的实例

巴甫洛夫风景园(Pavlov Park)位于彼得堡郊外的巴甫洛夫园,始建于 1777 年,在持续半个世纪的建造过程中,几乎经过了彼得大帝以后俄罗斯园林发展的所有主要阶段。从该园的平面图中可以看出,这里有规则式的局部设计,宽阔、笔直的林荫道通向宫殿建筑,以圆厅为中心展开的星形道路,以白桦树丛为中心的放射形道路等。同时,俄罗斯自然式园林的两个发展阶段,在这里也留下了明显的痕迹。

1777 年,在巴甫洛夫园只建了两幢木楼,辟建了简单的花园,园中有花坛、水池、中国亭(当时欧洲园林中的典型建筑)等。1780 年由建筑师卡梅隆(Kameron)进行全面规划,将宫殿、园林及园中其他建筑,按统*一构图形成巴甫洛夫园的骨干。卡梅隆为苏格兰人,当他到俄罗斯时,已具有比较成熟的艺术观,这种艺术观形成于古典主义在欧洲盛行之际。因此,他在园中建造了带有廊子的宫殿、古典的阿波罗柱廊(图 7-57)、府邸毁坏的柱廊(图 7-58)等建筑。当俄罗斯园林风格转向自然式时,卡梅隆在全园的不少局部中,仍保留了规则式的构图,道路仍采取几何形图案,如星形区、白桦区、迷园、宫前区等。

图 7-57　古典的阿波罗柱廊

图 7-58　府邸毁坏的柱廊

1796 年,园主保罗一世(Ben Ⅰ,1796—1801 年在位)继承王位后,巴甫洛夫园成了皇家的夏季宫苑,于是,又请了建筑师布廉诺进行该园的扩建,这里成为举行盛大节日及皇家礼仪活动的场所。宫前区及新、旧西里维亚区都建于此时,在斯拉夫扬卡还建了露天剧场、音乐厅、冷浴室等建筑,新添了许多雕塑及一些规则式的小局部。这一阶段的建设不能说是成功的。到19世纪20年代，巴甫洛夫园在艺术上达到了最高的境界。

巴甫洛夫园地势平坦，原为大片沼泽地，斯拉夫扬卡河弯弯曲曲流经园内，稍加整理后，有的地方扩大成水池；沿岸高低起伏，河岸高处种植松树，更加强了地形的高耸感，有时河岸平缓，水面一直延伸到岸边草地上或小路旁；两岸树林茂密，林缘曲折变化，幽暗的树林前，有色彩不同的单株树、树丛，形成高浮雕和圆雕的效果；沿河行走，水面及两岸林地组成的空间忽而开朗，忽而封闭，加上植物种植及配植方式的变化，形成一幅幅美妙的构图。

全园以乡土树种为主，成丛、成片人工种植的树林（其中不少是移植的大树），经过若干年后，宛如一片天然森林，在森林中辟出不同的景区。因此，虽然由于建造年代不同，形成不同风格的局部，但全园却统一于森林景观之中。林中辟了许多大小不同、形状各异的林中空地，使林地具有极高的园林艺术水平。道路引导游人缓缓地漫步于具有明暗对比、色彩各异的各种植物组成的空间中，使人心旷神怡。通过狭窄幽暗的林荫道来到以白桦树丛为中心的林中空地，眼前豁然开朗，在周边暗色松树的衬托下，这里更显得明亮宽广。

（三）俄罗斯风景园特征

在俄国，大量建造自然式园林的时期在1770—1850年间，其中又可分为两个阶段：初期（1770—1820年）为浪漫式风景园时期，后期（1821—1850年）为现实主义风景园时期。

在风景园建设的第一阶段，园中景色多以画家的作品为蓝本，如法国风景画家洛兰、意大利画家罗萨、荷兰风景画家雷斯达尔等人绘画所表现的自然风景，成为造园家们力求在花园中体现的景观。园中打破了直线、对称的构图方式，在充满自然气氛的环境中，追求体形的结合、光影的变化等效果。然而，画面中的风景与现实的园林环境之间毕竟会有很大差异，因此，按照这种理想境界建成的园林，往往只有布景的效果，而对人在园中的活动却很少予以考虑。此外，这时的风景园，往往追求表现一种浪漫的情调和意境，人为创造一些野草丛生的废墟、隐士草庐、英雄纪念柱、美人的墓地，以及一些砌石堆山形成的岩洞、峡谷、跌水等，试图以展现在人们眼前的一幅幅画面，引起种种情感上的共鸣——悲伤、哀悼、惆怅、庄严肃穆或浪漫情调等。

浪漫式风景园中的植物虽然不再被修剪，但也未能充分发挥其自然美的属性，只是为了衬托景点、突出景色，在园中或组成框景，或起着背景的作用。

19世纪上半叶，在自然式园林中的浪漫主义情调已经消失，而对植物的姿态、色彩，对植物的群落美产生了兴趣；园中景观的主要组成不再只是建筑、山丘、峡谷、峭壁、跌水等，而开始重视植物本身了。巴甫洛夫园和特洛斯佳涅茨园都是以森林景观为基础的俄罗斯自然式园林最出色的代表作，尤其巴甫洛夫园以其巨大的艺术感染力展示了北国的自然之美，被誉为现实主义风格的自然式风景园的典范，其创作方法对以后的俄罗斯园林，以至十月革命后的苏联园林的建设都产生了深远的影响。

由于俄罗斯地处欧洲大陆北部，大部分地区气候严寒，与英国温暖湿润的海洋性气候有很大的差异，因此，典型的18世纪英国风景园主要以大面积的草地上面点缀着美丽的孤植树、树丛为其特色，而俄罗斯风景园却是在郁郁葱葱的森林中，辟出面积不大的林中空地，在森林围绕的小空间里装饰着孤植树、树丛，这种方式有利于冬季阻挡强劲的冷风，夏季又可遮阳。在树种应用方面，俄罗斯风景园强调以乡土树种为主，云杉、冷杉、落叶松及白桦、椴树、花楸等是形成俄罗斯园林风格不可缺少的重要元素。

第六节　历史借鉴

英国自然式园林在发展历程中，经历了对古典主义的反抗，在启蒙思想的影响下开启了新的园林模式的探索，这种探索是长期的也是艰辛的。因此，在面对新生事物的时候，我们也要勇于探索、勇于研究并付诸实践。英国自然风景式的一大特点是善于利用自然、模拟自然并尊重自然。这种思维对现代人来说也有很深的启迪，即我们建造园林也要因地制宜，避免大兴土木造成不必要的浪费。在布伦海

姆风景园河道改造中，布朗摒弃了桥作为局部景观的主宰，认为桥的体量明显与环境不匹配，而后通过拓宽河道，提升了水面面积，使桥和水面自成一体。这一改造提示园林设计者，要注重园林中每一个元素之间的协调性，特别要讲求园林要素的尺度和体量。

参考链接

[1] 郦芷若，朱建宁. 西方园林[M]. 郑州：河南科技出版社，2002.02

[2]（日）针之谷钟吉. 西方造园变迁史[M]. 邹洪灿译. 北京：中国建筑出版社，2004.

[3] 张健. 中外造园史[M]. 武汉：华中科技大学出版社，2009.

[4]（英）Tom Turner. 世界园林史[M]. 林菁译. 北京：中国林业出版社，2011.

[5] 唐建，林墨飞. 风景园林作品赏析[M]. 重庆：重庆大学出版社，2011.

[6] 张祖刚. 世界园林史图说[M]. 2版. 北京：中国建筑工业出版社，2013.

[7] 朱建宁. 西方园林史—19世纪之前[M]. 2版. 北京：中国林业出版社，2013.

[8]（英）Rory Stuart. 世界园林文化与传统[M]. 周娟译. 北京：电子工业出版社，2013.

[9] 周向频. 中外园林史[M]. 北京：中国建材工业出版社，2014.

[10]祝建华. 中外园林史[M]. 2版. 重庆：重庆大学出版社，2014.

[11] 百度百科网站. https://baike.baidu.com/

[12]维基百科网站. https://www.wikipedia.org/

课后延伸

1. 查看纪录片：《十七世纪·哈特菲尔德宫皇家园林》、《十八世纪·优雅的白金汉郡斯陀园》、《十九世纪·斯塔福德郡比多福庄园》、《二十世纪·肯特郡西辛赫斯特花园》、《英国园林的秘密历史》、《世界花园和奥黛丽·赫本》、《英国园林史》、《世界宫殿与传说》。

2. 洛可可艺术是什么？洛可可艺术在园林中怎样得以表现？

3. 查阅查兹沃斯庄园资料，说明其园中自然式园林的元素有哪些？

4. 中国古典园林与英国自然式园林在空间处理方面的异同。

5. 查阅布朗所设计的园林，阐述其造园风格。

6. 英国庄园园林化时期园林的特点是什么？

7. 英国自然风景式园林对俄罗斯园林的影响有哪些？

第八章 外国近代园林

课前引导

本章主要介绍19世纪的英国、法国、美国等园林历史，包括它们的背景介绍、折衷式与复古式园林、城市公园的兴起、特征总结以及历史的借鉴等，这个阶段正是新型园林的诞生和发展阶段。

英国是最早开始工业革命的国家，随后法国发生大革命，美国宣布独立，导致城市开始发展，社会变革和经济发展也影响着园林的发展，逐步形成了新型园林，尤其是城市公园的兴起为现代园林发展奠定基础。

教学要求

知识点：外国近代园林发展背景；折衷式与复古式园林产生的原因；英国、法国、德国折衷式与复古式园林的特征；城市公园兴起的原因；城市公园起源；外国近代园林特征。

重点：折衷式与复古式园林；城市公园起源；近代城市公园的特征；近代城市公园理论及代表人物。

难点：城市公园对城市规划、城市绿地系统发展的影响。

建议课时：3学时。

第一节　背景介绍

英国工业革命始于18世纪60年代，以棉纺织业的技术革新为始，以瓦特蒸汽机的改良和广泛使用为枢纽，以19世纪30年代、19世纪40年代机器制造业机械化的实现为基本完成的标志。17世纪时，英国资产阶级政权的建立促进了资本主义的进一步发展，英国的殖民扩张为资本主义的发展积累了大量的资本，圈地运动为资本主义的发展提供了大量生产所必需的劳动力，18世纪中期，英国成为世界上最大的资本主义殖民国家，国内外市场的扩大对工场手工业提出了技术改革的要求，因此以技术革新为目标的工业革命首先在英国发生。

英国工业革命的主要表现是大机器工业代替手工业，机器工厂代替手工工场，革命的发生并非偶然，它是英国社会政治、经济、生产技术以及科学研究发展的必然结果，它使英国社会结构和生产关系发生重大改变，生产力迅速提高，交通运输业日益繁荣，也促进了国际贸易的发展。工业革命从开始到完成，大致经历了100年的时间，影响范围不仅扩展到西欧和北美，而且推动了法、美、德等国的技术革新。

工业革命改变了国家的经济和人口的分布，出现了一些新兴的工业区和工业城市。工业革命前，英国经济最发达和人口最密集的地区是以伦敦为中心的东南部。工业革命开始以后，西北盛产煤铁的荒芜地区出现了很多新兴的工业中心和城市，如曼彻斯特、兰开夏、伯明翰、利物浦、格拉斯哥、斯卡斯尔等。经济中心由东南向西北转移。随着工业和城市的繁荣和发展，农村人口大量转入城市，城市人口猛增。19世纪40年代，英国城市人口已占全国人口的3/4，工人已达480万。这种自发的、缺乏合理规划的城市迅猛发展，相继带来了许多新的矛盾，城市中环境优美、舒适的富人区与拥挤、肮脏、混乱的贫民窟形成鲜明对比；城市住宅、交通、环境等问题

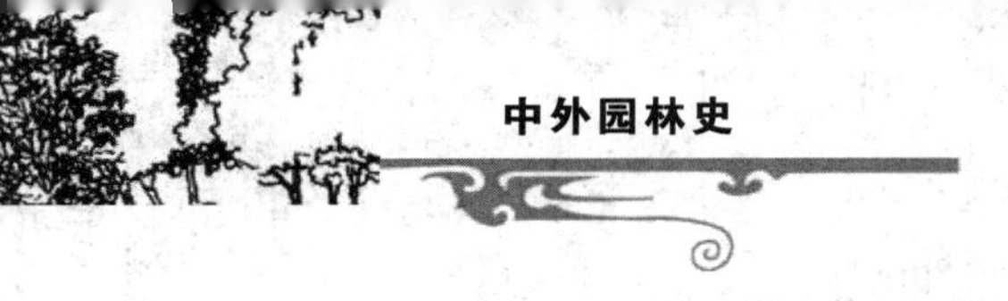

都亟待解决。

19世纪后期，由于大工业的发展，许多资本主义国家的城市日愈膨胀、人口日愈集中，大城市开始出现居住条件明显两极分化的现象。劳动人民聚居的“贫民窟”环境污秽、嘈杂。即使在市政府设施完善的资产阶级住宅区也由于地价昂贵，经营宅园不易。资产阶级纷纷远离城市寻找清净的环境，加之现代交通工具发达，百十里之遥朝发夕至。于是，在郊野地区兴建别墅园林成为一时风尚。

当时的许多学者已经看到城市建筑过于稠密和拥挤所造成的后果，特别是终年居住在贫民窟里面的工人阶级迫切需要优美的园林环境作为生活的调剂。因此，在提出种种城市规划的理论和方案设想的同时也考虑到园林绿化的问题。1898年，霍华德在《明天的花园城市》专著中提出“花园城市”。一方面，它不仅是很有代表性的一种理论，而且在英国、美国都有若干实践的例子，但并未得到推广，至于其他形形色色的学说，大都是资本主义制度下不易实现的空想；另一方面，在资产阶级居住区却也相应出现了一些新的园林类型，比较早的如伦敦花园广场。

第二节　外国近代园林类型与实例

一、折衷式与复古式园林

(一)英国

“折衷主义”一词来自希腊语 eklektikos，意为“去选取和挑选”。在古希腊，折衷主义者主要是从各种源泉中选取最好的思想并进行综合的哲学家。折衷主义影响了19世纪的园林。

1800年前后，园林设计理论遇到了一个问题。园林设计师往往只看到了“自然世界”的表面，忽略了模仿“世界的本质”的艺术追求。模仿自然的同时，似乎出现了两个矛盾的观点：要成为艺术作品，园林必须模仿自然；如果它们模仿了自然，园林就不能成为艺术作品。自然式园林变得与自然难以区分，表达了一种浪漫、原野、未加修饰的并令人十分渴望的情感，但人们却不可能生活于此。因此在英国和其他地方，园林设计陷入了僵局。

当发展的方向不明显时，大部分的设计师开始追溯过去，他们重新运用古代的设计风格并用新的组合手法将它们结合起来。这导致了一场引发一个伟大转折点的争论和4种设计的手法。

①风景式风格：在一种结构关系中运用从历史中选取思想。

②混合式风格：运用选取于其他国家的设计风格并且像博物馆一样展示它们。

③花园式风格：运用选取于世界上最受欢迎地区的植物并且布置展示它们的特征。

④民族主义风格：运用选取于国家历史上造园辉煌时代的设计思想。

“选取”是为了强调4种设计手法的共同之处，风景式园林在英国和德国最受欢迎。在英国这种设计手法影响了布朗式园林的设计，它在园林中添加了台地和森林花园。在德国，如花式围绕在巴洛克的周围。混合式风格在欧洲大部分地区以及北美地区受到欢迎，花园式风格影响了各地的植物园以及英国的私家花园，民族主义风格影响了大部分国家。其中一些由此产生的园林具有相当高的品质，但是或多或少地缺乏了一种精神和艺术的特征。

(二)法国

19世纪中叶以后，资本主义社会发展很快，资产阶级已不再是为自由主义而战的斗士，他们的心现在只为钱跳动，连文化和建筑也成了商品，于是，以抄袭、拼凑、堆砌为能事的折衷主义创作手法占了统治地位。

罗斯柴尔德家族别墅是折衷主义庭园的典型代表，罗斯柴尔德家族是欧洲乃至世界久负盛名的金融家族。在19世纪的欧洲，罗斯柴尔德几乎成了金钱和财富的代名词。罗斯柴尔德花园别墅是罗斯柴尔德的女儿埃弗鲁斯于1905年建造的死后她将此别墅和土地捐献给了法国政府。该别墅位于尼斯和摩纳哥之间，地处俯视大海的一个小岛上。别墅内收藏很多世界级的艺术作品，如意大利和法国的油画，18世纪的家具和欧洲、亚洲精致的瓷器。别墅更著名的是它的9个花园，别墅以它的典雅、多彩的花园闻名于法国。

(三)德国

纽芬堡(Nymphenburg)最初是位于慕尼黑中心2 km的巴洛克式的中心区域。路德维希二世童年时居住在这里,后来他厌恶地记得周边环境的几何布局,因为这种布局也是他受到的严格教育方式的一个组成部分(图8-1)。18世纪末,巴洛克园林被一个风景式园林所环绕。古典主义和浪漫主义形式系统在一起和谐共生。1804—1823年,德国风景式风格的主要代表人斯开尔(Ludwig von Sckell)将这个花园的绝大部分改造成为浪漫主义园林,在两座凉亭前各有一个自然面貌的湖泊,但是在规划中他将一些巴洛克布局的要素结合了进来,包括由喷泉环绕的水池和位于西侧前庭下方的刺绣花坛。1865年添加了一个圆形神庙,运河在冬季经常结冰,人们会在上面溜冰或者玩冰壶。

图8-1　纽芬堡皇宫

二、城市公园的兴起

城市公园源于古希腊的公共花园。17世纪中叶,英国爆发了资产阶级革命,武装推翻了封建王朝,建立起土地贵族与大资产阶级联盟的君主立宪政权,宣告资本主义社会制度的诞生。不久,法国也爆发了资产阶级革命,继而革命的浪潮席卷了整个欧洲。在"自由、平等、博爱"的口号下,新兴的资产阶级没收了封建领主及土室的财产,把大大小小的宫苑和私园都向公众开放,并统称之为公园(public park)。最早的城市公园是1843年建于英国的利物浦-伯肯海德公园,它标志着第一个城市公园的正式诞生,是公共公园历史上的里程碑。19世纪中叶美国奥姆斯特德设计的纽约曼哈顿中央公园是真正意义上为普通大众提供娱乐的现代城市公园设计,它的成功建成与开放掀起了"城市公园运动"。公园运动带动了世界范围内大量城市公园的建设高潮。

(一)英国

1. 英国城市公园发展概况

1760年,英国开始工业革命,到1830—1840年已基本完成。城市工业的迅猛发展,导致英国城市规模急剧扩大。由于城市发展缺乏合理的规划,造成住房短缺、交通拥挤、环境恶化的问题日益严峻。这些因素导致历史中留存的贵族私家花园(皇室宫苑与私园)得以向公众开放,自此,私园终于有了一个新的名字——"公园",为城市和公众所享。此外,社区或村镇的公共场地,特别是教堂前的开放草地,也成为城市公园的起源。早在1643年,英国殖民者在波士顿购买了18.225 km^2 的土地为公共使用地。1835年,英国议会通过了私人法令,允许在大多数纳税人要求建公共园林的城镇,动用税收兴建城市公园。

18世纪,伦敦王室所有的大猎苑都向人们开放。乔治二世(George Ⅱ)的王妃卡罗琳(Queen Caroline),对横跨市区、形成宽阔的绿化地带的林苑,特别是对肯辛顿公园极感兴趣。那美丽的行道树路和中央大池,都是按照王妃的指示建造的。在建筑家纳许(John Nash)的监督下,在改造伦敦几条主要街道时,使摄政大道有了很大变化。他尝试着用带状林苑加以美化。在圣詹姆斯公园,他将长河渠改造成具有自然风格的波浪形岸线的水池。其他式样都与孤植树及森林地的牧场风光等相称。

1811年通过法案,将已荒废的玛利尔本林苑定为王室领地,并成为伦敦北部的公园,后来就成为以乔治四世摄政为名的摄政公园(图8-2)。这座公园的设计,体现了当时公园常用的构思,其中有作划船之用的大池;在弯曲的岸边,有步移景异的绿荫园路;还有宜作比赛和集会用的广阔场地。在公园中,没有任何建筑,并尽力用树木掩蔽邻近的建筑物。园内的休息处很小,并尽量隐蔽在林中。至19世纪中叶,伦敦的其他公园,没有一座在规模以及特色上能与这座公园相比拟,如肯辛顿公园(图8-3)、海德公园、绿色公园和圣詹姆斯公园(图 8-4)等。

图 8-2 摄政公园

图 8-3 肯辛顿公园

图 8-4 圣詹姆斯公园

在伦敦王室的大林苑编入公园以后,又在过去未开发的泰晤士河东部和南部地区,建造了大小公园,其中以维多利亚公园为最大。1889 年,除王室的林苑外,都市公园的面积已达 2 656 英亩,1898 年达到 3 665 英亩。由此也显示出伦敦市民对公园的重视。这些昔日的皇家园林,占据着城市中心区最好的地段,便于市民日常活动。这些园林规模宏大,占地面积共逾 480 hm^2,几乎连成一片,成为城市公园群,对城市环境的改善起到重要作用。英国除了将私家园林向公众开放或者改造成城市公园外,也兴建了城市公园。从 19 世纪 40 年代起,英国开始出现了一场城市公园的建设热潮。1844 年,由约瑟夫·帕克斯顿设计的利物浦动用税收建造了公众可免费使用的伯肯海德公园(Birkenhead Park)成为私人法令颁布后兴建的第一座公园,也是世界上第一座真正意义上的城市公园,并于 1977 年被该政府确立为历史保护区。

这一时期兴建的城市公园,大多延续了 18 世纪自然风景园造园样式。公园中以疏林草地为主,结合水面布置,空间开敞明亮,充满自然情趣。

2. 英国城市公园案例

①伯肯海德公园(Birkenhead Park)。伯肯海德公园始建于 1843 年,1847 年建成。由帕克斯顿(Joseph Paxton)负责设计,位于英国利物浦,它是世界园林史上的第一个城市公园(图 8-5)。

图 8-5 伯肯海德公园平面图

利物浦市伯肯海德区,1820 年城区人口仅为 100 人,几年后发展为 2 500 人,1841 年猛增至 8 000 人。1841 年,利物浦市议员豪姆斯(Isaco Holmes)率先提出了建造公共园林(Public Park)的观点。两年后,市政府动用税收收购了一块面积为 74.9 hm^2 的不适合耕作的荒地,用以建造一座向公众开放的城市园林,计划以基础中部的 50.6 hm^2 土地用于公园建设,周边的 24.3 hm^2 土地用于私人住宅的开发。出人意料的是,公园所产生的吸引力使周边土地获得了高额的地价增益。周边 24.3 hm^2 土地的出让收益,超过了整个公园建设的费用及购买整块土地的费用之总和。以改善城市环境、提高福利为初衷的伯肯海德公园的建设,结果取得了经济上的成功。

伯肯海德公园内人车分流是帕克斯顿最重要的设计思想之一。公园由一条城市道路(当时为马车道)横穿,方格化的城市道路模式被打破,同时大大方便了该城区与中心城区的联系。蜿蜒的马车道构成了公园内部主环路,沿线景观开合有致、丰富多彩。步行系统则时而曲径通幽,时而极目旷野,在草地、山坡、林间或湖边穿梭。四周住宅面向公园,但由外部的城市道路提供住宅出入口。

伯肯海德公园水面按地形条件分为“上湖”和“下湖”。开挖水面的土方在周围堆成山坡地形。水面自然曲折，窄如溪涧，宽如平湖。湖心岛为游人提供了更为私密、安静的空间环境。

公园绿化以疏林草地为主，高大乔木主要布局于湖区及马车道沿线，公园中央为大面积的开敞草地。园内几处较大型的开敞疏林草地，广受欢迎，不仅为当地居民提供了板球、橄榄球、曲棍球、射箭和草地保龄球等运动的场地，还提供了地方集会、户外展览、军事训练、学校活动及举办各种庆典活动的场所。

公园内各种功能建筑和构筑物分散于全园，成为游览过程中一个又一个精彩的节点。同时，园内建筑物的风格以“木构简屋”(Compendium Cottage)为主，基本采用地方材料，充分践行了环保的理念，与公园带给人们的改善环境的理念相辅相成。

②海德公园(Hyde Park)。海德公园占地160万 km^2，是英国伦敦最知名的公园。1066年以前是威斯敏斯特教堂的一个大庄园。16世纪上半叶，亨利八世将这里作为狩猎场的一部分。18世纪末，这里同市区连成一片，被辟为公园。

海德公园被九曲湖(Serpentine Lake)分为两部分(图8-6)。在泰晤士河东部的中心，海德公园西接肯辛顿公园(Kensington Park)，东连绿色公园(Green Park)，形成寸土寸金的伦敦城里一片奢侈的绿地。

图8-6 海德公园九曲湖

海德公园南面，有1876年为维多利亚女王的丈夫阿尔伯特亲王而建的纪念碑(图8-7)，纪念碑对面是皇家阿尔伯特大会堂(图8-8)，椭圆形的大会堂上覆盖着玻璃穹顶，非常壮观。1851年，第一次伦敦国际博览会在这里举行。公园东北角的拱门原是白金汉宫前面的石拱门(图8-9)。由于门洞狭窄，1851年扩建白金汉宫时将它拆迁到海德公园，为海德公园增添了一景。附近有演讲者之角。作为英国民主的历史象征，市民可在此演说任何有关国计民生的话题，这个传统一直延续至今。公园东南角有威灵顿拱门。在海德公园的南端有海德公园骑兵营，清晨首先看到的一定是驯马。海德公园内建有喷泉和雕塑(图8-10、图8-11)，用以纪念战争中牺牲的无名英雄。

图8-7 阿尔伯特纪念碑

图8-8 皇家艾伯特大会堂

图 8-9　海德公园石拱门

图 8-10　海德公园内喷泉

图 8-11　海德公园内雕塑

(二)法国

19 世纪 30 年代法国开始工业革命,城市经济的发展导致大量农村人口涌进城市。首都巴黎的发展渐渐加快,25 年间 1/3 城区得到重建,到 1861 年巴黎市区人口 153.8 万。在巴黎改建运动中,采取拓宽街道、建设林荫大道、重建沿街建筑、构筑桥梁等措施,对巴黎的城市交通和市容进行彻底的改造。为防止城市污水对塞纳河造成污染,兴建了庞大的下水道系统;为美化城市,兴建了大量的喷泉。从此,园林艺术摆脱了私家园林的束缚,开始走出围墙,与城市中的各项工程紧密结合,成为城市中不可或缺的组成部分。园林与城市结合,不仅更新了传统的城市艺术,而且促进了园林艺术的进一步发展。

19 世纪初,巴黎仅有总面积约 100 hm^2 的园林,而且只有在园主人同意时才对公众开放。在都市扩建时,巴黎行政长官奥斯曼男爵与皇帝商定首先整治布洛涅(布罗尼)林苑与万塞讷(樊尚)林苑,然后在巴黎市内又建造了蒙梭公园、苏蒙山丘公园、蒙苏里公园和巴加特尔公园。

1853 年,巴黎行政长官奥斯曼着手对市区进行改造。改造的内容包括:A. 新建 100 km 左右的街道;B. 改建、新建城市基础设施;C. 新建公园、学校、医院等非生产性建筑;D. 采用新的行政管理方式与结构,扩大了巴黎市界。经过奥斯曼改造后的巴黎街道有以下特点:A. 整个规划中,使得巴黎保持了原有的特色,采用新手段、新想法分开道路、建筑、广场用地边界,分出巴黎的主要干道,从而成功解决了城市交通拥挤问题;B. 对于街道旁的建筑施行逐一拆后重建,严格要求建筑物原材料、高宽度比例,使得街道旁的建筑能够互相融合,整体和谐,统一了街景;C. 文化广场乃是地标性建筑,能够表现出各区的特色性,当然,它的最终目的是让更多的巴黎人民有休息、娱乐、玩耍的场地(图 8-12、图 8-13);D. 曾经的巴黎下水道不能够及时洗刷地面污垢,更是直接将垃圾冲入塞纳河中。奥斯曼的改建,使得巴黎的下水道工程独步全球,更成为现今巴黎的观光热点;E. 奥斯曼都市空间系统的另一大元素是公园,它使人口密度高的巴黎保留了空地,开创了绿色开放空间。这一创举对现在各大都市都有着巨大影响。

图 8-12　19 世纪上半叶改造前的巴黎星形广场

图 8-13　如今的星形广场

(三)德国

受英、法等国城市公园建设的影响,德国也将皇家狩猎园梯尔园(Tier Garden)向市民开放,并于 1824 年在小城马克德堡建立了德国最早的公园。与此同时,在柏林修建了佛里德里希公园(Friedrich Park)。1840 年,又由造园家伦由负责改建了梯尔园,其中有新型的林荫道、水池、雕塑、绿色小屋及迷园等。

(四)美国

1. 美国城市公园发展概况

现代意义上的城市公园起源于美国,由美国景观设计学的奠基人弗雷德里克·劳·奥姆斯特德(Frederick Law Olmsted)提出在城市兴建公园的伟大构想,1857 年,他就与沃克(Calvert Vaux)共同设计了纽约中央公园。这一事件不仅开现代景观设计学之先河,更为重要的是,它标志着城市公众生活景观的到来。公园,已不再是少数人所赏玩的奢侈品,而是普通公众身心愉悦的空间。

由于美国与英国之间存在的历史渊源,使美国园林的发展不可避免地受到英国园林的影响。乔治·华盛顿 20 岁时继承了父亲坐落于弗吉尼亚波多马克河畔的维尔农庄园,在阅读了英国造园家贝蒂·兰利的著作《造园新原则》后,华盛顿将维尔农庄园中的花园扩大,改造了一些严谨的规则式种植形式,增加了自然式植物群落,形成更为优美的植物景观。

南北战争可以看作是美国城市和园林发展的分水岭。工业革命促进了城市化进程的加快,在不足半个世纪的时间里,美国的 100 多座城市发生了翻天覆地的变化,同时也有了公共园林的雏形。1791 年,华盛顿邀请军事工程师和建筑师朗方对首都进行规划。朗方试图把华盛顿建成“一个庞大的帝国的首都”。他借鉴凡尔赛宫苑格局,将国会大厦和总统府置于高处俯瞰波托马克河,之间是 120 m 宽的林荫大道(图 8-14),构成城市主轴线。随后以国会大厦为中心,用放射性街道将城市主要建筑和用地连接起来。最后在放射性街道系统上覆盖网格状街道系统,形成一个内部有序、功能分明的道路体系,间有一些圆环及公园。华盛顿市中心宽阔的林荫道,令人想起凡尔赛宫苑中的国王林荫道;两侧的花坛、草地、行道树都是勒·诺特尔式园林惯用的手法。放射形街道汇集的广场,如同凡尔赛宫苑中的皇家广场。此外,道路交叉口设有各种形状的广场和小游园,装饰着雕像及喷泉,也吸收了当时欧洲城市的特点。

图 8-14　华盛顿林荫大道

19世纪上半叶，美国园林还处在谨小慎微的发展阶段。由于城市规划的缺失和城市的无序扩张，导致城市环境日益拥挤杂乱，带来了严重的环境问题。随着资产阶级和工人阶级的矛盾进一步加剧，城市中出现了大量贫困的工人，他们不得不忍受城市环境的日益恶化，休闲娱乐和身心健康完全遭到忽视。新兴的富裕阶层纷纷离开城市去郊区居住，因而出现了大量的独栋式住宅，并引发了宅园建设的热潮。这一时期，出生于苗木商的园艺师唐宁，对美国园林的发展做出了重大贡献。同时，在欧洲的影响下，美国一些有识之士也在积极呼吁城市改革，推进致力于改善城市环境的"城市美化运动"，希望借助城市公共空间的发展，来抑制城市的急剧扩张；另外，植物具有吸附尘埃、维持空气清新的功能，使人们重新审视城市开敞空间的营造手法，将植物作为城市空间营建的主体。于是，城市中渐渐出现一些城市广场和街头小游园，点缀着树木花草，装饰着水池和喷泉。

1851年，纽约市向议会提案建议设置公园，同年7月纽约议会通过第一个《公园法》，对公园用地的购买、建设、组织等进行了规定，在法律上为城市公园建设扫清了障碍。1857年，美国经济大萧条造成大量工人失业，政府将劳动密集型的城市公园建设作为失业人员再就业的手段之一，这在一定程度上使公园建设被政府纳入公共复兴计划。此时，园林建设正在渐渐摆脱为少数富裕阶层服务的局限，开始将工作重点转向公共园林建设和城市综合整治。

1857年底，纽约市组织了中央公园设计竞标，要求在园中兴建检阅场、游戏场、展厅、大型喷泉、观光塔、花园和冬季溜冰场等设施，保留穿越公园的4条城市道路，确保城市东西向交通的通畅。纽约中央公园的问世，标志着美国城市建设新时代的来临。此后，美国各地城市公园建设蔚然成风，这一时期被称为城市公园运动时期。美国城市公园运动的显著特征是引入了系统和整体的概念。作为一个新兴国家，美国城市公园在规模和数量都超过欧洲，城市化与城市美化同步发展，有助于公园的布局更加合理。

1872年，风景园林师克利夫兰建议在明尼阿波利斯市规划大都市公园系统，包括密西西比河及环湖的山地、山谷、峡谷和城市范围内所有适建公园的用地。虽停留在规划阶段，但从整体和系统的角度，统筹城市公园的方法却有着极大的启示意义。但是，真正使城市公园系统得到法律承认，并成为美国城市公园建设模式的是埃利奥特，他被誉为美国城市园林系统之父。

随着公园建设运动的兴起，美国出现了一批杰出的园林师，推动了园林的发展。以唐宁、沃克斯、奥姆斯特德的贡献最为突出，他们在近代风景园林的理论与实践方面取得了令世人瞩目的成就。

唐宁（Andrew J. Downing，1815—1852年）受当时的英国造园家卢顿的影响，唐宁认为在乡村居住、过简朴生活，有利于人的身心健康。为迎合郊外宅邸的建设热潮，唐宁出版了一系列有关住宅和庭园设计方面的书籍，如1814年出版专著《园林理论与实践概要》。唐宁的宅邸建设的理论，大多来自卢顿的观点，强调乡村宅邸应与周围环境及自然风景的融合。并强调住宅设计应兼顾美观与功能。唐宁指出即便是最简单的建筑形式，也应该表现出美感。为了使社会各阶层都能享受郊外生活方式，唐宁的宅邸设计往往简洁实用，造价低廉，易于为人们所接受。他将门廊看作是联系房屋与自然的纽带，并改进门廊的建造方法，使其简单易行，使得前廊在住宅中的运用十分普及。受卢顿民主意识影响，唐宁希望能在城市中营造一些社会各阶层都能享用的公共活动场所。1850年唐宁去英国考察。此时是英国城市公园发展的盛期，唐宁意识到美国城市改造和公园建设的热潮即将来临。回到美国后，唐宁呼吁在城市中兴建公共开放空间，主张所有的城市都应建有公园。不幸的是，1852年唐宁在与家人从纽堡到纽约的途中，因蒸汽船爆炸起火而溺水身亡，年仅38岁。

沃克斯（Calvert Vaux，1824—1895年）出生于伦敦，早年学习建筑，在唐宁建议下移居美国并成为唐宁的合作者。沃克斯借助著作与设计作品使"维多利亚时代哥特式"风格成为美国建筑的样板。1858年，纽约市组织了中央公园设计方案竞赛，沃克斯邀请默默无闻的奥姆斯特德合作投标，他们名为"草地"的设计，最终被评为中选方案。奥姆斯特德被任命为公园的总设计师，几年后沃克斯被任命为顾问设计师。1865年，布鲁克林自治区邀请沃克斯为"展望公园(布鲁克林公园)"做一个初步设计方案，他再度邀请奥姆斯特德合作设计，由于有了纽约中央公园积累的经验，他们设计的展望公园获得了更大的成功。南北战争结束后，美国进入工业化高速发展时期，城市人口剧增，城市规模的迅速扩大，城市环境不断恶化。城市富裕阶层纷纷离开城市去郊区居住，郊区的城市化进程全面展开。此时，沃克斯与奥姆斯特德合营公司，并承接了芝加哥西郊河边区城市设计项目，这是最早的郊区整治工程之一，为其他郊区的城市化建设提供了样板。1868年沃克斯与奥姆斯特德的事务所应邀为港口城市布法罗设计大型的特拉华公园，首次提出了"公园式道路"系统的概念，以类似林荫大道的宽阔道路，将3个大型公共活动场地联系在一起。1872年，沃克斯解除与奥姆斯特德的合作伙伴关系，与他人合作成立了建筑设计公司，兴建了大量的私人住宅、公寓、公共建筑和公共机构。美国自然历史博物馆和大都会艺术博物馆都是沃克斯的代表性作品。在近40年的职业生涯中，沃克斯为美国建筑和风景园林艺术的发展做出了巨大贡献。为了表彰这位英国裔设计师对纽约的杰出贡献，1998年，纽约市将一座约30 hm^2 的公园命名为卡尔维特•沃克斯公园。

奥姆斯特德(F. L. Olmstead，1822—1903年)在父亲的影响下，从小就喜欢徒步旅行。15岁时，他因漆树中毒导致视力下降，被迫放弃正常学业，为了生计后来从事过多种职业。1850年奥姆斯特德在欧洲大陆和英国徒步旅行半年，回到美国后出版了《一个美国农夫在英国的游历与评说》。1852年奥姆斯特德作为《纽约时报》记者去南方旅行，1856—1860年间陆续出版了3本书介绍南方之行。此间奥姆斯特德还担任《普特南月刊》的编辑，有机会在伦敦居住了半年，并多次去欧洲大陆旅行。广泛的阅历和作家的敏感，使奥姆斯特德在风景园林职业生涯中获益匪浅。他广泛阅读了英国造园家和评论家的著作，并目睹了欧洲城市公园的发展，这些都成为其宝贵的借鉴。1857年秋，纽约开始筹建中央公园，奥姆斯特德成为公园的建设总监。后来成为中央公园的总建筑师，一直工作到1878年，其间因内战等影响中断了几年。这座巨大的英国式园林在美国园林发展史上具有划时代的意义，不仅成为美国其他城市模仿的对象，也被看作是美国公园运动的开端，以及美国城市美化运动的前奏。1872年沃克斯退出他与奥姆斯特德的合营公司后，奥姆斯特德成立了自己的事务所。在近30年的职业生涯中承担了约500个项目，作品遍布美国及加拿大，其中城市公园以纽约中央公园、布鲁克林展望公园和波士顿富兰克林公园最为著名。1883年，奥姆斯特德开始规划波士顿的公园系统，一直持续到1893年，数条林园式大道将5座公园连接起来，称为"翡翠项链"。1895年芝加哥世界博览会是奥姆斯特德关门之作，园址在博览会后又被改建成公园，称为杰克逊公园。

奥姆斯特德作为美国近代风景园林的创始人和国家公园建设的先驱，他强调自然引入城市、以公园环绕城市，对城市和社区产生了重大影响。奥姆斯特德是美国城市美化运动倡导者和实践者之一，是第一个将近郊发展的概念引入风景之中的美国风景园林师。奥姆斯特德继承了英国的自然主义造园思想，认为公园设计应完全遵循保持自然之美的原则，作品应强化自然固有的美，并表现自然如画般的风景品质。他认为休闲娱乐是缓解生活压力和精神疲劳的良方，是城市的必备功能。风景园林能改变人们的生活方式，提高生活质量。

在美国纽约中央公园的设计中，他提出的原则被归纳为"奥姆斯特德原则"：

①保护自然景观，在有些情况下，自然景观需要加以恢复或进一步强调；

②除了在非常有限的范围内，尽可能避免使用

规则式；

③保持公园中心区的草坪和草地；

④选用乡土树种，特别用于公园边缘稠密的栽植带；

⑤道路应呈流畅的曲线，所有道路均成环状布置；

⑥全园以主要道路划分不同区域。

奥姆斯特德在与魏登曼合作设计蒙特利尔皇家山公园，与埃利奥特共同承担马萨诸塞州、康涅狄格州、坎布里奇和哈佛等地的城市公园时，也强调了从城市整体出发的公园系统设计思路。

2. 美国城市公园案例分析

①中央公园(Central Park)。中央公园坐落于纽约曼哈顿中心，南起第 59 街，北抵第 110 街南北距约 4 023 m，东西两侧被著名的第五大道和中央公园西大道所围合(约 805 m)，公园占地约 3.4115 km^2，长跨 51 个街区，宽跨 3 个街区，面积达 340 万 m^2，是世界上最大的人造自然景观之一，被称为“纽约的后花园”(The back garden of New York)(图 8-15)。

图 8-15　中央公园鸟瞰图

中央公园本来不属于 1811 年纽约市规划的一部分，然而，在 1821—1855 年间，纽约市的人口增长至原来的 4 倍，随着城市的扩展，很多人被吸引到一些比较开放的空间居住(主要是墓地)，以避开嘈杂及混乱的城市生活。不久以后，纽约邮报编辑和诗人威廉·卡伦·布莱恩特表示纽约需要一个大型的公园。在 1844 年，美国的第一位景观建筑师唐宁亦努力宣传纽约市需要一个公园。很多有影响力的纽约人亦认为需要一个可以露天驾驶的地方，就像伦敦的海德公园。1853 年，纽约州议会把从 59 街到 106 街的 7000 亩(2.8 km^2)划为兴建公园的地点。它是曼哈顿岛上最大的公园。纽约州成立了中央公园委员会监管公园的发展，并在 1857 年举办公园设计比赛，由景观建筑师奥姆斯特德及卡尔弗特·沃克斯的“草坪规划”成为得奖设计。1860 年，奥姆斯特德被安德鲁·哈斯威尔·格林取代成为中央公园的负责人，成为委员会的主席。但他仍然努力令公园的建造工程尽快完成，并且结束在公园北边的 106 街及 110 街额外购买 65 亩土地的协商。1860—1873 年之间，中央公园的工程取得极大的进展，而很多困难亦已经解决了。期间，在新泽西州有超过 14 000 m^3 的表土被运送过来支撑树木及各种植物。最后，中央公园终于在 1873 年正式完工。

园内分布着大大小小的湖和森林，设有动物园、运动场所及游乐设施，有两个巨大的人工湖，稍大的是水库(图 8-16)，小的是湖。园内有动物园、热带雨林区、戴拉寇特剧院、毕士达喷泉(图 8-17)、绵羊草原(图 8-18)、草莓园等景点。

图 8-16　中央公园水库

图 8-17 中央公园毕士达喷泉

图 8-18 中央公园绵羊草坪

中央公园戴拉寇特剧院（Delacorte Theater）演出莎士比亚戏剧。毕士达喷泉（Bethesda Fountain）及广场位于湖泊与林荫之间，是中央公园的核心，喷泉建于 1873 年，为了纪念内战期间死于海中的战士，而毕士达之名则是取自圣经的故事，内容叙述在耶路撒冷的一个水池因天使赋予的力量，而具有治病的功效，"水中天使"（The Angel of Water）的雕像，则是取自 Tony Kushner 的史诗戏剧作品《天使在美国》（Angel in America），而围在喷泉旁的 4 座雕像分别代表"节制""纯净""健康"与"和平"。这座水池常常有成群天鹅悠游其间，也有不少游客在湖中划船。绵羊草原（Sheep Meadow）在 1934 年以前，真的是用来放牧绵羊的，它是为人们提供野餐与享受日光浴的好地方，最大的特点是空旷，可以感受与天空相结合。

②展望公园（Prospect Park）。展望公园由奥姆斯德（Frederick Law Olmsted）与伙伴沃克斯（Calvert Vaux）设计，于 1866 年动工，历时两年建成，是座拥有茂密森林、广阔绿地以及 60 英亩人工湖的城市公园（图 8-19）。

图 8-19 展望公园大草坪

1776 年 8 月，华盛顿率领的独立军队在今展望公园一带与英军交战，独立军战败，却使英军从布鲁克林高地退守至新泽西州。18 世纪初，蒸汽船的往来航行让布鲁克林从农村转型为都市。到了中期，布鲁克林仅次于曼哈顿、费城，是美国第三大城市，对于休憩空间的需求大增。

展望公园占地 526 英亩，南端的大湖就占了 60 英亩，其水流向北延伸，称为静水（Lullwater）。静水的北端有座船屋，奥姆斯特德和沃克斯的设计原以粗木为顶。30 年后，船屋（Boathouse）被重新改造为华美的装饰艺术，风格仿 16 世纪的威尼斯建筑。穿越雅致的静水桥，即达静水自然步道（Lullwater Nature Trail）。静水里水草繁茂，孕育百物。展望公园的大草坪（Long Meadow）绵延不断，在都会公园中极为少见。占地 90 英亩，长达 1 英里，自公园北端的大拱门绵延至公园西南端。

③ 黄石国家公园（Yellowstone National Park）。黄石国家公园是世界上第一个国家公园，1872 年 3 月 1 日它被正式命名为保护野生动物和自然资源的国家公园，于 1978 年被列入世界自然遗产名录。

黄石国家公园占地面积约为 898 317 hm^2，主要位于美国怀俄明州，部分位于蒙大拿州和爱达荷州。

黄石国家公园位于黄石河的源头，因而该公园以其历史名字而命名。1872 年 3 月 1 日，根据法官科尼利厄斯·赫奇斯(Judge Cornelius Hedges)首先提出的“这片土地应该是属于这个新兴国家全体人民的国宝”倡议，当时的总统尤利塞斯·格兰特(Ulysses S. Grant)在《设立黄石国家公园法案》上签了字。至此，世界上第一个“国家公园”就这样诞生了。纳撒尼尔·兰福德(Nathaniel Langford)，国家公园理念的最直言不讳的支持者之一，被任命为公园的第一位管理者。

黄石公园是世界上最大的火山口之一，是世界上面积最大的森林之一，公园内的森林占全美国森林总面积的 90%左右，水面占 10%左右。有超过 10 000 个温泉和 300 多个间歇泉。拥有 290 多个瀑布。园内有黄石湖、黄石河、峡谷、瀑布及温泉等景观，是一个负有盛名的游览胜地。园内有很多种野生动物，包括 7 种有蹄类动物，2 种熊和 67 种其他哺乳动物，322 种鸟类，18 种鱼类和跨境的灰狼。有超过 1 100 种原生植物，200 余种外来植物和超过 400 种喜温微生物。

黄石公园分 5 个区：西北的猛犸象温泉区以石灰石台阶为主(图 8-20)，故也称热台阶区；东北为罗斯福区，仍保留着老西部景观；中间为峡谷区，可观赏黄石大峡谷(图 8-21)和瀑布(图 8-22)；东南为黄石湖区(图 8-23)，主要是湖光山色；西及西南为间歇喷泉区(图 8-24、图 8-25)，遍布间歇泉、温泉、蒸气池、热水潭、泥地和喷气孔。园内交通方便，环山公路长达 500 km 以上，将各景区的主要景点连在一起，徒步路径达 150 km 以上。

图 8-20　黄石公园猛犸象温泉区

图 8-21　黄石大峡谷

图 8-22　黄石公园瀑布

图 8-23　黄石公园黄石湖

图 8-24　黄石公园间歇喷泉区(一)

图 8-25　黄石公园间歇喷泉区(二)

公园自然景观丰富多样，园内最高峰为鹰峰(Eagle Peak)，海拔高度为 3 465 m。园内最大的湖是黄石湖，最大的河流是黄石河。此外，园内还有峡谷、瀑布、温泉及间歇喷泉等，较著名的为黄石大峡谷和黄石黑峡谷。

第三节　特征总结

19 世纪，由于工业革命的爆发，新兴的资产阶级统治者继承优秀园林文化，改造历史遗留园林，使之适应公众游憩娱乐，是 19 世纪欧洲近代园林的一个特征。同时，在资产阶级标榜的自由平等思想影响下，为大众服务的城市公园登上了历史舞台，为园林艺术的发展开辟了新的途径。与私家园林不同的是，城市公园是为大众服务的公共游乐空间。在设计上必须体现公众的普遍需求，导致园林在功能和内容上发生重大转变。完善的公园配套设施，成为 19 世纪园林的重要特征之一。

19 世纪园林的另一个重要特征是公园成为城市中不可或缺的基础设施。城市公园是为改善城市环境、维持城市平衡发展的目标而兴建的，它使园林艺术摆脱园林的局限，开始适应城市环境并寻求与城市环境的密切结合。

19 世纪，植物培植发展成专门的技艺。植物栽培和植物配植水平的提高，是 19 世纪园林发展的一个重要标志。同时植物的引种驯化和大量建造植物园也是 19 世纪园林发展的一个趋势。植物种类的增加，使其对园林外观的改善作用越来越明显，极大地丰富了设计师的造园材料，形成丰富多彩的园林景观。

从 18 世纪起，人们就将自然作为快乐的源泉。于是，园林艺术也尝试在自然与艺术之间进行调和，并逐渐使自然摆脱几何形的束缚，回到充满活力的自然环境中发展。随着 18 世纪末浪漫式风景园的出现，追求卓越的造园倾向发展到了极致。

19 世纪的风景园林师受到商业化设计风气的蔓延和功利思想的影响，利用日益精湛的造园技艺，热衷于“杂交式”园林构图，形成“集景式”园林作品。因此，19 世纪的园林既未能产生影响深远的样式，又缺少风格明确的作品。于是，19 世纪的园林艺术也深陷折衷主义的困扰。折衷主义的积极意义，在于使人们能够正视各种园林形式，使人们重新审视规则式与自然式园林的优劣，并在规则式与自然式之间进行调和，实际上促进了园林艺术的发展。到 19 世纪末，园林艺术的发展回到了正常的轨道，人们彻底放弃了对园林形式的偏见，转而探索园林的内涵。在自然式园林盛行了近一个半世纪之后，规则式园林又有了新的支持者。

最后，19 世纪园林有着承上启下的时代特征，它一方面延续了 18 世纪产生的自然主义造园思想，另一方面开创了公共园林这一新的模式，为 20 世纪现代园林的产生和发展奠定了思想和理论基础。

第四节　历史借鉴

近代园林的形式变化，从规则式到自然式，最后到两种形式并存，这给我们的启示就是园林的形式应结合其内涵进行，而不是简单的跟风，结合立意、风格来确定园林形式，是园林设计的根本。

近代城市公园设计，不仅考虑了景观的观赏性，同时需满足所服务人群的需求，启发我们园林设计除了美观以外，更要注重实用性。城市公共园林的发展，不仅要和城市绿地系统规划结合，更要符合城市的规划。

参考链接

[1] 郦芷若，朱建宁. 西方园林[M]. 郑州：河南科技出版社，2002.

[2]（日）针之谷钟吉. 西方造园变迁史[M]. 邹洪灿译. 北京：中国建筑出版社，2004.

[3] 张健. 中外造园史[M]. 武汉：华中科技大学出版社，2009.

[4]（英）Tom Turner. 世界园林史[M]. 林菁译. 北京：中国林业出版社，2011.

[5] 唐建，林墨飞. 风景园林作品赏析[M]. 重庆：重庆大学出版社，2011.

[6] 张祖刚. 世界园林史图说[M]. 2版. 北京：中国建筑工业出版社，2013.

[7] 朱建宁. 西方园林史—19世纪之前[M]. 2版. 北京：中国林业出版社，2013.

[8]（英）Rory Stuart，周娟译. 世界园林文化与传统[M]. 北京：电子工业出版社，2013.

[9] 周向频. 中外园林史[M]. 北京：中国建材工业出版社，2014.

[10]祝建华. 中外园林史[M]. 2版. 重庆：重庆大学出版社，2014.

[11] 百度百科网站. https://baike.baidu.com/

[12]维基百科网站. https://www.wikipedia.org/

课后延伸

1. 查看纪录片：《纽约中央公园》《黄石公园》《世界八十处园林》《法国花园》《世界花园和奥黛丽·赫本》、《城市的远见》、《植物王国》、《英国园林史》、《世界宫殿与传说》。

2. 为何奥姆斯特德被誉为美国近代风景园林的创始人和国家公园建设的先驱？他对现代园林发展究竟产生了什么影响？

3. 抄绘纽约中央公园平面图，分析奥姆斯特德原则在其中的运用。

4. 如何理解19世纪折衷主义园林的流行？

5. 思考国家公园产生的背景及意义。

第九章 外国现代园林

课前引导

19世纪欧美的城市公园运动拉开了西方现代园林发展的序幕，它使园林在内容上与以往的传统园林有所变化，但在形式上并没有新的突破。真正使西方园林形成一种有别于传统园林风格的是20世纪初西方的工艺美术运动和新艺术运动，由其引发的现代主义浪潮把西方传统的园林推进至一个崭新的局面。正是由于一大批富有进取心的艺术家们掀起的一个又一个运动，才创造出具有时代精神的新的艺术形式，从而带动了园林风格的变化。

教学要求

知识点：工艺美术运动、新艺术运动、国际现代工艺美术展、联邦园林展、加州花园、哈佛革命。

重点：工艺美术运动。

难点：哈佛革命。

建议课时：2学时。

第一节 背景介绍

欧美现代园林的产生和发展始终是与其社会、艺术、技术等的发展紧密联系的。社会因素是任何艺术产生和发展的最根本、最深层的原因。现代艺术的思想也对现代园林的产生和发展起到了促进作用。在建筑学思想的推动下，空间成为现代园林的基本追求之一。西方现代园林的发展是一种多元化的趋势。它从来就不是一种单一的现象，而是一种组合许多细流的发展过程。构成现代园林基础的法国现代园林、美国"加利福尼亚学派"、瑞典的"斯德哥尔摩学派"、英国的杰里科、拉丁美洲的马克斯和巴拉甘等，均是吸取了现代主义的精神，结合当地的特点和各自的美学认识而形成的多样化的流派。

第二节 20世纪欧美主要国家园林发展

一、英国

19世纪中期，在英国以拉斯金（1819—1900年）和莫里斯（1834—1896年）为首的一批社会活动家和艺术家发起了"工艺美术运动"，工艺美术运动是由于厌恶矫饰的风格、恐惧工业化的大生产而产生的。因此在设计上反对华而不实的维多利亚风格，提倡简单、朴实、具有良好功能的设计，推崇自然主义和东方艺术。在工艺美术运动的影响下，欧洲大陆又掀起了一次规模更大、影响更加广泛的艺术运动——新艺术运动。

在英国现代园林史上影响比较大的景观设计师是唐纳德（Christopher Tunnard，1910—1979年）。他于1938年完成的《现代景观中的园林》一书，探讨在现代环境下设计园林的方法，从理论上填补了这一历史空白。在书中他提出了现代园林设计的3个方面，即功能、移情和艺术。唐纳德的功能主义思想是从建筑师卢斯和柯布西耶的著作中吸取了精髓，认为功能是现代主义景观最基本的考虑。移情方面来源于唐纳德对于日本园林的理解，他提倡尝试日本园林中石组布置的均衡构图的手段，以及从没有情感的事物中感受园林精神所在的设计手法。在艺术方面，他提倡在园林设计中，处理形态、平面、色彩、材料等方面运用现代艺术的手段。

1935年，唐纳德为建筑师谢梅耶夫设计了名为“本特利树林”(Bentley Wood)的住宅花园，完美地体现了他提出的设计理论(图9-1)。

图9-1 “本特利树林”(Bentley Wood)

二、法国

法国现代园林开始于1925年巴黎的“国际现代工艺美术展”。其中大概经历了20世纪上半叶的开拓实验、20世纪中叶的深入探索和现代风格形成、20世纪后半叶的成熟和多元化的几个时期。

新艺术运动最早出现于比利时和法国，分别称为“20人团”和“新艺术”。自然界的贝壳、花草枝叶、水旋涡等给了艺术家无限灵感，新艺术运动后来又发展成几个派别。20世纪的装饰运动是新艺术运动的发展和延伸，这个时期最著名的设计师是史蒂文斯(Robert Mallett Stevens)和盖伍莱康(Gabriel Guevrekian，1900—1970年)。史蒂文斯有名的作品就是在巴黎“国际现代工艺美术展”上的“混凝土的树”。盖伍莱康则以三角形庭院成为当时法国最具开拓性的几个设计师之一。开拓实验时期的园林主要是以小型庭院装饰为主，其特点是用建筑的语言来设计花园，有建筑式的空间布局，有明快的色彩组合以及细致的装饰。

20世纪30年代至六七十年代，法国进入规模城市建设时代，这个时期影响最大的有勒·柯布西耶(Le Corbusier)，他提倡在现代花园中体现民主的设计思想，最有名的是1929—1931年设计的萨伏伊别墅(Villa Savoye)(图9-2、图9-3)。

图9-2 萨伏伊别墅局部

图9-3 萨伏伊别墅

1960年，法国政府批准成立城市规划中心，制定巴黎大区规划(PADOG)。其中最著名的是德方斯新城建设，被称为巴黎的“曼哈顿”。20世纪70年代，巴黎停止了新城的建设，开始思考城市建设的过失，旧城改造进入了议事日程，出现了一批优秀的旧城改造项目。这个时期园林的总体特征是功能化的构图和交通组织，多以混凝土构成休憩的空间，园林景观显得僵化和机械。1975—1980年是法国城市建设的又一个大发展的时期，这个时期有许多项目的建成，包括戴高乐机场、蓬皮杜文化中心等。凡尔赛高等园林学院的创立，使风景园林教学专业系统化，也使风景园林成为社会不可或缺的行业。涌现了一批杰出的风景园林师。如雅克·西蒙(Jacques Simon)、米歇尔·高哈汝(Michel Corajoud)、贝尔纳·拉絮斯(Bernard Lassus)等。创造出了很多优秀的设计作品，如雅克·西蒙设计的汉斯市圣约翰佩尔斯公园(Parc Saint-John-Perse)、代斯内娱乐基地(La Base de Loisir de Desnes)、维勒施迪夫(Villechétif)和维勒华(Villeroy)高速公路周边景观、普莱西·罗宾森的花园社区(Cité-jardin du Plessis-Robinson)以及圣·德尼岛公园(le Parc del'ile Saint-Denis)等。

20 世纪 80 年代到 20 世纪末，法国的园林取得了突飞猛进的发展。1982 年，伯纳德·屈米(Bernard Tschumi)设计的拉·维莱特公园(Parc de la Villette)成为结构主义的代表作品。后来一大批设计师在历史园林、私家花园、城市景观、工农业废弃地、区域规划等方面进行了大量的卓越的工作，出现了百花齐放、百家争鸣的局面，展现了法国的文化精神。

三、德国

德国历史上并没有产生自己的园林文化，德国的传统园林风格多为吸收各个邻国的文化成果，创造出精美绝伦的传统园林。在现代主义运动探索、形成与发展时期，德国扮演着重要角色。青年风格派、表现主义、桥社、蓝骑士、德意志制造联盟、包豪斯等思潮都产生于德国。然而第二次世界大战，德国遭受极大损坏，许多城市 70% 以上被毁。战后，联邦德国的建筑师、景观设计师开始振兴自己的设计事业和教育事业，重建被毁的城市。联邦德国通过举办“联邦园林展”(Bundesgartenschau)的方式，重建城市与园林，通过园林展在联邦德国建造了大批城市公园。

1809 年，比利时举办了欧洲第一次大型园艺展，从此形成了园林展览的初步概念。1907 年，曼海姆市建城 300 周年，举办了大型国际艺术与园林展览。1951 年，在汉诺威举行了第一届联邦园林展，成为德国大中型城市新建公园的起点。除了由大城市承办联邦园林展，各个州也会定期举办各种小型园林展，使小城市也可以通过园林展来建造公园。

1955 年，卡塞尔市举办的联邦园林展，马特恩(Hermarm Mattern)修复了 180 hm^2 的 18 世纪初建造的巴洛克园林卡尔斯河谷低地(Karlsaue)(图 9-4、图 9-5)。

图 9-4　卡尔斯河谷低地公园(一)

图 9-5　卡尔斯河谷低地公园(二)

1969 年多特蒙德园林展 Westalen Park 由设计师恩格贝格(Walter Engelberg)设计。公园将这个重工业城市完全引入 70 hm^2 的公园之中。园林展自 1977 年斯图加特园林展第一次出现了向大自然的转向，园林中有大量的原始状态的原野草滩灌木丛，设计师们之后坚持规划设计大面积的原野地。1983 年慕尼黑园林展在采石场的荒地上建造了西园。公园周边的山坡上是各种休息和活动的场地及小花园。建园时由于距展览开幕只有 4 年时间，所以园中种植了 7 000 株 20～40 年树龄的大树，今天公园已有 20 多年的历史，林木早已郁郁葱葱。1997 年联邦园林展场地盖尔森基兴北星公园(Nordstern

Park)，设计师更新了受污染的表层土壤，由此塑造了大地艺术般的地形，直线的道路强化了地形，工业设施都成为公园的标志。

联邦园林展之后，因展览而建造的公园在功能上进行了一定程度的改变，主要分化为3类公园，分别为风景园、休憩园和假日园。如1979年由汉斯雅克布兄弟(Hansjakob)设计的波恩莱茵公园等。

20世纪80年代后，德国通过工业废弃地的保护、改造和再利用，完成了一批对世界产生重大影响的建设工程，非常典型的是德国重工业鲁尔区，如埃姆舍公园(IBA Emscherpark)(图9-6、图9-7)、北杜伊斯堡风景园(图9-8)、萨尔布吕肯市港口岛公园(Burgpark Hafeninsel)、海尔布隆市砖瓦厂公园(Ziegeleipark)等(图9-9)。

图9-6　埃姆舍公园河道景观

图9-7　埃姆舍公园建筑景观

图9-8　北杜伊斯堡风景园

图9-9　北杜伊斯堡风景园局部

德国现代园林的特点，首先是生态绿色的设计思想，表现在能源与物质循环利用、对土壤的生态处理以及水体净化与循环利用等几个方面，如德国埃姆舍公园，把原有材料或设施改造成展览馆、音乐厅、画廊、博物馆、办公、运动健身与娱乐建筑；其次是理性主义色彩浓厚，表现在严谨的设计风格、丰富的细节以及对材料的重视和发掘，如慕尼黑机场第二航站楼旁的停车库前花园，就是利用简洁的人工几何地形来表现巴伐利亚的乡村景观，塑造出有韵律、雕塑般的地面变化；再次是民众的参与性。德国民主制度的确立，国家制度与法律和法规的日益完善，民主观念的强化，为园林设计的民主性提供了保证。

总之，由于严谨的民主性格，对二战的反思深刻，生态观念的普及，社会民主制度的完善，加上拥有上千年的园林景观设计历史以及经验，形成了独特的德国景观设计思想，包括生态节约型思想、理性色彩、抽象风格、丰富的细节、对材料的重视、民众的可参与性等。

四、美国

1909 年，小奥姆斯特德在哈佛大学开设景观专业，这是世界上第一个景观设计专业，1939 年哈佛大学又开设城市规划专业。后来，出现了哈佛革命、加州花园等运动。经过几代设计师的努力，美国的园林景观行业得到了长足的发展。出现了一大批优秀的景观设计师，其中有托马斯·丘奇（Thomas Church，1902—1998 年）、盖瑞特·埃克博（Garrett Eckbo，1910—2000 年）、丹·凯利（Dan Kiley）、詹姆斯·罗斯（James·C·Rose）和劳伦斯·哈普林（Lawrence Halprin）、佐佐木英夫（Hideo Sasaki）、罗伯特·泽恩（Robert Zion）等，在全世界范围内做出了优秀的案例和成绩。其中，影响最大的两位设计师是托马斯·丘奇（Thomas Church，1902—1998 年）和劳伦斯·哈普林（Lawrence Halprin）。

托马斯·丘奇是20 世纪美国现代景观设计的奠基人之一。是 20 世纪少数几个能从古典主义和新古典主义的设计完全转向现代园林的形式和空间的设计师之一。托马斯·丘奇是“加洲花园”（California Garden）运动的开创者。20 世纪 40 年代，在美国西海岸，私人花园盛行，这种户外生活的新方式，被称之为“加洲花园”。它是一个艺术、功能和社会的构成，具有本土的、时代性和人性化的特征。它使美国花园的历史从对欧洲风格的复兴和抄袭转变为对美国社会、文化和地理的多样性的开拓。丘奇的“加洲花园”的设计风格平息了规则式和自然式的斗争，创造了与功能相适应的形式，使建筑和自然环境之间有了一种新的衔接方式。丘奇最著名的作品是 1948 年的唐纳花园。丘奇在 40 年的实践中设计了近 2 000 个园林。1951 年，丘奇获得美国景观设计学会金奖。1955 年，出版著作《园林是为人的》（Gardens are for People），总结了他的思想和设计（图 9-10、图 9-11）。

图 9-10 托马斯·丘奇设计作品——唐纳花园

图9-11 托马斯·丘奇设计作品——唐纳花园池中雕塑

劳伦斯·哈普林是新一代优秀的景观规划设计师，是第二次世界大战后美国景观规划设计最重要的理论家之一。他视野广阔，视角独特，感觉敏锐，从音乐、舞蹈、建筑学及心理学、人类学等学科吸取了大量知识。这也是他具有创造性、前瞻性和与众不同的系统理论的原因。哈普林最重要的作品是 1960 年为波特兰市设计的一组广场和绿地。3 个广场是由爱悦广场、伯蒂格罗夫公园、演讲堂前厅广场组成，由一系列改建成的人行林荫道来连接。在这个设计中充分展现了他对自然的独特的理解。他依据对自然的体验来进行设计，将人工化了的自然要素插入环境，无论从实践还是理论上来说，劳伦斯·哈普林在20 世纪美国的景观规划设计行业中，都占有重要的地位（图 9-12 至图 9-15）。

图 9-12　哈普林设计作品
——爱悦广场

图 9-13　哈普林设计作品
——爱悦广场不规则地台

图 9-14　哈普林设计作品
——伯蒂格罗夫公园

图 9-15　哈普林设计作品
——演讲堂前厅广场大瀑布

美国在城市绿地建设上取得了很大的成绩，总结起来有以下的特点：完善的绿地系统规划、严格的立法与管理基础、城乡一体化的绿地系统、精细的植物栽培和养护管理、丰富的历史文化内涵和艺术效果、良好的生态、景观和社会效应。

第三节　特征总结

从 20 世纪 20～60 年代起，西方现代园林设计经历了从产生、发展到壮大的过程，20 世纪 70 年代以后园林设计受各种社会、文化、艺术和科学的思想影响，呈现出多样的发展。主要有以下几个明显的特征：园林发展风格的多元化；园林与自然、社会、文化、技术、艺术的高度融合；城市规划、建筑与园林三者紧密结合；专业设计师和公众的参与之间协调发展。具体可以通过一些流派和风格的发展来表现其不同的思潮，它们主要是美国城市公园运动、工艺美术运动和新艺术运动、巴黎国际现代工艺美术展、哈佛革命、现代主义、生态主义、极简主义、大地景观、后现代主义、解构主义以及批判地域主义等。因在本书的第一章有所叙述，故在此就不再赘述。

第四节　现代西方园林的发展趋势

一、生态设计观念更加深入人心

在园林建设活动中人们不仅要考虑如何有效利用可再生资源，而且将设计作为完善大自然能量循环的重要手段，充分体现自然的生态系统和运行机制。尊重场地的地形地貌和文化特征，避免对于地形构造和地表肌理的破坏，注重继承和保护地域传统中因自然地理特征而形成的特色景观和人文风貌。从生命意义的角度出发，既尊重人的生命，又尊重自然的生命，体现生命优于物质的理念。通过设计重新认识和保护人类赖以生存的自然环境，建构更加和谐的生态伦理。

二、新的信息技术更加广泛的应用

随着信息技术的进一步发展，在造园活动中会及时地应用新的技术及方法来更好地为人类服务。例如根据人口、环境、资源的变化，及时采用相应的技术和管理手段来适应和调节人们对自然环境的需求，通过数量化手段分析环境潜力与价值，实现设计的精确化、数量化、严密化，以达到预定的环境目标；利用高科技创造互动式的景观体验，创造微气候环境，根据人的舒适度调整日光辐射、气温、空气流动、湿度等环境条件；模仿生态系统的过程，通过动力装置、光纤传感、电脑程序和“智能型”材料对环境做出相应反应，利用高科技创造有“感觉器官”的景观，使其如有生命的有机体般活性运转，良性循环；结合全球文明的新的技术手段来诠释和再现古老文明的精神内涵等。

三、多元化的发展局面更为显现

多元化要求强化地方性与多样性，以充分保留有地域文化特色，丰富全球园林景观资源。根据地域中社会文化的构成脉络和特征，寻找地域传统的景观文化体现和发展机制；避免标签式的符号表达，反映更深的文化内涵与实质；以发展的观点看待地域的文化传统，将其中最具活力的部分与园林的现实及未来的发展相结合，使之获得持续的价值和生命力。

第五节　历史借鉴

从现代西方园林的发展趋势分析，园林设计已经向多元化、复合化发展，利用新材料、新技术、新手段将园林设计满足更多的服务功能，提升它的社会价值。在生态平衡发展的前提下，将利用人工智能把人类生存环境推向一个新的纪元，这是园林设计师值得思考、研究和探索的新课题。

参考链接

[1]张健. 中外造园史[M]. 武汉：华中科技大学出版社，2013.

[2]罗娟. 浅论20世纪法国现代风景园林[D]. 北京：北京林业大学，2005.

[3]陈新，等. 美国风景园林 [M]. 上海：上海科学技术出版社，2012.

课后延伸

1. 阅读参考书籍《英国现代园林》。

2. 阅读参考书籍《法国现代园林景观的传承与发展》。

2. 阅读参考书籍《德国当代景观设计》。

4. 阅读参考书籍《对岸的风景—美国现代园林艺术》。

5. 思考西方现代园林的发展对中国园林的影响和作用。

第十章 日本和东南亚、东北亚及非洲园林

课前引导

本章主要介绍日本及东南亚的新加坡、泰国等国家的园林背景、案例和特征及历史借鉴。日本是一个擅长学习外来文化并结合自己民族的文化特色加以融合创新的国家。不管是古代日本还是现代日本的园林风格和手法，在世界上均具有很大的影响力，特别是枯山水的做法，显示出日本民族内敛、精致的生活方式，值得其他国家学习和借鉴。泰国是最近几年旅游业比较发达的国家，其滨海景观及典型的东南亚的园林要素的应用所营造的亚热带的景观特色，也深受许多设计师的钟爱。新加坡也是非常擅长学习的国家，新加坡包容的心态，让其在经济、建筑、园林等各方面在世界上都取得了非凡的成就。新加坡对绿化的重视使其得到世界的花园城市的美称。其造园通过学习各国的先进经验并结合自己的地域和文化，形成先进的设计理念，值得我们学习。古代非洲的埃及在前面的章节已经有介绍，本章主要介绍其他国家例如南非等国家地区的园林，包括现代非洲的园林介绍。

教学要求

要求掌握这几个国家地区的园林的背景、主要园林的代表作品及其风格特征，并能在以后的设计中自觉地借鉴其优秀的理念和技术。

知识点：日本古代园林的分期及其代表园林作品，日本现代园林、日本园林的特征、枯山水、日本园林的借鉴；东南亚主要国家的时代背景和代表园林作品、园林特征；古代非洲和现代非洲的主要国家的园林背景、代表作品及园林特征。

重点：日本古代园林的分期和代表作品。

难点：新加坡园林。

建议课时：3 学时。

第一节 日本园林

一、日本古代园林概述

（一）背景介绍

日本国（日语：にっぽんこく、にほんこく），简称日本，位于东亚。领土由北海道、本州、四国、九州4个大岛及7 200多个小岛组成，被称为“千岛之国”，总面积37.8万km^2。主体民族为大和族，通用日语，总人口约1.26亿。

日本以温带和亚热带季风气候为主，夏季炎热多雨，冬季寒冷干燥，四季分明。全国横跨纬度达25°，南北气温差异十分显著。

日本是世界上降水量较多的地区，包括日本海侧地区冬季的降雪，5～7月间连绵不断的梅雨，以及夏季到秋季的台风。

日本是一个多山的岛国，山地和丘陵占总面积的71%，大多数山为火山。日本群岛地处亚欧板块和太平洋板块的交界地带，即环太平洋火山地震带，火山、地震活动频繁，危害较大的地震平均3年就要发生1次。

日本的平原主要分布在河流的下游近海一带，多为冲积平原，规模较小，其中面积最大的平原为关东平原。耕地十分有限，国土森林覆盖率高达67%。

日本境内河流流程短，水能资源丰富。日本海岸线全长 33 889 km，十分复杂。西部日本海一侧多悬崖峭壁，港口稀少，东部太平洋一侧多入海口，形成许多天然良港。

(二)园林概述

据日本的《古事记》(完成于 712 年)和《日本书纪》(完成于 720 年)记载，日本在公元 3～4 世纪时开始造园活动。从大化改新到奈良时代末期(645—780 年)出现了较为发达的“奈良文化”，园林也得到发展。从总体上看，日本园林源于中国，从汉末开始，日本不断向中国派出汉使，从汉末到平安时期宇多天皇宽平六年(公元 894 年)，期间 655 年全方位学习中国文化。平安时代后期，停止派出汉使，以后又有恢复，但大不如前，日本人开始把中国文化进行日本化(也称和化)。随着航海技术的提高，民间来往增加，以及中国学者艺人的东渡，日本造园技术又进一步提高。

日本的园林深受中国园林尤其是唐宋山水园的影响，因而一直保持着与中国园林相近的自然式风格。但结合日本的自然条件和文化背景，形成了自己独特的园林体系。日本所特有的山水庭园，精巧细致，在再现自然风景方面十分凝练。并讲究造园意匠，极富诗意和哲学意味，形成了极端“写意”的艺术风格。日本园林一般可分为枯山水、池泉园、筑山庭、平庭、茶庭等形式，其园林的游览方式主要有露地式、回游式、观赏式、坐观式、舟游式以及它们的组合形式等。当代日式园林，更加重视对意境的表达，对大自然以及人性的关怀。

二、日本古代园林分期及代表园林作品

日本古代园林主要分为大和时代、飞鸟时代、奈良时代、平安时代、镰仓时代、室町时代、安土桃山时代(即战国时代)、江户时代、明治维新时代等。大和、飞鸟与奈良时代属于萌芽时期，这一时期主要的代表园林有苏我马子庭院、飞鸟寺(法兴寺)、奈良古城等，主要仿照中国隋唐园林，日本自然审美逐渐体现。平安时代处于发展时期，这一时期主要的代表园林有京都大觉寺、东条三殿、平等院等，是园林的和化期，池泉园、寝殿式园林和净土式园林个性凸现。镰仓室町时代可谓日本古代园林的顶峰时期，这一时期主要的代表园林有龙安寺，代表日本美学观念的枯山水园林出现。而安土桃山时代则是日本古代园林的转折时期，主要的代表园林有熊本城，这时期的茶室、大型宫殿式建筑兴盛，茶庭、露地发展。江户时代是日本古代园林的末期，主要的代表园林桂离宫、后乐院、茶庭、枯山水、池泉园在这一时期融合发展。

日本历史分成古代、中世、近世和现代 4 个时代，每个时代又分成若干朝代。因此园林历史阶段亦据此可分成古代园林、中世园林、近世园林和现代园林 4 个阶段。古代园林指大和时代、飞鸟时代、奈良时代和平安时代的园林；中世园林指镰仓时代、室町时代和南北朝的园林；近世园林指桃山时代和江户时代的园林；现代园林指明治时代以后的园林，包括明治、大正、昭和及大成时代的园林，各个时代园林阶段及类型等分析如下。

(一)大和时代园林(公元 300—592 年)

由于受中国魏晋南北朝时代(公元 220 年至公元 589 年)自然山水园的影响，该时期园林类型主要为皇家园林，属于池泉山水园系列，池中有矶岛，园中有游船。

代表作品有掖上池心宫、矶城瑞篱宫、泊濑列城宫等。

掖上池心宫是孝昭天皇(公元前 3 至前 4 世纪在位)的皇宫，宫苑外围开壕沟或筑土城环绕周边，只留可供进出的桥或门。内中有列植的灌木和用植物材料编制的墙篱，宫苑里都开有泉池，池中设岛，以作游赏和养殖。孝昭天皇时期在每年的农历三月三，仿照中国当时的文人的“曲水宴”举办活动。

大和时代的园林在带有中国殷商时代苑囿特点的同时，也带有自然山水园风格，池泉园表明日本园林一开始就与舟游结下了不解之缘。从源流上看，日本园林一开始就很发达，并未经过像中国那样长久的苑囿阶段，而且园中活动也很丰富和时髦，进一步表明了日本园林源于中国的史实。从技术上看，当时园林就有池、矶，而且是纯游赏性的，可谓技术

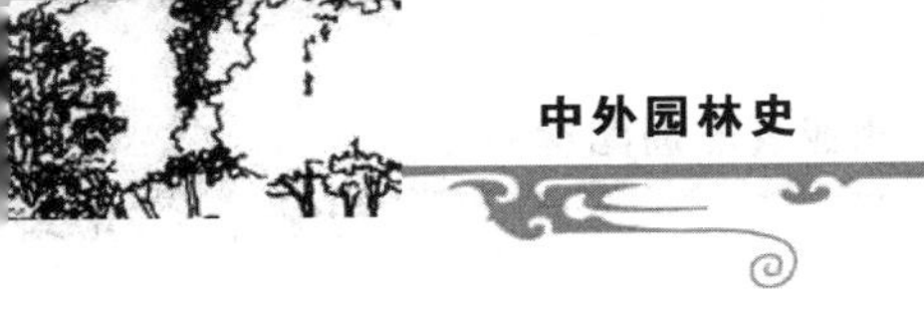

先进。从活动上看，曲水宴的举行和欣赏皆是文人雅士所为，显出当时上层阶级的文化层次和审美境界之高。

(二)飞鸟时代园林(公元 593—710 年)

1. 时代背景

飞鸟时代国都定于飞鸟地区。推古女天皇即位后，圣德太子摄政，总揽一切事务，开始推行改革。定冠位十二阶，制《宪法十七条》，对隋实行平等外交，派遣隋使和留学生，传入佛教。以皇室为中心的统治体制逐渐得到确立和巩固。

公元 552 年从百济传入佛教后，日本文化有了新的发展，建筑、雕刻、绘画、工艺也从中国输入到日本列岛而兴盛起来。在庭园方面，推古天皇时代(公元 593—628 年)，因受佛教影响，在宫苑的河畔、池畔和寺院境内，布置石造、须弥山，作为庭园主体。

此期所有古园今已不存，但是，园林史料还是清楚地记载了这一时代的园林，有藤原宫内庭、飞鸟岛宫庭园、小垦宫庭园、苏我马子庭院等。

2. 代表园林作品

苏我马子庭院。苏我氏宅园是日本园林史上的第一个私家园林。苏我马子是日本飞鸟时代的政治家与权臣。其女儿为圣德太子的妻子，以外戚的身份掌权。官仕四朝天皇，共 50 年。在佛教斗争中消灭两族政党，后又杀害崇峻天皇，拥立外甥女推古天皇即位。笃信佛教，于公元 596 年兴建飞鸟寺(图 10-1)。

图 10-1　飞鸟寺复原图

佛教于钦明天皇十三年(公元 552 年)传入日本，苏我马子此时极力推崇佛教，舍宅为寺，建佛塔、度僧尼、行法会。

《日本书纪》记载，推古天皇三十四年(公元 626 年)，大臣苏我马子“家于飞鸟河之旁，乃庭中开小池，仍兴小岛于池中，故时人曰岛大臣。”

在池中设岛，与中国园林的蓬莱神山是一致的，表明飞鸟时代园林受到了中国神仙思想的影响(图 10-2 至图 10-5)。

图 10-2　飞鸟寺正门

图 10-3　飞鸟寺本堂

图 10-4 飞鸟寺内景,庭园内有石灯笼

图 10-5 池中小岛·天圆地方

3. 园林的特征

此时的园林类型主要是池泉园,它是以池泉为中心的园林构成,体现日本园林的本质特征,即岛国性国家的特征的一种自然式园林。园中以水池为中心,布置岛、瀑布、土山、溪流、桥、亭、榭等。从文化上看,在池中设岛,与《怀风藻》中所述的蓬莱仙山是一致的,表明园林景观受到中国神仙思想的影响;另在水边建造佛寺及须弥山表明佛教开始渗透园林。从类型上看,不仅皇家有园林,私家园林也出现;不仅在城内有园林,在城外的离宫之制亦初见端倪。从传承上看,池泉式和曲水流觞与前朝一脉相承。从手法上看,该时代还首创了洲浜(bang)的做法(藤原宫内庭),成为后世的宗祖。另外,植物的橘子和动物的灵龟都因其吉祥和长寿而应用于园林中。

(三)奈良时代园林(公元 711—794 年)

1. 时代背景

奈良时代定都于奈良的平城京(即现京都)(图 10-6),大化改新和班田制的实行标志着日本进入封建社会。在外交上加强对唐关系,不断派出遣唐使,在唐文化影响下,《古事记》《日本书纪》《怀风藻》和《万叶集》等最古的一批史籍出现。

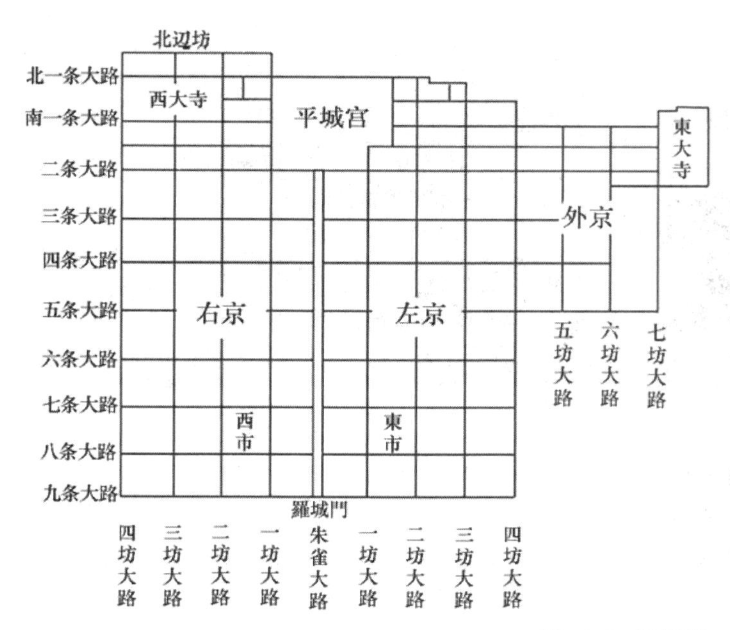

图 10-6 平城京

从奈良时代到平安时代，日本文化主要是贵族文化，他们憧憬中国的文化，喜作汉诗和汉文，汉代的“一池三山”仙境也影响到日本的文学和庭园。这个时期受海洋景观的刺激，池中之岛兴起，还有瀑布、溪流的创作。庭园建筑也有了发展。

史载园林有平城宫南苑、西池宫、松林苑、乌池塘和城北苑等，另外还有平城京以外的郊野离宫，如称德天皇(公元 718 至公元 770 年)在西大寺后院的离宫。城外私家园林还有橘诸兄(公元 684 至公元 757 年)的井手别业、长屋王(公元 684 至公元 729 年)的佐保殿和藤原丰成的紫香别业等。

2. 代表园林作品

①平城宫。平城宫在日本迁都平安京(京都)之后，逐渐彻底的败落，地标建筑无存。在 20 世纪，日本的考古人员在奈良郊外的菜地中找到了昔日平城宫的遗址，通过赎买的方式从农民的手中买回了平城宫遗址的土地，并开始着手重建平城宫的重要遗迹，复建后的平城京是日本首个被列为世界文化遗产的历史古迹，同时也是奈良重点保护的文化遗产。作为日本接受外来思想的开端，平城宫的复建也给国内的古建筑保护性复建提供了范本。

平城宫是京城的中心天皇居住地的宫殿，包括举行国家仪式的太极殿和官厅街的朝堂院等。南端的罗生门宽 67.5 m、两边的侧沟宽 7 m，3.8 km 的主要道路朱雀大路以东称作左京、以西称作右京(图 10-6)。

图 10-7　重建中的平城宫太极殿

②东大寺。东大寺位于奈良杂司町，是日本佛教华严宗总寺院，始建于公元 745 年，当时的寺名为总分国寺，由圣武天皇仿照中国寺院建筑结构建造。大佛殿东西宽 57 m，南北长 50 m，高 46 m，相当于 15 层建筑物的高度，是目前世界上最大的木造建筑(图 10-8、图 10-9)。

图 10-8　东大寺正门

图 10-9　东大寺

大佛殿金堂的宇宙佛毗卢遮那镀金铜佛坐像，高达 16.21 m，是日本第一大佛，称为奈良大佛，仅次于中国西藏扎什伦布寺的“未来佛”，为世界第二大铜佛。殿东的大钟楼建于镰仓时代，也是仿造天竺式样的建筑。楼内有日本 752 年铸造的最重的钟——梵钟，高 3.86 m，直径 2.71 m，为日本国宝。

被称为世界遗产的东大寺正门——南大门(图 10-10)，宽约 50 m、高约 25 m。于公元 760 年建成但因为火灾烧毁了，于镰仓时期被修复重建。南大门设有高大威猛的金刚力士像(图 10-11)。殿西松林中的戒坛院，是为中国唐代鉴真大师传戒而建，他是日本第一个授戒师。殿北的正仓院收藏着当时天皇的用品、东大寺寺宝和文书等奈良时代的美术品以及从中国、波斯、西域等地传入的9 000多件艺术品。

图10-10 东大寺正门——南大门

图10-11 金刚力士像

③法隆寺。法隆寺又称斑鸠寺，位于奈良县西北部、生驹郡斑鸠町。据传始建于公元607年，但是已无从考证。法隆寺占地面积约187 000 m^2，现存的世界上最早的木结构建筑物已被列入联合国教科文组织的《世界遗产名录》。

据传这是7世纪初叶，用明天皇的皇子、圣德太子等人为父亲建造的寺院，曾一度毁于大火，后又在8世纪初叶之前得以重建。被称为圆柱收分曲线的中间部位的柱子形状鼓起，看上去如同古希腊的神庙。所以无论从文化传播历史上还是从建筑史上来说，都已成了一座极为珍贵的建筑物(图10-12、图10-13)。

图10-12 法隆寺(一)

图10-13 法隆寺(二)

法隆寺分为东西两院，东路有梦殿等建筑；西院伽蓝有金堂、五重塔、山门、回廊等木结构建筑。法隆寺的一个特点是云拱。

参拜道正面中间有南大门，在它的里面是中门，中门的东西两侧有回廊，折往北边，东有金堂，西有五重塔，都在回廊包围之中，这种布局是法隆寺式伽蓝配置。

金堂的斗拱称为云斗、云肘木，是多用曲线的独特款式。此外，二层的“卍”字形高栏(扶手)、将其支撑起来的“人”字形束也很独特，是日本7世纪建筑的特色(图10-14)。

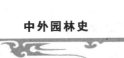

图 10-14　金堂

五重塔类似楼阁式塔，但塔内没有楼板，平面呈方形，塔高 31.5 m，塔刹约占 1/3 高，上有 9 个相轮，是日本最古老的塔，属于中国南北朝时代的建筑风格(图 10-15)。

图 10-15　五重塔

3. 园林的特征

这个时期日本全面吸取中国文化，整个平城京就是仿照当时中国的首都长安而建。庭院池中放入水鸟，伴以小桥，池水仿造海景。以便在不见海的内陆行赏大海风景。从造园数量上看，奈良时代建园超过前朝。从喜好上看，还是热衷于曲水建制。从做法上看，神山之岛和出水洲浜并未改变。从私园上看，朝廷贵族是建园的主力军。

(四)平安时代园林(公元 794—1192 年)

1. 时代背景

由于水源问题，日本都城由平城京(现奈良)迁至平安京。平安时代是日本古代极为辉煌的一个时代，是日本天皇统治的顶点，也是日本古代文学发展的顶峰。平安时代按政治形态可分为前、中、后 3 个时期。平安时代是相当于中国唐朝中期、五代、两宋、辽、金等 10 个朝代。从与大唐关系及文化特征上分前、后两期，前期为弘仁贞观时代(或者叫唐风时期)，后期为藤原时期(或者叫国风时期)。如果说奈良时代是吸取盛唐文化的话，弘仁时期就是吸取晚唐文化，藤原时期就是自身民族文化形成的日本化。

平安前期，天皇两次派遣唐使，输入大唐天台和真言两宗，著名人物有鉴真、空海两名僧人。后唐，唐朝由盛渐衰。天皇停派遣唐使，但此期依旧在吸取唐代文化。此时由贵族官吏形成宫廷文化，全面吸收中国文化，故又称为唐风文化。

科教、文学、书法、建筑、工艺、音乐、绘画、戏剧和舞蹈等都很有特色，但这些都是以唐朝文化为基础。审美意趣受到汉文学深刻影响，其中以白居易的诗文最受欢迎。

白居易的《池上篇》及序对园林的影响不仅在格局上，更重要的是在审美上。

“十亩之宅，五亩之园。有水一池，有竹千竿。
勿谓土狭，勿谓地偏。足以容膝，足以息肩。
有堂有庭，有桥有船。有书有酒，有歌有弦。
有叟在中，白须飘然。识分知足，外无求焉。
如鸟择木，姑务巢安。如龟居坎，不知海宽。
灵鹤怪石，紫菱白莲。皆吾所好，尽在吾前。
时饮一杯，或吟一篇。妻孥熙熙，鸡犬闲闲。
优哉游哉，吾将终老乎其间。”

2. 代表园林作品

平安前期主要的代表园林作品是大觉寺(图 10-16、图 10-17)。真言宗大觉寺派的总院，由嵯峨天皇的离宫改建而成，又名嵯峨御所。寺内的大泽池是模仿中国洞庭湖的池泉船式庭园建造而成的。还有日本化的瀑布石组：名古曾泷。

图 10-16　大觉寺内景

图 10-17　大泽池与心经宝塔

平安中期又称为藤原时期。园林特征在模仿皇家园林的过程中，国风时代出现了私家园林的寝殿式园林（图 10-18）。从面积上看，寝殿式园林比皇家园林小，大多为 1 町（约 1 000 m）见方。形式成中轴式，轴线方向为南北向。园中设大池，池中设中岛，岛南北用桥通，池北有广庭，广庭之北为园林主体建筑寝殿。寝殿平面形式与唐风时期不同，不再是左右对称，而是较自由的非对称。池南为堆山，引水分两路，一路从廊下过，一路从假山中形成瀑布流入池中。池岸点缀石组，园中植梅、松、枫和柳等植物，园游以舟游为主。

代表园林作品是藤原氏一族的历代宅邸——东三条殿（图 10-19）。

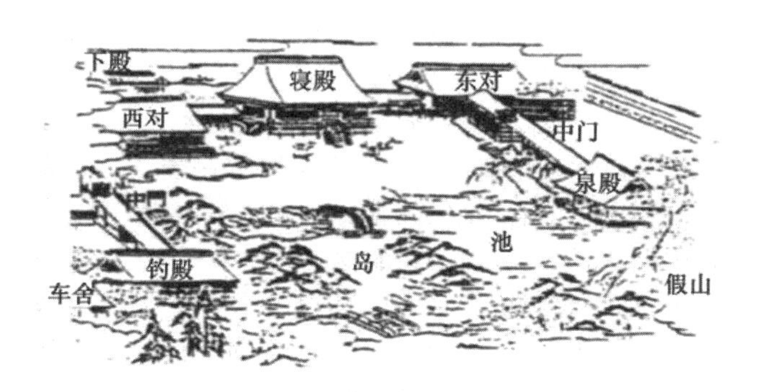

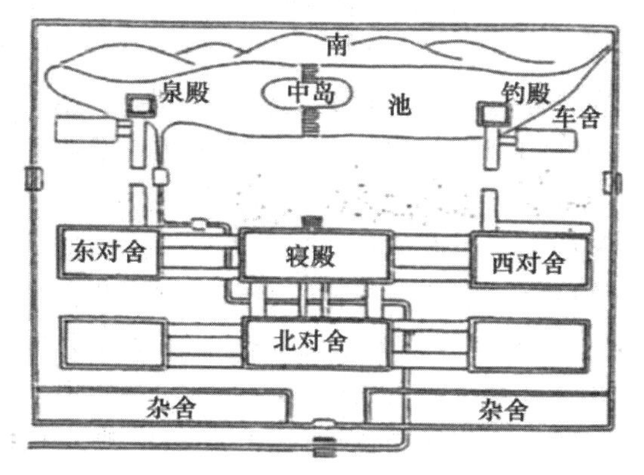

图 10-18　寝殿式造园

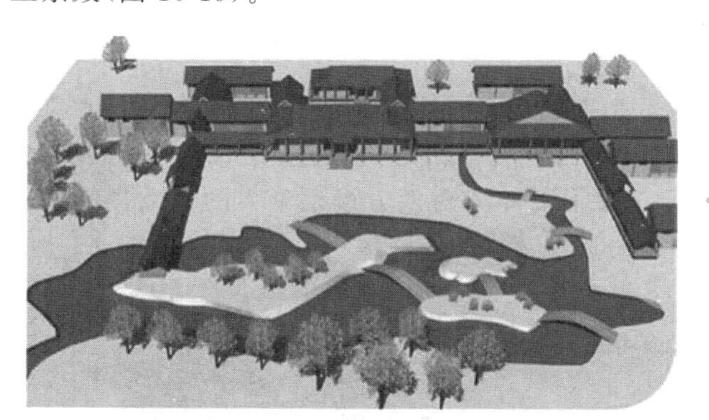

图 10-19　东三条殿复原图

平安后期皇权回归的同时，但武士集团争权，导致幕府产生和皇权的最终旁落。在佛教进一步巩固地位的过程中，末期源空开创净土宗，提倡专念阿弥陀佛，死后可升往西方极乐净土世界。不安定的社会情势，人们对"净土"的向往在园林中表现了出来，这就是净土式庭院。

佛家按寝殿造园林格局演化为净土园林，流行于寺院园林之中（图 10-20）。园林格局依旧是中轴式、中池式和中岛式，建筑的对称性明显保留下来。轴线上从南至北依次是大门、桥、水池、桥、岛、桥、金堂和三尊石（指仿佛教的 3 座菩萨的石组）。

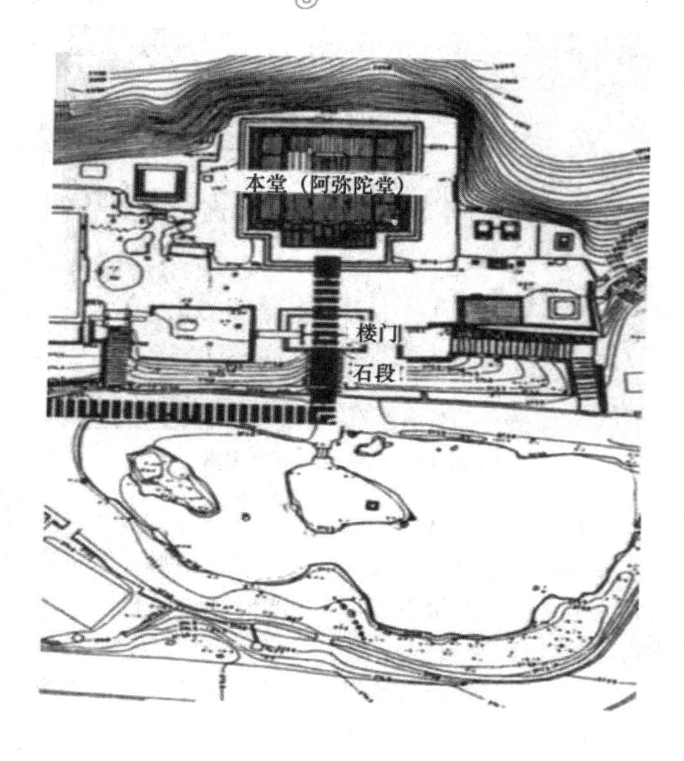

图 10-20　净土园林

后期的代表园林作品是平等院。位于日本京都府宇治市，沿着宇治川边兴建，是日本早期木构建筑，是古代日本人对西方极乐世界的极致具体实现（图 10-21）。

图 10-21　平等院

东西轴线一贯到底，轴线东面为小御所院落，前为开阔的广庭，广庭前为水池，名阿池（即阿弥陀佛池），池底铺玉石，岛岸卵石洲浜式，外岸条木桩折线式，水中筑中岛。中岛正中构凤凰堂，以应凤凰涅槃的佛语。

凤凰堂前立石灯笼，凤凰堂后架桥屋，中岛北筑小岛，两侧架以反桥和平桥，中岛南架小桥与北桥相呼应，形成十分完整的轴线布局。

平等院最具代表性的建筑是面对阿字池而建，初期因置奉“阿弥陀如来”与 51 尊“云中供养菩萨像”得名的“阿弥陀堂”。

后因“阿弥陀堂”外形似欲振翅而飞的禽鸟，在中堂脊沿更有两只尊贵象征的金铜凤凰像，遂在江户时代，更名为“凤凰堂”。

平安时代后期出现的世界上第一部造园书籍《作庭记》。作者橘俊纲是藤原赖通的儿子，14 岁时跟随其父左右，出入平等院造园现场，把对寝殿造庭园的亲身体验写成造园法典，影响后世。

3. 园林的特征

京都山水优美，都城里多天然的池塘、涌泉、丘陵，土质肥沃，树草丰富，岩石质良，为庭园的发展提供了得天独厚的条件。据载恒武天皇时期主要建筑都仿唐制，苑园多利用天然的湖池和起伏地形，并模仿汉上林苑营造了“神泉苑”。这一时代前期对庭园山水草木经营十分重视，而且要求表现自然，并逐渐形成以池和岛为主题的“水石庭”风格，且诞生了日本最早的造庭法秘传书，名叫《前庭秘抄》（一名《作庭记》）。后期又有《山水并野形式图》一卷。

从面积上看，私家园林比皇家园林小，形式依旧是中轴式，轴线方向为南北向。园中设大池，池中设中岛，岛南北用桥连通，池北有广庭，广庭之北为园林主体建筑寝殿，池南为堆山，引水分两路，一路从廊下过，一路从假山中形成瀑布流入池中，池岸点缀石组，园中植梅、松、枫和柳等植物，园游以舟游为主。在佛教进一步巩固地位的过程中，末期（12 世纪 70 年代）源空开创净土宗。佛家按寝殿造园林格局演化为净土园林，流行于寺院园林之中。当然，净土园林的来源也有说是源于净土变的院前池沼的佛画，不管如何，它还是与寝殿造园林有十分相像的格局，只不过把寝殿改为金堂而已。许多舍宅为寺的寺园和皇家敕建或贵族捐建的寺院大多体现了净土园林特点。园林格局依旧是中轴式、中池式和中岛式，建筑的对称性明显保留下来。另外，净土庭园中一定种植有荷花。

平安时代的现存园林大多以寺院园林形式保存下来，其中以法成寺、法胜寺和平等院最为典型。

总之，平安时代的园林总体上是受唐文化影响十分深刻，中轴、对称、中池、中岛等概念都是唐代皇家园林的特征，在平安初的唐风时期表现更为明显，在平安中后的国风时期表现更弱，主要变化就是轴线的渐弱，不对称地布局建筑，自由地伸展水池平面。所以说，由唐风庭园发展为寝殿造庭园和净土庭园是平安时代的最大特征。

(五)镰仓时代园林(1185—1333 年)

镰仓时代是以镰仓为全国政治中心的武家政权时代。如果说飞鸟时代和奈良时代是中国式自然山水园的引进期，平安时期是日本化园林的形成时期和三大园林(皇家、私家和寺院园林)的个性化分道扬镳时期，中世的镰仓时代、南北朝时期和室町时代是寺院园林的发展期，近世的桃山时代是茶庭、露地的发展期，近世的江户时代是茶庭、石庭与池泉园的综合期。也可以是说，飞鸟、奈良时代是中国式山水园泊来期，平安期是日本式池泉园的“和化”期，镰仓、南北朝、室町期是园林佛教化的时期，桃山期是园林的茶道化期，江户期是佛法、茶道、儒意综合期。

该时期，在武家政治之下，建筑上引进南宋的天竺样，而后又形成新和样。园林上倒是没有引进太多中国的东西，而是沿着自己的佛化道路前进。因此，园林的设计思想也是寝殿造园林的延续，寺院园林也是净土园林的延续。

与禅宗相应地产生了以组石为中心，追求主观象征意义的抽象表现的写意式山水园，这种写意式山水园的方向与中国当时园林的写意式山水园是不同的。它追求的是自然意义和佛教意义的写意，而中国的写意园林是追求社会意义和儒教意义(在文学艺术方面为主)的写意，最后发展、固定为枯山水形式。

枯山水特点是利用石组、白砂铺地表达一种山水式庭园，其中立石表现群山，石间有叠水和小溪，并流过山谷间汇入大海(情景描写)。也有通过一片白砂来表现宽广的大海，其间散置几处石组来反映海岛等象征的表现。这些作品的共同点在于每位观赏到此景的人，都可以有自己的感想、体验和理解(图 10-22、图 10-23)。

图 10-22　枯山水园林

图 10-23　枯山水园林石组、白砂铺地

当时，日本园林中的造园家是知识阶层的兼职僧侣，他们被称为立石僧。其中最有成就的就是国师梦窗疏石，他通过枯山水来表达禅的真谛。这些园林形式常用象征的手法来构筑“残山剩水”，也就是提取景观的局部。枯山水的出现，因符合当时人们的社会心理和审美需求，迅速在全国传播开来。枯山水首先在寺院园林中崭露头角，然后对皇家园林和私家园林进行渗透。枯山水的出现虽然说不是占据镰仓时代的全部历程，而只是经历镰仓时代的很短的一段时间，但是，它的出现是在原有自然景色的基础上“组织进了大自然原有的精神的自然观照心”，使园林的“自然原生”升华为“自然观照”，再升华为“佛教(禅宗)观照”。由于园林的表现是以原生自然的局部和片面为基础的自然观照和枯寂表达，

与当时南宋和元初的病弱的文人园的社会观照和情意表达相似,有厌世和弃世心态。

12世纪末,日本社会进入封建时代,武士文化有了显著的发展,形成朴素实用的宅园;同时宋朝禅宗传入日本,并以天台宗为基础,建立了法华宗。禅宗思想对吉野时代及以后的庭园新样式的形成有较大影响。此时已逐渐形成"缩景园"和佛教方丈庭的园林形式。

(六)南北朝时代园林(1333—1392年)

南北朝时代,庄园制度进一步瓦解,乡间武士阶层抬头,同时,各地守护大名纷纷扩大自己势力范围,建立独立王国,大名之间激烈征战。人们在不安和惊慌中寄托于佛教世界,寺院及其园林与前朝相比有过之而无不及地受到各阶层共识的欢迎。

这一时期园林最重要的是枯山水的实践,枯山水与真山水(指池泉部分)同时并存于一个园林中,真山水是主体,枯山水是点缀。池泉部分的景点命名常带有禅宗意味,喜用禅语,枯山水部分用石组表达,主要用坐禅石表明与禅宗的关系,而西芳寺庭园则用多种青苔喻大千世界。

代表园林作品:西芳寺庭园。

西芳寺是世界文化遗产,是日本最古老的庭园之一,位于京都市西京区松尾神龍谷町,山号洪隐山,又称苔寺,本尊为阿弥陀如来。西芳寺原为飞鸟时代传奇人物圣德太子的别庄。奈良时代,僧人行基在此建寺,最初称"西方寺",供奉的是阿弥陀如来;平安时代,留学僧空海曾在这里举办过放生大会。当信奉禅宗的梦窗疏石接手后,寺名"西方"改为"西芳",它出自禅宗开创人达摩留下的句子:"祖师西来,五叶联芳"(图10-24)。

天平年间(729—748年),行基创建四十九院时,在此建一堂宇,安置阿弥陀3尊,号西方寺。建久年间(1190—1199年),中原师员归依法然,乃将此寺分成西方、秽土两寺,隶属净土宗。历应二年(1339年),摄津亲秀请梦窗疏石为中兴始祖。修整堂舍林泉,易名西芳寺,改属临济宗。永禄十一年(1568年),策彦再建伽蓝。后遇洪水肆虐。明治十一年(1878年)始复兴。

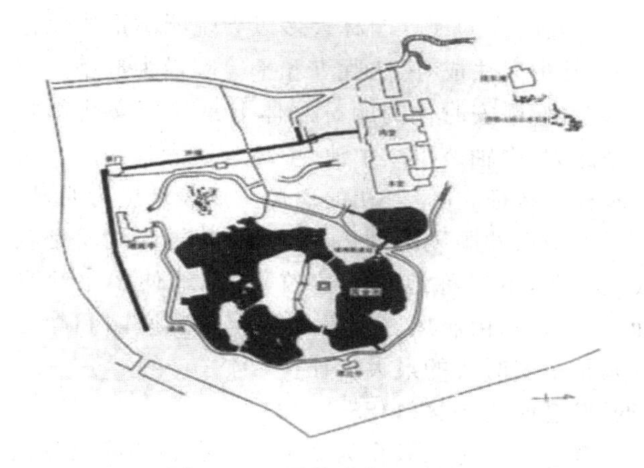

图10-24 西芳寺庭园平面图

西芳寺的庭园最为著名。境内四周丘陵环绕,风景幽雅宁静。有西来堂、无缝阁、湘南亭、琉璃殿、黄金池、合同船、潭北亭、缩远亭、向上关、指东庵、邀月桥等景。其庭园分为上、下两段,上段庭园为枯山水式园林,下段则为池泉回游式庭园,满园生长有100多种苔藓植物。进入西芳寺的青苔庭园,就像走进了一个被施了魔法的森林。它是伟大的禅宗僧人梦窗疏石(1275—1351年)在1339年设计的。如今青苔生长起来,已有100多个种类,形成了长在枫树下面的富丽地毯,也就赋予了这个地方一个通俗的名字——苔寺(图10-25至图10-28)。

图10-25 西芳寺庭园参道的地被和苑路

图 10-26　西芳寺庭园夜泊石

图 10-27　从西芳寺庭园潭北亭看苑园和黄金池

图 10-28　西芳寺庭园土桥

(七)室町时代

1. 时代背景

镰仓至室町时代,时局动荡。最初源赖朝成立镰仓幕府,后北条氏独裁。随后经历了元朝入侵,后醍醐天皇乘机政变,南北朝时代。最后足利义满将军迁幕府于京都的室町,史称室町时代。镰仓后期,下层武士的不满和倒幕势力的强大,国内战争四起,政权的不稳定使人们更多地用佛教禅宗的教义来指导现实生活,禅学由此渗入到园林领域,出现了日本园林中最为精彩的枯山水园林。

室町时代,园林风尚发生了本质的变化,从造园主人上看,武家和僧家造园远远超过皇家。从类型上看,前朝产生的枯山水在此朝得到广泛的应用,独立枯山水出现;室町末期,茶道与庭园结合,初次走入园林,成为茶庭的开始;书院建造在武家园林中崭露头角,为即将来临的书院造庭园揭开序幕。从手法上看,园林日本化成熟,表现在几方面:轴线式消失,中心式为主,以水池为中心成为时尚;枯山水独立成园;枯山水立石组群的岩岛式、主胁石成为定局。从传承上看,枯山水与池泉并存式,或池泉为主,只设一组枯瀑布石组的园林多种形式都存在,表明枯山水风格形成,而且独立出来,特别是枯山水本身式样由前期的受两宋山水画影响到本国岛屿摹仿和富士山摹仿都是日本化的表现。从景点形态上看,池泉园的临水楼阁和巨大立石显出武者风范。从游览方式上看,舟游渐渐被回游取代,园路、铺石成为此朝景区划分与景点联系的主要手段。从人物上看,这一朝代涌出的造园家如善阿弥祖孙三人、狩野元信、子健、雪舟等杨、古岳宗亘等都是禅学很深、画技很高的人物,有些人还到中国留过学。从理论上看,增圆僧正写了《山水并野形式图》,该书与《作庭记》一起初称为日本最古的庭园书,另外,中院康平和藤原为明合著了《嵯峨流庭古法秘传之书》。

代表园林作品有:龙安寺庭园、大仙院庭园等。

2. 枯山水的特点

枯山水字面上的意思为"干枯的山与水",其创造者是兼通佛理与美学的佛寺僧人,他们被称为立石僧。枯山水庭院以石、白砂、苔藓为主要素材。白砂上用耙做出不同纹路,以表现大海、云雾之容。石组的排列方法有严谨的公式,它们象征着瀑布和海中岛屿。苔藓有单纯的绿色,也有彩色,体现出幽幽森林。

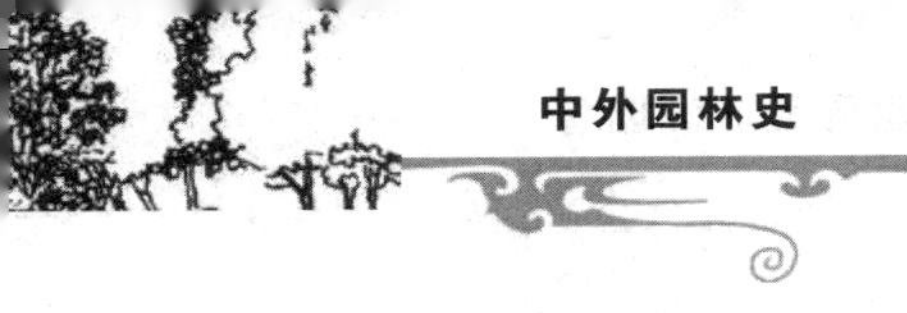

造园、选石、耙砂对立石僧来说都是修行。他们赋予此种园林以恬淡出世的气氛，把宗教的哲学思考与园林艺术完美地结合起来，把“写意”的造景方法发展到了极致，也抽象到了顶点。这是日本园林的主要成就之一，影响非常广泛。

3. 代表园林作品

①龙安寺。日本京都市的临济宗寺院。室町时代末期，义天禅师和相阿弥所做。以古都京都的文化财一部分而列入了世界遗产。

1975年，英女王伊丽莎白二世访问日本时，曾表示希望能参观龙安寺内的庭园，参观后英女王对庭园赞不绝口，也让龙安寺庭园在世界范围内名声大噪。

庭中没有一草一木，在屋前一块约50坪（约165 m²）的长方形空地上平整地铺上白色的砂粒，砂粒上描画出水的波纹。15个大小不一的岩石自东向西以5、2、3、2、3的组合分布在白砂之中。石间伴有苔藓点缀。它将简单追求形式美、造型美的园林，升华到了纯粹的精神美，完美体现了禅宗思想中“空、寂、灭”的空灵境界，所以龙安寺亦称“空庭”（图10-29、图10-30）。

龙安寺是由室町时代应仁之乱东军大将细川胜元于宝德二年（1450年）创建的禅宗古寺。龙安寺位于日本的京都，龙安寺庭园是日本庭园抽象美的代表：在寺庙方丈前一片矩形的白砂地上，分布着5组长着青苔的岩石，建寺时是日本视觉艺术发生重大革新的时期，龙安寺是著名的枯山水庭园，被联合国教科文组织指定为世界文化遗产。

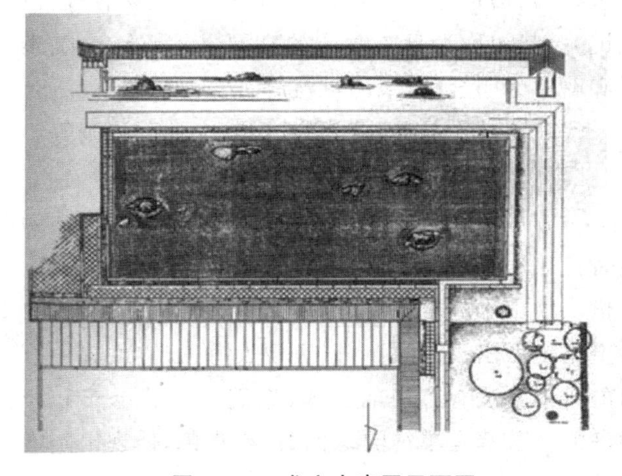

图10-29　龙安寺庭园平面图

图10-30　龙安寺庭园

龙安寺寺内景点有矿石寺院、枯山水庭院、鸳鸯池，其中最著名的是矿石寺院，不见一点泥土，由圆形和椭圆形的小石子铺成，其上摆有15块岩石，无论从什么角度看，都会有一块矿石隐藏。龙安寺庭园是日本庭园抽象美的代表：在寺庙方丈前一片矩形的白砂地上，分布着5组长着青苔的岩石，此外别无一物，15世纪建于京都龙安寺的枯山水庭园是日本最有名的园林精品。它占地呈矩形，面积仅330 m²，庭园地形平坦，由15尊大小不一之石及大片灰色细卵石铺地所构成。石以2、3或5为一组，共分5组，石组以苔镶边，往外即是耙制而成的同心波纹。同心波纹可喻雨水溅落池中或鱼儿出水。看是白砂、绿苔、褐石，但三者均非纯色，从此物的色系深浅变化中可找到与彼物的交相调谐之处。而砂石的细小与主石的粗犷、植物的“软”与石的“硬”、卧石与立石的不同形态等，又往往于对比中显其呼应。因其属眺望园，故除耙制细石之人以外，无人可以迈进此园。而各方游客则会坐在庭园边的深色走廊上——有时会滞留数小时，以在砂、石的形式之外思索龙安寺布道者的深刻涵义。由古岳禅师在16世纪设计的大德寺大仙院的方丈东北庭，通过巧妙地运用尺度和透视感，用岩石和沙砾营造出一条“河道”。这里的主石，或直立如屏风，或交错如门扇，或层叠如台阶，其理石技艺精湛，当观者远眺时，分明能感觉到“水”在高耸的峭壁间流淌，在低浅的桥下奔流（图10-31、图10-32）。

图 10-31　龙安寺庭园中的白砂地

图 10-32　砂石的细小与主石的粗犷形成对比

14 世纪至 15 世纪是日本庭园的黄金时代，造园技术发达，造园意匠最具特色，庭园名师辈出。镰仓吉野时代萌芽的新样式有了发展。室町时代名园很多，不少名园还留存到如今。其中以龙安寺方丈南庭、大仙院方丈北东庭等为代表的所谓“枯山水”庭园最为著名（图 10-33 至图 10-35）。

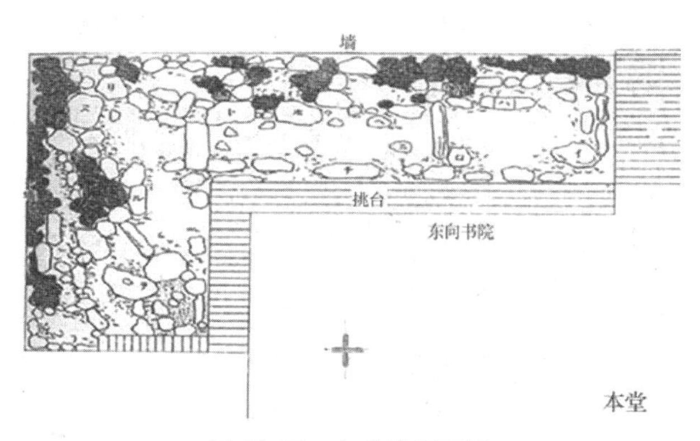

图 10-33　大仙院平面图

图 10-34　大仙院（一）

图 10-35　大仙院（二）

②寺南庭。寺南庭是日本“枯山水”的代表作。这个平庭长 28 m，宽 12 m，一面临厅堂，其余三面围以土墙。庭园地面上全部铺白沙，除了 15 块石头以外，再没有任何树木花草。用白沙象征水面，以 15 块石头的组合、比例，向背的安排来体现岛屿山峦，于咫尺之地幻化出千山万壑的气势。这种庭园纯属观赏的对象，游人不能在里面活动。

枯山水很讲究置石，主要是利用单块石头本身的造型和它们之间的配列关系。石形务求稳重，底广预削，不作飞梁、悬桃等奇构，也很少堆叠成山；这与我国的叠石很不一样。枯山水庭园内有的也栽置不太高大的观赏树木，都十分注意修剪树的外形姿势而又不失其自然生态。枯山水平庭多半见于寺院园林，设计者往往就是当时的禅宗僧侣。

③茶庭。室町时代还创作了一种新的园林型式——茶庭。早在镰仓时期，日本禅僧荣西再度来华 4 年，带回啜茗习尚，为室町时期茶道、茶庭树立基础（图 10-36）。

（八）安土桃山时代（1573—1603 年）

安土桃山时代在中国相当于明神宗万历元年（1573 年）至明神宗万历三十一年（1603 年）。

该时期的园林有传统的池庭、豪华的平庭、枯寂的石庭、朴素的茶庭。桃山时代不长，武家园林中的人的力量的表现有所加强，书院造建筑与园林结合使得园林的文人味渐浓。这一倾向也影响了后来江户时代皇家和私家园林。但是，由于皇家园林和武家园林仍旧以池泉为主题，且这一时期持续时间

图 10-36　茶庭

不长，且只露出个苗头就灭亡了。而且从茶室露地的形态看来，园林的枯味和寂味仍旧弥漫在园林之中，与明朝的以建筑为主的诗画园林相比，显而易见地是自然意味和枯寂意味重多了。造园名家贤庭、千利休、古田织部、小堀(jue)远州等都在这一时代产生。此期的理论著作有矶部甫元的《钓雪堂庭图卷》和菱河吉兵卫的《诸国茶庭名迹图会》。

代表园林作品有京都的醍醐寺三宝院，位于京都市伏见区醍醐东大路町，为醍醐五门迹之一(图 10-37)。三宝院由丰臣秀吉设计，为桃山时代书院建筑，内阐葵之间、表书院、纯净观、护摩堂等，每间房内的墙壁和顶上画有江户时代名画家石田幽汀和狩野山乐的彩色障壁画(图 10-38、图 10-39)。

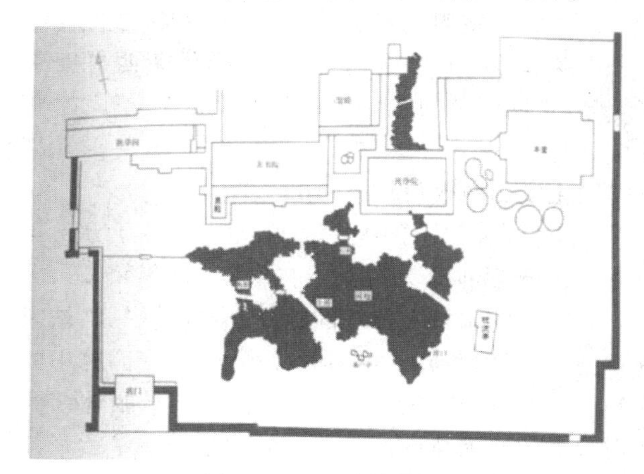

图 10-37　三宝院平面图

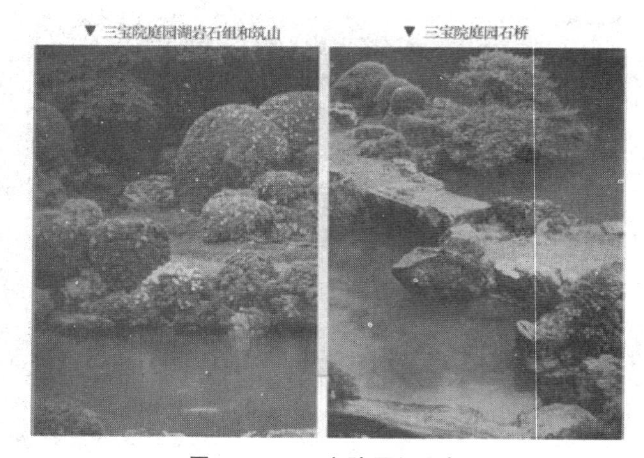

图 10-38　三宝院石组石桥

图 10-39　从三宝庭院看书院对岸的景色

16 世纪，茶庭勃兴。茶庭顺应自然，面积不大，单设或与庭园其他部分隔开。四周围以竹篱，有庭门和小径通到最主要的建筑即茶汤仪式的茶屋。茶庭面积虽小，但要表现自然的片断，寸地而有深山野谷幽美的意境，更要和茶的精神协调，能使人默思沉想，一旦进入茶庭好似远离尘凡一般。庭中栽植主要为常绿树，洁净是首要的，庭地和石上都要长有青苔，使茶庭形成“静寂”的氛围。忌用花木，一方面是出于对水墨画的模仿，另一方面，在用无色表现幽静、古雅感情方面也有其积极意义。茶庭中对石灯、水钵的布置，尤其是飞石敷石有了进一步发展。

在室町时代的后期，战乱频发，群雄割据（图10-40）。一批武士登上了国家政治舞台，有大内义兴、三好长庆、毛利元就、北条氏康、今川义元、上杉谦信、武田信玄、织田信长、丰臣秀吉、德川家康等。

图 10-40　1570 年大名割据图

织田信长之臣丰臣秀吉秉承织田的遗志完成了日本的统一，开创了安土桃山时代。这时期虽然战争不止，经济却有一定发展。文化方面，茶道在这一时期发展，武士道风尚盛行。

何为武士道？武士道，是日本封建社会中武士阶层（称作侍，さむらい）的道德规范。它包括义、勇、仁、礼、诚、名、忠、克。武士道来源于佛、神、儒。从神道教中，武士道得到了忠君尊祖；从佛教的日本禅宗得到了平静、沉着、不畏死；从儒学中得到了五伦：“君臣、父子、夫妇、长幼、朋友”。

乱世之中，朝不保夕，各地大名为祝自己武运昌隆，夸耀权势，以今朝有酒今朝醉的奢侈思想，穷奢极欲，建造了不少壮观辉煌、飞扬跋扈的大型庭院。

这一时期的代表园林作品是熊本城。位于日本熊本县熊本市，别称银杏城，日本三大名城之一。前身是室町时代隈本城加以改建成，安土桃山时代丰臣政权入主肥后国后，当地藩主的官邸，面积达980 000 m^2，最有名的特色就是“令军队想放弃”（武者返し），意即易守难攻（图10-41至图10-44）。

熊本城另一名称为银杏城，由于当初建造此城时，已经考虑到万一发生围城战时，城内需要有食物供应，因此便广植银杏，甚至连城内铺床的材质，都是利用里芋的茎晒干做成的，可以作为围城战时的战备存粮。

随着武士道精神的广泛传播，茶道也应运而生。茶室常置于大型宫殿庭院之中，浓墨重彩中有着截然不同的清静典雅。茶庭强调去掉一切人为的装饰，追求简素的情趣。

千利休被称为茶道法祖，他提出的“侘”是茶庭的灵魂，意思是寂静、简素，在不足中体味完美，从欠缺中寻求至多等等。他所倡导的茶庵式茶室和茶庭，富有山陬村舍的气息，用材平常，景致简朴而有野趣。

茶庭也叫露庭。面积很小，以茶室为茶庭主体建筑，置于茶庭最后部。到达茶室需经过朴素露地门，主人与客人在腰挂处等待见面，显出主人诚意，而客人需经厕所净身、蹲踞或洗手钵净手，经曲折铺满松针的点石道路到达茶室，在室外脱鞋、挂刀折腰躬身方能入茶室进行饮茶。

图 10-41　熊本城的建筑

图 10-42　熊本城地形高差

图 10-43　熊本城周边环境模型

图 10-44　熊本城建筑细部

（九）江户时代（1603—1867 年）

1. 时代背景

江户时代的园林，从园主来看表现为皇家、武家、僧家三足鼎立的状态，尤以武家造园为盛，佛家造园有所收敛，大型池泉园较少，小型的枯山水多见，反映了思想他移、流行时尚转变、经济实力下降等几方面因素。从思想来看，儒家思想和诗情画意得以抬头，在桂离宫及后乐园、兼六园等名园中显见。从仿景来看，不仅有中国景观，也有日本景观。从园林类型上看，茶庭、池泉园、枯山水三驾马车齐头并进，互相交汇融合，茶庭渗透入池泉园和枯山水，呈现出交织状态。从游览方式上看，随着枯山水和茶庭的大量建造，坐观式庭园出现，虽有池泉但观者不动，但因茶庭在后期游览性的加强，以及武家池泉园规模扩大和内容丰富等诸多原因，回游式样在武家园林中却一直未衰，只是增添坐观式茶室或枯山水而已。从技法上看，枯山水的几种样式定型，如纯沙石的石庭、沙石与草木结合的枯山水，型木、型篱、青苔、七五三式、蓬莱岛、龟岛、鹤岛、茶室、书院、飞石、汀步等都在此朝大为流行。从造园家上看，小堀远州、东睦和尚、贤庭、片桐石州等取得了令人瞩目的成就，尤以小堀远州为最。从园林理论上看，有北村援琴的《筑山庭造传》前篇，东睦和尚的《筑山染指录》、离岛轩秋里的《筑山庭造传》后篇、《都林泉名胜图》、《石组园生八重垣传》，石垣氏的《庭作不审书》，以及未具名的《露地听书》、《秘本作庭书》、《庭石书》、《山水平庭图解》、《山水图解书》和《筑山山水传》等，数量之多，涉及之广远远超过前代。

战将德川家康在桃山时代与丰臣氏讲和而相安几十年，秀吉死后，他确立霸主地位，于1603年在江户（今东京）建立新幕府。

江户时代，儒家取代佛家在思想上居于统治地位。儒家的中庸思想，和《易经》中的天人合一终于把池泉园、枯山水、茶庭等园林形式进一步地综合到一起。

池泉园、枯山水、茶庭的综合产物，就是回游式庭院。此外，江户时代各大名在江户城及其他地方建造的庭院样式叫作大名庭。主要采用借景手法，平坦开阔的庭院结构，让人将远方的美景一览无余。

2. 代表园林作品

综合性的武家园林代表：小石川后乐园、六义园、金泽兼六园、冈山后乐园、水户的偕乐园、高松的栗林园、广岛的缩景园、彦根的玄宫乐乐园、熊本的成趣园、鹿儿岛的仙岩园、白河的南湖园。

综合性的皇家园林有修学院离宫、仙洞御所庭园、京都御所庭园、桂离宫、旧浜离宫园、旧芝离宫园（图10-45至图10-52）。

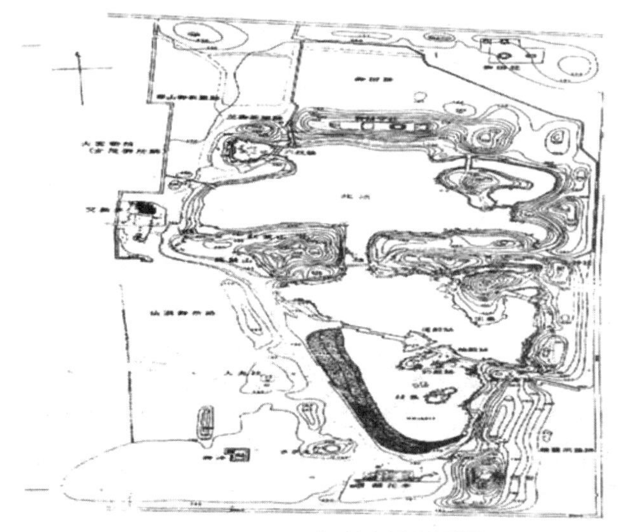

图 10-45　仙洞御所庭园平面图

图 10-46　仙洞御所庭园全景

图 10-47　仙洞御所庭园

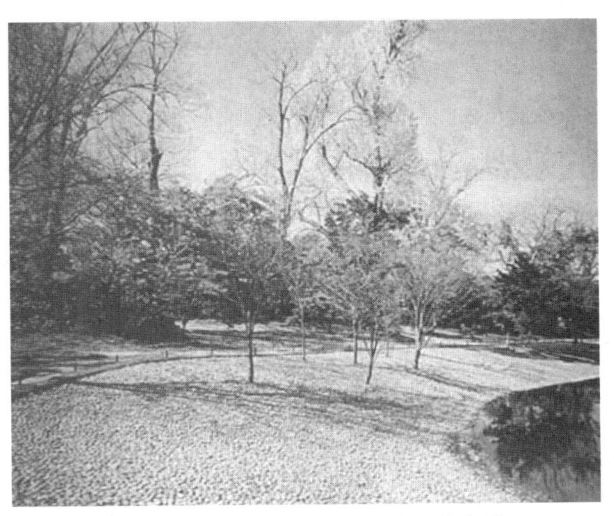

图 10-48　仙洞御所庭园南池石岸全景

图 10-49　京都御所庭园全景

图 10-50　京都御所庭园小御所池亭一景

图 10-51　京都御所庭园小御所御池亭全景

图 10-52　京都御所庭园御池亭石岸和榉桥

寺观园林：金地院庭园、大德寺方丈庭园、孤篷庵庭园、东海庵庭园、曼殊院庭园、妙心寺庭园、圆通寺庭园、高台寺庭园、桂春院庭园、南禅寺方丈寺庭园、真珠庵庭园、当麻寺庭园、圆德院庭园、善法院庭园等。

茶庭：不审庵庭园、今日庵庭园、燕庵庭园、管田瘪庭园、慈光院庭园等。

以下具体介绍几个著名的代表园林作品。

①桂离宫。日本 17 世纪的庭园建筑群。在日本京都西部桂川的西岸，三大皇家园林的首席，日本古典园林的第一名园，回游式庭院的典范。这里很早就是王朝赏月的胜地，1620—1624 年，智仁亲王在此兴建别墅。1645 年其子智忠亲王再次进行整修，遂成为日本各种建筑和庭园巧妙结合的典型代表。

其设计者小堀远州是千利休之后的又一杰出茶人和造园家。

桂离宫虽是离宫，却没有沉重、奢华感。相反，其竹制的门与篱笆带来了一种不均衡的美。

园内的古书院、松琴亭、笑意轩、园林堂、月波楼和赏花亭等建筑群，建筑矮小精致，取材于自然，不加人工雕琢，干净利落。

这种重精神而不重形式的审美情趣来自于禅宗“多即是一，一即是多”的思想。

桂离宫占地 6.94 hm^2，有山、有湖、有岛。山上松柏枫竹翠绿成荫，湖中水清见底，倒影如镜。岛内楼亭堂舍错落有致。桂离宫的主要建筑有书院、松琴亭、笑意轩、园林堂、月波楼和赏花亭等。在“造景”方面，建筑师着眼于明朗和宽阔。整个景区以“心字池”的人造湖为中心，把湖光和山色融为一体。湖中有大小 5 岛，岛上分别有土桥、木桥和石桥通向岸边。岸边的小路曲曲折折地伸向四面八方，给人以“曲径通幽”之感。松琴亭、园林堂和笑意轩都是日本“茶房”式建筑，是供在这里游玩的皇室品茶、观景和休息之处。月波楼面向东南，正对心字池，是专供赏月的地方。书院里收藏有上千册的古书和各种古董，都是皇室的珍品(图 10-53、图 10-54)。

图 10-53　桂离宫平面图

图 10-54　古书院

桂离宫的整体布局，是许多优秀建筑经过严密的构思设计组织在一起的。其中的茶室是古茶室之一，分春、夏、秋、冬 4 间，与天然景观和谐地结合在一起。古书院建筑以轻快、简素的空间构成。庭园模拟名胜风景而设计，还包括有禅宗寺院风味的石庭和茶室的露地庭等，因此可说是各时代、各流派的综合样式(图 10-55 至图 10-58)。

图 10-55　桂离宫庭园中的围栏

图 10-56　桂离宫庭园(一)

图 10-57　桂离宫庭园松琴亭前景

图 10-58　桂离宫庭园(二)

桂离宫这座370多年前的庭园建筑，充分显示了日本古建筑和谐的风格。它正以更加迷人的姿色，吸引着大批日本国内外的游览者。

②小石川后乐园。位于日本东京。曾经是水户德川家的庭园。典型的大名庭。

庭园名“后乐”，来自于北宋文学家范仲淹所作《岳阳楼记》之中的名句“先天下之忧而忧，后天下之乐而乐”。

在约7万m^2的宽广的庭园内，种植了梅花、樱花、杜鹃等3 000多株植物，在四季呈现出不同情趣的景色(图10-59至图10-61)。

图10-59 乐园中冈山城景致

图10-60 枝垂樱

图10-61 御野岛

③修学院离宫。日本最大的庭园建筑群，以修学院山为借景、宽阔的庭园以及优美的氛围，堪称日本具有代表性的景观。

修学院离宫位于日本京都市左京区比睿山麓，是日本三大皇家园林之一。它是1656—1659年期间后水尾上天皇建于比睿山山下的大型山庄，修学院的建造由后水尾上皇所设计与指导，连模型都是他亲力亲为。园林始建于1655年，竣工于1699年。占地约545 000平方公尺，由上、中、下3个茶屋(庭园)构成。茶屋立于幽雅的小池之畔，建筑和大自然浑然天成，巧妙绝伦(图10-62、图10-63)。

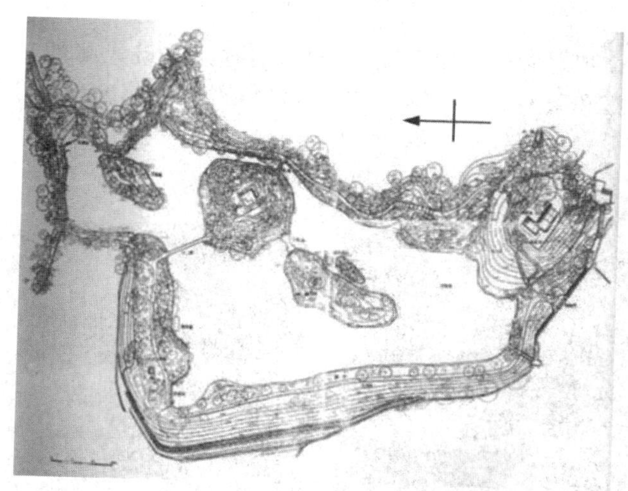

图10-62 修学院离宫上茶屋平面图

图10-62 修学院离宫庭园全景

综观修学院离宫，远离市尘却可遥望街市，离而不隔，若即若离。本为山地，曲水瀑布最宜，却强为广大水池，堆土岛构桥梁，工程浩大。但堤下以植篱掩盖，堤上宽堤如浜，显得亲切自然。最妙处为借景，在邻云亭、千岁桥、西浜各处都可借到山下、市区和远山的景观。另外，全园的祈寿主题非常明显，有寿月观、神仙岛(一池三岛)、千岁桥等主要景点，透过这些景名，那位当年已63岁还在造园的后水尾上皇的晚年心情也可略见一斑。在这里，他一边凝望着月亮，一边作诗，就这样度过了他的岁月。从这个有着水流和叮咚作响的瀑布的下庭园中，你可以沿着一条两边树木林立的小径来到中间的一个庭园。这儿的小亭中有一幅著名的鱼画，那鱼逼真得就像有一张画出的网在罩住它们，不让它们游走一样。最后你到达云亭，在此能观赏到令人心颤的美丽全景：上庭园散落着湖、桥、瀑布、小岛和精巧的亭子，这些形成了前园；后面是京都城，背靠重重群山（图 10-64 至图 10-66）。

图 10-64　修学院离宫庭院中茶屋客殿前景

图 10-65　修学院离宫庭园中茶屋积轩前池泉全景

图 10-66　修学院离宫庭园上茶屋邻云亭远景

修学院离宫庭园，以能充分利用地形特点，有文人趣味的特征，与桂离宫并称为江户时代初期双璧。此时园林不仅集中于几个大城市，也遍及全国。

(十)明治维新时代园林(1868—1912 年)

明治时代是革新的时代，因引入西洋造园法而产生了公园，大量使用缓坡草地、花坛喷泉及西洋建筑，许多古典园林在改造时加入了缓坡草地，并开放为公园，举行各种游园会。寺院园林受贬而停滞不前，神社园林得以发展，私家园林以庄园的形式存在和发展起来。这一时代的造园家以植冶最为著名，他把古典和西洋两种风格进行折中，创造了时人能够接受的形式，在青森一带产生了以高桥亭山和小幡亭树为代表的武学流造园流派则严格按照古典法则造园。

代表园林作品有平安神宫庭园（植冶）、御用邸庭园、无邻庵庭园（植冶）、依水园、天王寺公园、日比谷公园等。

明治维新后，日本庭园开始欧化。但欧洲的影响只限于城市公园和一些“洋风”住宅的庭园，私家园林仍以传统风格为主，而且日本园林作为一种独特的风格传播到欧美各地。

(十一)大正时代园林(1912—1926 年)

大正时代由于只有 14 年，故园林没有太多的作为，田园生活与实用庭园结合，公共活动与自然山水结合，公园作为主流还在不断地设计和指定，形成了以东京为中心的公园辐射圈。

在公园旗帜之下，出于对自然风景区的保护，国立公园和国定公园的概念即是在这一时期提出的，正式把自然风景区的景观纳入园林中，扩大了园林的概念，这是受美国 1872 年指定世界上第一个黄石国家公园影响的产物。国立公园是指由国家管理的自然风景公园，而国定公园则是由地方政府管理的自然风景公园。

大正时期的园林风格，传统园林的发展主要在于私家宅园和公园，一批富豪与造园家一起创造了有主人意志和匠人趣味的园林、传统的茶室、枯山水

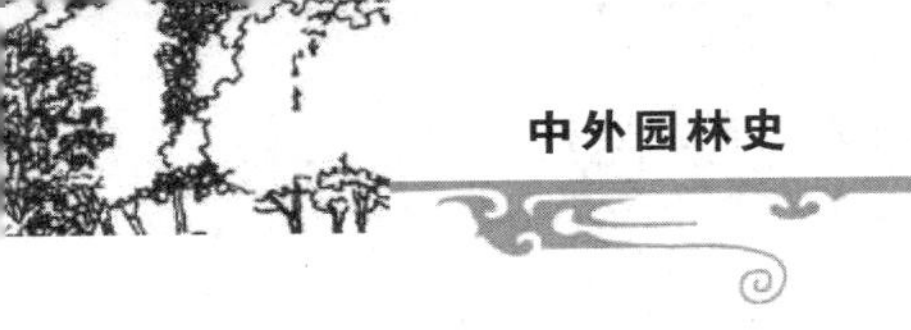

与池泉园任意地组合，明治时代的借景风、草地风和西洋风都在此朝得以发扬光大。人们从寺园走出，进入宅园之后，奔入西洋式公园里，最后回归于大自然，这是一个人类与大自然分合历史上的里程碑。园林研究和教育此期亦发展迅速，一批自己培养的造园家活跃于造园领域。

代表园林作品有光云寺庭园等。

（十二）昭和时代（1926—1989 年）

昭和期间的园林发展分为战前、战时、战后 3 个时期。战前，日本园林的发展飞速；1937 年，全面侵华战争开始，所有造园活动停止，全民投入战争；1945 年战争结束后，日本开始了全面建设公园的热潮。

从总体来看，昭和时代历史较长，在位 63 年，但仍保存君主立宪制，在园林上也是既有传统精神，又有现代精神。特别是 20 世纪 60 年代后的造园运动更以传统回归为口号，给日本庭园打上深深的大和民族烙印。1957 年《自然公园法》出台。

代表园林作品有栃木县中央公园、南乐园、东京迪斯尼乐园等。

（十三）平成时代（1989 年至今）

平成天皇在昭和天皇 1989 年 1 月 7 日去世后即位，这是日本后现代建筑和造园的时代，日本造园家把传统精髓进一步整合到园林之中，形成了日本式现代园林，渗透入各个领域的各类建筑形式之中，得到全世界的称赞。

主题公园在 20 世纪 90 年代进入科技时代，科幻类主题公园随着科学技术的进步，把宇宙、神话、幻想、科技和建筑综合于一个园林，主题公园的趣味性、刺激性、冒险性大大增强。

代表园林作品有东京迪斯尼乐园等（图 10-67）。

图 10-67　日本东京迪斯尼乐园平面图

三、日本古代园林特征

（一）园林的类型丰富多样，并随着时代的发展有所变化

（1）枯山水的特点。又叫假山水，是日本特有的造园手法，系日本园林的精华。其本质意义是无水之庭，即在庭园内敷白砂，缀以石组或适量树木，因无山无水而得名，体现一种禅意。

（2）池泉园的特点。池泉园是以池泉为中心的园林构成，体现日本园林的本质特征，即岛国性国家的特征。园中以水池为中心，布置岛、瀑布、土山、溪流、桥、亭、榭等。

（3）筑山庭的特点。筑山庭是在庭园内堆土筑成假山，缀以石组、树木、飞石、石灯笼的园林构成。一般要求有较大的规模，以表现开阔的河山，常利用自然地形加以人工美化，达到幽深丰富的景致。日本筑山庭中的园山在中国园林中被称为岗或阜，日本称为“筑山”（较大的岗阜）或“野筋”（坡度较缓的土丘或山腰）。日本庭院中一般有池泉，但不一定有筑山，即日本以池泉园为主，筑山庭为辅。

（4）平庭的特点。在平坦的基地上进行规划和建设的园林，一般在平坦的园地上表现出一个山谷地带或原野的风景，用各种岩石、植物、石灯和溪流配置在一起，组成各种自然景色，多用草地、花坛等。根据庭内敷材不同而有芝庭、苔庭、砂庭、石庭等。平庭和筑山庭都有真、行、草 3 种格式（图 10-68 至图 10-73）。

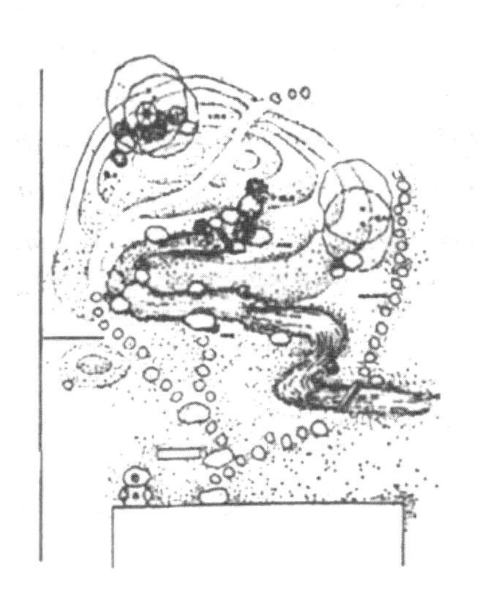
图 10-68　“草”之庭园概念平面图

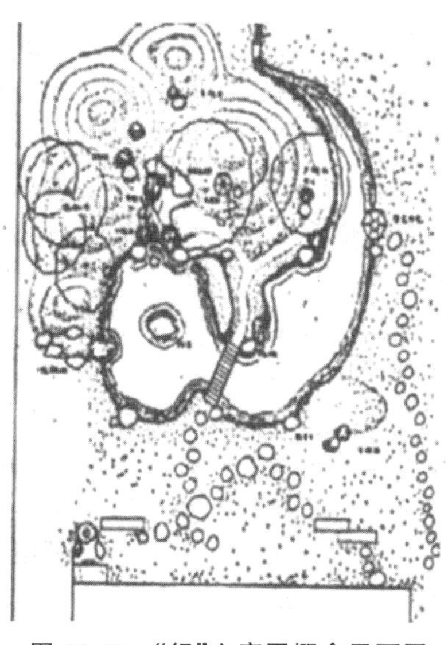
图 10-69　“行”之庭园概念平面图

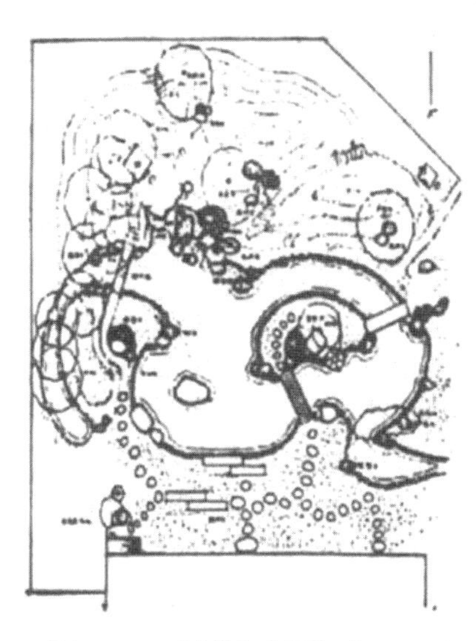
图 10-70　“真”之庭园概念平面图

图 10-71　“草”之园院

图 10-72　“行”之庭园

图 10-73　“真”之庭园

（5）茶庭的特点。茶庭也叫露庭、露路，是把茶道融入园林之中，为进行茶道的礼仪而创造的一种园林形式。面积很小，可设在筑山庭和平庭之中，一般是在进入茶室前的一段空间里，布置各种景观。步石道路按一定的路线，经厕所、洗手钵最后到达目的地。茶庭犹如中国园林的园中之园，但空间的变化没有中国园林层次丰富。其园林的气氛是以裸露的步石象征崎岖的山间石径，以地上的松叶暗示茂密森林，以蹲踞式的洗手钵象征圣洁泉水，以寺社的围墙、石灯笼来模仿古刹神社的肃穆清静。

（二）空间布局形式多样

有回游式、观赏式、坐观式、舟游式等多种样式。

在大型庭园中，设有"回游式"的环池设路或可兼作水面游览用的"回游兼舟游式"的环池设路等，一般是舟游、回游、坐观 3 种方式结合在一起，从而增加园林的趣味性。有别于中国园林的步移景异，日本园林是以静观为主。

(三)园林景观体现顺应自然和赞美自然的美学观

日本是个具有得天独厚自然环境的岛国，气候温暖多雨，四季分明，森林茂密，丰富而秀美的自然景观，孕育了日本民族顺应自然、赞美自然的美学观，甚至连姓名也大多与自然有关，这种审美观奠定了日本民族精神的基础，从而使得在各种不同的作品中都能反映出返璞归真的自然观。具体表现在以下几个方面：

(1)清纯。日本园林以其清纯、自然的风格闻名于世。它有别于中国园林"人工之中见自然"，而是"自然之中见人工"。它着重体现和象征自然界的景观，避免人工斧凿的痕迹，创造出一种简朴、清宁的致美境界。

(2)自然。在表现自然时，日本园林更注重对自然的提炼、浓缩，并创造出能使人入静入定、超凡脱俗的心灵感受，从而使日本园林具有耐看、耐品、值得细细体会的精巧细腻，含而不露的特色；具有突出的象征性，能引发观赏者对人生的思索和领悟。

(3)小巧。日本园林的精彩之处在于它的小巧而精致，枯寂而玄妙，抽象而深邃。大者不过一亩余，小者仅几平方米，日本园林就是用这种极少的构成要素达到极大的意韵效果。日本园林虽早期受中国园林的影响，但在长期的发展过程中形成了自己的特色，尤其在小庭院方面产生了颇有特色的庭园。

(四)园林要素应用比较特殊

(1)植物方面。日本园林的 3/4 都是由植物、山石和水体构成，因此，从种植设计上，日本园林植物配置的一个突出特点是：同一园中的植物品种不多，常常是以一两种植物作为主景植物，再选用另一两种植物作为点景植物，层次清楚，形式简洁，但十分美观。选材以常绿树木为主，花卉较少，且多有特别的含义，如松树代表长寿、樱花代表完美、鸢尾代表纯洁等等。

(2)石组。石组是自然山石的组合，分为以下几种类型：三尊石、须弥山石组、蓬莱石组、鹤龟石组、七五三石组、五行石、役石。日本庭院中的园路有用砂、沙砾、玉石、切石、飞石、延段等制成，如茶庭中常用飞石和延段(图 10-74、图 10-75)。

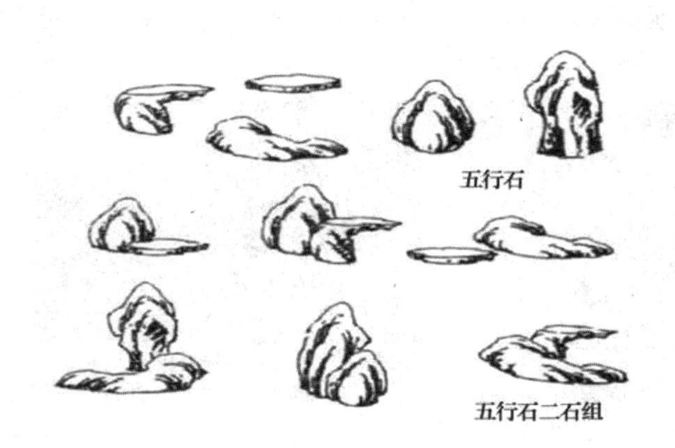

图 10-74　石组类型(一)

图 10-75　石组类型(二)

(3)潭和流水。一般是无水的小溪，以砂石的纹路代替流水。

(4)石灯笼。最初是寺庙的献灯，有照明的功能。石灯笼的种类包括：春日形、莲华寺形、白太夫形、柚木形、昭鸥形、织部形、雪见形、奥院形、二月堂形、三月堂形等。另外还有像玉手、三光、袖型等"置灯笼"(图 10-76、图 10-77)。

(5)石塔。石塔的种类很多，并与其他要素有机的结合(图 10-78、图 10-79)。

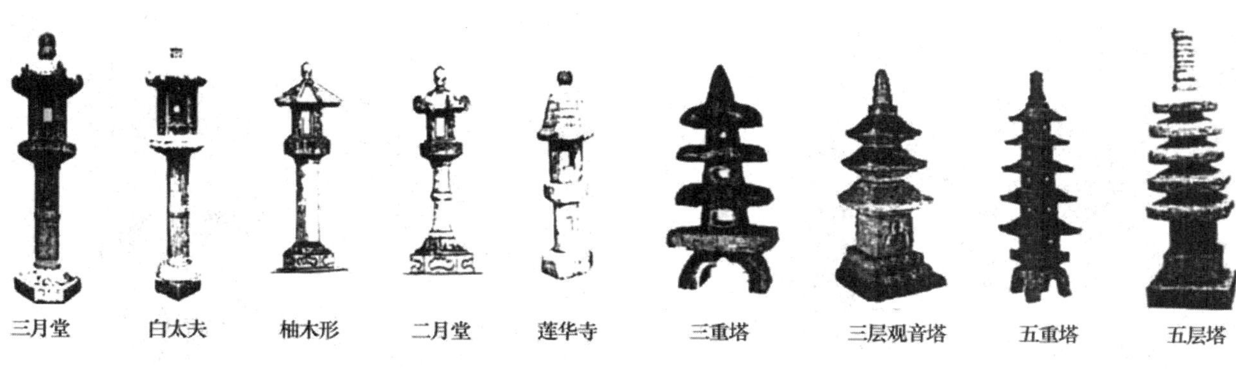

图 10-76　石灯笼

图 10-78　石塔的种类

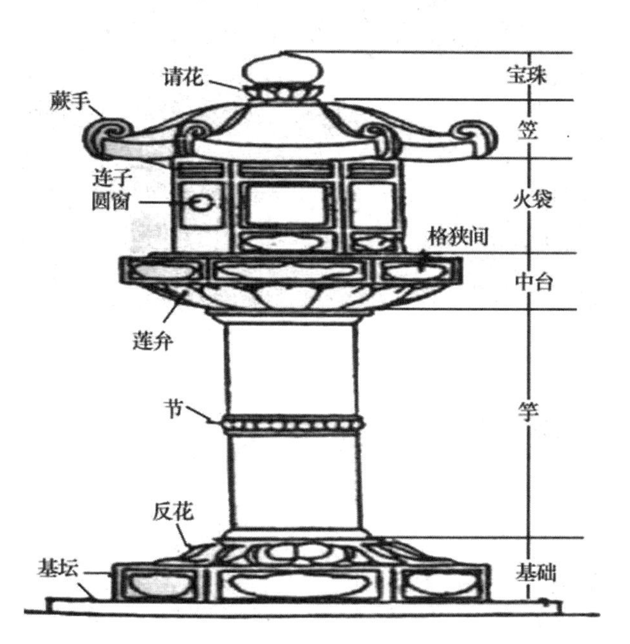

图 10-77　石灯笼的结构

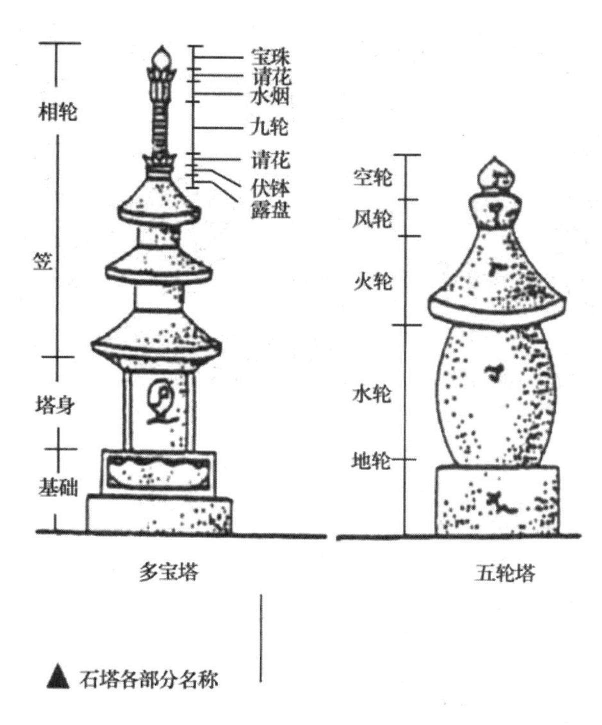

图 10-79　石塔结构图

(6)手水钵。手水钵的种类:见立物手水钵、创作形手水钵、自然石手水钵、社寺形手水钵(图 10-80 至图 10-83)。

(7)竹篱、袖篱和庭门、庭桥等(图 10-84 至图 10-86)。这些要素都采取自然材料,形成自己的特色。

(五)儒家思想和佛教思想对园林的影响较大

日本的儒教是在公元 3 世纪后期传入的。儒家的政治理念和伦理观念为大化改新奠定了基础,儒家思想从而成为日本社会的政治原则和教育方针。儒家思想在日本园林中的表现有以下几点:

(1)君中民绕和礼制秩序。平安时代的寝殿造园林和净土园林中,明显的中轴即为秩序和礼制的表现。天子处中的思想在园林中表现为园林中心的中岛,中岛外围环水,环水之外环陆。以中岛为君,环水为臣,环陆为民,这是典型的君—民的放射型布局。中心水池的布局在中世以后的园林中表现得更加强烈。

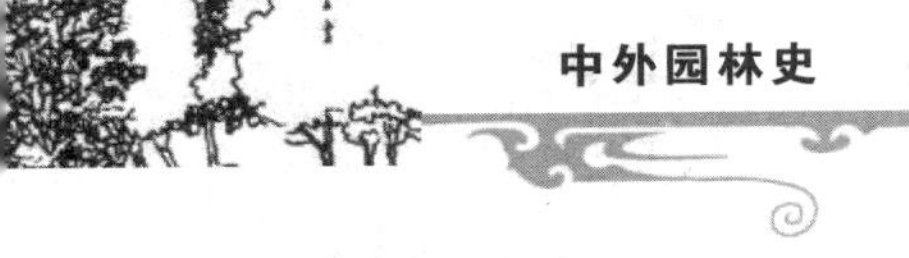

图 10-80　见立物手水钵

图 10-81　创作形手水钵

图 10-82　自然石手水钵

图 10-83　社寺形手水钵

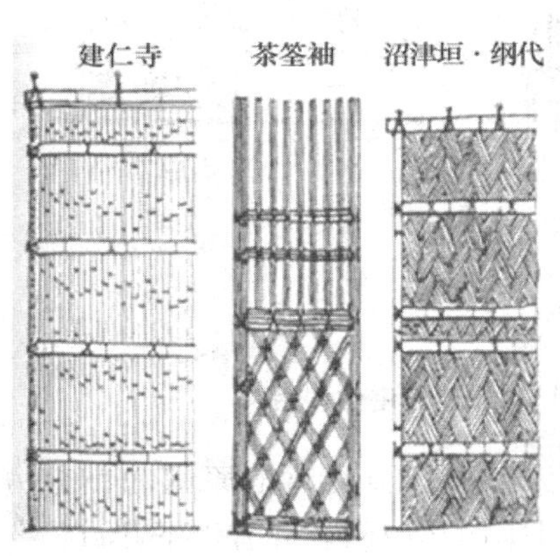

图 10-84　竹篱袖篱

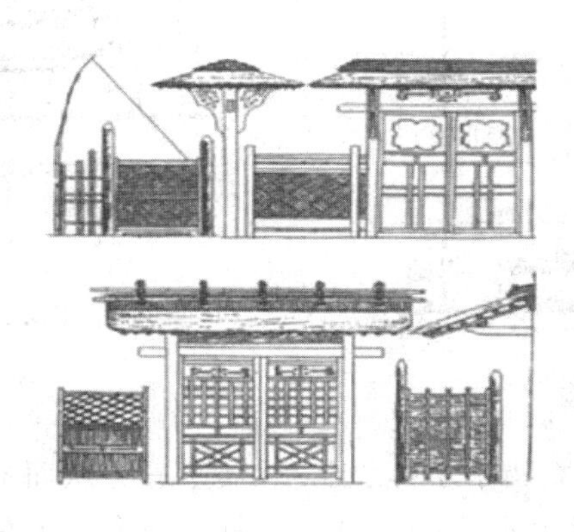

图 10-85　庭门

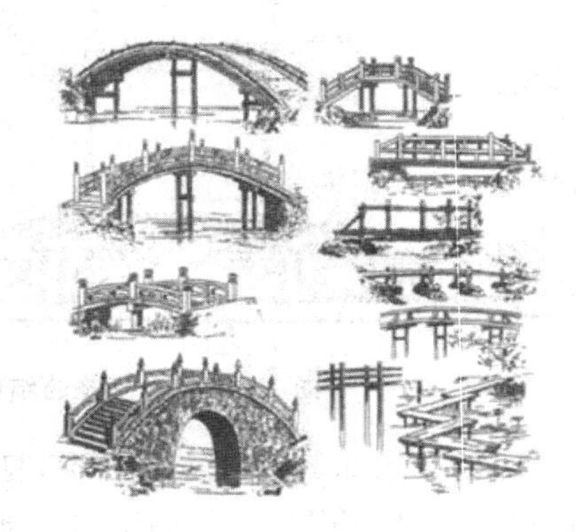

图 10-86　庭桥

（2）儒家中庸思想在江户时代与神、道、佛融合，成为综合性园林创作的指导思想。如将讲究自然的池泉园、讲究诗画的建筑、讲究茶道的茶庭、讲究佛理的枯山水整合于一体，或在一个园中同时模仿本国和外国景观都是儒家中庸思想的表现。

（3）儒家文人参与造园。如明朝遗臣朱舜水避难日本后建小石川后乐园，取意范仲淹“后天下之乐而乐”；桂离宫的月波楼取自白居易“月点波心一颗珠”。

（4）儒家美学最高境界的诗、画、乐都进入了园林的构图。如大德寺大仙院方丈庭院便是按一幅山水画创作的，同时也有画僧参与造园。

(5)与民同乐思想的应用反映在园的取名上，如偕乐园、乐乐园、聚乐园等。园林内与外之隔只是象征性的生垣，表明了园主与民同乐、不愿疏远的态度。

日本园林受佛教的影响要比儒、道家更深。佛教与神道教长期作为国教，而儒家思想只是作为皇家贵族治世的秘法，并未渗入平民。佛教先用画佛像、造寺塔展现慈悲、庄严的艺术形象，激发崇拜心情；其次通过建筑、园林营造精神家园。日本的佛教建筑形式也由草顶（或树皮顶）变成砖瓦屋顶，由彻上露明变成天花吊顶，由柱子入地变成柱础立石，由无斗拱变成带斗拱，由素木本色变成丹朱彩画，这些转变都与功德捐赠有关。佛教对日本园林的影响有以下几点：

(1)因佛教而产生新的园林形式，如平安时代的净土园林，镰仓时代的枯山水，室町桃山时代的石庭，桃山时代的茶庭等。

(2)佛教的出世说与道家的出世说相结合，奠定了日本园林山水特征和远离城区建寺立园的自然观，参悟自然的游览观。

(3)佛教经历了由与皇权政治结合、与贵族政治结合、与武人政治结合到与平民结合这样几个阶段，寺院园林也由依附于皇家园林、依附于贵族园林、与私家园林相近布局的净土园林、逃避战乱独善其身的枯山水到世俗化与儒家结合的茶庭等几个阶段。

(4)佛教园林从皇家和私家园林中走出，形成自己的风格特点，后又反过来影响皇家和私家园林——在日本的皇家园林中不仅有寺院而且有枯山水，如林丘寺和止止斋。

(5)皇家、私家和寺院园林中个性最鲜明的当属寺院园林，它的枯山水几成日本园林的代名词。

(6)飞鸟时代园林的须弥山是佛教教义的表现，从须弥山发展为佛菩萨石，是园林佛教化的铁证。

(7)日本佛家园林景点题名常依宗教经典，如西芳寺园取自佛经“祖师西来，五叶联芳”；修学院离宫的止止斋取自法华经“止止不须说”。

四、日本现代园林

日本通过学习和继承中国的传统造园，并结合本国的自然条件、本民族的文化及生活方式等逐渐发展出独特的日本传统造园体系。由于日本一直是世界经济发展的先进国家，其建筑与景观也在世界上具有重要的地位，涌现出一批优秀的现代园林设计大师。如重森三玲、三谷彻、枡野俊明、佐佐木叶二、户田芳树等，另有一些建筑师也参与园林的设计和建造，如安藤忠雄、妹岛和世等。

（一）重森三玲与枯山水庭院的现代设计

禅宗园林的代表形式是枯山水庭园，因其简洁洗练的构图、深邃悠远的意境而备受瞩目，被誉为日本传统园林中的经典造园模式。这一经典设计模式伴随社会现代化的脚步也在进行新的尝试。日本造园家、艺术家重森三玲（1896—1975 年）一生完成了 173 个园林作品，记录着日本传统园林的现代化设计转变过程。重森三玲受康定斯基等现代派绘画的影响，在传统的枯山水庭园的形式要素中，赋予“点、线、面、色彩”以新的形式和内容，引入曲线、弧线及多色彩进行庭园平面构图，架起了传统的园林形式与现代设计手法结合的桥梁。京都东福寺方丈的南庭院是重森三玲 1939 年的作品，4 组置石象征蓬莱、瀛洲、方丈、壶梁四仙岛，白砂地面象征八海，5 个苔藓覆盖的土丘象征五岳，意境十分传统，但砂面的直线与圆弧组合，充满现代构图趣味，表达出动感。东福寺龙吟庵的西庭是重森三玲 1964 年的作品，主题表现龙乘青云从海面跃出升天的过程。混凝土形成的几何曲线在图面上区分出青云与白水，形成了明确的线条对比与色彩对比，图面抽象简洁，动感十足。龙吟庵的竹篱表达龙出海时闪电的效果，材料是传统的，但造型是现代风格。类似的尝试在其他要素中也有发展，如“点”的构成，由传统的自然置石逐渐发展为自然和人工造型的石块，切割成几何形体的石块，在后人的设计中甚至出现了不锈钢和其他金属材料。而砂地的色彩则从传统的白色演化出黑色、蓝色、黄色等适宜具体环境的色彩。

（二）佐佐木叶二的新日式庭园

佐佐木叶二的作品众议院议长官邸庭院，是一个跨越传统与现代，整合东西方设计风格的代表庭院。日式传统的长满苔藓的小土丘及白色卵石替代细砂铺成的“枯水”极为醒目，通过对造型的改造，优美的几何曲线在具有现代感的同时传承“拟人化造园”的传统造园精神。被命名为“石头廊道”的中心轴线划分开枯山水与大草坪，划分开东方与西方，但通过交错镶嵌的条石带与草地和卵石相互渗透，看似随意的野草起着画龙点睛的作用，寓意两者的交流共融。中心区与外围的林地及水体自然衔接，布局合理。整个作品简洁生动，色彩冲击力强，兼具实用功能与园林意境创造，被誉为新日式庭园的成功代表。

(三)三谷彻对现代风格园林的传统解读

在城市公共庭园的创作中，也存在着对传统园林精髓的发扬与传承，如三谷彻设计的朝日电视台屋顶花园。庭园以视觉欣赏为主要目的，没有复杂的使用功能，因此提供了一种与传统枯山水相似的“静观与冥想”的欣赏模式。整个庭园被日本倭竹覆盖，通过条石形成韵律。产生了从东西方看绿色满园、南北方看韵律起伏的两种视觉效果。中央的斜带指向纪念日时太阳升起的方向。庭园起名“一秒之庭”，在两个方形的日本吊钟花篱中用玻璃分别镌刻东经139°44′03″和139°44′04″，印证现实世界中空间的距离。设计者极力在代表着信息千变万化的资讯媒体的工作区域营建时空相对恒定的景观，“秒”既是时间概念也是空间距离，激发人对短暂与永恒、咫尺与天涯的思考。其环境创作的意境超越了纯线形构图的形式本身，与传统园林追求的境界形成了呼应，“少即是多”的现代主义格言在这里有了文化的解读。

五、历史借鉴

尽管中日造园的形式、手法、使用方式等不尽相同，但两国同属东方造园体系，其共有的特质是对造园意境的追求，即对“象外之旨，言外之意”的追求。这也正是西方景观设计语境中普遍缺失的，因而被看作东方园林的特征。场地通过设计具有超越形式本身而升华到更高审美层次的可能，而追求这种可能也成为园林设计高明与否的评判标准。无论是园林的设计者还是使用者，这种共同的追求造园意境的审美心理结构是不会随社会的现代化而消失的，作为民族文化特征它将长期存在并逐渐发展。

第二节　东南亚、东北亚园林

一、东南亚、东北亚古代园林概述

东南亚(SEA)位于亚洲东南部，包括中南半岛和马来群岛两大部分。共有11个国家：越南、老挝、柬埔寨、泰国、缅甸、马来西亚、新加坡、印度尼西亚、文莱、菲律宾、东帝汶，面积约457万km^2。

东南亚在构造地形上可分为两大单元，一是比较稳定的印度一马来地块，二是地壳变动比较活跃的新褶皱山地。具有赤道多雨气候和热带季风气候两种类型，自然植被以热带雨林和热带季风林为主。

第二次世界大战后，东南亚成为打击帝国主义、殖民主义和民族解放风暴的主要地区之一。战后初期蓬勃兴起的民族解放运动，标志着东南亚历史进入了现代史时期。

东南亚地区，大部分位于北回归线和南纬10°之间，属于热带气候区。东南亚园林是以泰式园林为代表的热带园林，东南亚地区植物资源丰富，印度尼西亚、马来西亚、缅甸、老挝等地的深林覆盖率大于50%。树木以椰子为主，花卉以热带兰花为主。

东南亚现代园林十分讲究环境条件，丰富多彩的植物资源造就了高绿化率的园林景观风格，自然、健康、休闲，园林设计中注入了很强的生态意识。

东北亚即亚洲东北部地区，主要包括日本、韩国、朝鲜，广义上还包括蒙古国，中国东北部地区和华北地区，以及俄罗斯远东联邦管区。陆地面积1 600多万平方千米，占亚洲面积约40%，这里介绍的东北亚园林主要是古代的朝鲜国园林。

二、东南亚、东北亚主要国家园林实例

(一)朝鲜半岛的古代园林

1. 历史与时代背景

早在汉唐时代，朝鲜半岛国家与中国就有往来，唐宋时代尤为密切。古代朝鲜半岛的建筑受中国建筑的影响，特别是唐代建筑的形式和建造技术影响较深，并融入了朝鲜民族自身的建筑风格，因此建筑

外形既庄重、宏大，又不失优雅。在朝鲜古典园林中，中国的“蓬莱神话”“一池三山”传说等成为朝鲜古代园林的重要造景手法。著名的园林雁鸭池就是这种造园手法的代表。

除了建筑园林，在其他方面，朝鲜半岛受中国古代文化影响也比较深远。例如春节的习俗、儒家的“仁”文化以及佛教文化等。一些文献的记载和考古的发现，都证明古代朝鲜半岛与我国互相交往甚密。如《尔雅》中提到“东北之美者，有斥山之文皮。”这里斥山即赤山，在荣城海岸，文皮就是从朝鲜运来的兽皮。另今天山东半岛的“大石文化遗迹”的石硼群与朝鲜的石硼群基本相似。其他如丝绸、陶瓷、铜钟等的考古发现以及使节的往来都证明自古朝鲜半岛与中国的文化来往密切。

2. 代表园林作品

(1)汉城的皇宫——景福宫。景福宫位于韩国首都首尔（旧译“汉城”），是一座著名的古代宫殿。1392 年李成桂建立朝鲜，即朝鲜历史上著名的李朝，景福宫是当时的皇宫，是于公元 1394 年开始修建的。中国古代《诗经》中曾有“君子万年，介尔景福”的诗句，此殿凭借此而得名。宫苑正殿为勤政殿，是景福宫的中心建筑，李朝的各代国王都曾在此处理国事（图 10-87）。此外，还有思政殿、康宁殿、交泰殿等（图 10-88）。四周建有宫墙，东西南北各开宫门，宫内呈前朝后寝，后设花园的布局。宫苑还建有一个 10 层高的敬天夺石塔，其造型典雅，是韩国的国宝之一。王宫的南面有光化门，东边有建春门，西边有迎秋门，朝北的为神武门。

图 10-87 勤政殿

图 10-88 交泰殿

据《朝鲜通史》记载，1866 年大院君专政，曾重修景福宫，历时两年，耗资 2500 万两白银。由此可推测景福宫全盛时期的规模和奢华程度。主体建筑勤政殿，重檐歇山顶，是李朝皇帝坐朝议事和举行大典的“金銮殿”。勤政殿四周建有宽敞的围廊，后面又有 3 个小殿，再往后是寝宫。勤政殿西北方向有一方池，池中砌有二台，最大的台上建有两层的庆会楼（图 10-89），另外两个台上栽植树木。景福宫的最后是御花园，园内有方形水池，建一亭名为“香远”，入夏池内荷花盛开，取汉文化中“香远益清”之意（图 10-90）。

图 10-89 庆会楼

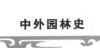

图 10-90　景福宫全景

(2)昌德宫。最完整的一座宫殿。昌德宫作为正宫景福宫的离宫，建成于 1405 年。1592 年因壬辰倭乱，景福宫所有的殿阁均被烧毁，之后直到 1868 年景福宫重建为止，这里均作为朝鲜王朝的正宫使用(图 10-91)。

整座宫殿内为中国式的建筑，入正门后是处理朝政的仁政殿，公元 1804 年改建(图 10-92)。宫殿高大庄严，殿内装饰华丽，设有帝王御座。殿前为花岗石铺地，二面环廊。殿后的东南部分以乐善斋等建筑为主，是王妃居住的地方(图 10-93)。寝宫乐善斋是一座典型的朝鲜式木质建筑。此外，还有大造殿、宣政殿和仁政殿等(图 10-94)。融入自然的皇宫昌德宫建筑风格独具特色，与中国、日本同类宫廷建筑风貌有很大的差异。昌德宫建构方式不同于一般的对称式或直线式，而是根据自然地形条件自由地加以安排。利用后方不高的岗地和左右的地形特点巧妙地安排了正闸、正殿、内殿等各种建筑。昌德宫是现存的保存最完整的表现朝鲜时代宫殿建筑风格的代表作，珍藏了朝鲜传统造景艺术的特点。特别是后苑的亭阁、莲池、树木，展现了建筑与自然和谐的美，是朝鲜具有代表性的宫苑。

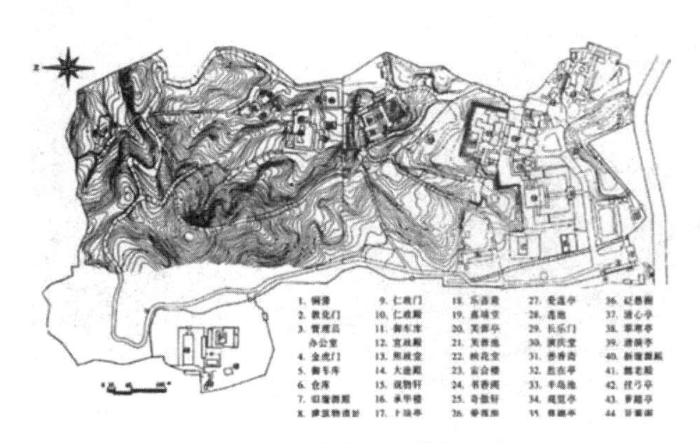

图 10-91　昌德宫整体布局图

图 10-92　仁正殿

图 10-93　乐善斋

图 10-94　大造殿

昌德宫的御花园又称“秘苑”(图 10-95),位于仁政殿后。秘苑建于 17 世纪,面积约 6 万坪,是一座依山而建的御花园。苑内有亭台楼阁和天然的峡谷溪流,还有科举时代作为考场的映花堂及建在荷池旁供君王垂钓的鱼水亭、钓鱼台和池中的芙蓉亭等(图 10-96、图 10-97)。苑内古树苍郁,小桥、流水、池塘、亭阁相互映衬,建筑布置得小巧、精致而又典雅,置身其中不禁心旷神怡。这里的 28 个亭阁和大自然景色融合在一起,最能体现出昌德宫融入自然的建筑风格。

(3)雁鸭池。唐代园林发展曾影响日本和新罗。新罗文武王作苑圃,于苑内作池,叠石为山,以象巫山十二峰,栽植花草,畜养珍禽奇兽。庆州东南雁鸭池即为当时苑圃的遗址,此园建于文武王十四年(公元 674 年),后毁于战乱,1975 年复原。据考,园内水池中曾堆三岛,分别象征蓬莱、方丈、瀛洲三神山,象征巫山的十二峰分别位于池北和池东,沿池共有 12 座建筑。雁鸭池曾是新罗王子的东宫,每逢喜庆节日,王子都要在园内大宴宾客,歌舞升平。现在雁鸭池园内只重修了水池,3 座岛屿和池西的 2 座建筑。雁鸭池理水颇为成功,水池略为方形,占地十余亩。由于巧妙地布置了 3 个岛和 2 个伸入水面的半岛,使得水面景观或开阔舒朗或潆洄幽深,收放自如,颇具天成之趣。特别是池东北、东南巧妙地运用了“藏源”的手法,起到了延伸空间、变换景致、小中见大的作用(图 10-98)。

图 10-95　昌德宫“秘苑”

图 10-96　“秘苑”中的芙蓉亭

图 10-97　“秘苑”中的爱莲亭

图 10-98　雁鸭池

(4)广寒楼。位于全罗北道南原郡邑川渠里，是朝鲜的著名古迹。传说为李朝初期宰相黄喜所建，原名广通楼。公元 1434 年(李朝世宗十六年)重建后才改称现名。朝鲜壬辰卫国战争时曾被焚毁。公元 1635 年(李朝仁祖十三年)又按原貌重建。雕梁画栋、形制绚丽的广寒楼是朝鲜庭院的代表，其中包括 3 座小岛以及石像、鹊桥等，现在楼上悬有“广寒楼”“桂观”的大字匾额。相传，著名传奇故事《春香传》就发生在这里。楼北侧的春香阁是 1931 年建立的春香祠堂，堂内供有春香的肖像。每年农历 4 月 4 日人们都在这里举行春香祭(图 10-99)。

图 10-99　广寒楼

(5)佛国寺。佛教由印度经中国传入朝鲜后，在朝鲜半岛逐渐兴盛，至今朝鲜境内仍有大量佛寺。建于公元 528 年的佛国寺是其中年代最为久远、保护也较为完整的一座，已被列入世界文化遗产名录。同我国大多数佛寺一样，佛国寺选择建在风景绮丽、幽静深寂的山林之中。进入山门后依山路蜿蜒而上，途经十字脊屋顶的钟楼到达寺内。途中林木丛生，道路曲折，佛寺圣地神秘肃穆的氛围得到有力的烘托。佛寺建筑布局为院落式，因地制宜地随地势起伏而高低错落。佛国寺于 1592 年毁于战火，后经多次修补、复原，只有大雄宝殿、紫霞门等处的石造部分是古新罗遗物，虽历经 1500 年风雨仍屹然挺立，显示了朝鲜民族高超的石造艺术，弥足珍贵。佛国寺是朝鲜境内具有代表性的寺观园林(图 10-100、图 10-101)。

图 10-100　佛国寺(一)

图 10-101　佛国寺(二)

朝鲜半岛的园林深受中国文化的影响，无论是园林内的建筑形式还是园林景观的布局，都可以看到中国古代文化的踪影。中国古代的儒、道、佛家的文化园林中，以与中国古典园林相似的形态出现，又融入了该地区本民族的文化特色和地理特征。

朝鲜半岛由于地理上与中国紧邻，更加便于全面吸收包括园林在内的中国文化。朝鲜古典园林中，具有强烈的中国唐代园林布局和建筑风格的痕迹。中国古代文化中的蓬莱神话对朝鲜庭园的影响也非常大，“一池三山”模式广为流传，并且成为朝鲜园林的重要造景手法。在朝鲜的古典园林中，儒、道、佛家的文化表现无处不在，显示了朝鲜的园林文化与中国园林文化之间的渊源关系。

(二)泰国园林

1. 历史与时代背景

泰国是一个历史悠久的文明古国。距今约 13000 年至 7000 年间，便有人生活在泰国河流附近

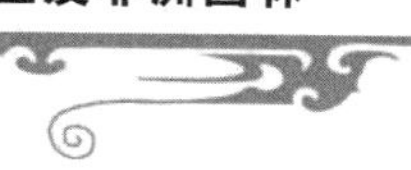

的岩溶洞穴里，以狩猎和采集为生。公元6世纪，孟人在湄南河下游建立了堕罗钵底国，此时，商业、佛教、文化已较发达。10世纪时，高棉人的吴哥王国崛起，堕罗钵底国被吴哥征服，成为吴哥王国的属地。13世纪，泰国地区的泰族开始强盛。公元1238年泰族首领坤·邦克郎刀联合另一泰族首领，打败了吴哥王国的军队，并以素可泰为中心，建立了素可泰王国。这是泰国历史上信史可考的第一个王朝。

素可泰王国建立后，不断向四周扩张，至坤兰甘亨国王统治时期，其控制范围不但包括今日泰国中部的大部分，而且西至今日缅甸丹那沙林地区，南抵马来半岛北部。坤兰国王注重发展生产，使素可泰的农业、渔业和商业都有很大发展，呈现出一片兴旺景象。国王还倡导佛教，广建寺庙。为维护国家的统一，他还创造了统一的文字，为今日的泰文奠定了基础。由于坤兰甘亨国工的丰功伟绩，泰国人民尊称其为“兰甘亨大帝”。14世纪中叶，湄南河下游的素攀太守乌通在周围扩张势力，不久宣布脱离素可泰，建立阿瑜陀耶王国，即大城王朝。1378年，素可泰被阿瑜陀耶王国降服。到17世纪时，阿瑜陀耶已控制了现今泰国的大部分领土，柬埔寨为其附属国，其势力南达马来半岛南端的马六甲，成为中南半岛上的强国。阿瑜陀耶王朝时期，泰国经济进一步发展，海外交流远及欧洲各国。18世纪后，阿瑜陀耶统治集团内讧加剧，国力日衰，1767年都城被缅军攻破，历经417年的阿瑜陀耶王朝灭亡。阿瑜陀耶沦亡后，全国陷于四分五裂的状态，人民掀起了驱缅复国的斗争。达府军政长官郑信(祖籍广东澄海)起兵抗缅，力量不断壮大。1767年10月，郑信的军队歼灭了阿瑜陀耶的缅甸守军。同年12月，郑信登基为王，建都吞武里，史称吞武里王朝。经过几年征战，1770年重新统一了国家。由于连年征战和对内政策失误，1782年，故都阿瑜陀耶城发生了声势浩大的反对封建主斗争，在柬埔寨前线的将士昭披耶却克里趁势赶回吞武里，处死了郑王。历时15年的吞武里王朝就此消亡。除此之外，泰国先后遭受葡萄牙、荷兰、英国、法国等殖民主义者的入侵。19世纪末，曼谷王朝五世王吸收西方经验进行社会改革。1896年泰国与英国、法国签订条约，成为英属缅甸和法属印度支那之间的缓冲国，是东南亚唯一一个没有沦为殖民地的国家。1932年以前，泰国是一个君主专制国家，国王拥有至高无上的权力。1932年，人民党发动政变，推翻君主制，国王作为君主立宪的象征被保留下来，国家权力转到国会、内阁、法院方面。1932年革命后，宪法规定国王是国家元首，并且担任武装部队统帅，又是宗教的最高护卫者。今天的泰国国王普密蓬·阿杜德是这个王朝的第九位国王，号称拉玛九世。

2. 代表园林作品——大皇宫

大皇宫(Grand Palace)，又称大王宫，是泰国(暹罗)王室的皇宫。紧邻湄南河，是曼谷中心内一处大规模古建筑群(计28座)，总面积 218 400 m^2。始建于1782年，经历代国王的不断修缮扩建，终于建成现在这座规模宏大的大皇宫建筑群，至今仍然金碧辉煌。

大皇宫是仿照故都大城的旧皇宫建造的，大皇宫是泰国诸多王宫之一，是历代王宫保存最完美、规模最大、最有民族特色的王宫。大皇宫内有4座宏伟建筑，分别是节基宫(Hakri Maha Prasad)、律实宫(Dusit Maha Prasad)、阿玛林宫(Amarin Winitchai Hall)和玉佛寺(Wat Phra Kaeo)。

大皇宫庭院是如茵的大片草地和姿态各异的古树，草坪周围栽有一些菩提树和其他热带树木。大皇宫的佛塔式的尖顶直冲云霄，鱼鳞状的玻璃瓦在阳光照射下，灿烂辉煌。走进第二道门，一座雄伟而瑰丽的三层建筑物展现眼前，这是大皇宫里规模最大的主殿——节基宫。它是拉玛五世王在1876年开始建造的。“节基”含有“神盘”“帝王”的意思，也是拉玛王朝的正称。节基宫的特点就是它的基本结构属于英国维多利亚时代的建筑艺术，而上边3个方形尖顶的殿顶，却是泰国式屋顶。节基宫的西面是律实宫。这是大皇宫内最先建造的皇殿，而且是一座泰国传统建筑。

大皇宫汇聚了泰国的建筑、绘画、雕刻和装潢艺术的精粹。其风格具有鲜明的暹罗建筑艺术特点，深受各国游人的赞赏，被称为“泰国艺术大全”(图10-102、图10-103)。

图 10-102 大皇宫建筑

图 10-103 大皇宫

(三)缅甸园林

1. 历史与时代背景

缅甸在青铜时代末期，开始进入阶级社会。公元前 3 世纪，印度教和佛教传入缅甸。约 9 世纪，蒲甘王朝崛起，于 1044 年统一缅甸。11 世纪始兴小乘佛教。1285 年元军进攻蒲甘，王朝灭亡。1368 年阿瓦王国统一上缅甸。1531 年建立东吁王朝后，于 1551 年第二次统一缅甸。1752 年，贡榜王朝取代东吁王朝，统治缅甸。1824、1852 和 1885 年，英国先后 3 次发动侵缅战争；以武力占领缅甸，将缅甸划为英属印度的一个省。1937 年英国宣布“印缅分治”，将缅甸从印度划出，直接受英国总督统治。1942 年 5 月日本侵占缅甸。1945 年日本投降后，英国重新控制缅甸。1948 年 1 月 4 日缅甸脱离英联邦宣布独立，成立缅甸联邦。

2. 代表园林作品

(1)仰光大金塔。缅甸是佛教之国，在首都仰光有众多的佛寺、佛塔，其中最著名的当属仰光大金塔。仰光大金塔位于缅甸原首都仰光市区北部的一座小山上，塔身金碧辉煌，阳光照耀塔上，反射出万道金光，为举世闻名的建筑物。

据说仰光大金塔(图 10-104)建于公元前 588 年，因珍藏有佛发，到公元 11 世纪时已成为缅甸的佛教圣地，后来又成为东南亚的佛教圣地。初建时塔高约 8 m，经过历朝历代多次翻修改建，到 2 500 多年后的今天，塔高已增至为 100 m，居仰光的最高处，在仰光市区任何一个地方都可以看见它。金塔底座周长 427 m，塔顶有做工精细的金属罩檐，檐上挂有金铃 1 065 个，银铃 420 个，并镶嵌有 7 000 颗各种罕见的红、蓝宝石钻球，其中有一块重 76 克拉的著名金刚钻。塔身经过多次贴金，上面的黄金已有 7 000 kg 重，塔内放有一尊玉石佛像。金塔上还刻有精美的浮雕(图 10-105)，鬼斧神工，让人赞叹！大金塔四周有 68 座小塔，这些小塔用木料或石料建成，有的似钟，有的像船，形态各异，每座小塔的壁龛里都存放着玉石雕刻的佛像，使大金塔显得更加富

图 10-104 仰光大金塔

图 10-105 大金塔做工精细

丽堂皇。大金塔左方的福惠寺，是一座中国式建筑的庙宇，为清朝光绪年间当地华侨捐资建造的，成为大金塔地区古老建筑群体的重要组成部分。

(2)卡拉威宫。卡拉威宫位于缅甸仰光市内，是缅甸风格的代表性建筑，设计别具匠心，造型为两只传说中的神鸟——妙声鸟，背驮一座宝塔，浮游在皇家大湖上。建筑周围的雕刻及大厅内的装饰，描绘了缅甸主要民族的文化特色和生活场景，金、红两色是整个建筑的主体色彩，象征吉祥、安乐。同时也是一艘浮于湖中的鸟型大船，很有特色。外观金碧辉煌，里面装饰豪华(图 10-106)。

图 10-106 卡拉威宫

(四)柬埔寨园林

1. 历史与时代背景

公元 1 世纪建立了扶南王国，3 世纪时成了统治中南半岛南部的一个强盛国家。5 世纪末到 6 世纪初因统治者内部纷争，扶南开始衰落，于 7 世纪初为其北方兴起的真腊所兼并。真腊王国存在 9 个多世纪，其中从 9 世纪到 15 世纪初叶的吴哥王朝，是真腊历史上的极盛时期，创造了举世闻名的吴哥文明。16 世纪末叶，真腊改称柬埔寨。从此至 19 世纪中叶，柬埔寨处于完全衰落时期，先后成了强邻暹罗和越南的属国。1863 年柬沦为法国保护国，并于 1887 年并入法属印度支那联邦。1940 年被日本占领。1945 年日本投降后又遭法国侵占。1953 年 11 月 9 日，柬埔寨王国宣布独立。

2. 代表园林作品——吴哥窟

吴哥是高棉人(柬埔寨的人口最多的民族)的精神中心和宗教中心，是公元 9 世纪至 15 世纪东南亚高棉王国的都城。“吴哥”(Angkor)一词源于梵语“Nagara”，意为都市。吴哥王朝(公元 802 — 1431 年)先后有 25 位国王，统治着中南半岛南端及越南和孟加拉湾之间的大片土地，势力范围远远超出了今天柬埔寨的领土，吴哥所在地暹粒中的“暹”是泰国的简称“暹粒”是战胜泰国的意思。历代国王大兴土木，留下了吴哥城(Angkor Thom)、吴哥窟(Angkor Wat)和女王宫等印度教与佛教建筑风格的寺塔。1431 年，泰族军队攻占并洗劫了吴哥，繁华的吴哥从此湮没于方圆 45 km^2 榛莽之中，成为一片杂木丛生的废墟，逐渐被人们遗忘。19 世纪后期，吴哥被重新发现。

吴哥窟又称吴哥寺，位在柬埔寨西北方。原始的名字是 Vrah Vishnulok，意思为“毗湿奴的神殿”。中国古籍称为“桑香佛舍”。它是吴哥古迹中保存最完好的庙宇，以建筑宏伟与浮雕细致闻名于世，也是世界上最大的庙宇。12 世纪时的吴哥王朝国王苏耶跋摩二世希望在平地兴建了一座规模宏伟的石窟寺庙，作为吴哥王朝的国都和国寺。因此举国之力，并花了大约 35 年建造。

吴哥窟是高棉古典建筑艺术的高峰，它结合了高棉寺庙建筑学的两个基本的布局：祭坛和回廊。祭坛由三层长方形有回廊环绕须弥台组成，一层比一层高，象征印度神话中位于世界中心的须弥山。在祭坛顶部矗立着按五点梅花式排列的 5 座宝塔，象征须弥山的 5 座山峰。寺庙外围环绕一道护城河，象征环绕须弥山的咸海(图 10-107 至图 10-110)。

吴哥窟的整体布局，从空中可以一目了然：一道明亮如镜的长方形护城河，围绕一个长方形的满是郁郁葱葱树木的绿洲，绿洲有一道寺庙围墙环绕。绿洲正中的建筑乃是吴哥窟寺的印度教式的须弥山

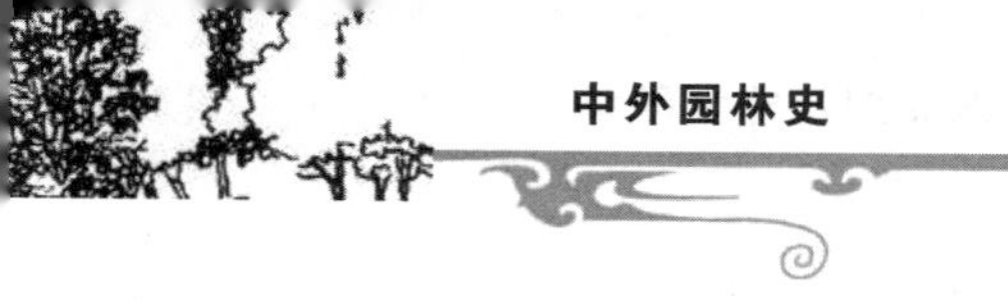

金字坛。吴哥窟寺坐东朝西。一道由正西往正东的长堤，横穿护城河，直通寺庙围墙西大门。过西大门，又一条较长的道路，穿过翠绿的草地，直达寺庙的西大门。在金字塔式的寺庙的最高层，可见矗立着 5 座宝塔，如骰子五点梅花，其中 4 个宝塔较小，排四隅，一个大宝塔巍然矗立正中，与印度金刚宝座式塔布局相似，但五塔的间距宽阔，宝塔与宝塔之间连接有游廊，此外，须弥山金刚坛的每一层都有回廊环绕，是吴哥窟建筑的特色。

图 10-107　吴哥窟前的水景

图 10-108　吴哥窟的寺庙建筑

图 10-109　吴哥窟寺庙建筑的细部

图 10-110　保存完好的小吴哥

吴哥窟（也叫小吴哥）是整个遗址中保存最完好的寺庙建筑。今天柬埔寨人将它放在自己的国旗上，足见吴哥窟在柬埔寨人心目中的神圣地位。吴哥窟最初是为敬奉印度教神灵所建，但是今天已演变为佛教寺庙。在方形广场的 4 个角上，各有一座石塔，而广场中央矗立着一座更高的石塔，象征神话中的圣山。无论印度教还是佛教信徒都相信，中间这个神圣的所在就是宇宙的中心。吴哥窟建在三层台阶的地基上，每层台基四周都有石雕回廊，浮雕大多取材于印度著名史诗《摩珂婆罗多》与《罗摩衍那》的神话故事。寺庙中央大道两旁是七头蛇形栏杆，柬埔寨传说中，七头蛇会带来风调雨顺。寺庙周围是护城河和水池，不是为了保护寺庙，而是为了通过水中的倒影，使寺庙显得更加神圣雄伟。吴哥窟是人的杰作，但每个设计都是为了体现神性。

置身于吴哥窟的佛像间，已经分不清自己究竟是站在神的领地还是人的空间，神性和空间交汇在这个密林中的古城。

（五）马来群岛的古代园林

1. 历史与时代背景

东南亚岛屿区又称马来群岛，旧称南洋群岛，散布在印度洋和太平洋之间的广阔海域，是世界上最大的岛群，由印度尼西亚 13 000 多个岛屿和菲律宾约 7 000 个岛屿组成，称为马来群岛。群岛包括印度尼西亚、菲律宾、马来西亚东部、文莱和东帝汶五国。其中主要的岛屿有印度尼西亚的大巽他群岛、小巽他群岛、摩鹿加、伊里安，菲律宾的吕宋、棉兰老、米鄢群岛。群岛位于太平洋和印度洋之间，西与亚洲大陆隔有马六甲海峡和南海，北与中国台湾之间有巴士海峡，南与澳大利亚之间有托雷斯海峡。绝大部分地区为热带雨林气候，终年炎热多雨，只有菲律宾群岛有干湿季之分。

公元初年马来半岛建立了羯荼、狼牙修等古国。15 世纪初以马六甲为中心的满剌加王国统一了马来半岛的大部分，并发展成当时东南亚主要国际贸易中心。16 世纪起先后遭到葡萄牙、荷兰和英国侵略。1911 年沦为英国殖民地。沙捞越、沙巴历史上属文莱，1888 年两地沦为英国的殖民地。第二次世界大战期间，马来亚、沙捞越、沙巴被日本占领。战后英国恢复其殖民统治。1957 年 8 月 31 日马来亚联合邦在英联邦内独立。

2. 代表园林作品——婆罗浮屠佛塔

现今世界最大之佛塔遗迹在印度尼西亚，这就是婆罗浮屠佛塔。它还是南半球最宏伟的古迹，世界闻名的石刻艺术宝库，东方五大奇迹之一，并素有“印尼的金字塔”之称。该塔位于爪哇岛中部古鲁州马吉朗地区，始建于 8 世纪塞林多罗王朝的全盛时期。

“婆罗浮屠”就是建在丘陵上的寺庙的意思。它大约建于公元 778 年，长宽各 123 m，高 42 m，动用了几十万名石材切割工、搬运工以及木匠，费时 50～70 年才建成，是世界上最大的佛教遗址。随着 15 世纪当地居民改信伊斯兰教，婆罗浮屠旺盛的香火日渐衰竭。后因火山爆发而遭堙没。直到 19 世纪初，人们才从茂盛的热带丛林中把这座宏伟的佛塔清理出来。1973 年，婆罗浮屠佛塔得到了联合国教科文组织的资助，开始了大规模的修复工程。婆罗浮屠佛塔是由 100 万块火山岩一块块巨石垒起来的十层佛塔，可分为塔底、塔身和顶部三大部分。塔底呈方形，周长达 120 m，塔墙高 4 m，下面的基石也高达 1.5 m，宽 3 m，塔身共五层平台，愈往上愈小。第一层平台离地面边缘约 7 m，其余每层平台依次收缩 2 m。塔顶由 3 个圆台组成，每个圆台都有一圈钟形舍利塔环绕，共计 72 座。在这同一圆心的三圈舍利塔中央，是佛塔本身的半球形圆顶，离地面 35 m(图 10-111、图 10-112)。

图 10-111 婆罗浮屠

图 10-112 婆罗浮屠近景

全塔共有姿态各异的佛像 505 尊，分别置入佛龛和塔顶的舍利塔中。舍利塔中的佛像是被塔身罩住的，只能从塔孔看到，相传如能用手从石块之间的孔中摸到佛像的手，便会为摸者带来好运，到这里后，不妨一试，看看是否能得到好运。

婆罗浮屠浮雕艺术也极为杰出，其中，塔底四面墙内有 160 幅浮雕，而塔身墙上、栏杆上均饰有浮雕，在全长 2 500 m 的范围内，共计有 1 300 幅叙事浮雕、1 212 幅装饰浮雕。第一层走廊的正墙上，描绘了佛陀从降生到涅槃的全部过程。第二、三、四层的浮雕描绘了佛主到处参访、寻求人生真谛的情节。佛陀、菩萨往往与动物飞鸟、舞女乐师、渔民猎人杂

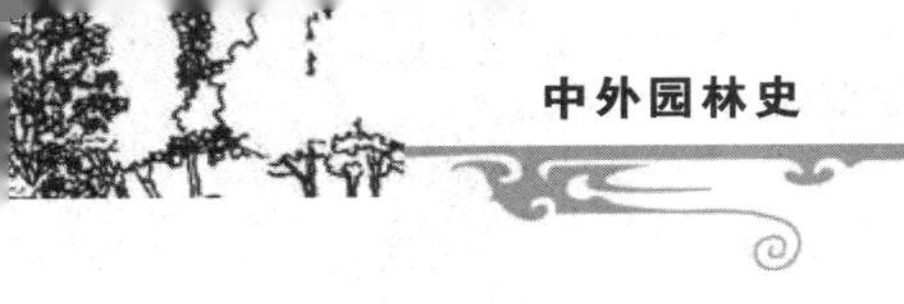

处，国王、武士和战争也都是经常表现的题材。尤其突出的是艺术家能在布满小孔及微粒的火长石上较好地表现出人体肌肤的柔润感，使得人物栩栩如生。

(六)新加坡园林

1. 历史与时代背景

新加坡位于北纬 1°18′，东经 103°51′，毗邻马六甲海峡南口，北隔狭窄的柔佛海峡与马来西亚紧邻，并在北部和西部边境建有新柔长堤和第二通道相通。新加坡的土地面积是 719.1 km^2，海岸线总长 200 km，全国由新加坡岛、圣约翰岛、龟屿、圣淘沙、姐妹岛、炯岛等 60 余岛屿组成，最大的 3 个外岛为裕廊岛、德光岛和乌敏岛。新加坡地势起伏和缓，其西部和中部地区由丘陵地构成，大多数被树林覆盖，东部以及沿海地带都是平原。新加坡长年受赤道低压带控制，为赤道多雨气候，气温年温差和日温差小。

新加坡历史可追溯至 3 世纪，当时已有土著居住，蒲罗中是新加坡岛最古老的名称，意为“马来半岛末端的岛屿”，最早把新加坡叫作淡马锡的称谓出现于 1365 年的《爪哇史颂》。

1819 年，英国不列颠东印度公司雇员斯坦福·莱佛士登陆新加坡，并开始管辖该地区。1824 年，新加坡正式成为英国殖民地，最初隶属于英属印度殖民当局管辖。1867 年，新加坡升格为海峡殖民地，受英国直接统治。到 19 世纪末，新加坡获得了前所未有的繁荣，当时的贸易增长了 8 倍。

珍珠港事件隔天，日军在马来亚北部的哥打峇鲁登陆，战争开始仅两个月，日军就占领了整个马来半岛与星洲。1942 年 2 月 15 日，英军总司令白思华宣布无条件投降，逾 13 万名英国、澳洲、印度等守军沦为阶下囚，这是英国军史最大浩劫——新加坡之战。

1945 年 9 月，英军回到了新加坡，1946 年 3 月军事管制结束后，海峡殖民地就解散。1946 年 4 月 1 日，新加坡成为英国直属殖民地。1963 年 9 月，新加坡脱离了英国的统治正式加入马来西亚联邦。

1965 年 8 月 9 日，新加坡脱离马来西亚，成为一个有主权、民主和独立的国家。同年 12 月 22 日，新加坡成为共和国，尤索夫·宾·伊萨克出任首任总统。建国以后，新加坡人民的集体危机感成为经济奇迹原动力，靠着勤奋的打拼在逆境中求得生存。

新加坡在建国后寻求国际承认，于 1965 年 9 月 21 日加入联合国。同年 10 月新加坡加入英联邦。1967 年新加坡也协立东盟。如今新加坡的旅游业占 GDP 的比重超过 3%，旅游业是新加坡外汇主要来源之一。

2. 代表园林作品

(1)裕廊飞禽公园。裕廊飞禽公园(Jurong Bird Park)坐落在新加坡西部裕廊山的斜坡上，该飞禽公园于 1971 年 1 月 3 日由吴庆瑞博士开幕，面积达 20.2 hm^2，被誉为东南亚最壮观的“鸟类天堂”，园内建有 95 个鸟舍、10 个活动场所和 6 个池塘，栖息着分属 380 多个物种的 4 600 多只飞禽，是世界上少数规模庞大的禽鸟公园之一。园中修建有四通八达的柏油小径，其他主要景点包括飞禽知识馆、非洲瀑布鸟舍、彩鹦谷、东南亚鸟舍和备受赞誉的非洲湿地(图 10-113 至图 10-116)。

图 10-113 裕廊飞禽公园的飞禽

图 10-114 裕廊飞禽公园的草房建筑

图 10-115　裕廊飞禽公园的路标及小品

图 10-116　裕廊飞禽公园中的飞瀑景观

人工大瀑布是飞禽公园的另一景色，高 30.4 m，水流自上飞泻而下，形成了美丽壮观的大瀑布，同时发出轰轰的声响，气势磅礴。这里也是全国最大可自由进出式鸟舍，1 500 多只非洲特有的鸟类在此自由飞翔。

为保护自然资源，裕廊飞禽公园成为世界上首个成功繁殖出十二线的鸟类公园，并于 2001 年获得由美国雉鸟与水禽协会颁发的最佳饲养员奖。2006 年，裕廊飞禽公园凭借冠斑犀鸟保育项目获得第四届飞禽圈养国际研讨会（ISBBC）颁发的保育与研究奖。在亚洲，裕廊飞禽公园是亚太地区唯一拥有飞禽医院的公园。园内有飞禽繁殖及研究中心，负责确保鸟类的健康和繁殖，它同时也是官方授权认证的飞禽救援中心。

（2）新加坡植物园。新加坡植物园（Singapore Botanic Gardens）是新加坡首个联合国教科文组织世界文化遗产。植物园位于克伦尼路，占地 74 hm²，为英国皇家植物园大小的一半，纽约中央公园的 1/5。植物园南部为荷兰路和内皮尔路，东部为克伦尼路，西部为泰瑟尔大道和克伦尼公园路，北部为武吉知马路。公园最南端距最北端约 2.5 km。园分为 3 个核心区域，由南向北依次为：东陵区、中心区和武吉知马游览区（图 10-117 至图 10-124）。

图 10-117　新加坡植物园中的绿色建筑

图 10-118　新加坡植物园中的水景及小品

图 10-119　新加坡植物园中的特色建筑

图 10-120　新加坡植物园的园路

图 10-121　新加坡植物园造型奇特的树

图 10-122　新加坡植物园的温室景观

图 10-123　新加坡植物园里的小溪

图 10-124　新加坡植物园的飞瀑景观

东陵游览区在植物园南部，东陵门是植物园的南部入口。东陵游览区包括了植物学中心、历史博物馆、天鹅湖、音乐台等景点。这里也是新加坡植物园初期的办公和试验地，著名的历史博物馆、植物图书馆、标本馆都在此处。

中心游览区由国家兰花园、岚烟楼和雾室、热带雨林、姜园、进化园、草药园等景点组成，中心区内有一处栽植着绿篱的矩形花园，花园里有一个圆形的日晷和喷水池。北面的斜坡上铺植草坪，上面有用不同颜色的观叶植物组成的花钟，新颖别致。棕榈谷和交响乐湖在中心区的中央，2008 年 10 月 10 日，交响乐湖的南边树起了一座肖邦的雕像。

武吉知马游览区在植物园北部，以自然景观为主，包括了生态花园、生态湖、雅格巴拉斯儿童花园、叶花园和藤架园。生态花园是一片天然林区，面积约 4 hm^2，专门收集东南亚的各种经济植物。

新加坡植物园是热带岛屿繁茂的缩影，结合了原始树林和专业花圃，拥有 20 000 多种亚热带、热带的奇异花卉和珍贵树木，可分为热带及亚热带常绿乔木、棕榈、竹类园艺花卉、水生植物、沼生植物、寄生植物和沙漠植物等，包括了许多濒临灭绝的品种。

新加坡植物园向自然爱好者、环保人士、植物学家提供了一系列的游览方案、讲座及工作场地。植物园为学校和其他机构提供户外经验教育方案，通过体验式的学习帮助儿童建立信任、加强独立性，了解丰富多样的自然世界。

(3)双溪布洛湿地保护区。双溪布洛湿地保护区坐落于岛屿西北部，是一个以沼泽为主题的自然公园，占地 87 hm^2，这片湿地地区还孕育了 500 多种野生动物与繁茂的植物。

双溪布洛湿地保护区于 1989 年被政府列为自然公园，随后于 1993 年开始向公众开放，凭借汇丰银行等企业的支持，这里得以一直维持着自然清新的环境。保护区内还设有一间艺术馆。充分体现出新加坡园林设计对环境的保护意识(图 10-125)。

图 10-125 双溪布洛湿地

在双溪布洛湿地保护区成立 15 周年之际，新加坡国家公园局决定对保护区进行大规模重新规划。重新规划后，双溪布洛将划分为四大活动区：互动活动区、探索活动区、专家活动区及限制保育区。

(4)肯特岗公园。肯特岗公园(Kent Ridge Park)位于新加坡的西南部，邻近“新加坡科学园”(Singapore Science Park)，旧称鸦片山，公园总占地面积 47 hm^2，是新加坡自然保护区之一。

它是一座次森林山丘，也是候鸟的集居地。园内有一条长达 800 米的山径，山丘的后侧也有两个一大一小的池塘。前面部分最高处设有眺望台，可以观赏风景。园内有 3 个池塘，健身园、7 个特式凉亭及 2 个停车场，林荫羊肠小径贯通各处，这里严禁踏车，只能步行。此外，肯特岗公园是拥有最多健身设施的国家公园，共有 20 种不同的健身站。

早在第二次世界大战期间，这里曾经是马来军团和日军抗战的地点之一。1942 年 2 月 13 日，日军第 18 师攻打防守这座小山的第一马来军团、英国第二效忠军团和第 44 印度旅，这场长达 48 h 的搏斗有不少日军与马来军人战死。新加坡陆军“认养”了肯特岗公园，成为“陆军公园”(Army Green Park)，园内永久摆放了两架 M114 型榴弹炮和一架 AMX-13 轻型坦克，突显公园的历史和军事意义(图 10-126 至图 10-129)。

图 10-126 肯特岗公园池塘堤岸景观

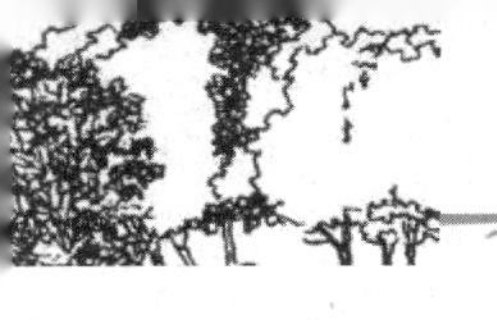

图 10-127　肯特岗公园步道

图 10-128　肯特岗公园池塘水景

图 10-129　肯特岗公园成为“陆军公园”

(5)鱼尾狮公园。鱼尾狮公园(Merlion's Park),坐落于浮尔顿一号隔邻的填海地带,是新加坡面积最小的公园。新的鱼尾狮公园面积达 0.25 hm^2,比旧公园 0.0071 hm^2 扩大 30 多倍。

鱼尾狮公园以水为主题,配上灯光效果,营造出鱼尾狮浮立在碧波之上的生动壮观的视觉效果。四周空地可供各种户外表演所用。不远处还有浮动舞台,可以随着潮汐变化而升降。连接鱼尾狮和看台的阶梯不仅可让游人靠近水边,也可让游人以阶梯席地而坐。园内设有站台、购物商店和饮食店供游人合照和休息,看台也能变成可容纳 100 名表演者的舞台。鱼尾狮公园的两尊大小鱼尾狮吐出强劲有力的水柱,是新加坡的标志性景点之一(图 10-130)。

图 10-130　鱼尾狮公园

鱼尾狮是一种虚构的鱼身狮头的动物,1964 年由时任 Van Kleef 水族馆馆长的 Fraser Brunner 先生所设计。两年后被新加坡旅游局采用作为标志,一直沿用到 1997 年。该塑像高 8.6 m,重 70 t,狮子口中喷出一股清水,是由雕刻家林浪新先生和他的两个孩子于 1972 年共同雕塑的,另一座高 2 m 的小型鱼尾狮雕像也在同一时期完成。狮头鱼身坐立在水波上的鱼尾狮,其设计概念是将现实和传说合二为一:狮头代表传说中的“狮城”,至于塑像的鱼尾造型,浮泳于层层海浪间,既代表新加坡从渔港变成商港的特性,同时也象征着新加坡人民当年漂洋过海、南来谋生求存、刻苦耐劳的祖祖辈辈们。

(6)虎豹别墅。虎豹别墅是一栋公园式的别墅,建于 1937 年,是由著名的华侨巨商胡文虎、胡文豹兄弟精心建造的私人别墅,由于胡氏弟兄以发明“万金油”起家,所以这座别墅又有“万金油花园”的美称。

虎豹别墅的设计独出心裁,别具一格,它的特色是把中国历史故事、神话故事和建筑、雕塑艺术熔于一炉，有着浓厚的中国色彩和情调。别墅里的雕塑栩栩如生地刻画出中国民间传说及故事。到此的游客形容它为“引人入胜、惊喜、怪异、富娱乐性”。虎豹别墅将建筑及雕塑合为一体，将许多家喻户晓的中华民族民间故事集合于一处。

园中最引人注目的是大量的人物群雕塑和景物雕塑，有形象逼真的鹰、鹿、虎、羊、兔等动物的雕塑；有孔子、李时珍等历史人物的雕塑；有中国古典名著《封神榜》《西游记》中人物的雕像；有以中国民间流传的二十四孝故事之一的“王祥卧冰求鲤”为题材的雕像；还有取材自中国的民间故事如八仙过海、唐僧取经、姜太公钓鱼、桃园三结义、火烧红莲寺等的雕像（图 10-131、图 10-132）。

图 10-131　虎豹别墅

图 10-132　虎豹别墅中的雕像

（7）天福宫。天福宫（Thian Hock Keng）是新加坡最古老的庙宇之一，建于 1840 年，坐落于新加坡市区的直落亚逸街，天福宫在 1973 年被列为新加坡国家古迹，规模最大的一次修复工程是在 1998 年，当时耗资 400 多万新元来完成这历时 3 年的庞大修复工程。

天福宫的规模宏大，建筑风格酷似中国的寺庙，天福宫正殿奉祀的主神是身穿红袍的庇护航海之神“天妃”。一般华人称“天妃”为“天后圣母”，中国闽南人则受拜称她为“妈祖”，所以，天福宫又称“妈祖宫”。

天福宫的宫阁外形、木架结构不着一钉。从雕梁画栋、檐脊饰物到彩画门神，整个建筑工程非常考究。层层叠叠的屋顶、丰富的屋脊装饰、屋檐屋角及梁架间的木雕，墙上柱子上的石雕等等无一不体现出建筑之美（图 10-133）。

除了以上经典的园林作品之外，新加坡近几年还建设了滨海湾花园（Garden by the Bay）、壁山宏茂桥公园等经典现代园林。

图 10-133　天福宫

三、东南亚、东北亚园林特征

东南亚地区的早期古代园林大多是结合佛教建筑形成的，佛教典籍中对西方极乐世界的描写可以说是对古代东南亚地区园林的内容、格局和文化背景的最形象的阐释。

东南亚地区的伊斯兰园林是古代伊斯兰文化东扩的表现，以泰姬陵为代表的伊斯兰风格园林布局简单，基本上是精心绿化的庭院，造园艺术与其他各地的伊斯兰园林大体一致。

东南亚园林注重生态环境，建筑最大的特色是对遮阳、通风、采光等条件的关注，追求自然法则，讲究曲径通幽、小品化艺术、流水风情，与中国传统园林有相似之处。园林设计中一般适当点缀富有宗教特色的雕塑和手工艺品。园林造景以宗教色彩浓郁的深色系为主。

由于气候温暖湿润的原因，东南亚地区的园林植物种类丰富，植物景观十分富有特色，精美的建筑与热带风情浓郁的植物相结合，成为东南亚的特色园林景观。

东北亚园林由于地理上与中国接壤，自古就受中国的文化影响。园林建筑也受中国唐代的原理建筑风格影响。中国古代神话中的“蓬莱仙境”和“一池三山”的模式也流传广泛，成为东北亚古代园林中的重要造景手法。而且在朝鲜的古代园林中，中国古代文化中的儒家、道家、佛家文化均有展现。

四、历史借鉴

东南亚园林同中国园林、日本园林共同组成东方造园体系。东南亚自然资源丰富，东南亚风格园林也继承对自然的向往和尊敬，从整体空间的打造到小细节的装饰，都体现了一种自然、休闲的生活方式。造园与自然环境相结合，取材源于自然，从自然中建造美景，突出当地民族特色和文化。“民族的就是世界的”园林设计是民族文化传承的有效途径。东南亚园林“尊重自然”的造园思想，将引起更多设计师们对人类和环境的思考，这将是园林设计中一个永恒的话题。

古代东北亚的园林深受中国古代园林文化影响，因此形成了在中国园林影响下的具有本民族的园林特色。包括日本园林在内，在以后的园林建设中保持了自己的民族特质。而我们自己却在现代园林建设中一段时期内丢掉了本民族的文化风貌，这是十分遗憾的。

第三节　非洲园林

一、古代非洲园林

非洲历史悠久，是人类文明的发祥地之一，也是最早跨入文明社会的地区之一。公元前5000年，尼罗河下游的古埃及居民就掌握了谷物栽培、修建水利工程的技术。公元前3500年，古埃及人创造了世界上最早的象形文字。公元前3200年，古埃及出现了中央集权的奴隶制国家。在此后近3000年的时间里，古埃及人创造了灿烂的文化，修建了古代七大奇迹之一的金字塔。最兴盛时的埃及疆土，南到苏丹，西到利比亚，北到小亚细亚，东到两河流域上游。古埃及在扩张疆域的同时，文化也向四周传播。埃及的象形文字传入古希腊，衍变为希腊字母。希腊字母后来又演变为现代西方拉丁文。公元前525年，波斯人征服了埃及。从此，埃及失去了独立的地位，相继被马其顿人、罗马人、阿拉伯人、奥斯曼土耳其人长期统治。

位于尼罗河上游的苏丹是古埃及扩张的主要对象之一。当时，埃及人把苏丹称为努比亚。这一地区在公元前2000年就建立了国家。公元前8世纪，苏丹人赶跑了埃及人，建立了库斯王国。库斯王国地处西亚、北非与非洲的交通要道，成为非洲东北部的一个重要的贸易中心。库斯人和埃及人一样，曾创造了灿烂的古代文化。公元前350年，新兴的阿克苏姆王国征服了库斯王国。阿克苏姆王国位于埃塞俄比亚北部，建国于公元前。从公元1世纪开始，阿克苏姆王国开始向外扩张。到公元4世纪，相继征服了埃塞俄比亚南部、库斯王国和阿拉伯半岛南部的一些王国，达到了鼎盛时期，并创造了现在仍然在使用的埃塞俄比亚文字。公元570年，波斯人将阿克苏姆人赶出了阿拉伯半岛并切断了阿克苏姆的海上贸易通道。公元7世纪，强大的游牧民族的入侵使阿克苏姆王国遭到了灭顶之灾，埃塞俄比亚人逐渐退居中央高原，一直保持独立的地位。

埃塞俄比亚以南为东非地区。北起索马里半岛，南至南非北部沿海的非洲东部沿海是非洲大陆和外界进行贸易交流的重要地区。从7世纪末开始，善于经商的阿拉伯人开始迁到东非沿海的各个城市居住。在长期的交往当中，阿拉伯人和当地非洲人通婚，产生了一个新的民族——斯瓦希里人。斯瓦希里人吸收了阿拉伯文化、波斯文化、印度文化，以及东亚、东南亚文化，创造了具有鲜明商业城邦文明特征的斯瓦希里文化。13世纪至15世纪，

斯瓦希里文明达到了鼎盛时期。我国明朝初年，就曾多次到达非洲东海岸，与斯瓦希里人进行贸易。

在东非内陆地区，维多利亚湖的周围，曾经出现过强大的王国，如布尼奥罗王国、布干达王国。它们都有几百年甚至上千年的历史，是中央集权的国家。到19世纪，随着内部矛盾的加剧和西方帝国主义的入侵，这些大大小小的王国都退出了历史舞台。南部非洲的古代历史基本上没有文字记载。1868年，西方人在今津巴布韦发现的石头城遗址说明这里曾经有过辉煌的文明。位于中非地区的刚果盆地曾出现过几个重要的王国。14世纪末建立的刚果王国，具有明显的部族国家的特征。居民分属各个部落公社，土地为部落公社所有，分配给公社成员耕种；公社成员则要向头人、酋长贡献一部分收获物，头人、酋长再将其中的一部分贡献给国王。1483年，葡萄牙人的进入和贩卖奴隶贸易，加剧了刚果的各种社会矛盾，最终导致王国的崩溃。1665年，刚果王国分裂为若干个小王国。

西非是非洲进入文明社会较早的地区。在几内亚以北、撒哈拉沙漠以南的地区，曾有许多大大小小的王国起起伏伏，其中最著名的就是在西非中部先后兴起的古加纳、马里和桑海。古加纳王国出现在公元初期，到11世纪，加纳王国进入全盛时期。1076年，摩洛哥征服了加纳，加纳从此一蹶不振。公元1200年，苏苏族的国王苏曼古鲁征服了加纳的残余部分，加纳王国从此销声匿迹。公元1235年，已有500年历史的马里王国在松底阿特的率领下击溃了苏苏族国王苏曼古鲁的军队。马里逐渐控制了原加纳王国的土地，成为一个更强大、更富裕的国家。14世纪初，马里国王曼萨穆萨到麦加朝觐，随从达6万人，用84头骆驼驮运金砂。一时之间，马里的富庶名闻伊斯兰世界。国王还邀请了许多伊斯兰学者到马里讲学，使马里成为伊斯兰学术研究中心。公元1360年后，马里王国因出现争夺王位的内战，开始衰落，国土日渐萎缩。桑海王国早在7世纪中叶就已建立，当时位于尼日尔河中游的登迪地区。11世纪初，迁都加奥，后改名加奥王国，是马里原属国之一。马里衰落为桑海的兴起创造了条件。到15世纪下半叶，桑海已成为一个强大的帝国。但桑海帝国只维持了100多年的兴盛局面。内部的纷争使外部武力有了可乘之机。1591年，摩洛哥军队占领了桑海的都城廷巴克图，桑海帝国不复存在了。

北非和西亚有着密切的联系，公元前9世纪，善于经商的西亚腓尼基人来到现在的突尼斯湾沿海地区建立了商业地点，开始在北非殖民。经过长时间的发展，这里逐渐形成了一个强大的奴隶制国家——迦太基。迦太基成为地中海地区的商业中心。为了与当时的罗马争夺地中海的霸权，迦太基与罗马进行了长达100多年的战争。最后，迦太基战败，被划入罗马的版图。公元前后，整个北非地区都划入了罗马的版图。7世纪，阿拉伯人占领了北非地区，北非成为阿拉伯世界的一部分。此后，北非几个国家(苏丹除外)的命运就连到了一起，并与西亚有了不可分割的纽带。16世纪，这里又沦为奥斯曼土耳其帝国的一部分，直到西方殖民者进入北非之前，这里一直是土耳其人的势力范围。在15世纪，刚刚摆脱了阿拉伯人统治的西班牙人和葡萄牙人就开始登上非洲大陆，寻求发展的新空间。他们沿着非洲西海岸一直南下，试图找到通往东方的新通道。新航线的发现给欧洲带来了财富，也给非洲带来了灾难。“新大陆”发现之后，美洲的开发需要越来越多的劳动力。为了牟取暴利，葡萄牙、西班牙、荷兰、法国和英国等欧洲殖民者开始将非洲黑人贩卖到美洲。在黑奴买卖盛行的1502—1808年间，仅是被卖往美国的黑奴就达到600万。罪恶和残酷的奴隶贸易，严重破坏了非洲的生产力，阻碍了非洲的发展，给非洲人民带来了深重的灾难。到第一次世界大战前，整个非洲大陆只有利比里亚和埃塞俄比亚还保持独立，其余的国家和地区则沦为西方列强的殖民地或半殖民地。

第二次世界大战后，非洲人民争取民族独立和解放的运动蓬勃兴起。20世纪50年代开始，非洲国家陆续获得独立。团结的非洲在世界政治舞台上发挥着越来越重要的作用。在国际社会的支持和非洲国家的共同努力下，非洲的许多问题得到了解决。1990年3月，非洲最后一块殖民地纳米比亚摆脱了南非的统治宣告独立。1994年黑人领袖曼德拉当选为南非总统，宣告新南非的诞生。纳米比亚共和国的成立和新南非的诞生，宣告了非洲人民争取民族独立和政治解放的历史任务的胜利完成，古老的非洲进入了一个全新的历史时期。

二、现代非洲园林

非洲的神秘不仅体现在于它的遥远和陌生，更体现在其独特历史文化和奇异优美的景观环境方面。现代非洲的许多国家充分利用自己独特的景观与文化优势，大力发展旅游产业，既保护了原有的民族文化与自然景观，又获得了很好的经济效益。

在非洲，对自然景观的开发利用方面，针对生态旅游和自然旅游两类旅游活动方式，对自然环境和园林景观环境的开发建设也是不一样的。“到自然中去，返璞归真”的旅游形式是自然旅游，生态旅游则不仅指到自然区域的旅游，还包括文化旅游。非洲大地的神秘部落风俗和自然的壮美景色为人们提供了一个绝好的去处。

随着生态学的概念逐渐向社会生态学的概念扩展，生态旅游的概念也逐渐向包括自然和社会两种生态环境的方向扩展。所以，现在谈论生态旅游时，不再局限于自然区域，也往往包括社会文化环境独特的区域。虽然，这两类资源在形态上有很大区别，但它们仍存在许多共同之处：都属于人类的宝贵遗产，非常有吸引力，同时又比较脆弱，需要人们的保护。因此，原来只针对自然区域发展生态旅游的原则同样也适应于特殊文化社会区域。

(一)南非园林

南非拥有极为丰富的自然和人文旅游资源，而处于主流文化边缘的南非园林，以其独特的方式发展，体现了原始与文明的融合。南非设计师对大自然谦卑、敬畏的态度，成就了倾听式的设计手法，从而产生了独特而不可替代的南非园林。

从好望角到克鲁格国家公园，从神秘的祖鲁王国到钻石之都金伯利，南非既有天然生态的原始自然景观，又有传统部落文化的神秘奇异，加上南非绵延秀丽的海岸线，淳朴可爱的民俗民风，这些资源优势促使南非现代景观建设向生态园林景观和自然景观方向发展，以适应现代的自然与生态旅游的要求。

1.营造野生动物王国。

南非在动物保护培育、生态旅游和环境保护的技术与研究方面领先于世界。1898年，在人类大量捕杀野生动物时，南非做出了保护动物的壮举，由布尔共和国最后一任总督保罗克鲁格(Paul Kruger)创建了克鲁格国家公园(Kruger National Park)，开创了人类和自然和平相处的全新模式。

南非是世界上拥有野生动物公园最多的国家，全国共有20个国家公园，非洲五大野生动物园，南非独占了两个。

南非最著名的野生动物公园是克鲁格国家公园，无垠的草原蕴含着无限的生机，在公园多于200万 hm^2 的土地上生活着800多种动物，堪称世界上最大的野生动物保护区(图10-134至图10-137)。蜿蜒的河流，嶙峋的花岗岩山岭，是野兽出没的场所，自然的生存法则在这里得以真实展现。而阿多大象国家公园则是另一番景象，这里是大象保护地，让一度濒临灭绝的非洲象繁衍生息。公园内的沙丘连绵延伸至海滨，在这里慈爱母象和顽皮小象，还有威严的公象自由踱步，令人感慨万分。

此外，南非还有以大羚羊为特色的卡拉哈迪国家公园，以大型野牛为特色的夸祖鲁—纳塔尔省国家动物园，以及匹兰斯堡国家公园。这些展示南部非洲自然景色和野生动物的国家公园，是南非现代生态景观建设成果的优秀例证。

2.保护开发世界遗产之地

在世界名城开普敦，罗本岛现在已成了南非的著名景点。罗本岛位于开普敦一角，约5.2 km^2，以关押过曼德拉而闻名于世，监狱已经改造为博物馆。这里每天游人如织，已成为具有象征意义、讴歌自由不屈精神的象征地。

凌波波省是非洲考古遗址分布最密集的地区，现今已成为世界遗产所在地。根据出土文物证实，早在千年以前，这里就开始了与世界各地的交往，甚至还有与中国古代商人的黄金象牙交易遗迹。如今，遗留下的一片被废弃的王国遗址，在人们的眼中，却是一幅充满智慧、精美绝伦的历史画面。

图 10-134　克鲁格国家公园中的大象

图 10-135　克鲁格国家公园的浅滩

图 10-136　克鲁格国家公园的湿地景观

图 10-137　克鲁格国家公园的道路

3. 开发适于特色阳光运动的景观

在南非这个阳光国度，人们可以尝试许多与阳光有关的运动，开阔的海滩，澄静的天空，滑板和帆船在勇敢者的驾驭下，于海天之间上下翻飞，乘风破浪，为现代人提供了紧张的工作生活之余的刺激和放松。位于德班市的德班海滩，气候终年温暖湿润，又因有上百万的印度人而被称为“小印度”，海滨浴场非常美丽，是度假休闲的好去处。

在南非的平原地区，地面上升的热空气为爱好飞翔运动的人们提供了足够的飞翔动力，让他们体会遨游蓝天的乐趣。在开普敦北部、自由省等地区都有这样的飞翔运动场，极限运动与优美景色和为一体，令人经久难忘。

4. 大力发展传统的自然风光旅游

南非拥有优美奇特的自然风光，许多大自然奇景令人叹为观止，同样，其历史文化和人文景观也是世界闻名。下面介绍几个著名的自然与人文景观。

桌山，位于开普敦附近，其山顶平坦，远望如桌，站在山顶，可以鸟瞰开普敦市区。

好望角是著名的地理坐标景点，位于非洲大陆南端。苏伊士运河开通之前，是欧洲船只航海到亚洲的必经之地，原名风暴角(图 10-138)。

非荷兰移民建立的小镇，完整地保留了荷兰建筑风格。

花园大道，连接着南非南部沿岸丰富的自然景观，包括巨岩、怪石、森林、湖泊、溪谷、海滩等，风景优美，如同缤纷花园(图 10-139)。

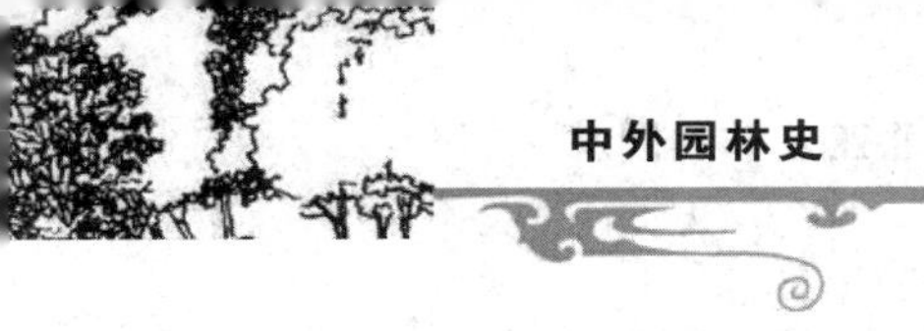

图 10-138　好望角鸟瞰

图 10-139　花园大道

刚果洞是典型的钟乳岩洞，离奥茨颂 26 km，有早期土著人生活过的痕迹。

布莱德大峡谷，为东非大裂谷的一部分，风景壮丽，气势磅礴，山形怪异。登上著名景点"上帝之窗"，可俯瞰峡谷的秀丽景色。

比勒陀利亚市，是南非的行政首都，紫薇花之都，1999 年被评为世界上最美丽的花园城市。主要景点有总统府、教堂广场、先民纪念堂等。

龙山是南非最巍峨壮观的山脉，适合登山者和远足旅游者。

近年来，南非政府与民间相关机构一直致力于开发这些地区的风景资源与人文旅游资源，积极地促进了这些地区旅游产业的发展。

(二)乌干达园林

乌干达位于非洲的中东部地区，是非洲的内陆国家。人口约 1 700 万，全国有 40 多个文化部族。乌干达拥有秀丽的自然风光，湖泊、河流、山川、雨林、热带草原绮丽秀美，各类野生动物种类众多。一些重要的特色景区包括莫契瀑布、月亮山和大猩猩保护区。大部分地区属热带草原气候，终年气候怡人。乌干达有 10 个国家公园，大部分公园的旅游设施还十分有限，但是，其独特的风景、物产及人文景观，仍然强烈吸引着世界的目光。

从 20 世纪 60 年代后期到 70 年代初期，乌干达的现代园林景观环境建设已经有了一定的发展。但是由于国内政治局势的变化，园林景观环境和基础设施由于年久失修而衰退，生态遭到严重的破坏，很多野生动物被大量宰杀。从 20 世纪 80 年代中期到现在，乌干达一直在进行经济恢复和基础设施重建的工作，野生动物的保护项目也在紧锣密鼓地进行当中，虽然有些动物物种的数量还没有达到它先前的水平，但是数量已经增加了很多。

20 世纪 90 年代初，乌干达政府恢复旅游业，使其成为国民经济发展的支撑点，同时，也将景观环境的建设作为实现保护目标的一个重要手段。由联合国开发计划署和世界旅游组织协助完成了乌干达旅游规划。由于环境和基础设施以及野生动物的数量还十分有限，该规划重点强调旅游市场的开发必须遵循循序渐进的原则，并引入了空间发展概念，划分了几个旅游景观的开发区，3 个一级旅游景区，2 个二级旅游景区和 3 个三级旅游景区。此外，规划还推荐了几条可行的游览线路，这些线路将所有的区域连接起来，并建立一个服务中心。该中心可以提供信息服务、自然解读展示服务、旅游服务、医疗服务和商业设施服务。

(三)肯尼亚园林

被称为"自然旅游的前辈"的肯尼亚，拥有丰富而独特的景观资源，狂野自然的大地与生物景观让人赞叹。其实，肯尼亚最初发展生态旅游是被逼出来的。肯尼亚以野生动物数量大、品种多而著称。因此，从 20 世纪初，殖民主义者就在肯尼亚开始了野蛮的狩猎活动，但狩猎人员和受益者主要是白人，当地人不过是充当廉价的向导私脚夫。在肯尼亚人的强烈要求下，政府 1977 年宣布完全禁猎，1978 年宣布野生动物的猎获物和产品交易为非法。于是一些曾由此而失业的人开始开辟新的旅游形式，提出了“请用照相机来拍摄肯尼亚”的口号。从 1988 年开始，旅游业成为这个国家外汇的第一大来源，首次超过了咖啡和茶叶的出口。1989 年来此旅游的生态旅游者达 65 万，20 世纪 90 年代又有了更大的发展。现在每年生态旅游的收入高达 3.5 亿美元。据分析，一头大象每年可挣 14 375 美元，一生可以挣 90 万美元。从世界范围来看，不发达国家由于工业化程度低而保存了一些原始的自然和人文景观资源，为了保护脆弱的自然和社会文化生态，同时为了获得经济效益而采取发展旅游产业的策略，已经成为这些国家的普遍做法。限制人数和范围的生态旅游就成了一种主动选择。现在的一些非洲国家为了禁猎而开展野生动物观赏的生态旅游就是出于这样的原因，也是这些国家现代园林景观发展的主流方向。对许多发达国家来说，高度工业化对生态环境造成了破坏，而强大的经济实力又使它们有能力主动地进行高层次的保护，这也是现代园林景观发展的一个主要趋势。

近些年来，旅游业对人类社会的影响引起了广泛重视，特别是 20 世纪 90 年代以来，旅游业的发展对人类社会的影响引起了国际社会的普遍关注。旅游业对目的地所产生的影响不仅是经济的影响，而且还包括社会、文化、环境甚至观念的影响。这些影响既有积极的，也有消极的，作为旅游活动的载体，园林景观环境的内容和形式也因此受到极大的影响。

随着社会经济的发展，人们越来越关注自己所赖以生存的环境质量，提出了可持续发展的新理想。一方面，人们对所处地的环境质量非常重视，追求洁净、清净与安全，关心是否能够得到最佳的满意程度；另一方面，人们开始认识到自己对人类发展环境的责任，开始注意在充分利用现有资源满足当代需求的同时，尽量保护后代所需要的资源。这些要求对现代园林景观发展的形式和内容起着决定性的作用，也成为当代园林景观环境发展的主要方向。

三、非洲园林特征

现代非洲园林森林覆盖率高达 50%以上，以公园、街头绿地、绿道、行道树、庭院绿化等构成了城市绿化的基本架构。植物品种丰富多样，景观效果自然狂野，道路绿化率高，山体打造寻求自然生态，形成生态廊道，体现了以人为本的“慢生活”“绿色交通”等健康环保的生活方式。

四、历史借鉴

非洲园林尊重自然，有卓越的环保意识，也体现了对自我民族的尊重和传承，这是一种生态文明的独特体现，也是社会发展中园林设计应该思考的命题。

参考链接

[1]朱耀廷，等. 亚非文化旅游.[M] 北京：北京大学出版社，2006.

[2]胡长龙. 园林规划设计(理论篇).[M] 北京：中国农业出版社，2015.

[3]王介南，等. 缅甸.[M] 重庆：重庆出版社，2007.

[4]孙大英，等. 东南亚各国历史与文化.[M] 南宁：广西人民出版社，2011.

[5]博锋. 悦读天下·狮子新加坡.[M] 北京：外文出版社，2013.

[6]威海峰，等. 不一样的非洲—从生态环境保护和园林视角看非洲.[J] 园林 2013 年第 4 期

课后延伸

1. 查看纪录片《日本禅园 Zen Garden》《走访世

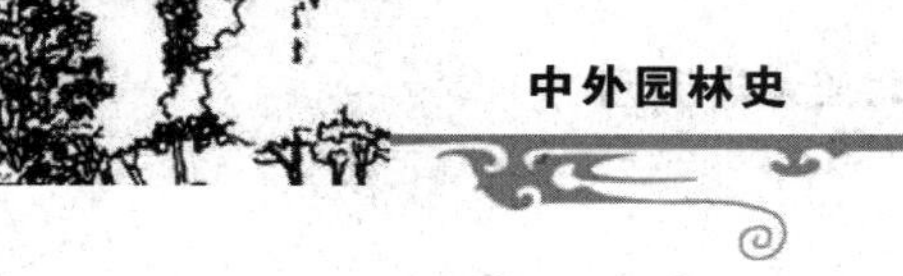

界著名园林:东南亚园林精粹》。

2.思考东南亚园林的民族元素在设计中的应用。

3.阅读《Singapore City of Garden 新加坡城市庭院》。

4.思考新加坡园林对环境的保护措施有哪些?

5.思考非洲园林的特征对未来园林设计发展的意义。

下篇

中国园林史

第十一章 中国园林生成时期——商、周、秦、汉

课前引导

本章主要介绍公元前16世纪到公元220年之前的商、周、秦、汉等中国园林历史，包括它们的背景介绍、园林类型和实例、特征总结以及历史的借鉴等。

中国古典园林从萌芽、产生到逐渐成长，大致可以分为3个阶段：第一阶段是殷、周时期；第二阶段是秦、西汉时期；第三阶段是东汉时期。

殷、周是园林幼年发展时期的初始阶段，天子、诸侯、卿、士大夫等大小贵族奴隶主所拥有的“贵族园林”相当于皇家园林的前身，但尚不是真正意义上的皇家园林。

秦、西汉为生成期园林发展的重要阶段，相应于中央集权的政治体制的确立，出现了皇家园林这个园林类型。它的“宫”“苑”两个类别，对后世的宫廷造园影响极为深远。

东汉则是园林由幼年时期发展到魏晋南北朝的发展时期的过渡阶段。应该说，处于幼年发展时期的中国古典园林演进变化极其缓慢，始终处在发展的初级状态，原因主要有以下3方面。

(1)这一时期造园活动的主流是皇家园林，尚不具备中国古典园林的全部类型。园林的内容驳杂，园林的概念也比较模糊。私家园林虽已见诸文献记载，但为数甚少，而且大多数是模仿皇家园林的规模和内容，两者之间尚未出现明显的类型上的区别。

(2)园林的总体规划尚比较粗放，设计经营的艺术水平不高。无论天然山水园或者人工山水园，建筑物只是简单地散布、铺陈、罗列在自然环境中。园林的功能由早先的以狩猎、通神、求仙、生产为主，逐渐转化为以后期的游憩、观赏为主。

(3)早期的台、囿与园圃相结合已包含着风景式园林的因子，之后又受到天人合一、君子比德、神仙思想的影响而朝着风景式方向上发展，但毕竟仅仅是大自然的客观写照，本于自然却并未高于自然。

教学要求

知识点：时代与文化背景；中国山水审美观念的确立，3个重要的思想要素；园林的起源与建造目的；园林的类型；生成时期的园林特征。

重点：囿；台；园圃；沙丘苑台；灵台、灵沼、灵囿；章华台；姑苏台；上林苑；甘泉宫；未央宫；建章宫；菟园。

难点：中国古典园林的早期是如何从实用型转为观赏型的？

从商周到秦汉时期，园林的发展有哪些变化？

学时：4学时。

第一节　背景介绍

一、历史背景

中国进入文明社会的历史可上溯约5000年，当时正值传说时期的三皇五帝时代。公元前2100年左右，禹死启立，建都阳城（今河南登封市境），建立国体制度，黄河中下游出现了我国历史上第一个奴隶制国家——夏。

商(公元前16世纪至公元前11世纪)灭夏,进一步发展了奴隶制。他以河南中部和北部为中心,建立了一个文化相当发达的奴隶制社会。商朝首都多次迁徙,最后的200余年间建都殷(今河南安阳市境)。因此,商王朝的后期又称为殷。

大约在公元前11世纪,生活在陕西、甘肃一带的周族灭殷,建立历史上最大的奴隶制王国,以镐京(今西安西南)为首都。为了控制中原的商族,还另建东都洛邑(今河南洛阳)。周王朝的统治者分封王族和贵族到各地建立许多诸侯国,运用宗法与政治相结合的方法来强化大宗主周王的最高统治,各受封诸侯国也相继营建各自的诸侯国度和采邑。周代晚期,周幽王被犬戎杀于临潼骊山脚下,秦襄公击败犬戎,护送平王到洛阳避难,从此以后成为东周。

东周史称春秋时代(公元前770年至公元前476年),春秋之后称战国时代(公元前475年至公元前221年)。春秋战国之际,正当中国奴隶制社会瓦解,开始走向封建社会转型的社会巨大变动时期。春秋时代的150多个诸侯国相互兼并,到战国时代只剩下7个大国,即所谓"战国七雄",周天子的地位相当衰微。各国君主纷纷招贤纳士,实行变法,以图富国强兵。"士"这个阶层受到各国统治者的重用,他们所倡导的各种学说亦有了实践的机会,形成了学术上百家争鸣,思想上空前活跃的局面。

公元前236年秦王嬴政经过16年战争(公元前236年至公元前221年),陆续消灭了韩、赵、燕、魏、齐、楚六国,实现统一,建立了中国历史上第一个统一的中央集权的封建王朝。秦实行中央集权,分全国为36个郡,改官制,统一货币、文字、度量衡,兴修驰道、直道、水利等,这些改革举措,有力促进了秦统一全国后经济的蓬勃发展。同时,秦王嬴政聚敛天下财富,大力营造国都咸阳,大修上林苑,起骊山陵园,开创了我国造园史上一个辉煌的篇章。

秦亡汉兴,经过4年楚汉战争,汉高祖刘邦击败项羽,立都长安。汉高祖刘邦采取封建和郡县两种制度并行的策略,既封同姓子弟又封异姓功臣的宽松政策,自己礼贤下士,招贤任能,提倡儒学,以礼治国,稳定社会秩序,使汉政权建立不久便呈现出蓬勃的生机。至汉武帝,对内大兴儒学,文化呈现空前繁荣局面;对外派张骞出使西域,进行贸易往来和文化交流,使汉代进入全盛时期。汉武帝大兴土木,建造宫室苑囿,因此,西汉皇家园林与秦代相比较,有过之而无不及,将建筑山水宫苑这一园林形式已发展到了顶峰。至汉元帝以后,宦官专权,外戚横行,致使王权旁落,终被王莽篡夺。

在王莽篡汉建立短暂政权和农民起义之后,东汉(公元25年至公元200年)又统一全国。东汉建都洛阳,继承西汉中央集权大帝国的局面,地主阶级中的特权地主逐渐转化为豪族,地方豪族的势力强大,在兼并土地之后又成为豪族大庄园主。他们之中,多数拥有自己的"部曲"形成与中央抗衡、独霸一方的豪强。东汉末年,全国各地相继发生农民暴动,最后酿成声势浩大的黄巾起义。各地官员亦拥兵自重,成为大小军阀。朝廷的外戚与宦官之间的斗争导致军阀大混战。军阀、豪强武装镇压了黄巾军农民起义,同时也冲垮了汉王朝中央集权的政治结构。公元220年,东汉灭亡。

二、社会与文化背景

(一)中国山水审美观念的确立

崇拜自然思想是一个古老的话题。中国人在漫长的历史过程中,很早就积累了种种与自然山水息息相关的精神财富,构成了"山水文化"的丰富内涵。山水文化在我国悠久的古代文化史中占有重要的地位。

远古原始宗教的自然崇拜,把一切自然物和自然现象视为神灵的化身,大自然生态环境被抹上了浓厚的宗教色彩,覆盖以神秘的外衣。随着社会的进步和生产力的发展,人们在改造大自然的过程中所接触到的自然物逐渐成为可亲可爱的东西,它们的审美价值也逐渐为人们所认识、领悟。狩猎时期的动物、原始农耕时期的植物,都作为美的装饰纹样出现在黑陶和彩陶上面,但它们仅仅是自然物的片段和局部,把大自然环境作为整体的生态美来认识,则要到西周时才始见于文字记载。《诗经·小雅》收集的早期民歌作品中体现了山水审美观念的萌芽状态,如:"秩秩斯干,幽幽南山。如竹苞矣,如松茂矣。"记述了作者在南山所见的风景之美。山水审美观念的萌芽,也在人们开始把自然风景作为品赏、游观的对象这样一个侧面上反映出来。

我国古代把自然作为人生的思考对象，从理论上加以阐述和发展。老子时代的哲学家们已经注意到了人与外部世界的关系，首先是面对自身赖以立足的大地，人们的悲喜哀乐之情常常来自自然山水。老子用自己对自然山水的认识去预测宇宙间的种种奥秘，去反观社会人生的纷繁现象，感悟出“人法地，地法天，天法道，道法自然”这一万物本源之理，认为“自然”是无处不在、永恒不灭的，提出了崇尚自然的哲学观。庄子进一步发展了这一哲学观，认为人只有顺应自然规律才能达到自己的目的，主张一切纯任自然，并提出“天地有大美而不言”的观点，即所谓“大巧若拙”“大朴不雕”，不露人工痕迹的天然美。老庄哲学的影响是非常深远的，几千年前就奠定了的自然山水观，后来成为中国人特有的观赏价值观。

（二）3个重要的思想要素

除了社会因素之外，影响园林向着风景式方向上发展的还有3个重要的意识形态方面的因素——天人合一思想、君子比德思想和神仙思想。

1. 天人合一思想

这一命题由宋儒提出，他将天道与人性合而为一，寓天德于人心，把封建社会制度的纲常伦纪外化为天的法则。秦、汉时天人合一又演化为“天人感应”说。认为天象、自然界的变异和社会人事的变异之间存在着互相感应的关系。正是由于天人谐和的主导和环境意识的影响，明确了中国园林封建史的发展方向。两晋南北朝以后，通过人的创造性劳动更多地将人文的审美融入大自然的山水景观之中，形成中国风景式园林“源于自然、高于自然”“建筑与自然相融糅”等基本特点，并贯穿于此后园林的始终。

2. 君子比德思想

源于先秦儒家，它从功利、伦理的角度来认识大自然。在儒家看来，大自然山林泽川之所以会引起人们的美感，在于它们的形象能够表现出与人的高尚品德相类似的特征，从而将大自然的某些外在形态、属性与人的内在品德联系起来。孔子云：“知者乐水，仁者乐山。知者动，仁者静。”就是以水的流动表现智者的探索，以山的稳重与仁者的敦厚相类比，山中蕴藏万物，可施惠于人，正体现仁者的品质。把泽及万民理想的君子德行赋予大自然而形成山水的风格，这种“人化自然”的哲理必然会导致人们对山水的尊重。中国自古以来即把“高山流水”作为品德高洁的象征，“山水”成了自然风景的代称，园林从一开始便重视筑山和理水，也就决定了中国园林的发展必然遵循风景式的方向。

3. 神仙思想

产生于周末，盛行于秦汉，是原始的神灵、山岳崇拜与道家的老、庄学说融揉混杂的产物。到秦、汉时，民间已广泛流传着许多有关神仙和神仙境界的传说，其中东海仙山和昆仑山最为神奇，流传也最广，成为我国两大神话的渊源。园林里面由于神仙思想的主导而模拟的神仙境界实际上就是山岳风景和海岛风景的再现，这种情况盛行于秦、汉时的皇家园林，对园林向着风景式方向上的发展也起到了一定的促进作用。

（三）生成期的园林发展概况

中国古典园林生成时期造园简史见表11-1。

表11-1　中国古典园林生成时期造园简史

朝代	通史	皇家园林	私家园林	寺观园林
商（公元前16世纪至公元前11世纪）	商灭夏，商建都于“殷”	鹿台、桑林之野、沙丘苑台、百泉、桐宫	无记载	无记载
周（公元前11世纪至公元前256年）	周灭殷，建立中国历史上最大的奴隶王国，定都镐京	灵台、灵沼、灵囿、章华台、姑苏台	无记载	无记载
秦的（公元前221年至公元前206年）	秦灭六国，统一全国，建立中国历史上第一个统一的中央集权的封建王朝	咸阳宫、上林苑、阿房宫、秦始皇陵、秦长城、宜春苑、梁山宫、骊山宫、林光宫、兰池宫		

续表 11-1

朝代	通史	皇家园林	私家园林	寺观园林
西汉 (公元前 206 年至公元 25 年)	秦亡汉兴,经楚汉战争,汉高祖战败项羽,建立西汉王朝,建都长安	上林苑、未央宫、甘泉宫、建章宫、兔园	袁广汉宅园	
东汉 (公元 25 年至公元 220 年)	王莽篡汉称帝 15 年,被汉更始帝所灭。刘秀建立东汉王朝,定都洛阳	广成苑、鸿池、鸿德苑、荜圭灵昆苑、平乐苑、上林苑、光风园、西苑、显阳苑	梁冀的园圃、菟园	"洛阳白马寺"为佛教传入中国后兴建的第一座寺院;五台山始建佛寺"大孚灵鹫寺";天师道创始人张道陵在峨眉山修寺

第二节　中国古代园林起源

最早见于文字记载的园林形式是"囿",里面的主要建筑物是通神的"台"。中国古典园林的雏形产生囿和台的结合,时间在公元前 11 世纪,也就是奴隶社会后期的殷末周初。

一、囿

当人类进入文明时期以后,农业生产占主要地位,统治阶级便把狩猎转化为再现祖先生活方式的一种娱乐活动,兼有征战演习、军事训练的意义,同时还可以供应宫廷之需。商代的帝王、贵族奴隶主很喜欢大规模狩猎,古籍里面多有"田猎"的记载。田猎即在田野里行猎,又称为游猎、游田,这是经常性的活动。大规模的田猎往往会殃及附近的在耕农田,激起民愤,这在卜辞里也曾多次提到。商末周初的帝王为了避免因进行田猎而损及在耕的农田,乃明令把这种活动限制在王畿一定地段,形成"田猎区"。田猎除了获得大量被射杀死的猎物之外,还会捕捉到一定数量的活的野兽、禽鸟。后者需要集中豢养,"囿"便是王室专门集中豢养这些禽兽的场所,《诗经》毛苌注"囿",所以域养禽兽也。域养需要有坚固的藩篱以防野兽逃逸,故《说文》释"囿有垣也"。

商、周时畜牧业已相当发达,周王室拥有专用的"牧地",设置官员主管家畜的放牧事宜。相应地,驯养野兽的技术也必然达到一定的水准。据文献记载,周代的苑囿范围很大,里面域养的野兽、禽鸟由"囿人"专司管理。在囿的广大范围之内,为便于禽兽生息和活动,需要广植树木、开凿沟渠水池等,有的还划出一定地段经营果蔬。

因此,囿的建制与帝王的狩猎活动有着直接的关系,也可以说,囿起源于狩猎。囿除了为王室提供祭祀、丧纪所用的牺牲、供应宫廷宴会的野味之外,还兼有"游"的工程,虽然游观功能不是主要的,但已具备园林的雏形性质了。

二、台

台是用土堆筑而成的方形高台。《吕氏春秋》高诱注:"积土四方而高曰台。"台的原始功能是登高以观天象、通神明,因而具有浓厚的神秘色彩。

在生产力水平很低的上古时代,人们不可能科学地理解自然界,因而视之为神秘莫测,对许多自然物和自然现象都怀着敬畏的心情加以崇拜。山是人们所见到的体量最大的自然物,它巍峨高耸,仿佛有一种拔地通天、不可抗拒的力量,它高入云霄,则又被人们设想为天神在人间居住的地方。所以世界上的许多民族在上古时代都特别崇拜高山,甚至到现在仍保留为习俗。

遍布各地、被崇奉的大大小小的山岳,在人们的心目中就成了"圣山"。圣山毕竟路遥山险，难以登临，统治阶级便想出一个变通的办法，就近修筑高台，模拟圣山。台是山的象征，有的台即是削平山头加工而成的。高台既然是模拟圣山，人间帝王筑台登高，也就可以顺理成章地通达天上的神明。因此帝王筑台之风大盛。传说中的尧帝、舜帝均曾修筑高台以通神。夏代的启"享神于大陵之上，即钧台也"。这些台都十分高大，须驱使大量劳动力经年累月才能修造完成，如商纣王建鹿台"七年而成，其大三里，高千丈，临望云雨"。

台还可以登高远眺，观赏风景。周代的天子、诸侯也纷纷筑台，孔子所谓"为山九仞，功亏一篑"，可能就是描写用土筑台的情形。台上建置房屋谓之"榭"，往往台、榭并称。周代的天子、诸侯"美宫室""高台榭"遂成为一时的风尚。台的"游观"功能亦逐渐上升，台成为一种主要的宫苑建筑物，并结合以绿化种植形成以它为中心的空间环境，开始逐渐向着园林雏形的方向上转化了。

囿和台是中国古典园林的两个源头，前者关涉栽培、圈养，后者关涉通神、望天。也可以说，栽培、圈养、通神、望天，是园林雏形的原始功能，游观则尚在其次。之后，尽管游观的功能上升了，但其他的原始功能一直沿袭到秦汉时期的大型皇家园林中。

三、园

园是种植树木(多为果树)的场地。西周时，往往园、圃并称，其意亦互通，还设置专职专门管理官家的这类园圃。春秋战国时期，由于城市商品经济的发展，果蔬纳入市场交易，民间经营的园圃亦相应地普遍起来，更带动了植物栽培技术的提高和栽培品种的多样化，同时单纯的经济活动也逐渐受到人们审美的影响。相应地，许多食用和药用的植物被培育成为以供观赏为主的花卉。老百姓在住宅的房前屋后开辟园圃，既是经济活动，又兼有观赏的目的，而人们看待树木花草也愈来愈侧重其观赏价值。

园圃内所栽培的植物，一旦兼作观赏，植物配置便会向着有序化的方向上发展，从而具备园林雏形的性质。东周时，甚至有用"圃"来直接指称园林的，如赵国的"赵圃"等。

因此，"园圃"也应该是中国古典园林除囿、台之外的第 3 个源头。这 3 个源头之中，囿和园属于生产基地的范畴，它们的运作具有经济方面的意义。因此，中国古典园林在其产生的初始便与生产、经济有着密切的关系，这个关系甚至贯穿于整个萌芽期的始终。

第三节　皇家园林

公元前 221 年，秦始皇一统天下，结束了战国七雄相互争霸的散乱局面。和政治统一一样，中国园林也迎来了它的一次整合期。园圃、囿和台的建筑形制和功能改变了以前园林散乱的布局，开始较大规模地在一个综合性的场所得以组合，这就是秦汉皇家苑囿。

秦汉的皇家苑囿不但把中国园林的各种因素整合在一起，而且赋予了这些因素以艺术的组合手法，使得中国园林第一次以艺术的形态登上历史舞台。作为中国园林艺术的首次呈现，秦汉皇家苑囿不但确立了模拟天象的园林布局，而且从神话中奠定了基本的一水三山的艺术手法，极大地影响到了后世皇家园林的基本布局。

汉代园林的典型代表是皇家园林，真正艺术意义上的私家园林还没有出现。虽然当时也出现了一些私家园林，如西汉梁孝王刘武的兔园、东汉梁冀园、茂陵富豪袁广汉园等，但这些人要么是位极人臣的权贵，要么是富甲天下的巨绅，他们的园林都是模仿皇家园林而建的一种"僭越"之制，在园林体系上只能算是皇家园林体系。

一、上林苑

上林苑原为秦国的旧苑，于秦惠王时建成，秦始皇再加以扩大、充实，成为当时最大的皇家园林。苑内最主要的一组宫殿建筑群是阿房宫。秦末，秦皇宫苑全部被项羽焚毁，火烧三月而宫室苑园殆尽，有史为证。汉武帝三年(公元前 138 年)就秦上林苑加以扩建，汉武帝在位后期，对外战争频繁，军饷不敷，将上林苑的部分土地租赁给贫农耕种，所得赋税充作军饷。汉成帝时开始精简园内活动，转让公馆建

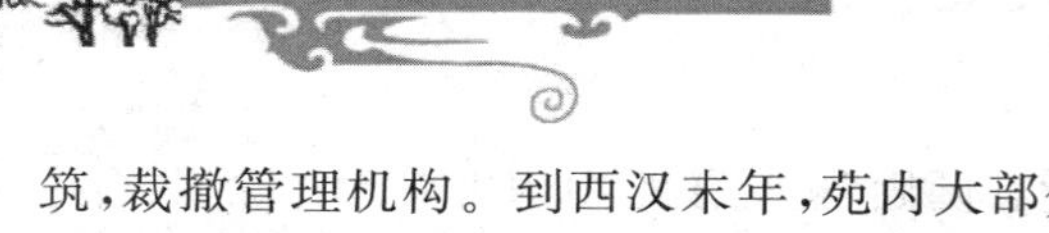

筑，裁撤管理机构。到西汉末年，苑内大部分可耕土地恢复良田，上林苑作为皇家园林，已经名存实亡。

汉上林苑北濒渭河，南抵秦岭，东到蓝田，西至周至，占地面积方三百里（汉代 1 里相当于 0.414 km），范围十分广阔（图 11-1）。苑内建有大量亭台楼阁，布满珍禽奇兽，名木异草。上林苑有大而宏伟的建章宫和两个大名池，即昆明池和太液池。

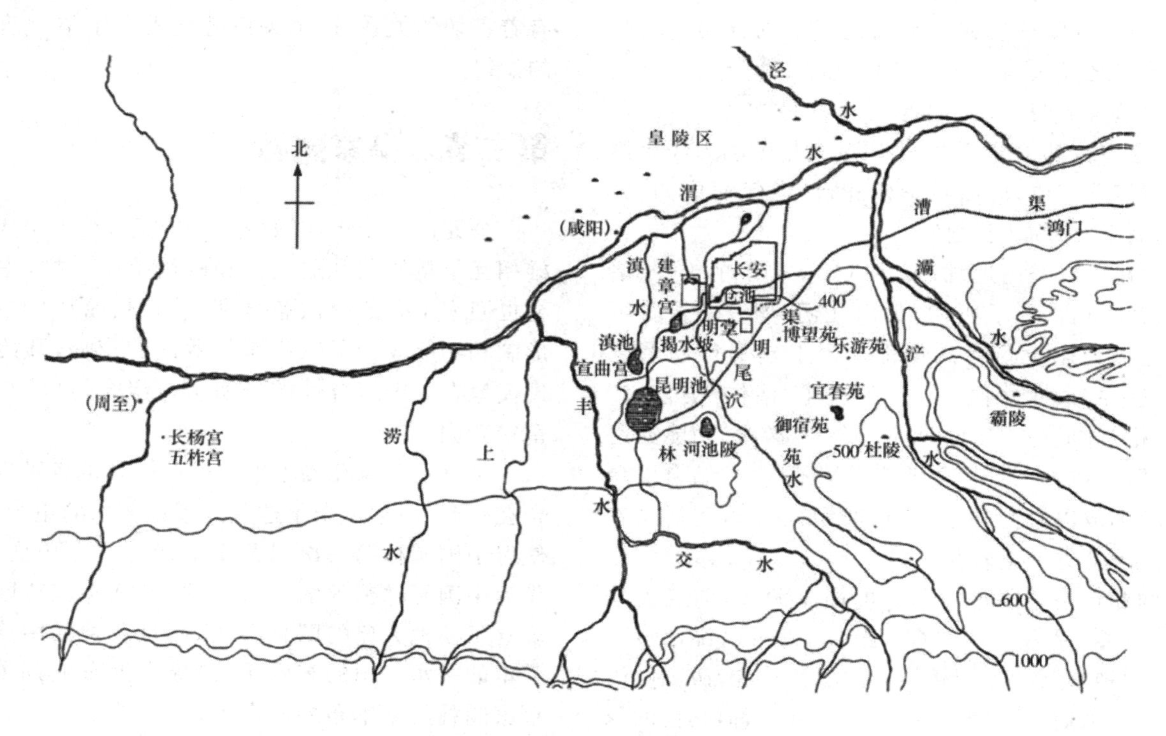

图 11-1　西汉长安上林苑位置图

昆明池位于上林苑之南，引沣河而成池，是上林苑中最大的水体。汉武帝做昆明池的初衷是“欲伐昆明夷，教习水战”之用，后来却成了皇帝泛舟览胜的场所，同时昆明池还具有多种功能，充当大型人工水库，既是保证汉长安的供水，又调节漕运水源。

上林苑是经过人工规划设计的大型人工组景的山水园，它具备发展期古典园林的全部功能——游憩、居住、朝会、娱乐、狩猎、通神、求仙、生产、军训等。

(1)在当时的园林布局中，栽树移花、凿池引泉、叠石造山、建宫设观，这种人为的园林山水造景的出现为以后的山水园林艺术的发展和设计开创了先例。

(2)宫殿的组合与外观，突破前人观念，出现新的突破。开发水系丰富、开凿人工湖。开创了“园中园”手法，形成了苑中有苑、苑中有宫、苑中有观(馆)的格调。

(3)上林苑每个景区中，都建有一定数量的建筑，并作为苑的主题，使人工美与自然美相统一；上林苑开创我国造园“一池三山”人工山水布局之先河，其分割水面和划分空间的手法为后世所效仿。

(4)上林苑首创以雕塑装饰园景的艺术，太液池北岸有“石鱼，长二丈，宽五尺。西岸有石龟二枚，每长六尺”。

(5)上林苑是一个珍贵的植物园，同时也是一个饲养珍禽异兽的动物园。

(6)上林苑中还有帝王的陵墓，如白鹿原山的汉文帝灞陵、汉宜帝杜陵等。

二、建章宫

建章宫建于武帝太初元年（公元前 104 年），是上林苑内的主要的十二宫之一，文献多有片段记载，可大致推断出有关它的内容和布局的情况（图 11-2），建章宫的外围宫墙周长三十里，宫墙之内，又有内垣一重。宫内的主要建筑物“前殿”为建章宫之大朝正殿，建在高台之上，与东面的未央宫前殿遥遥相望。宫内的其他殿宇，有天梁宫、奇华殿、神明台等。宫的西部还有圈养猛兽的“虎圈”，其西南为上林苑天然水池之一的“唐中池”。可以说，建章宫尚保留着上代的囿、台结合的余绪，具备多种功能。

图 11-2　西汉建章宫

（引自 http://www.bdlrl.com/ship/_private/20_ca/02－gdca/hg03－jzg.html）

1.壁门　2.神明台　3.凤阙　4.九室　5.井干楼　6.圆阙　7.别凤阙　8.鼓簧宫　9.娇娆阙 10.玉堂　11.奇宝宫　12.铜柱殿　13.疏圃殿　14.神明堂　15.鸣銮殿　16.承华殿 17.承光宫　18.兮指宫　19.建章前殿　20.奇华殿　21.涵德殿　22.承华殿　23.婆娑宫 24.天梁宫　25.饴荡宫　26.飞阁相属　27.凉风台　28.复道　29.鼓簧台　30.蓬莱山 31.太液池　32.瀛洲山 33.渐台　34.方壶山 35.曝衣阁 36.唐中庭 37.承露盘 38.唐中池

建章宫的正门阊阖，左凤阙、右神明，高大壮丽，做工精美，耐人寻味，它打破了建筑宫苑格局，在宫苑中出现了叠山理水的园林建筑，北部以园林为主，南部以宫殿为主。传说汉武帝迷信方士说教，认为东海有神山，神山上有仙草，是神仙常住的地方，故在建章宫北凿池堆山，取名太液池，以定阴阳津液之说。太液池起土建台，称渐台，太高二十余丈，台上建阁，极为壮观。台下水击石壁浪花飞溅有声有色。太液池中有三岛，摹拟东海三仙山。《史记》、《封禅书》载：“……命曰太液池，其中有瀛洲、蓬莱、万丈象海中仙山”。太液池高岸环洲，碧波荡漾。犹如天山胜境。太液池岸还用玉石雕琢“鱼龙、奇禽、异兽之属”，使仙山更具神秘色彩。

建章宫的总体布局，成为后世“大内御苑”规划的滥觞，它的园林是历史上第一座具有完整的三仙山的仙苑式皇家园林。从此以后“一池三山”成为历来皇家园林的主要模式，一直沿袭到清代。西汉末年，建章宫毁于王莽之手。

三、甘泉宫

甘泉宫始建于秦代，汉武帝元狩三年（公元前120年），听信方士少翁之言，修复并扩建甘泉宫，其建筑群规模堪与建章宫相比。

甘泉宫之北，利用甘泉山南坡及主峰的天然山岳风景开辟为苑林区，即甘泉苑。甘泉山层峦叠翠，溪流贯穿山间，四季景色各异，山坡上分布着许多宫、台之类的建筑物。

四、未央宫

位于长安城的西南角，是长安最早建成的宫殿之一，也是大朝和皇帝、后妃居住的地方，其性质相当于后来的宫城，其规模据现存遗址的实测，周长共8560 m。未央宫的总体布局，由外宫、后宫和苑林3部分组成。

苑林在后宫的南半部，开凿大池沧池，用挖池的土方在池中筑台，由城外引来昆明池之水，穿西城墙而注入沧池，再由沧池以石渠导引，分别穿过后宫和外宫，汇入长安城内之王渠，构成一个完整的水系。沿石渠建置皇家档案馆“石渠阁”、皇帝夏天居住的“清凉殿”，苑内还有观看野兽的“兽圈”、皇帝行演耕礼的“弄田”。

沧池及其附近是未央宫内的园林区，凿池筑台的做法显然受到秦始皇在兰池宫开凿兰池、筑蓬莱山的影响，而它本身无疑又影响着此后的建章宫内园林区的“一池三山”的规划。

第四节　私家园林

一、梁冀的园圃、菟园

梁冀为东汉开国元勋梁统的后人，顺帝时官拜大将军，历事顺、冲、质、桓四朝。《梁统列传》所记述的梁冀的两处私园——园圃、菟园，反映当时的贵戚、官僚的营园情况。其一，广开“园圃”，“深林绝涧、有若自然”，具备浓郁的自然风景的意味。园林中构筑假山的方式，尤其值得注意，它摹仿崤山形象，是为真山的缩移摹写。梁冀园林假山的这种构筑方式，可能是中国古典园林中见于文献记载的最早例子。其二，建制在洛阳西郊的菟园“经亘数十里”，但未见有园内筑山理水的记载，却着重提到“缮修楼观，数年乃成”。足见建筑物不少，尤以高楼居多而且营造规模十分可观。

二、梁孝王的梁园

梁孝王（刘武）是汉武帝的叔叔，好宾客，尤爱与文人相交。兔园后称梁园，也称梁苑。据《西京杂记》载：“梁孝王好宫室苑囿之乐，作曜华之宫，筑菟园，园中有百灵山，山上有肤寸石、落猿岩、栖龙岫，又有燕池，池中有鹤洲、岛渚，宫观相连，延亘数里，奇果异树，瑰禽怪兽，靡不毕备。王与宫人宾客垂钓其中”。说明兔园的范围也颇可观，其型制以建筑为主，但山水动物已占很大比重。由于受文图影响，园中布景、题名已开始出现诗画意境。这是我国古代园林中可发展的苗头，文化素质对园囿的影响由来已久，但见诸史籍。

三、西汉茂陵富商袁广汉宅园

西汉时，茂陵富豪袁广汉在茂陵北山下大建宅园，其宽长：东西四里，南北五里。园中楼台馆榭，重客回廊，曲折环绕，重重相连，用石堆造假山，高十余丈，造落差为瀑布，引激流水为池。园内山水间驯养奇兽珍禽，栽植各种奇树异草。这里值得注意的是石假山，袁广汉创造了石假山的记录，它一方面反映了西汉时民间堆筑石山的水平，另一方面也反映了西汉经济的发展。还应注意这是积沙为洲渚，与堆假山一样，是人造自然的大手笔。

第五节　生成时期园林的特征总结

商、周是园林生成期的初始阶段，天子、诸侯、卿士大夫等大小贵族奴隶主所有的“贵族园林”相当于皇家园林的前身，但尚不是真正意义上的皇家园林。

夏、殷时代，建筑术逐渐发展，出现了宫室、世室、台等建筑物，并进一步发展。

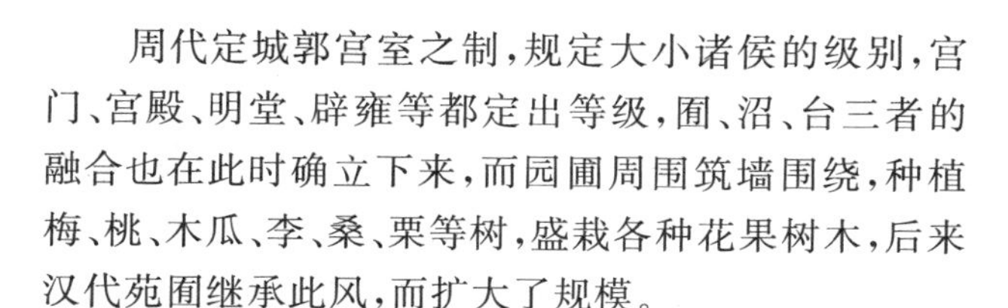

周代定城郭宫室之制，规定大小诸侯的级别，宫门、宫殿、明堂、辟雍等都定出等级，囿、沼、台三者的融合也在此时确立下来，而园圃周围筑墙围绕，种植梅、桃、木瓜、李、桑、栗等树，盛栽各种花果树木，后来汉代苑囿继承此风，而扩大了规模。

春秋战国时代呈现出文化方面自由奔放发展之势，霸主逞其权势豪奢之欲而营建宫殿园圃，中国建筑至此时代发生了大的转变和飞跃，如吴王夫差的姑苏台和秦始皇的阿房宫是这一时期建筑的代表，设计时考虑到殿馆、阁楼、廊道等建筑物与池沼楼台的风物相联系，相映生辉，这是周代不曾有的重大进展。另外，战国时期出现了以自然山水为主的造园风格。秦、西汉为中国古典园林发展的重要阶段，相应于中央集权的政治体制的确立，出现了皇家园林这个园林类型。它的“宫”“苑”两个类别，对后世的宫廷造园影响极为深远。东汉则是园林由形成期发展到魏晋南北朝转折时期的过渡阶段。

尚不具备中国古典园林的全部类型，造园活动的主流是皇家园林。私家虽已见诸文献记载，但为数甚少而且大多数是摹仿皇家园林的规模的内容，两者之间尚未出现明显的类型上的区别。园林的内容驳杂，园林的概念也比较模糊。

园林的功能由早先的狩猎、通神、求仙、生产为主，逐渐转化为后期的游憩、观赏为主。进入汉代后，囿改成为苑，沼改称为池，用字有所改变。由于原始的山川崇拜、帝王的封禅活动，再加上神仙思想的影响，大自然在人们的心目中尚保持着一种浓重的神秘性。儒家的“君子比德”之说，又导致人们从伦理、功利的角度来认识自然之美。对于大自然山水风景，仅仅构建了低层次的自觉审美意识。园林也存在类似的情况，虽本于自然却未必高于自然。在园林里面所进行的审美的经营尚处在低级水平上，造园活动并未完全达到艺术创作的境地。

第六节　历史借鉴

浅谈“一池三山”：在我国古代神话传说中，东海之东有“蓬莱、方丈、瀛洲”三座神山，并有仙人居之，仙人有长生不老之药，食之可长生不老，与自然共生。封建帝王都梦想万寿无疆与长久统治，于是，以自然仙境为造园艺术题材的园林便应运而生。如最早为秦汉时期的上林苑。上林苑中有大型宫苑建章宫，建章宫北为太液池，大液池中起三山，分别为蓬莱、方丈、瀛洲。这种“一池三山”的布局对后世园林产生了深远影响，促进了园林艺术的发展。

自秦始皇在长池中做三仙岛后。我国历代帝王多有效仿。北魏洛阳华林园中有大海，宣武帝令人在其中作蓬莱山，上建仙人馆；隋炀帝杨广于洛阳建西苑，据《隋书》记载：“西苑周两百里，其内为海周十余里，为蓬莱、方丈、瀛洲诸山，高百余尺。台观殿阁，罗络山上”；北宋徽宗赵佶在汴京城郊营造寿山艮岳，立蓬壶于曲江池中；元时期大内御苑太液池中三岛布列，由北至南分别为万岁山、圆坻和屏山。明初建都南京，后迁至北京，以元大都为基础重建北京城。将元代的太液池向南扩展，形成三海：北海、中海、南海，并以此作为主要御苑，称为“西苑”。西苑改万岁山为琼华岛；改圆坻为半岛，并与屏山相连，用砖砌成城墙，建成一座团城，与紫禁城隔墙相望；在西苑的南部开凿南海，将水面扩大，并在南海中堆筑了一个大岛“南台”，从而构成了琼华岛、团城和南台一个新的“一池三山”形式。颐和园更是游刃有余，将“一池三山”的艺术创作魅力发挥得淋漓尽致。

清漪园没有重复在一个水面中设立三岛的做法，而是将一个大水面（昆明湖）用筑堤的办法分成3个小水面（西湖、养水湖、南湖），每个水面中各有一岛，西湖中有治镜阁（阁岛），养水湖中有藻鉴堂（山岛），南湖中有南湖岛，形成湖、堤、岛一个新的“一池三山”形式。

“一池三山”的湖岛布局不仅在皇家园林中频频可见，在我国江南的私家园林中也屡有体现。苏州拙政园原是一片积水弥漫的洼地，建园时因势利导，浚沼成池，环以林木，建成一个以水为主的风景园。留园也是苏州有名的私家园林，全园可分为中部、东部、西部和北部4个景区。其中中部以山水为主，峰峦回抱。水面中仍有一池三岛的布局。尽管池中三岛的形状、分布、建筑艺术各具特色，但万变不离其宗——“一池三山”的一定之法。

中国传统的园林艺术讲究“一法多式，有法而无

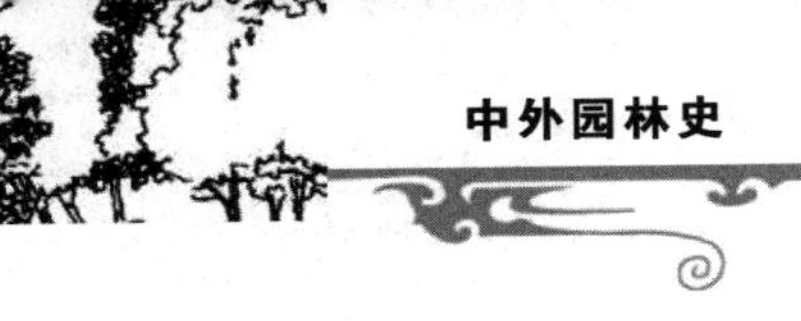

式”，有一定的法则却没有固定的模式，因此才有了各朝个性飞扬、又不失灵气的创举，使中国园林的掇山理水之术得以发扬光大。

参考资料

[1]张健．中外造园史[M]．武汉：华中科技大学出版社，2009.

[2]周维权．中国古典园林史[M]．北京：清华大学出版社，1999.

[3]余开亮，李满意．园林的印迹[M]．北京：中国发展出版社，2009.

[4]王其钧．中国园林建筑语言[M]．北京：机械工业出版社，2006.

[5]王其钧．图说中国古典园林史[M]．北京：中国水利水电出版社，2007.

[6]曹明纲．人境壶天——中国园林文化[M]．上海：上海古籍出版社，1994.

[7]唐学山，李雄，曹礼昆．园林设计[M]．北京：中国林业出版社，1997.

[8]彭一刚．中国古典园林分析[M]．北京：中国建筑工业出版社，1986.

[9]张埠山，叶万忠，廖志豪．苏州风物志[M]．南京：江苏人民出版社，1982.

[10]张福祥．杭州的山水．北京：地质出版社，1982.

[11]CCTV—9 纪录片《园林》.

课后延伸

1. 观看 CCTV—9 纪录片：《园林》第二集：村庄里的上林苑。

2. 描绘你所想象的上林苑，画出平面图和效果图。

3. 总结生成期的造园特点。

第十二章 中国园林转折时期——魏、晋、南北朝

课前引导

本章主要介绍公元 220 年到公元 589 年的魏、晋、南北朝等中国园林历史，包括它们的背景介绍、园林类型和实例、特征总结以及历史借鉴等。

魏、晋、南北朝在中国历史上是颇具特色的一个时期。政治上混乱，军阀、豪强互相兼并，形成魏、蜀、吴三国各据一方的局面。其后虽经西晋的短暂统一，但不久塞外少数民族南下中原相继建立政权，汉族政权则偏江南，又形成南、北朝的分裂局面，直到隋王朝建立。人民生活在战乱频繁、命如朝露的残酷现实中，社会混乱，民生凋敝。然而精神上却是历史上极自由、极解放，最富有智慧和热情的一个时代，也是最富有艺术精神的一个时代。

这时期的哲学主要有两大派，一是以“玄学”为代表的唯心主义；一是以“无君论”和“神灭论”为代表的唯物主义。这一时期的宗教有相当发展，主要有两种：佛教和道教。思想的解放促进了艺术领域的开拓，也给予园林发展很大的影响。魏晋美学确立了中国古典园林的思想基础，“天人合一”思想真正运用于以满足人的物质享受和精神享受为主的园林中，中国园林真正形成了自然山水园的风格，并升华到艺术创作的新境界，完成了造园活动从生成到全盛的转折，奠定了中国古典园林的发展基础。

教学要求

知识点：时代与文化背景；影响中国古典园林发生转折的因素；转折期的园林发展概况；皇家园林实例；城市私园；庄园、别墅；寺观园林；公共园林；魏、晋、南北朝特征总结。

重点：曹魏邺城之铜雀园；洛阳华林园（芳林园）；建康华林园。

难点：转折时期的皇家园林与上一时代相比有哪些变化？

建议课时：4 学时。

第一节　背景介绍

一、魏、晋、南北朝时期的时代背景

公元 220 年东汉灭亡后，军阀、豪强相互兼并，形成魏、蜀、吴三国鼎立的局面。公元 263 年，魏灭蜀，两年后司马氏篡位，建立晋王朝。公元 280 年晋灭吴，结束了分裂的局面，中国复归统一，史称西晋。

经过将近 100 多年的持续战乱，社会经济遭到极大破坏，人口锐减。据文献记载，东汉后期全国人口 5 006 万，到西晋初年仅 537 万。西晋开国之初，允许塞外比较落后的少数民族移居中原从事农业生产以弥补中原人口锐减的状况，同时在律令、官制、兵制、税制方面作了适当改革。由于这些措施，社会呈现短暂的安定景象。然而，维系封建大帝国的地方小农经济基础并未完全恢复，庄园经济和豪强势力日益强大并转化为门阀士族。士族拥有自己的庄园和世袭的特权，有很高的地位足以与皇室相抗衡。公元 300 年，爆发了“八王之乱”。流离失所的农民不堪残酷压榨而酿成“流民”起义，移居中原的少数民族也在豪酋的裹胁下纷纷发动叛乱。从 304 年匈奴族刘渊起兵反晋开始，黄河流域完全陷入匈奴、

羯、氐、羌、鲜卑5个少数民族豪酋相继乱战、政权更迭的局面。

西晋末北方的一部分士族和大量汉族劳动人民迁移到长江中下游，南渡的司马氏于公元317年建立东晋王朝。东晋在南渡的北方士族和当地士族的支持下，维持了103年。南方相继为宋、齐、梁、陈4个政权更迭代兴，史称南朝，前后共169年。北方5个少数民族先后建立16个政权，史称"五胡十六国"，其中鲜卑族拓跋部的北魏权势最强大，于公元386年统一整个黄河流域，是为北朝，从此形成了南北朝对峙的局面。北魏积极提倡汉文化，利用汉族士人统治汉民，因此北方一度呈现安定繁荣。但不久统治阶级内部开始倾轧，分裂为东魏和西魏，随后又分别为北齐、北周所取代。

公元589年，隋文帝灭北周和陈，结束了魏晋南北朝这一历时369年的分裂时期，中国又恢复大统一的局面。这300多年的动乱分裂时期，打破了儒学独尊的局面。人们敢于突破儒家思想的桎梏，藐视正统儒学制定的礼法和行为规范，在非正统的和外来的种种思潮中探索人生的真谛。由于思想解放而带来了人性的觉醒，便成了这个时期文化活动的突出特点。

二、魏、晋、南北朝时期的文化背景

(一)影响中国古典园林发生转折的因素

1. 长期的分裂、战乱使旧礼教日益崩溃

300多年的动乱分裂时期，政治上大一统局面被破坏势必影响到意识形态上的儒学独尊。人们敢于突破儒家思想的桎梏，藐视正统儒学制定的礼法和行为规范，在非正统的和外来的种种思潮中探索人生的真谛。由于思想解放而带来了人性的觉醒，成了这个时期文化活动的突出特点。

社会动荡不安，普遍流行着消极悲观的情绪和及时享乐的思想，从而导致了行动上的两个极端倾向:贪婪奢侈和玩世不恭。这两种行为倾向都能体现出士人对政治厌恶和对现实不满。厌恶政治正是老、庄所标榜的虚无、无为而治的思想基础；不满现实的情绪则促成了新兴佛教的重来生不重现世的学说的流行。老庄、佛学与儒学相结合而形成玄学。玄学是魏晋南北朝时期盛行于士人中的显学。玄学体系以"贵无"思想为主。玄学家重"清淡"，好谈老庄或注解《老子》《庄子》《周易》等书以抒己志，处处体现出超然物外的洒脱思想。而士大夫知识分子中出现了相当数量的"名士"，名士大多是玄学家，号称"竹林七贤"的王戎、山涛、阮籍、嵇康、向秀、刘伶、阮咸都是名士的代表人物。名士们以任情放荡、玩世不恭的态度来反抗礼教的束缚，寻求个性的解放，一方面表现为饮酒、服食、狂狷的具体行为，另一方面则表现为寄情山水、崇尚隐逸的思想作风，这就是所谓的"魏晋风流"。

寄情山水和崇尚隐逸成为这个时期的社会风尚，从而启导着知识分子阶层对大自然山水的再认识，从审美的角度去亲近它、理解它。于是，社会上又普遍形成了士人们游山玩水的浪漫风习。

2. 庄园经济的产生和发展

汉晋之际，在传统的封建经济形态中，迅速发展着一种新的生产组织形式——庄园。这种自给自足、多种经营的庄园经济兴起于西汉，到魏晋南北朝时期已经完全成熟，并形成了山林川泽私有化、庄园环境园林化等特征。

在庄园经济和该时期文化艺术的影响下，园林形式如庄园、别墅以及它们所呈现的山居风光和田园风光都别具特色，经过文人的诗文吟咏，逐渐在文人圈子里培养出一种包含着隐逸情调的美学趣味，这对后世影响极其深远，促成了唐宋及以后田园诗画、山居诗画的大发展。

3. 文学艺术的发展

魏晋南北朝时期的士族门阀制度和玄学的流行，直接或间接地影响着文学艺术的创作。中国古代第一批有历史记载的艺术家出现了:三国时，吴国的画家曹不兴，当时被列为吴国的"八绝"之一；东晋的画家顾恺之、文人陶渊明以及书法家王羲之、王献之父子的大名更是至今妇孺皆知。

魏晋南北朝的文化艺术博大精深，对于当时园林的影响可以说是极其深远，其中尤为重要的是：

①经营位置。即考虑整个结构和布局，使结构恰当，主次分明，远近得体，变化中求得统一。我国历代绘画理论中谈的构图规律，疏密、参差、藏

露、虚实、呼应、简繁、明暗、曲直、层次以及宾主关系等，既是画论，又是造园的理论根据。如画家画远山则无脚，远树则无根，远舟见帆而不见船身，这种简繁的方法，既是画理，也是造园之理。

②传移模写。即向传统学习。从魏晋南北朝开始，园林艺术向自然山水园发展，以宫、殿、楼阁建筑为主，充以禽兽。其中的宫苑形式被扬弃，而古代苑囿中山水的处理手法被继承，以山水为骨干是园林的基础。构山要重岩覆岭，深溪洞壑，崎岖山路，涧道盘迂，合乎山的自然形势。山上要有高林巨树、悬葛垂萝，使山林生色。叠石构山要有石洞，能潜行数百步，好似进入天然的石灰岩洞一般。同时又经构楼馆，列于上下，半山有亭，便于憩息；山顶有楼，远近皆见，跨水为阁，流水成景。这样的园林创作方能达到妙极自然的意境。

4. 佛教道教的盛行

佛、道盛行，作为宗教建筑的佛寺、道观大量出现，由城市及其近郊而遍及于远离城市的山野地带。

(二)转折期的园林发展概况

中国古典园林转折期的造园简史见表12-1。

表12-1　中国古典园林转折期的造园简史

朝代	通史	皇家园林	私家园林	寺观园林
三国 (公元220年至公元280年)	东汉灭亡后，军阀、豪强互相兼并，形成魏、蜀、吴三国鼎立局面	曹魏邺城铜雀园、玄武苑、芳林园、洛阳芳林园(华林园)、东吴华林园		
西晋 (公元265年至公元316年) 东晋 (公元317年至公元420年)	魏灭蜀。两年后司马氏篡魏，建立晋王朝，定都洛阳。公元280年吴亡于晋，中国归附统一，史称西晋。匈奴族起兵反晋，西晋末北方部分士族和大量汉族迁移到长江中下游，南渡司马氏建立东晋，定都建康	西晋华林园、东晋华林园	西晋石崇金谷园、潘岳山庄、东晋谢氏庄园	东晋庐山东林寺、杭州灵隐寺
南北朝 (公元420年至公元589年)	南朝相继为宋、齐、梁、陈4个政权更迭代兴，史称南朝，北方5个少数民族先后建立16个政权，其中鲜卑族拓跋部的北魏势力最强大，于公元386年统一黄河流域为北朝，从此形成南北朝对峙的局面	宋之乐游园、青林苑、上林苑、齐之新林苑、芳乐园、梁之兰亭苑、江谭苑、湘东苑、后赵之华林园、桑梓苑、后燕之龙腾苑、北齐之仙都苑	大官僚张伦宅园、玄圃	同泰寺、河南少林寺、河南建国寺、天台国清寺

第二节　皇家园林

魏晋南北朝时期的皇家园林仍沿袭上代传统，虽然狩猎、通神、求仙、生产的功能已经消失或仅具象征意义，景观的规划设计已较为细致精炼，但毕竟不能摆脱封建礼制和皇家气派的制约。与同时期的私家园林相比，其创作不如私家园林活跃，直到南北朝后期似乎才接受私家园林的某些影响，在造园艺术方面得以升华。

三国、两晋、十六国、南北朝相继建立的政权都在各自首都进行宫苑建设，主要集中在北方的邺城、洛阳和南方的建康。这3个地方的皇家园林大抵都经历了若干朝代的踵事增华，规划设计上达到了这一时期的较高水平，也具有一定的典型意义。

一、邺城

邺城(今河北省临漳县境内)是战国时期魏国的重要城池之一，东汉末，为曹操封邑，其锐意经营邺城城池宫苑(图12-1)。公元210年曹操在宫城西面建铜雀园。后赵、冉魏、前燕、东魏、北齐五朝皆定都邺城，历时79年。期间，公元335年，后赵皇帝石虎扩建铜雀园，公元347年，石虎在城北新建华林园，公元401年，前燕慕容熙兴建龙腾苑，公元538年，东魏扩建南邺城，公元571年，北齐后主高纬在南邺城的西面兴建仙都苑。

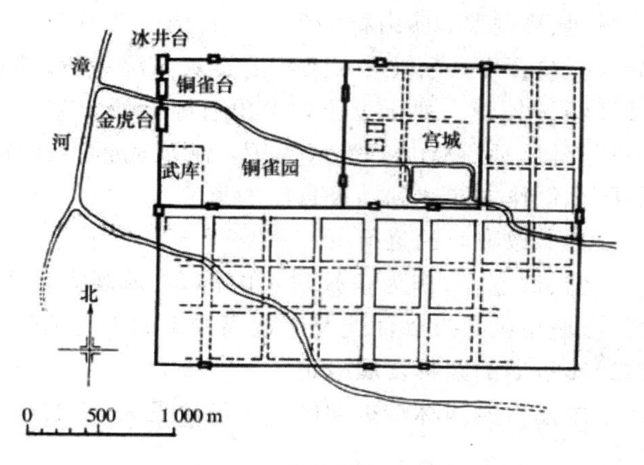

图 12-1 曹魏邺城平面图

曹魏邺城结构严整，以宫城（北宫）为全盘规划的中心。宫城的大朝文昌殿建置在全程的南北中轴线上，中轴线的南段建衙署。利用东西干道划分全程的南北两大区。南区为居住坊里，北区为禁宫及权贵府邸。城市功能分区明确，有严谨的封建礼制秩序，也有利于宫禁的防卫。

御苑铜雀台，初建于建安十五年（公元 210 年），后赵、东魏、北齐屡有扩建。这是以邺北城城墙为基础而建的大型台式建筑。当时共建有 3 台，前为金虎台、中为铜雀台、后为冰井台。据《水经注·漳水》的记述，铜雀台居中，高十丈，上建殿宇百余间，楼宇连阙，飞阁重檐，雕梁画栋，气势恢宏，达到了我国古代高台建筑的顶峰。铜雀台的南面为金虎台，高八丈，台上有屋一百三十五间。长明沟之水由铜雀台与金虎台之间引园入水，开凿水池作为水景亦兼可养鱼。北面是冰井台，因上有冰井而得名，高八丈，上面建殿宇一百四十间，有三座冰室，每个冰室内有数眼冰井，井深十五丈，储藏着大量的冰块、煤炭、粮食和食盐等物资，极具战略意义。冰井台距铜雀台六十步。南中间有阁道式浮桥相连接，凌空而起宛若长虹。铜雀台与金虎台之间的联系也是如此。所以 3 个台既有独立性，又是不可分割的整体。

铜雀园紧邻宫墙，已具有“大内御苑”的性质。除宫殿建筑之外，还有储藏军械的武库，进可以攻、退可以守，这是一座兼有军事坞堡功能的皇家园林。

二、洛阳

公元 220 年，曹丕登帝，为魏文帝，定都洛阳，在东汉的旧址上修复和新建宫苑、城池。公元 224 年建芳林园。其后，司马氏篡魏，建立西晋王朝，仍定都洛阳，城市、宫苑多沿曹魏旧制。到公元 493 年，北魏时期开始对洛阳大规模改造扩建。北魏洛阳在中国城市建设史上有划时代的意义，确立了此后的皇都格局的模式——干道、衙署、宫城、御苑自南而北构成城市的中轴线规划体制，构成宫城、内城、外城三套城垣的形制（图 12-2）。

芳林园是当时最重要的一座皇家园林，后因避齐王讳改名为华林园。园的西北面为各色文石堆筑成的土石山——景阳山，山上广植松、竹。东南面的池陂可能是天渊池的扩大部分，引来榖水绕过主要殿堂之前而形成完整的水系。创设各种水景、提供舟行游览之便，这样的人为地貌显然已有全面缩移大自然山水景观的意图。天渊池中有九华台，台上建清凉殿，流水与禽鸟雕刻小品结合于机枢之运用而做成各式水系。园内畜养山禽杂兽，建高台“凌云台”及多层的楼阁，殿宇森列并有足够的场地进行上千人的活动和表演“鱼龙漫延”的杂技。这些都仍然保留着东汉苑囿的遗风。

三、建康

建康（图 12-3）即今南京，是魏晋南北朝时期的吴、东晋、宋、齐、梁、陈 6 个朝代的建都之地，作为首都共历时 320 年。建康城周长二十里一十九步，城内的太初宫为孙策的将军府改建而成。公元 267 年，孙皓在太初宫之东营建显明宫，太初宫之西建西苑，即太子的园林。在城市建设和宫殿建设的同时，也修整河道和供水设施，先后开凿青溪、潮沟、运渎、秦淮河，改善了城市的供水和水运，建康城日益繁荣。出城之南至秦淮河上的朱雀航，官府衙署鳞次栉比，居民宅邸延绵直至长江岸，大体上奠定了此后建康城的总体格局。

东晋立国之初，因吴旧都修而居之。建章宫即“台城”。“六代宫室门墙虽时有改筑，然皆因吴旧

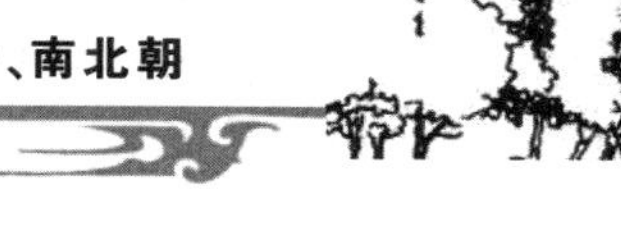

址”，大体上不出台城的范围。

建康华林园始建于吴，历经东晋、宋、梁、陈的不断经营，是南方的一座重要的且与南朝历史相始终的皇家园林。

华林园位于台城北部，与宫城及其前后的御街共同形成干道—宫城—御苑的城市中轴线的规划序列。早在东吴，引玄武湖之水入华林园。东晋在此基础上开凿天渊池，堆筑景阳山，修建景阳楼。到刘宋时大加扩建，保留景阳山、天渊池、流杯渠等山水地貌并整理水系，又先后修建琴室、芳香琴堂、日观台、清暑殿、光华殿、醴泉殿等。到陈代，又修建临春、结绮、望仙三阁。后隋文帝灭陈，华林园随之灰飞烟灭。

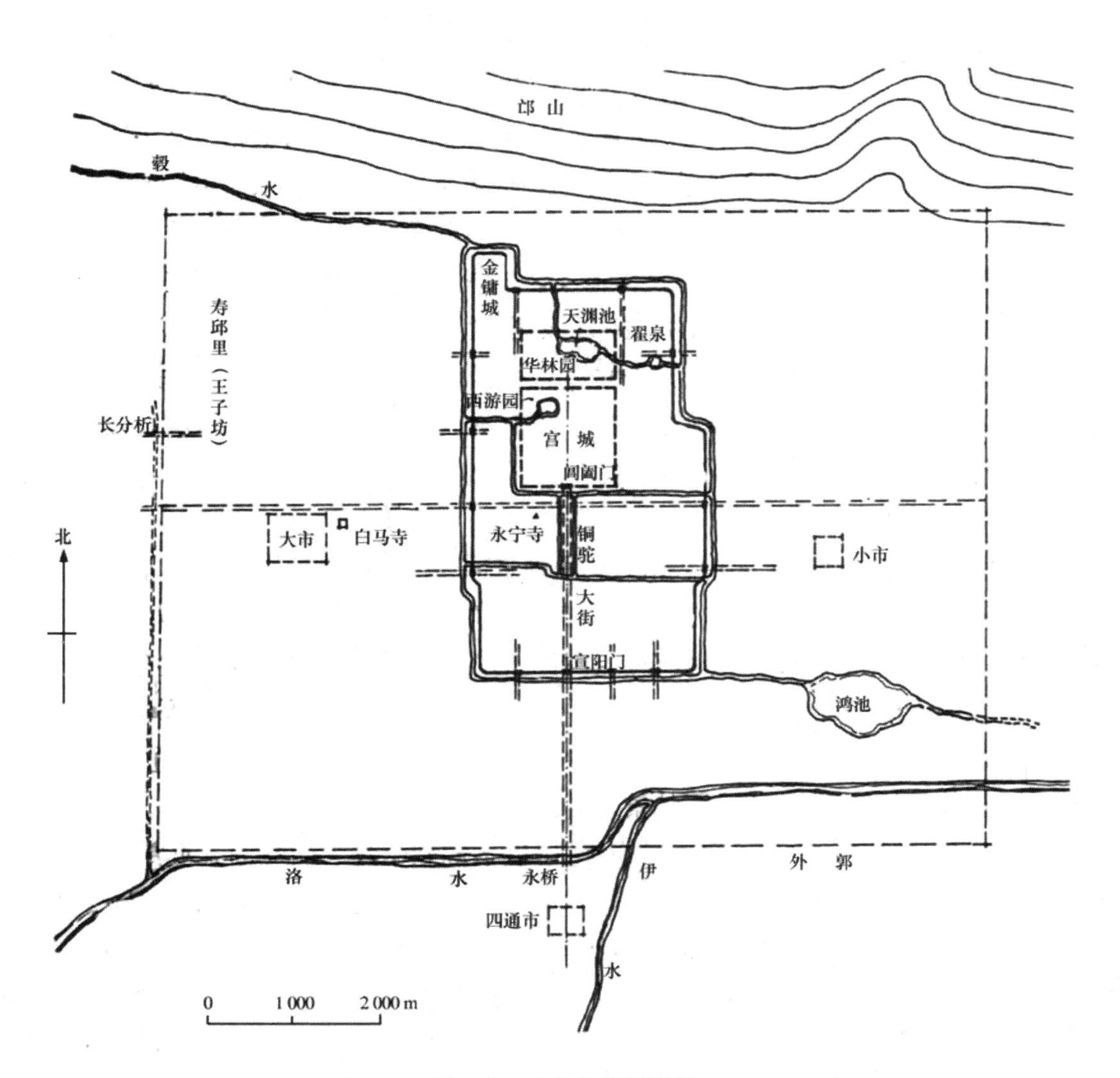

图 12-2 北魏洛阳平面图

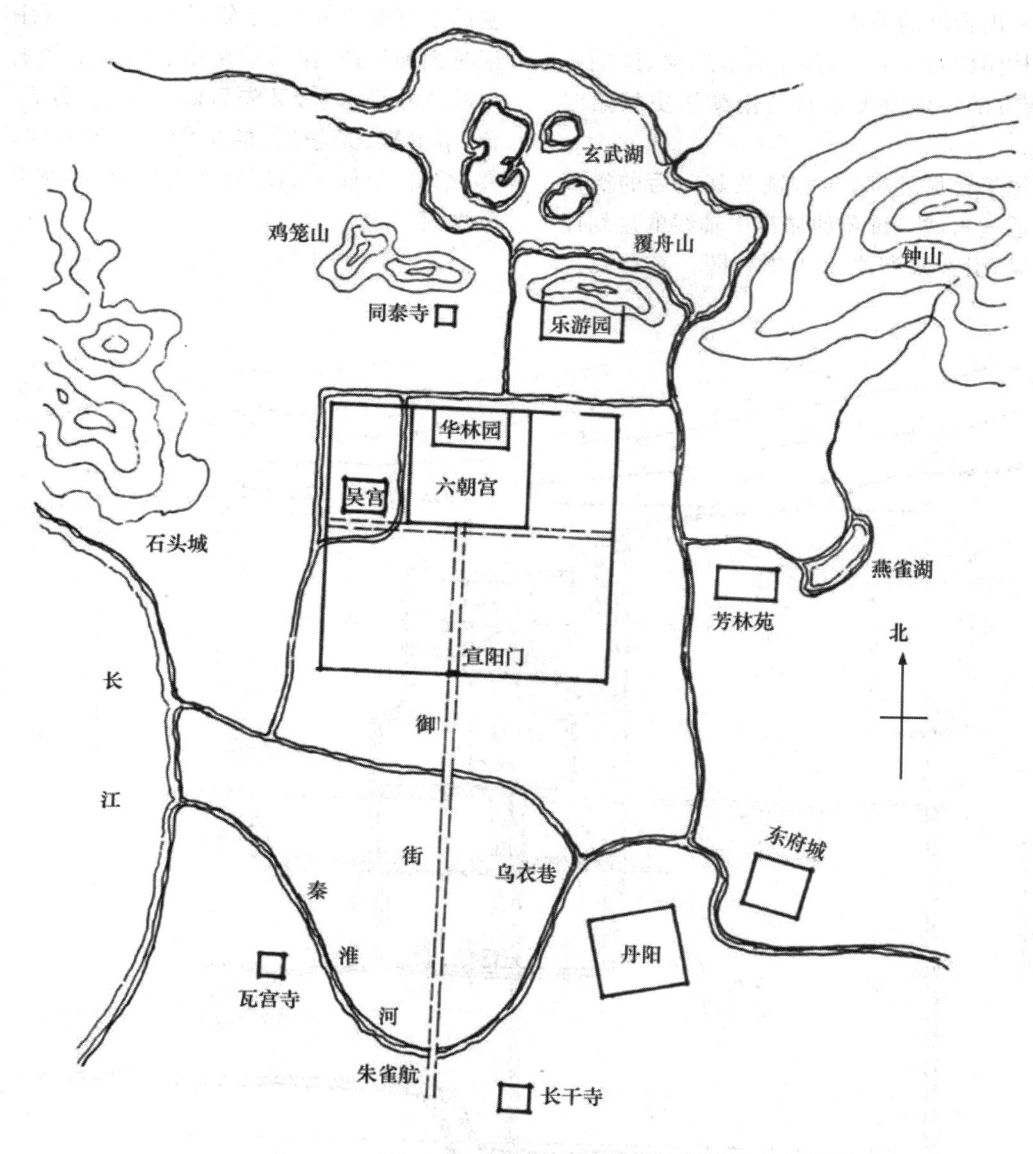

图 12-3　六朝建康平面图

第三节　私家园林

这一时期，寄情山水、雅好自然成为社会的风尚，那些身居庙堂的官僚士大夫们不满足于一时的游山玩水，亦不愿付出长途跋涉的艰辛。要满足这个愿望，除了在城市近郊开辟可当日往返的风景游览之外，最理想的办法便是营造“第二自然”——园林。于是，官僚士大夫纷纷造园，门阀世族的名流、文人也非常重视园局生活，有权势的庄园主亦竞相效尤，私家园林便应运而兴盛起来。这时期的私家园林见于文献记载的较多，其中有建在城市里面或城近郊的城市型私园——宅院、游憩园，也有建在郊外的庄园、别墅。

一、城市私园

北方的城市型私家园林，以北魏首都洛阳诸园为代表。

北魏自武帝迁都洛阳后，进行全面汉化，并大力吸收南朝文化，人民由于北方的统一而获得短暂的休养生息。作为首都的洛阳，经济和文化逐渐繁荣，人口日增，乃在汉、晋旧城的基址上加以扩大。内城东西长 20 里，南北 30 里，内城之外又加建外廓。共有居住坊里 220 个，大量的私家园林就散布在这些坊里之内。

这个时期的城市私园，大多数追求华丽的园林景观，还讲究声色娱乐之享受，显示其偏于绮靡的格调，但亦不乏天然清纯的立意者，另外设计都趋向于精致化、规模趋向于小型化。所谓小，并非仅仅指其规模，更在于其小而精的布局及某些小中见大的迹象萌芽。相应地，造园的创造方法受到时代美学思潮的影响，也从单纯写实向写意与写实相结合过渡。小园获得了社会上的广泛赞赏。

张伦，字天念，北魏上谷沮阳（今河北省怀来县与北京市延庆县一带）人。十多岁到皇帝身边效力，担任官职，但与北魏统治阶层的其他人相比，他只是一个汉臣儒吏，地位和权势不及鲜卑族拓跋氏的嫡系王侯，因而他没有足够的财力与物力投入到园林建筑中。但张伦的文化素养很高，造园思想高明。

张伦宅园位于北魏洛阳城东阳门外御道北的昭德里，北边为邙岭，南边是洛河，宅院坐北朝南，周长只有 1 200 步。大假山景阳山作为园林的主景，结构相当复杂，显然是以土石凭籍一定的技巧筑叠而成的土石山。园内高树成林，蓄养多种珍贵禽鸟。

采用“小中见大”的规划设计，是由秦汉风格向唐宋风格过渡的代表。张伦宅院的建筑艺术，越过了自然园林的历史，步入了提炼与概括自然山水美的新阶段，园中的筑山理石不再是单纯的写实摹拟的方法，而是采用写意与写实相结合的方法，巧于因借，叠石成山，巧妙布景，是造园艺术创作方法的一个飞跃。

二、庄园、别墅

无论在北方或南方，庄园经济都占据主导地位，门阀士族拥有大量庄园，许多官僚、名士、文人也是大庄园主。因此，城市以外的别墅园一般都与庄园相结合，或者毗邻于庄园而独立建置，或者成为园林化的庄园。它们在利用自然山水方面较之城市型私园有着更多的便利条件，园林的造景也相应地表现出与后者有所不同的某些特色。

（一）西晋石崇金谷园

石崇，字季伦，西晋渤海南皮（今河北南皮东北）人。他因助司马氏篡位有功，历任官职，在此期间，敲诈勒索而暴富。晚年辞官，为满足其游宴生活之需要以及退休后安享山林之乐趣、兼作吟咏服食，耗巨资建造了一座庞大的园林别墅，名金谷园，又称河阳别业。石崇生平善于结交文人如潘岳等 24 人，晚年常聚集金谷园，号“金谷二十四友”。这些诗人吟诗作画，赏花弄月。其后，石崇死于“八王之乱”中，死前，有爱姬绿珠者不慎凌辱，坠楼殉节，金谷园被没入官。

金谷园位于洛阳西北郊的金谷涧，依邙山、临金谷水。地形略有起伏，分为前园和后园，园内亭台楼阁备极华丽，建筑内外金碧辉煌，雕梁画栋。园内有清泉茂林、众果、竹柏，药草之属，有许多“观”和“楼阁”，有从事生产的鱼池、土窟等，从这些建筑物的用途可以推断金谷园是一座巧妙利用地形和水系的园林化庄园。人工开凿的池沼和由园外引来的金谷水穿梭萦流于建筑物之间，河道能行驶游船，沿岸可垂钓。名士潘岳尝游其地，他赋诗描绘道：“回溪萦曲阻，峻阪路逶迤，绿池泛淡淡，青柳何依依。滥泉龙鳞澜，激波连株挥，前庭树沙棠，后院植乌椑。灵囿繁石榴，茂林列芳梨。饮至临华沼，迁坐登隆坻。”由此，可设想金谷园的赏心悦目、恬适宜人的风貌，在清纯的自然环境、田园环境和朴素的园林环境中又显现一派绮丽华靡的格调。

（二）东晋谢氏庄园

东晋谢灵运的庄园别墅就是一个典型的例子。东晋士族大官僚谢玄因病致仕，在会稽郡的始宁县

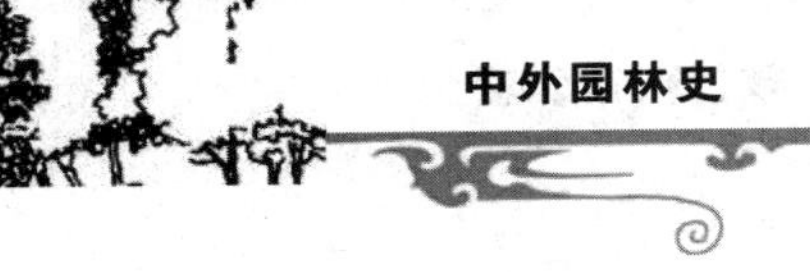

占领山泽，经营自己的别墅，其孙谢灵运又继续开拓。谢灵运是当时的大名士、大文学家，曾任永嘉太守。他写了一篇《山居赋》，对这个别墅的开拓过程、如何利用山水风景地带而“相地卜宅”经之营之的情况做了详细介绍。

这座别墅分为南居和北居，南居为谢灵运父、祖卜居之地，北居则是其别业。南北居完全契合与天然山水地形。南居是庄园的主体部分，自然景观有特色，建筑布局与山水风景相结合，道路敷设与景观组织相配合。在布局规划上，其收纳远近借景，与山水风景结合较好，体现清纯的审美情趣，浓郁的隐逸情调，呈现出一幅大自然生态的情景和自给自足的庄园经济的景象。

私家园林从汉代的宏大变为这一时期的小型规模，意味着园林内容从粗放到精致的飞跃。造园的创作方法从单纯的写实到写意与写实结合的过渡，也就是老庄哲理、佛道精义、六朝风流、诗文趣味影响浸润的结果。小园获得了社会上的广泛赞赏。私家园林因此而形成它的类型特征，足以和皇家园林相抗衡。它的艺术成就尽管尚处于比较幼稚的阶段，但在中国古典园林的三大类型中却率先迈出了转折时期的第一步，为唐、宋私家园林臻于全盛和成熟奠定了基础。

第四节　寺观园林

魏晋南北朝时期在中国造园史上突出的贡献是寺观园林的兴起，它为中国园林增添了一个新的类型。佛寺的修建始于东汉，起初是作为礼佛的场所，后来由于僧人、施主居住游乐的需要，逐步在寺旁、寺后开辟了园林。由于舍宅为寺、舍宫为寺之风的影响，不少皇家园林、住宅园林被改作为寺庙，寺院园林的修造因此达到了很高的水平。

从汉末到西晋时全国只有佛寺 42 座，到北魏时，洛阳城内外就有 1 000 多座，其他州县也建起了佛寺。到了北齐时全国佛寺约有 30 000 座，可见当时佛寺的盛况。

随着寺观的大量新建，相应地出现了寺观园林这个新的类型。寺观园林包括 3 种情况：一是毗邻于寺观而单独建置的园林，犹如宅园之于邸宅；二是寺观内部各种殿堂庭院的绿化或园林化；三是郊野地带的寺观外围的园林化环境。寺观园林开拓了造园活动的领域，一开始便向着世俗化的方向发展。郊野寺观尤其重视外围的园林化环境，对于各地风景名胜区的开发起到了主导型的作用。公元 384 年，东晋高僧慧远所建庐山东林寺为该时期郊野寺观园林的典型，公元 527 年，梁朝时期建康城笼鸡山始建同泰寺（今江苏南京鸡鸣寺）为城市寺观园林的代表。

东晋庐山东林禅寺位于江西九江庐山西北麓，是佛教净土宗的发祥地，东晋时南方佛教的中心道场。始建于东晋太元十一年（公元 386 年）。名僧慧远为东林寺建寺者。他先在西林寺以东结“龙泉精舍”，后得江州刺史恒伊之助，筹建东林寺。

东林寺营建在自然风景优美地带，该寺北负香炉峰，傍带瀑布之壑，表石垒基，即松栽构，周回玉阶青泉，森树烟凝，宛若仙境。处幽谷之中，其周围的群山绿树犹如碧绿的屏风，庙前有虎溪水流过，更突出这片清凉世界与尘世属不同的境界。

东林寺红墙环绕，在碧绿的景色中昭示着佛国的威严。东林寺的建筑，纵轴线上为山门、弥勒殿、神运殿。神运殿两侧有三笑堂、十八高贤影堂。三笑堂后藏经阁、聪明泉。神运殿是寺内最宏伟的建筑。

东林寺是营建在自然风景优美地带的寺观，是佛教净土宗的发祥地，东晋时为南方佛教的中心道场。同时也成为自然风景区开发的开拓者。远离城市的名山大川逐渐向人们敞开其无限优美的丰姿，形成早期旅游的风景名胜区。东林寺的园林经营与私家园林的别墅有异曲同工之处。

第五节　其他园林

除了主流园林的盛行，非主流的园林类型也开始见于文献记载。如文人名流经常聚会的新亭、兰亭这样一些近郊的风景游览地，就具有公共园林的性质。

亭在汉代本来是驿站建筑，也相当于基层行政机构，到两晋时，演变为一种风景建筑。文人名流在城市近郊的风景地带游览聚会、诗酒唱和，亭的建置提供了遮风避雨、稍事坐憩的地方，也成为点缀风景的手段，逐渐转化为公共园林的代称，以会稽近郊的“兰亭”最为著名。

绍兴兰亭位于浙江兴城外兰渚山下，原为越王勾践种植兰花的地方，至东晋永和九年(353 年)三月三日，因大书法家王羲之在此会聚当时的社会名流 26 人作曲水流觞的修禊活动，自撰书《兰亭集序》而扬名古今，成为我国的书法圣地。1600 多年来，兰亭地址几经变迁，现在兰亭是明朝嘉靖二十七年(1548 年)，从宋兰亭遗址——天章寺迁移至此，期间几经兴废。清康熙三十二年(1693 年)，康熙御笔《兰亭集序》勒石，上覆以亭。到了清嘉庆三年(1718 年)，重修兰亭、曲水流觞处、右军祠等。并查明旧兰亭址在东北隅土名石壁下，已垦为农田，于是将垦为农田的旧址重新纳入兰亭。

兰亭位于今浙江绍兴西南 13.5 km 的兰渚山下，有亭翼然，建于渚上。兰亭曾经多次挪移位置，为的是找到一个更理想的自然环境。这是一个以亭为中心，周围“有崇山峻岭，茂林修竹，又有清流激湍，映带左右”的大自然环境。

现在，整个兰亭景区位于平地上，基地南北进深约 200 m，东西宽约 80 m，入口在北端。进门经竹径到达鹅池，池旁三角亭内碑上书“鹅池”二字。由鹅池碑亭旁屈曲前进，到达“兰亭”碑亭，此亭样式较为别致。经此亭折而右即曲水流觞亭。此亭为一纪念亭，其样式作四面厅式，亭内不作曲水流觞之举。其北部有一座八角攒尖亭，亭内有康熙手书《兰亭集序》碑。碑亭东侧为王羲之之祠，俗称“王右军祠”，祠在水池之中，祠内又是水池，内外有水夹持，可称此祠的一大特色。

兰亭有雅致的园林景观、独享的书坛盛名、丰厚的历史文化积淀于一身，“景幽、事雅、文妙、书绝”为四大特色。会稽兰亭是文人名流经常聚会的一处近郊的风景游览地，具有公共园林的性质，是首次见于文献记载的公共园林(图 12-4 至图 12-7)。

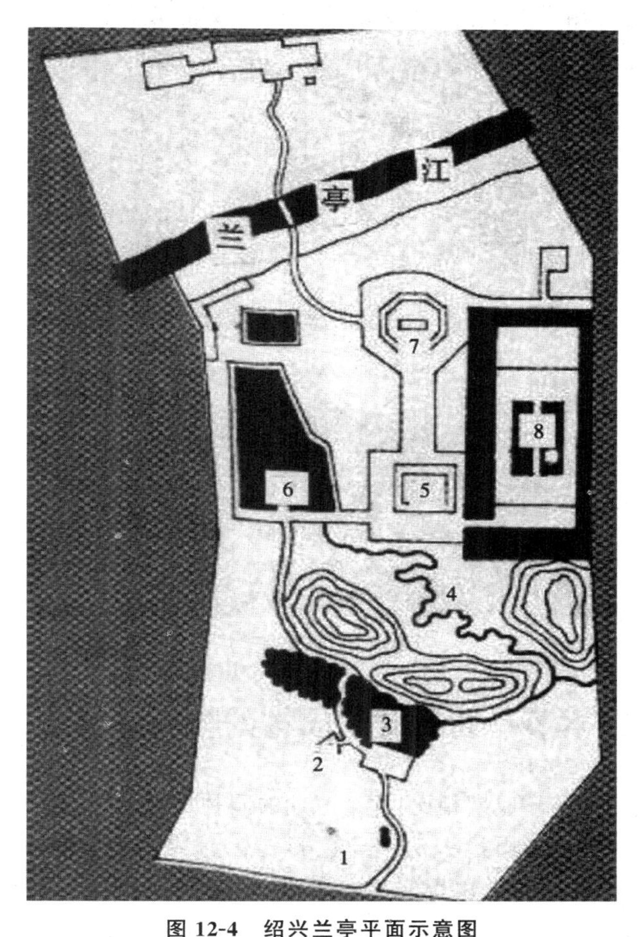

图 12-4　绍兴兰亭平面示意图

1. 大门　2. 鹅池亭　3. 鹅池　4. 流觞曲水　5. 流觞亭　6. 兰亭碑亭　7. 御碑亭　8. 王右军祠

图 12-5　鹅池亭

图 12-6　兰亭碑亭

图 12-7　王右军祠

第六节　转折时期园林的特征总结

与形成期相比，这个时期的园林规模由大入小，园林造景由过多的神异色彩转化为浓郁的自然气氛，创作手法由写实趋向于写实与写意相结合。中国古典园林开始形成皇家、私家、寺观这三大类型并行发展的局面和略具雏形的园林体系，把园林发展推向转折的阶段，导入升华的境界，成为此后全面兴盛的伏脉。

(1)中国古典风景式园林由再现自然进而表现自然，由单纯的摹仿自然山水进而适当地概括、提炼，但始终保持着“有若自然”的基调。

(2)园林的规划设计由此前的粗放转变为较细致、更自觉的经营，造园活动完全升华到艺术创作的境界。

(3)皇家园林的狩猎、求仙、通神的功能基本上消失或仅保留其象征性的意义，生产和经济运作则已很少存在，游赏活动成为主导的甚至唯一的功能。它的两个类别之一的“宫”已具备“大内御苑”的性质，纳入都城的总体规划之中。大内御苑居于都城中轴线的结束部位，这个中轴线的空间序列构成了都城中心区的基本模式。

(4)私家园林作为一个独立的类型异军突起，集中反映了这个时期造园活动的成就。城市私园多为官僚、贵族所经营，代表一种华靡的风格和争奇斗富的倾向。庄园、别墅随着庄园经济的成熟而得到了很大发展，它们作为生产组织、经济实体同时也是文人名流和隐士们“归田园居”“山居”的精神寄托。它们作为后世别墅园的先型，代表着一种天然清纯的风格，其所蕴含的隐逸情调、表现的田园风光，深刻地影响着后世的私家园林特别是文人园林的创作。

(5)寺观园林拓展了造园活动的领域，一开始便向着世俗化的方向发展。郊野寺观尤其注重外围的园林化环境，对于各地风景名胜区的开发起到了主导型的作用。

第七节　历史借鉴

曲水流觞——从民俗活动走向园林游赏。

晋穆帝永和九年(公元 353 年)三月初三，王羲之与名士谢安、孙绰等 42 人，会于山阴县兰亭修禊，举行饮酒赋诗的“曲水流觞”活动，引为千古佳话。这一儒风雅俗，也一直流传至今。当时，王羲之等在举行修禊祭祀仪式后，在兰亭清溪两旁席地而坐，将盛了酒的觞放在溪中，由上游浮水徐徐而下，经过弯弯曲曲的溪流，觞在谁的面前打转或停下，谁就得即兴赋诗并饮酒。据史载，在这次游戏中，有 11 人各成诗两篇，15 人各成诗一篇，16 人作不出诗，各罚酒三觥。王羲之将大家的诗集起来，用蚕茧纸，鼠须笔挥毫作序，乘兴而书，写下了举世闻名的《兰亭集序》，被后人誉为“天下第一行书”，王羲之也因之被人尊为“书圣”。而《兰亭集序》也被称为“禊帖”。此次集会“群贤毕至，少长咸集”，士大夫们品赏了“崇山峻岭、茂林修竹”、“清流急湍”的山水风景之美，体察了春天蓬勃的生机——“籍芳草鉴清流，览卉物观鱼鸟，具类同荣，资生咸畅”，进而有感而发。和其他游宴集会不同，兰亭雅集把民俗活动、自然审美和文化生活有机结合起来，风景园林与文人生活紧密地交融在一起，并相得益彰——在自然风景引发诗兴的同时，风景也因诗人的题咏更具文化韵味和美感。

兰亭雅集之后，曲水流觞景观朝着自然风景式和写意山水式两个风格方向发展。自然风景式的曲水流觞一般表现为流杯江、流杯池等形式，其中最著名的当属唐代长安城的曲江池，“曲江流饮”后来被称为“关中八景”之一。曲水流觞同时也在私家园林、皇家园林和一些寺庙园林中形成了专门的景点。最初此类景点往往较为奢华——以铜龙、蛤蟆吐水引入水源，在流杯渠旁或顶部建造大型建筑作为宴会场所，一般称为“禊堂”“曲殿”“流杯殿”“流杯堂”等。如刘宋建康城乐游苑中有林光殿，内有流杯渠，专供禊饮之用。唐代园林趋于写意风格，小巧空灵的流觞亭则开始出现——在亭内设石沟行曲水流觞事。唐代以后这种以流觞亭建筑为主要特征的曲水流觞景点更为盛行，手法也日趋程式化：景点一般均标榜追慕兰亭雅集之风雅，以刻有流水石渠的流觞亭为中心，亭畔运用叠山理水、栽花种竹等造园手段，模拟“崇山峻岭茂林修竹”“清流急湍”的兰亭自然环境。清代园林则以模仿兰亭曲水流觞为主题，设计巧于因借，呈现出多种巧妙变化。如故宫宁寿宫花园禊赏亭、圆明园流杯亭、承德避暑山庄曲水荷香亭等。在长期的发展过程中，曲水流觞景点也随文化交流传到日、韩两国，如韩国的鲍石亭和日本的冈山后乐园“流店”。

在今天，曲水流觞演进到成为传统造园艺术的一个符号，但是它并没有停滞不前，而是因地、因时制宜，产生一法多式的变化。一方面，写意山水式曲水流觞简洁鲜明的形式，深邃而富有生活气息的文化内涵，仍给当代园林设计师带来启迪；另一方面，自然风景式曲水流觞仍延续着旺盛的生命力，我们能在许多近代传统邑郊公共园林中看到它的影子，如贵阳花溪风景点。这启示我们任何传统园林艺术已臻完美无法超越的观点是失之偏颇的，我们在继承和发展传统文化的道路上要适时适地地变化和发展，这才是传统园林艺术生生不息的活力和无穷魅力的源泉。

参考链接

[1]张健.中外造园史[M].武汉：华中科技大学出版社，2009.

[2]周维权.中国古典园林史[M].北京：清华大学出版社，1999.

[3]余开亮，李满意.园林的印迹[M].北京：中国发展出版社，2009.

[4]王其钧.中国园林建筑语言[M].北京：机械工业出版社，2006.

[5]王其钧.图说中国古典园林史[M].北京：中国水利水电出版社，2007.

[6]曹明纲.人境壶天.中国园林文化[M].上海：上海古籍出版社，1994.

[7]唐学山，李雄，曹礼昆.园林设计[M].北京：中国林业出版社，1997.

[8]彭一刚.中国古典园林分析[M].北京：中国建筑工业出版社，1986.

[9]张墀山，叶万忠，廖志豪.苏州风物志[M].南京：江苏人民出版社，1982.

[10]张福祥.杭州的山水[M].北京：地质出版社，1982.

[11]CCTV－9纪录片《园林》.http://jishi.cntv.cn/special/yuanlin/?source=1

课后延伸

1.观看CCTV－9纪录片：《园林》第三集　桃花源有多远

2.阅读《竹林七贤——中国魏晋时期七位名士》一文（引自百度百科）。

3.抄绘北魏洛阳城平面图，思考其对中国封建时代都城规划的影响。

4.根据《洛阳伽蓝记·城内》中有关洛阳华林园的描述，绘制其想象平面图。

5.这一时期私家园林和上一时代相比有哪些变化？这一时期的寺观园林的特点是什么？转折时期的时代审美思想是什么？对后世有什么影响？

第十三章 中国园林全盛时期——隋、唐

课前引导

中国古典园林的全盛期出现于隋、唐两朝代（公元589年至公元960年）。隋朝统一了南北朝，统一了中国。唐朝开创了帝国历史上充满活力的全盛时代，中国传统文化大放异彩。这个时代，中国古典园林也迎来了全盛期，园林风格特征已经基本形成。

隋唐时期，皇家园林形成了大内御苑、行宫御苑、离宫御苑三大御苑的模式。唐代长安城内，大内御苑主要有“三大内”，即西内太极宫、东内大明宫、南内兴庆宫，同时也形成了大内三苑，即西内苑、东内苑和禁苑。除长安城外，在东都洛阳、扬州、成都等经济文化发达地区，兴建了为数众多的行宫御苑和离宫御苑，如华清宫、九成宫等。

隋唐实行科举考试制度，使文人能够有机会参与到国家的政治中来，但取消了世袭制，让参政的文人无后顾之忧。唐代，出现了“隐”与“仕”的结合，即“中隐”之道。园林为唐朝文人“中隐”思想的实现提供了场所，从而使更多的官僚、文人参与到造园中来，致使唐朝私家园林的文人化。代表性的作品有白居易履道坊宅院和庐山草堂、苏轼《永州八记》、王维辋川别业、杜甫浣花溪草堂等。他们营造的园子倾注了自己对自然景观的向往之情。

唐代，采取儒、道、释并尊的政策，佛教、道教已经达到了普遍兴盛的局面。寺、观建筑遍布城内、城郊风景优美地带，尤其是西京长安和东都洛阳。城内的寺、观建筑很多是皇室、官僚、贵戚舍宅而建。有很多的皇帝行宫、离宫御苑被改建成了寺观。寺、观的建设也都有园林或是庭院园林化的建置。佛法提倡“是法平等，无有高下”，寺观为人们提供了平等的公共活动空间。

教学要求

知识点：隋唐时期历史背景；皇家园林；大内御苑；大明宫；禁苑；兴庆宫；行宫御苑；东都苑；离宫御苑；华清宫；九成宫；私家园林；城市私园；郊野别墅园；文人园林；寺观园林；公共园林；隋唐时期园林特征。

重点：掌握隋唐时期园林发展的特征；文人园林；皇家园林。

难点：掌握隋唐时期皇家园林和私家的代表性园林特征，掌握隋唐时期园林发展的特征。

建议课时：4学时。

第一节　背景介绍

一、历史政治

公元581年，北周贵族杨坚废北周静帝，建立了隋王朝。公元589年，隋军南下灭陈，结束了两晋南北朝300余年的分裂局面，中国复归统一。隋文帝杨坚爱惜民力，革除弊政，勤俭治国，社会安定繁荣。其儿子杨广即位后，生活极尽奢侈，增加赋税，还多次发动侵略战争，导致民怨沸腾，最终酿成了隋末农民大起义。各地官僚、豪强乘机叛乱，割据一方。

公元618年，豪强李渊削平割据势力，统一全国，建立唐王朝。唐初经济发展、政局稳定，开创了中国历史上空前繁荣兴盛的局面。中唐以后，边塞各地的节度使拥兵自重，又逐渐形成藩镇割据。天宝年间，节度使安禄山、史思明发动叛乱，唐玄宗被迫出走四川。从此藩镇之祸愈演愈烈，吏治腐败、国势衰落。公元907年，节度使朱全忠自立为帝。唐王朝亡，中国又陷入五代十国的分裂局面。

隋、唐时期，削弱门阀士族势力，维护中央集权，确立科举取士制度，强化官僚机构的严密统治。唐代国势强大，版图辽阔，初唐和盛唐成为古代中国继秦汉之后的又一个昌盛时代，这是一个朝气蓬勃、功业彪炳、意气风发的时代。贞观之治和开元之治把中国封建社会推向发达兴旺的高峰。

二、经济结构

在经济结构中消除庄园领主经济的主导地位，逐渐恢复地主小农经济，并奠定其在宋以后长足发展的基础。隋、唐推行均田制，将部曲和庄客解放为自耕农，佃农制代替了佃奴制。“领主庄园”转化为“地主庄园”，“特权地主”与一般地主趋于合流。士族开始衰落，庶族逐渐兴盛。

隋代开通大运河，加强南方和北方的联系，唐代在此基础上进行建设，以大运河为主干，形成密集的水上交通网。海外交通、贸易大发展，唐王朝已在广州设立市舶司，管理出入海港的船只和国际贸易事务。陆路交通网四通八达，而且远达吐蕃、南诏、回纥等边疆地区。长安城成为“广通渠”的终点，丝绸之路的起点。经济繁荣，社会稳定，人民安居乐业。长安城作为全国的文化、政治中心，也是当时的东方各国所向往之地。

三、文化意识

意识形态上，儒、道、释共尊而以儒家为主，儒学重新获得正统地位。广大知识分子改变了避世和消极无为的态度，通过科举积极追求功名、干预世事，成为治理国家的主要力量。对待外来文化能够在较大范围内积极融合，促成了本身的长足进步和繁荣。

文学艺术方面，诸如诗歌、绘画、雕塑、音乐、舞蹈等，在发扬汉民族传统的基础上吸收其他民族甚至外国的养分而同化融糅，呈现为群星灿烂、盛极一时的局面。绘画的领域已大为开拓，除了宗教画之外还有直接描写现实生活和风景、花鸟的世俗画。按照题材区分画科的做法已具体化，花鸟、人物，神佛、鞍马、山水均成独立的画科。

山水画已而趋于成熟，山水画家辈出，开始有工笔、写意之分。画家通过对自然界山水的观察、概括，再结合毛笔、绢素等工具进行创作，既尊重客观物象的写实，又能注入主观的意念和感情，即所谓“外师造化，内法心源”，确立了中国山水画创作的准则。山水画家总结创作经验，著为“画论”。

唐代已出现诗、画互渗的自觉追求。宋代苏轼评论王维诗画作品的特点在于“诗中有画，画中有诗”。同时，山水画使诗人、画家直接参与造园活动，园林艺术开始有意识地融糅诗情、画意，这在私家园林尤为明显。

传统的木构建筑，无论在技术或艺术方面均已趋于成熟，具有完善的梁架制度、斗拱制度以及规范化的装修、装饰。建筑群在水平方向上表现出院落空间的深远层次，在垂直方向上则以台、塔、楼、阁的穿插，而显示丰富的天际线。

观赏植物的园艺技术进步很大，培育出许多珍稀品种如牡丹、琼花等，也能够引种驯化、移栽异地花木。李德裕在洛阳经营私园平泉庄，曾专门写过一篇《平泉山居草木记》，记录园内珍贵的观赏植物七八十种，其中大部分是从外地移栽的。在一些文献中还提到许多具体的栽培技术，如嫁接法、灌浇法、催花法等。另外，唐代无论宫廷和民间都盛行赏花、品花的风俗习惯。姚氏《西溪丛话》把30种花卉与30种客人相匹配，如牡丹为贵客，兰花为幽客，梅花为清客，桃花为妖客等。

在这样的历史、文化背景下，中国古典园林的发展相应地达到了全盛的局面。长安和洛阳两地的园林，就是隋唐时期的这个全盛局面的集中反映。

四、城市建设

（一）长安

隋、唐是中国古代城市建设的大发展时期。隋文帝杨坚灭北周建立隋王朝，为了笼络以鲜卑贵族为核心的关陇军事集团势力，巩固其统治地位，隋文帝把都城建在关陇军事集团的根据地长安。当时，汉代的长安故城经过长年的战乱已残破不堪，开皇二年（公元 582 年）下诏营建新都于长安故城东南面的龙首原一带，翌年新都基本建成，命名为大兴城（图 13-1）。

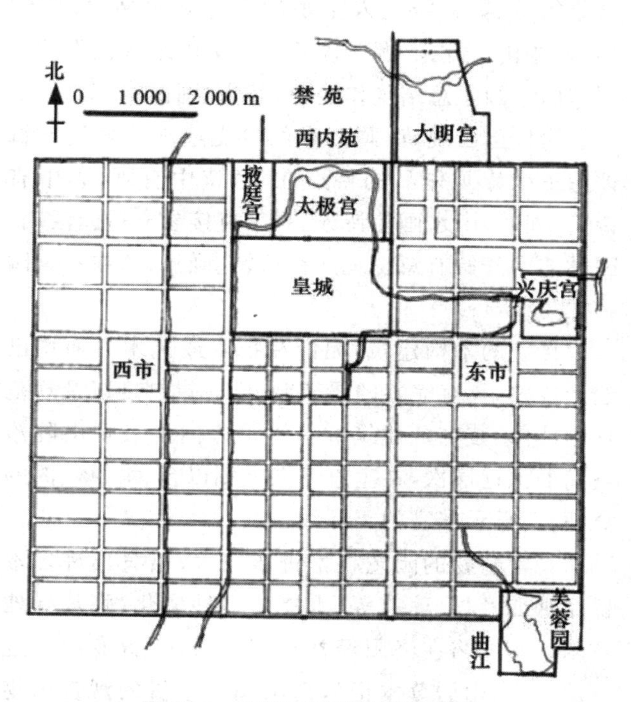

图 13-1 隋唐时期长安城平面图

大兴城东西宽 9.72 km，南北长 8.65 km，面积约为 84 km^2。它的总体规划保持北魏洛阳的特点：宫城偏处大城之北，其中轴线亦即大兴城规划结构的主轴线，由北而南通过皇城和朱雀门大街直达大城之正南门。宫城面积约 4.2 km^2，中部太极宫，西部掖庭宫，东部为太子居住的东宫。皇城内紧邻宫城之南，为衙署区之所在。宫城和皇城构成城市的中心区，其余则为坊里居住区。此外，大兴城的规划还明显地受到当时已常见于州郡级城市的“子城—罗城[①]”制度的影响，宫城和皇城相当于子城，大城相当于罗城（外城）。

全城共有南北街 14 条、东西街 11 条，纵横相交成方格网状的道路系统，形成居住区 108 个“坊”和 2 个“市”，采取市、坊严格分开之制。坊一律用高墙封闭，设坊门供居民出入，坊内概不设店肆，所有商业活动均集中于东、西二市。随着商品经济日渐繁荣，坊、市分离的格局被打破，唐中叶开始出现夜市，坊里兴起了各种商业活动，坊里的封闭高墙逐渐消失。街道的宽窄并不一致，皇城正门以南、位于城市中轴线上的朱雀门大街或称天街，宽达 147 m，大城与皇城之间的街道则更宽阔，达 441 m，形成了皇城前面的广场。

大兴城在建设之初，进行了详细的水利系统的规划，解决了城市用水、宫苑用水和漕运用水问题。大兴城一共有 4 条水道（渠）引入城内：①龙首渠，引浐水分两支入城，供给宫苑用水；②永安渠，引交水由大安坊处穿南垣一直北上，穿过若干坊及西市，北入大兴苑，再入渭河；③清明渠，引沈水由大安坊处穿南垣，与永安渠平行北上，入皇城，再入宫城和大兴苑，供给宫苑用水；④曲江，引黄渠之水，支分盘曲于东南角。此外，再开凿广通渠，把渭水和黄河沟通起来，供漕运之用。这一整套完善的水系一直沿用到唐代，唐代仅开辟了一条运材木和薪炭至西市的漕渠，作为补充（图 13-2）。

隋代的大兴城整体建设并未完工，太原太守李渊起兵，直取大兴城，建立唐朝，仍定都大兴城，改名长安城，唐代对长安城大的变更主要是修建两大宫殿，其一是在国都北面修建大明宫；其二是修建了兴庆宫。

---

① 所谓“子城—罗城”制度，即统治机构的衙署、府邸、仓储、宴宾与游息、甲仗、监狱等部分均集中于城垣围绕的子城（内城）内，其外环建范围宽阔的罗城（外城）以容纳居民坊、市以及庙宇、学校等公共部分。控制全城作息生活节奏的报时中心——鼓角楼，即为子城的门楼。（郭湖生：《隋唐长安》，载《建筑师》，1994(4)）

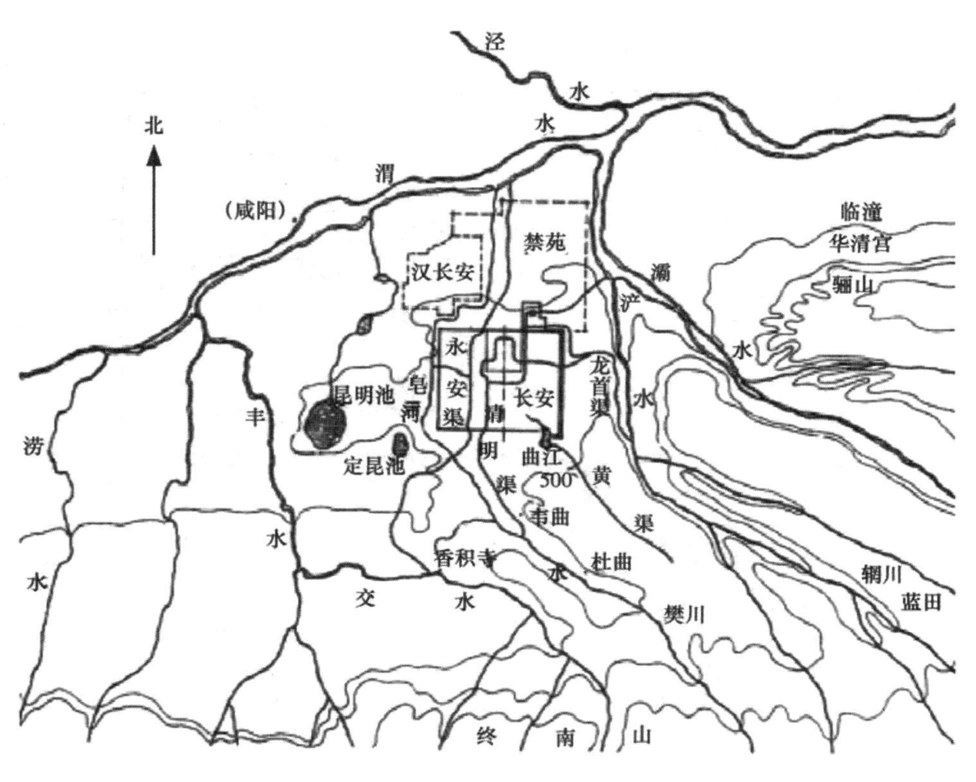

图 13-2　唐长安城近郊平面图

(二)洛阳

隋炀帝大业元年(公元 605 年)在洛阳另建新都,次年完工。唐代则以洛阳为东都,长安为西京,正式建立"两京制"①。唐代的两京制,始于高宗显庆二年(公元 657 年)。初唐以来,洛阳逐渐成为关东、江淮漕粮的集散地,运往长安的漕粮必先存储于洛阳。武则天执政期间,大部分时间住在洛阳,只有两年住在长安。唐玄宗开元年间,就曾 5 次来洛阳。安史之乱后,洛阳残破不堪,政治地位明显下降。

隋、唐之洛阳城的规划与长安大体相同,不过因限于地形,城的形状不如长安城规矩(图 13-3)。根据遗址实测,外郭城之东墙长 7.3 km、西墙 6.8 km、北墙 6.1 km、南墙 7.3 km。宫城、皇城偏居大城之西北隅,都城中轴线一改过去的居中的惯例,它北起邙山,穿过宫城、皇城、洛水上的天津桥、外郭城的南门定鼎门,往南一直延伸到龙门伊阙。居住区由纵横的街道划分为 103 个坊里,设北、南、西 3 个市。坊里也设封闭高墙,中唐以后逐渐拆毁而开设商店。

城内纵横各 10 街。"天街"自皇城之端门直达定鼎门,宽百步,长八里,当中为皇帝专用的御道,两旁道泉流渠,种榆、柳、石榴、樱桃等行道树。城内水道密集,供水和水运交通十分方便。宫城隋名紫微城,唐名洛阳宫,是皇帝听政和日常居住的地方。皇城隋名太微城,围绕在宫城的东、南、西三面,呈"凹"形,为政府衙署之所在,南面的正门名端门。禁苑在洛阳城西,隋名西苑,唐名东都苑,其规模比洛阳城还大。

① 两京制:两京同样设置两套宫廷和政府机构,贵戚、官僚也分别在两地建置邸宅和园林。

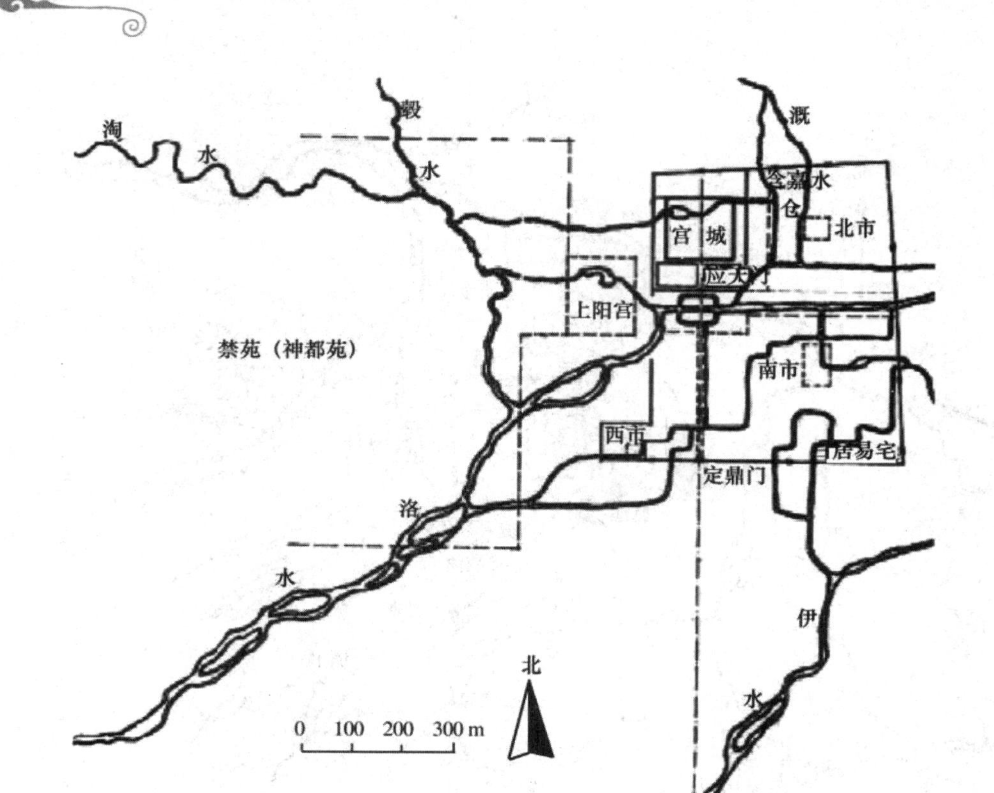

图 13-3 隋唐洛阳平面图

第二节 皇家园林

隋、唐皇家园林主要集中在长安和洛阳，多建于隋朝、唐初、盛唐时期。皇家园林形成了大内御苑、行宫御苑、离宫御苑这 3 种类别。隋唐是我国园林艺术的成熟时期，当时西安、洛阳等大都市，造园之风十分兴盛，整个造园艺术呈现一派繁荣景象。皇家园林表现出了皇家气派，这种皇家气派不仅表现在园林规模的宏大、建筑类型的多样，而且反映在园林的总体布局和局部的设计处理上。随着唐朝的衰落，皇家园林的全盛局面逐渐消失，最终一蹶不振。

一、大内御苑

大内御苑紧邻宫廷区的后面或一侧，呈宫、苑分置的格局，但宫苑之间并不是相互独立的，宫殿建筑空间和园林空间相互渗透、穿插，形成皇家气派的园林形式。隋唐时期三大内，即东内大明宫、西内太极宫、南内兴庆宫。

(一)大明宫

大明宫地处龙首原高地上，位于长安城北门玄武门东侧，紧邻西内苑和东内苑，又称“东内”。与其相对的是宫城太极宫(西内)，是除太极宫外的另一处大内宫城，面积约 32 hm^2，沿城墙共设 11 座宫门，整体呈南北宫苑分离格局，北部为宫廷区，南部为大内御苑，宫廷区的宫殿建筑呈中轴对称布局。大明宫的正南门丹凤门正对含元殿，雄踞龙首原最高处，其后为宣政殿，再后为紫宸殿(即正殿)，之后为蓬莱殿。

含元殿的残存遗址仍高出地面约 10 m，殿面阔 11 间，殿前有 75 m 长的坡道，左右两侧有翔鸾、栖凤两阁楼，由曲尺形廊子与含元殿相连，巨大的建筑群充分体现了宫殿建筑的磅礴气势。

园林区地势急剧下降，形成平地，中央为大水池

“太液池”，面积约 1.6 hm^2，池中建蓬莱山，山上遍植花木，尤以桃花为盛，沿太液池建回廊 400 余间。园中还设有佛寺、道观、浴室、暖房、讲堂、学舍等。麟德殿是位于园林西北高低上，据考古发现它由前、中、后 3 座殿组成，面阔 11 间，进深 17 间，面积是北京故宫太和殿的 3 倍，由此可以想象大明宫的规模之宏达。

(二)禁苑

禁苑位于长安宫城北面，紧接长安城，即隋朝大兴苑，又称三苑，其中包括禁苑、西内苑和东内苑 3 部分林苑，同时还包括汉代长安古城。

禁苑的范围辽阔，清代徐松的《唐两京城坊考》载：禁苑者，隋之大兴苑也，东界浐水，北枕渭河，西面包入汉长安故城。东西二十七里，南北三十二里，周一百二十里，南面的苑墙即长安城北城墙，设三门，东西苑墙各设二门，北苑墙设三门，管理机构为东、西、南、北四监，分掌各区种植及修葺园苑等，又置总监都统之，皆隶司农寺。禁苑的地势南高北低，禁苑用水主要由永安渠、清明渠等水渠解决供给(图 13-4)。禁苑占地面积大，林木茂密，建筑数量少，地面空旷，功能多样。禁苑是皇帝休闲娱乐的主要场所，同时也具有生产、狩猎、军事防御功能。禁苑中驯养野兽、马匹等家禽野兽，种植水果蔬菜，驻扎神策军、龙武军、羽林军，设左军碑、右军碑。禁苑中还有 24 处建筑群，即“苑中宫亭，凡二十四所”如鱼藻宫、望春宫、蚕坛亭、临渭亭、梨园、葡萄园、芳林园、成宜宫、未央宫。此外，苑内尚有飞龙院、骥德殿、昭德宫、虎圈等殿宇，以及亭 11 座、桥 5 座。

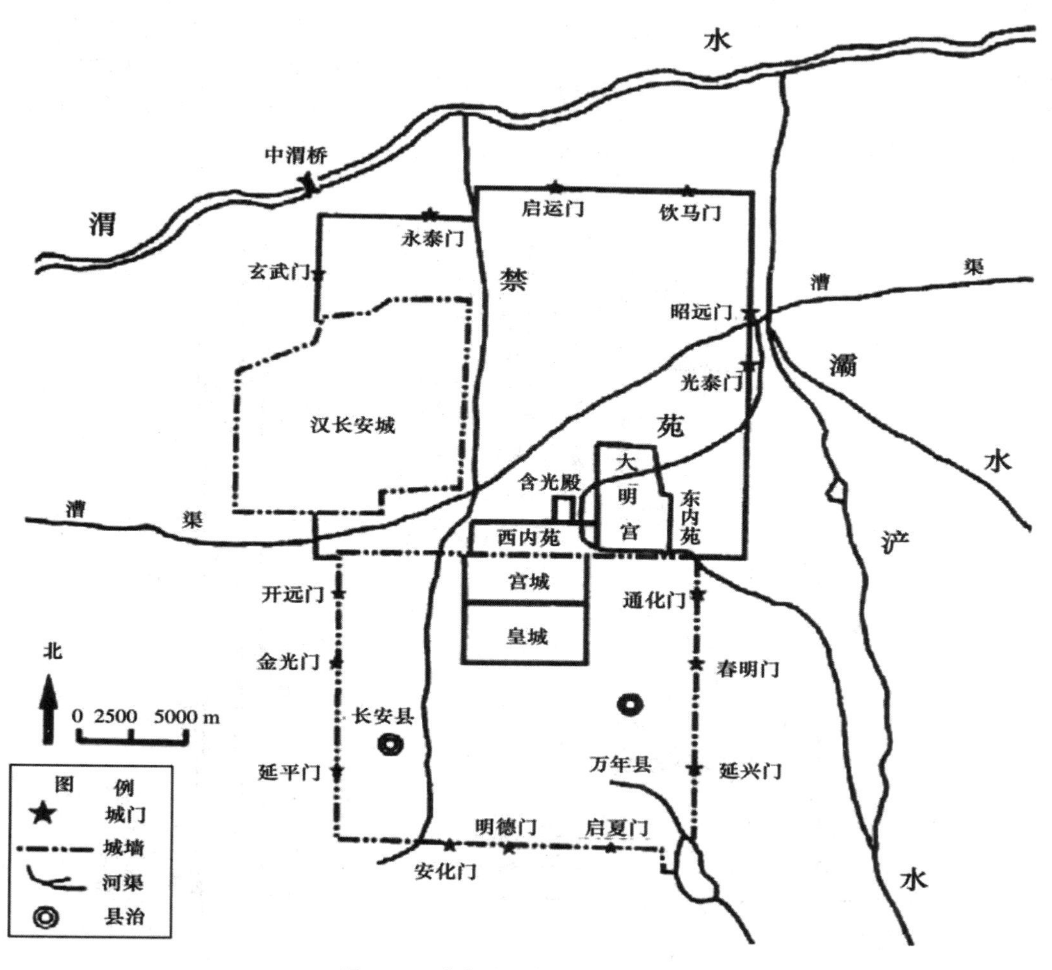

图 13-4　唐长安城禁苑平面示意图

西内苑在西内太极宫之北，亦称北苑，为东西长、南北短的矩形地块，玄武门即其南苑门，北、东、西各一个苑门。据《唐两京城坊考》记载，苑内的殿宇建筑共有3组。以玄武门为界分为东、西两组，东侧的一组为观德殿、含光殿、冰井台、樱桃园、拾翠殿、看花殿、歌舞殿，西侧的一组为广达楼、永庆殿、通过楼；西侧苑门外大安宫为一组。“武德五年（公元622年），高祖以秦王有克定天下功，特降殊礼，别建此宫以居之，号弘义宫。至贞观三年（公元629年）徙居之，改名日大安宫。”西内苑是皇家主要的居住和休闲娱乐场所。

东内苑即东苑，位于大明宫东侧，三苑中面积最小，是一处南北长、东西窄的狭长区域。东苑内有龙首池，是苑林区的中心，池北是龙首殿，池东是灵符应圣院，池南是凝晖殿、内教坊、看乐殿、小儿坊、御马坊等建筑。龙首池是主要的求雨和赛龙舟场所，也是东内苑的皇家的娱乐场所。

（三）兴庆宫

兴庆宫又称“南内”，位于皇城东南面的兴庆坊内。兴庆坊原名隆庆坊，唐玄宗李隆基为太子时居住于此，玄宗继位后，扩建隆庆坊，改名兴庆宫。据考古勘测，东西宽1.08 km，南北长1.25 km，有甬道通往大明宫和曲江，皇帝出行“往来两宫，人莫知之”。

兴庆宫是北宫南苑格局，北半部为宫廷区，南半部为苑林区。根据《唐两京城坊考》的叙述，宫廷区分为中、东、西3个跨院，中间院落正殿为南薰殿，西侧院落正殿为兴庆殿，东路侧院落有“新射殿”和“金花落”。正宫门设在西路之西墙，名兴庆门。兴庆宫遗址现已开放为兴庆公园。

苑林区的面积稍大于宫廷区，苑内以近椭圆形的龙池为中心，池的遗址面积约1.8 hm^2。苑内主体是龙池西南侧的建筑“花萼相辉楼”和“勤政务本楼”，这里也是玄宗接见外国使臣、测试举人以及举行各种仪典、娱乐活动的地方。据考古探测，勤政务本楼即建在一道城墙之上，面阔5间共26.5 m，进深3间共19 m，平面呈长方形，面积约500 m^2（图13-5）。

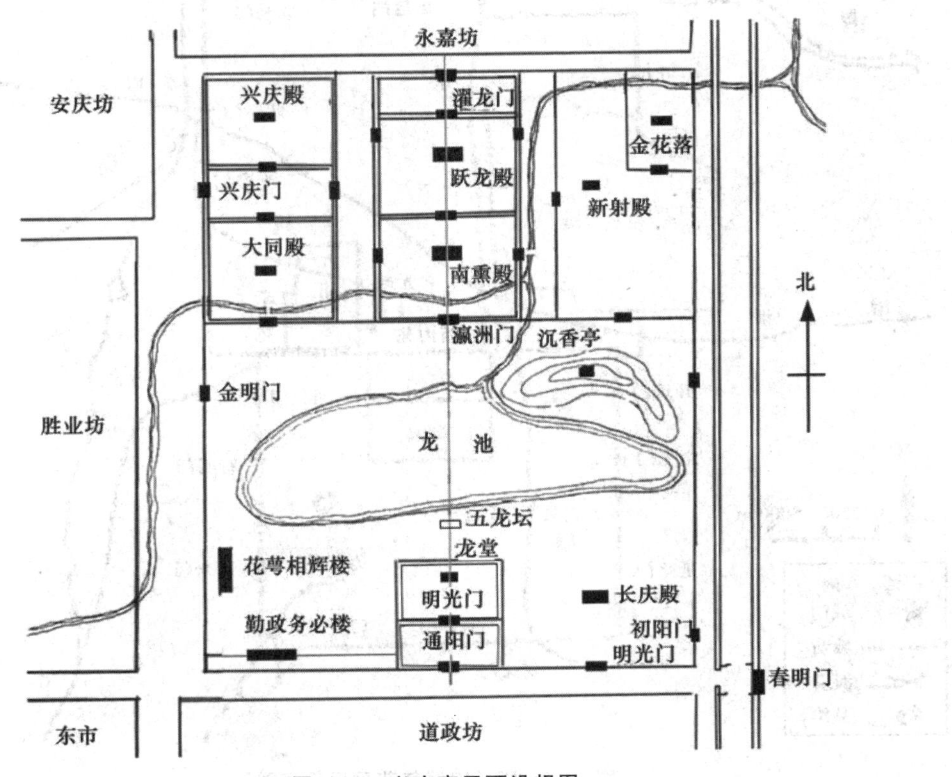

图13-5　兴庆宫平面设想图

兴庆宫还是唐玄宗与杨贵妃观赏牡丹的地方。杨贵妃酷爱牡丹，在龙池东北的土山上建“沉香亭”，亭周围种植各种花色的牡丹，形成了牡丹观赏区。安史之乱后，兴庆宫已经非常凄凉，唐玄宗从四川重回长安，仍居住在兴庆宫，睹物思人，回味那段美好往事。

二、行宫御苑

东都苑(隋西苑)。隋朝西苑又称会通苑，即显仁宫，唐朝改名东都苑，武则天又称神都苑，位于洛阳城西，与洛阳城同时修建，是一处特大型的人工山水园，属于皇家行宫御苑。据《大业杂记》《元河南志》记载：西苑周回二百二十九里一百三十八步，比洛阳城大十倍。西苑共有十四门，东墙二门，南墙三门，北墙四门，西墙五门(图 13-6)。西苑苑址范围内是一片略有丘陵起伏的平原，北背邙山，西、南两面都有山丘作为屏障。洛水和穀水贯流其中，水资源十分充沛。

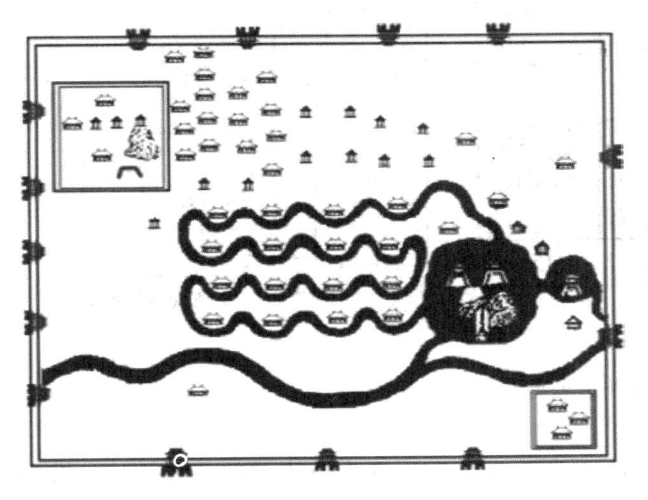

图 13-6　隋上林西苑图

西苑是一座大型的人工山水园，以人工开凿的最大水域“北海”为中心。海中设有蓬莱、方丈、瀛洲3座仙岛，海的北面有人工开凿的水渠即“龙鳞渠”，宽二十步，蜿蜒曲折地流经“十六院”，即16组建筑群，最后注入北海。海的东面是曲水池和曲水殿，海的南面还有5个较小的湖泊，象征着帝国版图。

据《大业杂记》记载，“十六院”各有院名：延光院、明彩院、合香院、承华院、凝晖院、丽景院、飞英院、流芳院、耀仪院、结绮院、百福院、资善院、长春院、永乐院、清暑院、明德院。“置四品夫人十六人，各主一院”，每一院住美人二十，各开东、西、南三个院门，三院门都临渠开设。院内种植奇花异草，树丛中点缀各式小亭，院外龙鳞渠环绕，渠上跨飞桥。“每院另置一屯，用院名名之。屯别置正一人、副二人，并用宫人为之。其屯内备养刍豢，穿池养鱼，为园种蔬、植瓜果，肴膳水陆之产，靡所不有。”十六院相当于16座园中之园，它们之间以龙鳞渠串联为一个有机的整体，构成园中有园的集群式园林，是一种创新的规划方式。

西苑采用秦汉以来“一池三山”的皇家宫苑模式。山上建筑仅具求仙的象征意义，其主要功能是休闲娱乐。苑中龙鳞渠、北海、曲江池、五湖摹拟自然水体形式，构成了一个完整的水系，形成了西苑层次丰富的山水空间。西苑内建筑规模宏大，植物种植范围广，种类丰富，山水地形富于变化。西苑建设是一个庞大而复杂的工程，进行施工前必须进行详细的规划设计，才能保证其顺利进行。因此，它在设计规划方面的成就具有里程碑意义，它的建成标志着中国古典园林全盛期到来。

唐代，西苑改名东都苑，武后改名神都苑，面积缩小，水系未变，建筑物有所增减，或改名。据《唐六典·司农寺》的记载，唐代的东都苑主要是从事农副业生产的经济实体，是与汉代上林苑颇相类似的皇家庄园。皇家园林的职能已退居次要地位，仅仅相当于设在庄园内的一些作为避暑、休闲之用的殿堂。另据《元河南志一唐城阙古迹》：唐东都苑周四十七门，其中有十四门沿用隋代之旧门，只增设了三座新门。隋朝北海更名凝碧池，也称积翠池，在龙鳞渠畔建龙鳞宫，位于苑中央位置。在东都苑西北角、东北角、东南角内增加了许多宫殿厅堂。武德贞观之后，苑内逐渐萧条。

三、离宫御苑

(一)华清宫

华清宫在今西安城以东 35 km 的临潼区骊山北坡，渭河南侧。骊山层峦叠翠，山形秀丽，植被茂

密，远看形似骏马，故名骊山。骊山北麓即华清宫所在。

据《长安志》：秦始皇始建温泉宫室，名"骊山汤"，汉武帝、隋文帝时又多加修葺。唐代，天宝六年（公元 747 年）扩建，改称"华清宫"，骊山温泉一直是皇家浴场。安史之乱后，华清宫逐渐荒废。

华清宫规划以长安城作为蓝本：会昌城相当于长安的外廓城，北部的宫廷区相当于长安的宫城，南部的苑林区与骊山风景相连，则相当于禁苑，形成了北宫南苑格局的离宫御苑。

华清宫的宫廷区布局呈方形，两重城垣。北门为正门，即津阳门，东门开阳门，西门望京门，南门昭阳门。望京门至长安城间设有复道，作为皇帝的专用通道。宫廷区的北半部是皇帝生活起居和处理朝政的地方，其中前殿、后殿相当于朝区，瑶光楼和飞霜殿为皇帝寝宫。宫廷区南部是温泉汤池区，分布着 8 处汤池，九龙汤又名莲花汤，是皇帝的御用汤池（图 13-7）。

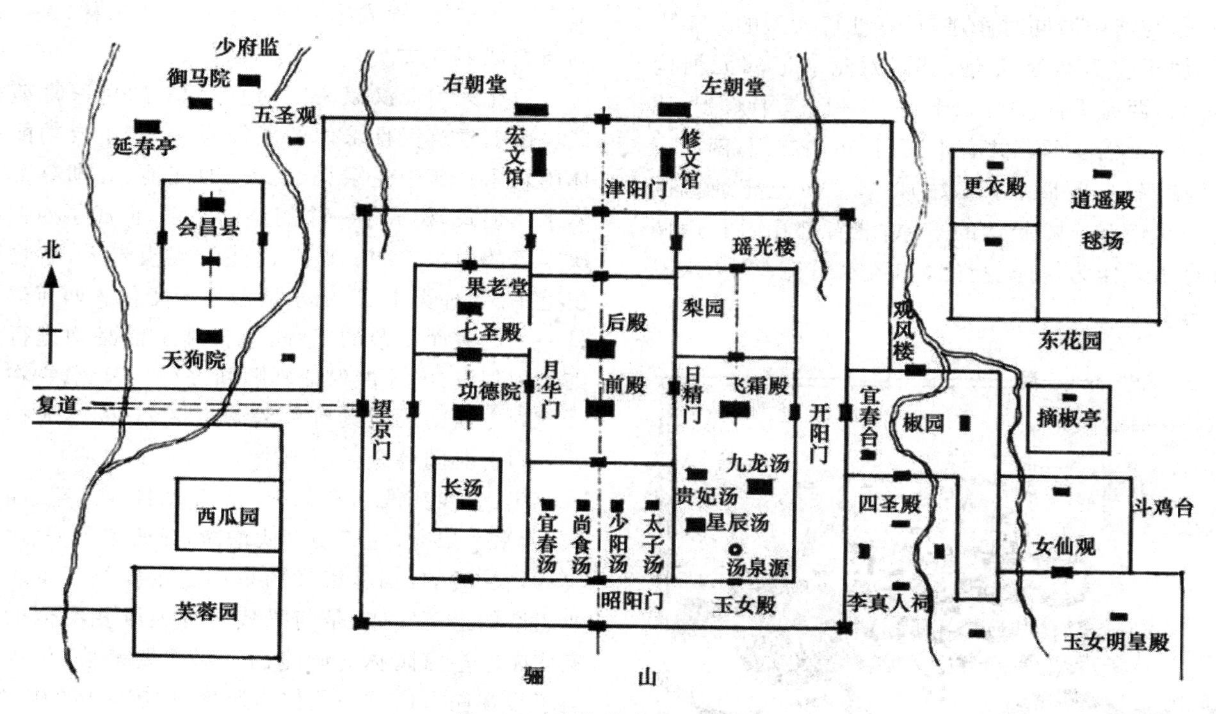

图 13-7　唐华清宫平面设想图

苑林区即骊山北坡的山岳风景，风景中点缀建筑物形成独具特色的景观，山麓以花卉和果木为主，具有生产功能的小型园林，在这里还进行了人工绿化栽植，使得骊山北坡植被繁茂，郁郁葱葱。骊山的山腰则以山石、瀑布等自然景观为主。山顶则点缀建筑，主要有朝元阁、长生殿、王母祠、福岩寺、烽火台、老母殿、望京楼等建筑物（图 13-8）。相传烽火台，即周幽王与宠妃烽火戏诸侯的地方。长生殿则是皇帝到朝元阁进香前斋戒沐浴的地方，相传唐玄宗与杨贵妃在此许下诺言，即白居易《长恨歌》中的"七月七日长生殿，夜半无人私语时；在天愿作比翼鸟，在地愿为连理枝"的故事。诗人杜牧《过华清宫绝句》这样描写骊山之景"长安回望绣成堆，山顶千门次第开。一骑红尘妃子笑，无人知是荔枝来。"

图 13-8　唐华清宫复原模型

(二)九成宫

九成宫在今西安城西北 163 km 的麟游县新城区,建于隋开皇十三年(公元 593 年),名为仁寿宫,取"尧舜行德,而民仁寿"之意。唐贞观五年(公元 631 年),唐太宗修复,改名九成宫,唐高宗永徽二年(公元 651 年)改名万年宫,乾封二年(公元 667 年)又恢复九成宫之名,安史之乱后,这里逐渐荒废。

隋代仁寿宫建在"万叠青山但一川"的杜河北岸,这里山林荟萃,四季泉流密布,海拔 1 100 m,夏季微风拂面,据考古探测,宫墙东西 1 010 m,南北约 300 m。仁寿宫是一处规模宏大夏季避暑的离宫御苑,被誉为"离宫之冠"。唐代九成宫是在隋代旧宫的基址上重建而成的,唐太宗、唐高宗经常到此避暑。

九成宫建有内、外两重城墙,城内宫廷区相当于宫城,它前面是杜水,北倚碧城山,东是童山,西邻屏山,南面隔河正对堡子山,山上林木茂密。宫城设三门,即南门永光门、东门东宫门、西门玄武门。正殿"丹霄殿"(即隋"仁寿殿")位于西部山丘天台山上,正殿之后是寝宫。宫廷区建筑群因势随形,豪华壮丽(图 13-9)。

宫城之外、外垣以内的山岳地带为禁苑,也就是苑林区。苑林区在宫城的南、西、北三面,周围的外垣沿山峦的分水岭修建,宫城西侧"绝壑为池",称为西海。苑内山水呼应,自然风光优美。宫城北面的碧城山顶位置最高,建置一阁、二阙亭,可供远眺观景之用。西海靠近玄武门处,为一高约 60 m 的瀑布,从西海南岸隔水观望宛若仙山琼阁。西海的南岸高台之上建一水榭,两侧出阙亭,东、西连接复道及龙尾道下至地面,北面连接复道至北海岸边。

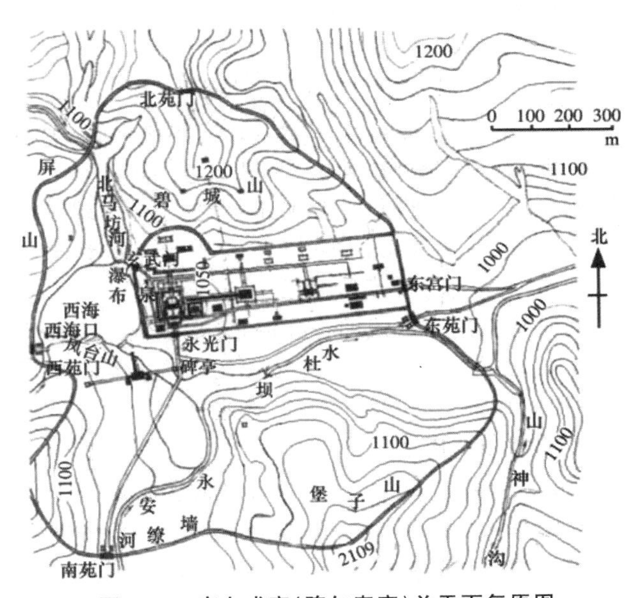

图 13-9　唐九成宫(隋仁寿宫)总平面复原图

九成宫是建筑结合自然山水设计的典范,具有宫廷的皇家气派,是许多诗人画家竞相讴歌赞美的风景名胜。中唐后,九成宫闲置,到此游览的文人墨客更是络绎不绝,并留下许多名诗佳作。

第三节　私家园林

隋、唐时期,国家统一,经济、文化繁荣,相对稳定的局面达 300 多年。在安定团结和太平盛世的历史背景下,人们开始追求园林享受的乐趣,唐代的私家造园活动更加频繁,西京长安、东都洛阳作为全国政治、经济、文化中心,民间造园之风更甚。

唐承隋制,实行科举考试制度,即通过科举考试

遴选政府各级官吏。政权机构已不再为门阀士族所垄断，广大庶族、地主知识分子有了进身之阶。知识分子一旦取得官僚的身份，便有了优厚的俸禄和相应的社会地位，却没有了世袭的保证。

宦海浮沉，升迁与贬谪无常，身处高位，不无后顾之忧。知识分子们多采用"达则兼济天下，穷则独善其身"的处世哲学，将园林生活视为"显达"和"穷通"之间的缓冲，既可以居庙堂而寄情于林泉，又能够居林泉而心系于庙堂，凡属官宦者几乎都刻意经营自己的园林视为"桃园"。唐代确立的官僚政治，逐渐在私家园林中催生出一种特殊的园林风格——士流园林。

科举取士制度施行以后，隐士越来越少，更多的是"隐于园"。白居易《中隐》提到"大隐住朝市，小隐入丘樊。丘樊太冷落，朝市太嚣喧。不如作中隐，隐在留司官。似出复似处，非忙亦非闲。不劳心与力，又免饥与寒。终岁无公事，随月有俸钱。君若好登临，城南有秋山。君若爱游荡，城东有春园。人生处一世，其道难两全。贱即苦冻馁，贵则多忧患。唯此中隐士，致身吉且安。穷通与丰约，正在四者间"。白居易的"中隐"思想被士人们普遍接受。隐逸的行为已不必"归园田居"，更不必"遁迹山林"，园林生活完全可以取代。于是，士人们把理想感情寄托于园林，在园林生活中尽享隐逸之乐。因此，中唐的文人士大夫都竞相兴造园林，竞相"隐于园"。在这种社会风尚的影响下，士流园林开始兴盛起来。

一、城市私园

长安和洛阳作为首都，私家园林集中荟萃。扬州地区作为大运河的南端码头，江淮交通的枢纽，城市经济发达，私家园林亦不在少数。成都作为巴蜀重镇，是西南地区经济文化的中心，其私家园林也颇多，如著名诗人杜甫的浣花溪草堂。

城市私园主要由达官显贵、皇亲国戚和富豪巨商所建，园林中有绮丽豪华和清幽雅致两种格调并存。

履道坊宅院位于洛阳履道坊的西北隅，洛水流经此地，被认为是城内"风水土木"最胜之地。长庆四年(公元 824 年)，白居易在旧园的基础上稍加修葺改造，形成了前宅后院的格局，并作为晚年生活的居所，也是他以文会友的场所。同光二年(公元 924 年)，宅园改为佛寺。

白居易还为他心爱的宅院写了一篇《池上篇》的文章，篇首的长序详尽地描述了宅院的情况。宅园共占地 17 亩，其中"屋室三之一，水五之一，竹九之一，而岛树桥道间之"。"屋室"包括住宅和游憩建筑，"水"指水池和水渠，水池面积很大，为园林的主体，池中有 3 个岛屿，其间架设拱桥和平桥相联系。在水池的东面建粟廪，北面建书库，西侧建琴亭，亭内置石樽。他本人"罢杭州刺史时，得天竺石一、华亭鹤二以归，始作西平桥，开环池路。罢苏州刺史时，得太湖石、白莲、折腰菱、青板舫以归，又作中高桥，通三岛径。罢刑部侍郎时，有粟千斛、书一车，洎臧获之习筦、磬、絃歌者指百以归"。友人陈某曾赠他酿酒法，崔某赠他以古琴，姜某教授他弹奏《秋思》之乐章，杨某赠他 3 块方整、平滑、可以坐卧的青石。大和三年(公元 829 年)夏天，白居易被委派到洛阳任"太子宾客"的闲散官职，遂得以经常游于此园。于是，便把过去为官三任之所得、四位友人的赠授全都安置在园内。"每至池风春、池月秋，水香莲开之旦、露青鹤唳之夕，拂杨石，举陈酒，援崔琴，弹姜《秋思》。颓然自适，不知其他。酒酣琴罢，又命乐童登中岛亭，合奏《霓裳·散序》，声随风飘，或凝或散，悠扬于竹烟波月之际者久之。曲未尽而乐天陶然，已醉，睡于石上矣。"

白居易建造履道坊宅院的目的在于寄托精神和陶冶性情，那种清纯幽雅的格调和"城市山林"的气氛，也恰如其分地体现了当时文人的园林观——以泉石竹树养心，借诗酒琴书怡性。

二、郊野别墅园

所谓别墅园，即建在郊野地带的私家园林，它源于魏晋南北朝时期的别墅、庄园，在唐代统称之为别业、山庄、庄，规模较小者也叫作山亭、水亭、田居、草堂等。隋唐时期，西京长安和东都洛阳城内的私园集萃，在郊野别墅建设私园的情况也非常普遍。

据文献记载，在长安城东郊一带，集中了皇亲贵族、大官僚的别墅园，如太平公主、安乐公主、宁王等人别业。这里接近皇帝宫苑，水源丰富，别墅园林格调奢华，富丽堂皇。而在长安城南郊一带，集中了文人、官僚们的别墅。这里风景优美，靠近终南山，地形起伏变化，多溪流分布，别墅园林格调朴素无华、富有乡村气息。除两京外，在经济、文化繁荣的城市，如扬州、杭州、成都等城市的近郊和远郊，也都有别墅园林的建设。

从文献记载来看，唐代别墅园的建置，大致可分为 3 种情况：一是单独建置在城市的近郊，且风景比较优美的地带；二是单独建置在风景名胜区内；三是依附于庄园而建置。

(一)浣花溪草堂

大诗人杜甫的浣花溪草堂属于第一种情况，单独建在成都西郊浣花溪畔。杜甫为躲避安史之乱，来到成都，在友人剑南节度使严武的帮助下，于浣花溪畔建成草堂两间。

杜甫在《寄题江外草堂》诗中简述了兴建这座别墅园林的经过："诛茅初一亩，广地方连延；经营上元始，断手宝应年。敢谋土木丽，自觉面势坚；台亭随高下，敞豁当清川；虽有会心侣，数能同钓船。"可知园的占地初仅一亩，随后又加以扩展。建筑布置随地势之高下，充分利用天然的水景，"舍南舍北皆春水，但见群鸥日日来"。园内的主体建筑物为茅草葺顶的草堂，建在临浣花溪的一株古楠树的旁逸，"倚江楠树草章前，故老相传二百年；诛茅居总为此，五月仿佛闻寒蝉"。园内大量栽植花木，"草堂少花今欲栽，不用绿李与红梅竹。杜甫曾写过《诣徐卿觅果栽》《凭何十一少府邕觅桤木栽》《从韦二明府续处觅绵竹》等诗，足见园主人当年处境贫困。满园花繁叶茂，荫浓蔽日，再加上浣花溪的绿水碧波，以及翔泳其上的群鸥，构成一幅极富田园野趣而又寄托着诗人情思的天然图画。

杜甫在草堂共住了 3 年 9 个月，写诗 200 余首，以后草堂逐渐荒芜。唐末，诗人韦庄寻得归址，出于对杜甫的景仰而加以修葺。此后，又经过十余次的重修改建。最后一次重修在清嘉庆十六年（公元 1811 年），大体上奠定今日"杜甫草堂"之规模。

(二)庐山草堂

白居易的庐山草堂属于第二种情况，在风景名胜区庐山单独建置。唐代，在已经开发的风景名胜区修建别墅园林非常兴盛。很多文人、官僚们在风景优美地段兴建别墅园。

元和年间，白居易任江州司马时在庐山修建"草堂"，并自传《草堂记》。由于这篇著名文章的广泛流传，庐山草堂亦得以流传。

园址选在香炉峰之北、遗爱寺之南的一块"面峰腋寺"的地段上，这里"白石何凿凿，清流亦潺潺；有松数十株，有竹千余竿，松张翠伞盖，竹倚青琅玕。其下无人居，悠哉多岁年。有时聚猿鸟，终日空风烟"。

草堂建筑和陈设极为简朴，"三间两柱，二室四墉。洞北户，来阴风，防徂暑也；敞南甍，纳阳日，虞祁寒也。木，斲而已，不加丹；墙，圬而已，不加白；墄阶用石，幂窗用纸，竹帘贮帏，率称是焉。堂中设木榻四，素屏二，漆琴一张，儒道佛书各三两卷"。

草堂窗前为一块约十丈见方的平地，平地当中有大平台，台的南面是方形水池，面积约为平台的一倍。草堂南面，"南抵石涧，夹涧有古松、老杉，大仅十人围，高不知几百尺……松下多灌丛、萝茑，叶蔓骈织，承翳日月，光不到地。盛夏风气如八九月时。下铺白石为出入道"。草堂北面，"堂北五步，据层崖积石，嵌空垤块，杂木异草，盖覆其上。……又有飞泉，植茗，就以烹燀"。草堂东面，"堂东有瀑布，水悬三尺，泻阶隅，落石渠，昏晓如练色，夜中如环珮琴筑声"。草堂西面，"堂西依北崖右趾，以剖竹架空，引崖上泉，脉分线悬，自檐注砌，累累如贯珠，霏微如雨露，滴沥漂洒，随风远去"。

草堂远处的景观亦冠绝庐山，"春有'锦绣谷'花，夏有'石门涧'云，秋有'虎溪'月，冬有'炉峰'雪，阴晴显晦，昏旦含吐，千变万状，不可殚记，覼缕而言，故云'甲庐山'者"。

白居易贬官江州司马，心情十分悒郁，尤其需要山水泉石作为精神的寄托。司马又是一个清闲差事，有足够的闲暇时间到庐山草堂居住，"每一独往，动弥旬日"。因而把自己的全部情思寄托于这个人工经营与自然环境完美和谐的园林上。庐山草堂成了白居易退居林下、独善其身，享受泉石之乐的场所。

(三)辋川别业

王维的“辋川别业”属于第三种情况,依附于庄园的文人别墅园。唐初制定的“均田制①”逐渐瓦解,土地兼并和买卖盛行起来。中唐“两税法②”的实施,更导致土地买卖成为封建地主取得土地的重要手段。显宦权贵们成了土地和庄园的主人,他们身居城市,坐收佃租,同时也依附于庄园建置园林——别墅园,作为闲暇时消闲的地方,亦可为颐养天年之所。许多人有城内的宅园、郊外的别墅,还拥有庄园别墅,成为显示其财富和地位的标志。

王维,字摩诘,诗人、画家,也是虔诚的佛教徒和佛学家。王维早年仕途顺利,安禄山叛军占据长安时,被迫担任伪职,安史之乱后,官迁尚书右丞,晚年辞官终老辋川,世称“王右丞”。

辋川别业在陕西蓝田县南约 20 km。这里山岭环抱、谿谷辐辏有若车轮,故名“辋川”。这里原是初唐诗人宋之问的庄园,王维购得后,根据庄园天然山水地形和植被情况进行了整治重建。《辋川集》中记载了别业建成之后,一共有 20 处景点:孟城坳、华子岗、文杏馆、斤竹岭、鹿柴、木兰柴、茱萸沜、宫槐陌、临湖亭、南垞、欹湖、柳浪、栾家濑、金屑泉、白石滩、北垞、竹里馆、辛夷坞、漆园、椒园。

王维曾邀请好友裴迪来辋川别业小住,二人结伴同游,赋诗唱和,共写成 40 首诗,分别描述了 20 个景点的情况,结集为《辋川集》。王维还画了一幅《辋川图》长卷,对辋川的 20 个景点进行了逼真、细致的描绘。《辋川集》中对 20 个景点的描述顺序很可能就是园内的一条主要的游览路线,我们不妨循着这条路线,设想辋川别业当时的景象。

(1)孟城坳。辋川别业的主要入口。《辋川志》:“过北岸关上村,高平宽敞,旧志云:即孟城门,右丞居第也。”裴迪诗:“结庐古城下,时登古城上。古城非畴昔,今人自来往。”

(2)华子冈。以松树林为主的山冈,这里是辋川的最高点。裴迪诗:“落日松风起,还家草露晞;云光侵履迹,山翠拂人衣。”王维诗:“飞鸟去不穷,连山复秋色。”

(3)文杏馆。以文杏木为梁、香茅草作屋顶的厅堂,这是园内的主体建筑物。馆南面是山岭,北面临大湖,西面的清源寺,原为邸宅,后施舍作为佛寺。裴迪诗:“迢迢文杏馆,跻攀日已屡.南岭与北湖,前看复回顾。”王维诗:“文杏裁为梁,香茅结为宇;不知栋里云,去作人间雨。”

(4)斤竹岭。山岭上遍植竹子,一弯溪水绕过,一条山道相通,满眼青翠,掩映着溪水涟漪。裴迪诗:“明流纡且直,绿筿密复深;一径通山路,行歌望旧岑。”王维诗:“檀栾映空曲,青翠漾涟漪;暗入商山路,樵人不可知。”

(5)鹿柴。用木栅栏围起来的一大片森林地段,其中放养麋鹿。裴迪诗:“日夕见寒山,便为独往客;不知深林事,但有麏麚迹。”王维诗:“空山不见人,但闻人语响;返景入深林,复照青苔上。”

(6)木兰柴。用木栅栏围起来的一片木兰树林,溪水穿流其间,环境十分幽静。裴迪诗:“苍苍落日时,鸟声乱谿水;缘谿路转深,幽兴何时已。”

(7)茱萸沜。生长着繁茂的山茱萸花的一片沼泽地。王维诗:“结实红且绿,复如花更开;山中傥留客,置此芙蓉杯。”从诗句可以看出,王维经常在这里饮酒、赏花、赋诗。

(8)宫槐陌。两边种植槐树(守宫槐)的林荫道,一直通往欹湖。裴迪诗:“门前宫槐陌,是向欹湖道;秋来山雨多,落叶无人扫。”

(9)临湖亭。欹湖岸边的一座亭子,凭栏可观赏开阔的湖面水景。王维诗:“轻舸迎上客,悠悠湖上来;当轩对樽酒,四面芙蓉开。”裴迪诗:“当轩弥滉漾,孤月正徘徊,谷口猿声发,风传入户来。”

(10)南垞。欹湖南岸的游船停泊码头。王维诗:“轻舟南垞去,北垞淼难即,隔浦望人家,遥遥不相识。”

(11)欹湖。园内的大湖泊,在水上泛舟。裴迪诗:“空阔湖水广,青荧天色同;舣舟一长啸,四面来清风。”

(12)柳浪。欹湖岸边栽植成行的柳树,倒映入水最是婉约多姿。王维诗:“分行接绮树,倒影入清

---

① 均田制:我国从北魏到唐中期实行的计口授田制度,唐中期后土地兼并加剧,均田制瓦解。

② 两税法:唐后期的赋税制度,因税分夏秋两季缴纳,故称两税法。

漪；不学御沟上，春风伤别离。”

(13)栾家濑。这是一段因水流湍急而形成的河道。王维诗：“飒飒秋雨中，浅浅石溜泻；跳波自相溅，白鹭惊复下。”

(14)金屑泉。泉水涌流荡漾呈金碧色。裴迪诗：“萦渟澹不流，金碧如可拾；迎晨含素华，独往事朝汲。”

(15)白石滩。湖边白石遍布成滩，裴迪诗：“跂石复临水，弄波情未极；日下川上寒，浮云澹无色。”

(16)北垞。欹湖北岸的一片平坦的谷地，设游船码头。裴迪诗：“南山北垞下，结宇临欹湖。每欲采樵去，扁舟出菰蒲。”

(17)竹里馆。大片竹林环绕着的一座幽静的建筑物。王维诗：“独坐幽篁里，弹琴复长啸；深林人不知，明月来相照。”

(18)辛夷坞。以辛夷的大片种植而成景的冈坞地带，辛夷形似荷花。王维诗：“木末芙蓉花，山中发红萼；涧户寂无人，纷纷开且落。”

(19)漆园。种植漆树的园地。裴迪诗：“好闲早成性，果此谐宿诺；今日漆园游，还同庄叟乐。”

(20)椒园。种植椒树的生产性园地。裴迪诗：“丹刺罥人衣，芳香留过客，幸堪调鼎用，愿君垂采摘。”

从《辋川集》的记载中，可以看出辋川别业自然风光优美，内有山、岭、冈、坞、湖、溪、泚、泉、濑、滩以及茂密的植被，建筑物并不多，形象朴素，布局疏朗，园林造景非常注重意境的表达。《文杏馆》一诗则因山馆的形象而引起遐思，以文杏、香茅来象征自己的高洁。从《辋川集》的诗中，我们还可以领略到山水园林之美与诗人抒发的感情和佛、道哲理的契合、寓诗情于园景的情形。《辋川集》《辋川图》同时问世，使得山水园林、山水诗、山水画之间的关系更加密切。

三、文人园林

隋唐时期实行科举考试制度，更多的文人入朝为官，许多著名的文人担任地方官职。如唐朝的柳宗元、白居易等大文豪。这些文人出身的官僚们，对自然风景有着很高的鉴赏能力，而且在他们的职权范围内积极参与风景的开发、环境的绿化和美化。如柳宗元在贬官永州期间，十分赞赏永州美景，并写下《永州八记》，并在他的住所附近建成著名的“永州八愚”，即“愚溪”“愚丘”“愚泉”“愚沟”“愚池”“愚岛”“愚堂”“愚亭”。另一个是白居易，在杭州任刺史期间，曾对西湖进行水利和风景的综合治理。白居易离任后仍对之眷恋不已：“未能抛得杭州去，一半勾留是此湖。”

这些文人出身的官僚们对园林一往情深，他们把人生哲理的体验、宦海浮沉的感怀融注于造园艺术之中。中唐的白居易、柳宗元、韩愈、裴度、元稹、李德裕、牛僧儒等人，都是一代知识分子的精英，也是最具有代表性的文人官僚。他们处在政治斗争的旋涡里无不心力交瘁，却又无不在园林的丘壑林泉中找到了精神的寄托和慰藉。

在这种社会风尚影响之下，文人官僚们营造的士流园林，清心雅致的格调得以更进一步地提高、升华，更附着上一层文人的色彩，这便出现了“文人园林”。文人园林乃是士流园林中，侧重于以赏心悦目而寄托理想、陶冶性情、表现隐逸思想的园林。推而广之，则不仅是文人经营的或者文人所有的园林，也泛指那些受到文人趣味浸润而“文人化”的园林。它们不仅在造园技巧、手法上表现了园林与诗、画的沟通，而且在造园思想上融入了文人士大夫的独立人格、价值观念和审美观念，作为园林艺术的灵魂。

文人园林的渊源可上溯到两晋南北朝时期，唐代已呈兴起状态，上文介绍过的辋川别业、庐山草堂、浣花溪草堂便是其滥觞之典型。文人官僚开发风景、参与造园，通过这些实践活动而逐渐形成其对园林的看法。参与较多的则形成比较全面、深刻的“园林观”，大诗人白居易便是其中有代表性的一人。

白居易非常喜爱园林，他曾先后主持营建自己的4处私园：洛阳履道坊宅园与庐山草堂这两处；第三处是长安新昌坊的宅园；第四处是渭水之滨的别墅园。白居易颇以拥有这些园、宅而自豪。

他认为，营园的主旨并非仅仅为了生活上的享受，而在于以泉石养心怡性、培育高尚情操。园林也就是他所标榜的中隐思想“物化”的结果，园居乃是他的日常生活中不可或缺的组成部分。因此，他认为经营郊野别墅园应力求与自然环境结合，顺乎自然之势，合于自然之理，庐山草堂就是这种思想的具体实现；城市宅园则应着眼于"幽"，以幽深而获致闹中取静的效果。

在植物种植上，白居易对竹子非常喜爱。他撰写的《养竹记》阐述竹子形象的"比德"的寓意及其审美特色。履道坊宅院中对竹与水的配合十分赞赏，并赋诗《池上竹下作》。竹子与石景的配置也十分赞赏，并赋诗《北窗竹石》。

唐代文人园林的假山，以土山居多，也有用石间土的土石山。纯用石块堆叠的石山尚不多见，但由单块石料或者若干块石料组合成景的"置石"则比较普遍。白居易是最早肯定"置石"之美学意义的人，他对履道坊宅园内以置石配合流水所构成的小品水局十分喜爱。

白居易专门为牛僧儒的私园写了一篇《太湖石记》，对太湖石的美学意义作了阐述，他认为太湖石是第一等的园用石材，并把文人的嗜石、嗜书、嗜琴、嗜酒相提并论，这就肯定了石具有与书、琴、酒相当的艺术价值。他认为太湖石的形象能引起人们的美感，从而激发人们的联想，"则三山五岳、百洞千壑，视缕簇缩，尽在其中。百仞一拳，千里一瞬，坐而得之"。白居易认为石应该分为若干品级，以标示其美学价值的差异，"石有大小，其数四等，以甲乙丙丁品之。每品有上中下，各刻于石阴，曰：牛氏石甲之上，丙之中，乙之下"。

白居易《双石》一诗有句云："苍然两片石，厥状怪且丑。"用"怪""丑"两字来形容太湖石的状貌，可谓别开生面的美学概括。

白居易是一位造诣颇深的园林理论家，也是历史上第一个文人造园家。他的"园林观"是经过长期对自然美的领悟和造园实践的体会而形成的，文人参与营造园林，意味着文人的造园思想——"道"与工匠的造园技艺——"器"开始有了初步的结合。文人的立意通过工匠的具体操作而得以实现，"意"与"匠"的联系更为紧密。"文人造园家"的雏形在唐代即已出现了。

第四节 寺观园林

唐代，佛教和道教达到了普遍兴盛的局面。唐代的统治者采取儒、道、释三教并尊的政策。佛教的13个宗派都已经完全确立，道教的南北天师道与上清、灵宝、净明逐渐合流，教义、典仪、经籍均形成完整的体系。寺、观的建筑制度已趋于完善，大的寺观包括殿堂、寝膳、客房、园林四部分功能。

唐代的20位皇帝中，除了唐武宗之外其余都提倡佛教，有的还成为佛教信徒。随着佛教的兴盛，寺院的地主经济相应地发展起来。寺院拥有大量田产，高级僧侣过着大地主一般的奢侈生活。农民大量依附于寺院，百姓大批出家为僧尼，以至于政府的田赋、劳役、兵源都受到影响，最终酿成唐武宗时的"会昌灭法[③]"。但不久之后，佛教势力又恢复旧观。

李姓的唐代皇室奉老子为始祖，道教也受到皇室的扶持。各地道观也和佛寺一样，成为地主庄园的经济实体。无怪乎时人要惊呼"凡京畿上田美产，多归浮图"。据《长安志》和《酉阳杂俎·寺塔记》记载唐长安城内的寺、观共有152所，建置在77个坊里。一部分为隋代的旧寺观，大部分为唐代兴建，其中不少是皇室、官僚、贵戚舍宅改建。如靖善坊的大兴善寺，是京城规模最大的佛寺之一。

佛教提倡"是法平等，无有高下"，佛寺成为各阶层市民平等交往的公共活动中心。隋唐时期，市民居住在封闭的坊里，缺少公共活动空间，而寺、观为市民提供了公共活动的场所。寺观平时对市民开放，人们可以观赏殿堂的壁画，聆听通俗佛教故事的"俗讲"，举行各种法会、斋会时，吸引大量市民前来，无异于群众性的文化活动。寺院还兴办社会福利事业，为贫困的读书人提供住处，收养孤寡老人等。道观的情况亦大抵如此。

寺、观非常重视庭院绿化和园林的经营，许多寺、观以园林之美和花木的栽培而闻名于世，文人们

③ 会昌灭法：唐武宗李炎在位期间，推行一系列的"灭佛"政策，以会昌五年颁布的法令最为严厉，唐武宗年号会昌，因此佛教徒称之为"会昌灭法"。

都喜欢到寺观以文会友、吟咏、赏花。著名的慈恩寺,尤以牡丹和荷花最负盛名,文人们到慈恩寺赏牡丹、赏荷,成为一时之风尚。

寺观内栽植树木的品种繁多,松、柏、杉、桧、桐等比较常见。寺观内也栽植竹林,甚至有单独的竹林院。此外,果木花树亦多所栽植,而且往往具有一定的宗教象征寓意:道教认为仙桃是食后能使人长寿的果品,故而道观多有栽植桃树,以桃花之繁茂而负盛名。如崇业坊内的元都观,桃花之盛闻名于长安。

长安城内水渠纵横,许多寺观引来活水在园林或庭院里面建置山池水景。寺观园林及庭院山池之美、花木之盛,往往使得游人们流连忘返。由此可见,长安的寺观园林和庭院园林化非常普遍,寺观园林也兼具城市公共园林的功能。

寺观不仅在城市兴建,而且遍及于郊野,特别是风景名胜区。全国各地以寺观为主体的山岳风景名胜区,到唐代差不多都已陆续形成。寺观建筑既是宗教活动中心,又是风景游览的胜地。寺观作为香客和游客的接待场所,对风景名胜区之区域格局的形成和原始型旅游的发展起着决定性的作用。

郊野的寺观把植树造林列为僧、道的一项公益劳动,也有利于风景区环境保护。因此,郊野的寺观往往内部花繁叶茂,外围古树参天,成为游览的对象、风景的点缀。许多寺、观的园林、绿化、栽培名贵花木、保护古树名木的情况,也屡见于当时人的诗文中。

隋唐时期的佛寺建筑的汉化和世俗化的程度也更为深刻。个体建筑已是木构建筑。建筑群体布局,在唐初尚保留着以塔为中心的古印度痕迹。长安青龙寺是唐代佛教密宗的祖庭,现已发掘出两个院落的遗址。西面为较大的“主院”,佛殿前庭回廊环抱,庭院中央为方形塔基。从塔基的大小看来,塔的体量并不大却仍然居于构图中心的地位。中唐以后,“主院”的布局出现了明显的变化,供奉佛像的正殿(佛堂、金堂)代替塔而成为主院的构图中心,也是整个佛寺建筑群的构图中心。塔已退居主院以外两侧或后部的次要位置。

隋唐时期的佛寺建筑均为“分院制”,即以“主院”为主体,在它的周围建置若干较小的“别院”,组成大建筑群。主院为对外开放,是进行宗教活动的主要场所,它的南面的别院亦对外开放,为接待外来僧人和香客的接待区,两旁及北面的别院则为僧人生活、修持的场所和后勤、辅助用房。这些大小院落一般都栽植花木而成为绿化的庭院,或者点缀山池、花木而成为园林化的庭院。道观建筑的世俗化较之魏晋南北朝更为深刻,其个体建筑和群布局的情况,就宏观而言大体上类似于佛寺建筑。

敦煌莫高窟唐代壁画的西方净土变中,另见一种“水庭”的形制,在殿堂建筑群的前面开凿一个方整的大水池,池中有平台。如第 217 窟的北壁净土变:背景上的二层正殿居中,其后的回廊前折形成“凹”字形,回廊的端部分别以两座楼阁作为结束。然后又各从东、西折而延伸出去,在它们的左右还有一些楼阁和高台。建筑群的前面是大水池和池中的平台,主要平台在中轴线上,它的左右又各一个,其间连以平桥,类似池中三岛。

这种水池是依据佛经中所述说的西方净土“八功德水”画出来的。《阿弥陀经》云:“有七宝池,八功德水充满其中四边阶道,金、银、琉璃、玻璃合成,上有楼阁。”殿庭中的大量水面,显然是出于对天国的想象,可能与印度热带地方经常沐浴的习惯也有关系。

净土变中的寺院水庭形象虽然是理想的天国,实际上也是人间的反映。这种水庭形象在有关唐代佛寺的文献中并无明确的记载,但在寺院里也有一些迹象可寻,如云南昆明圆通寺,云南巍山县巍宝山的文昌宫都有“水庭”的影子。

第五节　其他园林

唐代两京中央政府的衙署内,多有山池花木点缀,个别还建置独立的小园林。唐人诗文中亦有咏赞衙署园林之美。在雕梁画栋的殿宇间,点缀着竹树奇花,为严整的衙署建筑更增添了几分清雅宜人的气氛。各处地方政府的衙署,更注重衙署园林的经营。白居易任江州司马时,在官舍内建置园池以自娱。

山西绛州(今新绛县)州衙的园林,位于城西北隅的高地上,始建于隋开皇年间,历经数度改建、增饰,到唐代已成为晋中一处名园。唐代以后,此园历经宋、明、清之多次重修改建,今存者建筑半倾,池水枯竭、古木稀少,所剩遗址已非唐代原貌了。

唐穆宗时,绛州刺史樊宗师再加修整,并写成《绛守居园池记》文,详细记述了此园的内容及园景情况:园的平面略呈长方形,自西北角引来活水横贯园之东、西,潴而为两个水池。东面较大的水池"苍塘",周围岸边种植桃、李、兰、蕙,阴凉可祛暑热。塘西北的一片高地,原为当年音乐演奏和宴请宾客之地。西面较小的水池当中筑岛,岛上建小亭,名"洄涟"。岛之南北各架设虹桥名"子午梁",子午梁之南建轩舍,名"香",轩舍之东,园的南墙中央部位有小亭,名"新",亭之南,园外为判决衙事之所,也可供饮宴。亭之北,跨水渠之上是联系南北交通的"望月"桥。

园的北面为土堤"风堤"横亘,堤抱东、西以作围墙,分别往南延伸,即州署的围墙。园的南墙偏西设园门名"虎豹门"。园内的观赏植物计有柏、槐、梨、桃、李、兰、蕙、蔷薇、藤萝、莎草等,还养畜鹇、鹭等水禽。

从记载中可以看出,园林的布局以水池为中心,池、堤、渠、亭以高低错落的土丘相接,建筑物均为小体量,数量很少,布置疏朗有致,是以山池花木之成景为主调。由于园址地势高爽,可以远眺,故园外之借景也很丰富。

公共园林滥觞于东晋之世,名士们经常聚会的地方如"新亭""兰亭"等应是其雏形。唐代,随着山水风景的大开发,风景名胜区、名山风景区遍布全国各地,在城邑近郊小范围的山水形胜之处,建置亭、榭等小体量建筑物作简单点缀,而成为公共园林的游览地,这种情况也很普遍。唐宋八大家之一的柳宗元在《永州八记》中所描写的应是公共园林。

在经济、文化比较发达的地区,大城市里一般都有公共园林,作为文人名流聚会饮宴、市民游憩交往的场所。例如扬州,嘉庆重修的《扬州府志·古迹一》就记载了几处由官府兴建的公共园林,其中的赏心亭"连玉钩斜道,开辟池沼,并葺构亭台",供"都人仕女,得以游观"。

长安的公共园林,绝大多数在城内,少数在近郊。长安城内,开辟公共园林比较有成效的,包括3种情况:一是利用城南一些坊里内的岗阜——"原",如乐游原;二是利用水渠转折部位的两岸而创为以水景为主的游览地,如著名的曲江;三是街道的绿化。

乐游原　呈现为东西走向的狭长形土丘,东端的制高点在长安城外,中间的制高点在紧邻东城墙的新昌坊,西端的制高点在升平坊。乐游原的城内一段地势高爽、景界开阔,游人登临原上,长安城的街市宫阙、绿树红尘,均历历在目。早在西汉宣帝时,曾在西端的制高点上建"乐游庙",历经数年,几经转变,唐睿宗景云二年(公元711年)改名青龙寺。青龙寺是唐代长安的著名佛寺之一,也是当时佛教密宗的祖庭。中外僧俗信徒到这里求法者络绎不绝,使得乐游原成为一处以佛寺为中心的公共游览胜地。

曲江　又名曲江池,在长安城的东南隅,隋初宇文恺奉命修筑大兴城,以其地在京城之东南隅,地势较高,根据风水堪舆之说,在此处开凿水池。曲江南面的少陵原上开凿一条长约十公里的黄渠,把义谷水引入曲江,扩大了曲江池之水面。隋文帝将曲江更名为芙蓉池。唐初一度干涸,到开元年间又重加疏浚,黄渠引浐河上游的水汇入芙蓉池,恢复曲江池旧名。曲江的南岸有紫云楼、彩霞亭等建筑,还有御苑"芙蓉园、",西面为杏园、慈恩寺。曲江波光粼粼,风光优美,林木郁郁葱葱,池边殿宇环绕,皇帝经常率嫔妃到此游玩。

曲江面积很大,是一处大型的公共园林,也兼有御苑的功能。据考古探测,唐代曲江的范围为144万 m^2,曲江池遗址的面积为70万 m^2(图13-10)。

芙蓉苑　原是隋唐的一处御苑,苑内垂柳成荫,繁花似锦,楼台殿阁参差错落其间。登上高楼,南可以遥望终南青山,北可以俯瞰曲江碧水,李山甫《曲江》云:"南山低对紫云楼,翠影红阴瑞气浮。"苑的周围筑宫墙,曲江游人非经特许不得随便进入。

杏园　它紧邻外城廓的南垣。园内以栽植杏花而闻名于京城。每当早春杏花盛开时节,人们纷纷

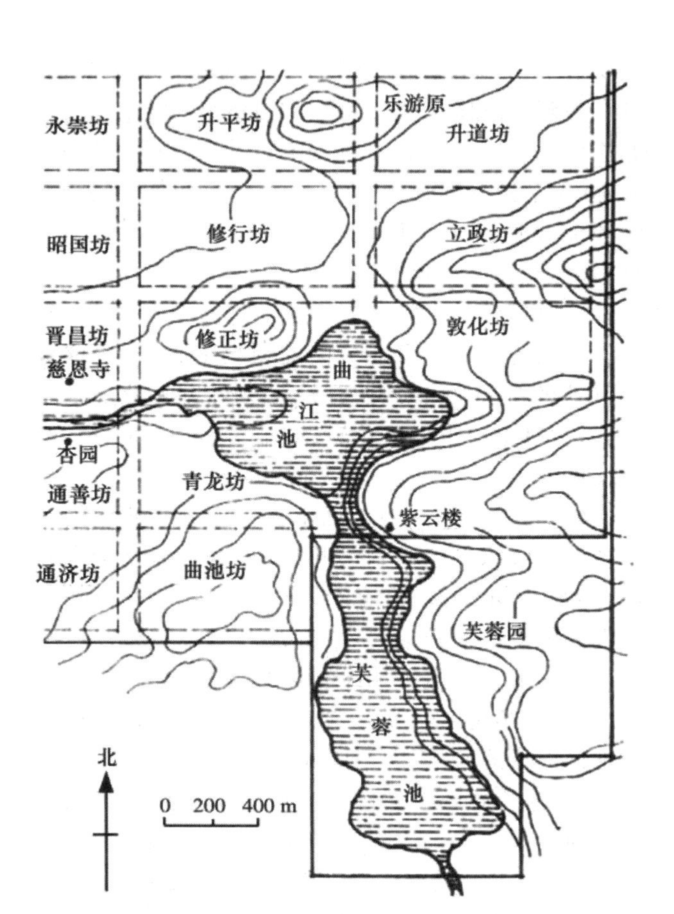

图 13-10 唐长安城曲江位置图

到此赏花踏青。新科进士庆贺及第的“探花宴”，亦设在杏园内。

曲江游人最多的日子是每年的上巳节（三月三日）、重阳节（九月九日），以及每月的晦日，届时“彩屋翠帱，匝于堤岸；鲜车健马，比肩击毂”。上巳节这一天，按照古代修褉的习俗，皇帝必率嫔妃到曲江游玩并赐宴百官。沿岸张灯结彩，池中泛画舫游船，乐队演奏教坊新谱的乐曲。平民百姓则熙来攘往，平日深居闺阁的妇女亦盛装出游。

曲江最热闹的季节是春天，新科及第的进士在此举行的“曲江宴”，宴会一直持续到夏天。曲江宴十分豪华，排场很大，长安的老百姓无不前往，皇帝有时也会登上紫云楼垂帘观看。“曲江宴”，在唐武宗时曾一度禁止，但不久又恢复而且更为隆盛。

曲江宴之后，还要在杏园内再度宴集，谓之“杏园宴”，并举行“探花”的活动。所谓探花，就是在同科进士中选出两个年轻俊美的为“探花使者”，骑马遍游曲江及其附近名园，寻访名花。因此，“杏园宴”又叫作“探花宴”。宋以后称进士的第三名为“探花”，亦渊源于此。

杏园探花之后，还有雁塔题名，即到慈恩寺的大雁塔把自己的名字写在壁上。至此，士子们完成了为“十年寒窗苦、一朝及第时”庆祝活动的三部曲。

安史之乱，曲江的殿宇楼阁大半被毁，其后一直处于衰败状态。唐末，池水已干涸。宋人张礼登大雁塔“下瞰曲江宫殿，乐游宴喜之地，皆为野草”。到明代中叶，曲江已成为一片庄稼地，只剩下两岸的“江形委曲可指”了。

长安城的街道绿化，政府非常重视。贯穿于城内的三条南北向大街和三条东西向大街称为“六街”，宽度均在百米以上。其他的街道也都有几十米宽。街的两侧有水沟，栽种整齐的行道树，称为“紫陌”。街道的行道树以槐树为主，公共游息地则多种榆、柳，“天街两畔槐木俗号为槐衙，曲江池畔多柳亦号为柳衙”。除了槐、榆、柳外，还采用桃、李等果树作为行道树。

政府明令禁止任意侵占、破坏街道绿地的行为。唐永泰二年（公元 766 年），“种城内六街树，禁侵街筑垣舍者”居住区的绿化由京兆尹（相当于市长）直接主持。中央政府则设置“虞部”管理街道和宫廷的树木花草。

长安的街道全是土路，两侧的坊墙也是夯土筑成，可以设想刮风天那一派尘土飞扬的情况，街道的树木种植整齐划一，间以各种花草，在一定程度上抑制尘土飞扬，改善了城市环境质量，美化了城市。

长安城近郊，常利用河滨水畔风景优美地段，略施园林化的点染，而赋予公共园林的性质。如灞河上的灞桥，为出入京都所必经之地，也是迎来送往的一处公共园林。另外，也有在上代遗留下来的古迹上开辟为公共游览地的情况，昆明池便是一例。昆明池原为西汉上林苑内的大型水池，唐宗时进行整治，池上莲花饮誉京城，成为长安近郊著名的公共游览地。

第六节　全盛时期园林特征总结

隋唐时期，随着政治、经济、文化的发展，中国古典园林艺术迎来了全盛期。全盛时期的造园活动所取得的主要成就大致概括为以下 6 个方面：

(1)皇家园林的"皇家气派"已经完全形成。皇家气派是皇家园林的内容、功能和艺术形象的综合而予人的一种整体审美感受，它不仅表现为园林规模的宏大，而且反映在园林总体的布置和局部的设计处理上。此时，出现了像西苑、华清宫、九成宫等这样一些具有划时代意义的作品。

大内御苑、行宫御苑、离宫御苑 3 个类别及其类别特征已经形成。大内御苑紧邻于宫廷区的后面或一侧，呈宫、苑分置的格局。行宫御苑、离宫御苑多建在山岳风景优美的地带，如像"锦绣成堆"的骊山、"重峦俯渭水，碧障插遥天"的终南山等等。郊外的宫苑，其基址的选择还从军事的角度来考虑，如玉华宫、九成宫等的建设地段不仅风景优美，而且是交通要道，兵家必争之地。

(2)私家园林的造园艺术比魏晋南北朝时有所升华，唐人已开始诗、画互渗的自觉追求。诗人王维的诗、画生动地描写山野、田园的自然风光。中唐以后，园林已有把诗、画情趣赋予园林山水景物的情况。以诗入园、因画成景的做法，唐代已见端倪。通过山水景物而诱发游赏者的联想活动、意境的塑造，亦已处于朦胧的状态。

唐代"中隐"思想流行于文人士大夫圈子，成为士流园林风格形成的契机。随着官僚这个社会阶层的壮大和官僚政治的成熟，更多的文人参与造园活动，把士流园林推向文人化的境地，又促成了文人园林的兴起。

文人造园家，把儒、道、佛禅的哲理融会于他们的造园思想之中，从而形成文人的园林观。文人园林不仅是以"中隐"为代表的隐逸思想的物化，它所具有的清新淡雅格调和较多的意境含蕴，使得写实与写意相结合的创作方法又进一步深化，为宋代文人园林兴盛打下基础。

(3)寺观园林的普及是宗教世俗化的结果，同时也反过来促进了宗教和宗教建筑的进一步世俗化。城市寺观具有城市公共交往中心的作用，寺观园林亦相应地发挥了城市公共园林的职能。郊野寺观的园林(包括独立建置的小园、庭园绿化和外围的园林化环境)，把寺观本身由宗教活动的场所转化为兼有点缀风景的手段，吸引香客和游客，促进原始型旅游的发展，也在一定程度上保护了郊野的生态环境。宗教建设与风景建设在更高的层次上相结合，促成了风景名胜区，尤其是山岳风景名胜区普遍开发的局面，同时也使中国所特有的"园林寺观"获得了长足发展。

(4)公共园林更多地见于文献记载。两京尤其重视城市的绿化建设。公共园林、城市绿化配合宫廷、邸宅、寺观的园林，完全可以设想长安城内的那一派郁郁葱葱的景象。

唐代的长安是国际性的对外开放城市，外商、外交使节、留学生、学问僧云集，它的绿化建设情况通过他们的传播，也影响于国外。

(5)风景式园林创作技巧和手法的运用，较之上代又提高了一个新的境界。造园用石的美学价值得到了充分肯定，园林中的"置石"已经比较普遍了。"假山"一词开始用作园林筑山的称谓，筑山既有土山，也有石山(土石山)，但以土山居多。在有限的空间内堆造出起伏延绵、模拟天然山脉的假山，既表现园林"有若自然"的氛围，又能塑造深远的空间层次。

园林的理水，除了依靠地下泉眼而得水之外，更注意于从外面的河渠引来活水。郊野的别墅园一般都依江临河，即便城市的宅园也以引用沟渠的活水为贵。皇家园林内，往往水池、水渠等水体的面积占去相当大的比重，而且还结合于城市供水，把一切水资源都利用起来，形成完整的城市供水体系。如西苑人工开凿一系列的湖、海、河、渠，尤其是回环蜿蜒的龙鳞渠，若没有相当高的竖向设计技术，是决然办不到的。

园林植物题材更为多样化，有足够品种的观赏树木和花卉以供选择。园林建筑从极华丽的殿堂楼阁到极朴素的茅舍草堂，它们的个体形象和群体布局均丰富多样而不拘一格，这从敦煌壁画和传世的唐画中也能略窥其一斑。

(6)山水画、山水诗文、山水园林这3个艺术门类已有互相渗透的迹象。中国古典园林的"诗画的情趣"开始形成,隋唐园林作为一个完整的园林体系已经成型,并且在世界上崭露头角,影响及于亚洲汉文化圈内的广大地域。

隋唐园林不仅继承了秦汉的恢宏气度,而且在园林艺术和技艺上取得了辉煌成就,这个全盛期一直持续到宋代。

第七节　历史借鉴

唐朝为我们留下了丰厚的历史文化遗产,并对后世产生了深远的影响。如何将唐朝文化与现代园林景观相融合,成为我们不断探讨的主题。对于古老的传统,我们应该继承什么,如何重现传统文化的精髓,都是我们园林人在不断探索的问题。

(1)对于隋唐园林文化进行重新定位,使其成为服务大众的人性化场所。隋唐时期园林的主要服务对象是皇帝及其统治阶级,而现代园林的服务对象是广大人民群众,在现代园林中延续隋唐园林文化的精髓,就必须对其进行重新定位,使其满足现代园林的功能需求,不是简单的形式复古。在现代园林中,增加"以人为本"的人性设计,如在陕西大唐芙蓉园中,设立了唐朝风格的宫灯、垃圾桶、井盖、售货亭、指示牌等园林小品,为游人提供便捷的服务。服务小品既满足了游人的基本需求,也体现了唐朝的文化。又如陕西的大型开放式园林曲江池遗址公园,园中28 m高的仿唐代建筑阅江楼是一处酒楼,既满足了游人的消费需求,也体现了曲江池的历史文化。

大唐芙蓉园的紫云楼是唐朝皇帝观景、看戏、赐宴的御用场所,如今改建成了公众参与的"人性场所"。一、二层为唐朝文化展示区;三层为唐朝多功能舞厅,还可作为学术研讨会、记者招待会、新闻发布会和拍卖会等公共场所;四层为休闲娱乐厅,游客可参与唐诗竞猜轮盘、投壶游戏和参观书画展示等活动。紫云楼增加了游人的参与性,对于唐朝文化体验更加深刻。

(2)满足功能需求的同时,追求精神上的满足,增强地域性文化的凝聚力。唐朝文人士大夫将园林视为精神的家园,用以陶冶情操,寄托精神,形成了"以泉石竹树养心,借诗酒琴书怡性"的园林观,如白居易为他的庐山草堂著有《草堂记》,王维的辋川别业著有诗集《辋川集》与画卷《辋川图》。这种对于园林空间的精神寄托,更加具有凝聚力和空间想象力。

(3)现代园林多为开放式空间,服务对象为所有的游客,游客的性别、年龄及生活阅历等方面各不相同,对于园林空间的感悟能力也参差不齐。在园林空间的营造中,可以增加地域性的历史文化内容,如以景墙为载体,表现本地流传的民间故事或风俗习惯等,唤起游人对园林空间的想象,以此作为精神上的享受。如陕西建立了曲江池和大明宫遗址公园,是以唐朝文化为主的园林,园林中处处体现着唐朝文化习俗。在尊重历史与自然的原则下,建立的遗址公园,既可以"以旧修旧",又可以采用现代手法进行设计;既可以增强传统文化的感染力,又可以增强地域性文化的凝聚力。

(4)对于传统文化内容进行提炼,用现代的景观形式表现出来。在现代园林中,唐朝文化可以通过图案纹样表现出来,如卷草纹、宝相纹、牡丹纹等。唐代卷草纹主要以牡丹的枝叶为原型,采用卷曲的线条,形成线条流畅、造型饱满华丽的风格。

唐纹样在现代景观中的应用最广,其表达了对美好事物的向往。如"寿"字纹表达了人们健康长寿的愿望;龙凤纹表达了人们想成龙成凤的愿望;蝠鹿纹表达了人们想福禄双全的愿望;牡丹纹表达了人们想大富大贵的愿望;莲花纹表达了人们想洁身自好和"出世"的愿望等等。

西安的大唐芙蓉园、大明宫遗址公园等,利用了唐朝纹样进行造景,营造唐朝文化氛围。在遗址公园中,带有唐朝纹样的座椅、灯具、垃圾桶、导示牌等园林小品大量应用,如路灯采用唐朝铜钱的纹样和宫灯的造型,在对传统文化继承的基础上进行了创新,不是单纯的仿造唐朝的宫灯;井盖的样式是来自于唐朝的莲花纹,现代的技术制作而成的,能够充分的烘托唐文化主题,而且装饰性极强,极大地愉悦了人们的视觉。这些唐文化符号被应用在大唐芙蓉园中,并很好地与芙蓉园中的环境融合,创造出了具有唐朝特色又富含文化内涵的环境景观艺术。对唐朝文化的继承，应注重与当地的历史文脉和社会环境相结合，民族性的、地方性的设计能够充分体现地方文化的渊源，也是有生命的设计。

(5)造园要素表现形式的借鉴。唐朝时期，园林中建筑、植物、山水等造园要素和造园手法具有明显的特征，对传统园林的继承和发扬起到指导作用。唐朝时期园林植物景观以清新的田园风格和色彩艳丽的植物造景为主，种植形式以列植、林植的大体量的植物景观较为常见，并且注重植物的诗情画意。唐朝竹子的种植受到重视，在私家园林中更是“有地惟栽竹”。

在现代园林中，在继承了唐朝园林植物配置的特点的基础上，还对其进行了进一步的发展。在西安的大唐芙蓉园中，注重大效果的营造，采用了片植、带植和群植的方法，设有桃花坞、玫瑰园、梅花谷、牡丹台、杏园等景点。植物配置与建筑相结合，充分体现植物的种植文化。在芙蓉园中还引入了现代景观的形式，如西门广场上修剪整齐的金叶女贞，在缓坡上种植了休憩的大草坪，并采用水土保持能力强的草种和树种。

西安的大唐芙蓉园中的“唐风建筑”充分借鉴了唐朝时期建筑的特征，具有浓厚的唐朝气息，如建筑主要以青砖瓦、白墙壁、红屋脊为主，并采用大屋顶、斗拱的形式。继承传统元素的同时，设计者又采用了大量的现代技术与造园手法，如建筑材料以钢筋混凝土代替了古代建筑的木石材料。

参考链接

[1]李震，等. 中外建筑简史[M]. 重庆：重庆大学出版社，2015.

[2]张祖刚. 世界园林史图说[M]. 2版. 北京：中国建筑工业出版社，2013.

[3]周向频. 中外园林史[M]. 北京：中国建材工业出版社，2014.

[4]祝建华. 中外园林史[M]. 2版. 重庆：重庆大学出版社，2014.

[5]张健. 中外造园史[M]武汉：华中科技大学出版社，2009.

[6]周维权. 中国古典园林史[M]. 3版. 北京：清华大学出版社，2008.

[7]郭凤平，等. 中外园林史[M]. 北京：中国建材工业出版社，2005.

[8]张国昕. 大唐芙蓉园对唐风园林文化设计理念的启示[J]. 山西建筑. 2015，36(14).

[9]范晴. 陕西唐风园林景观研究[D]. 西安美术学院. 2012.

[10]吴雪萍. 西安古建园林设计[M]. 西安：三秦出版社，2011.

[11]传小林. 基于文化的唐长安城园林体系研究[D]. 西北农林科技大学. 2009.

[12]黄凡. 大唐文化在现代景观设计中的应用探究[D]. 西北农林科技大学. 2011.

课后延伸

1. 隋唐时期，皇家园林的类型有哪些？各个类型的代表作品有哪些？

2. 何谓“中隐”？“中隐”思想对私家园林有什么影响？

3. 临摹唐代长安城的平面图，并说说你对传统古城规划的理解。

4. 私家园林的郊野别墅园有哪3种情况？其代表作品及特征有哪些？

5. 白居易对园林造园艺术的贡献有哪些？

6. 为什么隋唐时期是中国古典园林的全盛期？

第十四章 中国园林成熟时期——宋、元、明、清

课前引导

本章主要介绍中国园林成熟期，即宋、元、明、清4个朝代（公元960年—公元1840年）园林发展的历史，包括它们的背景介绍、园林类型和实例以及特征总结等。

成熟期的造园在其发展中形成了不同地域风格的园林类型，展现了中国古典园林发展的最高成就。主要代表作品包括北京西郊的“三山五园”（香山静宜园、玉泉山静明园、万寿山清漪园、畅春园、圆明园）、苏州的四大名园（拙政园、留园、网师园、狮子林）、岭南的四大名园（余荫山房、梁园、可园、清晖园）、西藏的罗布林卡等。

这一时期造园的主要特点是：①皇家园林的建设规模和艺术造诣都达到了历史上的高峰境地，精湛的造园技艺结合宏大的园林规模，使得“皇家气派”得以更加充分地凸显出来；②私家造园活动突出，士流园林全面地“文人化”，文人园林大为兴盛，导致私家园林达到了艺术成就的高峰；③寺观园林呈现出世俗化、文人化的特点；④公共园林在发达地区的城市、农村聚落都普遍存在；⑤江南地区涌现出一批优秀的造园家；⑥随着国际、国内形势变化，西方的园林文化开始进入中国。

教学要求

知识点：成熟期造园的历史、经济、文化背景；皇家园林特点及实例评析（艮岳、西苑、三山五园等）；私家园林特点及实例评析（个园、寄畅园、拙政园、留园、网师园、狮子林、萃锦园、余荫山房等）；公共园林特点；罗布林卡、书院园林、衙署园林、造园名家及理论著作、成熟期园林特征。

重点：皇家园林特点及实例评析；私家园林特点及实例评析；公共园林特点；造园名家及理论著作。

难点：优秀实例的评析。

建议课时：2学时。

第一节 背景介绍

宋、元、明、清时期是中国古典园林发展的成熟期。中国封建社会到宋代已经达到了发育成熟的境地，园林的内容和形式也趋于定型，造园的技术和艺术达到了历来的最高水平，进入了中国古典园林发展的成熟期。元代统治时间短，民族矛盾尖锐，明初战乱初定，经济有待复苏，造园活动总的来说处于低潮阶段。永乐后又呈现出活跃局面，到明末和清初的康熙、雍正年间达到了高潮，造园保持着一种向上的、进取的发展倾向。清乾隆到道光年间是中国古典园林发展史上集大成的终结阶段，它积淀了过去的深厚传统而显示中国古典园林的辉煌成就，但也暴露了这个园林体系的某些衰落迹象，呈现出盛极而衰的趋势。因此，也可以把成熟期的中国古典园林分为宋，元、明、清初，清中叶、清末3个阶段。

一、历史背景

公元960年正月，宋太祖赵匡胤发动陈桥兵变，建立宋朝，定都东京（今河南开封），史称北宋。公元1127年，金兵攻陷东京，改名为汴梁，宋徽宗、钦宗被俘，北宋灭亡。赵构在江南重建宋朝，史称南宋，

定都临安(今浙江杭州),与北方的金王朝处于对峙局面。两宋经济文化高度发达,是中国封建社会中各种文化现象承上启下的关键时期。公元1234年,蒙古灭金,1271年忽必烈定国号为元,次年建都大都(今北京)。1279年灭南宋,统一全中国。公元1368年,明王朝灭元,建都南京,1421年(永乐十九年)迁都北京。明永乐以后,国家安定统一,科学技术的水准居世界领先地位。1644年明朝为满族的清王朝所取代。清代虽经历了康乾盛世的辉煌却未能像西方那样通过变革推动社会和科技的进步,最终被西方列强的炮舰打开了封建锁国的门户,激化了尖锐的阶级矛盾和深刻的社会危机。从此,中国古老的封建社会由盛而衰,终于一蹶不振,在帝国主义的军事侵略、政治压迫和经济掠夺下沦为了半封建半殖民地社会。

二、经济背景

宋代撤销土地兼并的限制,允许土地自由买卖,小农经济十分发达,资本主义因素已在封建经济内部孕育。随着城市建设的发展,城市的内容与功能已发生变化,都城由单纯的政治中心演变为商业兼政治中心。北宋中期以后,高墙封闭的坊里制已被打破,取消了包围坊里和市场的围墙,出现商业化的街巷制。城市商业和手工业的空前发展,城乡经济高度繁荣,东京城除天街外几乎都是商业大街,商店、茶楼、酒肆、瓦子等鳞次栉比,大相国寺内的寺庙可容纳近万人。五丈河、金水河、汴河、蔡河贯穿城内,连接江淮水运,更促进了物资的交流与繁荣。元代统治时间短,民族矛盾尖锐,明初战乱初定,经济有待复苏。从明中叶开始约100年间,社会稳定,经济快速发展,人口迅速增长,封建社会内部的商业经济进一步发展。在一些发达地区出现资本主义的生产关系,以晋商、徽商为代表的资产阶级迅速成长起来,一大批半农半商的工商地主和市民阶层崛起。然而,这股新生的力量在封建专制主义政权的统治下未能动摇传统的地主小农经济的根基。清康乾盛世期间国家空前繁荣,多民族的统一大帝国最终形成,但阶级矛盾也同样突出,一方面是地主小农经济十分发达,统治阶级生活骄奢淫逸;另一方面是广大城乡劳动人民忍受残酷剥削,生活极端贫困。嘉庆、道光后,农民运动此起彼伏,冲击着清王朝的根基。道光、咸丰之际,以英国为首的西方殖民主义势力通过两次鸦片战争掠夺了大量财富,经济发展跌落到低谷,最终走向衰亡。

三、文化背景

在宗教哲学方面,宋代提倡佛教、道教、儒教,儒佛道三家相互吸收、相互融合为宋学的产生准备了思想条件。出现了以王安石、张载为代表的朴素唯物主义和以程颢、程颐、朱熹为代表的唯心主义两种哲学流派,南宋末期,程朱理学取得官学地位,之后历经元、明、清三代,统治思想界达700年之久。

在文学方面,两宋文学的发展表现在两个方面:一是以话本、杂剧为主要内容的民间文学的发展;一是以诗词、古文为主要内容的古典文学的发展。尤其是宋词达到了前所未有的高度,涌现出晏殊、柳永、苏轼、李清照、周邦彦、陆游、辛弃疾等一代词宗。明初大兴文字狱,对知识分子施行严格的思想压抑,整个社会处于人性抑压状态。明中叶以后,随着资本主义因素的成长和相应的市民文化的勃兴,在文学艺术上又表现出人本主义的浪漫思潮,促成了私家园林文人风格的深化。

在绘画艺术方面,已发展到了高峰境地,出现了多种画风及流派。宋代画坛上已呈现为人物、山水、花鸟鼎足三分的兴盛局面,山水画尤其受到社会重视而达到最高水平。以写实和写意相结合的方法表现出"可望、可行、可游、可居"的士大夫心目中的理想境界,说明了"对景造意,造意而后自然写意,写意自然不取琢饰"的道理。在这种文化氛围之中,文人广泛参与造园,士流园林兴盛,园林中诗画的情趣和意境的营造更为突出,确立了山水诗、山水画、山水园林相互渗透的密切关系。元朝在蒙古族的统治下,汉族文人社会地位低下,很多文人被迫或自愿放弃"学而优则仕"的想法,借绘画艺术来表达内心的情绪。元代画风更重视和强调主观的意兴和心绪,各种自由放逸、别出心裁的写意画风靡画坛,成为当时的主流。明中期,以沈周、文征明为代表的吴门画派异军突起,其在元代画风的基础上更注重笔墨趣味，画面构图讲究文字落款题字，以诗文来配合画意，绘画、诗文、书法相互补充和结合。清代则沿袭了宋明的传统，文人、画家直接参与造园比过去更为普遍，个别甚至成了专业造园家。

在科学技术方面，城乡经济的高度发展带动了科学技术的长足进步。建筑：宋代李明仲的《营造法式》和喻皓的《木经》、明代的《鲁班经》和《工段营造录》以及清代工部颁行的《工程做法则例》都是官方和民间对当时发达的建筑工程技术实践经验的理论总结。建筑单体已经出现架空、复道、坡顶、歇山顶、庑殿顶、攒尖顶、平顶等造型，有一字形、曲尺形、折带形、丁字形、十字形、工字形等各种平面，还有以院落为基本模式的各种建筑群体组合的形式及其依山、临水、架岩、跨涧结合于局部地形地物的情况，建筑已经充分发挥了其点景作用。植物：园林观赏树木和栽培技术进一步提高，出现了嫁接和引种驯化的方式。刊行出版了宋代周师厚的《洛阳花木记》、陈景沂《全芳备祖》、明代王象晋《群芳谱》、清初陈淏子《花镜》、汪灏《广群芳谱》等植物类著作，记载了较有影响的园林观赏树木和栽培技术。除综合性著作外，刊行出版的《牡丹记》《牡丹谱》《梅谱》《兰谱》《菊谱》《芍药谱》等专门记述某类花木的专著。叠山理石：园林叠石技术水平大为提高，石材和技法都趋于多样化，刊行出版了多种《石谱》。出现了以叠石为业的技工，吴兴称之为“山匠”，苏州称之为“花园子”。在明清时期还出现了不同的地方风格和匠师的个人风格，如江南地区盛行单块太湖石的“特置”，以“漏、透、瘦、皱”作为选择和品评的标准。所有这些，都为园林的广泛兴造提供了技术上的保证，也是造园艺术成熟的标志。

综上所述，随着宋、元、明、清四代在政治、经济、文化方面的持续发展，把中国古典园林推向了成熟的境地，达到了造园的最高水平。宋代的造园主要集中在东京和临安两地，无论是皇家园林、私家园林还是寺观园林均显示出蓬勃进取的艺术生命力和创造力。元、明、清初的园林是两宋的传承和发展，私家园林呈现出不同的地方风格，其中经济文化发达的江南地区造园最兴盛，风格最为突出，达到了艺术成就的高峰，标志着中国古典园林成熟时期的百花争艳局面的到来。清中叶以来，园林创作上却失去了宋、明朝能动、进取的精神，守成多于创新，受市民文化影响出现了追求纤巧琐细、形式主义和程式化的倾向。虽然乾隆朝造园活动广泛，造园技艺精湛，达到成熟期的最高水平，北方的皇家园林和江南的私家园林，同为中国后期园林发展史上的两个高峰，但同时也开始逐渐暴露其过分拘泥于形式和技巧的消极一面，作为艺术创作的内在生命力已经愈来愈微弱。

第二节　主要园林类型和重点案例

一、皇家园林

成熟期皇家园林建置的数量之多、规模之大、成就之高，都超过了以往任何一个时代，标志着我国造园艺术的发展达到历史的最高峰。宋代的皇家园林主要是大内御苑和行宫御苑。由于国力国势和当时朝廷政治风尚的影响，园林规划设计精致，但在规模和气魄上较少皇家气派，更多地接近于私家园林。比较著名的为北宋初年建成的“东京四苑”——琼林苑、玉津园、金明池、宜春苑，以及宋徽宗时建成的延福宫和艮岳。元、明、清代的皇家园林集中于北京，除了皇城内的宫苑以外，大量的则分布在北京西北郊及畿辅、塞外各地的行宫和离宫御苑。明代皇家园林建设的重点在大内御苑，包括位于紫禁城寝区中路、中轴线北端的御花园，紫禁城寝区西路的慈宁宫花园，皇城北部中轴线上的万岁山（清初改为景山），皇城西部的西苑，西苑之西的兔园，皇城东南部的东苑等六处。清代盛期在前代的基础上也进行了大规模的园林建设，建成了著名的“三山五园”，即香山静宜园、玉泉山静明园、万寿山清漪园、畅春园、圆明园，并以圆明园为中心，园林荟萃如“众星拱月”，成为规模宏大壮丽的风景园林区。

（一）大内御苑

1. 艮岳

艮岳始建于政和七年（公元 1115 年），初名万寿山，后改名艮岳，亦号华阳宫。艮岳属于大内御苑的一个相对独立的部分，由宋徽宗本人参与设计，具有浓郁的文人园林意趣，在造园艺术方面的成就远超前人，具有划时代的意义。

艮岳的东半部为山，西半部为水，大体上成“左山右水”的格局。北面主山“万寿山”模仿杭州凤凰山轮廓用土石堆筑而成，主峰高九十步是全园的最高点，上建“介亭”。万寿山居于整个假山山系的主位，其西隔溪涧为侧岭“万松岭”，上建巢云亭，与主峰之介亭东西呼应成对景。万寿山东南的芙蓉城为其绵延的余脉，南面的寿山居于山系的宾位，隔着水体与万岁山遥相呼应，形成一个主宾分明、有远近呼应、有余脉延展的完整山系。假山的用石都从全国各地搜取的“瑰奇特异瑶琨之石”，而以太湖石、灵璧石为主的营造又使园中假山充满空、灵、奇、秀的特色，独立特置的峰石形态各异，有如人为的“石林”（图 14-1）。

图 14-1　北宋艮岳遗石

从园的西北角引景龙江之水，入园后扩为小型水池名“曲江”，然后折向西南，名曰“回溪”。河道至万岁山东北麓分为两股，一股绕过万松岭，注入凤池；另一股沿寿山与万松岭之间的峡谷南流入山涧，“水出石口，喷薄飞注如兽面”，名叫濯龙峡。涧水出峡谷南流入方形水池“大方沼”，大方沼水又分两支，西入凤池，东出雁池，雁池之水从东南角流出园外。园内形成一套完整的水系，它几乎包罗了河、湖、沼、溪、涧、瀑、潭等内陆天然水体的全部形态。这种山嵌水抱的态势是大自然山水成景的理想地貌的概括，也符合堪舆学说的上好风水条件。

艮岳内建筑形式丰富，除少数满足特殊的功能要求，绝大部分均从造景的需要出发，充分发挥其“点景”和“观景”的作用。山顶制高点和岛上多建亭，水畔多建台、榭，山坡及平地多建楼阁。除了游赏性园林建筑之外，还有道观、庵庙、图书馆、水村、野居以及摹仿民间镇集市肆的“高阳酒肆”等约有40 处，可谓集宋代建筑艺术之大成（图 14-2）。

图 14-2　艮岳建筑风貌

《艮岳记》中记录园内植物品种 70 多种，包括乔木、灌木、果树、藤本植物、水生植物、药用植物、草本花卉、木本花卉以及农作物等，植物的配置方式有孤植、对植、丛植、混交，大量的则是成片栽植，形成以植物为主的园景区。

据各种文献的描述看来，艮岳称得起是一座叠山、理水、花木、建筑完美结合的具有浓郁诗情画意而较少皇家气派的人工山水园，它把大自然生态环境和各地的山水风景加以高度概括、提炼、典型化而缩移摹写，代表着宋代皇家园林的风格特征和宫廷造园艺术的最高水平。

2. 西苑

西苑即元代太液池旧址，明代大内御苑中规模最大的一处，范围包括现在的北海和中南海，因地处皇城内西部而得名“西苑”。

元代在金代大宁宫的基址上建太液池，在太液池内建万岁山、圆坻、犀山 3 座岛屿呈南北一线排列，沿袭历代皇家园林“一池三山”的传统模式。此后，明代又对西苑进行了 3 次大规模的扩建，对其规模布局作了较大的改整，把圆坻和东岸之间的水面填平，使圆坻由水中的岛屿变成了向水面凸出的半岛，位于岛上的土筑高台改为砖砌城墙——“团城”，横跨团城与西岸的木吊桥改建为石拱桥——“玉河桥”。另外，将太液池水面扩大，往南开凿为南海，玉河桥以北为北海，奠定了西苑北、中、南三海的格局。此外，还在琼华岛、北海北岸以及中、南海一带增建若干建筑物，开辟新的景点，但当时西苑建筑仍很疏朗，仍以自然风光为主(图 14-3)。

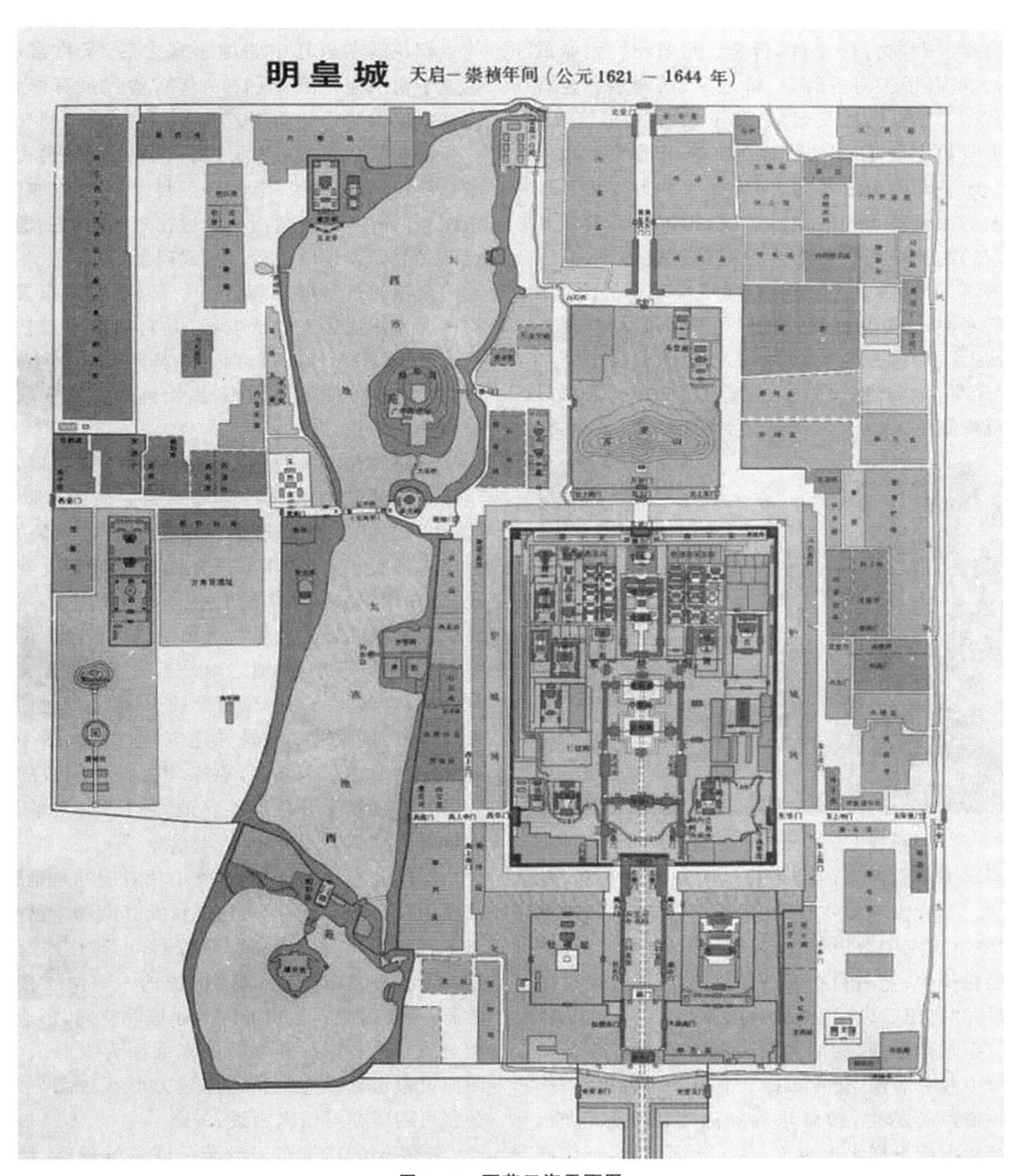

图 14-3　西苑三海平面图

西苑水面大约占园林总面积的1/2。东面沿三海东岸筑高墙，设三门：西苑门、乾明门、捗山门。西面仅在玉带河的西端一带筑宫墙，设棂星门。三海中以北海景观为最盛，主要景点为团城和琼华岛。团城中央正殿承光殿为元代仪天殿旧址，平面圆形，周围出廊。殿前古松三株，皆金、元旧物。团城的西面，大型石桥玉河桥跨湖，桥之东、西两端各建牌楼"金鳌"、"玉蝀"，故又名"金鳌玉蝀桥"（图14-4）。桥中央空约丈余，用木枋代替石拱券，可以开启以便行船。团城北面为琼华岛，即为元代的万岁山。琼华岛上仍保留着元代的怪石嶙峋、树木蓊郁的景观和疏朗的建筑布局。循南面的石蹬道登山半，有三殿并列，仁智殿居中，介福殿和延和殿配置左右。山顶为广寒殿，天顺年间就元代广寒殿旧址重修，是一座面阔七间的大殿。广寒殿的左右有4座小亭环列：方壶亭、瀛洲亭、玉虹亭、金露亭。另外，北海沿岸建有凝和堂、太素殿、天鹅房等各类殿堂。

图14-4　金鳌玉蝀桥

南海为中南海水面的主体。南海中筑大岛，称"南台"，又名"瀛洲"。南台上主要建有昭和殿、澄渊亭、涌翠亭等廊庑数十间。南台一带林木深茂，沙鸥水禽如在镜中，宛若村舍田野之风光。皇帝在这里亲自耕种"御田"，以示劝农之意。

三海水面辽阔，夹岸榆柳古槐多有百年以上树龄。海中萍荇蒲藻，交青布绿。北海一带种植荷花，南海一带芦苇丛生，沙禽水鸟翔泳于山光水色间。皇帝经常乘御舟作水上游览，冬天水面结冰，则作拖冰床和冰上掷球比赛之游戏。

总的看来，西苑建筑疏朗，树木蓊郁，既有仙山琼阁之境界，又富水乡田园之野趣，无异于城市中保留的一大片自然生态环境。清代在琼华岛和南海增加了一些建筑物，局部景观也有所改变。

3.御花园

御花园在内廷中路坤宁宫之后，又称宫后苑。始建于明永乐十五年（1417年），清代虽有修葺，但仍基本保留明代的面貌。

御花园平面略成方形，面积1.2 hm^2，约占紫禁城总面积的1.7%。南面正门坤宁门通往坤宁宫，东南和西南隅各有角门分别通往东、西六宫，北门顺贞门之北即紫禁城之后门玄武门。

全园建筑密度较高，按中、东、西三路布置。中路偏北为体量最大的钦安殿，是宫内供奉道教神像的地方，殿前修竹成荫，白石栏杆环绕。由于东、西两路建筑物的体量比较小，高大巍峨的钦安殿成为全园的构图中心。

东路的北端偏西原为明初修建的观花殿，万历年间废殿改建为太湖石倚墙堆叠的假山"堆秀山"（图14-5），山顶建御景亭。山上有"水法"装置，原来用木桶引水上山，靠水压在山前形成蟠龙吐水景观，现在用铜缸代替木桶引水。每年重阳节，可登临眺望紫禁城内外之秋景。假山东则为面阔五间的藻堂，堂前长方形水池，池之南是上圆下方四面出厦的万春亭，与其西路对称位置上的千秋亭，同为园内形象最丰富、别致的一双姊妹建筑（图14-6、图14-7）。其前的方形小井亭之南，靠东墙为朴素别致的绛雪轩。轩前砌方形五色琉璃花池，种牡丹、太平花，当中特置太湖石，好像一座大型盆景。

西路北端，与东路的堆秀山相对应的是延晖阁，其西为位育斋，斋前的水池亭桥及其南的千秋亭，均与东路相同。池旁即穿堂漱芳斋，可通往内廷的东路。千秋亭之南、靠西墙为园内的一座两层楼房养性斋，楼前以叠石假山障隔为小庭院空间，形成园内相对独立的一区。养性斋的东北面为大假山一座，四面设蹬道可以登临。山前建方形石台高与山齐，登台可四望亦可俯瞰园景。

御花园的建筑布局沿袭了紫禁城规整、严谨的特点，建筑密度也比一般皇家园林要大，但通过体形、色彩、装饰、装修上的变化，并不像宫殿建筑群那样绝对地均齐对称。另外，在钦安殿的南、东、西三面空地上均布置大大小小的方形花池植太平花、海棠、牡丹等名贵花卉，间亦有石笋、太湖石的特置；成行成列地栽植柏树，佳木扶疏，浓荫匝地。园路装铺花样很多，有雕砖纹样，有以瓦条组成花纹，空档间镶嵌五色石子的各种精致图案。通过这些植物和小品的配置，更加强了自然的情调，适当地减弱园内建筑过密的人工气氛。因而，御花园的总体于严整中又富有浓郁的园林气氛(图 14-8)。

图 14-5　御花园“堆秀山”

图 14-6　御花园万春亭

图 14-7　御花园千秋亭

图 14-8　御花园建筑

(二)行宫御苑

1. 静宜园

静宜园位于香山的东坡。金大定二十六年(公元 1186 年)曾在此建大永安寺(香山寺)及香山行宫。元、明两代仍有营建，但并未大规模拓展。康熙时期修建善佛殿并扩建行宫。清乾隆十年(公元 1745 年)大兴土木，修建了许多殿阁塔坊，并加修了一道周长十多里的外垣，形成规模较大的行宫御苑。

静宜园占地面积达 140 hm^2，周围依山建宫墙。依据地势，全园可分为内垣、外垣和别垣 3 部分，共有大小景点 50 余处(图 14-9)。

图 14-9　香山静宜园全图

内垣在园的东南部，是静宜园内主要景点和建筑荟萃之地，其中包括宫廷区和著名的古刹香山寺、洪光寺。宫廷区坐西朝东紧接于大宫门即园的正门之后，二者构成一条东西中轴线，主要建筑为勤政殿、横云馆、丽瞩楼等。香山寺位于香山南坡，是金代永安寺和会景楼的故址，寺依山势跨壑架岩而建成为坐西朝东的五进院落，为静宜园内最宏大的一座寺院。香山寺的西北面即为洪光寺，寺北为著名的九曲十八盘山道，这里山势陡峭，石径以屈曲惊险取胜（图 14-10、图 14-11）。

图 14-10　香山静宜园景色(1)

图 14-11　香山静宜园景色(2)

外垣是香山静宜园的高山区，虽然面积比内垣大得多，但只疏朗地散布着大约 15 处景点，其中绝大多数属于纯自然景观的性质。因此，外垣更具有山岳风景名胜区的意味。

别垣位于北部坡地，建置稍晚，垣内有昭庙、正凝堂两组大建筑群。昭庙是为了纪念班禅额尔德尼来京为乾隆皇帝祝寿，而摹仿日喀则的扎什伦布寺建成的一座汉藏混合式样的大型佛寺，与承德须弥福寿庙属于同一形制，但规模较小。昭庙之北，渡石桥为正凝堂。明代时这里是一座私家别墅园，乾隆时期扩建为花园。园外的东、南、北三面都有山涧环绕，园墙随山势和山涧的走向自然蜿曲，逶迤高下。园林的总体布局顺应地形，划分为东、西两部分。东半部以水面为中心，以建筑围合的水景为主体，西半部地势较高，则以建筑结合山石的庭院山景为主体。一山一水形成对比，是一座十分精致的园中园。嘉庆年间改名为“见心斋”（图 14-12）。

图 14-12　见心斋

静宜园内不仅保留着许多历史上著名的古刹和人文景观，而且保持着大自然生态的深邃幽静和浓郁的山林野趣，是一座具有“幽燕沉雄之气”的大型山地园。园中山景如画，秋日红叶烂漫，也相当于一处园林化的山岳风景名胜区。清咸丰十年（公元 1860 年），静宜园遭焚，现已辟为香山公园，对游人开放。

2. 静明园

静明园位于北京西北郊的玉泉山麓。金代曾在玉泉山一带建行宫芙蓉殿，明代英宗敕建上下华严寺于山之南坡，附近有华严洞、金山寺、玉龙洞等景点。清康熙十九年（公元 1680 年）扩建玉泉山，改建行宫，名“澄心园”，后改名为“静明园”。乾隆十五年（公元 1750 年）对静明园进行大规模扩建，将玉泉山及其山麓的河湖全部囊入园墙以内，十八年（1753 年）再次增建，命名“静明园十六景”，清乾隆二十四年（公元 1759 年）基本建成。

静明园南北长 1 350 m，东西宽 590 m，面积约 65 hm^2。它是以山景为主、水景为辅的天然山水园。玉泉山山形秀丽，主峰与侧峰前后呼应构成略似马鞍形起伏的优美轮廓线。含漪湖、玉泉湖、裂帛湖、镜影湖、宝珠湖，这 5 个小湖之间以水道连缀，萦绕于玉泉山的东、南、西三面，5 个小湖分别因借于山的坡势而成为不同形状的水体，结合建筑布局和花木配置，又构成 5 个不同性格的水景园。因此，静明园在总体上不仅山嵌水抱，而且创造了以 5 个小型水景园而环绕、烘托一处天然山景的别具一格的规划格局(图 14-13、图 14-14)。

图 14-13　静明园布局

图 14-14　静明园景色

玉泉山呈南北走向，主峰高出地面约 50 m，按山脊的走向与沿山湖泊所构成的地貌环境，全园可以大致分为 3 个景区：南山景区、东山景区和西山景区。

南山景区即玉泉山主峰及其西南的侧峰和沿山南麓的平地区域，这里布列着玉泉湖和裂帛湖以及迂曲萦回的河道。朝南的山地和开阔的水面形成了冬暖夏凉的小气候，许多建筑也集中于此，因此是静明园的宫廷区。南山景区最主要的景点是雄踞玉泉山主峰之顶的香岩寺、普门观一组佛寺建筑群，依山势层叠而建。居中的玉峰塔仿镇江金山塔而建，塔内有旋梯可供人登临远眺。这是全园的制高点，也是颐和园借景的主要对象，其选址、造型与山形的完美结合，可以说是以建筑物衬景的极为成功的造园范例。

东山景区是指玉泉山东坡及山麓，这里有镜影湖、宝珠湖，还有北侧峰顶的妙高寺，以及几座小亭榭和若干洞景疏朗地点缀于山间。

西山景区即山脊以西的全部区域。山西麓的开阔平坦地段上建置园内最大的一组建筑群，包括道观、佛寺和小园林。

(三)离宫御苑

1. 畅春园

畅春园于清康熙二十三年(1684 年)，在北京西北郊的东区、明神宗外祖父李伟的别墅“清华园”的废址上修建，历时 3 年完工。乾隆时曾局部增建，但园林总体布局仍然保持着康熙时的旧貌。此园由供奉内廷的江南籍山水画家叶洮参与规划，江南叠山名家张然主持叠山工程，是明清以来首次较全面地引进江南造园艺术的一座皇家园林。

畅春园虽已毁，根据《日下旧闻考》《五园三山及外三营地图》等文献和图档资料可以得出其粗略概貌。园址东西宽约 600 m、南北长约 1 000 m，面积大约 60 hm^2，设园门 5 座：大宫门、大东门、小东门、大西门、西北门。畅春园为前宫后苑的格局，宫廷区在园的南面偏东，外朝为三进院落：大宫门、九经三事殿、二宫门，内廷为两进院落：春晖堂、寿萱春永，成中轴线左右对称的布局。但离宫中的宫室建筑不同于大内的宫廷建筑，较为朴素，尺度较小，与整个

园林环境相协调。

苑林区以水景为主，水面以岛堤划分为前湖和后湖两个水域，外围环绕着萦回的河道。万泉庄之水自园西南角的闸口引入，再从东北角的闸口流出，构成一个完整的水系。建筑及景点的安排，按纵深三路布置。

中路相当于宫廷区中轴线的延伸。往北渡石桥屏列叠石假山一座，绕过假山则前湖水景呈现眼前。水中一大洲，建石桥接岸，桥的南北端各立石坊名金流、玉涧。洲上的大建筑群共三进院落：瑞景轩、林香山翠、延爽楼。延爽楼三层、面阔九间，为全园最高大的主体建筑物。楼之北即前湖后半部的开阔水面，遍植荷花，湖中水亭名叫鸢飞鱼跃，稍南为水榭观莲所。楼西为式古斋，斋后为绮榭。前湖的东面有长堤一道名叫丁香堤，西面有长堤两道名叫芝兰堤、桃花堤。前湖以北即另一大水域后湖，前、后湖及堤以外河渠环流如水网，均可行舟(图 14-15、图 14-16)。

图 14-15　畅春园景色(1)

图 14-16　畅春园景色(2)

东、西两路的建筑，结合于河堤岗阜的局部地貌，或成群组，或散点布置，因地制宜，不拘一格。

东路南端的一组建筑名叫澹宁居，自成独立的院落。它的前殿邻近外朝，是康熙御门听政、选馆、引见之所，正殿澹宁居是乾隆做皇孙时读书的地方。澹宁居以北为龙王庙和一座大型土石假山“剑山”，山顶山麓各建一亭，过剑山即为水网地带，沿河岸有渊鉴斋、佩文斋等。东路的北端为一组四面环水的建筑群清溪书屋，环境十分幽静，是康熙日常静养居住的地方。清雍正元年(1723 年)建恩佑寺，为康熙祈冥福。清乾隆四十二年(1777 年)建恩慕寺，为皇太后广资慈福。这两所佛寺的山门至今尚在，是畅春园硕果仅存的遗迹(图 14-17)。

图 14-17　恩佑寺及恩慕寺山门

西路南端的玩芳斋原名闲邪存诚，曾是乾隆做皇太子时的读书之处，清乾隆四年(1739 年)毁于火，重建后改名玩芳斋。二宫门外出西穿堂门，沿河之南岸为买卖街，摹仿江南市肆河街的景象。南宫墙外为船坞门，门内船坞 5 间北向，停泊大小御舟。往北沿河散点配置若干建筑物：关帝庙、娘娘庙、方亭莲花岩。再往北，临前湖的西岸是西路的主要建筑群凝春堂，与湖东岸的渊鉴斋遥遥相对。凝春堂正好位于河湖与两堤的交汇处，建筑物多为河厅、水柱殿的形式，建筑布局利用这个特殊的地形，跨河临水以桥、廊穿插联络，极富江南水乡情调。凝春堂以北，后湖之水中为高阁蕊珠院，北岸临水层台之上为观澜榭，蕊珠院之西，过红桥北为集凤轩一组院落建筑群，地近小西门。由集凤轩之西穿堂门西出循河而南，至大西门有延楼 42 间，其外即西花园。西花园是畅春园的附园，康熙时原为未成年诸皇子居住的地方。园内大部分为水面，主要的建筑物只有讨源书屋和承露轩两组，呈现为一处清水涟漪、林茂花繁的自然景观。

畅春园建筑疏朗，大部分园林景观以植物为主调，明代旧园留下的古树不少，从三道大堤和一些景点的命名看来，园中花木十分繁茂。据清代大学士高士奇所著《蓬山密记》中记载，园中不仅有北方的乡土花树，还有移自江南、塞北的名贵植物；不仅有观赏植物，而且有多种果蔬。林间水际成群的麋鹿、禽鸟，则又无异于一座禽鸟园。另外，还仿效苏、杭的游船画舫的景致，更增益了这座园林的江南情调。畅春园建成后，一年的大部分时间康熙均居住于此，处理政务，接见大臣，这里遂成为与紫禁城联系的政治中心。

2. 圆明园

圆明园始建于清康熙四十八年（1709），是在康熙皇帝赐给皇四子胤禛的一座明代私园的旧址上兴建的。胤禛登位为雍正皇帝后，扩建为皇帝长期居住的离宫。在园内新建宫廷区，拓展水域面积，将圆明园面积扩大到 200 hm^2，基本上已初具后来的规模。清乾隆二年（1737 年）开始再度扩建，增加了若干景点，在园的东侧辟建长春园，在园的东南辟建绮春园作为附园。以后又经嘉庆、道光、咸丰年间的续建，5 个皇帝前后经过 151 年将其建成为三位一体的园林群。

圆明三园占地面积约 350 hm^2，人工开凿的水面占总面积一半以上，人工堆叠的岗阜岛堤总计约 300 处，各式木、石桥梁共 100 多座，建筑物的面积总计约 16 万 m^2。三园之内，成组的建筑群以及能成景的个体建筑物总共有 123 处，外围宫墙全长约 10 km，设园门 19 座，水闸 5 座。可见，无论是规模还是建设内容，圆明园均居三山五园之首（图 14-18）。

图 14-18　圆明园全景

圆明园是三园中面积最大的一座，主要包括前湖后湖景区、福海景区和北部景区。前湖后湖景区是三园的重点所在，后湖位于全园的中轴线尽端，景色幽静，湖面约 200 m 见方，沿岸周围九岛环列，象征“禹贡九州”，每一个岛也就是一处景点，各有特色又互为借景。另外，前湖后湖景区的东、北、西三面分布着 29 个景点犹如众星拱月，绝大部分在北面，形成小园林集群。

福海景区位于圆明园的东部，辽阔的水面占全园面积的 1/3，景观以开朗取胜。水面近于方形，宽度约 600 m。中央 3 个小岛上设置景点“蓬岛瑶台”，园外西山群峰作为借景倒影湖中，上下辉映。沿岸分布多个小洲岛，把湖岸线分成 10 个段落，洲岛之间以廊桥连接，形成似断似续、断而不开的整体布局。

北部景区则是沿北宫墙的狭长形的单独区域，一条河道从西到东蜿蜒流过。河道有宽有窄，水面时开时合。十余组建筑群沿河建置，显示水村野居的风光，立意取法于扬州的瘦西湖（图 14-19）。

长春园的面积不到圆明园的一半，分为南、北两个景区。南景区占全园的绝大部分，大水面以洲、岛、桥、堤划分为若干不同形状、有聚有散的水域。位于中央大岛上的淳化轩是全园的主体建筑群，它与大宫门、澹怀堂构成长春园的中路。其他大小 18 个景点，或建在水中，或建在岛上，或沿岸临水，都能够因水成景、因地制宜，各具匠心。总体上看，长春

园的南景区建筑疏朗，山水布局划分得体，水域尺度合宜。

图 14-19　圆明园北门

北景区即“西洋楼”，建于乾隆时期，包括 6 幢西洋建筑物、3 组大型喷泉、若干庭园和点景小品。由教士蒋友仁（法国人）负责喷泉设计，郎世宁（意大利人）和王致诚负责建筑设计，艾启蒙（波希米亚人）负责庭园设计，与中国工匠共同完成这组宫苑的建设事宜（图 14-20、图 14-21）。

图 14-20　圆明园西洋楼远瀛观遗迹

图 14-21　圆明园西洋楼大水法遗迹

西洋楼的规划一反中国园林之传统，突出表现了欧洲勒诺特式的轴线控制、均齐对称的特点。主要景点包括谐奇趣、蓄水楼、养雀笼、方外观、海晏堂、远瀛观、万花阵、线法山等，建筑式样呈现出欧洲 18 世纪中叶盛行的巴洛克风格，园林小品则中国色彩较重，如在细部装饰上采用了不少中国式的纹样。植物配置采用欧洲规整式园林的传统手法，树木成行列栽植，灌木的修剪成型。西洋楼是自元末明初欧洲建筑传播到中国以来的第一个具备群组规模的完整作品，也是把欧洲和中国这两个建筑体系和园林体系加以结合的首次创造性的尝试。这在中西文化交流方面具有一定的历史意义。

绮春园为小型水面结合岗阜穿插的集锦，布局不拘一格、自由灵活，具有水村野居的自然情调。

圆明三园是清代皇家园林中“园中有园”的集锦式规划的代表作品，是以景点和小园林作为基本单元的园林景观。它所包含的百余座小园林均各有主题，性格鲜明，堪称典型的“标题园”。这些小园林的主题取材极为广泛，大致可分为 6 类：①摹拟江南风景的意趣；②借用前人的诗、画意境；③移植江南的园林景观而加以变异；④再现道家传说中的仙山琼阁、佛经所描绘的梵天乐土的形象；⑤运用象征和寓意的方式来宣扬有利于帝王封建统治的意识形态，宣扬儒家的哲言、伦理和道德观念；⑥以植物造景为主要内容，或者突出某种观赏植物的形象、寓意。因此，圆明园被冠以“万园之园”“东方凡尔赛”等诸多美名。

3. 避暑山庄

避暑山庄亦称热河行宫，位于河北承德市北部。清康熙二十二年（1681 年），于内蒙古高原与河北北部山地接壤处的承德北面划出 9 000 km^2 的面积作为狩猎围场，称作“木兰围场”。为了解决训练军队和团结蒙古各部这两个有关国家防务的大问题，康熙每年秋季都要率领万余人的军队到围场行围，政府高级官员、蒙古王公陪同，称“秋弥大典”，是清朝统治中的一项重要政治措施。木兰围场距北京 350 km，为了满足随行人马的食宿休息和皇帝处理政务的需要，陆续在沿途建了 27 处行宫，热河行宫是其中最大的一处。因其地理位置合适，周围山川秀美、泉甘水肥、气候凉爽，是理想的避暑胜地。康熙五十年(1711 年)，将热河行宫正式命名为避暑山庄，作为避暑的离宫。

避暑山庄始建于康熙四十二年(1703 年)，经康熙、雍正、乾隆 3 代，至乾隆五十七年(1792 年)停建，历时 89 年，其中雍正年间(1723—1736 年)因忙于巩固皇权，停止行围，也未能对山庄进行建设。同时，由于康熙和乾隆不同的艺术构思而形成了不同时期的不同风格，因此，山庄建设可以分为康熙和乾隆两个时期。

康熙建设山庄的规划思想和艺术构思是要突出自然山水之美，即使辟湖筑洲、布置建筑，也以突出自然形胜为主题。康熙五十年(1711 年)，有康熙帝题景的康熙三十六景，这些景点大约 2/3 是建筑与局部自然环境相结合的，1/3 纯粹是自然景观。避暑山庄的建筑布局很疏朗，体景比较小，外观朴素淡雅，体现了康熙所谓“楹宇守朴”“宁拙舍巧”“无刻桷丹楹之费，有林泉抱素之怀”的建园原则。乾隆六年(1741 年)开始，继续扩建避暑山庄，在原来的范围内修建新的宫廷区，把“宫”和“苑”区分开来。另在苑林区内增加新的建筑，增设新的景点，扩大湖泊东南的一部分水面，扩建工程至乾隆五十五年(1790 年)完工，历时 49 年。乾隆的扩建在尽量保持康熙原规划格局和风貌的基础上使得园林的景观更为丰富，离宫御苑的性格更为突出。但在个别地方，由于建筑较密，装饰更为华丽，康熙时的天然野趣有所削弱。

避暑山庄是清代规模最大的一座离宫御苑，占地 564 hm^2，周围宫墙长近 10 km，有 5 座园门，正门设在南端，名“丽正门”。山庄的总体布局按“前宫后苑”的规制，宫廷区设在南面，其后为广大的苑林区。

宫廷区，也称行宫区，位于山庄南部偏东的高地上，由正宫、松鹤斋、东宫三组平行的院落建筑群组成。

正宫在丽正门之后，前后共九进院落。南半部的五进院落为前朝，建筑物外形朴素、尺度亲切，环境幽静，极富园林情调，气氛与紫禁城的前朝全然不同。北半部的四进院落为内廷，建筑物均以游廊联贯，庭院空间既隔又透，配以花树山石，园林气氛更为浓郁。

松鹤斋的建筑布局与正宫近似而略小，是皇后和嫔妃们居住的地方。最后一进院落名叫万壑松风，它的布局灵活多变，殿堂和楼阁前后交错穿插，连以回廊，呈自由式的布置。

东宫位于正宫和松鹤斋的东面，地势低于前者。南临园门德汇门，共六进院落。内有三层楼的大戏台“清音阁”，东宫的最后一进为卷阿胜境殿，北面紧临苑林区之湖泊景区。

广大的苑林区包括 3 个大景区：湖泊景区、平原景区、山岳景区，三者成鼎足而立的布列。

湖泊景区，即人工开凿的湖泊及其岛堤和沿岸地带，面积大约 43 hm^2。山庄水源来自于园外的武烈河、园内的热河泉和园内各处的山泉，三水汇集成湖，并被洲、岛、桥、堤划分成若干水域。湖中共有大小岛屿 8 个，最大的如意洲 4 hm^2，最小的仅 0.4 hm^2。西面的如意湖和北面的澄湖为最大的两个水域，小水域为上湖、下湖、镜湖、银湖、长湖、半月湖等。其中，水心榭以北的几个湖面为康熙时开凿的，水心榭以南的镜湖和银湖则是乾隆时新拓展的。

湖泊景区以江南水乡河湖为蓝本，在水面形状、堤的走向、岛的布列、水域的尺度上都精心设计，能与全园的山、水、平原三者构成的地貌形势相协调。如连接如意洲和南岸的“芝径云堤”，仿杭州苏堤而建，堤身“径分三枝，列大小洲三，形若芝英、若云朵，复若如意”。造型宽窄曲伸非常优美，堤在湖中的走向为南北向，正好与湖面的狭长形状相适应，也吻合于以宫廷区为起点的游览路线。设计推敲极精致而又不落斧凿之痕，完全达到了“虽由人作，宛自天开”的境地。

湖泊景区面积不到全园的 1/6，但却集中了全园一半以上的建筑物，乃是避暑山庄的精华所在。整个建筑布局都能够恰当而巧妙地与水域的开合聚散、洲岛桥堤和绿化种植的障隔通透结合起来。金山亭作为湖泊区总绾全局的重点，发挥了重要的“点景”和“观景”作用：它是景区内主要的成景对象，许多风景画面的构图中心，又与山岳景区的“南山积雪”“北枕双峰”遥相呼应成对景，成为“定观”的主要对象。另外，景区内设 3 条游览路线，通过它们的起、承、开、合以及对比、透景、障景等的经营，来构成各个

景点之间的渐进序列，极大地增加了游览的乐趣。

平原景区，南临湖、东界园墙、西北依山，为狭长三角形地带。它的面积与湖泊景区约略相等，两者按南北纵深一气连贯。

平原景区的建筑物很少，大体上沿山麓布置以便显示平原之开旷。景区南缘，建置 4 个形式各异的亭子：莆田从樾、濠濮间想、莺啭乔木、水流云在，作为观水、赏林的小景点，也是湖区与平原交接部位的过渡处理。平原北端建置园内最高的建筑物永佑寺舍利塔，作为湖泊、平原二景区南北纵深尽端收束处的点景建筑。东半部的“万树园”来自当地蒙古族牧民的牧场。建园之后，这里仍然保持着古树参天、芳草覆地的原始自然生态。康熙帝在其东南部开辟为农田和园圃，乾隆年间，农田园圃已废弃不用，万树园成为山庄内的政治活动中心。在这里设置蒙古包 28 座，是皇帝接见少数民族首领和外国使者以及宴请听乐，观看烟火、马术、摔跤等民族竞技活动的场所。西半部的“试马埭”则是一片如茵的草毡，表现塞外草原的粗犷风光。

山岳景区占去全园 2/3 的面积，山形饱满，峰峦涌叠，形成起伏连绵的轮廓线。几个主要的峰头高出平原 50～100 m，最高峰达 150 m。由于土层厚而覆盖着郁郁苍苍的树木，山虽不高却颇有浑厚的气势。山岭多涵沟壑但无甚悬崖绝壁，4 条山峪为干道，具有可游、可居的特点。

景区建筑的布置也相应地不求其显但求其隐，不求其密集但求其疏朗，以此来突出山庄天然野趣的主调。点景建筑南山积雪、北枕双峰、四面云山、锤峰落照均以亭子的形式出现在峰头，起到制高点的作用。其余的小园林和寺庙建筑群，绝大部分均建置在幽谷深壑的隐蔽地段。另外，为了摹拟我国历来名山多古刹的传统，山庄内的 8 所主要寺观“内八庙”中的 7 所都建置在山岳景区之内。这些山地的小园林能充分利用山势之起伏和山涧交汇处的地貌特点，扬长避短地作建筑之布局。天然地貌及其周围的自然环境因建筑的点缀而愈突出其性格特征，建筑亦因其顺应协调于天然地貌而更显画意魅力。

山岳景区当年尚保留着大片原始松树林。松林是山区绿化的基调，主要的山峪“松云峡”一带尽是郁郁苍苍的松树纯林。但也有用其他树种的成林或丛植来强调某些局部地段的风致特征，如“榛子峪”以种植榛树为主；“梨树峪”种植大片的梨树，“梨花伴月”一景即因此而得名。

避暑山庄的三大景区，湖泊景区具有浓郁的江南情调，平原景区宛若塞外景观，山岳景区象征北方的名山，融南北造园风格为一体，集国内名园胜景于一园。蜿蜒于山地的宫墙犹如万里长城，园外有若众星捧月的外八庙分别为藏、蒙、维、汉的民族形式。园内外整个浑然一体的大环境就无异于以清王朝为中心的多民族大帝国的缩影，山庄不仅是一座避暑的园林，也是塞外的一个政治中心，是政治活动与园林景观的完美结合(图 14-22 至图 14-25)。

图 14-22　避暑山庄水心榭景色

图 14-23　避暑山庄文园狮子林景色

图 14-24 避暑山庄烟雨楼景色

图 14-25 避暑山庄烟雨楼夜间景色

4. 清漪园(颐和园)

清漪园为颐和园的前身,始建于清乾隆十五年(1750 年),这是一座以万寿山、昆明湖为主体的大型天然山水园。

清漪园所在地区早在金元时代就已经是郊野的风景名胜区,有行宫别苑的建置。金代在此设金山行宫,当时的山称金山,山下的湖泊称金海。元代因在山上发现石瓮,遂改称瓮山,改称金海为瓮山泊,又称西湖或西海。明代对这一带有较大的开发,明武宗朱厚照(1506—1521 年)曾在湖边修钓鱼台,明弘治七年(1494 年),皇帝在瓮山南坡的中央部位修建了"圆静寺",此后建筑逐渐增多。清乾隆十四年(1749 年),为了满足园林和京城大内宫廷用水以及漕运的需要,对西北郊进行大规模的水系整治。一方面,修整玉泉山、西山一带的泉眼和水道;另一方面,疏浚、开拓西湖作为蓄水库,并建置相应的闸桥以节制流量,稳定水位。工程于冬天农闲时节开工,雇用民工在不到两个月的时间内就完工了。乾隆十五年(1750 年),为庆祝其母六十大寿,在圆静寺旧址建"大报恩延寿寺",改瓮山为万寿山,西湖改名为昆明湖,又以兴水利、练水军为名,筑堤围地,扩展湖面,开展全面的园林建设,乾隆二十九年(1764 年)建成,称为清漪园。咸丰十年(1860 年),清漪园被英法联军几乎焚毁,光绪十年(1884 年),慈禧挪用海军军费重建,供其"颐养太和",改名颐和园。

清漪园是艺术与工程相结合、造园与兴修水利相结合的出色范例。其总体规划是以杭州西湖为蓝本,园中的山水位置关系,水面的划分、西堤的走向都近似西湖。为了扩大昆明湖的环境范围,湖的东、南、西三面均不设宫墙,园内园外之景连成一片,很难意识到园内园外的界限。按使用性质、所在区域和景观特点,全园可以分为宫廷区、前山前湖区和后山后湖区 3 个部分(图 14-26)。

宫廷区建置在园的东北端,东宫门也就是园的正门,其前为影壁、金水河、牌楼,往东有御道通往圆明园。外朝的正殿勤政殿坐东朝西,与二宫门、大宫门构成一条东西向的中轴线。

前山前湖景区占全园总面积的 88%,前山即万寿山南坡,前湖即昆明湖。万寿山东西长约 1 000 m,山顶高于地面 60 m。建置在前山中央部位的是"大报恩延寿寺",从山脚到山顶依次为天王殿、大雄宝殿、多宝殿、石砌高台上的佛香阁、琉璃牌楼众香界、无梁殿智慧海,连同配殿、爬山游廊、蹬道等密密层层地将山坡覆盖住,构成纵贯前山南北的一条明显的中轴线,形成一个有前奏、有承接、有高潮、有尾声的空间序列。它的东侧是转轮藏和慈福楼,西侧是宝云阁和罗汉堂,又分别构成两条次轴线。这 3 条相邻轴线上的全部佛寺殿宇组成前山中部的一组庞大的中央建筑群,起到了作为前山总建筑布局的构图主题和重心的作用,同时也弥补和掩盖了前山平缓呆板的山形,突出了山体的轮廓线和高耸感。

前山南麓沿万寿山湖岸建置长廊,东起乐寿堂、西到石丈亭,共有 200 余间,全长约 750 m,可算是中国园林里面最长的游廊了。长廊既是遮阳避雨的游览路线,也是前山重要的横向点景建筑。它与沿岸的汉白玉石栏杆共同镶嵌前山的岸脚,前山整体仿佛托起于水面的碧玉,益发显示出它的精雕细琢之美。

图 14-26　清漪园全景

佛香阁平面八角形，外檐 4 层、内檐 3 层，通高 36 m 余，是园内体量最大的建筑物。它巍然雄踞山半，攒尖宝顶超过山脊，显得器宇轩昂、凌驾一切，成为整个前山前湖景区的构图中心。佛香阁作为万寿山中轴线的主体建筑，将点景的作用发挥到了极致。它完全利用了居高临下的优势，成为向园外借景和观赏湖景的绝佳位置。从阁的回廊间向南望去，湖面上的堤、桥、岛和琉璃屋顶成为眼见近景，远景是一望无际的田野，远景、近景构成了一幅层次丰富的秀美画卷。东望，园外的水泊、田野、村庄烘托着园的全貌，西面西山、玉泉山与园内的景色相互映衬（图 14-27）。

万寿山的东麓，在湖山交汇的部位建乐寿堂、宜芸馆、玉澜堂三组四合建筑群。东面连宫廷区，西接长廊，北通前山，既是交通枢纽，又可观赏湖山景色（图 14-28）。

图 14-27　清漪园冬日

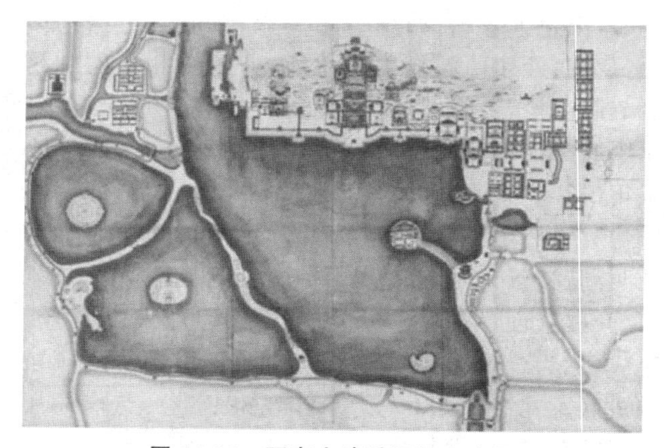

图 14-28　万寿山清漪园行宫全图

万寿山西麓，昆明湖收束为小水面通往后湖，长岛“小西泠”把这个小水面划分为东、西两个航道。西航道芦苇丛生，一派江南水乡景色。东航道的东岸建园中著名的水中建筑“清晏舫”，其初建于清乾隆二十年（1755 年），后被英法联军烧毁，清光绪十九年（1893 年）仿外国游轮重建，并取“河清海晏”之意。

昆明湖沿袭了皇家园林"一池三山"的传统模式，由西堤及其支堤划分为3个水域。东水域最大，它的中心岛屿南湖岛以一座十七孔的石拱桥连接东岸，桥东端偏南建大型八方重檐亭廓如亭；岛、桥、亭相组合成为一个完整构图的画面。西堤以西的两个水域较小，亦各有中心岛屿，分别建藻鉴堂和治镜阁两个主体建筑。漫长的西堤自北逶迤而南纵贯昆明湖中，堤上建6座桥梁摹拟杭州西湖的"苏堤六桥"。其中5座均为仿自扬州的亭桥，一座为石拱桥即著名的玉带桥。

昆明湖东岸，十七孔桥以北为镇水的"铜牛"，它与湖西岸的一组大建筑群"耕织图"呈隔水相对之态势。东岸北端，岸边小岛之上建知春亭。它与岸上的城关文昌阁、夕佳楼都是东岸北半段的重要点景建筑，也是观赏湖景、山景以及园外玉泉山、西山借景的最佳场所。

后山后湖景区仅占全园面积的12%。后山即万寿山的北坡，山势起伏较大，后湖即界于山北麓与北宫墙之间的一条河道。这个景区的自然环境幽闭多于开朗，故景观以幽邃为基调。后山的东西两端分别建置两座城关赤城霞起和贝阙，作为入山的隘口；后山中央部位建置大型佛寺须弥灵境，与跨越后湖中段的三孔石桥、北宫门构成一条纵贯景区南北的中轴线。

后山的主要景点是体量较小的单体建筑，它们各抱地势，布置随宜。建筑群均能结合于局部地形而极尽其变化之能事，其中大多数是自成一体的小园林格局。位于后山东麓平坦地段上的惠山园则是以江南名园寄畅园为蓝本而建成的典型的园中之园。惠山园的环境幽静深邃，富于山林野趣，它与东宫门、宫廷区相距不远，又邻近后湖水道的尽端，水陆交通都比较便捷。从清漪园的总体规划看来，这个小园林既是前山前湖景区向东北方向的一个延伸点，又是后山后湖景区的一个结束点。清嘉庆十六年(1811年)，改园名为"谐趣园"。

后湖的河道蜿流于后山北麓，全长约1 000 m。水体随山势呈现出开、合的变化，用多处的收放把河道的全程障隔为6个段落，每段水面形状各不相同。中段仿江南河街市肆建"买卖街"，又名"苏州街"，全长270 m，成为一个完整的水镇格局。这种把自然界山间溪河的景象和各种人工建置的结合，增加了游览的乐趣。

清漪园的建成为"三山五园"这个庞大园林集群的形成起着关键性作用，促成了三山五园之间相互借景、彼此成景，显示了西北郊整体的环境美，可谓一园建成全局皆活。

二、私家园林

中国古典园林成熟期的私家造园活动广泛普及，士流园林全面的"文人化"，文人园林大为兴盛，文人园林作为一种风格几乎涵盖了私家造园活动。文人园林早在宋代就形成了简远、疏朗、雅致、天然4个特点，导致元、明、清时期私家园林达到了造园艺术成就的高峰，全面满足了文人士大夫的游赏、吟咏、宴乐、读书、收藏、啜茗等的要求。这一阶段随着政治中心的不断转移，分别在中原、江南、北方形成了3个私家造园的中心。同时，民间的造园活动又结合各地不同的人文条件和自然条件而产生了各种地方风格的乡土园林，如岭南园林等。所以，成熟期的私家园林呈现出前所未有的百花争艳的局面。

(一)中原私家园林

中原的私家园林以洛阳最具代表性，其园林大多是在隋唐废园的基础上发展起来的。北宋初年李格非所作《洛阳名园记》中记述了他所亲历的中原地区比较著名的19处园林，其中18处为私家园。属于宅院性质的有6处：富郑公园、环溪、湖园、苗帅园、赵韩王园、大字寺园；属于单独建置的游憩园性质的有10处：董氏西园、董氏东园、独乐园、刘氏园、丛春园、松岛、水北胡氏园、东园、紫金台张氏园、吕文穆园；属于以培植花卉为主的花园性质的有2处：归仁园、李氏仁丰园。《洛阳名园记》是有关北宋私家园林的一篇重要文献，对所记诸园的总体布局、山水因借、花木布置都做了生动翔实的记载。

(二)江南私家园林

"江南"地区，大致相当于今之江苏南部、安徽南部、浙江、江西等地。宋室南渡，偏安江左，江南遂成为全国最发达的地区。经济发达促成地区文化水平的不断提高，文人辈出，文风之盛亦居于全国之首。

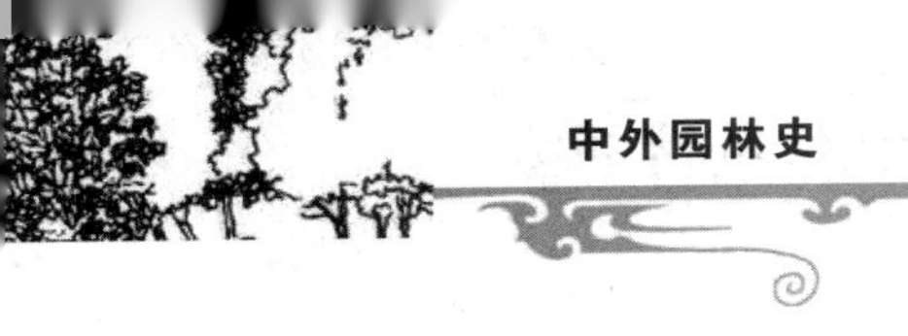

江南河道纵横，水网密布，气候温和湿润，适宜于花木生长。江南的民间建筑技艺精湛，又盛产造园用的优质石材，所有这些都为造园提供了优越的条件。江南的私家园林遂成为中国古典园林后期发展史上的一个高峰，代表着中国风景式园林艺术的最高水平。北京地区以及其他地区的园林，甚至皇家园林，都在不同程度上受到它的影响。

江南私家园林兴造数量之多，为国内其他地区所不能企及。绝大部分城镇都有私家园林的建置，而扬州和苏州则更是精华荟萃之地，有"园林城市"之美誉。另外，还有上海、杭州、南京、无锡、常熟等地也是私家园林比较发达的地区。

1. 个园

个园在扬州新城的东关街，清嘉庆二十三年大盐商黄应泰利用废园"寿芝帅"的旧址建成。因园内多种竹子，故取竹字的一半而命园之名为"个园"

个园占地大约 0.6 hm^2，以假山堆叠之精巧而名重一时。个园叠山的立意颇为不凡，它采取分峰用石的办法，创造了象征四季景色的"四季假山"，并且按春是开篇、夏为铺展、秋到高潮、冬作结尾的空间顺序排列，将春山宜游、夏山宜看、秋山宜登、冬山宜居的山水画理运用堆山叠石当中，这在中国古典园林中实为独一无二的例子。

春山是个园"四季假山"的开篇，在园门东西两侧透空花墙之下，各有一个青砖砌的花坛，东坛满种修竹，竹间散置参差的笋石，象征着"雨后春笋"的意思，西坛在稀疏的翠竹之间，夹有黑色湖石，竹石相配，一动一静，组合出春天的气息。

夏山位于抱山楼之西侧，用玲珑剔透的太湖石堆砌。主峰高约 6 m，上建鹤亭，山上有绿荫如伞的老松一株，覆有枝叶垂披的紫藤一架，山前水池有睡莲朵朵，莲叶层层，突出了"夏"的主题。

秋山位于抱山楼之东侧，高约 7 m，是园中最为高峻的一座假山。全山用层层黄石叠成，气势磅礴，山间配置以枫树为主，夹杂松柏。每当夕阳西下，一抹霞光映照在发黄而峻峭的山体上，呈现醒目的金秋色彩。山间古柏出石隙中，它的挺拔姿态与山形的峻峭刚健十分协调，无异于一幅秋山画卷，也是秋日登高的理想地方。

冬山叠筑在园东南隅"透风漏月"厅南墙背阴处，是园中占地面积最小的一组假山。全山以宣石叠砌而成，宣石上的白色晶粒看上去仿佛积雪未消，山中又配置天竺、蜡梅等耐寒植物，增添了冬日的情趣。南墙上开一系列的小圆孔，每当微风掠过发出声音，又让人联想到冬季北风呼啸，更加渲染出隆冬的意境。另在庭院西墙上开大圆洞，隐约窥见园门外的修竹石笋的春景。

就个园的总体看来，建筑物的体量有过大之嫌，尤其是北面的七开间楼房"抱山楼"庞然大物，似乎压过了园林的山水环境。虽然园内颇有竹树山池之美，但附庸风雅的"书卷气"终于脱不开"市井气"(图 14-29 至图 14-32)。

图 14-29　个园

图 14-30　个园小景

图 14-31　个园水景

图 14-32　个园叠石堆山

2. 沧浪亭

沧浪亭位于平江城南。北宋庆历四年（1044年），诗人苏舜钦蒙冤遭贬，流寓到苏州，自号沧浪翁，花 4 万钱购城南废园。废园的山池地貌依然保留原状，乃在北边的小山上构筑一亭，名沧浪亭，亦为园名，也是唯一以“亭”命名的园林。

沧浪亭占地 1.1 hm^2，为内山外水的格局。绿水环绕，入园需过石桥，园内布局以山为主，入门即见黄石假山，假山上植以古木。建筑亦大多环山。沧浪亭在假山东首最高处，亭柱有联“清风明月本无价，近水远山皆有情”，也许是沧浪亭最好的写照。

沧浪亭在假山与池水之间，隔着一条向内凹曲的复廊，复廊将园内外的山与水有机地连在一起，造成了山、水互为借景的效果，同时也弥补了园中缺水的不足，拓展了游人的视觉空间，丰富了游人的赏景内容，形成了苏州古典园林独一无二的开放性格局，因此，这条复廊被视为沧浪亭造景的一大特色（图 14-33、图 14-34）。

图 14-33　沧浪亭的复廊

图 14-34　沧浪亭廊亭结合景色

3. 网师园

网师园在苏州城东南阔家头巷，始建于南宋淳熙年间，当时的园主人为吏部侍郎史正志，园名“渔隐”。后来几经兴废，到清代乾隆年间归宋宗元所有，改名“网师园”。乾隆末年，园归瞿远村，增建亭宇轩馆 8 处，俗称瞿园。同治年间，园主人李鸿裔又增建撷秀楼。今日之网师园，大体上就是当年瞿园的规模和格局。

网师园占地 0.4 hm^2，是一座紧邻于邸宅西侧的中型宅园。园林的平面略呈丁字形，主景区以一个水池为中心，建筑物和游览路线沿着水池四周安排。园林南半部的主要厅堂为“小山丛桂轩”，轩之南是一个狭长形的小院落，透过南墙上的漏窗可隐约看到隔院之景。轩之北，临水堆叠体量较大的黄石假山“云岗”，有蹬道洞穴，颇具雄险气势。轩之西为园主人宴居的“蹈和馆”和“琴室”，西北为临水的“濯缨水阁”，这是水池南岸风景画面上的构图中心。自水阁之西折而北行，曲折的随墙游廊顺着水池西岸山石堆叠之高下而起伏，当中建八方亭“月到风来亭”突出于池水之上，可以凭栏隔水观赏环池三面之景，同时也是池西的风景画面上的构图中心。亭之北，往东跨过池西北角水口上的三折平桥达池之北岸，往西经洞门则通向另一个庭院“殿春簃”。

图 14-35　网师园看松读画轩

水池北岸是主景区内建筑物集中的地方，“看松读画轩”与南岸的“濯缨水阁”遥相呼应构成对景。轩之西为临水的廊屋“竹外一枝轩”，它在后面的楼房“集虚斋”的衬托下益发显得体态低平、尺度近人。竹外一枝轩的东南为小水榭“射鸭廊”，它既是水池东岸的点景建筑，又是凭栏观赏园景的场所，同时还是通往内宅的园门。射鸭廊之南，以黄石堆叠为一座玲珑剔透的小型假山，与池南岸的“云岗”虽非一体，但在气脉上是彼此连贯的。水池在两山之间往东南延伸成为溪谷形状的水尾，上建小石拱桥一座作为两岸之间的通道。此桥故意缩小尺寸以反衬两旁假山的气势，可见其尺度处理颇具独到之处。

图 14-36　网师园万卷堂

水池的面积不大，仅 400 m^2 左右，水池宽 20 m，这个视距正好在人的正常水平视角和垂直视角的范围内，得以收纳对岸画面构图之全景。水池四周之景无异于 4 幅完整的画面，内容各不相同却都有主题和陪衬，濯缨水阁、月到风来亭、竹外一枝轩、射鸭廊既是点景的建筑物同时也是驻足观景的场所，尽管范围不大，却仿佛观之不尽，十分引人流连。

网师园整个园林的空间安排采取主、辅对比的手法，主景区也就是全园的主体空间，在它的周围安排若干较小的辅助空间，形成众星捧月的格局。园内建筑密度高达 30%，但通过合理的规划设计把这一影响减小到最低限度。置身主景区内，并无囿于建筑空间之感，反之，却能体会到一派大自然水景的盎然生机（图 14-35 至图 14-38）。

图 14-37　网师园引静桥

图 14-38　网师园月到风来亭

4. 拙政园

拙政园在苏州娄门内之东北街，始建于明初。正德年间，御史王献臣因官场失意，回乡购得大弘寺旧址，历时五载建成此园。之后，园林屡易其主。后来分为西、中、东 3 部分，或兴或废又迭经改建。太平天国期间，西部和中部作为忠王李秀成府邸的后花园，东部的“归田园居”则已荒废。光绪年间，西部归张履泰为“补园”，中部的拙政园归官署所有。

现在，拙政园占地面积为 4.1 hm^2，分为西部的补园、中部的拙政园和东部新园三部分。

中部的拙政园是全园的主体和精华所在，它的主景区以大水池为中心。水面有聚有散，池中垒土石构筑成东、西两个岛山，把水池分划为南北两个空间。西山较大，山顶建长方形的“雪香云蔚亭”，东山较小，山后建六方形的“待霜亭”藏而不露，与前者成对比之烘托。这岛山一带极富江南水乡气氛，为全园风景最胜处。西山的西南角建六方形“荷风四面亭”，它的位置恰在水池中央。亭的西、南两侧各架曲桥一座，又把水池分为 3 个彼此通透的水域。水池西端为半亭，别有洞天，它与水池最东端的“梧竹幽居”遥相呼应成对景，形成了主景区东西向的次轴线（图 14-39 至图 14-41）。

图 14-39　拙政园待霜亭

图 14-40　拙政园荷风四面亭

图 14-41　拙政园梧竹幽居亭

中部主体建筑远香堂周围环境开阔，堂面阔三间，安装落地长窗，在堂内可观赏四面之景犹如长幅画卷。它与西山上的雪香云蔚亭隔水互成对景，构成园林中部的南北中轴线。远香堂西侧有廊桥"小飞虹"横跨水面，与周围的"小沧浪"和"得真亭"围合成水院，隐现藏露之间，颇能引人入胜。东侧为"枇杷园""听雨轩"和"海棠春坞"一组庭园，空间变化虚实交替，是中国独特的"往复无尽流动空间理论"最佳的实例(图 14-42)。

中部的拙政园水体占全园面积的 3/5，建筑物大多临水，藉水赏景，因水成景。水多则桥多，桥多为平桥，取其横线条能协调于平静的水面。同时，园林空间丰富多变，大小各异，能够形成一定的序列组合，创造出不同的游览路线。

西部的补园亦以水池为中心，水面呈曲尺形，以散为主、聚为辅，理水的处理与中部截然不同。池中小岛的东南角临水建扇面形小亭与同坐轩，此亭形象别致，具有很好的点景效果，同时也是园内最佳的观景场所，与其西北面岛山顶上的"浮翠阁"遥相呼应构成对景。池东北为一段狭长形的水面，东岸沿界墙构筑随势曲折起伏的水廊。水廊北接"倒影楼"，作为狭长形水面的收束。南接"宜两亭"，与"倒影楼"隔池相峙，互成对景(图 14-43)。

图 14-42　拙政园枇杷园初雪

图 14-43　拙政园波形水廊

西园的主体建筑"鸳鸯厅"，由于此馆体形过于庞大，因而池面显得逼仄，难免造成尺度失调之弊。

东部原为"归田园居"的废址，1959 年重建。根据城市居民休息、游览和文化活动的需要，开辟了大片草地，布置茶室、亭榭等建筑物。园林具有明快开朗的特色，但已非原来的面貌了。

5. 留园

留园位于苏州阊门外，始建于明嘉靖年间(1522—1566 年)，初为太仆寺卿徐泰时所建之"东园"。清乾隆五十九年(1794 年)，归吴县人刘恕所有，对东园重新修整扩建，改名"寒碧山庄"。同治十二年(1873 年)为大官僚盛康购得，又加以改扩建，更名"留园"。

留园占地面积约 2 hm^2，园林紧邻于住宅和祠堂之后，其对外的园门当街，在住宅和祠堂间的夹巷入园。夹巷虽长约 50 m，且狭窄而曲折，但通过收、放相间的序列渐进变换手法和运用建筑空间的大小、方向、明暗的对比，使之变得虚实有致，曲折有情。全园分为西、中、东 3 区。西区以山景为主，中区以山、水兼长，东区以建筑取胜。如今，西区已较荒疏，中区和东区则为全园之精华所在。

中区的东南大部分开凿水池、西北堆筑假山，形成以水池为中心，南、北两面为山体，东、南两面为建筑的布局。假山是用太湖石间以黄石堆筑的土石山，北山上建六方形小亭"可亭"作为山景的点缀，同时也是一处居高临下的驻足观景场所。池南岸建筑群的主体是"明瑟楼"和"涵碧山房"成船厅的形象。它与北岸山顶的可亭隔水呼应成为对景，这在江南宅园中为最常见的"南厅北山、隔水相望"的模式。池东岸的建筑群平面略呈曲尺形转折而南，立面组合的构图形象极为精美，"清风池馆"西墙全部开敞，凭栏可观赏中区山水之全景。

西楼、清风池馆以东为留园的东区，是园内建筑物集中、建筑密度最高的地方。

东区西部的五峰仙馆是园中最大的建筑物，其梁柱构件全用楠木，又称"楠木厅"，室内宏敞，装修极为精致。它的前后都有庭园，前庭的大假山是摹拟庐山五老峰，用 12 个峰石堆叠而成，后院有水池，池中养鱼，别具情趣。五峰仙馆与周围的"还我读书处""揖峰轩""鹤所"和"石林小屋"4 幢建筑一起结合游廊、墙垣形成了灵活多变的院落空间，收到了行止扑朔迷离、景观变化无穷的效果。

东区东部"林泉耆硕之馆"北面是一个较大而开敞的庭院，院当中特置巨型太湖石"冠云峰"，高约 5 m，姿态奇伟，嵌空瘦挺，纹理纵横，透孔较少，为苏州最大的特置石峰。它的两侧屏立"瑞云""岫云"两配峰，三峰鼎峙构成庭院的主景。庭院中的水池名"浣云池"，庭北的 5 间楼房名"冠云楼"，均因峰石而得名。自冠云楼东侧的假山登楼，可北望虎丘景色，乃是留园借景的最佳处。

留园的景观，有两个最突出的特点：一是丰富的石景；二是多样变化的空间之景(图 14-44 至图 14-46)。

图 14-44　留园小蓬莱

图 14-45　留园五峰仙馆部分

图 14-46　留园冠云峰

6. 狮子林

狮子林位于苏州潘儒巷内，始建于元至正二年(1342 年)，元末名僧天如禅师维则的弟子“相率出资，买地结屋，以居其师。”因园内“林有竹万固，竹下多怪石，状如狻猊(狮子)者”；又因天如禅师维则得法于浙江天目山狮子岩普应国师中峰，为纪念佛徒衣钵、师承关系，取佛经中狮子座之意，故名“师子林”“狮子林”。

狮子林平面呈长方形，面积约 15 亩。全园布局东南多山，西北多水，建筑置于山池东、北两翼，长廊三面环抱，林木掩映，曲径通幽。

狮子林素有“假山王国”之称，湖石假山多而精美，以洞壑盘旋出入奇巧取胜。园中假山主要集中在指柏轩南面，占地面积约 1 000 m^2。假山分上、中、下 3 层，有山洞 21 个，盘道 9 个，中间一条溪涧把山分成东、西两部分，两边各形成一个大环形，山上布满奇峰怪石，姿态各异，形如各式各样的狮子形象，给游人带来一种恍惚迷离的神秘趣味(图 14-47 至图 14-50)。

图 14-47　狮子林春景

图 14-48　狮子林向梅阁

图 14-49　狮子林燕誉堂前小院

图 14-50　狮子林的太湖石

7. 寄畅园

寄畅园位于无锡城西的锡山和惠山间平坦地段上，始建于明代，正德年间(1506—1521 年)兵部尚书秦金辟为别墅，初名“凤谷行窝”。万历十九年(1951 年)，秦耀由湖广巡抚罢官回乡，着意经营此园并亲自参与筹划，疏浚池塘、大兴土木成二十景，改园名为“寄畅园”。后经秦氏家族几代人多次大规模的建设经营，寄畅园更为完美，名声大噪，成为当时江南名园之一。

寄畅园占地面积约 1 hm^2，以山水作为全园的基本骨架，东部以水景为主，西部则以山石取胜。其中假山约占全园面积的 23%，水面占 17%，山水一共占去全园面积的 1/3 以上。建筑布置比较疏朗，主要集中在园入口的东南角，是一座以山为重点、水为中心、山水林木为主的人工山水园。

寄畅园位置极佳，能够充分收摄周围远近环境的美好景色，使得视野得以最大限度地拓展到园外。从池东岸若干散置的建筑向西望去，透过水池及西岸大假山上的蓊郁林木远借惠山优美山形之景，构成远、中、近 3 个层次的景深，把园内之景与园外之景天衣无缝地融为一体。若从池西岸及北岸的嘉树堂一带向东南望去，锡山及其顶上的龙光塔均被借入园内，衬托着近处的临水廊子和亭榭，则又是一幅以建筑物为主景的天然山水画卷(图 14-51、图 14-52)。

图 14-51　从鹤步滩遥望知鱼槛

图 14-52　寄畅园知鱼槛近景

(三)北方私家园林

北京为元、明、清三代王朝建都之地，也是北方造园活动的中心，私家园林精华荟萃之地。

元代大都的私家园林多半为城近郊或附廓的别墅园，其中以宰相廉希宪的“万柳堂”最负盛名。明代北京的私园据文献记载有 20 余处，宅园散布在内城和外城各处，尤以什刹海一带为多，而郊外的私家园林多为别墅园，绝大部分散布在西北郊一带，造园手法有模仿江南园林的明显迹象，较有名气的当推“勺园”和“清华园”。清代，由于北方造园风格的成熟、设计施工队伍的完善以及达官贵人对宅园的需求使得北京私家园林的建设无比兴盛。北京城内的私家园林，绝大多数为宅园，分布在内城各居民区内，外城的私家园林多为会馆园林。比较有名气的多为文人和大官僚所有，如芥子园、萃锦园等。

1. 萃锦园

萃锦园即恭王府后花园。恭王府地处北京什刹海前海，是清恭亲王奕䜣的府邸，它的前身为大学士和珅的邸宅。萃锦园紧邻于王府的后面，为王府的附园。

萃锦园占地大约 2.7 hm^2，分为中、东、西 3 路。中路呈对称严整的布局，它的南北中轴线与府邸的中轴线对位重合，空间序列上颇有几分皇家气派，不如一般私家园林的活泼、自由。东路和西路的布局比较自由灵活，前者以建筑为主体，后者以长方形大水池为中心，则无异于一处观赏水景的“园中之园”。总体以西、南部为自然山水景区，东、北部为建筑庭院景区，形成自然环境与建筑环境之对比。

园林的建筑物比起一般的北方私园在色彩和装饰方面要更浓艳华丽，均具有北方建筑的浑厚之共性。叠山用片云青石和北太湖石，技法偏于刚健，亦是北方的典型风格。建筑的某些装修和装饰，道路的花街铺地等，则适当地吸收江南园林的因素。植物配置方面，以北方乡土树种松树为基调，间以多种乔木。水体的面积比现在大，水体之间都有渠道联络，形成水系。可见早期的萃锦园，尽管建筑的分量较重，但山景、水景、花木之景也是它一大特色。园林虽然采取较为规整的布局，却仍不失风景式园林的意趣(图 14-53、图 14-54)。

图 14-53　萃锦园中的安善堂

图 14-54　萃锦园长廊

2. 半亩园

半亩园在北京内城弓弦胡同(今黄米胡同),始建于清康熙年间,为贾膠侯的宅园,相传著名的文人造园家李渔曾参与规划,所叠假山誉为京城之冠。其后屡易其主,道光年间由麟庆所有,大加修葺后成为北京著名的私家宅园。

麟庆时期的半亩园,南区以山水空间与建筑院落空间相结合,北区则为若干庭院空间的组织而寓变化于严整之中,体现了浓郁的北方宅园性格。利用屋顶平台拓展视野,也充分发挥了这个小环境的借景条件。园林的总体布局自有其独特的章法,但在规划上忽视建筑的疏密安排,稍显不足(图 14-55)。

图 14-55　半亩园门

(四)岭南私家园林

岭南泛指我国南方五岭以南的地区,古称南越。汉代已出现民间的私家园林,清初,岭南的珠江三角洲地区经济比较发达,文化亦相应繁荣,私家造园活动开始兴盛,逐渐影响到潮汕、福建和台湾等地。到清中叶以后而日趋兴旺,在园林的布局、空间组织、水石运用和花木配置方面逐渐形成自己的特点,终于异军突起而成为与江南、北方鼎峙的三大地方风格之一。顺德的清晖园、东莞的可园、番禺的余荫山房、佛山的梁园,号称粤中四大名园,它们都比较完整地保存下来,可视为岭南园林的代表作品。

岭南地近澳门,海外华侨众多,广州又是粤海关之所在,接触西洋文明可谓得风气之先,园林受到西洋的影响也就更多一些。不仅某些细部和局部的做法,如西洋式的石栏杆、西洋进口的套色玻璃和雕花玻璃等,甚至个别园林的规划布局亦能看到摹仿欧洲规整式园林的迹象。

余荫山房在广州市郊番禺县南村,始建于清同治年间,完整保留至今。全园分为东、西、南 3 部分。

西半部以一个方形水池为中心,池北的正厅"深柳堂"与池南的"临池别馆"相对应,构成西半部的南北轴线。水池东面为游廊,当中跨拱形亭桥一座。此桥与园林东半部的主体建筑"玲珑水榭"相对应,构成东西向的中轴线。

东半部面积较大,中央开凿八方形水池,有水渠穿过亭桥,与西半部的方形水池沟通。八方形水池的正中建置八方形的"玲珑水榭",八面开敞,可以环眺八方之景。

南部为相对独立的一区"愉园",是园主人日常起居、读书的地方。愉园为一系列小庭院的复合体,以一座船厅为中心,厅左右的小天井内置花木水池,成小巧精致的水局。登上船厅二楼可俯瞰园内外之景，抵消了因建筑密度过大的闭塞之感。

余荫山房的总体布局为两个规整形状的水池并列组成水庭，水池的规整几何形状受到西方园林的影响。园中植物繁茂，花开似锦，建筑内外敞透，雕饰丰富。但总的看来，建筑体量稍显庞大，与小巧的山水环境不甚协调(图 14-56 至图 14-59)。

图 14-56　余荫山房入口

图 14-57　余荫山房曲廊

图 14-58　余荫山房水景

图 14-59　余荫山房水边亭子

三、寺观园林

宋代以来，佛教内部各宗派开始融会、相互吸收而变异复合。禅宗和净土宗成为主要的宗派，而且禅宗还与传统儒学相结合，产生了思想界的主导力量——理学。随着禅宗与文人士大夫在思想上的沟通，儒佛合流，一方面在文人士大夫之间盛行禅悦之风，另一方面禅宗僧侣也日益文人化。许多僧侣都擅长书画，诗酒风流，以文会友，经常与文人交往，文人园林的趣味也就广泛地渗透到佛寺的造园活动中，甚至有文人参与佛寺园林的规划设计，从而使得佛寺园林由世俗化而进一步地“文人化”。道教受到佛教和儒家的影响，逐渐分化成两种趋势：一种趋势是向老庄靠拢，强调清净、空寂、恬适、无为，表现为高雅闲逸的文人士大夫情趣；另一种是一部分道士也像僧侣一样逐渐文人化。

因此，成熟期的寺观园林呈现出世俗化、文人化的特点，除了具有祭祀奉神的功能和极个别具有明显的宗教象征之外，一般与私家园林已没有太大的差异，只是更朴实、更简练一些。主要分成以下两种情况：

(1)城市及近郊的寺观，除了独立建置园林之外，还十分重视本身的庭院绿化。一般说来，在主要殿堂的庭院，多栽植松、柏、银杏、桫椤、榕树、七叶树等姿态挺拔、虬枝古干、叶茂荫浓的树种，以适当地烘托宗教的肃穆气氛；而在次要殿堂、生活用房和接待用房的庭院内，则多栽植花卉以及富于画意的观赏树木，有的还点缀山石水局，体现所谓“禅房花木深”的雅致怡人的情趣。所以，城市及其近郊的寺观，往往成为文人吟咏聚会、群众游览的地方。如北

京城内的法华寺、法源寺等。

(2)城市远郊和山野风景地带的寺观，更注意结合所在地段的地形、地貌环境，营造园林化的景观。因此，寺观往往又成为风景名胜区内绝佳的风景点和游览地，使得宗教建设与自然风景融为一体，对风景名胜区的发展和内容的充实具有更为积极的意义。如杭州西湖的灵隐寺、韬光庵等。

成熟期的寺观园林尽管不以其宗教色彩取胜，却美化了寺观本身，并且通过园林经营美化了环境，从而把寺观与群众生活联系起来。寺观不仅是宗教活动的中心，也是城市居民公共游赏的场所和风景名胜区内原始型旅游的主要对象。

这个时期，南北各地完整保留下来的寺观园林为数众多。其中，大觉寺、白云观、普宁寺着重于独立建置的附园，法源寺着重于它的庭院绿化情况，乌尤寺、清音阁、太素宫着重于其周围园林化的环境处理，古常道观、潭柘寺、黄龙洞、国清寺则着重在园林、庭院绿化和园林化环境此三者兼而有之。若就园林的地方风格而言，大觉寺、白云观、普宁寺、潭柘寺为北方风格，黄龙洞、太素宫为江南风格，古常道观、乌尤寺、清音阁为西南的地方风格。

四、少数民族园林

中国是一个有着 56 个民族的统一的多民族大家庭。过去由于历史条件和地理条件的限制，他们的经济、文化的发达程度存在着极大的差异。汉族在人口规模、经济、文化的发展上一直居于领先地位，园林作为汉文化的一个组成部分早已独树一帜，成为世界范围内的主要园林体系之一，通常所谓“中国古典园林”实际上即指汉族园林而言。其他的少数民族，大部分由于本民族的经济、文化的发展一直处于低级阶段，尚不具备产生园林的条件。只有居住在西藏地区的藏族，到清中叶就已初步形成具备独特民族风格的园林，其中的一些有代表性的园林作品尚完整地保存至今。

西藏位于我国西南边疆。大约在公元 9 世纪，藏族文化的发展已逐渐进入成熟的阶段，到 15 世纪以后的明、清时期，又向着更高的水平上跃进而形成完整的体系。根据中外藏学家的研究，都认为在我国各民族文化中藏族文化就其总体的系统性和全面性而言仅次于汉族文化，而个别的范畴如宗教甚至可与汉族并驾齐驱。发达的藏族文化孕育了本民族的园林艺术，农奴庄园经济的发展为造园活动提供了条件。大约在清代中叶，西藏地区已经形成了为极少数僧、俗统治阶级所私有的 3 个类别的园林：庄园园林、寺庙园林、行宫园林。

庄园园林，即为了满足农奴主夏天避暑和居住游憩的目的，在其住所附近选择开阔地段修建的园林，类似于汉族的宅园或别墅园。庄园园林以栽植大量的观赏花木、果树为主，小体量的建筑物疏朗地散布、点缀在林木蓊郁的自然环境之中。有的园林内引进流水，开凿水池，有的还建置户外活动的场地如赛马场、射箭场等。山南地区是西藏的主要农业区，庄园经济最发达，庄园园林也很多。

寺庙园林作为藏传佛教(喇嘛教)寺庙建筑群的一个组成部分，它的功能除了游憩之外也用作喇嘛集会辩经的户外场地，叫作“辩经场”。寺庙园林的植物配置一般都是成行成列地栽植柏树、榆树，辅以红、白花色的桃树、山丁子等，于大片荫绿中显现缤纷的色彩。在场地的一端，坐北朝南建置开敞式的建筑物“辩经台”，既作为举行重要辩经会时高级喇嘛起坐的主席台，同时也是园林里的唯一的建筑点缀。

行宫园林最具藏族园林的特色，是达赖和班禅的避暑行宫。日喀则的行宫园林包括东南郊的“功德林园林”和南郊的“德谦园林”两处。拉萨的行宫园林只有一座，这就是位于西郊著名的“罗布林卡”，也是藏族园林最完整的代表作品。

罗布林卡

“罗布林卡”是藏语的译音，意思是“有如珍珠宝贝一般的园林”。它位于西藏拉萨市的西郊，占地约 36 hm^2。始建于清乾隆年间，后经过近 200 年时间、3 次扩建而成为现在的规模。园内建筑相对集中为东、西两大群组，当地人习惯把东半部叫作“罗布林卡”，西半部叫作“金色林卡”。它不仅是供达赖避暑消夏、游憩居住的行宫，还兼有政治活动和宗教活动中心的功能。

罗布林卡的外围宫墙上共设 6 座宫门。大宫门位于东墙靠南，正对着远处的布达拉宫。园林的布局由于逐次扩建而形成园中有园的格局：3 处相对独立的小园林建置在古树参天、郁郁葱葱的广阔自然环境里，每一处小园林均有一幢宫殿作为主体建筑物，相当于达赖的小型朝廷(图 14-60)。

第一处小园林包括格桑颇章和以长方形大水池为中心的一区。前者紧接园的正门之后具有"宫"的性质，后者则属于"苑"的范畴。苑内水池的南北中轴线上三岛并列，北面二岛上分别建置湖心宫和龙王殿，南面小岛种植树木。周围环境幽静，小巧精致的建筑掩映在丛林之中，这种景象正是我们在敦煌壁画中所见到的那些"西方净土变"的复现，也是通过园林造景的方式把《阿弥陀经》中所描绘的"极乐国土"的形象具体地表现出来。这在现存的中国古典园林中，乃是唯一的孤例。园林东墙的中段建置"威镇三界阁"，阁的东面是一个小广场和外围一大片绿地林带。每逢重要的宗教节日，喇嘛们会云集这里举行各种宗教仪式(图 14-61、图 14-62)。

第二处小园林是紧邻于前者北面的新宫一区。两层的新宫位于园林的中央，周围环绕着大片草地与树林的绿化地带，其间点缀少量的花架、亭、廊等小品。

第三处小园林即西半部的金色林卡。主体建筑物"金色颇章"高 3 层，内设十三世达赖专用的大经堂、接待厅、阅览室、休息室等。底层南面两侧为官员等候觐见的廊子，呈左右两翼环抱之势，其严整对称的布局很有宫廷的气派。金色颇章的中轴线与南面庭园的中轴线对位重合，构成规整式园林的格局。金色林卡的西北部分是一组体量小巧、造型活泼的建筑物，高低错落地呈曲尺形随意展开，这就是十三世达赖居住和习经的别墅。它的西面开凿一泓清池，池中一岛象征须弥山。从此处引出水渠绕至西南汇入另一圆形水池，池中建圆形凉亭。整组建筑群结合风景式园林布局而显示出亲切近人的尺度和浓郁的生活气氛，与金色颇章的严整恰成强烈对比(图 14-63)。

图 14-60 罗布林卡正门

图 14-61 罗布林卡湖心宫

图 14-62 罗布林卡园内大花坛和喷泉

图 14-63 黄色屋檐金顶装饰的金色颇章

罗布林卡以大面积的绿化和植物成景所构成的粗犷的原野风光为主调，也包含着自由式和规整式的布局。园路多为笔直，园内引水凿池，但没有人工堆筑的假山，也无人为的地形起伏，故而景观均一览

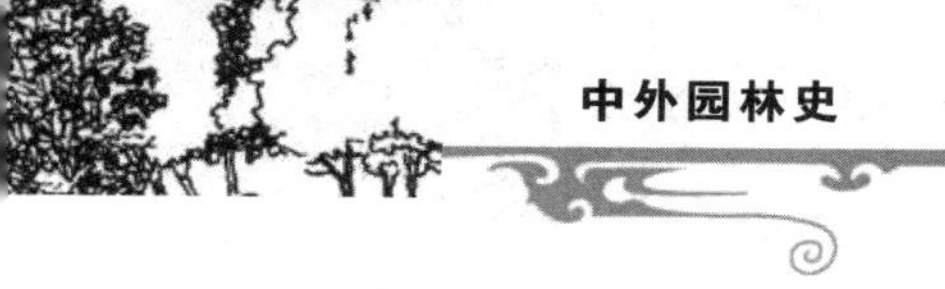

无余。园林建筑一律为典型的藏族风格，装修和小品受汉族和西方的影响。3处小园林之间缺乏有机的联系，亦无明确的脉络和纽带，形不成完整的规划章法和构图经营。总的说来，罗布林卡是现存的少数几座藏族园林中规模最大、内容最充实的一座。它显示了典型的藏族园林风格，虽然这个风格尚处于初级阶段的生成期，远没有达到成熟的境地。但在我国多民族的大家庭里，罗布林卡作为藏族园林的代表作品，毕竟不失为园林艺术的百花园中的一株独具特色的奇葩。

五、其他园林

成熟期的公共园林不论在城市还是农村都有了长足的发展。此外，衙署园林、书院园林也有一些完整的实例保存下来。

(一)公共园林

公共游览园林的发展在我国源远流长。至宋代，已有金明池、玉津园等皇家园林和大多数寺观园林会定期向社会大众开放，具有城市公共园林性质。随着商业的繁荣，城市社会结构的变化与市民文化的勃兴，城镇公共园林除了提供文人墨客和居民交往、游憩场所的传统功能之外，也与消闲、娱乐相结合，作为俗文化的载体而兴盛起来了。此外，农村聚落的公共园林也更多地见于经济、文化比较发达的地区。

公共园林的形成，大体上可以归纳为3种情况。

第一种情况，依托于城市的水系，或者利用河流、湖沼、水泡以及水利设施而因水成景，城市及其近郊公共园林中的绝大多数均属此种情况，如杭州的西湖、北京的什刹海、济南的大明湖、南京的玄武湖、扬州的瘦西湖、昆明的翠湖都是依水而成的城市公共园林。

第二种情况，利用寺观、祠堂、纪念性建筑的旧址，或者与历史人物有关的名迹，经过园林化的处理而开辟成为公共园林。如四川的杜甫草堂和桂湖，都是利用名人故居，经历代维护培修，均成为一年四季均有景可赏的著名公共游览胜地。

第三种情况，即农村聚落的公共园林。在经济繁荣、文化发达的江南地区，农村公共园林的建置尤为普遍。皖南徽州是徽商最多的地方，他们在外经商致富，回到家乡后不仅修造自己的宅、园，还出资赞助公益事业，其中即包括修造公共园林。如浙江的楠溪江苍坡村以及徽州下属各县农村，凡是比较富裕的一般都有建置在村内的公共园林。此外，也有建置在村落入口处的，即所谓水口园林。

1. 西湖

经历代人工疏浚和治理，再经宋代继续开发，西湖被建设成为著名的风景名胜游览地，也是一座特大型公共园林。皇家园林、私家园林、寺观园林等诸多小园林环湖而设，形成园中园的格局。小园林的分布以西湖为中心，南、北两山环卫，因地就势，采取南、北、中3段式布局。南段的园林集中在湖南岸及南屏山、方家峪一带，接近宫城，以行宫御苑居多；中段以耸峙湖中的孤山为重点，环湖设置玉壶、环碧、聚景等园点缀湖景，并借远山及苏堤作为对景，以显湖光山色之胜；北段多为山地小园，与中段的湖园以孤山衔接混为一体，形成贯通之势。西湖一带的园林分布虽未有前期规划，但各园基址的选择均能着眼于全局，充分考虑到湖山整体的功能分区和景观效果，因而形成了整体结构上疏密有致的起承转合、轻重急徐的韵律。亭、台、楼、阁等建筑自由合宜地掩映于疏柳淡烟之中，既借湖山之秀色，又装点湖山之画意，人工匠意与天成自然融为一体。

流传至今的西湖十景：苏堤春晓、柳浪闻莺、花港观鱼、曲院风荷、平湖秋月、断桥残雪、雷峰夕照、南屏晚钟、双峰插云、三潭印月，南宋时就已经形成。一座大城市能拥有如此广阔、丰富的公共园林，这在当时的国内甚至世界，恐怕都是罕见的。

2. 苍坡村

楠溪江在浙江省温州市，属瓯江的支流，苍坡村是楠溪江中游最古老的村落之一。现存的苍坡村是南宋淳熙五年(1178年)九世祖李嵩邀请国师李时日设计的，至今已有800多年历史，据专家考证，村落现在的基本格局，如街巷布置、供水和排水系统、公共园林等仍然保持着南宋的原貌。

公共园林位于村落东南部，沿寨墙成曲尺形展开，按“文房四宝”构思来进行布局：针对村右状似笔架的“笔架山”，以一条东西向铺砖石长街为“笔”，称

为“笔衔”，凿两条5 m长的大青石为“墨”，辟东西两方池为“砚”，垒卵石成方形的村墙，使村庄象征一张展开的“纸”。东南部园林景观则呈现为开朗、外向、平面铺展的水景园形式，既为村民提供了公共活动的空间，又能与周围的自然环境呼应，从而增加了聚落的画意之美。这种笔墨纸砚一应俱全，构思巧妙、文化内涵丰富的独特风格，是“耕读”思想在山村规划建设中的充分体现，也是宋代社会文化的一大特征。

(二)衙署园林

园林成熟期的衙署园林即在官衙府邸内单独辟出一部分作为官员及眷属的住所，并有一些园林的建置，相当于宅园。现存最完整的是始建于元代的河南内乡县衙。

(三)书院园林

书院是中国古代的一种特殊的教育组织和学术研究机构，始见于唐代。其选址多在远离城市的风景秀丽之地，以利学徒潜心研习。清代的书院建筑保存下来的不少，其中多有园林建置，即书院园林。现存的有云南大理书院、安徽歙县的竹山书院等。

六、园林理论著作与造园名家

文人园林的兴盛是中国古典园林达到成熟期的重要标志之一。明清时期，在文人园林臻于高峰境地的江南，涌现出一大批掌握造园技巧、有文化素养的造园工匠，有擅长于诗文绘事的则往往代替文人而成为全面主持规划设计的造园家，张南垣便是其中突出的一位。他又名张涟，生于明万历十五年(1587年)，江苏华亭人。他早年学画，后来在造园实践中融入了山水画的意境，一石一树经过他的布置都颇具奇趣。他尤其擅长叠石，并非机械摹拟大山的外形，而讲求自然山岳的神态，能于几亩之园中堆筑出曲洞远峰，勾起人遁隐山林的遐想。他的儿子张然继承父业，曾被康熙皇帝召往北京，参与皇城西苑、玉泉山及畅春园的叠山工程。张家的后代后来定居北京，以叠山为业，技艺世代传承，成为享誉北方的叠山世家“山子张”。

另一方面，一些有高层次文化的人也投身于具体的造园运作，并在此基础上将丰富的造园经验向系统化和理论性方面升华。于是，这个时期便出现了许多有关园林的理论著作刊行于世。《园冶》《一家言》《长物志》是比较全面而有代表性的3部著作。此外，颇有见地的关于园林的议论、评论散见于文人的各种著述中的也比过去多。

(一)计成与《园冶》

计成，字无否，江苏吴江人，生于明万历十年(1582年)。计成擅长书画，中年曾漫游北方及两湖，返回江南后定居镇江，从此后精研造园技艺。其后半生便专门为人规划设计园林，足迹遍于镇江、常州、扬州、仪征、南京各地，成了著名的专业造园家。并于造园实践之余，总结其丰富之经验，写成《园冶》一书于崇祯七年(1634年)刊行，是中国历史上最重要的一部园林理论著作。

《园冶》是一部全面论述江南地区私家园林的规划、设计、施工，以及各种局部、细部处理的综合性的著作。全书共分三卷，用四六骈体文写成。第一卷包括“兴造论”一篇，为全书的总纲，“园说”四篇，论述园林规划设计的具体内容及其细节；第二卷专论栏杆，他主张园林的栏杆应是信手画成，以简便为雅；第三卷分论门窗、墙垣、铺地、掇山、选石、借景，其中“掇山”讲述叠山的施工程序、构图经营的手法和禁忌，“借景”中提出了“俗则屏之，嘉则收之”的原则，还列举出远借、邻借、仰借、俯借、应时而借5种借景的方式。

通观《园冶》全书，理论与实践相结合，技术与艺术相结合，言简意赅，颇有许多独到的见解。它不仅是系统地论述江南园林的一部专著，也是一部很好的课程教材，列为世界造园名著之一，是当之无愧的。

(二)李渔与《一家言》

李渔，字笠翁，钱塘人，生于明万历三十九年(1611年)。李渔是一位兼擅绘画、词曲、小说、戏剧、造园的多才多艺的文人，平生漫游四方、遍览各地名园胜景。他先后在江南、北京为人规划设计园林多处，晚年定居北京，为自己营造“芥子园”。

《一家言》又名《闲情偶寄》，共有九卷，其中八卷讲述词曲、戏剧、声容、器玩。第四卷“居室部”是建筑和造园的理论，分为房舍、窗栏、墙壁、联匾、山石五节,“山石”一节尤多精辟的立论。李渔主张叠山要“贵自然”,不可矫揉造作,认为用石过多往往会违背天然山脉构成的规律而流于做作。此外,李渔还谈到石壁、石洞、单块特置等的特殊手法,并从“贵自然”和“重经济”的观点出发,颇不以专门罗列奇峰异石为然。他推崇以质胜文、以少胜多,这都是宋以来文人园林的叠山传统,与计成的看法也是一致的。

(三)文震亨与《长物志》

文震亨,字启美,长洲(今江苏吴县)人,生于明万历十三年(1585年)。文震亨出身书香世家,是明代著名文人画家文征明的曾孙,曾做过中书舍人的官,晚年定居北京。他能诗善画,多才多艺,对园林有比较系统的见解,可视为当时文人园林观的代表。

《长物志》共十二卷,其中与造园有直接关系的为室庐、花木、水石、禽鱼四卷。“室庐”卷中,把不同功能、性质的建筑以及门、阶窗、栏杆、照壁等分为17节论述。“花木”卷分门别类地列举了园林中常用的42种观赏树木和花卉,详细描写它们的姿态、色彩、习性以及栽培方法。“水石”卷指出水、石是园林的骨架,“石令人古,水令人远。园林水石,最不可无”,并提出叠山理水的原则。“禽鱼”卷仅列举鸟类6种、鱼类1种,但对每一种的形态、颜色、习性、训练、饲养方法均有详细描述。

《园冶》《一家言》《长物志》的内容以论述私家园林的规划设计艺术,叠山、理水、建筑、植物造景的艺术为主,也涉及一些园林美学的范畴。它们是私家造园专著中的代表作,也是文人园林自两宋发展到明末清初时期的理论总结。除此之外,陈继儒的《岩栖幽事》《太平清话》,屠隆的《山斋清闲供策》《考繁余事》等著作中,或全部或大部分都是有关造园理论的。这些专著均在同时期先后刊行于江南地区,它们的作者都是知名的文人,或文人而兼造园家,足见文人与园林关系之密切,也意味着诗、画艺术浸润于园林艺术之深刻程度,从而最终形成中国“文人造园”的传统。

第三节 成熟期园林的特征

从北宋到清王朝的800多年间,是中国古典园林继唐代全盛之后,持续发展而臻于完全成熟的境地。这一时期的园林取得了辉煌的成就,虽发展至清末时也暴露出某些衰落的迹象,但无论是皇家园林还是私家园林都达到登峰造极的境地,现将这一阶段的造园特征归纳为以下几个方面:

(1)皇家园林的建设规模和艺术造诣都达到了历史上的高峰境地,精湛的造园技艺结合于宏大的园林规模,使得“皇家气派”得以更加充分地凸显出来。主要成就表现在以下4个方面:①独具壮观的总体规划;②突出建筑形象的造景作用;③全面引进江南园林的技艺;④复杂多样的象征寓意。这一时期,离宫别苑这个类别的成就尤为突出而引人注目,出现了一些具有里程碑性质的、优秀的大型园林作品,如避暑山庄、圆明园、清漪园等。然而,随着封建社会的由盛而衰,经过外国侵略者的焚掠后,宫廷造园艺术亦相应趋于萎缩,终至一蹶不振,从高峰跌落为低潮。

(2)私家造园活动突出,士流园林全面地“文人化”,文人园林大为兴盛,导致私家园林达到了艺术成就的高峰。私家园林的发展结合各地的人文条件和自然条件,形成了江南、北方、岭南三大地方风格鼎立的局面,其中江南园林以其精湛的造园技艺和保存下来的为数甚多的优秀作品,而居于首席地位。这一时期,私家园林造园技艺的精华差不多都荟萃于宅园,宅园这个类别无论在数量或质量上均足以成为私家园林的代表。这种情况表明市民文化的勃兴影响于士人,把目光更多地投向城市中的壶中天地、咫尺山林,同时也反映出私家造园由早先的“自然化”为主逐渐演变为“人工化”为主的倾向。在封建社会末期,受到过分追求形式美和技巧性的影响,艺术生命力有所削弱。

(3)寺观园林呈现出世俗化、文人化的特点,除了具有祭祀奉神的功能和极个别具有明显的宗教象征之外,一般与私家园林已没有太大的差异,只是更朴实、更简练一些。

(4)公共园林在发达地区的城市、农村聚落都普遍存在。它们多是依托天然水面而略加点染,利用古迹、名胜以及桥梁、水闸等工程设施,而略加艺术化处理,造景不作叠石堆山、小桥流水而重在平面上的简洁、明快的铺陈等。公共园林虽然有较普遍的开发，但多半处于自发的状态，缺乏社会关注，始终处于较低级的层面，远未达到成熟的境地。

(5)江南地区涌现出一批优秀的造园家，有的出身于文人阶层，有的出身于叠山工匠。丰富的造园经验不断积累，再由文人或文人出身的造园家总结为理论著作刊行于世。

(6)随着国际、国内形势变化，西方的园林文化开始进入中国。主要表现在圆明园的西洋楼景区和岭南园林中。

第四节　历史借鉴

中国园林成熟期，重视园林意境的营造，将园林的人文思想融入造园，园林成为活的、有生命力的纪念碑。在中国的文化里，有句很重要的话："人法地、地法天、天法道、道法自然。"园林在精雕细琢的设计中、在古典诗词的字里行间中折射出中国文化里取法自然而又超越自然的艺术境界。

园林与传统文化共生和发展，园林中融合了昆曲、绘画、诗歌、文学、书法、碑刻、建筑、雕塑、盆景、手工艺、风水学以及哲学思想等传统文化，虽表现形式不尽相同，但在艺术境界上却追求高度的统一。园林的保存延续了中国文化的精致品味、艺术追求和美学规范，越是现代化、国际化的发展，就越需要保护地方民族的鲜明特色。作为园林设计工作者来说，承载着传承中国园林传统文化的重任，通过设计与文化的相互依存和促进，最大限度地发挥园林设计的文化传承价值。它不仅具有"当下性"，更具有"长效性"。园林设计终将与文化共生，在跨界与融合的舞台上多元化发展。

参考链接

[1]周维权. 中国古典园林史[M]. 3版. 北京：清华大学出版社，2008.

[2]张健. 中外造园史[M]. 2版. 武汉：华中科技大学出版社，2015.

[3]楼西庆. 中国园林[M]. 北京：五洲传播出版社，2003.

[4]王其钧. 画境诗情 中国古代园林史[M]. 北京：中国建筑工业出版社，2011.

[5]汪菊渊. 中国古代园林史[M]. 北京：中国建筑工业出版社，2006.

[6]张家骥. 画境诗情 中国造园艺术史[M]. 太原：山西人民出版社，2004.

[7]彭一刚. 中国古典园林分析[M]. 北京：中国建筑工业出版社，1986.

课后延伸

1. 查看纪录片《苏园六纪》《故宫》《圆明园》。

2. 阅读《园冶》《一家言》《长物志》。

3. 思考宋代文人园林的特点与中国古典园林的特点有何联系。

4. 抄绘留园、网师园平面图，思考其造园手法对现代园林有什么借鉴意义。

5. 比较清漪园与杭州西湖在规划设计上的异同。

第十五章 中国近现代的园林

课前引导

本章主要介绍了从1840年至今的中国近现代园林的发展历程，包括半封建半殖民地园林、民国时期园林、新中国园林和现代中国园林4个阶段的园林类型、实例及特征总结等。

1840年鸦片战争以后，随着清王朝的腐朽没落，封建社会开始走向消亡，作为中国传统园林主要类型的皇家园林建设已进入尾声，出现了租界公园和自建公园两种类型。

1911年的辛亥革命是走向共和、建立民国的开始。这时尽管社会动荡，战争频发，但传统园林的建设并没有中断，外来的诸多类型的公园和花园大量引入。

1949年中华人民共和国成立后，园林建设事业在波折中稳步发展，新世纪后，更与城市建设密切结合，呈现出丰富多样的园林类型。

这一时期园林建设的主要特点是：私人园林已不占主导地位，城市公共园林快速发展；由职业造园师主持园林规划设计工作，园林的规划设计从封闭的内向型转变为开放的外向型；园林建设不再强调其改善环境质量的生态作用；随着城市化进程的加快，城市绿地建设内容不断丰富，尺度不断扩大，并与建筑环境相结合，"城市在园林中"已经由理想变为现实。

教学要求

知识点：近现代园林的历史背景；半封建半殖民地园林类型、特征、实例；民国时期园林类型、特征、实例；新中国园林发展概况、实例；现代中国园林发展概况；湿地公园定义、实例；主题公园定义、实例；防灾公园定义、实例；近现代园林特征。

重点：各时期园林的类型、特征；近现代园林特征。

难点：重点案例评析。

建议学时：2学时。

第一节 背景介绍

1840年鸦片战争开始以后，中国逐渐由完整主权的封建社会沦为了半封建半殖民地社会，西方的物质文化开始涌入中国，其范围从通商口岸蔓延到内陆地区，使中国的社会结构发生了巨大变化，出现了租界公园和自建公园两种类型。1911年，随着辛亥革命的发生，孙中山先生于1912年创立中华民国，其秉持的"三民主义"关注民族发展、民众权益、大众民生，契合"现代化"的精神。1919年爆发的五四运动将新文化运动推向高潮，进一步提倡反映新时代、属于平民大众的文化，一些有识之士开拓了与中国近代文化相适应的园林理念和传承中国传统文化的近代园林。但总的看来，这一时期战争频发，国势不稳，虽有民主和科学思潮地涌动，但城市建设还是每况愈下，公园建设基本停止。

1949年，新中国成立，中国人民重新站起来了。建国初期，由于历史的过程和政治、经济条件，实行了当时的苏联"一边倒"的政策，"苏联经验"则是各行各业效仿的对象，园林建设也不例外。当时引入苏联城市绿地系统理论、居民区绿化、文化休息公园建设等经验也推动了中国园林建设事业的发展和现代化的进程。1966年，"无产阶级文化大革命"的爆发，从根本上颠覆了园林绿化工作的基础、实质和主旨，使发展良好的园林事业受到极大冲击。1978 年改革开放后，随着“中国建筑学会园林绿化学术委员会”的成立，标志着园林建设事业受到国家部门的重视与支持，发展更加规范化和科学化。新世纪后，园林建设事业更是迎来了百花争艳的春天。

第二节　半封建半殖民地园林(1840—1911 年)

公园是 19 世纪末从西方社会产业革命中发展起来的一种民主主义思想的产物。中国公园却是伴随着鸦片战争的社会背景而发展的。而 1940 年鸦片战争以后，中国沦为半封建半殖民地社会。这一时期的园林建设主要有两类：一是具有殖民主义色彩的租界公园；二是政府或地方乡绅集资自建的公园。

一、租界公园

第一次鸦片战争中国签订了第一个不平等条约——《南京条约》，中国的主权和领土完整遭到严重破坏，从此沦为了半封建半殖民国家。当时，中国部分城市被列强划分为各自的势力范围，在他们的势力范围内又划出各自的租界或公共租界，在这里建设他们自己享用的园林。这些由工部局(或公董局)修建，以华人所缴的税收支持运营的公园，却明令禁止华人入内。

1868 年，在上海的租界里建成了中国第一个城市公园——上海“公花园”(现黄埔公园)(图 15-1 至图 15-5)。随后，又建成了虹口公园(现鲁迅公园)，(图 15-6、图 15-7)、法国公园(现复兴公园)(图 15-8 至图 15-11)、极斯菲尔公园(现中山公园)(图 15-12 至图 15-14)、汇山公园(现霍山公园)(图 15-15、图 15-16)等。此外，还在广州、天津、汉口、福州、厦门、青岛等沿江、沿海城市以及东北的哈尔滨、长春、沈阳等城市建设租界公园。这些租界公园面积一般不大，主要布置网球、棒球、高尔夫球等运动场地及散步、休息和游乐场所，花草树木较多。租界公园风格则是各具租用国特色，大多直接移植于本国，表现出各国异彩纷呈的特点。

图 15-1　上海黄埔公园

图 15-2　上海黄埔公园景观

图 15-3　上海黄埔公园植物造景

图 15-4　上海黄埔公园植物色彩搭配

图 15-5　上海黄埔公园建筑小品

图 15-6　上海鲁迅公园

图 15-7　上海鲁迅公园雕塑

图 15-8　上海复兴公园

图 15-9　上海复兴公园水景

图 15-10　上海复兴公园雕塑

图 15-11　上海复兴公园植物配置

图 15-12　上海中山公园

图 15-13　上海中山公园大理石亭

图 15-14　上海中山公园水景

图 15-15　上海霍山公园

图 15-16　上海霍山公园水景

租界公园留给我们的，一方面固然是屈辱、悲愤的记忆和伟大民族的自责；但另一方面也给我们优秀的传统园林带来了一种异族的园林文化，体现出中国园林的融合、丰富与宽容。

二、自建公园

在近代，有一批关注社会发展和人民物质文化生活需要的有识之士，自建了一些在根本性质、形式与内容上不同于古典园林的近代新型公园，使中国三千年古老而优秀的园林传统，呈现出又一次巨大、本质的转折。

1877年，陕甘总督左宗棠利用军闲，发动军队将士在甘肃酒泉建成了中国近代第一个自建公园——酒泉公园（图15-17、图15-18）。到20世纪初，上海华人公园、济南商埠公园、无锡公花园、昆山马鞍山公园、齐齐哈尔仓西公园、天津河北公园、安庆皖江公园、北京农事试验场、柳州柳侯公园、成都少城公园等纷纷建成，这也是中国自建的第一批城市公园。

图15-17　酒泉公园水景

图15-18　酒泉公园

这些自建公园的特点是公有、公享、公治。在公园里设置有举办民众活动的演讲台、集会游行场地、普及科学知识的实验小园地、展览室以及各种体育活动场所如球场、游泳池、健步道等，是优美的自然环境与具有文化、科学交流和丰富人文环境相结合的场所。

自建的新公园既不是完全复古，也不是一味崇洋，而是根据自己的民族传统，以及新时代的观念和生活、文化需求而产生的新风格公园，起着承上启下的传承与转折作用，是一种具有生命活力的新园林萌芽。

第三节　民国时期的园林（1911—1948年）

民国早期，由于连年战乱，国家处于积贫积弱的状态，没有足够的资金来兴建大量的公园，政府开放了大量的传统官方或私人活动空间，如皇宫寝陵、皇家园林、官署衙门、私人住宅、私家花园等，以供民众游览。北京的先农坛、社稷坛先后于1912、1914年开放，著名的皇家古典园林颐和园、北海也于1924、1925年相继开放。此举在节约开支的同时使民众感受到帝制废除后政府的民政。

20世纪20—30年代，受辛亥革命民主思想和西方田园城市思想的影响，城市公园建设有了一定发展，先后兴建了广州越秀公园、汉口市府公园、厦门中山公园、南京玄武湖公园、北京中央公园等。这些公园大都渗透着极具民族主义象征意义的“中山园林现象”，是纪念孙中山先生伟大功勋和发扬其“天下为公”精神的载体。比如深圳中山公园位于广东省宝安区南头城，面积1.3 hm^2，始建于1925年，初创时，当时南头电灯公司的郑先生免费为公园提供照明用电，给予支援。深圳中山公园是全国最早建立的中山公园之一，也是官民共同投入，并体现“官民同乐”民主思想的公园（图15-19至图15-22）。

图 15-19　深圳中山公园

图 15-20　深圳中山公园景色

图 15-21　深圳中山公园雕塑

图 15-22　深圳中山公园浮雕

这一时期的公园大多数是在原有风景名胜的基础上整理改建而成的，有的就是古典园林，少数是在空地或农地上参照欧洲公园的特点建造的。公园中常设有公共图书馆、民众教育馆、讲演厅、博物馆、阅报室、棋艺室、纪念碑、游戏场、动物园及球场等公益设施。

第四节　新中国的园林(1949—1976 年)

1949 年，随着中华人民共和国成立，中国的政治、经济、文化各个方面都发生了翻天覆地的变化。在园林建设方面经历了全面学习苏联经验到破旧立新的红色园林两个阶段。

新中国建立之初，各城市积极恢复整理或充实提高旧有公园，陆续将其开放。原来供少数人享乐的场所也被改造为供广大人民群众游览、休憩的园地。随着 1953 年第一个国民经济发展计划的实施，国家先后提出了“普遍绿化、重点美化”和“大地园林化”等方针，城市园林绿化由恢复进入有计划、有步骤的建设阶段，许多城市开始新建公园。“苏联经验”一度成为新中国园林事业的绝对标准，强调园林绿化在改善城市小气候、净化空气、防尘、防烟、防风和防灾等方面的功能作用。苏联文化休息公园理论也深刻地影响新中国的公园建设，公园被确立为一个开展社会主义文化、政治教育的阵地，形成了把政治教育活动与劳动人民在绿地中的文化休息活动相结合的园林形式。如成都人民公园中存有“辛亥秋保路死事纪念碑”、哈尔滨斯大林公园中设有“少先队员”群雕、北京陶然亭公园建有舞池等。

在人才培养方面，1951 年由北京农业大学园艺系和清华大学营建系合办的“造园专业”在梁思成、汪菊洲等老先生的带领下开设，成为中国历史上第

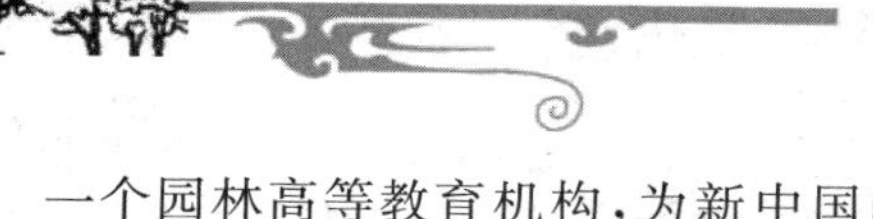

一个园林高等教育机构，为新中国的园林建设事业培养了大批的专业人才。

但是，“十年动乱”使得发展势头良好的园林事业受到冲击。公园被列为“四旧”的范围，公园中大量的植被、石碑、牌坊、古建筑、油漆彩画、泥塑、木雕被毁。公园或景点的名称被更改，如北京香山公园改名为“红山公园”、上海复兴公园改名为“红湖公园”、石家庄解放公园改为“东方红公园”、北京北海公园改为“工农兵公园”等。此类“红色园林”的出现对于中国园林的建设和发展来说是一场劫难。

第五节　现代中国园林(1977年至今)

1978年12月，国家城建总局召开了第三次全国园林工作会议，拨乱反正，统一认识，为园林建设的重新起步铺平了道路。这一时期，恢复、改建、扩建及新建了不少综合性城市公园，同时也积极建造“环城公园”“滨河公园”等带状公共绿地。截至1999年底，我国建成区绿地率达到23.03%，公园4 219个，人均公园绿地面积3.15 m²，较大幅度地提高了城市园林绿地的数量和质量，园林绿地结构和功能也得到进一步完善。

随着中国社会经济、文化的全面发展，园林事业也取得了巨大成就。2002年，住建部颁布了《城市绿地分类标准》，将绿地分为公园绿地、生产绿地、防护绿地、附属绿地、其他绿地五大类，其中公园绿地又划分了综合性公园、社区公园、专类公园、带状公园、街旁绿地5个种类。此标准通过具体的分类，使城市绿地系统建设能力更加建全，充分发挥绿地在城市中改善环境、美化城市、满足人们游憩需要等作用。

新世纪以后，人居环境建设事业的突飞猛进，截至2015年底，全国城市建成区绿地率增至36.34%，城市公园数量达到13 662个，人均公园绿地面积达13.15 m²，较20世纪末均有较大幅度增长。同时，随着“山水城市”“生态城市”“低碳园林”“海绵城市”等建设理念的推出，出现了一些新的园林类型，比如湿地公园、防灾公园、主题公园等。

一、杭州西溪国家湿地公园

城市湿地是城市生态系统中不可缺少的一个部分，它具有蓄积水源、防洪抗旱、沉积营养物质、调节地区小气候、保持生物多样性等众多功能。但是随着社会的发展，越来越多的城市湿地正在被蚕食和破坏，生态问题十分严重。因而建设城市湿地公园是城市湿地保护与合理利用的重要途径。

杭州西溪国家湿地公园位于杭州市西部，距西湖不到5 km，总面积约为11.5 km²。西溪湿地公园始建于2003年9月，分为东部、中部和西部3部分。西部是湿地生态景观封育区，实行一定年限的全封闭保护，面积约为2.8 km²，这一区域属于池塘湿地，河港较少，历史人文旅游资源也不多。中部是湿地生态旅游区，面积约为5.9 km²，是西溪国家湿地公园的主体部分。这一区域的湿地资源分布相当丰富和广泛，除池塘湿地外，河网稠密，尚有较多的河港湖漾、洲渚滩涂、沼泽、堤岛岸闸，湿地自然景观最为明显，野趣盎然，环境宜人，而且历史人文遗址较多，有秋雪庵、曲水庵、烟水庵等历史胜迹，还有多个水乡村落或小镇。东部是湿地生态保护培育区，实行完全封闭，营造具有湿地生物多样性物种的湿地沼泽地，面积约为2.7 km²，这一区域基本上也是池塘湿地，北部有少量河港，区内的历史人文旅游资源也较少(图15-23至图15-27)。

图15-23　杭州西溪国家湿地公园

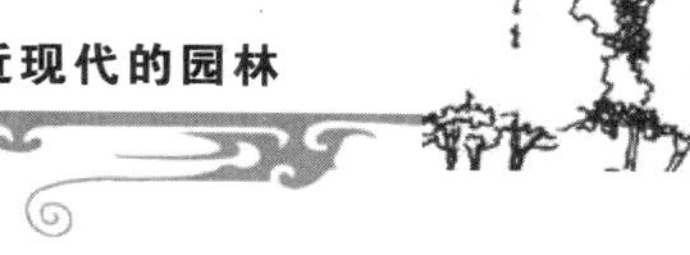

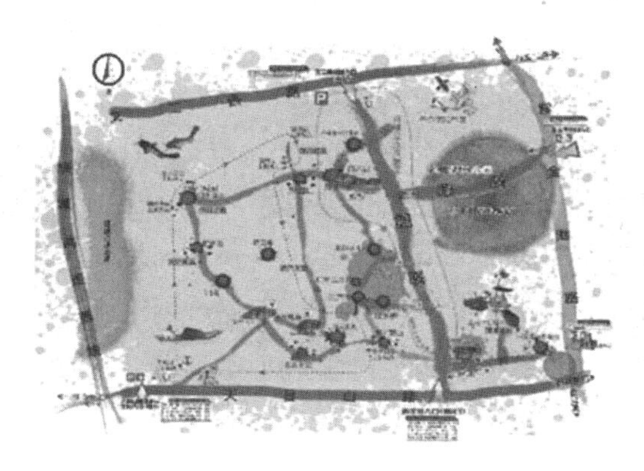

图 15-24　杭州西溪国家湿地公园平面示意图

图 15-25　从揽胜阁楼上俯瞰湿地建筑景观

图 15-26　电影《非诚勿扰》拍摄点

图 15-27　杭州西溪沿溪两岸景观

西溪湿地经历了1600多年的漫长历史演变，丰富的生态资源、优美的自然景观以及深厚的历史文化使其曾与西湖、西泠印社并称杭州“三西”。西溪国家湿地公园就是为了保护利用西溪湿地而建立的，它是我国唯一一个集城市湿地、农耕湿地和文化湿地三者为一体的湿地公园。2009年11月3日，被列入国际重要湿地名录。

二、大唐芙蓉园

主题公园是一种围绕一个或多个特定的文化主题，由模拟或再现景观和园林环境为载体的人造休闲娱乐活动空间。

大唐芙蓉园位于西安东南曲江新区，建于原唐代芙蓉园遗址以北，占地面积约1 000亩，其中水体300亩，是一个全方位展示盛唐风貌的大型皇家园林式文化主题公园。大唐芙蓉园始建于2002年，全园共分为帝王文化区、女性文化区、诗歌文化区、科举文化区、茶文化区、歌舞文化区、饮食文化区、民俗文化区、外交文化区、佛教文化区、道教文化区、儿童娱乐区、大门景观文化区、水秀表演区14个景观区域，分别演绎14个不同的唐文化主题。全园建筑面积近10万 m^2，亭、台、楼、阁、榭、桥、廊，一应俱全，几乎集中了唐代所有的建筑形式（图15-28至图15-31）。

园中主题文化的体现除了传统的游赏活动外，还有“百帝游曲江”那规模盛大的大唐仪仗队，更有杏园探花、雁塔题名、曲江流饮、入仕出相等主题活动以及分时段的民间艺人表演，这种动静结合的文化表现形式更能吸引游客，促进旅游的发展，实现主题公园盈利的根本目的。

图 15-28　西安大唐芙蓉园建筑

图 15-29　西安大唐芙蓉园舫形建筑

图 15-30　西安大唐芙蓉园的亭子

图 15-31　西安大唐芙蓉园的栈道景观

三、北京元大都城垣遗址公园

防灾公园是以防止和减轻地震等自然灾害引发的次生灾害为目的，具备防灾功能和减灾设施的公共绿地型的应急避难场所，满足市民休闲娱乐及防灾减灾需求的城市公园。元大都城垣遗址公园于2003年被改造成了国内第一个防灾公园。

北京元大都城垣遗址公园位于北京中轴路东西两侧及奥林匹克公园、中华民族园南侧，长4.8 km，东西宽160 m，面积约67 hm^2。公园用地狭长，被6条道路划分为7段，自然形成7个避难区，外围周长呈现最大化，有助于迅速有序地组织邻近社区居民避难疏散，可以为周边25万居民提供生命保障。公园内有39个疏散区，具备了应急避难指挥中心、应急避难疏散区、应急供水装置、应急供电网、应急简易厕所、应急物资储备用房、应急直升机坪、应急消防设施、应急监控、应急广播、应急卫生防疫用房11种应急避难功能。园内还安装了150多块应急避难场所标志和指示牌，能引导市民及时、快速、安全地到达指定位置（图15-32至图15-38）。

现阶段，我国主要是利用普通公园改造、开辟防灾公园，根据公园的文化定位和服务功能，通过对公园的老旧建筑、设施、道路、管网的重新翻修、布线，再进行综合防灾规划，平灾结合。

图 15-32　北京元大都城垣遗址公园河边船形景观

图 15-33　北京元大都城垣遗址公园浮雕

图 15-34　北京元大都城垣遗址公园蓟门烟树景点

图 15-35　北京元大都城垣遗址公园中的亭子

图 15-36　北京元大都城垣遗址公园中的元太祖雕塑

图 15-37　北京元大都城垣遗址公园中水岸景观

图 15-38　北京元大都城垣遗址公园的桥梁

第六节　近现代中国园林的特征

从鸦片战争结束后到21世纪，近现代园林的发展已走过了100多年的时间，是中国园林发展的重要转折阶段。这一期间由于历史的局限性，早期的园林建设发展比较缓慢，主要是对传统园林的传承和丰富以及对西方园林的模仿。新中国成立以后，园林建设虽然经历了跌宕起伏的发展历程，但城市公共园林得到了极大的发展，尤其是21世纪以后，随着中国城市化进程的加快，园林建设也是日新月异，呈现出百花争艳的面貌。现将这一阶段的园林特征归纳为以下几个方面：

(1)出现了由政府出资经营，属于政府所有的、向公众开放的公共园林，私人园林已不占主导地位。

(2)由职业造园师主持园林规划设计工作，园林的规划设计已经摆脱了私有的局限性，从封闭的内向型转变为开放的外向型。

(3)园林建设不仅为了满足视觉景观之美和精神的陶冶，更强调其改善环境质量的生态作用，特别是园林绿化以改善城市环境质量、创建合理的城市生态系统为根本目的。

(4)随着城市化进程的加快，城市绿地建设内容不断丰富，尺度不断扩大，并与建筑环境相结合，“城市在园林中”已经由理想变为现实。

第七节　历史借鉴

随着时代的发展，园林越来越重视生态文明，自然环境具有恢复和自我补偿的能力，人类和一切生物才能和谐地生存下去。园林设计应该尊重原有地表机理，合理利用宝贵自然资源和当地乡土特色，对地形、地貌、植被、各种动物、水土、水利资源、能源等加以保护，切忌人为破坏，根据科学性、艺术性、经济性原则，综合开发，既满足人类的使用需求又能达到精神上的享受，能使城市长期、稳定地可持续发展下去，并发挥最大的经济效益。这是每个园林设计师的使命与责任。

参考链接

[1] 朱钧珍. 中国近代园林史[M]. 北京：中国建筑工业出版社，2012.

[2] 赵纪军. 新中国园林政策与建设60年回眸(一)“中而新”[J]. 风景园林，2009(1).

[3] 赵纪军. 新中国园林政策与建设60年回眸(二)苏联经验[J]. 风景园林，2009(2).

[4] 赵纪军. 新中国园林政策与建设60年回眸(三)绿化祖国[J]. 风景园林，2009(3).

[5] 赵纪军. 新中国园林政策与建设60年回眸(四)园林革命[J]. 风景园林，2009(5).

[6] 邱冰，张帆. 公园属性的反思——基于中国近现代公园建设的意识形态变迁考察[J]. 学术探索，2016(3).

[7] 刘扬. 城市公园规划设计[M]. 北京：化学工业出版社，2013.

[8] 简永辉，崔北. 元大都城垣遗址公园应急避难场所建设试点初探[J]. 北京园林，2007(4).

[9] 付建国，梁成才，王都为，陈志强. 北京城市防灾公园建设研究[J]. 中国园林，2009(8).

[10] 皮雨鑫. 我国当代城市公园发展历程与特征研究[D]. 东北林业大学，2013.

[11] 汪娟. 城市湿地公园湿地景观研究——以杭州西溪国家湿地公园为例[D]. 浙江大学，2007.

[12] 李志强. 主题公园文化的规划表达初探——以西安大唐芙蓉园为例[D]. 西南大学，2007.

课后延伸

1. 查阅纪录片《西湖》。
2. 阅读《中国近代园林史》。
3. 查阅中国第一个城市公园产生的历史背景。
4. 中华人民共和国成立60多年来园林建设经历了怎样的发展历程？
5. 思考中国现代景观设计的发展趋势？

参考文献

[1] Albert Dauzat and Charles Rostaing, *Dictionnaire étymologique des noms de lieu en France*, *Librairie Guénégaud*, Paris, 1979.

[2] Anonyme. *Description du chasteau de Versailles*. (Paris: A. Vilette, 1685).

[3] Arizzoli-Clémentel, Pierre. *Views and Plans of the Petit Trianon*. *Paris*: *Alain de Gourcuff Éditeur*, 1998.

[4] Ballerini, Isabella. *The Medici Villas*: *The Complete Guide*. *Florence*: Giunti. 2003:32.

[5] Ballerini, Isabella. *The Medici Villas*: *The Complete Guide*. *Florence*: Giunti. 2003:40.

[6] Bernier, Oliver, *Louis The Beloved*: *The Life of Louis XV*, *Doubleday*, *Garden City*, 1984.

[7] Berger, Robert W. *Les guides imprimés de Versailles sous Louis XIV et les œuvres d'art allégoriques*. Colloque de Versailles (1985).

[8] "Billboard Boxscore". Billboard (New York City: Nielsen Business Media, Inc.). 1987.

[9] Börtz-Laine, Agenta. *Un grand pavillon d'Apollon pour Versailles*: *les origines du projet de Nicodème Tessin le jeun*. Colloque de Versailles(1985).

[10] Cesati, Franco. *I Medici* (*in Italian*). Firenze: La Mandragora. 1999:97.

[11] Federic Lees, *The Chateau de Vaux-le-Vicomte*, Architectural Record, American Institute of Architects.

[12] Tom Turner. *Garden History*: *Philosophy and Design* 2000*BC*-2000*AD*[M]. Routledge, 2005.

[13] Marie Luise Schroeter Gothein. *A History of Garden Art*[M]. Hacker Art Books, 1966.

[14] http://www.britainexpress.com/attractions.htm? attraction=27.

[15] http://www.thefullwiki.org/Gardens_of_the_French_Renaissance.

[16] Ana Duarte Rodrigues Antonio Perla de las Parras João Puga Alves etc. *CloisterGardens*, *Courtyardsand MonasticEnclosures*, 2015, Centro de História da Arte e Investigação Artística da Universidade de Évora and Centro Interuniversitário de História das Ciências e da Tecnologia, ISBN: 978-989-99083-7-6.

[17] https://baike.baidu.com/.
[18] https://www.wikipedia.org/.
[19] https://en.wikipedia.org/wiki/Islamic_garden.
[20] http://mughalgardens.org/html/shalamar.html.
[21] http://www.walkthroughindia.com/attraction/six-beautiful-mughal-gardens-jammu-kashmir/.
[22] http://muslimheritage.com/article/gardens-nature-and-conservation-islam.
[23] Book Review of '*Islamic Gardens and Landscapes*' by D. Fairchild Rugg.
[24] *Cultural History of the Islamic Garden* (7th to the 14th Centuries) | Archnet.
[25] *The Symbolism of the Islamic Garden*.
[26] http://www.digplanet.com/wiki/Achabal_Gardens.
[27] *Poetry and the Arts*. 2013.
[28] *Islamic gardens*. New Amsterdam Books, New York.
[29] Clark, E. 2004. *The art of the Islamic garden*. Crowood Press, Michigan.
[30] Leila Mahmoudi Farahani, Bahareh Motamed, *Elmira Jamei Persian Gardens: Meanings, Symbolism, and Design*. Landscape Online 46:1- 19 (2016).
[31] Zainab Abdul Latiff and Sumarni Ismail, *The Islamic Garden: Its Origin And Significance*, Research Journalof Fisheriesand Hydrobiology, 2016. 11(3): 82-88.
[32] 陈新,赵岩.美国风景园林[M]. 上海:上海科学技术出版社,2012.
[33] 陈植.造园学概论[M]. 北京:中国建筑工业出版社,2009.
[34] 陈志华. 外国造园艺术[M]. 郑州:河南科学技术出版社,2013.
[35] 郦芷若,朱建宁.西方园林[M]. 郑州:河南科学技术出版社,2001.
[36] (美)杰弗瑞·杰里柯,(英)苏珊·杰里柯.图解人类景观[M]. 刘滨谊译. 上海:同济大学出版社,2006.12.
[37] [日]针之谷钟吉.西方造园变迁史[M]. 邹洪灿译.北京:中国建筑工业出版社,2009.
[38] 王向荣. 西方现代景观设计的理论与实践[M]. 北京:中国建筑工业出版社,2002.
[39] (英)特纳.世界园林史[M]. 林菁,等译. 北京:中国林业出版社,2011.
[40] 谷康,等. 园林设计初步[M]. 南京:东南大学出版社,2003.
[41] 沈守云. 现代景观设计思潮[M]. 武汉:华中科技大学出版社,2009.
[42] 赵燕,李永进. 中外园林史[M].北京:中国水利水电出版社.2012.
[43] 罗娟.浅论20世纪法国现代风景园林[D].北京:北京林业大学,2005.
[44] 朱耀廷,等.亚非文化旅游[M]. 北京:北京大学出版社,2006.
[45] 胡长龙.园林规划设计(理论篇)[M]. 北京:中国农业出版社,2015.
[46] 王介南,等.缅甸[M]. 重庆:重庆出版社,2007.
[47] 孙大英,等.东南亚各国历史与文化[M]. 南宁:广西人民出版社,2011.
[48] 博锋.悦读天下·狮子新加坡[M]. 北京:外文出版社,2013.
[49] 威海峰,等.不一样的非洲——从生态环境保护和园林视角看非洲[J]. 园林 2013 年第 4 期.
[50] 余开亮,李满意.园林的印迹[M].北京:中国发展出版社,2009.
[51] 王其钧.中国园林建筑语言[M].北京:机械工业出版社,2006.
[52] 王其钧.图说中国古典园林史[M].北京:中国水利水电出版社,2007.

[53] 曹明纲.人境壶天——中国园林文化[M].上海:上海古籍出版社,1994.
[54] 唐学山,李雄,曹礼昆.园林设计[M].北京:中国林业出版社,1997.
[55] 张墀山,叶万忠,廖志豪.苏州风物志[M].南京:江苏人民出版社,1982.
[56] 张福祥.杭州的山水.北京:地质出版社,1982.
[57] CCTV-9 纪录片《园林》.http://jishi.cntv.cn/special/yuanlin/.
[58] 张国昕.大唐芙蓉园对唐风园林文化设计理念的启示[J].山西建筑.2015.36 卷.14 期.
[59] 范晴.陕西唐风园林景观研究[D].西安美术学院.2012.
[60] 吴雪萍.西安古建园林设计[M].西安.三秦出版社.2011.
[61] 传小林.基于文化的唐长安城园林体系研究[D].西北农林科技大学.2009.
[62] 黄凡.大唐文化在现代景观设计中的应用探究[D].西北农林科技大学.2011.
[63] 郭风平,等.中外园林史[M].北京:中国建材工业出版社,2005.
[64] 楼西庆. 中国园林[M]. 北京:五洲传播出版社,2003.
[65] 汪菊渊. 中国古代园林史[M]. 北京:中国建筑工业出版社,2006.
[66] 张家骥. 画境诗情中国造园艺术史[M]. 太原:山西人民出版社,2004.
[67] 王其钧. 画境诗情中国古代园林史[M]. 北京:中国建筑工业出版社,2011.
[68] 朱钧珍. 中国近代园林史[M]. 北京:中国建筑工业出版社,2012.3.
[69] 赵纪军. 新中国园林政策与建设 60 年回眸(一)"中而新"[J]. 风景园林,2009(1).
[70] 赵纪军. 新中国园林政策与建设 60 年回眸(二)苏联经验 [J]. 风景园林,2009(2).
[71] 赵纪军. 新中国园林政策与建设 60 年回眸(三)绿化祖国[J]. 风景园林,2009(3).
[72] 赵纪军. 新中国园林政策与建设 60 年回眸(四)园林革命 [J]. 风景园林,2009(5).
[73] 邱冰,张帆. 公园属性的反思——基于中国近现代公园建设的意识形态变迁考察[J]. 学术探索,2016(3).
[74] 刘扬.城市公园规划设计[M]. 北京:化学工业出版社,2013.5 第一版.
[75] 简永辉,崔北. 元大都城垣遗址公园应急避难场所建设试点初探[J]. 北京园林,2007(4).
[76] 付建国,梁成才,王都为,等. 北京城市防灾公园建设研究[J]. 中国园林,2009(8).
[77] 皮雨鑫. 我国当代城市公园发展历程与特征研究[D]. 东北林业大学,2013.
[78] 汪娟. 城市湿地公园湿地景观研究——以杭州西溪国家湿地公园为例 [D]. 浙江大学,2007.
[79] 李志强. 主题公园文化的规划表达初探——以西安大唐芙蓉园为例 [D]. 西南大学,2007.
[80] 朱建宁.外国风景园林史:19 世纪之前[M]. 北京:中国林业出版社,2008.
[81] 张祖刚. 世界园林发展概论[M]. 北京:中国建筑工业出版社,2003.
[82] 张祖刚. 世界园林图说[M]. 2 版. 北京:中国建筑工业出版社,2013.
[83] 中国勘察设计学会园林设计分会.风景园林设计资料集——园林绿地总体设计[M]. 北京:中国建筑工业出版社,2018.6.
[84] 李震,等.中外建筑简史[M]. 重庆:重庆大学出版社,2015.
[85] 陈志华.外国建筑史[M]. 4 版. 北京:中国建筑工业出版社,2010.
[86] 周向频.中外园林史[M]. 北京:中国建材工业出版社,2014.
[87] 祝建华.中外园林史[M]. 2 版.重庆:重庆大学出版社,2014.
[88] 罗小未,蔡琬英.外国建筑历史图说[M]. 上海:同济大学出版社,1986.
[89] 罗小未.外国近代建筑历史[M]. 2 版. 北京:中国建材工业出版社,2004.

[90] 张健.中外造园史[M].武汉:华中科技大学出版社,2009.
[91] 周维权.中国古典园林史[M].北京:清华大学出版社,1999.
[92] (英)Tom Tuner.英国园林:历史、哲学与设计[M].程玺,译.北京:电子工业出版社,2015.
[93] 尹豪,贾茹.英国现代园林[M].北京:中国建材工业出版社,2017.
[94] 杨鑫,张琦.法国近现代园林的传承与发展[M].武汉:华中科技大学出版社,2012.
[95] 德国风景园林师协会编.德国当代景观设计[M].刘英,译.北京:中国建材工业出版社,2011.
[96] (美)沃克,西莫.看不见的花园——探寻美国景观的现代主义[M].王健,王向荣,译.北京:中国建材工业出版社,2009.
[97] 宁晶.中国园林史年表(修订本)[M].北京:中国电力出版社,2016.
[98] (美)伊丽莎白·伯顿,等.图解景观设计史[M].肖蓉,等译.天津:天津大学出版社,2013.